网络空间测绘
——原理、技术与应用

杨家海　何　林　李城龙 ◎ 著
封化民 ◎ 审定

Cyberspace Mapping
Principles, Techniques and Applications

人 民 邮 电 出 版 社
北　京

图书在版编目（CIP）数据

网络空间测绘 : 原理、技术与应用 / 杨家海, 何林, 李城龙著. -- 北京 : 人民邮电出版社, 2023.9
ISBN 978-7-115-61067-6

Ⅰ. ①网… Ⅱ. ①杨… ②何… ③李… Ⅲ. ①计算机网络管理－高等学校－教材 Ⅳ. ①TP393.07

中国国家版本馆CIP数据核字(2023)第020810号

内 容 提 要

本书全面介绍了网络空间测绘领域中的主要理论、技术体系和应用问题，围绕网络空间测绘技术体系中的资源探测层、资源表示层、映射与定位层、绘制与可视化层等关键研究内容展开，具体包括网络空间表达模型与资源描述、网络空间资源探测及服务发现与识别、网络空间实体连接关系与网络拓扑发现、IP 地理定位、网络空间测绘可视化以及网络空间测绘应用等，此外本书还专门介绍了面向 IPv6 的网络空间测绘的初步研究成果及面临的挑战。本书适合计算机网络、网络空间安全等相关专业的研究生以及从事网络安全领域研究的科研人员阅读。

◆ 著　　杨家海　何　林　李城龙
审　　定　封化民
责任编辑　林舒媛
责任印制　李　东　焦志炜

◆ 人民邮电出版社出版发行　北京市丰台区成寿寺路 11 号
邮编　100164　电子邮件　315@ptpress.com.cn
网址　https://www.ptpress.com.cn
北京九天鸿程印刷有限责任公司印刷

◆ 开本：787×1092　1/16
印张：22.25　　2023 年 9 月第 1 版
字数：524 千字　　2023 年 9 月北京第 1 次印刷

定价：189.00 元

读者服务热线：(010)81055552　印装质量热线：(010)81055316
反盗版热线：(010)81055315
广告经营许可证：京东市监广登字 20170147 号

前 言

二十一世纪，进入电子信息时代的人类社会呈瞬息万变之势。其中，最重大的变化之一是人类生产生活的第二类生存空间——网络空间的出现。网络空间已被视为继陆、海、空、天之后的国家主权的第五空间。

不同于自然空间，网络空间是人造空间，它构建在包括互联网、电信网、物联网、传感网、各种计算机系统、工业互联网在内的各类信息通信技术基础设施之上，该空间支撑着人们在其中开展各类与信息通信技术相关的活动，包括人类对信息的创造、改变、传输、使用及展示等过程。因此，网络空间蕴含着大量涉及国计民生的信息资产。保护好这些信息资产，其意义等同于维护国家主权。

要保护好这些信息资产，首先需要了解这些信息资产的状态，对信息资产进行安全评估。这种评估基于对网络的测绘，不仅需要静态测量，更需要动态测量。习近平总书记在 2016 年 4 月 19 日网络安全和信息化工作座谈会上强调指出，“感知网络安全态势是最基本最基础的工作。要全面加强网络安全检查，摸清家底，认清风险，找出漏洞，通报结果，督促整改”。抓住国家重大战略需求，服务国家战略目标，开展网络空间全息测绘工作，具有极端重要的意义。

网络空间测绘是通过网络测量、网络实体定位和网络连接关系及其他相关信息的可视化等理论和科学技术手段，对网络空间进行真实描述和直观反映的一种创新交叉学科体系。网络空间测绘的目标是实现对来源众多、类型各异的网络空间资源的全面测绘，是实现网络空间资产摸底的重要手段和方法，是网络空间治理的前提条件。

做好网络安全工作，最根本的是基于对网络空间资产和各种要素的科学刻画，通过绘制网络空间地图，摸清网络空间的各种信息资产（实体和虚拟资产），找出问题隐患，不仅要为各类应用提供地图数据和技术支撑，还要基于“精算、深算、细算”，提升信息支援保障和筹划指挥能力。网络空间测绘汇集了网络通信、网络测量、协议分析、大数据、应用安全、可视化以及地理信息系统等综合性交叉创新技术，需要从网络资产探测、资产与拓扑关系推测、网络空间资产标识体系构建、网络空间时空坐标系统构建、网络空间 - 地理空间（物理空间）- 社会空间映射、网络空间多维立体可视化等多方面、多领域展开研究。

国外学术界在网络空间测绘的单元技术方面已经开展多年研究，也取得了很多成果，如以美国为代表的西方发达国家先后实施了很多网络空间测量测绘的项目计划，包括“爱因斯坦计划”“藏宝图计划”等。同时，工业界也推出了多个具备一定的网络空间测绘能力的平台 Shodan、Censys 等。遗憾的是，至今尚未见系统总结网络空间测绘的专著或教材。

我国在网络空间测绘方面的研究起步较晚。在网络安全和信息化工作座谈会的十天后，即

2016 年 4 月 29 日，网信办组织了一次关于网络空间测绘的高层次专家专题研讨会，并成立了网络空间测绘战略研究课题组，笔者有幸代表吴建平院士参与了该课题组后续的研究工作，作为历时半年的该项研究工作的一个“落地”成果，网络空间测绘技术研究被列入了科技部“十三五”重点研发计划项目，自此我国（也包括笔者团队）开始了较系统的网络空间测绘研究工作。

然而，总体而言，无论是在微观的单元技术层面还是宏观的网络空间测绘体系框架层面，目前我国对于网络空间测绘的研究都还非常有限，与我国作为网络大国的身份相去甚远。究其原因，一方面，我国开展网络空间测绘方面研究的时间尚短；另一方面，参与网络空间测绘方面研究的人员规模非常有限。为实施国家安全和网络强国战略，加快网络空间安全高层次人才培养，2015 年 6 月，国务院学位委员会、教育部决定在“工学”门类下增设“网络空间安全”一级学科。习近平总书记也在多个场合强调：“培养网信人才，要下大功夫、下大本钱，请优秀的老师，编优秀的教材，招优秀的学生，建一流的网络空间安全学院。”

正是在此背景下，笔者团队怀着只争朝夕的心情，希望结合团队正在进行的研究，同时力争在更广、更深的范围内，对网络空间测绘领域研究工作做一个系统的梳理和总结。网络空间测绘是一个多领域交叉的学科，涉及的研究内容非常丰富；网络空间测绘也是一个新兴的学科，许多内容仍在不断发展演变之中。在撰写本书时，网络空间测绘方面诸多关键技术的研究工作也在进行中。因此，需要特别说明的是，虽然本书试图构建网络空间测绘的技术体系架构，但在该架构下的每一个层次所反映的内容只是阶段性的研究结果，随着研究工作的持续开展，不难预料，许多结果 / 结论将有可能发生改变。

本书第 1 章、第 3 章大部分、第 7 章、第 9 章由笔者撰写；其中第 3 章 3.3.2 节和 3.4.3 节由吴毅超提供初稿、3.5.4 节由罗一睿提供初稿、3.6 节由林海提供初稿、3.7 节由宋光磊提供初稿，相关章节由李城龙修改；第 2 章、第 5 章由何林撰写；第 4 章由潘龙和周苗提供初稿，由何林修改；第 6 章由林金磊提供初稿，由李城龙修改；第 8 章由李城龙、任高峰、权晓文撰写。全书由笔者统稿、定稿，由封化民教授审定。

喝水不忘挖井人。本书的出版首先应该归功于吴建平院士，吴老师是笔者团队的学科带头人。2016 年初夏，正是得益于吴老师的安排，笔者才参与了网络空间测绘战略研究课题组的工作，并因此将研究领域从原来的以互联网测量为主逐步转向网络空间安全及测绘等方向。尤为重要的是，吴老师创造了宽松的研究环境、广阔的科研舞台，撰写本书时正值吴老师带领大团队其他成员筹办中关村实验室的艰辛岁月，从这个意义上说，本书也是中关村实验室的成果。

本书虽是本实验室多年研究工作的积累，但许多研究工作还在进行中，参与本书撰写的师生同时也是相关技术的研究者，他们牺牲了许多业余时间，付出了不少额外劳动，笔者在此向他们表示由衷的感谢。

为了推动网络空间测绘的研究和本书的写作，笔者可能减少了对团队其他方面工作的关注和指导，团队内其他老师和同学主动担起了那些同样重要的工作，笔者也特别借此机会向他们表达谢意，限于篇幅，恕不在此一一列名了。

写书的过程很辛苦，因此在 2019 年初完成职业生涯第 3 本著作时，笔者曾暗自安慰自己，那是最后一次了。本书能够面世，背后少不了一些同道中人的推动，包括北京电子科技学院封化民教授、远江盛邦（北京）网络安全科技股份有限公司 CEO 权晓文等，人数众多，难以一一列举。

在本书即将付印之时，笔者还要感谢家人——那自称“厨娘”的妻子。无论每天工作到何时，家里都有温茶热饭等着笔者，这是笔者坚持完成本书的动力，谨以此书献给她。

感谢国家重点研发计划“宽带通信和新型网络”重点专项（项目编号：2018YFB1800200）对笔者团队研究工作的支持！

本书在编写的过程中，查阅和参考了大量各类文献，笔者已经尽可能地在每章后面列出了主要的参考文献，但由于整个写作过程持续时间比较长，难免挂一漏万，笔者在此向所有文献的作者致以衷心的谢意！

限于笔者的水平，书中难免有诸多不足，殷切期望广大读者批评指正，以便笔者结合本领域最新研究进展情况，适时进行修订和补充。

杨家海
2023 年 7 月于清华园

目录

第1章 引言

人类社会正在以不可逆转的方式和肉眼可见的速度从工业社会迈向信息社会。互联网作为现代社会重要的信息基础设施正快速从广度和深度渗透到社会的方方面面，形成了广义的互联网 +，进而演化为人类生产生活的“第二类生存空间”——网络空间（Cyberspace）。

随着人类的生产生活对网络空间的依赖程度日益提高，网络空间的安全、稳定运行已经成为国家军事、政治、经济、社会生产和生活的基础保障。当前世界各国都在纷纷投入巨资以加强网络空间的建设，抢占网络空间的制高点。

做好网络空间安全管控，需要对网络空间中的设备（资产）状况进行全方位的摸排，实现网络空间、地理空间和社会空间的相互映射，并掌握网络空间中的资产类型、数量、分布、状态（特别是和安全相关的状态）及组织关联关系等。将虚拟、动态的网络空间测绘成一份动态、实时、可靠、有效的网络空间地图，这便是网络空间测绘。

网络空间测绘技术将网络空间、地理空间以及社会空间的相关属性进行映射，并将这些属性绘制出来，从而直观、实时地反映出当前网络空间资源中各个属性的状态、发展趋势等。这会涉及网络空间资源探测技术、网络空间资源表示与描述技术、网络空间映射与IP地理定位技术、网络空间绘制与可视化技术等。

本章将着重梳理“网络空间”这个概念的起源、内涵和演变过程，简单介绍网络测量与网络空间测绘的区别与联系、网络空间测绘的定义和意义，重点讨论网络空间测绘的研究内容和关键技术。

1.1 互联网与网络空间

互联网与网络空间是两个互有关联又互不相同的概念，在我们深入地讨论网络空间测绘之前，有必要对这二者加以讨论和厘清。我们通常所指的互联网（internet），又称网际网络，指的是由各种不同类型和规模的、独立运行和管理的计算机网络组成的全球性的巨大计算机网络。组成互联网的节点设备除了交换机和路由器等网络设备，主要是主机服务器和个人计算机（Personal Computer，PC）。当然随着移动互联网的发展和普及，部分移动智能设备，如平板计算机和智能手机等，也成为组成互联网的节点设备。

网络空间在某种程度上是对“互联网”这个概念的泛化。根据2006年美国发布的《网络空间作战国家军事战略》报告，网络空间是指利用电子和电磁频谱，经由网络化系统和相关物理基础设施进行数据存储、处理和交换的域。因此，网络空间不仅包括物理设施，还包括依托其运行的电磁频谱；不仅包括传统意义上的网络设备、服务器和主机，还包括各类智能传感设备、工控设施和物联网设备等；最关键的是，不仅包括硬件设施，还包括流动于其间的各类数据、虚拟角色及其活动等。因此，网络空间和互联网的概念、内涵和外延都发生了巨大的变化。本节尝试对互联网的概念与内涵、因特网的发展简史、网络空间的概念及演变等进行必要的梳理。

1.1.1 互联网的概念与内涵

计算机网络是指将地理位置不同的具有独立功能的多台计算机及其外部设备，通过通信线路连接起来，在网络操作系统、网络管理软件及网络通信协议的管理和协调下，实现资源共享和信息传递的分布式计算机系统。计算机网络的发展已经有几十年的历史，发展到今天，最大也最为大家熟知的计算机网络就是基于传输控制协议 / 互联网协议（Transmission Control Protocol/Internet Protocol，TCP/IP）体系结构的因特网。通常，在公共的术语或者商业语言中，网络的网络也被称为互联网或者互联网络（internet，此处首字母为小写），而连接组织内部各计算机系统的网络则被称为内联网（intranet）。而首字母大写的 Internet 作为一个特指的网络也被当成整个网络空间的一部分，通常被称为因特网。

互联网的技术核心是 TCP/IP 体系结构，基于这样的体系结构，互联网向下可以屏蔽各种不同通信技术的差异。因此，可以支持各种各样的异构通信技术，甚至各种未来的层出不穷的新技术，比如第五代移动通信技术（5th Generation Mobile Communication Technology，简称 5G），甚至是在不久的将来要面世的第六代移动通信技术（6th Generation Mobile Communication Technology，简称 6G）等。互联网向上可以支持和承载各种层出不穷的新型应用系统，造就了今天丰富多彩的应用生态。近些年，互联网技术在各类传统行业升级改造中所起的巨大作用（即所谓的互联网＋应用）可以说是对互联网这一特性的很好注解。

狭义地理解，或者说从网络技术层面来讲，当我们讨论互联网的时候，我们会聚焦于网络的体系结构模型、网络通信协议、网络的编制与路由、网络的可扩展性、网络的可管理性、网络的安全性等。这是互联网作为“网络”所必须具有的基本属性和内涵。

广义地理解，或者说从网络应用层面来讲，当我们讨论互联网的时候，我们更多地会关注互联网内容提供商提供的各类互联网应用以及信息分享与交流平台，各类电子商务平台提供的各种服务，甚至各个部门提供的部门业务应用等。恰恰是这些应用扩大了互联网概念的外延，也丰富了其内涵。

可以说，互联网是一个世界规模的巨大的信息和服务资源的海洋，它不仅为人们提供了各种各样的简单而且快捷的通信与信息检索手段，更重要的是为人们提供了巨大的信息资源和服务资源。通过使用互联网，全世界范围内的人既可以互通信息，交流思想，又可以获得各个方面的知识、经验和信息。互联网也是一个面向公众的虚拟社会组织（后面即将引出网络空间的概念）。世界各地数以亿计的人可以利用互联网进行信息交流和资源共享。

互联网是人类历史发展中一个伟大的里程碑，它已经在很大程度上改变了人类社会的生存和治理形态，并且还将继续对人类社会的生产生活形态和治理方式产生更大的作用。由此，无论是社会学者还是技术专家都曾异口同声地说，互联网技术的发明在人类进步史上的作用可比拟于火对人类的作用。

1.1.2 因特网的发展简史

20 世纪 60 年代初，在“美苏冷战”最严重的时候，美国国防部提出需要构建一套在遭受苏联第一次核打击的情况下仍能保持正常通信的指挥系统。为此，美国国防部高级研究项目署（Advanced Research Projects Agency，ARPA）就开始投资、支持一些大学和研究机构进行分布式的网络互连的研究，正是这一研究产生了TCP/IP簇，并因此使全球互连成为可能。

1969年12月，美国的第一个分组交换网——ARPANET（当时仅有4个节点）投入运行。从此，计算机网络的发展就进入了一个崭新的纪元。在以后的几年里，ARPANET互连的节点每年都以指数增长。ARPA作为分组交换网络研究的重要资助机构，以它著名的ARPANET为代表，主导了多个具体的分组交换网络的研究。ARPANET本身是使用传统的点到点专用租用线路来互连的，但ARPA也资助研究在无线网络和卫星通信信道上进行分组交换。事实上，网络硬件技术的多样化也促使ARPA开始资助网络互连的研究，并推动了网际互连的发展。

20世纪70年代中期，ARPA开始了互联网技术方向的研究，并着手设计有关的互联协议，即现在的TCP/IP。TCP/IP设计的初衷是要能互连来自不同厂家的产品，并能运行在不同类型的介质和数据链路上。此外，它还必须能将被互连的各种不同的网络统一到一个“单一”的因特网中，其中的所有用户都能彼此互相访问各种通用的资源。更进一步地，赞助研究TCP/IP的学术机构、军方和政府部门还希望TCP/IP具有在不中断网络其他部分所提供的服务的基础上随时加入新的网络的能力。

正是这些需求构成了TCP/IP体系结构。可移植性和介质技术独立性的要求，自然使这种体系结构具有分层性。其中一层用于为数据选择路径和数据的转发。受ARPANET分组交换模型的鼓励和启发，TCP/IP的设计者也决定采用分组交换技术，即将来自上层的数据分成小片，并对每一片数据（即数据分组）分别选择路由，然后进行转发。另一层则包含保证可靠数据传输的有关功能，当然，这些功能只在源和目的主机中实现。

1979年左右，TCP/IP基本设计完成，并很快得到实现。与此同时，由于一大批的研究人员都在努力致力于TCP/IP的研究，为了协调他们的工作，ARPA组成了一个非正式的委员会来协调和引导因特网协议和体系结构的设计。这个委员会当时被称为因特网控制和配置委员会（Internet Control and Configuration Board，ICCB），定期举行会议。直到1983年，该委员会被重新组织和命名，重组后的机构叫因特网体系结构委员会（Internet Architecture Board，IAB）。

1980年初，ARPA开始将新的TCP/IP应用于ARPANET上的主机，这使得已经存在的ARPANET迅速成为新的因特网主干，并且在许多早期TCP/IP开发试验中，ARPANET也成了第一个试验床。

1983年1月，美国国防部长办公室要求所有连到远程网的计算机都使用TCP/IP，并要求所有想与ARPANET互连的网络也都采用TCP/IP。至此，彻底完成了从ARPANET到因特网，再到TCP/IP技术的转变，全球因特网从此拉开序幕。

为鼓励大学的研究人员采纳和使用新的协议，ARPA把价格压到最低限度。那时，许多大学的计算机科学系都运行美国加利福尼亚大学的伯克利软件发行（Berkeley Software Distribution，BSD）版UNIX系统，即通常所说的BSD UNIX。ARPA通过资助BBN（Bolt Beranek & Newman）公司将TCP/IP集成到UNIX中，以及投资加利福尼亚大学伯克利分校，将协议集成到伯克利分校的软件系统中并发布，而运行该软件系统的主机通过TCP/IP很容易就能上网，ARPANET很快就覆盖了90%以上大学的计算机科学系。

TCP/IP 的成功，鼓舞了 ARPA，鼓舞了 TCP/IP 的研究者和使用者，也吸引了更多的投资者。各大、小公司以及更多的研究者的加入，壮大了 TCP/IP 的研究队伍，使 TCP/IP 的研究更加深入和完善。同时，围绕着 TCP/IP，一大批网络应用及相应的协议标准相继问世，进一步巩固了 TCP/IP 的地位。

20 世纪 80 年代中期，为了满足各大学及政府机构为促进其研究工作的迫切要求，美国国家科学基金会（National Science Foundation，NSF）在全美国建立了 6 个超级计算机中心，包括位于新泽西州普林斯顿的约翰・冯・诺依曼国家超级计算机中心（John von Neumann National Supercomputer Center，JVNNSC），位于加利福尼亚大学的圣地亚哥超级计算机中心（San Diego Supercomputer Center，SDSC），位于伊利诺伊大学的美国国立超级计算应用中心（National Center for Supercomputing Application，NCSA），位于康奈尔大学的康奈尔国家超级计算机研究室（Cornell National Supercomputer Facility，CNSF），由西屋电气公司、卡内基梅隆大学和匹兹堡大学联合运作的匹兹堡超级计算机中心（Pittsburgh Supercomputer Center，PSC），美国国立大气研究中心（National Center for Atmospheric Research，NCAR）的科学计算分部。1986 年 7 月，NSF 资助了一个直接连接这些中心的主干网络，并且允许研究人员对外部网络进行访问，使他们能够共享研究成果并查找信息，这就是 NSFNET 的雏形。最初，NSFNET 采用的是 56 kbit/s 的线路；1987 年，NSF 公开招标对该网络的运营和管理，结果 IBM、MCI 和由多家大学组成的非营利性机构 Merit 中标，IBM 提供设备、MCI 提供链路、Merit 负责运营管理。到 1988 年 7 月，该网络便升级到 1.5 Mbit/s 线路，并且连接了 13 个主干节点。从 1986 年到 1991 年，NSFNET 的规模迅速扩大（子网从 100 个迅速增加到 3000 多个，用户数量也快速增加），与其他外部网络连接的数量也急剧增加，奠定了其作为因特网的基础。

20 世纪 80 年代，因特网的扩张不仅带来了量的改变，而且带来了某些质的变化。由于众多学术团体、企业研究机构，甚至个人用户的接入，因特网的使用者不再限于纯计算机专业人员。基于因特网的网络通信不局限于让专业人员共享超级计算机的运算能力，更用于人与人之间的交流与通信。

1991 年 9 月，位于瑞士的欧洲核子研究中心的蒂姆・伯纳斯・李（Tim Berners Lee）发明了万维网。万维网技术的出现带来了因特网的大发展，也促使因特网于 1994 年 4 月转入商业化运营，从此因特网进入了高速增长的时期。

1.1.3 网络空间的概念及演变

网络空间这个概念近些年来被频繁提及，但其出现的时间却比现在要早很多，甚至在不同的阶段，不同学者也赋予其不同的内涵。本节简单梳理了网络空间的起源、发展演变过程以及最新的具有较广泛共识的定义。

1. 起源

虽然网络空间这个术语最早出现在丹麦艺术家和建筑学家夫妇苏珊・乌辛（Susanne Ussing）和卡斯滕・霍夫（Carsten Hoff）在 20 世纪 60 年代的视觉艺术中，不过学术界目前比较公认的看法是，网络空间这个概念首先是由科幻小说家威廉•吉布森（William Gibson）于1982年在其科幻处女作《全息玫瑰碎片》（*Burning Chrome*）中引入并定义的。吉布森后来在1984年出版的另一部科幻小说《神经漫游者》（*Neuromancer*）中进一步扩展了这个概念。在书中，吉布森将网络空间描述为“数以亿计的合法操作者每天都会经历的共同的幻象”和“现实世界中每个计算机系统中抽取的数据的图形化表示”[1]。

从某种程度来说，吉布森的文学创作确实具有先见之明。现如今，网络空间已经成为计算设备、网络、光纤光缆、无线链路以及其他各种相关基础设施的简称，正是这些基础设施将互联网服务带给了全世界几十亿的人。由这些技术所打造的无数网络连接给我们每一个人都带来巨大的好处，我们每天通过浏览器及其他各类互联网应用徜徉在人类创造的知识的海洋中，我们的生产生活方式也发生了巨大的变化。

具有讽刺意味的是，随着网络空间这个术语被学术界和工业界广泛接受和使用，吉布森本人却多次对此进行了批评。他在2000年的一个纪录片中就曾评论：当我提出网络空间这个词的时候，我的全部想法只是觉得这个词可能会是一个比较“叫得响”的时髦术语，它可能会引起读者的共情，但本质上，我并未赋予它任何意义。当然，这些都已经无关紧要，因为这个概念已被广泛接受。

2. 发展演变

唐•斯莱特（Don Slater）试图以比喻的手法来定义网络空间，他是这样描述网络空间的：纯粹存在于表达和通信空间的社交环境意识……完全存在于一个分布在日益复杂和流动的网络中的计算机空间中。自20世纪90年代以来，在学术界和相关活跃团体中，网络空间这个术语开始成为因特网的标准同义词；而随着万维网的出现，网络空间也迅速地被用以指代Web。作家布鲁斯•斯特林（Bruce Sterling）认为，约翰•佩里•巴洛（John Perry Barlow）是第一个使用网络空间来指代计算机和电信网络的人[1]。因20世纪90年代撰写了很多互联网新兴哲学著作而闻名，尤其是于1996年发表的《网络空间独立宣言》，巴洛也是电子前沿基金会（Electronic Frontier Foundation，EFF）的创办人之一，曾为该基金会副董事长。1990年6月，巴洛在宣布EFF成立的文章中这样描述：

在这个寂静的世界，所有会话都是通过键盘输入完成的，每一个进入这个世界的人都好似抛弃了自己的身体和所处的物理位置，而成为一个语言和文字的物件（thing）。你可以看到你的“邻居”在说什么（或者刚刚说过什么），但是你看不到他们，也看不到他们的周围环境。在这个空间中，各种议题的讨论甚至是争论都在持续不断地进行着。他们每个个体都通过电话线或者光缆等彼此连接，形成一个整体，他们自称为“网”（net）。这个世界也进一步扩展到包括电子、微波、电磁场和光脉冲等在内的巨大区域，形成如科幻作家吉布森所描绘的“赛博空间”（cyberspace）。

随着巴洛等人以及EFF等组织面向公众持续不断地宣传，网络空间这个概念也随着20世纪90年代末期互联网的快速繁荣发展而得到了广泛的认可和使用。

3. 最新定义

尽管科幻小说和官方（政府）的文献中已经有多个关于网络空间这个术语的定义，但至今为止，关于网络空间还没有一个被广泛认同的官方定义。根据富兰克林·D. 克雷默（Franklin D. Kramer）的统计，关于网络空间迄今大约有28个不同的定义，详见文献[2]。

维基百科给出的最新定义如下。

网络空间是一个全球和动态的域（动态就意味着持续变化），其基本特征是组合使用电子和电磁频谱进行通信，其主要目的是信息的创建、存储、修改、交换、共享、使用和消除，也包括物理资源的扰乱或破坏。网络空间包括如下内容。

（1）允许通信系统网络连接的物理基础设施和电信设备，包括广义的数据采集与监控系统（Supervisory Control And Data Acquisition，SCADA）设备、智能手机、平板计算机、通用的计算机、服务器等。

（2）计算机系统（硬件）及保证网络空间正常运作及连接的相关软件。

（3）连接计算机系统的网络。

（4）将更多的计算机系统及网络互连在一起的网络（网络的网络）。

（5）用户接入节点和中间路由节点。

（6）用户存储或用户之间交换的数据。

网络空间的一个基本特性是不存在一个集中式的实体来对全球范围的所有网络进行管理控制。就像现实世界中没有一个“世界政府”一样，网络空间中也没有一个制度性预定义的层次结构中心。由于网络空间作为一个没有层次化管理的域（domain），我们可以将肯尼思·华尔兹（Kenneth Waltz）关于国际政治的定义加以扩展并应用到网络空间中来，即“没有可强制执行的法律系统”。当然，这并不意味着网络空间的管理及权力维度就完全缺位，也不意味着这种管理权力就完全散落在成千上万个小机构或散布在无数的个人和组织中（早前确实有些学者曾经这样预测过）。恰恰相反，网络空间的特征之一正是具有精确的结构化层次管理体系[3]。

罗向阳教授等学者在他们的最新著作《网络空间测绘》中还梳理了一些其他学者关于网络空间这个概念的定义[4]，并重点总结了方滨兴院士对网络空间的定义：构建在信息通信技术基础设施之上的人造空间，用以支撑人们在该空间中开展各类信息通信技术相关的活动。信息通信技术基础设施包括互联网、各种通信系统与电信网、各种传播系统与广电网、各种计算机系统、各类关键工业设施中的嵌入式处理器和控制器等；信息通信技术活动包括在前面维基百科的定义中提到过的，即信息的创建、存储、修改、交换、共享、使用和消除等操作过程。

美国国防部将网络空间定义为继陆、海、空、天（外太空）之后的国家主权的第五空间。2011年，美国前总统发布《网络空间国际战略》，第一次提出当网络受到攻击以后可以用军事手段进行反击。这一方面，引起了各国政府和学术团体的高度重视，另一方面，也使网络空间这个概念快速地进入了广大民众的视野。传统上我们把国家的主权定义于有形空间上，如领土、领海、领空等3个空间。靠科技的发展，少数发达国家正在争夺太空的控制权，我们可以把太空理解为国家主权的第四空间。计算机代码控制了互联网的运行规则，并决定了网络空间的规制主权（有人将网络空间称为“领网”）。

在我国，网络空间这一概念通常是指通过全球互联网和计算系统进行通信、控制和信息共享的动态虚拟空间，是信息时代社会有机运行的神经指挥系统。一方面，网络空间包括通过网络互连而成的各种计算系统、连接端系统的网络、连接网络的互联网；另一方面，网络空间不仅包括各种联网设备的硬件、软件，也包含各种联网设备产生、处理、传输、存储的各种数据或信息。与实体空间不同，网络空间没有明确的、固定的边界，在网络空间中也没有集中的控制权威。

从梳理网络空间概念和内涵的演化过程来看，我们可以得出如下结论：网络空间是一个随着时代发展而动态发展、内涵相对模糊的概念。在最近这些年，随着技术创新，以及互联网、物联网等的发展，网络空间所涵盖的范围也在逐渐扩大。特别地，它逐渐开始涵盖一些重要的非实体性概念（例如数据）。

4. 网络空间与互联网

尽管网络空间不应该和互联网混为一谈，但这个术语却常常被用于指代广泛存在于通信网络中的对象和实体，比如，一个网站也可能被称为“网络空间中的一种存在”。根据这个解释，互联网中发生的事件并不是发生在相关参与者或者服务器物理上所处的位置，而是发生在网络空间中。哲学家米歇尔•富科（Michel Foucault）使用“异质空间”（heterotopias）来描述这样的空间，因为这个词同时蕴含了物理和精神层面的内涵。

首先，网络空间描述数字数据在互相连接的计算机网络中流动的情况：从可视的角度看，它给人的感觉并不是那么“真实”，因为我们无法从空间层面对它像对一个有形的物体一样进行定位。目前已经有一些研究试图构建一个简洁的模型来描述网络空间是如何工作的，不过这些研究也并未取得很好的效果。

其次，网络空间是以计算机为媒介的通信场所。在这个场所中，人们扮演着各种在线关系和在线实体的其他形式，因而引出各种重要的问题，包括互联网使用的社会心理学，生命的在线和离线形式之间的关系及其交互作用，以及虚拟和现实之间的关系等。网络空间也引起了人们对于通过新媒体技术来修复文化的关注：它不仅是一种通信工具，而且是一种社交目的地。因此，就其自身能力而言，网络空间在文化层面也是非常重要的。

最后，通过“隐藏”身份，网络空间也被视作为重塑社会和文化提供了全新的机会，或者也可以被视作一种无界通信和文化。

斯特林在文章《打击黑客介绍》（*Introduction to the Hacker Crackdown*）中，有以下描述。

网络空间是电话会话发生的“地方”，这个地方不在你桌面上那个具体的电话机里面，也不在其他某个城市的另外那个人的电话机里面，而是在这两个电话机之间……在过去20多年的时间里，这个曾经薄黑且单维的电气/电子“空间”已经长成一个巨大的玩偶匣，计算机屏幕上发出的微弱而略带神秘的光线充斥其间。现如今，这个暗黑的电子世界已经变成一个巨大的如鲜花盛开的电子化美景。自20世纪60年代以来，电话系统和计算机及电视网络充分融合发展，尽管网络空间更多的仍然是虚拟的，但它正逐步体现出某种物化的特征，以至于现在当我们谈论网络空间的时候，我们已经能很轻易地感知到它自身作为“空间”而存在。

再回到网络空间和互联网这两个概念的区别和联系。前文已经讨论过，互联网是一个由各种不同类型和规模的、独立运行和管理的、计算机网络组成的、世界范围内的巨大的计算机网络——全球性计算机网络。组成互联网的计算机网络包括小规模的局域网、城市规模的城域网以及大规模的广域网等。这些网络通过普通电话线、高速率专用线路、卫星、微波和光缆等把不同国家的大学、公司、科研部门以及军事和政府等组织的网络连接起来。因此，虽然随着时间的推移，互联网的规模依然会不断扩展，技术也将不断得到升级，但互联网的基本内涵是相对稳定的。

随着网络技术的发展，网络空间这个概念的内涵和外延都将不断发生变化。当我们讨论网络空间的时候，我们不仅讨论作为网络空间载体的软硬件基础设施，我们更多地讨论网络空间中流转的数据内容、作为网络空间主体的用户之间的交互，以及用户和数据之间的交互等。正是由众多的人（用户）在网络空间的物理载体上的交互活动，构成了人类社会在网络空间中的映像——虚拟空间。

从概念范畴来说，我们也可以把互联网看成网络空间的一个子集，而网络空间则可看成互联网 + 应用。事实上，物联网本身就是一种互联网的应用，末端感知 + 网络通信 + 后端计算处理构成了物联网应用的基本模式，当然物联网的末端感知让互联网的触角伸向了更广阔的空间；而基于物联网技术的各类互联网 + 应用，诸如工业互联网、智能电网、智慧城市、智慧交通、智慧医疗，甚至能源互联网、金融互联网等，让网络空间更名副其实地发展成一个国家的“第五疆域”。各类关键信息基础设施的互联网化一方面不断扩大着网络空间的外延范围，另一方面，也使得网络空间的态势感知和全方位安全管控变得比任何时候都重要。网络空间测绘作为网络空间基本态势感知和安全管理的基础，正是在这样的背景下应运而生的。

1.2 网络测量与网络空间测绘

网络测量和网络空间测绘是两个互有联系，但又互不相同的概念。网络测量的概念和相关工作是伴随着互联网的诞生而出现的。早期在互联网的发展过程中，为了调试软件和设备，便需要有相应的测试工具来探测故障发生的位置、诊断故障发生的原因等。20 世纪 90 年代中后期，随着万维网技术的出现和互联网的商业化，互联网得到了快速的普及和发展。互联网在人们的社会生产和日常生活中起着越来越大的作用。以电子商务为代表的各类新型互联网应用不仅需要简单的网络监测技术和手段，而且需要实时监测网络流量的行为、网络的服务质量、端到端的可用带宽等。因此很多研究机构都致力于研究开发对互联网实施监测和测量的技术，网络测量逐渐成为一个新的学科领域。

网络空间测绘的概念出现得晚一些，但网络空间测绘的概念一经提出就受到学术界和社会各界的广泛关注，学术界和工业界目前正投入大量人力、物力开展相关关键技术的研究和系统平台的开发。网络空间测绘包括网络空间实体及服务的探测和绘制，因此，网络测量相关的单元技术是网络空间测绘的基础。在讨论网络空间测绘之前，我们先简单介绍一下网络测量的基本概念。

1.2.1 网络测量

网络测量就是遵照一定的方法和技术，利用软件和硬件工具来测试或验证网络性能或者特性指标的一系列活动的总和。网络测量是获得第一手网络行为指标和参数的最有效手段。在对网络进行测量和测试的基础上建立网络行为模型，并用模拟仿真方法搭建从理论到实践的桥梁，是理解网络行为十分有效的途径[5]。

互联网的网络行为与传统电信网有很大差别。由于传统电信网使用的是电路交换，用户在呼叫完成后进行通话时，正常情况下，从用户端所感受到的通信质量一般都是确定不变的（因为网络性能通常符合有关的电信标准），并且不受其他用户通话情况的影响。如果用户发现通信质量突然变差了，则表明网络出现了异常情况。但对基于分组交换技术的互联网来说，情况就很不一样。用户在传送一连串的数据分组时，每个分组的传送都和当时其他用户对网络的使用状况密切相关。即使网络运行状况是正常的，每个分组的传送所反映出的网络行为也是动态变化的。因此，网络测量对于互联网具有特殊的意义。

网络测量和网络行为分析是高性能协议设计、网络设备开发、网络规划与建设、网络管理与操作的基础，同时也是开发高效能网络应用的基础。网络测量和网络行为分析可以为互联网的科学管理和有效控制，以及为互联网的发展与利用提供科学的依据。概括地说，网络测量具有以下几个方面的用途。

1. 网络运行管理

事实上，传统的网络管理方案中已经涉及大量的网络测量手段，如故障监测和诊断、网络性能监测、安全监测和网络计费管理等都会用到测量手段。

（1）故障监测和诊断。某些网络部件的故障可能会影响整个网络的运行，例如，链路中断、路由器故障或者网络接口失效等硬件故障；广播风暴、非法分组长度、地址错误等“软”故障都可能影响网络的正常运行，需要对这些故障进行诊断，而通常这些诊断都是通过对网络进行测试和测量来完成的。

（2）网络性能监测。很多时候尽管网络的基本连通性是正常的，但网络却不可用或者几乎没法使用，究其原因是网络的性能已经严重恶化，或者网络节点的资源已被严重耗尽了。因此需要对网络资源和网络性能［如业务吞吐量、时延、丢包率、往返路程时间（Round Trip Time，RTT）、带宽利用率等］进行监测，并提交故障及异常事件报告，做出相应的评价。

（3）安全监测。互联网上各种病毒层出不穷，各种网络攻击也时有发生。防范大规模网络攻击，同时为网络攻击对抗提供必要的网络测试和流量分析，是互联网安全监测非常重要的环节。通过在大范围内进行网络行为监测，有可能发现网络异常，为防范大规模网络攻击提供预警手段，使国家或者网络运营商对网络管理更具宏观控制力。

（4）网络计费管理。互联网商业化以后，网络运营商对用户的接入提供有偿服务。除了采取包月制等粗粒度的计费模式，也有许多运营商是通过统计每名用户使用网络（比如进出国际链路）的流量来进行计费的，这就涉及网络流量的精确采集和统计处理。从某种意义上说，这是网络测量最重要的应用之一。

2. 协议工程学研究

从概念上讲，网络测量也是收集和分析网络协议运行性能的手段，可以帮助人们搞清网络及其协议不能正常工作的原因，并据此调整协议运行的参数或者修改协议工作的模式。也就是说，网络测量之于协议工程学，至少有两方面的用途。

（1）协议排错。任何新的网络协议，在研制的过程中都需要经历大量的测量，而在引入互联网运行后还需要不断地对其进行测量。通常这类测量是通过采集、观察和分析相关协议的运行数据，并比较实际的运行数据和协议文本所规定的标准规范的一致性来完成的。因此网络测量能够使得新协议和应用程序正确运行，使其和标准保持一致，或使新的版本向后兼容。

（2）性能评价。网络测量可用来考查某个协议或某个应用在互联网中的性能水平，网络测量的详细分析能够帮助确定其性能瓶颈。一旦确定了其性能瓶颈，就可以通过调整协议的参数、修改协议运行的流程等来提高和改善性能，甚至研制性能更好的新协议。

3. 网络建模与网络行为

互联网的行为具有高度的动态性，因此了解互联网的行为是一件非常困难的事情，更不用说对互联网的运行状况进行某种程度的预测。网络测量和分析技术作为认识和了解互联网运行行为的一种重要手段，具有其他任何方法不可取代的优势。

（1）网络流量特征化和建模。网络测量可使用各种统计技术来分析经验数据，从而提取出网络应用或网络协议的特征。流量特征化使设计的网络协议和网络设备具有更好的特性，而通过对网络流量进行建模有可能对网络流量的中短期行为进行适当预测。

（2）拓扑建模和拓扑特性分析。由于商业上的保密性等原因，各互联网服务提供方（Internet Service Provider，ISP）并不希望别人了解其内部网络的详细结构。因此，多年来研究人员希望能够通过某种测量手段，在不需要各 ISP 太多配合的情况下探测出互联网完整的拓扑结构。只有探测出互联网完整的拓扑结构，我们才能对其拓扑特性进行深入的分析，而这样的分析反过来又有助于我们在一定程度上仿真、模拟互联网的环境。这样一个模拟的环境是新一代路由协议设计与评价以及动态网络存活性分析与研究的基础。

（3）流量工程和网络行为学。通过测量可以了解网络的整体运行行为，也可以掌握特定的端到端性能，以及特定的端到端通信所经过的路径。网络运营商及其管理人员可以根据测量的数据和分析结果，通过策略路由等手段改变路由，或者进行限速等。因此，也可以说，网络测量与分析技术是流量工程实施的基础。

4. 其他用途

网络测量还有许多其他用途，例如，用于比较不同 ISP 的服务质量（Quality of Service，QoS）、发现移动 IP 地址位置、自动选择代理服务器；用于选择服务器设备、验证网络配置、设计互联网的新应用、配置网络或服务器、平衡广域网中的负载等方面。

简单总结上述关于网络测量的用途，我们可以将网络测量定义如下。

网络测量是对网络行为进行特征化、对各项指标进行量化，并充分理解与正确认识互联网最基本的手段，是理解网络行为最有效的途径。而网络测量技术则是一个很宽泛的概念，它涉及的领域包括测量（数据采集）本身，更多的是数据采集之后的网络数据建模和网络行为分析，也包括根据行为分析的结果对网络实施反馈、控制和管理等各方面。

1.2.2 网络空间测绘

网络空间是构建在包括互联网、电信网、物联网、传感网、各种计算机系统在内的各类信息通信技术相关的基础设施之上的人造空间，用以支撑人们在该空间中开展各类与信息通信技术相关的活动，包括人类对信息的创建、存储、修改、交换、共享、使用和消除等过程。因此，网络空间蕴含着大量涉及国计民生的信息资产。如何更好地保护这些信息资产、了解这些信息资产的状态，不仅需要静态测量，更需要动态测量，而对信息资产进行安全评估就显得尤为重要。

而且随着网络技术的快速发展和在各行各业的广泛部署与应用，网络空间中的资源种类和数量越来越丰富，不仅包括传统的计算、存储和网络设备等硬件基础设施，也包括支撑网络硬件基础设施运行的各类系统及应用软件，标识各类硬件设备身份和运行状态的数据，以及设备和用户在网络空间中产生的各种数据等。传统的网络测量相关的单元技术已不足以全面刻画网络空间的资产分布特性和运行状态。由此，网络空间测绘的概念及技术应运而生。

其实，测绘的概念源于地理测绘学，是指对自然地理要素或者地表人工设施的形状、大小、空间位置及其属性等进行测定、采集和绘制的过程。然而，网络空间尚缺乏类似地理空间地图的、可全面描述和展示网络空间信息的网络地图。类似于地理空间测绘，我们将构建网络空间“地图”的技术称为网络空间测绘。而这也正是网络空间测绘区别于网络测量的关键所在。

可以说，网络空间地图是对网络空间信息的呈现，它应涵盖网络空间的所有信息。由前文对网络空间概念的分析可知，网络空间包含实体域和虚拟域两个方面。从实体域层面上说，网络空间主要包括计算机终端、路由器、交换机、通信基站、通信卫星、服务器等网络设施，数据中心、云计算平台、内容分发网络（Content Delivery Network，CDN）节点等应用设施，运行在以上硬件设备上的关键性软件，以及连接这些设备的光纤和电缆等；从虚拟域层面说，域名、IP 地址、电磁频段、空间轨道、关键数据等相关资源也属于网络空间的一部分。更进一步细分，网络空间的信息分为网络拓扑结构信息、联网设备特征信息和联网实体的归属信息。网络拓扑结构信息包含物理网络设备的连接、自治系统（Autonomous System，AS）逻辑连接等实体域信息。联网设备特征信息包含网络链路的传输带宽、延迟、吞吐量、丢包率，以及节点的运行时间、操作系统指纹、路由协议等虚拟域信息。联网实体的归属信息包括服务器、路由器、个人计算机、网络智能终端等实体接入设备，以及 IP 地址、域名、媒体访问控制（Media Access Control，MAC）地址、自治系统号（Autonomous System Number，ASN）等虚拟信息。

1. 网络空间测绘的定义

正如至今为止，就像对网络空间还没有一个广泛认同的官方定义一样，对网络空间测绘也还没有一个广泛认同的官方定义。

中国人民解放军战略支援部队信息工程大学的罗向阳教授团队在网络空间测绘方面进行了较为长期的研究，他们从地理测绘的角度，给出了关于网络空间测绘的一个定义：网络空间测绘是指以网络空间为对象，以计算机科学、网络科学、测绘科学、信息科学为基础，以网络探测、网络分析、实体定位、地理测绘和地理信息系统为主要技术，通过探测、采集、处理、分析和展示等手段，获得网络空间实体资源和虚拟资源在网络空间的位置、属性和拓扑结构，并将其映射到地理空间，以地图形式或其他可视化形式绘制出其坐标、拓扑、周边环境等信息并展现相关态势，据此进行空间分析和应用的理论和技术[6,7]。

中国科学院信息工程研究所的郭莉研究员团队也给出了一种关于网络空间测绘的描述：网络空间测绘是对网络空间中的各类虚实资源及其属性进行探测、分析和绘制的全过程，具体内容包括通过网络探测、采集或挖掘等技术，获取网络交换设备、接入设备等实体资源以及信息内容、用户和服务等虚拟资源及其网络属性；通过设计有效的定位算法和关联分析算法，将实体资源映射到地理空间，将虚拟资源映射到社会空间，并将探测结果和映射结果进行可视化展现；将网络空间、地理空间和社会空间进行相互映射，将虚拟、动态的网络空间资源绘制成一份动态、实时、可靠的网络空间地图[8]。通过绘制网络空间地图，全面描述和展示网络空间信息，能够为各类应用（如网络资产评估、敏感网络目标定位等）提供数据和技术支撑。

简而言之，网络空间测绘是通过网络测量、网络实体定位和网络连接关系及其他相关信息的可视化等理论和科学技术手段，对网络空间进行真实描述和直观反映的一种创新学科体系。网络空间测绘的目标是实现对来源众多、类型各异的网络空间资源的全面测绘，是实现网络空间资产摸底的重要手段和方法，是网络空间治理的前提条件。

2. 网络空间测绘的意义

随着全球信息化的不断深化，作为国家主权的第五空间，网络空间安全已经成为各个国家的首要关注问题。而网络空间测绘是网络空间安全的基础性、普适性、关键性需求，准确感知、客观度量、动态跟踪网络空间态势，是维护网络空间安全的最根本工作。对网络空间的科学刻画，是网络空间治理和安全保障的重要基石。因此，网络空间测绘对于我国维护网络空间安全、提升网络空间管控水平、提升网络空间联合作战能力以及促进国民经济发展等具有重要的意义。

（1）维护网络空间安全。随着我国政府“互联网 +”行动计划的开展和实施，网络空间的触角已经全面深入我国政治、经济、军事、科技和文化等各个不同的领域，成为关系国计民生的重要基础设施。互联网是一个复杂异构网络系统，在物理上是由不计其数的各种设备和链路组成的。考虑到为数众多的个人和组织日益增多地使用互联网，被互联网连接的人和各种设施已经成为一个与现实物理世界对应的虚拟网络空间。2010 年“震网”（stuxnet）病毒事件的爆发，使网络空间安全的战略地位进一步提升，网络空间正在逐渐变为一个全新的战场。党的十八大报告把网络空间安全和海洋安全、太空安全一起作为我国新阶段国家安全战略中的核心问题。

（2）提升网络空间管控水平。对网络空间测绘技术的研究能够推进网络安全、网络管理等相关技术的进步，建立完整的网络测量技术体系与系统架构。对内，可提升我国在网络测绘方面的技术储备，培养相关的技术人才； 对外，可了解国际互联网态势与国外最新的网络测量技术，挖掘对手隐藏在我国境内的网络测量设备，研究相应的反制措施，提升我国在网络空间的话语权。一方面，对网络空间数据的分析与挖掘能够打破虚拟空间与现实空间的屏障，用更有效的手段维护社会秩序。另一方面，通过对网络异常行为的有效检测可以感知网络空间态势，能够有效抵御恶意的网络攻击，为未来可能发生的网络战做好准备。

（3）提升网络空间联合作战能力。虚拟网络空间以其“超领土”的虚拟存在，已经成为继陆、海、空、天实体空间之后的第二类生存空间和第五个作战领域。“没有网络安全就没有国家安全”，高度重视网络安全力量建设已经成为维护网络空间主权、安全和发展利益的必经之路。监测我国的网络安全情况、了解全球网络空间态势是保卫国家安全的基础。

（4）促进国民经济发展。从经济层面来说，系统化的网络测量能够为网络空间提供一张完整的“体检报告”。从宏观角度来看，为我国网络空间“把脉”，有助于从国家层面上宏观调度硬件资源，为国家经济政策决策提供数据参考，为网络空间管控提供数据支撑。从微观角度来看，将网络测量技术应用于各类关键信息基础设施、工控网、物联网等生产生活的实际场景中，能够将网络故障消灭在萌芽阶段，做到及时发现、准确定位、快速排除，最大限度地减少网络故障带来的经济损失，提高网络运行的稳定性与安全性。

1.3 网络空间测绘的研究内容和关键技术

前文已经述及，网络空间测绘的对象是网络空间中的各类实体资源和虚拟资源，以及资源之间的时空关系。实体资源包括支撑网络空间信息创建、存储、处理、流动的硬件基础设施。本书把虚拟资源分为两类，一类是标识网络空间实体资源的各类属性信息（如设备的描述、ID、IP 地址、端口信息等）和状态信息（如端口服务状态、潜在漏洞信息等）；另一类是网络空间中的各类文本、音视频等多媒体信息，以及构建于网络空间中的社交网络及其相关的虚拟人物和虚拟社区等。本书重点研究网络空间实体资源及第一类虚拟资源相关的测绘任务，在不会引起歧义的情况下，本书也把第一类虚拟资源当成实体资源的一部分。

马丁•道奇（Martin Dodge）和罗布•基钦（Rob Kitchin）[9,10]是较早对网络空间进行系统化研究和总结的学者。在著作《网络空间图谱》（*The Atlas of Cyberspace*）中，他们将网络空间测绘的对象划分为 4 类，即网络基础设置与流量、万维网、在线会话与社区，以及艺术、文学和电影等，并分别针对每类对象进行了测量和绘制。几乎同一时期，这两位作者还出版了另一部著作《网络空间测绘》（*Mapping Cyberspace*）。在这部著作中，他们在前期研究的基础上，提出了一种理解网络空间面貌的认知方式，尝试从空间性、空间形态和时空关系的角度绘制了部分网络地图，并分析了网络空间与地理空间之间的关联性和互动性。这些工作是展现网络空间面貌的有益探索，但由于相关的工作发生在较早期，所以停留在比较初级的层次，难以描绘网络空间全貌。一方面，由于对于网络空间测绘对象的划分采取了某种枚举的形式，往往容易导致挂一漏万的情况；另一方面，21世纪初，互联网及网络空间对于人类社会各方面的影响还没有深入到今天这种程度，因此，对于网络空间测绘的现实需求也没有像今天这么深刻和广泛。

1.3.1 网络空间测绘的研究内容

网络空间测绘的目标是实现对来源众多、类型各异的网络空间资源的全面探测、分析、表达、映射与可视化的绘制，是实现网络空间资产摸底的重要手段和方法。网络空间测绘是通过网络测量、网络实体定位和网络连接关系挖掘及其他相关信息的可视化等理论和科学技术手段，对网络空间进行真实描述和直观反映的过程。

因此本书将从资源探测层、资源表示层、映射与定位层、绘制与可视化层来组织网络空间测绘的主要研究内容。另外，网络空间测绘的用途非常广泛，本书也会讨论网络空间测绘的应用。网络空间测绘研究内容框架如图1.1所示。考虑到应用本身并非网络空间测绘技术体系的内容，因此，在图1.1中将其用虚线框来表达。

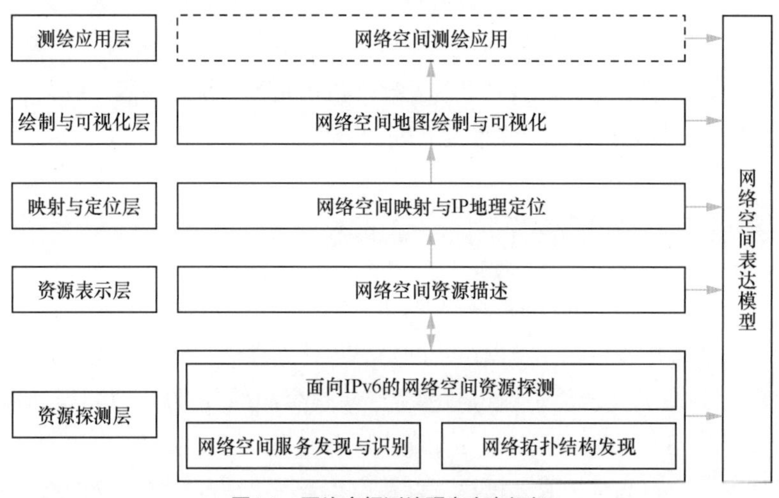

图1.1 网络空间测绘研究内容框架

资源探测层的主要任务是网络空间各类资源的探测、网络空间服务的发现与识别等，是网络空间测绘的基础，为包括映射与定位层在内的上层测绘功能提供基础数据。探测对象即上文提到的网络空间实体资源、虚拟资源及其时空关系等属性，其中，实体资源探测包括软硬件设施的发现以及硬件设备之间连接关系（即拓扑结构）的发现等，而虚拟资源探测则包括用户账号探测（人类用户及设备用户等）、端口探测、服务探测（服务协议、功能、状态、提供者和使用者、性能）等；属性探测包括资源各自的基础属性及其外延关系（如通联、隶属及主客关系等）的探测。

和IPv4网络相比，IPv6网络环境下的资源探测面临更多的问题，引出新的研究内容。IPv6巨大的地址空间使得传统的基于全量地址空间扫描的探测技术完全失效。因此，在实施具体的资源探测活动之前，需要先通过各种方法、手段预测出可能活跃的地址空间（相比于全量的地址空间，这个预测出来的地址空间是一个非常小的子集），然后针对这个地址空间子集进行探测活动。活跃的地址空间预测涉及活跃种子地址收集、地址结构规律分析与建模，以及基于模型的活跃地址预测等研究内容，从某种程度上说，这些是构成 IPv6 网络资源探测的主要研究内容。

资源表示层的主要任务是对网络空间各类资源进行建模、标识和表达，以及对它们在网络空间中进行表示。我们知道，传统地理学有一整套成熟的、以三维空间坐标为基础的表达体系，这是一种有效地组织、管理和表达地理空间的地学数据模型。该模型具有完整的空间、时间和专题语义，其时态特征强调地学对象的空间和专题特征是随时间变化的。网络空间的要素包括实体要素和虚拟要素，其类型多样、结构复杂，具有瞬时、互动的特性，与地理空间有很大的差异，因此无法直接简单地套用地理空间的地学数据模型进行描述。我们需要在参考地理空间的地学数据模型的理论、方法和技术手段的基础上，建立网络空间时空数据模型，以实现对各类网络空间要素的统一描述和有效应用。该模型应能有效表达网络空间要素的时空语义，包括空间结构、有效时间结构、空间关系、时态关系、网络事件、时空关系等。值得说明的是，在网络空间测绘技术体系的研究中，关于资源表示层的研究相对较少，是比较薄弱的环节。

网络空间映射与 IP 地理定位层是网络空间测绘研究中非常核心的内容，其主要目的是从探测层提供的相关数据中提取资源及其属性，并进行分析建模和关联映射，实现对网络空间资源的高精度全景画像和追踪定位。分析的内容包括对实体资源和虚拟资源的属性提取、关联和画像，以及向物理空间和社会空间的关联映射。网络空间资源分析需要解决复杂属性解析、缺失属性填充、多表征归一、跨域映射等一系列关键问题，分析的结果是形成一系列网络空间资源知识库。

网络空间测绘研究中另一个核心内容是 IP 地理定位技术，这里的 IP 地理定位主要是指实体资源向地理空间的映射技术，主要包括地标挖掘与采集技术、目标网络结构分析技术、网络实体定位技术等。地标是实现将网络实体映射到地理位置的基准点，同时也可验证定位算法的有效性，而网络实体的定位目前主要基于对外提供查询接口的数据库查询，或基于具有相关信息的网站和应用数据的数据挖掘，或基于网络测量数据估计地理信息。这方面的具体技术后文将展开介绍。

虚拟资源向社会空间映射技术主要实现将网络社会成员及其属性映射到现实社会空间。某个社会成员及自身属性即一个“点”，需要对其进行画像，即涉及虚拟人画像技术；社会成员之间的关系（地理关系、提供或使用的服务间关系、其他共性特征等）即形成一个“网”，涉及虚拟群体关系挖掘、轨迹模式发现等技术。这类虚拟资源的测绘本身又是一个很大的研究课题，限于篇幅，本书将不介绍这方面的研究内容。

在很多情况下，仅仅知道某个实体资源在地理空间中的具体位置还不够，还需要知道该实体资源在现实世界中属于哪个组织或机构，这就是实体资源的组织机构关联和挖掘技术。有关这方面的研究往往也属于网络空间映射的研究范畴。

根据对网络空间测绘研究内容的讨论，我们把网络空间测绘技术也分成4类，第一类是和资源探测相关的平台、工具和算法等技术，第二类是和测绘数据分析、映射与IP地理定位等相关的技术，第三类是和网络空间地理信息绘制与可视化相关的技术，第四类是和网络空间资源描述与表达相关的网络空间建模理论体系，它们之间的相互关系如图1.2所示。完整起见，这个架构还包括测绘数据的存储与管理，以及测绘数据的搜索与查询服务等功能模块。事实上，从工程的角度讲，网络空间测绘将产生海量的异构数据，这些数据本身的存储、管理确实也非常值得研究，但限于篇幅，且考虑到现有的大数据管理在其他场景下已经得到了较充分的研究，本书将不单独进行讨论。同样地，测绘数据的搜索和查询也非常重要，事实上，Shodan等项目[11]本身就是以垂直领域的搜索引擎的形式出现的，并提供各种联网设备及其服务的检索服务，本书将在讨论测绘应用的时候简要提及这方面的内容。

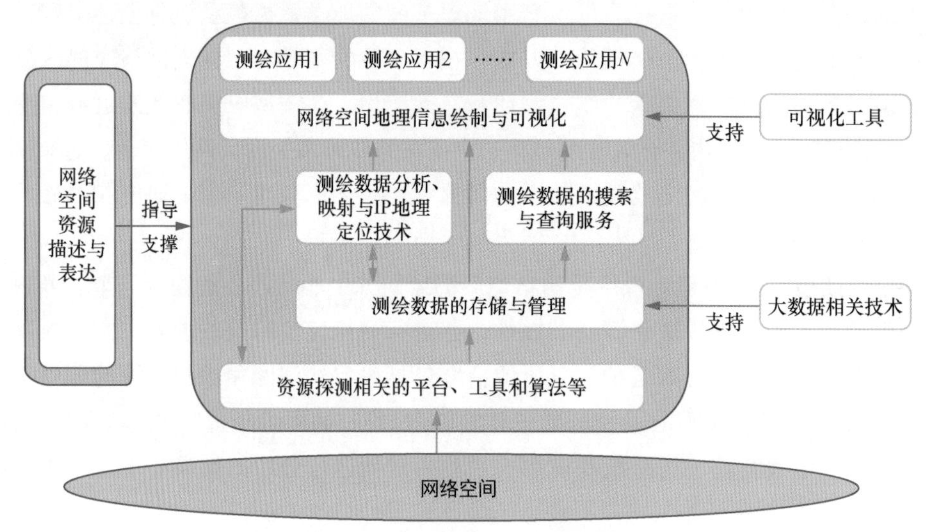

图1.2　网络空间测绘技术总体框架

1.3.2　资源探测技术

资源探测是网络空间测绘的基础性工作，资源探测技术包括大规模分布式探测平台构建技术、网络实体资源及其拓扑关系探测技术、网络虚拟资源及其关系探测技术，以及IPv6网络探测技术等。资源探测技术体系如图1.3所示。

1. 大规模分布式探测平台构建技术

网络空间测绘的对象是大规模、复杂、异构的网络，子网的种类可能包括自组织网络、卫星网络、容迟网络等各种网络类型；另外，当前网络空间资源探测大多采用主动探测的方式进行，主动探测往往需要向网络中注入探测数据包，这对大规模部署网络探针提出了挑战：既要考虑到获取网络空间各种类型资源的全面性，又要尽量减少数据收集对实际网络传输数据造成的影响，还要考虑到部署探针的实现代价和测量的效应。

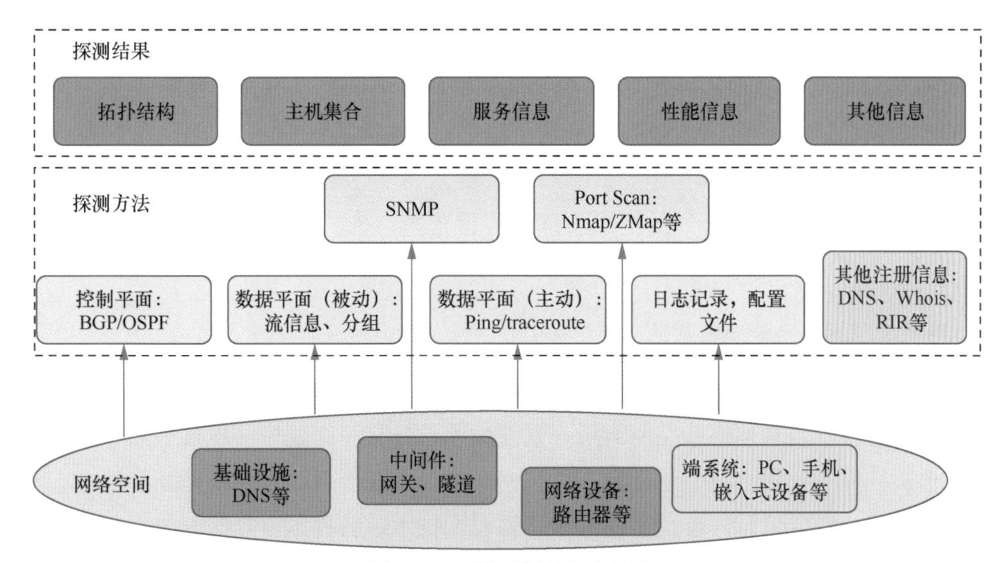

图1.3 资源探测层的技术体系

为了在不影响网络正常运行的情况下,能够持续稳定地开展网络空间资源探测,就需要构建统一的大规模分布式探测平台,并精心地设计高效的探测及探针的部署策略;研究高效的探测任务调度策略;研究探针(探测点)与探测目标的混合随机化策略,以最大限度地规避可能的扫描蜜罐或者目标网络的投诉;研究探测数据包的穿透技术,以尽可能地扩大探测目标范围(比如防火墙穿透技术等)。通过构建统一的分布式探测平台,实现广泛、分布式部署的探测终端统一化管理和高效的持续探测,为发起可靠探测提供探测环境和技术保障。

2. 网络实体资源及其拓扑关系探测技术

网络实体资源探测旨在发现网络空间的各种实体目标,通常包括网络基础设施,即网络空间中各种路由器、交换机以及其他各种中间盒子(middlebox)和各种接入设备,诸如服务器、PC,以及各种物联网智能设备等。与网络空间实体资源探测密切相关的是实体之间互联关系的推断(即拓扑关系推断)技术。

当前用于网络空间实体资源探测的主要工具有 Ping、Nmap、ZMap、Masscan 等,其背后依据的协议主要包括互联网控制报文协议(Internet Control Message Protocol,ICMP),TCP、用户数据报协议(User Datagram Protocol,UDP),以及各类具体的应用层协议等。如前文所述,实体资源探测需要研究的关键问题是如何用更小的测量成本对更广泛的范围实施探测,需要研究相关的测量协议和穿透技术,开发高效的测量工具。

而实体间的关系推断,即拓扑发现一般可分为 4 个层次:接口级拓扑发现、路由器级拓扑发现、场地接入点(Point of Presence,PoP)级拓扑发现和 AS 级拓扑发现。不同层次的拓扑发现在学术界都有不少研究,也产出了一些比较实用的工具。不同的研究所依据的方法、原理各不相同,但基本上可以分为两类,一类是基于数据平面的测量,而另一类是基于控制平面的测量,来获取相关的信息。比如,在接口级拓扑测量方面,现有的主要方法包括基于简单网络管理协议（Simple Network Management Protocol，SNMP）、基于互联网组管理协议（Internet Group Management Protocol，IGMP）以及基于traceroute工具等拓扑测量方法，都属于基于数据平面的测量范畴。基于控制平面的测量主要是利用路由协议提供的相关信息，比如利用域内路由协议所提供的表示网络节点间互连关系的路由（更新）信息来重构网络拓扑结构关系。在路由器级网络拓扑测量方面，研究的重点是探测的覆盖率、推断的准确性，以及路由器别名解释等问题。

3. 网络虚拟资源及其关系探测技术

在网络空间测绘技术的相关研究中，虚拟资源探测目前大约等同于社交网络的测量分析研究，涉及的现有技术主要包括社交网络用户发现技术、社交网络建模（连接关系、关注与被关注等）技术、社交网络用户与群体行为分析技术、热点话题传播建模及规律分析技术、网络用户对齐分析技术、特定信息内容快速探测和话题发现技术、音视频内容探测技术、网站自动探测技术等。目前，对上述技术的研究已取得了一定的进展。其中，社交网络用户发现技术是整个研究的基础，在此基础上通过社交网络用户之间的关注与被关注等关系构建出社交网络的拓扑结构关系，进而研究社交网络事件的传播、群体划分以及热点事件（舆情）的科学管控等问题；网络用户对齐分析技术主要通过发现同一个用户的不同身份之间的对应关系，在不同社交网络间建立表征线上和线下映射关系的“桥梁”；特定信息内容快速探测和话题发现技术主要研究信息内容分析、关联分析、社会信息网络挖掘等问题；音视频内容探测技术主要研究多语言识别、固定音频检索、视频的特征表示、语义属性分析以及多模式融合识别等问题。如前文所述，为了聚焦于实体资源的测绘，本书将不再讨论虚拟资源测绘相关的问题。

4. IPv6 网络探测技术

网络空间实体资源探测的理论范围就是IP地址空间。和IPv4网络相比，IPv6在地址空间方面发生了巨大的变化，当前在探测工具方面，主要有业内常用的功能强大的Nmap，以及最近出现的以快著称的、在一个通用的服务器上能在45 min内扫描整个IPv4空间的ZMap。在同样的条件下，扫描IPv6地址空间则需要花6.78×10^{24}年！

所以，针对IPv6网络空间的测绘，需要有全新的思路，也就是说，我们不能对着IPv6地址空间直接暴力扫描。目前学术界的主要做法是试图通过各种渠道获取尽可能多的活跃的IPv6地址（即所谓的种子地址），分析这些种子地址在IPv6地址结构中的规律，并据此建立一般性的模型，然后基于该模型来预测可能活跃的新的地址空间集合，最后针对预测出来的地址空间集合进行活跃性探测，并基于活跃性探测的结果再做其他服务的探测等[12]。

总体而言，和传统的IPv4网络空间的实体资源探测相比，主要且关键的一步是要进行活跃地址空间的预测，后面的实体资源探测和服务探测基本相同。目前学术界已经提出了多种预测模型，我们将在后文进行详细讨论，此处暂不展开。

1.3.3 测绘分析与映射技术

从测量结果中提取资源及其属性，并进行分析建模和关联映射，实现对网络空间资源高精度全景画像和追踪定位是测绘分析与映射技术的总体研究内容，具体包括测绘数据的融合分析技术、拓扑生成技术及网络组件关联技术、IP 地理定位与网络空间地理映射技术，以及网络运行态势综合分析技术等。

1. 融合分析技术

网络空间的资源种类和属性丰富，表现形式多样，资源数量巨大、关系复杂，这对数据分析和处理的及时性、准确性和可靠性提出了新的要求。目前，单源少量数据的分析已无法满足需求，需要采用更有效的分析方法，实现对大规模流式数据、多源数据的深度融合分析。网络空间资源融合分析需要解决复杂属性解析、缺失属性填充、多表征归一、跨域映射等一系列关键问题，分析的结果是形成一系列网络空间资源知识库。总的来说，网络空间资源分析方法呈现以下 3 方面的发展趋势：从小数据离线分析到大数据在线分析、从浅层分析方法到深度分析模型、从单一对象和数据源分析到融合分析。

2. 拓扑生成技术及网络组件关联技术

网络拓扑探测通过在网络空间不同位置部署测量探针，再通过这些探针向不同的目的节点发送探测分组来收集大量从不同探针到不同目的节点所经历的网络路径信息。拓扑生成技术通过融合分析这些路径信息，“拼凑”出完整的网络逻辑拓扑结构图。由于受各种各样的客观因素所限制，拓扑测量探针的部署是有限的，因此拓扑测量本质上是一种采样测量，基于采样测量的结构来反推网络空间完整的拓扑结构本质上是很难做到的。为了使基于采样测量的数据生成的拓扑更接近于真实拓扑，需要在信息补全、合理假设的基础上进行精确建模分析；在拓扑生成过程中，还涉及 IP 地址别名解析、路由器别名归并等关键技术的研究。通过上述技术能够获得由源到目标的网络路径以及路由器层次的网络拓扑结构，提取网络实体之间的连接关系和时延等通信特征。

在网络实体角色分析的基础上进一步辨别网络实体操作系统的类型，分析网络资源属性，形成内容丰富的网络实体连接拓扑结构，这就是所谓的网络组件关联分析。网络组件关联分析在网络空间测绘中是必不可少的。通过这些分析，我们不仅可以知道网络空间的实体、实体之间的连接关系，还可以知道每个实体包括操作系统在内的基本属性，为后续的服务及漏洞探测等奠定更好的基础。

3. IP 地理定位与网络空间地理映射技术

通过拓扑生成技术生成的网络拓扑结构只是表达了网络空间实体资源之间的逻辑关系，如何将逻辑拓扑连接关系映射为地理空间的物理连接关系是网络空间测绘研究中非常关键的一个环节和研究难点。目前，已经展开的定位研究工作主要包括基于数据库查询的定位、基于数据挖掘的定位和基于网络测量（时延测量）的定位等。它们的一些共性技术包括地标（landmark）挖掘与采集技术、目标网络结构分析技术、网络实体定位技术等。

其实，基于地标的网络实体定位技术本质上是一种间接测量技术，也是一种广义的网络层析（tomography）分析技术，其基本原理是通过各种手段获取足够多的网络空间参考点，即地标，这些参考点的IP地址（相对静态，变化不频繁）和相对准确的地理空间经纬度已知，或者可以通过其他在线或离线方式获得；当需要确定某个网络实体（已知IP地址）的时候，可通过测量该实体与所维护的参考点的距离（很多情况下以时延作为度量指标），并以其中距离最小的参考点的坐标作为该待测实体的地理空间坐标。

可见，网络实体参考地标在网络空间测绘中的作用如同地理空间测绘中的控制点。可以借助一定的技术和手段，由它们推算出其他具有IP地址的网络实体资源的地理空间坐标。网络实体参考地标往往都是IP地址公开的标志性服务器，如门户网站服务器、电信运营商服务器，其服务器在地理空间中放置的大概位置也是众所周知的。可借助传统测绘中控制点的测量手段，如全球定位系统（Global Positioning System，GPS）测量、控制测量、摄影测量与遥感等技术，获得服务器所在位置的精确坐标，从而将IP地址与空间坐标关联，构建网络实体参考地标库，为后续网络节点的测量提供精确的控制数据。

基于网络参考地标的网络实体节点定位技术能够根据定位精度的需求，基于参考地标、时延测量及拓扑分析结果，远程实现对网络目标实体不同级别的地理位置定位。主要技术流程如下：首先基于时延测量进行目标IP地址的粗粒度地域范围界定，然后对地标和目标及地标和地标之间的距离进行估计，最后对定位问题给出形式化描述，寻求适合的求解方法。同时，利用地理空间信息统计与分析的思想对目标进行细粒度的地理位置定位，给出目标定位结果的可靠性分析和精度评估与校正。详细的内容将在第6章讨论。

4. 网络运行态势综合分析技术

基于多个监测点，在不同时段收集的测量数据，生成被测网络的综合态势战略图，可在作战指挥中真正实现“运筹帷幄而决胜于千里之外”。这样的态势战略图除具有不同层面属性的即时播放功能以外，还可以通过颜色标注、声音提示等进行流量异常、故障报警，为防范大规模网络攻击提供预警手段，同时可从网络攻击的角度，研究具有隐蔽性、高效的分布式网络侦察测量方法。另外，对态势战略图进行综合分析，可为用户提供服务质量指数和病态路由报告，为改正病态路由、制定网络路由策略、进行网络破坏后的网络资源自组织等提供依据。

通常，网络运行态势综合分析往往是在基本测绘分析基础之上的增值性分析，因此，在内容规划、安排上也许放到实体绘制和可视化分析层之上的测绘应用层面来讨论更合适一些，此处就不展开了。

1.3.4 绘制与可视化技术

网络测量与分析结果的可视化是网络空间测绘的另一个关键环节。绘制与可视化是基于测量结果和分析结果，将多维的网络空间资源及其关联关系投影到一个低维的可视化空间，构建网络空间资源的分层次、可变粒度的网络地图，实现对多变量时变型网络资源的绘制的过程。绘制时，需要对数量巨大、多源异构的信息数据进行时间、空间、类型等一体化组织，然后基于统一的时空基准数据模型和资源标识，对数据进行有效关联组织和可视化表达，对网络空间资源的分布、状态、发展趋势等进行全方位动态展示。

在绘制理论方面，美国科学家马克·A. 史密斯（Marc A. Smith）和爱尔兰罗伯·基钦教授先后提出了网络空间的社区、地图和映射的理论[13]，他们介绍了如何利用地理学、制图学、计算机通信、信息可视化等领域的研究成果建立网络空间可视化的方法。武汉大学艾廷华教授在2013年提出了网络空间资源表达的符号可视化理论以及应用数学法则进行测量的方法[14]。

在绘制技术方面，赵帆、罗向阳等人[7]将绘制技术分为逻辑图绘制和地理信息图绘制两个部分。其中逻辑图绘制主要是通过构建拓扑可视化模型，利用二维、三维等空间布局方法将探测得到的网络拓扑可视化；地理信息图绘制利用数据同化技术、集成可视化技术、辅助分析技术等将网络空间资源的网络属性和地理空间属性进行可视化。而郭莉等人[8]则提出了全息绘制的概念，并认为在绘制全息地图的需求下，“叠加绘制”和“时空建模”将成为网络空间资源绘制的研究重点。这里简单介绍一下逻辑图绘制技术和地理信息图绘制技术。

1. 逻辑图绘制技术

网络空间逻辑图绘制技术主要用于绘制网络拓扑图。该技术的主要目标是将网络中的节点和连接关系以符合其内在特性的方式完整地展现在用户眼前，从而为人们了解和分析网络空间的整体状况提供直观的素材和操作平台。在绘制逻辑图时，往往要求将其性质、度量及模型等体现在可视化结果中，研究重点通常为解决可视区域和逻辑图规模之间的矛盾，以及便于理解的可视化策略的选择或设计。

2. 地理信息图绘制技术

网络空间地理信息图绘制技术主要用于实现基于地理空间基础数据的网络空间测绘数据的可视化表达。在绘制网络空间地理信息图时，涉及的技术主要包括地理空间和网络空间数据的同化技术、地理空间信息和网络空间信息的集成可视化技术、网络节点辅助分析技术等。其中，地理空间和网络空间数据的同化技术是一种数据处理技术，用于将来自地理空间和网络空间的不同格式、不同性质、不同模型的数据进行融合处理，为可视化提供可用的基础数据；地理空间信息和网络空间信息的集成可视化技术用于集成同化后的地理数据和网络数据，以便于用户理解和后期利用查询、预测等方式进行展示；网络节点辅助分析技术通过对映射结果周边的网络环境和地理环境的分析，来评估映射结果的合理性、可信度和可用性，为修正映射结果提供依据。

可视化技术是对绘制技术的支撑，同时也影响着绘制功能最后的“落地”。通常采用图形用户界面（Graphical User Interface，GUI）和电子地图的任意缩放和拖动、电子地图的多层表示法、直方图、二维和三维坐标曲线、扇形图、表格、报表、二维平面图形、三维立体图形等种种手段，结合地理信息系统（Geographic Information System，GIS）技术，对态势图进行层次化、可拖动、交互式分级显示，直观、形象地表示出测量分析结果。

1.3.5 网络空间信息建模与资源表达

传统地理学中有完善的系统理论和地图学的成熟思想，特别是物理空间中的空间坐标系、地图，以及后来发展起来的地理信息系统等，可作为信息表达基础，为绘制地理空间地图提供了非常好的信息建模和资源表达基础[15]。网络空间作为平行于物理空间的新世界，至今尚未建立系统化的信息建模和资源表达体系。网络空间突破了传统物理空间的时空限制，使传统物理空间特征在网络空间的重要性降低，因此急需建立网络空间自身的空间模型和空间信息系统。

网络空间信息建模与资源表达主要涉及网络空间地理学概念模型[9]、网络空间资源标识方法、网络空间表达模型等，其中网络空间表达模型本身又分为基于网络拓扑的网络空间表达模型、基于地理信息系统的网络空间表达模型和基于网络空间坐标系的网络空间表达模型。

1. 网络空间地理学概念模型

前面我们一直在讨论物理空间和网络空间，实际上我们并未对空间这个概念做一个定义。辞海中对空间是这样表述的：空间是物质存在的一种形式，是物质存在的广延性和伸张性的表现。人类社会的发展过程就是人类对自身及生存空间认知不断深化的过程，地理空间是人类社会存在和发展的基础。地理学是研究人（人类活动）—地（自然环境）空间分布规律、时间演变过程和区域特征的一门学科，探索地球表层地理环境的结构、演化过程、区域差异及人类对地理环境的利用和适应。地理学方法论的精髓在于把握区域差异性和区间依赖性。传统地理学通过对各类地理要素属性及空间分布的现象描述、特征分析和机理归纳等的研究来理解和认知地理空间和地理环境[16]。

前面我们已经述及，网络空间及其相关概念的出现，是网络与信息技术在全球的快速发展以及传统地理学在信息化时代不断创新共同作用的结果，涉及地理学、信息技术、大数据、人工智能等诸多学科领域。与地理空间相对应，网络空间是在地理空间基础上、基于计算机网络构建的新空间形态。

因此，在网络空间信息建模与资源表达的研究方面，人们很自然地会想到，传统地理学的方法和模型能否“平移”到网络空间中来、传统地理空间中的“空间”概念和网络空间的“空间”特性有何不同、网络空间中的距离如何度量、网络空间能否映射到地理空间中来等。因此，网络空间地理学的研究内容至少包括构建网络空间与物理空间的映射关系，在网络空间重新定义传统地理学关于距离、区域等基本概念，构建网络空间可视化表达的语言、模型、方法体系，绘制网络空间地图，探究网络空间结构和行为的演变规律等。很显然，网络空间不是欧氏空间，不存在传统地理空间中距离、方位的度量意义[9]，因此当前已有的网络空间可视化主要采用拓扑结构表达信息内容，关注在线 / 离线、访问通达性等拓扑信息，简化节点连接的距离、节点切换的方位关系；同时，在网络空间—地理空间关联、网络空间特征分析和行为认知等方面，尚缺乏统一的理论框架、完整的技术体系和典型的应用实例。通过地理学与网络空间安全等多学科的深度融合，推进网络空间地理学的研究，是网络空间测绘研究的重要内容。

2. 网络空间资源标识方法

如前文所述，网络空间涉及实体资源和虚拟资源两类资源。通常网络空间中的每个实体一般都有一个逻辑的标识，例如互联网上每个服务器都有一个 IP 地址，更大的实体，比如 AS，有对应的 ASN 进行标识。而服务器上运行的各类服务则往往用协议号或者服务端口号进行标识等。这样的逻辑标识有时也被称为实体在网络空间中的坐标，事实上，后面关于网络空间坐标的表达模型中也正是利用 IP 地址和 ASN 等标识作为基础的。网络空间中的实体往往在物理空间中也存在，因而也有其在物理空间中相应的坐标。将网络空间中的实体坐标与物理空间坐标精确对应起来，对于准确掌控两个空间之间的互相影响有重要作用，这是网络空间定位和映射需要研究的内容，此处先不展开。

当前，网络空间资源标识方面需要大力推进的是标准化和规范化的问题。一方面，当前已经有一些网络空间测绘的系统和平台，但各家自成一体，无法实现互操作；另一方面，网络空间中的网络设备往往不仅仅有一个 IP 地址，甚至服务器也不仅仅有一个 IP 地址，在这种情况下，如何做到“唯一”标识一个实体，需要有统一的规范。而网络空间服务的标识更是五花八门。还有和设备相关的各种信息，在表达方面也是各异的，其中的许多信息还是非结构化的信息。这些都加大了网络空间信息表达的难度。

3. 基于网络拓扑的网络空间表达模型

基于网络拓扑的网络空间表达模型可以被认为最早反映网络实体在网络空间中的逻辑连接关系的一种方式。基于网络拓扑的网络空间表达模型以拓扑学理论为基础，以网络实体作为节点，以实体之间的连接关系为边，将网络空间抽象成网络拓扑关系图，进而构建基于网络拓扑的网络空间可视化模型，将虚拟的网络空间抽象成多层次的网络拓扑结构，完成网络空间与拓扑空间之间的映射。根据网络实体的不同，网络空间可以被抽象为不同层次的拓扑结构，目前网络实体通常被分为 4 类，即 AS、PoP、路由器、接口等。

基于网络拓扑的网络空间表达模型的研究主要围绕 AS 层、路由器层和 IP 接口层，实现多层次的网络空间描述和表达。AS 层拓扑模型以 AS 为网络实体，将网络空间进行粗粒度的空间划分，以反映整个网络空间要素的连接关系。马哈德万（Mahadevan）等人[17]结合边界网关协议（Border Gateway Protocol，BGP）路由数据和 traceroute 测量数据等多元数据集，提出基于联合概率分布，精确绘制网络空间 AS 拓扑连接关系图的方法。路由器层拓扑模型专注描述网络空间的局部（比如某个 ISP 内部网络）连接特征。肯 • 基斯（Ken Keys）等人[18]基于别名解析机制，构建网络空间局部区域拓扑图，实现网络空间子区域管理。IP 接口层拓扑模型则通过探测链路层的连接情况，支持主机和接口级别的网络空间拓扑信息可视化。

基于网络拓扑的网络空间表达模型通过拓扑关系能较好地映射网络空间，其中每个网络实体可以由多个网络子实体构成，进而将网络空间进行剖分降维，实现对网络空间多层次、细粒度的认知。但该模型存在一些基本问题，考虑到网络空间瞬时多样的特性，随着网络中新节点的加入与旧节点的离开，可能导致拓扑节点时刻动态变化，该模型无法提供恒定的描述和表达网络空间的方法，更不满足坐标系自身恒定不变的要求。

4．基于地理信息系统的网络空间表达模型

古往今来，人类几乎所有活动都发生在地球上，都与地球表面位置（即地理空间位置）息息相关。随着计算机技术的日益发展和普及，地理信息系统以及在此基础上发展起来的“数字地球”“数字城市”在人们的生产和生活中起着越来越重要的作用。地理信息系统作为一个基础支撑性的信息系统，在包括位置服务在内的各类互联网应用中发挥着巨大的作用。

网络空间作为和现实物理世界平行的一个虚拟空间，虽然有其“虚拟”的一面，但网络空间的实体资源还是要依附于物理世界而存在的。因此，自然也存在网络空间与物理空间的映射和关联关系，基于地理信息系统的网络空间表达模型的提出可以说也是顺理成章的。基于地理信息系统的网络空间表达模型关注虚拟网络空间与物理空间的融合。文献 [19,20] 最早开启基于地理信息系统的网络空间表达模型的研究，从传统地理学领域的研究核心“空间”与“位置”出发，定义网络空间是由信息网络连接而成的计算机空间的集合，网络位置则是网络基础载体（即网络实体和实体之间的物理连接）与传统地理空间基础设施之间的映射，通过该映射关系可实现网络空间与物理空间之间的关联。基于地理信息系统的网络空间表达模型以地理坐标系为基础，其绘制方法可借鉴传统的地理地图学原理，是目前主流的网络空间描述和表达方案，被工业界和学术界广泛应用。

基于地理信息系统的网络空间表达模型基于地理坐标系映射网络空间，表达网络空间实体资源的地理属性特征，协助从地理空间层面完成网络空间的管理。网络空间实体依托于地理空间存在，因此网络空间的时空关系可以在地理空间中体现。但是网络空间作为独立的虚拟新空间，突破了传统物理空间的时空限制，地理空间中的距离概念也被大大淡化，网络空间还具有独特的网络区域性以及层次结构。因此，传统地理空间特征在网络空间的重要性降低，基于地理信息系统的网络空间表达模型难以很好地揭示网络空间的“空间”特性。

5．基于网络空间坐标系的网络空间表达模型

基于网络拓扑和基于地理信息系统的网络空间表达模型在全面表达网络空间方面都存在一定的缺陷，为此，王继龙教授等人[21,22]提出了网络空间坐标的概念，并提出了基于网络空间坐标系的网络空间表达模型。

传统地理信息系统具有可表达性的一个基础是其基于经纬度的地理空间坐标系统。经纬度在空间中具有唯一性，在时间上具有恒定性。网络空间坐标系设计的关键在于基向量的选取，在地理信息系统中体现为经度和纬度。考虑到网络空间的空间特性，基向量的选取需要遵循正交、恒定以及层次化、细粒度揭示网络空间的原则，并思考如何在该向量空间中表征网络异构载体、数据、用户和交互操作等。

缪葱葱等人[22]进一步指出，在复杂多变的网络空间中，IP 地址、应用服务端口号、ASN 等在网络空间中恒定的编号系统，适合作为网络空间坐标向量的候选者。其中，基于 IP 地址映射的网络空间不仅支持网络资源要素的定位，而且允许表示坐标系中主机之间的网络通信交互。应用服务端口作为识别网络服务的标识，虽然无法在网络空间中唯一定位网络实体资源的空间位置，但是可以在 IP 地址的基础上实现特定需求下的网络应用层信息的表达。AS 作为网络空

间域间业务往来和通信的基本单位，将其设计为基向量有利于描述 IP 地址空间的 AS 聚合特征以及 AS 层次的空间信息。在给定网络空间基向量的基础上，可进一步给出网络空间二维、三维坐标系的设计及相应的映射算法。

1.4 本章小结

网络空间从 20 世纪 80 年代初首次出现于科幻小说，到 20 世纪 90 年代初被有关学者引入以指代广义的互联网及其因人类通信而形成的虚拟空间，至今已近 40 年。虽然网络空间已被定义为继陆、海、空、天之后的“第五疆域”和人类生产生活的第二空间，但关于网络空间，学术界至今并无完全达成共识的定义。事实上，网络空间是一个随着时代发展而动态发展、内涵相对模糊的概念，在最近这些年，随着技术创新和互联网、物联网等的发展，网络空间所涵盖的范围也在逐渐扩大。

作为人类生产生活的第二空间，网络空间的“地形地貌”如何，其中的实体资源如何分布，运行是否正常和安全，等等，是我们许多人都非常关心的。网络空间测绘可感知和了解网络空间安全的基础性、普适性、关键性需求，准确感知、客观度量、动态跟踪网络空间态势，是维护网络空间安全的最根本工作。对网络空间的科学刻画，是网络空间治理和安全保障的重要基石。因此，网络空间测绘对于我国维护网络空间安全、提升网络空间管控水平、提升网络空间联合作战能力以及促进国民经济发展等具有重要的意义。

本章从网络空间的基本概念及其演变、网络空间测绘的定义与内涵、网络空间测绘与传统互联网络测量的异同等方面进行了讨论，并据此引出了网络空间测绘的主要研究内容以及网络空间测绘涉及的主要关键技术等，为后续的介绍奠定了基础。

参考文献

[1] Wikipedia. Cyberspace [EB/OL]. (2019-07-20)[2021-02-11].

[2] KRAMER F D. Cyberpower and National Security: Policy Recommendations for a Strategic Framework [C]//KRAMER F D, STARR S, WENTZ L K. Cyberpower and National Security. Washington D C: National Defense University Press, 2009: 1-18.

[3] CHOUCRI N. Explorations in Cyber International Relations - A Research Collaboration of MIT and Harvard University-The Final Report [R/OL]. (2015-12-20)[2021-02-20].

[4] 罗向阳 , 刘琰 , 尹美娟 . 网络空间测绘 [M]. 北京 : 科学出版社 , 2020.

[5] 杨家海 , 吴建平 , 安常青 . 互联网络测量理论与应用 [M]. 北京 : 人民邮电出版社 , 2009.

[6] 周杨 , 徐青 , 罗向阳 , 等 . 网络空间测绘的概念及其技术体系的研究 [J]. 计算机科学 , 2018, 45(5): 1-7.

[7] 赵帆 , 罗向阳 , 刘粉林 . 网络空间测绘技术研究 [J]. 网络与信息安全学报 , 2016, 2(9): 1-11.

[8] 郭莉 , 曹亚男 , 苏马婧 , 等 . 网络空间资源测绘 : 概念与技术 [J]. 信息安全学报 , 2018, 3(4): 1-14.

[9] DODGE M, KITCHIN R. Mapping Cyberspace [M]. London: Routledge, Taylor & Francis Group, 2001.

[10] DODGE M, KITCHIN R. The Atlas of Cyberspace [M]. Massachusetts: Addison-Wesley Reading. 2001.

[11] SHODAN. Search Engine for the Internet of Everything [EB/OL]. (2020-01-25)[2021-08-04].

[12] SONG G L, HE L, WANG Z L, et al. Towards the Construction of Global IPv6 Hitlist and Efficient Probing of IPv6 Address Space [C]//IEEE/ACM 2020 International Symposium on Quality of Service (IWQoS), Hangzhou: IWQoS, 2020:1-10.

[13] SMITH M A, DRUCKER S M, KRAUT R, et al. Counting on Community in Cyberspace [C]//CHI' 99 Extended Abstracts on Human Factors in Computing Systems, Pittsburgh, PA: ACM, 1999: 87-88.

[14] AI T H, ZHOU M J, CHEN Y J. The LOD Representation and TreeMap Visualization of Attribute Information in Thematic Mapping [J]. Acta Geodaetica et Cartographica Sinica, 2013, 42(3): 453-460.

[15] 郭启全 , 高春东 , 郝蒙蒙 , 等 . 发展网络空间可视化技术支撑网络安全综合防控体系建设 [J]. 中国科学院院刊 , 2020, 35(7): 917-924.

[16] 高春东 , 郭启全 , 江东 , 等 . 网络空间地理学的理论基础与技术路径 [J]. 地理学报 , 2019, 74(9): 1709-1722.

[17] MAHADEVAN P, KRIOUKOV D, FOMENKOV M, et al. The Internet AS-level Topology: Three Data Sources and One Definitive Metric [J]. ACM SIGCOMM Computer Communication Review, 2006, 36(1):17-26.

[18] KEYS K, HYUN Y, LUCKIE M, et al. Internet-scale IPv4 Alias Resolution with MIDAR [J]. IEEE/ACM Transactions on Networking (TON), 2013, 21(2): 383-399.

[19] BATTY M. Virtual Geography [J]. Futures, 1997, 29(4/5): 337-352.

[20] BAKIS H. Understanding the Geocyberspace: A Major Task for Geographers and Planners in the Next Decade [J]. Netcom, 2001, 15(1/2): 9-16

[21] 王继龙 , 庄姝颖 , 缪葱葱 , 等 . 网络空间信息系统模型与应用 [J]. 通信学报 , 2020, 41(2): 74-83.

[22] MIAO C C, WANG J L, ZHUANG S Y, et al. A Coordinated View of Cyberspace [Z/OL]. arXiv:1910.09787, 2019.

第 2 章　网络空间表达模型与资源描述

正如前文所述，资源表示层的主要任务是对网络空间各类资源的建模、标识和表达，以及它们在网络空间中的表示。不同于传统地理空间，网络空间包含的要素众多，无法直接套用地理空间的数据模型进行描述。因此，建立适用于网络空间的数据模型以实现对各类网络空间要素的统一描述和有效应用是必不可少的。

由于网络空间表达模型与资源描述是网络空间资源测绘的重要理论基础，国内外研究团队都尝试提出新的概念模型、资源标识方法、空间表达模型等。但总体而言，这方面的研究相对较少，是较为薄弱的环节，仍需研究人员进行深入的研究。本章主要从表达模型和资源描述的角度概述网络空间测绘。为了便于读者更加深入地理解网络空间，本章首先在 2.1 节中介绍地理空间及其表达；然后在 2.2 节介绍网络空间及其与地理空间的关系；2.3 节介绍网络空间资源标识方法；2.4 节介绍网络空间坐标表示与表达模型。

2.1　地理空间及其表达

研究网络空间表达模型与资源描述时，一个很自然的想法是传统地理学的方法和模型是否能够套用到网络空间中来。然而，传统地理空间和网络空间存在诸多不同，不能直接“平移”地理空间的表达方法。为了便于理解，本节介绍地理空间及其表达。在描述如何对地理空间进行表达之前，我们需要理解地理空间的含义。地理空间是地理学和测绘学研究的空间，是地理实体、能量、信息的数量及行为在实体空间范畴内的广延性存在形式[1]。当然，地理空间也有诸多不同的定义。例如，斯米尔诺夫（Smirnov）[2] 将地理空间定义为一组有序的位置。而位置是地理学的基本概念之一，它被定义为一个地方，或行动，或将某人或某物置于一个特定地点的过程。但相同的是，地理要素空间分布范围决定了地理空间具有有限性。依据任何地理要素划分的地表圈层、区域、地方和地点，都是具有边际的地理空间[3]。同时，地理空间又分为绝对空间和相对空间两大类[4]。绝对空间是具有属性描述的空间位置集合，它由一系列的空间坐标值组成，是可以直接或间接感知的物理实体。相对空间是具有空间属性特征的实体的集合，它由不同实体之间的空间关系构成，是指空间内部事件的关联性或时空约束性。

地理空间的表达一般需使用一种可以参考的标准，即坐标参考系，也称为空间参考系统。坐标参考系是一个用于精确测量地球表面位置的坐标的框架。一个坐标参考系规范通常包括地球椭球体、水平基准、地图投影、原点和计量单位。如今常见的坐标参考系包括地理坐标系、投影坐标系、地心坐标系等。本质上，坐标参考系是坐标系和解析几何等抽象数学在地理空间中的应用。本书主要介绍地理坐标系和投影坐标系。

2.1.1 地理坐标系

地理坐标系是球形或椭球坐标系，用于测量地球上地理位置的纬度和经度。在目前使用的各种坐标参考系中，地理坐标系是最简单和最广泛使用的，并构成了大多数其他系统的基础。

1. 地理坐标系的发展

地理坐标系的发明一般归功于古希腊的埃拉托斯特尼（Eratosthenes），他于公元前 3 世纪在亚历山大图书馆创作了《地理》[5]。一个世纪后，古希腊的喜帕恰斯（Hipparchus）对这一系统进行了改进，通过恒星而非太阳高度来确定纬度，通过月食的时间来确定经度。后来，出生在腓尼基的提尔的马里纳斯（Marinus）编制了一份内容丰富的地名录和世界地图，该地图使用的坐标是从最西端的已知陆地（幸福岛，西非海岸周围）上的本初子午线向东测量的，并从小亚细亚的罗德斯岛向北或向南测量。托勒密（Ptolemy）认为他完全采用了经度和纬度，而不是用仲夏日的长度来衡量纬度[6]。托勒密在 2 世纪的《地理学》中使用了相同的本初子午线，但却从赤道测量纬度。他们的作品在 9 世纪被翻译成阿拉伯语后，阿尔•赫瓦里兹米（Al-khwarizmi）在《地球描述之书》中纠正了马里纳斯和托勒密关于地中海长度的错误，导致中世纪阿拉伯制图学使用托勒密线以东约 10° 的本初子午线。大约在公元 1300 年恢复了托勒密的文本后，欧洲恢复了数学制图。该文本在 1407 年左右由雅各布 • 安基罗（Jacobus Angelus）在佛罗伦萨翻译成拉丁文。1884 年，美国主办了国际子午线会议，有 25 个国家的代表参加，其中 22 个国家同意采用英国格林尼治天文台的经度作为零度参考线。多米尼加共和国投了反对票，而法国和巴西投了弃权票。后来，法国在 1911 年采用了格林尼治时间，以取代巴黎天文台的地方测定。

2. 地理坐标系介绍

地理坐标系使用三维球面来定义地球上的位置。一个地理坐标系通常包含角度测量单位、本初子午线和基准面。角度测量单位多采用度分秒（Degrees Minutes Seconds，DMS）或者十进制来表示；本初子午线是指零经度线，用于标定地理坐标系的方向。理论上，任何一条经线都可以被定义为本初子午线； 基准面则是给出了测量地球表面的位置的参考框架，如地心基准面、区域基准面。地心基准面是全球性的，旨在为全世界提供良好的平均精度。区域基准面则是在特定区域与地球表面紧密贴合的旋转椭球体。因此，将坐标系的测量结果用于其针对区域以外的地区是不准确的。每当改变基准，地理坐标系就会改变，相应坐标也会改变。例如，在 DMS 中，使用 1983 年北美基准（NAD 1983）的加州 Redlands 的一个控制点的坐标是：−117°12′ 57.759 61″，34°01′ 43.778 84″，同一点在 1927 年北美基准（NAD 1927）上的坐标是：−117°12′ 54.615 39″，34°01′ 43.729 95″。因此，不同地理坐标系因其所选用的本初子午线和基准面的不同而有略微不同。

地理坐标系通过经度、纬度和相对高度确定地球上的任何位置。经度和纬度是从地球中心到地球表面的一个点所测得的角度。每条贯穿东西方向的线都具有一个恒定的纬度值，该线被称为纬线。纬线彼此等距、平行，围绕地球形成同心圆。赤道是最大的圆，将地球分成两半，

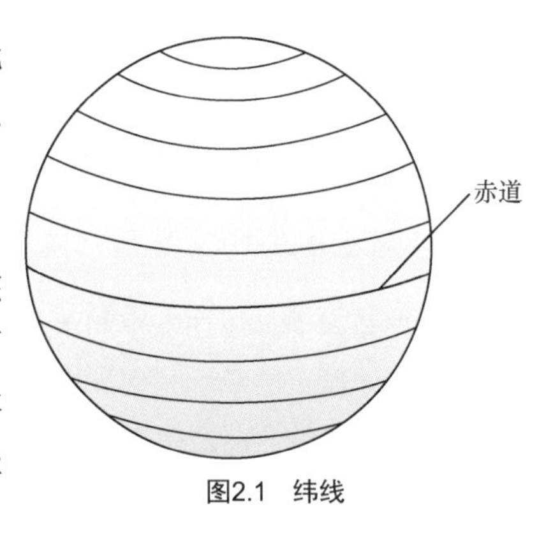

图2.1　纬线

且与两极的距离相等。赤道这条纬线的数值为零。赤道以北的地点纬度为正，范围是 0°～+90°（北极点）；而赤道以南的地点纬度为负，范围是 0°～−90°（南极点）。图 2.1 展示了纬线。

每条贯穿南北方向的线也各有一个恒定的经度值，该线被称为经线。经线围绕地球形成相同大小的圆，并在两极相交。经度为 0° 的经线被称为本初子午线。最常用的本初子午线位置之一是经过英国格林尼治天文台原址的那条经线。然而，其他经线也可以作为本初子午线，如通过伯尔尼、波哥大和巴黎的经线。在本初子午线以东直至其反本初子午线（本初子午线在地球另一侧的延续）的地点有正经度，范围是 0°～+180°。本初子午线以西的地点有负经度，范围是 0°～−180°。图 2.2 展示了经线。

纬线和经线可以覆盖全球，形成一张经纬网络。经纬网的原点是（0,0），即赤道和本初子午线相交处。因此地球会被赤道和本初子午线划分为 4 个地理象限。东与西分别位于本初子午线的右侧与左侧，而南与北则分别位于赤道的下方与上方。例如，图 2.3 展示了一个地理坐标系的示例，其中一个位置由东经 80° 和北纬 55° 的坐标表示。

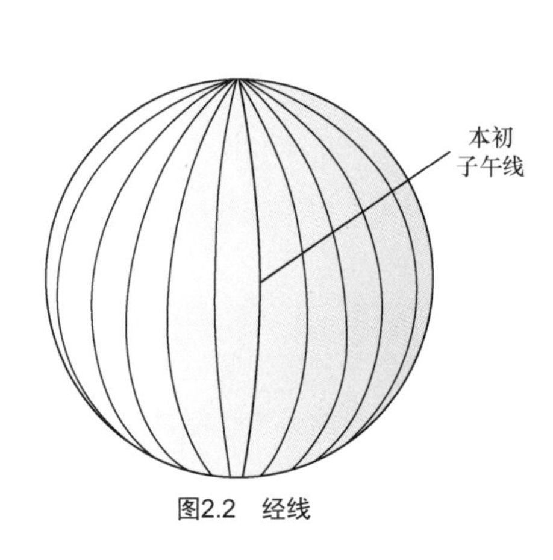

图2.2　经线

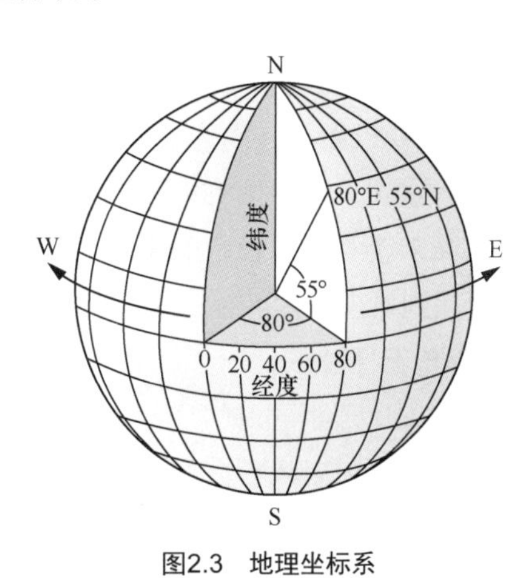

图2.3　地理坐标系

2.1.2　投影坐标系及地图投影

1. 投影坐标系

投影坐标系也是坐标参考系，用于确定平面（地图）上的位置和测量特征。它以球体或球状体的地理坐标系为基础，但使用线性计量单位作为坐标，因此，在其上很容易计算距离和面积。投影坐标系适合于区域数据集和应用。纬度和经度坐标在平面投影上被转换为 x、y 坐标。x 坐标正方向通常是一个点的东向方向，而 y 坐标正方向通常是一个点的北向方向。贯穿东西的中心线被称为 x 轴，而贯穿南北的中心线被称为 y 轴。

x 轴和 y 轴的交点是原点，其坐标通常为 (0,0)。x 轴以上的 y 值为正数，x 轴以下的 y 值为负数。与 x 轴平行的线是相互等距的。y 轴右边的数值为正，y 轴左边的数值为负。与 y 轴平行的线是等距离的。

2. 地图投影

地图是人类描述地理空间最基本的手段，经纬线就是精确的地图语言。但困难在于怎样把已确定的球面上的线绘制到平面上，因为球面是不可展开的曲面，若用物理的方法将它展开成平面，必然会使曲面产生褶皱、拉伸或断裂等无规律的变形。所幸，我们可以使用数学公式将三维地理坐标系转换为二维平面投影坐标系，这种转换被称为地图投影。在制图学中，地图投影是一种将地球表面平整成一个平面以制作地图的方法。这需要将地球表面上的位置的经纬度系统地转换为平面上的位置。

所有球体在平面上的投影都必然以某种方式在某种程度上扭曲了表面。根据地图的使用目的，有些扭曲是可以接受的，有些则不可以；因此，存在着不同的地图投影，以便以牺牲其他属性为代价来保留球体的某些属性。地图投影通常按使用的投影面分类，如圆锥面、圆柱面和平面。根据所使用的投影，不同的空间属性会出现失真。投影的设计是为了最大限度地减少数据的一个或两个特征的失真，然而，距离、面积、形状、方向或这些特征的组合可能并不能准确地作为被建模的代表性数据。虽然大多数地图投影试图确保空间属性的准确性，但其他的投影试图最大限度地减少整体失真，例如罗宾逊投影。常见的地图投影类型如下。

（1）等面积投影。

这种投影保留了特定地物的面积，但这些投影会扭曲形状、角度和比例。阿尔伯斯等面积圆锥投影就是一个等面积投影的例子。所有经线被投影为相交于一个公共点的等距直线，而纬线和两个极点则被投影为以经线收敛点为中心的圆弧。

（2）等角圆柱投影。

这种投影保留了小区域的局部形状。例如，墨卡托投影是一种等角圆柱地图投影，最初创建该投影用于精确显示罗盘方位，为海上航行提供保障。此投影的另一功能是能够以最小比例精确而清晰地定义所有局部形状。经线投影为彼此平行且等距分布的垂直线。纬线投影为水平直线，与经线投影垂直，纬线投影的水平直线长度与赤道长度相同，但是越靠近极点，间距越大。

（3）等距投影。

这种投影通过保持特定数据集的比例，保留了某些点之间的距离。有些距离是真实的距离，也就是与地球仪相同比例的距离，如果我们离开了数据集，比例就会变得更加扭曲。正弦投影是等距投影的例子。正弦投影是以真实比例显示所有纬线和中央经线的等距投影。其中，纬线投影为平行直线，经线投影为对称于中央经线的正弦曲线。该投影在地图轮廓附近产生了显著畸变，这是因为边界经线过度向外凸出。解决方案是通过中断海洋投影的连续性，并使各大陆在各自中央经线附近居中，来减小外侧经线方向上的变形程度。

（4）真实方向或方位投影。

这种投影通过保持一些大圆弧，保留了从一点到所有其他点的方向。这种投影给出了地图上所有点相对于中心的正确方向或方位角。方位图可以与等面积投影、等距投影相结合。兰伯特方位等积投影是方位投影的例子。假设以南极为中心进行兰伯特方位等积投影，则在该种投影中，经线投影为源自南极点的直线，纬线投影为不等距的同心圆弧，越远离投影中心，经纬线投影的间距减小。所有经纬线互相垂直。

2.2　网络空间及其与地理空间的关系

由通信技术特别是互联网创造的网络空间是一个虚拟空间，人们可以通过独立于时间和空间的物理设备进行访问、互动和交流。网络空间是一个数字空间，没有实际的物理位置。因此，人们可以不受地理距离的限制，轻松地在网络空间进行交流。由于具有便利性，网络空间已被广泛应用于人们的日常生活中，并逐渐成为与地理空间相媲美的不可或缺的空间。

网络空间往往可以划分为广义网络空间和狭义网络空间[7]。广义网络空间是指连接各种信息技术基础设施的网络，包含互联网、电信网、传感网、工业和军事等内部网络与工业系统中内嵌的控制、处理装置组合形成的物联网，以及由各种计算机系统、信息数据构建的虚拟空间和社会人之间的相互关联。狭义网络空间特指互联网空间，即现实中人们使用通用计算机、平板计算机和手机等可联网设备以虚拟身份进入的虚拟信息空间。本书研究的网络空间主要是广义网络空间。

网络空间比较抽象，往往难以理解。不过已有研究尝试将网络空间具象化。例如，Jiang B等人认为网络空间在Web层面是一种信息的空间[8]。HyperSpace[9]便是一个Web可视化的工具，可用于显示网络区域的组织。它的信息结构不是根据地理位置，而是根据用户定义的，这意味着相关的主题是相邻显示的，而不相关的主题则在空间上分开。如图2.4所示，网络上的每个页面被表示为一个球体，球体的体积取决于页面内嵌的链接数，而从一个页面到另一个页面的链接被表示为球体之间的连线。这些球体和连线被放置在一个三维虚拟现实系统中，最初是随机的。节点之间相互排斥，而连线则提供一种吸引力。因此，没有联系的区域被分隔开，而高度相关的内容则被汇聚到一起，集中在同一空间区域。

图2.4　网络空间在Web的网络表示

事实上，网络空间和地理空间的关系也很紧密。网络空间与地理空间的结合产生于20世纪90年代，被称为“地理网络空间”。随着网络空间不断发展，其对地理空间信息科学研究也产生了冲击和挑战。这引起了研究人员对两个空间的认知研究，开始考虑网络空间和地理空间的关联和融合，后续研究也继续扩充地理网络空间的内涵和外延 [10]。Batty M 在 *Virtual Geography* 中指出计算机网络中的拓扑结构、信息流通的空间和环境是依附于真实地理空间的 [11]。通过对比网络空间和地理空间，孙中伟等人也认为网络空间是不能脱离真实地理空间的，需要将二者进行关联分析 [12]。张龙等人认为真实地理空间与虚拟网络空间相辅相成、不可分离，地理空间是网络空间的载体，而网络空间是地理空间的又一平行拓展。伴随着网络实体定位技术不断发展和完善、网络虚拟画像与地理人的紧密度不断提升，网络空间和地理空间并不再绝对独立，而是相互兼容甚至有机融合，人类可以在两个空间中形成映射并随意切换。研究网络空间与地理空间的虚实映射，理解信息传输与社会、地理空间的关联关系，认识两个空间的信息转换已成为地理和网络两个领域的专家、学者共同关注的热点问题 [7]。

不过，尽管网络空间的基础设施依附于地理空间，但是网络空间的动态复杂多变等特点还是表明了二者是存在差异的。网络空间作为独立存在的多维度虚拟空间，也具备以下3个特性。

第一，网络空间不存在距离的概念，这与地理空间大为不同。在地理空间中，距离的度量可以通过欧几里得距离、时间距离等方法进行。时间距离是指从空间中的一点到达另一点所需的时间。然而，在网络空间中，信息是通过光、电等方式进行传输的，这使得网络空间中任意节点的信息传输可以在极短的网络时延内完成。因此网络空间突破了传统时空限制，与物理距离关联不大。

第二，网络空间中的节点存在拓扑连接关系，与地理空间不同。网络拓扑关系是指用传输介质互连各种设备形成的物理布局，指构成网络的节点间特定的、物理的（即真实的）或者逻辑的（即虚拟的）排列方式。但是地理空间中不存在这样的拓扑连接关系。

第三，网络空间是复杂、动态多变的。首先，构成网络空间的元素众多，不仅包括实体资源（如路由器、服务器、交换机、基站等基础设施），也包含应用服务、账号、文件、消息等虚拟资源，这导致网络空间极其复杂。其次，网络空间中海量信息自由流动、节点自由加入，导致网络空间瞬时多样，动态变化。在不同网络层次、时间、观察粒度下，网络空间表现出不同的空间资源要素。因此，网络空间也是动态多变的。

总体而言，网络空间作为新的空间形态，当前人们对它的认知还较为初步，仍需要研究人员进行大量研究。

2.3 网络空间资源标识方法

为了实现对网络空间的表达，首先需要明确网络空间中的资源及标识方法。方滨兴院士 [13] 将网络空间的组成划分为4种类型：载体、信息、主体和操作。其中，网络空间载体是网络空间的软硬件设施，是提供信息通信的系统层面的集合；网络空间信息是在网络空间中流转的数据内容，包括人类用户及机器用户能够理解、识别和处理的信号状态；网络空间主体是互联网用户，包括传统互联网中的人类用户以及未来物联网中的机器和设备用户；网络空间操作是对信息的创造、存储、改变、使用、传输、展示等活动。因此，广义的网络空间资源是网络空间中载体、信息、主体等各类要素的总和，不仅覆盖通信基础设施、IP网络、覆盖网络、应用支撑系统等互联网基础设施实体资源，而且包括承载在实体设施之上的信息内容、用户等虚拟资源。郭莉等人[14]提出了一种新的网络空间资源分类体系，从物质形态和社会形态层面将网络空间资源分为实体资源和虚拟资源。本书在其基础之上，为实体资源添加了新的一类——中间件，如图2.5所示。中间件包括防火墙、入侵检测系统（Intrusion Detection System，IDS）、安全网关、蜜罐等。

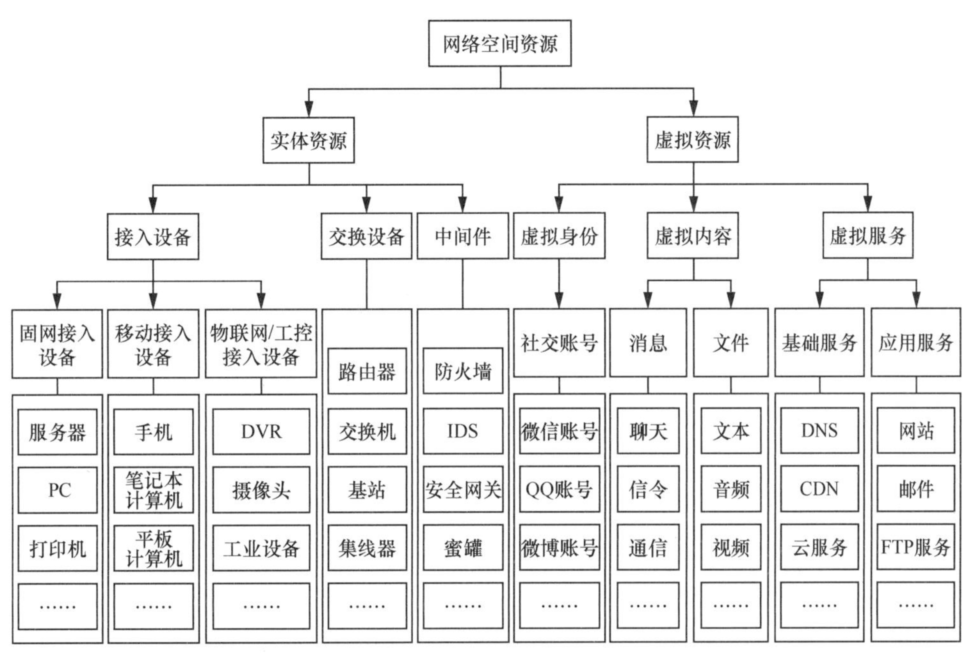

图2.5　网络空间资源分类

而针对网络空间的资源进行表示，则通常需要为网络空间资源分配一个标识。总体上，网络空间中的实体资源标识方法较为简单，一般通过IP地址或MAC地址标识。我们生活中常用的PC和手机等都内嵌MAC地址，在接入网络之后也能够获取到IP地址。如果将同一网络中的各类节点统一看作一个逻辑实体，而该网络由同一网络运营商独立运行，那我们称该逻辑实体为AS，可以用ASN进行标识。而网络空间中的虚拟资源的标识方法则较为多样。应用服务可以用域名（或IP地址）和端口标识，例如一个超文本传输协议（Hyper Text Transfer Protocol，HTTP）服务可以使用www.example.com:80标识。基础服务可用于支撑各类应用服务，同样可以使用域名、IP地址等标识。虚拟内容中的文件则可以使用统一资源定位符（Uniform Resource Locator，URL）进行标识。URL是对Web资源的一种定位和标识，它指定了Web资源在计算机网络上的位置和检索机制。例如，一个典型的URL（如http://www.example.com:8080/index.html）表示网络上的一个文件，包括访问该文件所用的协议（HTTP）、存储该文件的主机名（www.example.com）、提供该文件访问服务的端口（8080）以及文件名（index.html），而虚拟内容中的消息则由各类协议中的消息类型和相关标识字段所区分。在社交媒体中通常使用固定的账号作为虚拟身份的唯一标识码，不同的社交媒体的账号命名规则不同。根据本书内容的定位，本章主要对网络空间实体资源以及虚拟资源中的服务的描述和标识进行讨论。因此，本节主要介绍以下几类网络空间中的常用标识。

2.3.1 MAC地址

MAC 地址是分配给网络接口控制器的唯一标识，在局域网内的通信中使用。这种标识在大多数 IEEE 802 网络技术中很常见，包括以太网、Wi-Fi 和蓝牙等。在开放系统互连参考模型中，MAC 地址被用于数据链路层的介质访问控制协议子层。MAC 地址长度为 48 bit，通常表示为 6 组，每组含 2 个十六进制数字，组间由连字符或冒号分隔。MAC 地址主要由设备制造商分配，因此经常被称为以太网硬件地址或物理地址。每个地址都可以存储在硬件中。在语义上，该地址由两部分组成，前面 3B 用于标识该设备的制造商，也称为组织唯一标识符（Organizationally Unique Identifier，OUI）；后面 3B 用于标识该设备的编号（序号）。一些著名的 OUI 如下：思科的 OUI 是 CC:46:D6，谷歌的 OUI 是 3C:5A:B4，华为的 OUI 是 00:9A:CD，惠普的 OUI 是 3C:D9:2B，等等。具有多个网络接口的网络设备，如路由器和多层交换机，必须为同一设备中的每个网卡提供一个唯一的 MAC 地址。总而言之，MAC 地址可以用于标识硬件设备。

2.3.2 IP地址

当设备连接网络时，设备将被分配一个 IP 地址，用作标识。通过 IP 地址，设备间可以互相识别并通信。目前，IP 地址分为 IPv4 与 IPv6 两大类，IP 地址由一串数字组成。IPv4 为 32 bit 长，通常书写时以 4 组十进制数字组成，并以圆点分隔，如 172.16.254.1；IPv6 为 128 bit 长，通常书写时以 8 组十六进制数字组成，并以冒号分隔，如 2001:db8:0:1234:0:567:8:1。IP 地址有两个主要功能：标识主机和寻址路由。前者是指标识主机的网络接口，并且提供主机在网络中的位置；后者是指将数据包从源端发送到目的端。每个 IP 数据包的包头都包含发送主机的 IP 地址和目的主机的 IP 地址。

2.3.3 自治系统号

AS 通常是指由一个网络运营商、一个单位或一个组织独立运行的计算机网络（对应一个或多个 IP 地址前缀）。ASN 是用来标识独立的 AS 的。每个 AS 维持一个单一的、明确定义的路由策略。每个 AS 通过 ASN 来控制其网络内的路由，并与其他 AS（上游 ISP）交换路由信息。一般来说，申请 ASN 的单位需要与两家以上（包括两家）、有不同 ASN 的网络接入商进行网络互联的计划。早期 ASN 是用 2 B 来编码的，由于 ASN 资源紧缺，后来扩容为 4 B 编码 ASN，故有两种不同的格式来表示 ASN。第一种是一个 2 B 的 ASN，即一个 16 bit 的数字，提供了 65 536（2^{16}）个 ASN（0 ～ 65 535）。从这些 ASN 中，互联网编号分配机构（Internet Assigned Numbers Authority，IANA）保留了其中的 1023 个（64 512 ～ 65 534）供私人使用。第二种是一个 4 B 的 ASN，即一个 32 bit 的数字。这种格式提供了 4 294 967 296（2^{32}）个 ASN（0 ～

4 294 967 295）。IANA 保留了 94 967 295 个 ASN（4 200 000 000 ～ 4 294 967 294）供私人使用。直到互联网工程任务组（Internet Engineering Task Force，IETF）在 2007 年提出逐步过渡到 4 B 的 ASN 前，所有的 ASN 都是 2 B。如今，2 B 和 4 B 的 ASN 之间不再有区别，所有的 ASN 都应该被视为 4 B。

2.3.4 端口号

端口号是使用网络进行通信的每个应用程序或进程的逻辑地址。端口号本质上相当于传输层的地址，我们知道 IP 地址可唯一标识一台主机（实际上是标识一个网络接口），但一台主机上往往运行着多个应用服务。为了区分，有必要为每个应用服务指定一个（或多个）逻辑地址，即端口号。端口号由 16 bit 二进制数进行编码，作为传输层报文头的一部分。一般地，在制定应用协议标准规范的时候都会用本应用服务拟使用的端口号进行指定，不过，为了获得配置的灵活性（很多情况下也是为了安全性），服务所使用的端口号在部署应用的时候都可以灵活配置（甚至很多情况下很少用协议规定的默认端口号）。端口号主要在基于 TCP 和 UDP 的网络中使用，分配端口号的可用范围为 0 ～ 65 535。尽管应用程序可以更改其端口号，但是某些常用的互联网服务会分配全局端口号，例如 HTTP 的端口号为 80，Telnet 的端口号为 23，简单邮件传送协议（Simple Mail Transfer Protocol，SMTP）的端口号为 25 等。

2.3.5 域名

域名是由一串用圆点分隔的字符串组成的、标识互联网上某一台计算机或计算机组的名称，用于在数据传输时以方便记忆的方式标识计算机。域名可以看作一个 IP 地址的代称，目的是便于记忆。例如，baidu.com 是一个域名，人们可以直接访问 baidu.com 来代替访问 IP 地址，然后域名系统（Domain Name System，DNS）就会将它转化成便于机器识别的 IP 地址。这样，人们只需要记忆 baidu.com 这一串带有特殊含义的字符，而不需要记忆没有含义的数字。域名的核心是 DNS。在 DNS 的层次结构中，各种域名都隶属 DNS 根域的下级。域名的第一级是顶级域，它包括通用顶级域，例如 .com、.net 和 .org；以及国家和地区顶级域，例如 .us、.cn 和 .tk。顶级域名的下一级是二级域名。二级域名向人们提供注册服务，人们可以用它创建公开的互联网资源或运行网站。顶级域名的管理服务由对应的域名注册管理机构（域名注册局）负责，注册服务通常由域名注册商负责。

上述标识符在实际使用时，可能需要将多种标识符进行组合以实现对网络空间资源的精确描述。例如，描述互联网上的服务往往需要使用 IP 地址和端口。此外，上述网络空间资源标识符也是构建网络空间坐标系进而对网络空间进行表达的基向量选项，2.4.3 节将对此进行详细讨论。

2.4 网络空间坐标表示与表达模型

网络空间作为平行于物理空间的新世界，至今尚未建立真正有意义的空间模型。物理空间中有相应的空间坐标系、地图、地理信息系统，它们可作为信息表达的基础；网络空间突破了传统物理空间的时空限制，使传统物理空间特征在网络空间的重要性降低，因此建立网络空间自身的表达模型并非易事。目前，针对网络空间建立的表达模型主要有 3 种。第一种是基于网络拓扑的网络空间表达模型，以拓扑学理论为基础，基于单元与连线等描述形式表达网络空间的拓扑连接关系，并采用空间剖分降维的方式描述子单元拓扑信息。第二种是基于地理信息系统的网络空间表达模型，即基于地理坐标系映射网络空间，侧重于表达网络空间要素的地理属性特征。第三种是基于网络空间坐标系的表达模型，以 IP 坐标系、IP-Port 坐标系、AS 坐标系为基础，支持对网络空间的多尺度、多维度和多视图表达，并且能够实现网络空间信息系统与地理信息系统之间的映射。

2.4.1 基于网络拓扑的网络空间表达模型

既然在网络空间中物理距离的概念在逐渐弱化，那么对网络空间而言，拓扑连接关系更为重要。因此，可以利用网络节点（V）和链路（E）将网络空间抽象成网络拓扑关系图 $G(V, E)$。然后，在此基础上建立基于网络拓扑的网络空间表达模型，通过将虚拟的网络空间抽象成多层次的拓扑网络结构，完成网络空间与拓扑空间之间的映射。而网络拓扑的构建与绘制可借鉴传统拓扑学原理。基于网络拓扑的网络空间表达模型主要围绕 AS 级、PoP 级、路由器级和接口级，实现多层次的网络空间描述和表达。我们也将在第 4 章详细介绍网络拓扑的探测方法，本节以说明基于网络拓扑的网络空间表达模型为主。

1. AS 级拓扑模型

如前文所述，AS 为在同一网络运营商控制下的 IP 地址前缀的集合，向互联网提供一个共同的、明确定义的路由策略。AS 级拓扑模型以 AS 为基本单元，将网络空间进行粗粒度的空间划分，以反映整个网络空间要素的连接关系。实际上，AS 级拓扑更能从逻辑上清楚地表示互联网的结构。BGP 路由表为 IP 地址前缀提供了多个可能的 AS 路径，这些都代表了 AS 级别的连接。因此，我们可以通过分析这些 AS 路径来建立 AS 级的拓扑图：路径中相邻的两个 AS 存在 BGP 连接，我们用一条边来模拟。需要注意的是，两个 AS 之间有一条边并非意味着这两个 AS 之间只有一个物理连接，也可能表示两个 AS 之间存在多个物理连接。

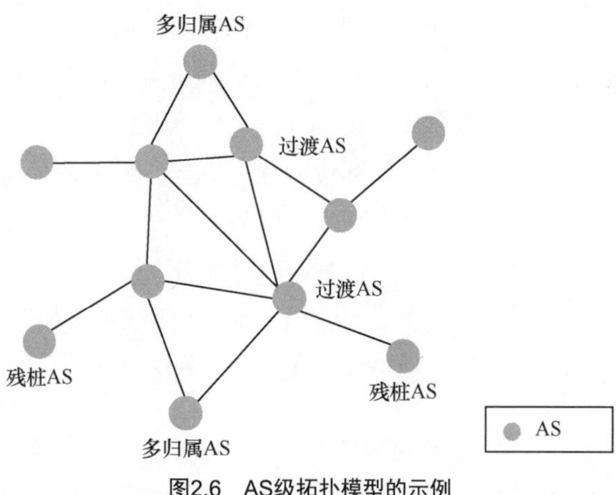

图2.6 AS级拓扑模型的示例

图 2.6 展示了一个 AS 级拓扑模型的示例，其中每个浅灰色圆点代表一个 AS，实线代表两端的 AS 存在 BGP 连接。而 AS 也可以根据管理流量的方式划分为 3 类：第一类是残桩 AS（stub AS），只与另一个 AS 有唯一的连接；第二类是多归属 AS（multi-homed AS），与其他 AS 有两个或更多的连接，但不会携带过渡流量；第三类是过渡 AS（transit AS），与其他 AS 有

两个或更多的连接，并且可以承载本地和过渡流量。

AS 级拓扑可以利用 BGP 路由信息、traceroute 测量数据或者互联网路由登记库（Internet Routing Registry，IRR）提供的数据进行构建，方法细节将在第 4 章介绍。总的来说，AS 级拓扑模型有助于我们理解整个互联网的逻辑结构，然而其对网络空间的表达粒度相对较粗，使得我们无法了解网络拓扑的细节信息，甚至遗漏部分网络信息。这主要体现在以下几方面：第一，由于历史原因或为了实现全球可达，一些 AS 在其网络内部的不同部分使用不同的路由策略。显然，这与我们对 AS 的定义不完全一致。因此，将 AS 当作原子结构来表达网络空间显得过于简化，已有研究表明这不利于我们理解域间路由[15]。第二，在 AS 级拓扑模型中，很多 AS 之间的连接在真实世界中往往存在多条物理链路、多个物理连接，因此仅用 AS 级拓扑模型来表达网络空间是无法体现上述含义的。

2. PoP 级拓扑模型

服务提供商通常将多个路由器放置在一个位置，该位置称为 PoP，PoP 为一个地区服务。因此，PoP 既是指一组属于同一 AS 并在物理上放置在同一位置的路由器集合，有时候也指放置这些路由器的位置。PoP 级拓扑模型以 PoP 为基本单元（节点），以连接这些 PoP 的物理链路作为边。PoP 级别拓扑是研究 AS 对外连接的理想粒度，能够确定 AS 可以与其邻居交换流量的所有地点。因此，这个层次的拓扑结构对 AS 的潜在客户也非常有用，因为这些客户可能想了解 AS 的地理覆盖范围或者可以连接的地点。

在这个层级的拓扑模型中，一个节点代表一个 PoP，两个 PoP 之间的连接表明这两个 PoP 中的路由器之间存在物理连接。图 2.7 展示了 PoP 级拓扑模型的示例。其中浅灰色圆代表一个 AS，将其展开，可以发现其中存在多个 PoP（深灰色圆）。PoP 与同一 AS 内的其他 PoP 以及其他 AS 的 PoP 相连，后者也形成 AS 级连接。将其中一个 PoP 打开（如 AS_2 的 PoP_c），可以发现是一组互相连接的多个路由器（黑色圆）。

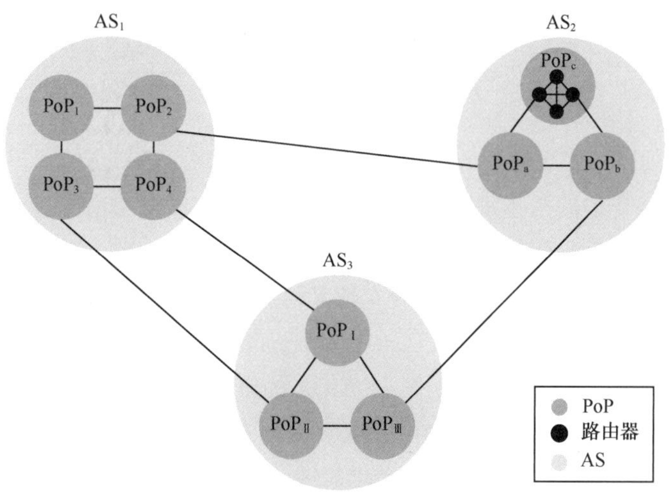

图2.7 PoP级拓扑模型的示例

PoP 级拓扑可以通过 traceroute 获取。此外，ISP 也会在其官方网站上提供 PoP 级拓扑。例如，

Cogent 在其官方网站提供了 PoP 级拓扑结构，显示了该 AS 的 PoP 之间的互连关系。第 4 章将详细介绍获取 PoP 级拓扑的方法。

当研究整个网络而不仅是特定的 ISP 时，PoP 级拓扑模型相较于路由器级别的拓扑模型提供了更好的聚合水平，而且信息损失最小。PoP 级拓扑模型能够通过物理共存点的数量和它们的连接性来评估每个 AS 的规模，而非通过路由器和 IP 链路的数量，这大大降低了评估的复杂度。

3. 路由器级拓扑模型

路由器级拓扑模型专注描述网络空间的局部连接特征。构建路由器级拓扑有助于分析和研究互联网路由的动态性质（如发现迂回路由、转发环路、路由黑洞、无规则变动路由等病态路由）和路由策略配置，有助于进一步优化选路。通过充分利用路由器级拓扑，我们还可以设计更有效的路由协议，提高路由性能。

在路由器级的拓扑模型中，一个节点代表一个路由设备。如果两个节点对应的路由设备的接口在同一个 IP 广播域上，那么这两个节点就通过一条边连接。图 2.8 显示了路由器级拓扑的示例。其中黑色圆点代表路由器，3 个 AS 的路由器及其之间的连接关系构成了一个路由器级的网络拓扑。一个 AS 通常由多个路由器通过网络链路相连组成，一些大型的 AS（如中国电信）所包含的路由器级拓扑可以覆盖整个国家。

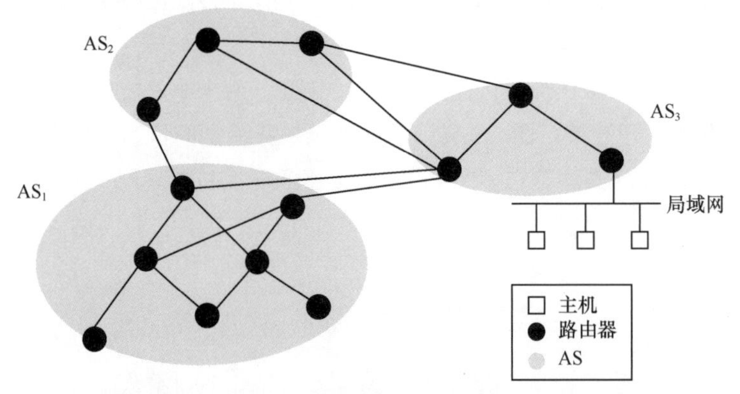

图2.8　路由器级拓扑的示例

对于 ISP 内部的路由器级拓扑结构，由于其拥有所有路由器节点的管理权限，因此使用基于 SNMP 或基于路由协议的拓扑发现方法能够准确获取该 ISP 内路由器节点之间的连接关系。SNMP 是拓扑发现的一个重要工具，能够加快网络拓扑的发现过程。但如果想要获得大规模网络（包括其他 ISP）的路由器级拓扑，则还需要其他更通用的发现方法，如基于 traceroute 的主动探测等。应用互联网数据分析中心（Center for Applied Internet Data Analysis，CAIDA）在构建路由器级拓扑方面做了大量的研究工作。CAIDA 的研究人员曾分析了 400 个 AS 的路由器级拓扑，得出了一个结论：不同 AS 的路由器级拓扑结构大致相似。

路由器级拓扑模型对网络空间的表达粒度较细，也十分贴近网络空间的真实面貌。但这种表达忽视了不同管理策略的网络间的界限，直接反映了数据信息在网络空间中的流动路径。但是构建路由器级拓扑往往需要进行大量的探测，会给对网络带来较大的负荷。

4. 接口级拓扑模型

接口级拓扑模型则通过探测链路层的连接情况，支持主机和接口级别的网络空间拓扑信息的呈现。在接口级拓扑模型中，一个节点代表一个网络接口，用 IP 地址标识。而一个网络接口则属于一个主机或者路由器。两个节点之间的连接则代表它们之间存在直接的网络层连通性。值得注意的是，每个路由器往往拥有多个网络接口，因此在接口级网络拓扑模型中，一个物理路由器往往表现为多个节点。

图 2.9 显示了接口级拓扑模型，其中黄色小圆点代表对应设备上的网络接口。我们可以发现，R_2 和 R_3 在图中均表现为 2 个节点，这是因为它们均有两个接口接入网络；而 R_1 和 R_4 在图中则表现为 3 个节点，因为它们均有 3 个接口接入网络。

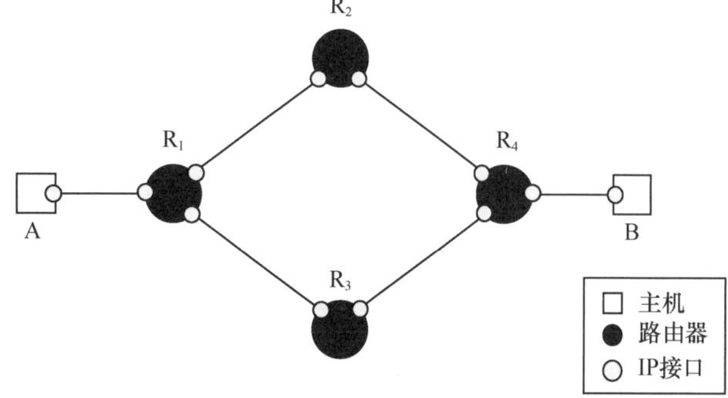

图2.9 接口级拓扑模型

同样，除了使用 traceroute 主动测量来发现接口级拓扑以外，还可以通过 SNMP 获得接口级拓扑。利用 SNMP，我们可以从设备上获取信息，然后计算相关设备之间的连接关系。具体方法介绍详见第 4 章，此处仅进行简单说明。

总而言之，接口级拓扑模型是基于网络拓扑的网络空间表达模型中表达粒度最细、最精确的层级。然而，构建接口级拓扑并非易事，网络中负载均衡的存在往往使得接口级拓扑发现方法构建的拓扑出错，具体原因将在第 4 章详述。此外，通过将接口级的拓扑中属于同一路由器的节点合并，可以获得路由器级的网络拓扑。

2.4.2 基于地理信息系统的网络空间表达模型

网络空间与地理空间的融合是基于地理信息系统的网络空间表达模型关注的重点。网络空间是指地理空间上分散的众多独立的计算设备互联构成的在线系统和空间形态，而地理空间则是指地球表面上客观存在的物理空间。从地理学视角研究网络空间是一种自然的思路，受到大量关注。早在 1967 年，学者 Wilson M 就指出网络空间是一个与传统地理空间截然不同的虚拟场所 [16]。Batty M 认为网络空间是一种建立在传统地理空间之上的空间类型，然而人们却对这个空间的地理环境没有什么概念，同时呼吁绘制网络空间的地图，将其架构可视化，并展示网络空间是如何连接和改变传统的地理空间的 [17]。

在 20 世纪 90 年代末至 21 世纪初，Bakis H[10] 和 Batty M[11] 等学者陆续开启了基于地理信息系统的网络空间表达模型的研究。通过沿用传统地理学领域研究的核心点——空间和位置，这类研究首先定义了网络空间和网络位置。网络空间是指由信息网络连接而成的计算机空间的集合，而网络位置是指网络基础载体与传统地理空间基础设施之间的映射，然后通过该映射关系实现网络空间与物理空间之间的关联。

在网络空间中沿用地理坐标是一种直观的想法，只需要将网络空间投射到当前的地理坐标系或投影坐标系即可。由于前文已经介绍地理坐标系和投影坐标系，这里不赘述。为了在地理空间中表达网络空间中的节点（如2.3节中的实体资源），最重要的是获取节点对应物理设备的地理坐标，如经度和纬度。因此，相较于基于网络拓扑的网络空间表达模型，使用地理信息系统表达网络空间的节点增加了节点的地理位置信息。例如，图2.10所示为网络拓扑在地理空间进行映射的示例。该网络拓扑包含核心层、汇聚层、接入层以及端系统。通过将网络拓扑中的各个节点对应的物理设备在地理空间进行映射，并将设备的连接关系进行标注，可实现对该网络拓扑的清晰表达。

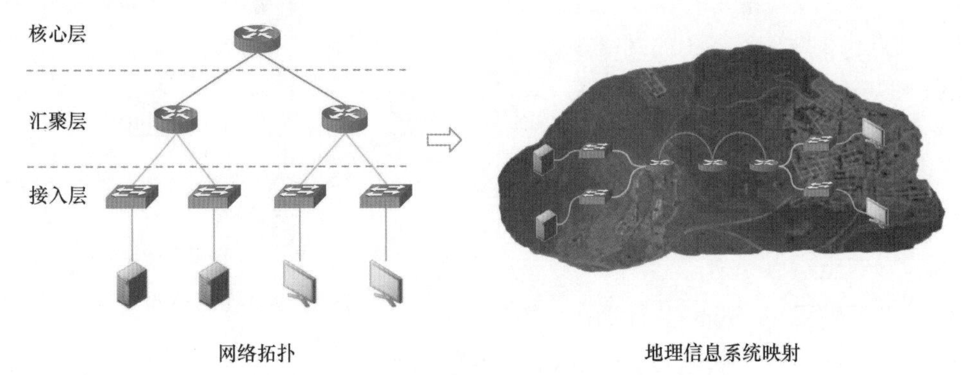

图2.10　基于地理信息系统的网络空间表达示例

基于地理信息系统的网络空间表达模型以地理坐标系或投影坐标系为基础，是目前主流的网络空间描述和表达方案，被工业界和学术界广泛应用。在地图中展示网络空间，呈现的是网络空间的地理投影。然而，网络空间的地图投影也忽略了一些重要的网络信息，如IP地址。纵观目前的研究，基于地理信息系统的网络空间表达模型主要从资源分布、资源关系、网络空间事件等角度描述网络空间。

1．资源分布

基于地理信息系统的网络空间表达模型最直观的应用便是对网络空间中资源的数量和分布进行刻画。正如前文所述，在基于地理信息系统的网络空间表达模型中，需要获取资源的地理位置。而一旦获取了资源的地理位置（如利用IP地理定位技术，相关方法将在第6章介绍），即可在基于地理信息系统的网络空间表达模型中呈现该资源的数量和分布，这也便于我们掌握资源分布现状，分析资源分布的合理性，进而为优化资源分布提供依据。

我们用一个典型的例子进行说明。Kuipers J研究了DNS任播服务载体的地理分布特征[18]。任播是一种网络寻址和路由的策略，通过为一组网络节点配置相同的IP地址，使得数据包能够根据当下的网络状态被动态路由到最佳的目的地。事实上，大多数DNS根服务器和其他服务如Cloudflare等都引入了DNS任播服务，因为使用DNS任播服务可以实现基于DNS客户端的地理位置而响应DNS查询，降低DNS响应时间并简化DNS客户端设置，也有助于防范DNS拒绝服务（Denial of Service，DoS）攻击。任播服务将一个IP地址用于同一服务的多个实例；然后，路由系统负责将客户端引导到最近的服务实例。理论上，客户端应该总是到达最近的实例，但事实证明情况并非总是如此。Kuipers J分析了K根的任播基础设施，并试图确定有多少客户到达最近的实例。在 Kuipers J 进行研究时，K 根有 20 个服务器实例，分布在世界各地。所有的实例都可以通过任播的 IP 地址和单播的 IP 地址到达。通过利用 RIPE Atlas 测量框架提供的城市级的精确探针位置，在以下 3 组国家进行测量，分组依据如下：①有本地 K 根实例的国家，这些国家的探针可能会绕过当地的 K 根实例，导致 DNS 查询的 RTT 并非最优；②拥有大量互联网用户和大量可用探针的国家，这些国家可以在测量中确保大量探针的可用性；③来自剩余大洲的国家，每个大洲至少选择 3 个国家。实际探测分为两步：第一步确认探针所指向的 K 根实例；第二步测量到所有 K 根实例的 RTT，确认离探针最近的 K 根实例。探测结果如文献 [18] 中图 2 所示。该图中每个标记代表一个 RIPE Atlas 的探针。就 RTT 和地理距离而言，绿色探针均被导向最近的 K 根实例，占比为 41.97%；红色探针是指在拓扑学上或地理上都没有到达最近的 K 根实例，占比为 45.88%；蓝色探针是指在地理上到达了最近的 K 根实例，占比为 2.78%；黄色探针是指仅在 RTT 方面达到最近的 K 根实例，占比为 9.37%。通过分析任播服务载体的地理分布特征，匹配客户端对应的 DNS 服务载体构建映射关系，精确绘制 DNS 服务载体的真实地理坐标，进而协助研究网络空间 DNS 服务的负载均衡问题。

Huffaker B 等人 [19] 将网络空间进行空间划分，并将每个空间映射到相应地理区域，在此基础上，每个机构通过管辖该区域的基础载体，即可实现网络空间区域的 AS 管理。

2. 资源关系

对于一些资源，在描述其地理分布的基础上，我们还可以描述它们之间的连接关系，即网络拓扑。不过，与基于网络拓扑的网络空间表达模型不同的是，基于地理信息系统的网络空间表达模型在刻画网络拓扑时，还增加了资源的物理位置信息。因此，相对抽象的网络拓扑能够在地理信息系统中进行直观的呈现，这也便于人们理解。

我们以 PoP 级拓扑模型为例，说明基于地理信息系统的网络空间表达模型在表达资源之间的连接关系方面的优势。Zilberman N 的博士论文 [20] 中的图 4.2 显示了服务提供商 Qwest 的 PoP 节点的地理位置及其内部网络连接关系。我们知道 PoP 节点本质上是一系列路由器的组合，因此首先可以在地理信息系统中确定 PoP 节点的地理位置，然后补充 PoP 节点之间的连接关系，最终在地理信息系统中实现对完整的 PoP 节点级别的网络拓扑的表达。显而易见的是，基于地理信息系统的网络拓扑表达更有利于帮助人们认识网络的内部结构，同时可以为挖掘隐藏在网络内部的有价值的信息提供帮助。事实上，在 2.4.1 节中介绍的 Cogent 的 PoP 级网络拓扑也提供了地理位置信息，与本例类似。我们在该节中关注的是 PoP 级的连接关系，而在本节中同时还关注其地理位置信息。

3. 网络空间事件

网络空间事件（特别是网络空间安全事件）在网络空间中经常发生，如网络流量、病毒传播等。基于地理信息系统的网络空间表达模型还可以针对网络空间事件进行表达，旨在将虚拟、动态的网络事件，按照行为主体、客体和影响等，在地理信息系统中进行连续呈现和多要素分析。更详细的网络空间事件可视化的相关论述将在第 7 章展开。下文将以两个例子进行简要说明。

首先，我们以网络空间流量在地理空间中的分布为例进行说明。CAIDA 曾经绘制了网络空间流量流向在地理空间的分布图[21]。CAIDA在其官网上展示了2005年5月4日当地时间上午7:00至5月5日上午7:00之间日本一家主要ISP的住宅宽带客户的流量的可视化图。该图显示了世界地图、日本地图和日本冲绳岛地图的图像。地理上分散的数据点说明了每个数据点和日本的住宅客户之间交换的字节数。图例对数据值的颜色和高度编码解释如下：颜色是按对数比例变化的，即使是最小的流量也能看到；高度是线性变化的，因此能够比较流量的变化。左下角的柱状图显示了在收集的24小时内流经该ISP的总字节数（每小时）。x轴显示自测量开始后的时间。在夜间和清晨时分，日本居民客户产生的流量是最小的。该图清楚地显示了通过日本ISP的住宅宽带客户流量与日本一天中的时间之间的相关性。

其次，我们再用一个安全事件的例子进行说明。CAIDA曾经还绘制了Witty蠕虫宿主机的地理空间分布与时空传播模型图[22]。2004年3月19日，北京时间20:45，Witty互联网蠕虫病毒开始传播，目标是几个互联网安全系统产品中的缓冲区溢出漏洞。同样，CAIDA也在其官网显示了被感染的主机数量和它们在世界地图上的地理位置。该图显示了Witty互联网蠕虫病毒感染主机的惊人速度，感染仅在45 min后就达到了高峰。同时还显示了Witty的破坏性对有效载荷的影响，最终通过过滤Witty流量和修补受感染机器相结合，受感染主机的数量迅速下降。在蠕虫病毒开始传播的12小时后，一半的Witty主机变得不活跃。右上角的直方图显示了收集数据的5天内的受感染主机总数。直方图正下方的图例显示了数据点的颜色编码。彩色的数据点代表全世界被Witty蠕虫病毒感染的主机数量。

总的来说，基于地理信息系统的网络空间表达模型使用地理坐标系或投影坐标系映射网络空间，表达网络空间要素的地理属性特征，协助从地理空间层面完成网络空间的管理，指导地理基础设施部署和地理安全防范。网络空间依托于地理实体存在，因此网络空间的时空关系可以在地理空间中体现。

2.4.3 基于网络空间坐标系的表达模型

与前两种网络空间表达模型不同，基于网络空间坐标系的表达模型通过利用网络空间的内生信息构建网络空间坐标系，并以此为基础对网络空间进行表达。当然，这种思路与基于地理信息系统的网络空间表达模型类似，二者都将网络空间信息定义为具有坐标定位的实体之间的关联以及相互作用的表征，而后者采用的是地理坐标系。

前述两种网络空间表达模型虽然能够在一定程度上表达网络空间，但是却存在一定的表达缺陷，无法展现网络空间的本源空间特性。因此，研究人员尝试构建网络空间自身的坐标系作为网络空间表达模型的参照基础[23-25]。

设计网络空间坐标系的关键之处在于基向量的选取。在地理信息系统中，基向量为经度和纬度。参照地理坐标系，对网络空间坐标系的基向量的选取原则包括：第一，基向量是恒定不变的；第二，基向量之间是正交的；第三，能够层次化、细粒度地展现网络空间；第四，能够便于在网络空间中表达多元数据、信息载体、用户等。所幸在复杂多变的网络空间中存在诸多可供选择的编号空间，如IP地址空间、ASN空间、MAC地址空间、端口号空间等。这些编号空间是稳定的。更重要的是，这些编号空间在网络空间中被广泛用作标识符，因此它们能够将网络空间投射到自己的空间中。下面我们先讨论基于网络空间常用标识系统构建网络空间坐标系的可能性。

（1）基于IP地址的标识系统。IP地址空间是一个稳定的编号空间，它由固定位数组成。IPv4地址的总数是2^{32}，而IPv6地址的总数是2^{128}。IP地址是分配给网络空间节点的唯一标识，它主要有两个功能：一方面，它被用作网络接口标识，允许主机在网络空间中发送和接收信息，并与其他节点进行通信；另一方面，它提供一个实体的位置，类似于地理空间中的物理位置（经度和纬度）。网络中的所有行为和信息互动都需要基于IP地址来实现。由于IP地址的数量不随网络状态的变化而变化且IP地址在网络空间中非常重要，将网络空间投射到IP地址空间是展示网络空间的一种有效方式，可以提供有价值的IP信息。

（2）基于端口号的标识系统。一个端口号是由一个长度为16位的二进制数字组成的。端口的总数是稳定的，编号从0到65 535。一个网络端口作为一个逻辑通信端点，允许同一节点上的不同服务同时共享网络资源。端口号用于识别该节点上运行的特定服务。一般来说，在建立网络连接时，端口号经常与IP地址一起使用，以代表网络空间中的特定服务。IP地址是一个载体的网络地址，它投射到网络空间的IP地址空间，而端口号是一个特定服务的逻辑地址，它进一步将网络空间投射到端口号空间。与地理坐标系将地理空间投射到经纬度类似，IP地址和端口号的组合是帮助我们进一步进入网络空间的有效方式，因为它可以提供各种应用层信息。

（3）基于ASN的标识系统。正如前文所述，ASN由32位二进制数字组成，总数为2^{32}。ASN空间也是稳定的编号空间。AS是为互联网上的路由策略而定义的，由网络运营商控制下的IP地址集合组成。每个AS都包含一组IP地址，IP地址和AS之间的关系由区域互联网注册机构维护。因此，AS也被认为网络空间中聚合对象的位置。将网络空间投射到AS空间，表现了IP地址空间的聚合特征。如果我们想直观地了解网络空间的AS级信息，如AS拓扑结构，基于ASN的标识系统也是展示网络空间的一种有效方式。

（4）基于MAC地址的标识系统。我们在前文介绍了MAC地址是通过物理网段对网络接口的唯一标识。换言之，它是使用以太网的硬件的标识符，也可以称为物理地址或硬件地址。由于MAC地址空间是由48位二进制数字组成的稳定的编号空间，所以它可以用于网络空间的坐标。此外，网络空间是由带有MAC地址的物理网络资源创建的，因此我们可以将网络空间投射到MAC地址空间中，用于追踪到每个物理主机。

（5）基于域名的标识系统。域名是按字母顺序排列的，比较容易记忆。例如，www.microsoft.com是微软公司的标识。DNS是一个维护域名和IP地址映射关系的分布式数据库，它提供域名和IP地址之间的翻译，例如17.16.0.1=www.apple.com。域名空间是一个稳定的编号空间，不随网络状态的变化而变化。但是，由于域名的长度是可变的，所以它无法被枚举。将网络空间投射到域名空间只能提供网络空间的详细Web信息。

综上考虑，将网络空间投射到MAC地址空间和域名空间并非很有效，可能会导致网络空间表达效果差。因为大多数MAC地址没有连接到互联网，前者无法提供所有设备的映射；而后者只提供详细的Web信息。至于IP地址空间、端口空间和AS空间，它们可以看作网络空间实体的位置，更适合展示网络空间。

1. IP 坐标系

IP 地址具有定位符和标识符的含义，可以表示实体在网络空间中的位置，是展示网络空间的合适坐标。然而，直接将网络空间投射到一维的 IP 地址空间会导致网络空间表达相对离散且不太直观。具体来说，IPv4 地址总数为 2^{32}，这意味着坐标的长度超过 40 亿。这对网络空间的表达是不直观的，也很难让人理解。因此，王继龙等学者借鉴 Irwin B 等人的研究[23]，用空间填充曲线算法设计了二维 IP 坐标系，能够将 IP 地址从一维扩展到二维，可以作为网络空间表达模型的参照基础[25]。

目前，已能够将一维的序列数据转换为二维的空间填充曲线，包括 Scan 曲线、Z 曲线、Gray 曲线和 Hilbert 曲线。图 2.11 展示了上述 4 种空间填充曲线的填充效果。最简单的 Scan 曲线将一维空间中值为 S 的点映射到二维空间中，其横坐标为对 S 按 2^n 取模的结果，纵坐标为对 S 按 2^n 取商，此例中 n 取值为 3。而 Hilbert 曲线则是在这 4 种曲线中实现了最优的聚类特性，尤其是序列节点的有序性和接近性概念。Hilbert 曲线保持了数据在曲线上的位置性，表明了一维数据的顺序在二维中仍以同样的方式排序。Z 曲线和 Gray 曲线的绘制方式与 Hilbert 曲线类似。

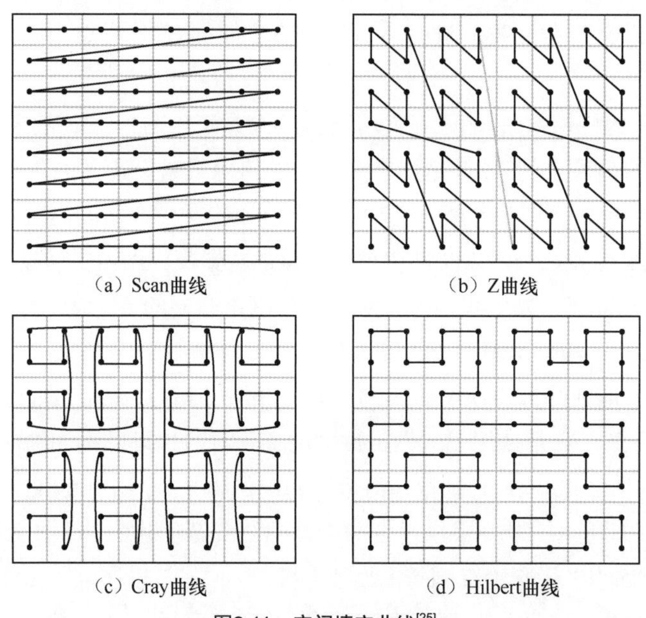

（a）Scan曲线　（b）Z曲线　（c）Cray曲线　（d）Hilbert曲线

图2.11　空间填充曲线[25]

为了显式地对比基于地理坐标系的网络空间表达模型和基于 IP 坐标系的网络空间表达模型的不同，我们用一个例子说明二者在空间信息表达形式上的侧重点。图 2.12 展示了一个 /16 子网下的不同任播地址（黑色和灰色）在网络空间的分布情况。该 IP 坐标系能够表示 2^{16} 个地址，其横纵坐标的取值范围为 0 ～ 255。显然，在基于 IP 坐标系的网络空间表达模型中，任播地址收敛为一个点（/24 子网地址）。而在 Cicalese D 等学者的研究[26]中，任播地址在地理地图中却呈现广泛的离散分布状态。因此，在实际应用过程中，可以结合多种表达模型对网络空间进行剖析，实现对网络空间更加全面的理解。

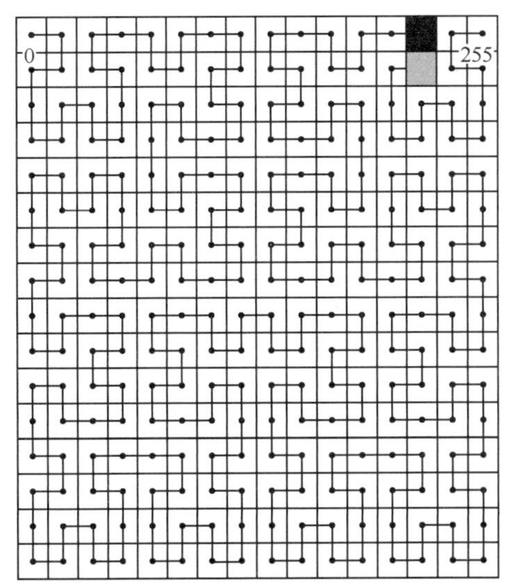

图2.12 基于网络空间坐标系的表达模型下的任播地址分布[25]

2. IP-Port 坐标系

尽管基本的二维 IP 坐标系能够以统一的方式投射网络空间，但要进一步进入网络空间并展示更详细的网络空间视图是很困难的。为此，可以考虑将基本二维 IP 坐标系扩展为三维坐标系。而端口则是一个合适的 z 坐标，原因在于：首先，端口号空间是一个稳定的编号系统，端口号不会随着网络状态的变化而变化；其次，端口号的坐标与 IP 地址的坐标是正交的，符合坐标系的基本要求；最后，端口号往往与 IP 地址一起出现以描述网络空间的应用层，对网络空间进行更详细的透视。因此，在基于 IP-Port 坐标系的网络空间表达模型中，一个节点含有 IP 地址和端口信息。我们能够得到网络空间的应用层信息，例如一个进程或一个网络服务。如图 2.13 所示，三维 IP-Port 坐标系可以展示网络空间的细微活动。例如，我们可以展示在每个端口上运行的详细应用，如 80 端口的 Web 服务。此外，每个端口上运行的应用程序级别的流量也可以在 IP-Port 坐标系上显示出来，这样网络管理员就可以进一步监测这些应用程序的异常行为。

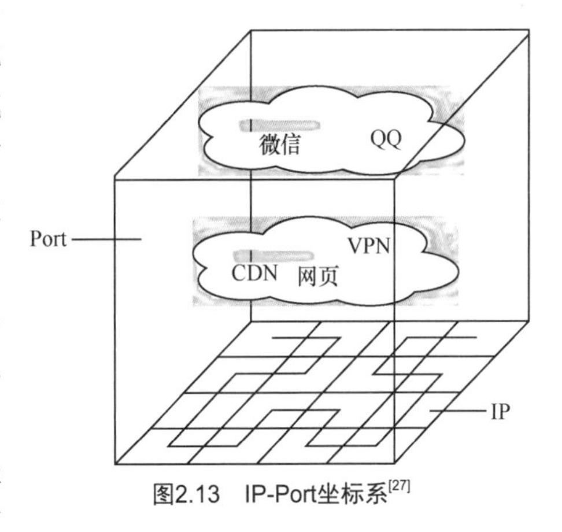

图2.13 IP-Port坐标系[27]

我们再用另一个示例从客户端角度说明 IP-Port 坐标系的表达能力。图 2.14 显示了三维 IP-Port 坐标系下 A 类地址范围 1.0.0.0/8 访问某主页的源 HTTP 的流量分布。图 2.14 中的横纵坐标（x, y）表示 1.0.0.0/8 下的某个地址。该范围共有 2^{24} 个地址，x 和 y 的取值范围均为 0 ～ 4095。纵坐标表示端口号，取值范围为 0 ～ 65 535。因此，该图中的一个节点表示一个源地址与其对应的源端口。在确定 x 和 y 后，即可观测指定地址访问该主页所使用的源端口分布。而从图 2.14 中可知，使用的端口主要为注册端口和动态端口，因此表明用户流量正常，不存在异常流量。

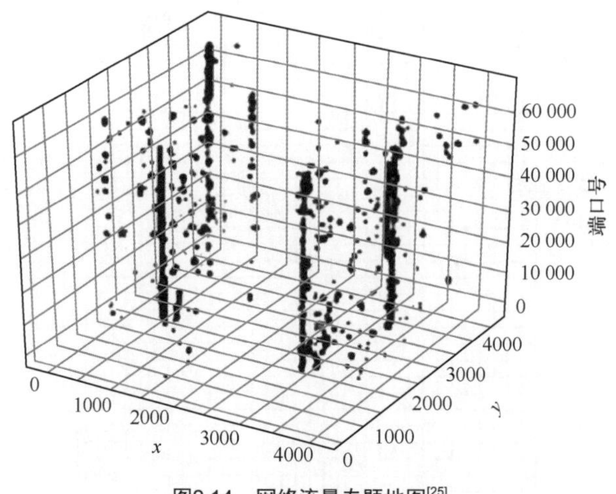

图2.14 网络流量专题地图[25]

3. AS 坐标系

由于 AS 是由 IP 地址前缀的集合组成的，因此网络空间也可以被看作多个 AS 的组合。二维 IP 坐标系和三维 IP-Port 坐标系可以展示大多数情况下的网络空间。但是，它们却不能直观地展示网络空间的 AS 级活动，因为一个 AS 下的 IP 地址段的分配可能是不连续的，导致基于 IP 地址的网络空间的可视化效果不佳。例如，AS4538 是由多个 IP 块组合而成的，这些 IP 块在 IP 坐标系中并不连续，所以用 IP 坐标系来表示 AS4538 的活动是不直观的，也很难让人理解。因此，Miao C 等学人 [27] 也提出用 AS 坐标系来表示网络空间。

AS 作为单一管理体系下多个路由器的集合，是网络空间域间业务往来和通信的基本单位。图 2.15 展示了详细的 AS 坐标系模型。AS 被选为基本坐标，然后用空间填充曲线从一维扩展到二维。扩展曲线可以是 Z 阶曲线、Gray 曲线和 Hilbert 曲线。本例选择 Hilbert 曲线作为空间填充曲线，并构建二维平面来表示 AS 信息。此外，考虑到二维 AS 坐标系仅能表达 AS 相关的信息，而 IP 地址本身作为网络空间的关键信息却难以得到表达，因此可添加 IP 地址作为第三维向量，并与之正交构建三维 AS 坐标系，进一步描述网络主机间的信息交互。

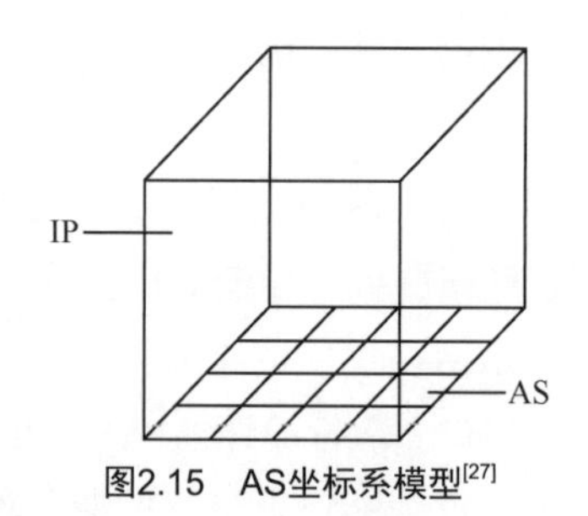

图2.15 AS坐标系模型[27]

2.5 本章小结

本章首先简单概述了地理空间模型及地理坐标系的表达，并在此基础上讨论网络空间表达模型及网络空间资源描述问题。在讨论的过程中，也对二者的区别与联系等进行了比较；然后介绍了网络空间中的资源如何标识、如何表达网络空间。总体而言，网络空间的表达模型研究仍旧相对匮乏，随着网络空间测绘研究和实践的深入，我们相信会有更多学者投入网络空间表达模型的研究中。

参考文献

[1] 周杨，徐青，罗向阳，等．网络空间测绘的概念及其技术体系的研究 [J]. 计算机科学，2018, 45(5): 1-4.

[2] SMIRNOV O. Geographic Space: An Ancient Story Retold [J]. Transactions of the Institute of British Geographers, 2016, 41(4): 585-596.

[3] 蔡运龙，叶超，陈彦光，等．地理学方法论 [M]. 北京：科学出版社，2011: 27-28.

[4] BLAUT J. Space and Process [J]. The Professional Geographer, 1961, 13(4): 1-7.

[5] MCPHAIL C. Reconstructing Eratosthenes' Map of the World: A Study in Source Analysis [D]. Dunedin: University of Otago, 2011.

[6] EVANS J. The History and Practice of Ancient Astronomy [M]. Oxford: Oxford University Press, 1998.

[7] 张龙，周杨，施群山，等．与地理空间紧关联的网络空间地图模型 [J]. 信息安全学报，2018, 3(4): 63-72.

[8] JIANG B, ORMELING F. Cybermap: The Map for Cyberspace [J]. The Cartographic Journal, 1997, 34(2): 111-116.

[9] WOOD A, BEALE R, DREW N, et al. Hyperspace: A World-wide Web Visualiser and Its Implications for Collaborative Browsing and Software Agents [C]//Poster Proceedings of The Third International World-Wide Web Conference. Darmstadt: IW3C2. 1995: 10-14.

[10] BAKIS H. Understanding the Geocyberspace: A Major Task for Geographers and Planners in the Next Decade [J]. NETCOM: Réseaux, communication et territoires/Networks and Communication Studies, 2001, 15(1): 9-16.

[11] BATTY M. Virtual Geography [J]. Futures, 1997, 29(4-5): 337-352.

[12] 孙中伟，贺军亮，田建文．网络空间的空间归属及其物质性构建的地理认知 [J]. 世界地理研究，2016 (2): 148-157.

[13] 方滨兴．定义网络空间安全 [J]. 网络与信息安全学报，2018, 4(1): 1-5.

[14] 郭莉，曹亚男，苏马婧，等．网络空间资源测绘：概念与技术 [J]. 信息安全学报，2018, 3(4): 1-14.

[15] MÜHLBAUER W, FELDMANN A, MAENNEL O, et al. Building an AS-topology Model That Captures Route Diversity [J]. ACM SIGCOMM Computer Communication Review, 2006, 36(4): 195-206.

[16] WILSON A. A Statistical Theory of Spatial Distribution Models [J]. Transportation Research, 1967, 1(3): 253-269.

[17] BATTY M. The Geography of Cyberspace [J]. Environment and Planning B: Planning and Design, 1993, 20(6): 615-616.

[18] KUIPERS J. Analyzing the K-root DNS Anycast Infrastructure [C]//Proceedings of the Twente Student Conference on IT, 2015: 1-6.

[19] HUFFAKER B, PLUMMER D, MOORE D, et al. Topology Discovery by Active Probing [C]//

Proceedings of the 2002 Symposium on Applications and the Internet (SAINT) Workshops. Nara City: IEEE, 2002: 90-96.

[20] ZILBERMAN N. The Internet PoP Level Graph [D]. Tel Aviv-Yafo: Tel Aviv University, 2013.

[21] FUKUDA K, CHO K, ESAKI H. The Impact of Residential Broadband Traffic on Japanese ISP Backbones [J]. ACM SIGCOMM Computer Communication Review, 2005, 35(1): 15-22.

[22] SHANNON C, Moore D. The Spread of the Witty Worm [J]. IEEE Security & Privacy, 2004, 2(4): 46-50.

[23] IRWIN B, PILKINGTON N. High Level Internet Scale Traffic Visualization Using Hilbert Curve Mapping [C]//Proceedings of the Fourth International Workshop on Visualization for Computer Security. Heidelberg: Springer Berlin, 2007: 147-158.

[24] DOUGLAS G. Introducing Atlas: A Prototype for Visualizing the Internet [EB/OL]. (2018-03-22) [2022-09-02].

[25] 王继龙，庄姝颖，缪葱葱，等．网络空间信息系统模型与应用 [J]. 通信学报，2020, 41(2): 74-83.

[26] CICALESE D, AUGÉ J, JOUMBLATT D, et al. Characterizing IPv4 Anycast Adoption and Deployment [C]//NEC. Proceedings of the 11th ACM Conference on Emerging Networking Experiments and Technologies. Heidelberg: ACM, 2015: 1-13.

[27] MIAO C, WANG J, ZHUANG S, et al. A Coordinated View of Cyberspace [Z/OL]. (2019-10-22) [2022-09-02]. arXiv:1910.09787, 2019.

第 3 章　网络空间资源探测、服务发现与识别

第 1 章已经提及网络空间资源包括实体资源和虚拟资源，实体资源是指主机、服务器、网络打印机以及包括网络摄像机在内的各类物联网设备等端系统，以及将这些端系统连接在一起的路由器、交换机等网络设备。第 1 章把虚拟资源分为两类，一类是驻留在网络空间实体资源（特别是端系统）上的服务、服务所赖以运行的操作系统相关信息、标识网络空间实体资源的各类属性信息（如设备的描述、ID、IP 地址、端口信息等）和状态信息（如端口服务状态、潜在漏洞信息等）；另一类是网络空间中的各类文本信息、音视频等多媒体信息，以及构建于网络空间中的社交网络及其相关的虚拟人物和虚拟社区等。本书重点研究网络空间实体资源及其第一类虚拟资源相关的测绘任务，在不会引起歧义的情况下，本书也把第一类虚拟资源当成实体资源的一部分。本章重点讨论网络空间端系统的探测和扫描及网络空间服务发现与识别研究。

3.1　网络空间资源与服务概述

网络空间测绘的基础性任务是探测和扫描其间分布的实体资源以及驻留其上的各类服务。由于通常的网络服务主要驻留在端系统上，所以，本章主要关注实体资源的这类端系统，包括主机、服务器、各类物联网设备等。这些端系统的连接关系，以及将这些端系统连接起来的路由器和交换机等各类网络设备的探测、发现等任务，我们将在随后的第 4 章来讨论。

端系统类型众多，大致可分为 IP 地址可识别设备和 IP 地址不可识别设备（比如通过蓝牙或者 ZigBee 接入的物联网设备等），本章主要讨论 IP 地址可识别的端系统，可通过基于 IP 地址的主机存活性扫描等方式来对其进行探测扫描，具体细节将在 3.2 节讨论。对于 IP 地址不可识别的设备，需要通过协议指纹来识别和推断，这部分内容将在 3.4 节简略提及。

网络空间的服务是指运行在网络空间端系统上的实现不同功能的软件程序。不同功能的服务由不同的通信协议进行定义和描述，比如，域名解析服务由 DNS 协议进行定义，该服务最基本和最常用的功能是将用户对某个域名的请求解析为对应的 IP 地址，这是互联网和网络空间中最基本的服务之一；再比如，早期的文件传输服务由 FTP 进行定义，该服务实现各类文件在两台主机之间的传递；等等。

由于一个端系统可能运行多个服务，为了在通信的时候便于区分，传输层协议（不管是 TCP 还是 UDP）引入了端口（port）的概念，并在报文头中定义了一个 2 B 的字段；而所有的服务协议在定义的时候就会要求该协议在实现的时候关联到某个或某几个端口。传输层协议在给出 2 B 的端口字段的同时，还具体定义（预留）了 1024 以内的端口值的含义。也就是说，1024 以内的端口值要么已经分配给具体的服务，要么是预留着的，不可供各公司新开发的应用服务使用，比如，

DNS 使用 53 端口，FTP 使用 21 和 20 端口等。因此，早期的网络空间服务和端口之间存在着一对一的关系或者相对固定的一对多的关系，在实现网络空间服务识别方面相对是比较容易的。

通过近些年来的探测发现，协议和端口这样的固定对应关系正在被大量颠覆，许多原本应该在固有的端口上提供服务的协议运行在全新的、陌生的端口上，而许多传统协议关联的端口驻留着各种各样的新型的服务，这给网络空间服务的发现和识别带来了很大的挑战，需要研究全新的网络空间服务识别技术。

一个基本的思路是通过构建服务指纹库来实现服务的发现和识别，即试图建立不同的服务及其对应协议与该服务运行时表现出来的形态特性之间的关系。这里的一个基本假设（或者说观察）是不同的服务在建立通信的过程中都会表现出相对与众不同的交互行为特性，对这些特性加以提炼和形式化，即可唯一地表征该服务，并作为该服务的指纹。当然，可以想象，随着网络空间服务的类型和数量越来越多，这样的识别方法的局限性将越来越明显，错误率越来越高。近些年来，学者们又开始了新的研究，相关研究的进展情况将在 3.4 节进行讨论。

网络协议和服务高度依赖于操作系统，相同的协议和服务在不同类型的操作系统上（比如 Linux、BSD、Windows 和 macOS 等）会有不同的表现，甚至同类操作系统的不同版本对相同协议和服务的实现也会存在差异。这样的差异反过来可以作为识别不同操作系统的“指纹”。事实上，从网络空间测绘的终极目标来说，对操作系统识别的重要性不亚于对网络协议和服务的识别。我们将在 3.5 节讨论操作系统识别方面的基本机理及有关研究成果。

以主机存活和端口开放扫描为代表的服务扫描与识别工作实际上由来已久，工业界和开源社区已经有不少相关的工具，本章 3.6 节将介绍部分常用的此类工具。

随着国际上网络空间方面的博弈日益加剧，网络空间测绘近年来得到了各国政府的高度重视。以美国为代表的发达国家，从政府到民间都纷纷启动网络空间测绘计划，并相继推出了具有不同侧重点的测绘平台。我国在这方面的工作起步较晚，所幸还是有一些私营企业做了一些布局，并推出了各具特色的测绘平台。3.7 节将简单介绍几个在国内外具有代表性的项目和平台。

3.2 主机存活性扫描

主机存活性扫描是网络空间资源探测的初级阶段，其目的是确定在目标网络上的主机是否可达，或者站在全球网络空间测绘的角度来说，是要确定所有可能的待测目标主机集合。因此，它的效果直接影响到后续的服务扫描与探测。广大读者熟知的 Ping 就是最原始的主机存活扫描工具，该工具基于 ICMP 的 ECHO 类型报文，先向某个特定的目标 IP 地址发送一个 ECHO 请求报文，然后等待 ECHO 响应报文，如果收到相应的回应则表示和该目标 IP 地址对应的主机是存活的。当然，严格说起来，如果收不到相应的响应报文，也无法肯定地说该目标主机就不是存活的，因为还有很多因素会导致探测方无法收到响应报文，比如，通往目标主机路径上的某个或者某些路由器封禁，或者目标网络部署了防火墙或相关的访问控制策略，等等。这些因素的存在本身也是网络空间测绘面临的诸多挑战之一。

上面提及的 Ping 工具一次只对一个 IP 主机进行探测，这在大规模网络的主机存活性扫描中，显得效率低下。因此在实现上，人们又引入了并行发包技术，通常也称为 ICMP Sweep 或者 Ping Sweep[1]。或者，在一个局域网环境下，为了一次性探测某个网络上所有主机的存活性，我们也可以直接以广播地址（网络地址段）作为扫描目标地址，这样将触发目标网络上所有存活主机都对相关请求进行回应。

ICMP 定义了很多报文类型，除了 ECHO 请求 / 响应报文外，还有一些其他报文类型[2]，如果使用得当也可以起到探测主机存活性的作用。本节将分别对这些内容进行介绍。

3.2.1 ICMP ECHO请求/响应的基本原理

ICMP ECHO 请求报文用于向指定的目标主机发送一个 ECHO 报文（ICMP type 8），收到该报文的目标主机在正常情况下将构造一个应答报文（ICMP type 0）并把它返回给发送方。通常 ECHO 请求报文包含一个可选数据区，因此应答报文往往会在其中包含原请求报文所发送数据的一个副本。从主机存活性探测的角度来说，如果探测主机收到了某个目标主机发回的响应报文，则可判断该目标主机是存活的。如果探测主机没有收到相应的响应报文，则意味着目标主机不存在、未开机（不存活），或者在前往该目标主机的路径上有过滤设备阻止 ICMP 报文继续前行。基于 ICMP ECHO 的扫描原理如图 3.1 所示。

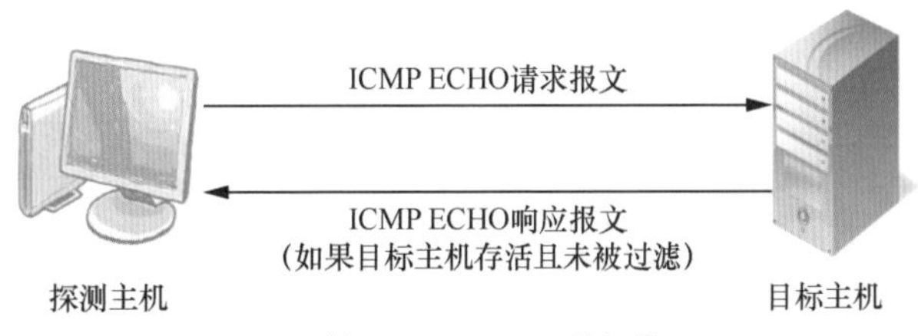

图3.1 基于ICMP ECHO的扫描原理

这种探测指定主机是否存活的方法也被称为 Ping 扫描。Ping 扫描是主机存活性扫描或网络扫描最基础的方法，其优点是简单且适用性强，基本上支持所有的主机操作系统；缺点是速度慢且容易被防火墙阻止，这也限制了其在大规模网络空间资源探测中的使用。

3.2.2 ICMP Sweep 扫描

对于中小规模的网络，使用 Ping 进行主机存活性探测还基本能够接受，但对大规模的网络空间探测来说就显得很不够了。

Ping 工具扫描慢的主要原因是其串行的工作模式，当它扫描的目标主机响应时延很大或者本身就是一个不存活或者不存在的主机时，它需要等待到超时，才会结束当前主机的探测。此后，UNIX 操作系统实现了另一个工具 Fping，该工具在实现的时候是以循环的方式并行地发送大量的 ICMP ECHO 请求（针对不同的目标 IP 主机），因此不必像传统的 Ping 命令那样等待至不存活主机超时，大大提升了扫描的效率。Fping 还可以和另一个伴随工具 Gping 配合使用，达到更好的效果，Gping 是用来生成 IP 地址列表的，而这个地址列表可作为 Fping 的输入。由于 Fping 能在短时间内对大量的 IP 主机并行地进行扫描，该动作很像机枪扫射，因此人们形象地借用了 sweep 这个单词，将之命名为 ICMP Sweep 扫描。值得一提的是，Fping 命令还有一个 -d 选项，当开启这个选项时，可以直接解析待探测主机的域名。

另一个能实现 ICMP Sweep 扫描，而且也可以直接解析待探测主机域名的 UNIX 工具是 Nmap。事实上，Nmap 比 Fping 更有名，而且功能也更加丰富，该工具是由戈登·莱昂（Gordon Lyon）开发的，我们将在 3.6 节介绍。

Windows 操作系统早期有一个类似的扫描工具，名为 Pinger。Pinger 是由 Rhino 9 组织开发的，该工具在扫描方面基本可以实现和 Fping 与 Nmap 工具一样的功能。不过，随着 Rhino 9 组织的不复存在，相关工具也已凋敝，现如今互联网上似乎已经没有 Pinger 的踪迹了。

3.2.3 ICMP广播扫描

在一些具有广播特性的局域网络中，当我们将 ICMP ECHO 请求分组发送给目标网络的广播地址或者网络地址（network number，即网络号）时，该请求分组将会被广播给该目标网络的所有主机。随后，目标网络上所有活跃的主机都会对该请求进行响应，达到发送一个探测分组扫描整个子网的效果。事实上早期的一些黑客采用的反射放大攻击工具就是利用了广播的这一特性，因为在这种情况下恶意攻击者只需发送一个数据分组就能产生这样的行为。ICMP 广播扫描的原理如图 3.2 所示。

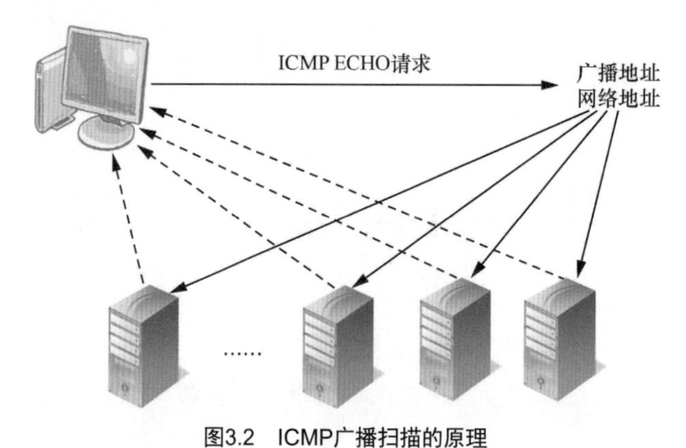

图3.2 ICMP广播扫描的原理

需要指出的是，这个技术只适用于某些 UNIX 及类 UNIX 的操作系统，如 Linux 等。运行 Windows 操作系统的主机将不会对发送给广播地址或网络地址的 ICMP ECHO 请求进行响应，基本上所有的 Windows 操作系统都被配置为不对非直接发给本主机的 ECHO 请求进行响应。客观地说，这并非 Windows 操作系统的一种异常行为，因为 RFC1122[1] 明确表示：如果我们向一个 IP 广播地址或组播地址发送 ICMP ECHO 请求报文，那么该广播地址所在网段的其他主机可以将这样的请求报文默默丢弃[3]。

3.2.4 基于其他ICMP报文类型的主机扫描

除了 ICMP ECHO 请求 / 响应报文类型以外，在 ICMP 中还有其他一些报文类型也具有探测

[1] RFC意为请求评论（request for comments），是IETF用于对互联网相关的标准规范等进行命名的格式，每个文档分配一个唯一的编号，以示区别。这些文档在我国被称为征求意见稿。

主机存活性的等同功效。甚至在很多情况下，这些报文类型不仅能扫描主机存活性，还具有其他一些更高级的特性，比如可用于探测网络设备（如路由器等）。这些报文类型主要包括以下 3 类：

（1）时间戳请求（类型 13）/ 响应（类型 14）；

（2）地址掩码请求（类型 17）/ 响应（类型 18）；

（3）路由器请求（router solicitation）（类型 10）/ 通告（router advertisement）（类型 9）。

下面简单介绍一下这些报文类型在主机存活性扫描中的工作原理。

1. 时间戳请求 / 响应报文

ICMP 时间戳请求 / 响应报文允许一个节点（一台主机或网络设备）向另一个节点查询当前时间信息，因此，也就允许发送者确定到达某个特定目标网络需要经历的时延。发送方负责初始化 ICMP 报文头中的 ID 字段和序列号字段，其中 ID 字段用于标识和区分不同的时间戳请求报文（当同时向多个目标主机发送时就有必要加以区分），序列号字段用于对发往同一个目标主机的多个时间戳请求报文进行编号。ICMP 报文头中还有一个字段用于标识发送方的时间信息，也就是报文离开发送方的最后时间。ICMP 时间戳请求 / 响应报文格式如图 3.3 所示。

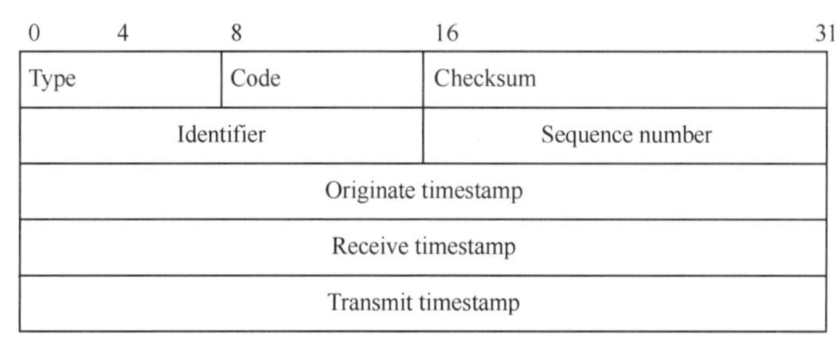

图3.3　时间戳请求/响应报文格式

接收方主机接收到报文后，负责填写该报文头的另外两个和时间戳相关的字段，一个是接收时间，另一个是传输时间，前者是接收方首次接触到这个报文的时间，后者是接收方向原发送方发送完最后一个字节时的时间。当然，接收方在向原发送方发送响应报文之前，还需将报文类型字段的值从 13 修改为 14。

根据 RFC1122 的描述，主机一般会实现时间戳请求 / 响应报文，并且在实现的时候遵循以下几个原则。

（1）在处理时间戳请求报文时，将延迟变化最小化。

（2）接收主机必须对其接收到的每个时间戳请求报文进行应答。

（3）发到广播或组播地址的 ICMP 时间戳请求报文可以直接丢弃而不需要任何动作。

（4）时间戳响应报文的源 IP 地址必须是对应的时间戳请求报文的目的地址（这一点对有多个接口 IP 地址的主机来说尤其需要注意）。

（5）如果接收到的时间戳请求报文中设置了源路由选项，那么响应报文的返回路由必须保留并且作为源路由选项的值。

（6）如果接收到的时间戳请求报文中设置了记录路由（record route）选项，那么该选项应该被更新以便将当前主机包括进来，同时将更新后的选项值填入时间戳响应报文的报文头中。

一般来说，如果能从被扫描主机接收到ICMP时间戳响应报文，则表明该主机（或者其他网络设备）是存活的。绝大部分操作系统都会实现ICMP时间戳请求/响应报文，不过早期有一些Windows版本的操作系统（如Windows NT 4 SP6a）对ICMP时间戳请求报文无响应。需要指出的是，这并非Windows操作系统的一种异常行为。

2. 地址掩码请求/响应报文

ICMP地址掩码请求/响应报文类型是为早期的无盘工作站等系统设计的一个功能特性，用以帮助它们在系统引导阶段从本地网络中获取子网掩码。当然，地址掩码请求报文也可用于获知某个接口的地址掩码。

一旦一个主机获得了一个IP地址，那么它随后可以向它所在的网络的广播地址发送一个地址掩码请求报文。本网络中的任何一台主机如果已经被配置为允许发送地址掩码响应，就可以接收该请求报文，然后填充子网掩码字段，修改报文类型为地址掩码响应类型，并向原报文的发送者返回该响应报文。

地址掩码请求/响应报文是一个完全任选的报文类型。而且，通常地址掩码请求报文大多是由网关来应答的。不过，如果扫描主机能从某个被扫描主机接收到地址掩码响应报文，自然也意味着探测到存活主机了。这样的特性使地址掩码请求/响应报文可以作为网络空间测绘中合法使用的主机扫描的一种机制，自然也可能被恶意的攻击者用以获知有关某个目标网络的配置信息，这样的信息有助于攻击者确定目标网络的内部结构，乃至路由策略等。

3. 路由器请求/通告报文

路由器请求和路由器通告是在主机接入一个网络的互动场景中发生的。一般来说，在一个网络中，路由器（特别是网关路由器）会定期地向网络中发出路由器通告报文，这样做主要是周期性地向周围主机告知自己的存在，尤其是其各个接口的IP地址。当主机收到这样的报文时，就知道谁是网关，能够帮其转发数据分组到其他的网段。

当然，对“急性子”的主机来说，它也可以通过发送路由器请求报文来请求相关的路由器尽快发出路由器通告，而不是慢慢等待周期性的广播。当路由器收到路由器请求报文后，会马上发出一个路由器通告报文。

所以，在一些特定的场合下，我们也可以利用ICMP的这一对报文类型来扫描或探测目标网络的网关路由器等信息，起到辅助扫描网络设备的目的。当扫描主机收到路由器请求报文的响应时，也就意味着目标网络中存活这样一个网关。

需要指出的是，上述ICMP报文类型的实现更多地出现于比较早期的各类操作系统版本，特别是类UNIX的各操作系统变种，随着操作系统的升级换代，互联网中现存的支持上述协议报文类型的系统正呈越来越少的趋势。

3.2.5 基于其他ICMP报文类型的Sweep扫描

在某些情况下，基于时间戳等非ECHO请求/响应报文类型也可实现如3.2.2节所讨论的大批量高速扫描，此类扫描通常被称为非 ECHO 类型 ICMP Sweep。此类扫描成功（或者说能对此类扫描请求进行响应）的主机需要满足以下几个条件：

（1）主机处于监听状态；

（2）主机运行的操作系统实现了相关的 ICMP 报文类型；

（3）主机已经被配置为允许响应相关的 ICMP 报文类型（因为并非所有实现了相关协议报文类型的操作系统在任何情况下都必然会允许执行相关功能。事实上，RFC1122 就指出，一个实现了 ICMP 地址掩码报文类型的操作系统不一定非得发送地址掩码响应报文，除非它是指定掩码的权威代理）。

3.2.6　基于其他ICMP报文类型的广播扫描

在某些情况下，基于时间戳等非 ECHO 请求 / 响应报文类型也可实现如 3.2.3 节所讨论的广播扫描，此类扫描通过将相关的请求报文发送到目标网络的广播地址或者网络地址来实现，因此被称为非 ECHO 类型 ICMP 广播扫描。此类扫描成功（或者说能对此类扫描请求进行响应）的主机需要满足以下几个条件：

（1）主机处于监听状态；

（2）主机运行的操作系统实现了相关的 ICMP 报文类型；

（3）主机已经被配置为允许响应相关的 ICMP 报文类型（因为并非所有实现了相关协议报文类型的系统在任何情况下都必然会允许执行相关功能，比如，主机有可能将接收到的发往广播或者组播地址的 ICMP 时间戳请求报文丢弃而不做任何处理）。

3.2.7　利用ICMP错误报文进行主机检测

很多情况下，从目标网络中接收到的 ICMP 错误报文具有和正确报文相同的效果。甚至有时候，对恶意的计算机攻击者来说，ICMP 错误报文中包含的信息或者所表达的问题类型比 ICMP 正确报文更有价值。

比如，从一个路由器接收到一个“ICMP 主机不可达”（host unreachable）的错误报文，将提示我们试图访问的这个 IP 地址有可能是临时宕机或者没被使用。又比如，从扫描的目标地址中返回一个“ICMP 目的不可达：端口不可达”（destination unreachable: port unreachable）的错误报文，将提示我们试图访问的 UDP 端口是关闭的，但该目标地址是存活且可达的，如图 3.4 所示[1]。

```
05/14/01-11:38:24.889109 172.18.1.2 -> 172.18.2.200
ICMP TTL:127 TOS:0x0 ID:58193 IpLen:20 DgmLen:56
Type:3  Code:3  DESTINATION UNREACHABLE: PORT UNREACHABLE
** ORIGINAL DATAGRAM DUMP:
172.18.2.200:1024 -> 172.18.1.2:53
UDP TTL:63 TOS:0x0 ID:19 IpLen:20 DgmLen:70
Len: 50
** END OF DUMP
00 00 00 00 45 00 00 46 00 13 00 00 3F 11 1F A6  ....E..F....?...
AC 12 02 C8 AC 12 01 02 04 00 00 35 00 32 9A 68  ...........5.2.h
```

图3.4　利用ICMP错误报文进行主机检测示例1

我们还可以看一下图 3.5 所示的这个例子。

```
05/09/01-12:29:41.399543 RoutersIP -> SourceIP
ICMP TTL:244 TOS:0x0 ID:24442 IpLen:20 DgmLen:56
Type:3  Code:13  DESTINATION UNREACHABLE: PACKET FILTERED
** ORIGINAL DATAGRAM DUMP:
SourceIP:4667 -> DestinationIP:53
TCP TTL:53 TOS:0x0 ID:40019 IpLen:20 DgmLen:60
**U****F Seq: 0x97EABAF6  Ack: 0x1C1D1E1F  Win: 0x2223  TcpLen: 8
UrgPtr: 0x2627
** END OF DUMP
00 00 00 00 45 00 00 3C 9C 53 40 00 35 06 29 B0  ....E..<.S@.5.).
xx xx xx xx yy yy yy yy 12 3B 00 35 97 EA BA F6  .....Z...;.5....
```

图3.5　利用ICMP错误报文进行主机检测示例2

该例子也表示了“ICMP 目的不可达”的错误信息，同时还指出了具体原因是分组被过滤了。这也提示我们到达目标主机的路径上有过滤设备，该过滤设备过滤了通往目标主机的网络流量。该过滤设备被配置为禁止发送到目标地址的 53 端口的 TCP 入流量。这将有利于我们确定目标网络所用的过滤设备的类型（是否为路由器、专用的安全设备或者其他网络设备），进而选择相应的对策。这样，从存活性扫描或探测的角度来说，我们至少可以得出这样的结论：我们拟探测的目标主机是存活的，不过我们无法到达它，因为过滤设备过滤了我们的分组并指示我们停止继续发送分组。

当然，在这种情况下，ICMP 错误报文并非我们主动触发被探测的主机发送的，而是被探测的主机根据接收到的某些特定的网络流量而主动报告相关的非瞬态错误条件。后文我们将专门讨论另一种情况，即通过构造专门的分组，有意识地触发目标主机发送特定的错误报文，以此达到某些探测目的。

3.2.8　基于ICMP的其他主机检测

通过“主动破坏”ICMP 请求报文中某些字段的值，将“迫使”目标主机生成并返回一个 ICMP 错误报文。事实上，我们有多个可供选择的字段值以生成多个不同的 ICMP 错误报文。除了极个别的例外情况，所有错误的条件都将触发目标主机生成相应的 ICMP 响应报文。

这也启示我们，采用这样高级的主机检测方法来检测目标网络中是否有过滤设备，并且对通往目标 IP 地址（甚至对目标网络范围内的所有主机）的网络流量实施了相应的过滤规则。实施过滤的可以是目标主机自身（比如基于主机的防火墙），也可以是一个网络设备（比如路由器），当然也可以是其他专用安全设备。我们也可以用上述主机检测方法来检测由被保护网络的过滤设备实施的访问控制列表（Access Control List，ACL）。

1. 通过触发“ICMP 参数有问题”的错误报文进行检测

当一个路由器或者主机处理一个数据报文并且发现该报文的 IP 报文头的某个（或某些）参数有问题而丢弃该数据报文，而且该问题并未被其他的 ICMP 错误报文所响应，那么该路由器或主机就会向发送方返回一个“ICMP 参数有问题”（ICMP parameter problem）的错误报文，从而也就表明了目标主机的存在性。

不过，为了达到这个目的，我们还是需要仔细分析 IP 报文头的相关字段，以决定哪些字段及其怎样的取值可以被我们在构造 ICMP 查询请求时主动破坏，从而触发目标主机以“ICMP 参数有问题”进行响应。在此过程中，我们还需要甄别（排除）那些由于设置错误造成其他 ICMP 错误报文响应的参数，也就是说，我们只能选择操纵那些只触发目标主机“ICMP 参数有问题”响应报文的字段。

我们会接收到以下两类 ICMP 参数有问题的错误报文。

Code 0（即代码字段为 0）：其指针字段将指向原始的 IP 报文头中引起这个问题的字节位置。

Code 2（即代码字段为 2）：当 IP 报文的报文头长度或者分组总长度的值不正确的时候，将发送该报文。

RFC1812 要求路由器在处理 IP 地址分组的时候需要验证校验和（checksum）字段，并且当发现某个分组的校验和字段不正确（无效）时，必须丢弃该分组[4]。

而 RFC1122 规定，主机在处理 IP 地址分组的时候应该验证以下两个字段的有效性，一个是版本号（version number）字段，一个是校验和字段。当版本号字段的值不是 4（IPv4 下）或 6（IPv6 下）时，应该丢弃该 IP 地址分组；当校验和字段不正确或无效时，也应该丢弃该 IP 地址分组。

当然，如果一个人为设置错误的 ICMP 查询请求报文被路径上的某个路由器拦截、丢弃而被提前响应了，那么我们自然无法达到探测和扫描目标主机的目的。不过，通过操纵某些特定字段的不同取值，我们还是有可能使得这样的报文不会被中间路由器丢弃，而最终到达待探测的目标主机。这里的一个基本的合理假设是：通常路由器在对待 IP 报文头各字段的取值等方面有更高的容忍度，而这样的差异实际上也是可以解释的。毕竟，路由器只是负责转发或投递 IP 报文，而主机是 IP 报文的目的地，需要对报文本身做更多的处理。

当然，由于有上述的这些约束条件，剩下可用于实施基于这个机制做主机探测的字段也就比较有限了。理论上，报文头长度（header length）、分组总长度（total length）、IP 选项（IP options）、段移位（fragment offset）这几个字段是有可能的，其中报文头长度和分组总长度字段已经在前面讨论过了。实际情况下，前三者用得比较多。

由于我们是通过对 IP 分组的报文头字段进行操纵而实现对目标主机的探测，理论上，传输层和应用层的协议可以任意选择，因此，这个方法对可以通过互联网直接访问的待探测的目标网络上的主机来说是非常有效的。因为，根据有关 RFC 的规定，目标主机（或者路由器，假设此时该路由器是被探测的目标）在接收到涉及上述情况的异常数据分组时，必定会生成相应的“ICMP 参数有问题”的错误报文。

根据这个原理，我们可以对某个组织的全部 IP 地址空间（前提是这些地址空间是可以通过互联网直接访问的）进行扫描并返回结果，据此测绘待测网络上的所有主机及其相关的网络设备。

当我们探测的目标网络有防火墙等过滤设备进行保护的时候，情况略有不同。由于我们是通过构造特定的数据分组来触发目标主机以“ICMP 参数有问题”的错误报文进行响应，那么当我们没能接收到这样的响应时，就存在两种可能，一种可能是待探测的 IP 地址没有使用，另一种可能是有过滤设备过滤了相应的流量。当然，如果目标网络中确实有这样的过滤设备存在，我们也有办法检测和验证它的存在，并且仍然可以尝试发送伪造的数据分组，以绕过过滤设备的检查，只是逻辑上可能会复杂一些。我们需要结合传输层协议及端口等的巧妙设置，从而使相关的数据分组能通过过滤设备 ACL 的检查。比如，一般情况下，为了确保目标网络对外的基本通信需要，21、25、80 等 TCP 端口和 53 等 UDP 端口都会被允许通过。事实上，只要其他主要的 IP 报文头字段的取值是正确的，当前市场上绝大部分的防火墙设备都不会在基本的端口匹配等规则库匹配的基础上做更多的其他检查。一个例子就是 IP 报文总长度字段，如果防火墙基于其规则库发现与查询请求报文参数相匹配结果是允许该请求报文通过，那么目标主机就能收到这个请求报文，并生成相应的错误报文予以响应。

迈克·弗兰岑（Mike Frantzen）写过一个 UNIX 程序 isic。该程序可以在 Linux 等操作系统环境下执行，并向目标主机发送随机生成的分组，其主要的用途是对 IP 栈进行压力测试，或者发现防火墙的泄露情况，也可用于测试 IDS 或防火墙产品的实现情况。用户可指定分组何时被分片，可以设置 IP 选项、TCP 选项以及 IP 报文头中的紧急指针标志位等。isic 程序示例如图 3.6 所示。

```
[root@stan packetshaping]# ./isic -s 192.168.5.5 -d 192.168.5.15 -p 20
-F 0 -V 0 -I 100
Compiled against Libnet 1.0
Installing Signal Handlers.
Seeding with 2015
No Maximum traffic limiter
Bad IP Version    = 0%              Odd IP Header Length     = 100%
Frag'd Pcnt      = 0%

Wrote 20 packets in 0.03 s @ 637.94 pkts/s
```

图3.6 isic程序示例

这是 isic 从探测主机（192.168.5.5）向目标主机（192.168.5.15）发送 20 个分组的例子，同时指明数据报文不要分片，且正常设置 IP 版本号，唯一的异常设置是 IP 报文头长度字段，期望产生的结果是返回“ICMP 参数有问题”的错误报文（错误代码为 2）。

图 3.7 所示的执行结果验证了我们的期待。

```
12:11:05.843480   eth0   >   kenny.sys-security.com   >   cartman.sys-
security.com: ip-proto-110 226 [tos 0xe6,ECT]  (ttl 110, id 119,
optlen=24[|ip])

12:11:05.843961   eth0   P   cartman.sys-security.com   >   kenny.sys-
security.com: icmp: parameter problem - octet 21 Offending pkt:
kenny.sys-security.com > cartman.sys-security.com: ip-proto-110 226
[tos 0xe6,ECT]  (ttl 110, id 119, optlen=24[|ip]) (ttl 128, id 37776)
```

图3.7 isic程序执行结果

事实上，我们也可以用这种主机探测的方法来探测目标网络中部署的过滤设备的 ACL 方案。因为这类查询请求分组构造方式可以支持任何上层协议，所以我们就可以通过所有可用的协议、报文类型以及端口等的组合，向目标网络的整个地址空间发送相关的报文，据此我们甚至能画出目标网络的拓扑等。进一步地，还可以探测目标主机上的有关服务等，有关这方面的内容，我们将在后面的章节讨论。

顺便在此提一下，从防御的角度看，上述方法也有不利的一面，就是如何检测这样的探测活动。IDS 应该要有能力对网络流量中的恶意扫描行为（攻击行为）的异常性进行检测和警示，毕竟在 TCP/IP 栈的实现已经非常成熟的今天，IP 报文头字段出现非正常取值的数据分组是不同寻常的，而为响应这种数据分组而发出“ICMP 参数有问题”的错误报文，也是不同寻常的。

2. 通过触发“ICMP 目的不可达”错误报文进行检测

第二类主机探测方法基于我们对某些 IP 报文头字段的取值进行破坏的能力，我们可以通过在发往被探测的目标主机的数据分组的某些报文头字段中引入某些取值来触发目标主机生成“ICMP 目的不可达”的错误报文。这是因为我们在探测数据包中引入的报文头字段取值是目标主机未使用（不支持）的。

关于这方面，目前我们能用的字段主要是两个，一个是协议号字段，另一个是端口号字段。当目标主机未运行探测数据报文报文头中协议号字段指定的协议，或者探测数据报文所指定的端口在目标主机上并不活跃时，目标主机就会生成一个“ICMP 目的不可达”的错误报文。

这里我们以协议字段的不当取值为例来加以说明。原理上，如果我们构造一个探测数据报文，并将报文头中协议号字段设置为一个被探测的目标主机肯定不支持的协议号，那么目标主机在接收到这个数据报文后将会响应一个“ICMP 目的不可达”的错误报文。

和前面的情况类似，我们可以通过向某个目标网络的全部 IP 地址空间（前提是这些地址空间是可以通过互联网直接访问的）发送上述精心构造的探测报文，来实现对其中的主机和网络设备进行测绘的目的。（当然，前提是假设目标网络中没有部署过滤设备，或者没有过滤指定的流量。）

如果探测主机没有接收到“ICMP 目的不可达”的错误报文，我们可以假设有过滤设备在阻止探测报文到达目的主机，或者阻止了响应报文返回探测主机。

协议号等作为互联网的数字资源，是由 IANA 维护和分配的，如果读者想知道哪个号码对应哪个协议，可从 IANA 官网获取。

事实上，基于协议号与端口号的探测也是端口和服务扫描的基础，有关这方面的内容，我们将在后面介绍服务扫描时专门介绍。

3. 通过滥用 IP 报文分段机制来进行检测

由于 IP 规定了每个分组的长度的上限，因此，如果上层网络用户（TCP 或 UDP）传递下来的数据报文长度超过了这个上限，那么 IP 必须对其进行分段，然后逐段地加上 IP 分组的报文头，并分别进行转发。此外，在庞大的互联网中，不同的网络、不同的设备在实现协议时，可能还有不同的限制，对此，发送数据的主机也可能不知道。在这种情况下，如果发送数据的主机发送了一个很长的分组，以至某些中间的网络接收不了时，IP 操作时需要对这样的分组进行分段处理。当然，目的主机应该把属于同一个数据报文的各个分段重新组装起来，递交给本地的应用层程序。

当一个主机接收了属于同一个数据报文的一部分分段分组，但在给定的时间内没有接收到其他的分段分组时，该主机将丢弃这个数据报文，同时生成一个“ICMP 分段重组超时”（fragment reassembly time exceeded）的错误报文，并发回给源主机作为响应。

分段重组的这个行为特性也可以用于主机探测，我们可以通过向目标主机发送要求分段的数据报文，同时刻意使部分分段分组不发送出去，然后等待“ICMP 分段重组超时”的错误报文的响应（假如有）。

当我们将上述方法作用于一个目标网络的整个地址空间时，就有可能对目标网络的所有主机及网络拓扑等情况进行全面的扫描探测。

下面我们在 Linux 操作系统环境下用 hping2 这个工具来生成一个发给待探测目标主机 y.y.y.y 的数据报文，这里 -x 选项用于指示 hping2 需要对数据报文进行分段，如图 3.8 所示。

```
[root@godfather bin]# hping2 -c 1 -x -y y.y.y.y
ppp0 default routing interface selected (according to /proc)
HPING y.y.y.y (ppp0 y.y.y.y): NO FLAGS are set, 40 headers + 0 data
bytes

--- y.y.y.y hping statistic ---
1 packets tramitted, 0 packets received, 100% packet loss
round-trip min/avg/max = 0.0/0.0/0.0 ms
```

图3.8 hping2工具探测示例

图 3.9 所示为该命令执行时的网络通信情况。

```
20:20:00.226064      ppp0      >      x.x.x.x.1749      >      y.y.y.y.0:      .
1133572879:1133572879(0) win 512 (frag 31927:20@0+) (DF) (ttl 64)
                      4500 0028 7cb7 6000 4006 c8fd xxxx xxxx
                      yyyy yyyy 06d5 0000 4390 f30f 0c13 6799
                      5000 0200 27a8 0000

20:21:00.033209 ppp0 < y.y.y.y > x.x.x.x: icmp: ip reassembly time
exceeded Offending pkt: [|tcp] (frag 31927:20@0+) (DF) (ttl 55) (ttl
119, id 12)
                      4500 0038 000c 0000 7701 6e9e yyyy yyyy
                      xxxx xxxx 0b01 b789 0000 0000 4500 0028
                      7cb7 6000 3706 d1fd xxxx xxxx yyyy yyyy
                      06d5 0000 4390 f30f
```

图3.9 hping2工具执行结果

同样，我们也需要考虑目标网络有防火墙等过滤设备防护的情况。好在一般来说，我们还是有可能检测到防火墙设备的存在。正常情况下，当目标主机没能在规定的时间内完整接收到原始数据报文的所有分段分组（即有丢失或者刻意没有完全发送）时，所有操作系统表现出的行为模式都是相同的，也就是说，所有系统都会向源主机发送“ICMP 分段重组超时”的错误报文作为响应。当我们向某个目标主机发送一个数据报文的部分分段分组，但又没有接收到任何响应报文时，可能意味着两种情况：要么通往目标主机的路径上有分组过滤设备，过滤了探测主机的探测分组或目标主机的 ICMP 错误报文；要么目标主机本身确实不可用。

需要指出的是，基于 IP 地址分段滥用的主机探测方法不仅能用于探测目标网络的拓扑及完整主机情况，还能用来确定目标网络中可能部署的防火墙等过滤设备的 ACL 方案。当然，在实现后者的目标时，我们需要基于可能的传输协议（UDP/TCP）及其端口的不同组合来对目标网络的整个地址空间进行探测。

4. 使用UDP扫描进行检测

最后简单介绍基于UDP滥用来实施主机探测扫描的基本原理。根据UDP的定义，当我们试图和一个关闭未用的UDP端口通信的时候，我们将会接收到来自目标主机的一个“ICMP目的端口不可达”的错误报文；反之，如果我们试图通信的那个端口处于监听状态（也就是说端口是开放的），那么由于UDP是一个无状态的协议，目标主机将不会生成任何响应报文（探测主机自然也接收不到相关的响应报文）。

不过这种探测方法在遭遇过滤设备的时候会有点儿麻烦，因为当过滤设备将发往目标主机的UDP流量阻断以后，探测方也无法收到任何响应报文，这样的结果和探测方的UDP端口处于开放时的结果是一样的。如果我们针对同一台目标主机的大量UDP端口进行扫描探测，那么看上去就是这一系列被探测的端口都是开放的；然而事实却有可能是有过滤设备过滤了所有的UDP流量，所有的端口都处于关闭的状态。

针对这个问题，理论上是没有绝对完美的解决方案的。但实际上，我们可以通过设置无应答的UDP端口数量的阈值来解决。一般情况下，绝大部分主机操作系统不会让大量的UDP端口处于“开放”的状态。因此，当我们对某个待探测的目标主机发送大量不同端口的UDP探测分组时，如果探测方收不到响应分组，那么大概率是因为探测分组本身被过滤了，而不是确实有那么多端口处于开放状态。事实上，莱昂在早期设计和实现Nmap（2.3 beta 13）的时候就采用了这样的策略。

此外，我们也还可以进一步优化工程上的方案。我们知道当目标主机的某个端口处于关闭状态时，其对接收到的UDP探测报文的响应是生成一个“ICMP目的端口不可达”的错误报文，那么我们在发送UDP探测数据报文的时候，是否可以选择某个我们已知且肯定是处于关闭状态的端口号呢？答案是肯定的，比如，我们可以用端口0（因为端口0是协议规定预留的，只不过用端口0很容易暴露自己）或选择那些1024以下的未被分配出去的端口等，虽然可能无法100%保证，但总体可靠性还是比较高的。详情可以参考IANA已分配端口列表[1]。

这样，当我们向精心选择的端口号发送UDP探测报文时，如果目标网络没有部署过滤设备（或者过滤设备允许探测报文通过），探测方将会收到一个“ICMP目的端口不可达”的错误报文，这同时也表明目标主机是存活的；如果探测方没有收到任何响应报文，那么就可断定是过滤设备将该端口过滤了。

图3.10所示的例子给出了在172.18.2.200主机上用hping命令试图和172.18.2.131主机的50端口进行UDP通信的情况。

```
[root@pooh /root]# hping -2 -c 2 -p 50 172.18.2.131
eth0 default routing interface selected (according to /proc)
HPING 172.18.2.131 (eth0 172.18.2.131): udp mode set, 28 headers + 0
data bytes
ICMP Port Unreachable from 172.18.2.131  (unknown host name)
ICMP Port Unreachable from 172.18.2.131  (unknown host name)

--- 172.18.2.131 hping statistic ---
2 packets tramitted, 0 packets received, 100% packet loss
round-trip min/avg/max = 0.0/0.0/0.0 ms
```

图3.10　hping命令示例

---

[1] 见IANA官网参考文档。

图 3.11 所示为该命令执行时的网络通信情况。

```
05/20/01-12:48:37.553394 172.18.2.200:1778 -> 172.18.2.131:50
UDP TTL:64 TOS:0x0 ID:34904 IpLen:20 DgmLen:28
Len: 8


05/20/01-12:48:37.553580 172.18.2.131 -> 172.18.2.200
ICMP TTL:128 TOS:0x0 ID:11214 IpLen:20 DgmLen:56
Type:3  Code:3  DESTINATION UNREACHABLE: PORT UNREACHABLE
** ORIGINAL DATAGRAM DUMP:
172.18.2.200:1778 -> 172.18.2.131:50
UDP TTL:64 TOS:0x0 ID:34904 IpLen:20 DgmLen:28
Len: 8
** END OF DUMP
00 00 00 00 45 00 00 1C 88 58 00 00 40 11 95 09   ....E....X..@...
AC 12 02 C8 AC 12 02 83 06 F2 00 32 00 08 9B 4A   ...........2...J
```

图3.11 hping命令执行结果

因此，我们可以使用精心挑选的肯定未用或者大概率未用的 UDP 端口号，针对待探测的目标网络的所有 IP 地址空间构造 UDP 探测报文并发送，收到响应报文就意味着对应的主机是存活的；没收到响应报文意味着有过滤设备过滤了这些主机的 UDP 流量。

3.3 端口开放性扫描

端口扫描是一项非常重要的信息收集技术。端口扫描是通过向特定的目标主机或目标网络发送连接请求，然后观察其对该请求的响应，以此判断该目标主机或网络是否提供某个特定服务的方法或过程。端口扫描具有双重用途，从网络管理者的角度来说，通过端口扫描，可以更好地了解自己所管理的网络范围内各主机的端口开放情况，如是否都受到了恰当的保护；站在攻击者的角度讲，端口扫描用于收集互联网上或者特定的目标网络中各主机的基本信息，主机的哪些端口是否开放、可否访问等。只不过在端口扫描的过程中，防御者通常不必遮遮掩掩地隐藏身份，而攻击者肯定是要试图隐藏身份来执行扫描的过程。从网络空间测绘的角度来说，这两方面的用途同等重要。

端口扫描通常涉及两个阶段，即向指定端口发送数据报文和等待对方响应，根据响应的信息判定端口的状态、提供的服务等；这样的响应信息在很多情况下也非常有助于确定目标主机的操作系统及其他相关信息。顺便提一下，其实漏洞扫描和端口扫描非常相似，当然漏洞扫描涉及更多的协议交互。事实上，几乎所有的攻击都以某种形式的扫描活动（特别是漏洞扫描）作为“前奏”。

前面我们已经多次提到了端口的概念，端口可以被认为传输层的一种辅助编址手段。我们知道IP地址唯一标识了一台主机，当一台主机上运行多个应用程序时，为了区分不同的应用进程，我们在和某台主机的某个应用进行通信的时候，除了要给出该主机的 IP 地址，还需要指明一个端口号，并用该端口号来标识该主机上的一个具体应用。

TCP 和 UDP 作为典型和最常使用的传输层协议，都分别在其协议报文头中定义了 2 B 的字段，并用来对端口号进行编码。因此，理论上一台主机可以有 65 536 个端口号。通常这些号码被划分为3个类别（或3个号码段），第一类就是我们通常说的周知（well-known）端口0～1023，第二类是注册（registered）端口1024～49 151，第三类是动态或私有端口49 152～65 535。前文提及端口扫描涉及向一台主机的每个端口发送报文，然后等待响应这两个阶段，探测主机根据响应报文的类型判断被探测主机的相应端口是否处于开放（在用）状态。理论上，如果无法事先确定，需要对一台主机的65 536个端口发送这样的探测报文。一般来说，端口扫描更多是面向TCP端口进行的，因为TCP是面向连接的协议，更多的应用基于TCP传输提供服务，这样的端口扫描能返回更有价值的信息。当然，面向UDP端口的扫描也有，不过由于它们提供的是无连接的服务，从扫描能获得的有直接价值的信息少一些，而且UDP端口更容易被网络管理人员封禁。

3.3.1　端口扫描分类与基本原理

摩诺瓦・布扬（Monowar Bhuyan）等学者从网络攻击的角度将端口扫描分为5种类型[5]，分别为标准TCP扫描、隐秘性TCP扫描、UDP扫描、反射式扫描、SOCKS端口探测等。这里结合文献[6]，对各种扫描类型进行简单介绍。

1. 标准TCP扫描

标准TCP扫描可以说是最简单、直接的用于准确识别可访问TCP端口和服务的技术。这类方法本身又可细分为两种，一种是基于TCP完整连接建立的，另一种是基于TCP半开连接建立的。

（1）vanilla connect()扫描。

TCP connect()端口扫描是最简单的一类扫描。在这类扫描中，探测方试图向目标主机的每一个端口发起建立连接的请求，并建立完整的TCP连接。因此，从另一个方面来说，这类扫描没有隐秘性可言，因为被扫描的主机会记录连接信息。

由于TCP/IP本身具有稳健性和可靠性，因此connect()端口扫描在用于确定目标主机上具有哪些开放的TCP服务方面是非常准确的。然而，由于在扫描过程中执行了TCP完整的三次握手的过程，激进的connect()扫描很容易影响一些实现得不够好的网络服务的正常运行。

如图3.12所示，当被扫描的端口是开放的时候，一次这样的扫描就是一个完整的TCP建立的过程。探测主机首先向被探测的目标主机发送一个SYN请求探测分组的探测报文；一旦探测主机接收到来自目标主机的SYN/ACK标志位置位的响应报文，那么就知道目标主机的被探测端口是开放的；随后，探测主机通过发送一个ACK响应报文以完成完整的三次握手的过程。

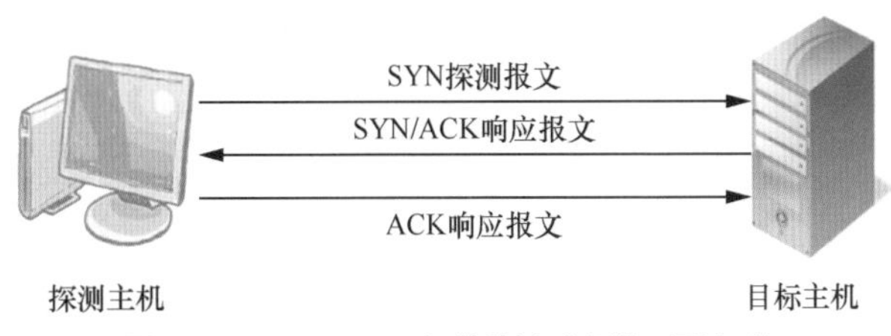

图3.12　vanilla TCP扫描结果（当端口开放时）

当待探测的端口是关闭的时候，探测主机在发出 SYN 请求分组的探测报文后，将接收到来自目标主机的被探测端口的 RST/ACK 标志位置位的响应报文，如图 3.13 所示。

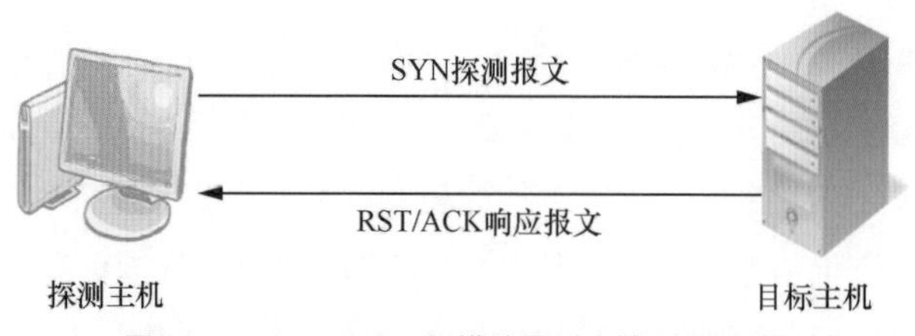

图3.13　vanilla TCP 扫描结果（当端口关闭时）

Nmap 工具的 -sT 选项可以执行 TCP connect() 端口扫描。这种扫描的一个好处是不需要操作系统的超级用户权限，因为其并未用到原始套接字（raw socket）。

当然，在网络空间测绘等任务中，往往希望对目标主机的所有端口都进行全面的探测扫描，这样做的工作量自然很大。所以，为了提高扫描效率，像 Nmap 等工具通常都会自行维护一个常用端口列表，这样就只对这些常用端口而不是全部 2 B 的端口数量进行扫描。但这么做的一个负面作用是常常会漏扫一些通常“驻留”在高端口的服务，比如 18 264（SVN 版本维护服务）等。尽管 Nmap 经常更新和扩充其常用端口列表，但随着越来越多的诸如物联网等服务的出现，这种漏扫现象还是一再出现，需要研究更准确的活跃端口预测等技术。

（2）SYN 半开连接扫描。

如前文所述，通常三次握手连接是用于客户端 - 服务器计算模式中两台主机之间的连接，其中客户端向服务器发送一个 SYN 请求分组的探测报文，然后服务器对客户端主机进行响应，当客户端主机所访问的端口是开放的时候，则响应分组的 SYN/ACK 标志位置位；随后，客户端再发送一个 ACK 响应报文以完成握手过程。

在半开连接（half-open）扫描的情况下，当发现一个端口确实是在监听（listening）的时候，探测方已经可以大概率地判断待探测目标端口是开放的，此时探测方直接向被探测方发送一个 RST 分组（作为握手的第三部分），直接重置 TCP 连接。在这种情况下，因为整个三次握手过程没有完成，所以相应的连接尝试通常不会在目标主机上留下记录。

不过，绝大部分基于网络的 IDS 和其他一些安全产品（如 portsentry 等）还是有能力检测这种半开连接端口的扫描行为。如果需要更好地隐匿端口扫描的行为，还需要其他的扫描方法，如基于 FIN 或生存时间（Time to Live，TTL）字段等的扫描方法，以及旨在回避检测的报文分段技术等，具体内容随后将介绍。

如图 3.14 所示，当待探测的端口是关闭的时候，探测主机将收到一个 RST/ACK 标志位置位的响应报文，然后就不再有任何其他的事情发生了。由此可见，这种半开连接扫描有几个好处，一是比较快速，二是比较高效（收发数据分组数量较少），三是可绕过被探测主机的日志（因为连接还没有建立）。

如图 3.15 所示，当待探测的端口是开放的时候，探测主机向被探测的目标主机发送一个 SYN 请求分组的探测报文，将接收到来自目标主机返回的 SYN/ACK 标志位置位的响应报文；

正常情况下（如前面的 connect() 扫描），探测主机将发送一个 ACK 响应报文以建立连接，不过，在半开连接扫描的情况下，探测主机将通过发送一个 RST 响应报文来中止连接。

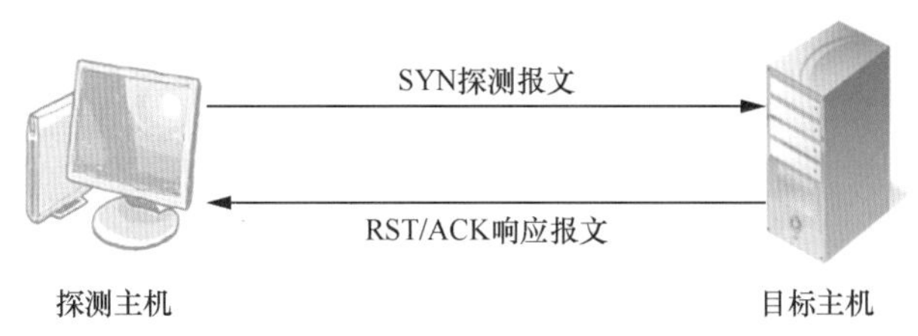

图3.14　半开连接扫描结果（当端口关闭时）

图3.15　半开连接扫描结果（当端口开放时）

半开连接扫描的优势是快速，而且总体来说也是比较可靠的。不过，由于这种方式用到原始套接字，所以需要 UNIX 和 Windows 主机的超级用户访问权限。另外，当前所有 IDS 和个人防火墙系统等都可以识别这类扫描，尽管很多情况下，特别是当探测分组数量大的时候，它们常常会把这类扫描误标注为 SYN 洪泛攻击（SYN flooding attack）。

Nmap 工具的 -sS 选项可以执行基于 SYN 的半开连接扫描。当然，如果 Nmap 的发包速度过快时，其行为就会和 SYN 洪泛攻击很类似。在这种情况下，SYN 探测分组很容易被目标网络的防火墙等设备过滤掉。Nmap 有一个 -T 标志选项，可用于改变扫描的时间策略（调整发包速率），适当降低发送速率有利于规避这种情况。

另一个值得一提的半开连接扫描器是 Scanrand，这是 Paketto Keiretsu 套件的一个组件，该套件包含许多有用的网络工具（如 Scanrand、Minewt、Linkcat 等），是安全专家丹 • 卡明斯基（Dan Kaminsky）出品和维护的。其中 Scanrand 是一款无状态（即基于半开连接的）主机发现和端口扫描工具。它以降低可靠性来换取异常快的速度，还使用了加密技术防止黑客修改扫描结果。如图 3.16 所示，Scanrand 可以在 1s 的时间内扫描出一个局域网上的开放端口。

Unicornscan 是另一个可以实施快速半开连接扫描的工具，它有许多独特和非常有用的功能特性，其主要能力包括带有所有 TCP 变种标记的异步无状态 TCP 扫描、异步无状态 TCP 标志（banner）抓取、面向特定协议的异步 UDP 扫描、通过分析响应报文的主动 / 被动远程操作系统、应用程序、组件信息 ID 等信息获取等。它和 Scanrand 一样都是基于半开连接的高级扫描器，主要特点是精确、灵活而且高效。

```
$ scanrand 10.0.1.1-254:quick
  UP:        10.0.1.38:80    [01]   0.003 s
  UP:       10.0.1.110:443   [01]   0.017 s
  UP:       10.0.1.254:443   [01]   0.021 s
  UP:        10.0.1.57:445   [01]   0.024 s
  UP:        10.0.1.59:445   [01]   0.024 s
  UP:        10.0.1.38:22    [01]   0.047 s
  UP:       10.0.1.110:22    [01]   0.058 s
  UP:       10.0.1.110:23    [01]   0.058 s
  UP:       10.0.1.254:22    [01]   0.077 s
  UP:       10.0.1.254:23    [01]   0.077 s
  UP:        10.0.1.25:135   [01]   0.088 s
  UP:        10.0.1.57:135   [01]   0.089 s
  UP:        10.0.1.59:135   [01]   0.090 s
  UP:        10.0.1.25:139   [01]   0.097 s
  UP:        10.0.1.27:139   [01]   0.098 s
  UP:        10.0.1.57:139   [01]   0.099 s
  UP:        10.0.1.59:139   [01]   0.099 s
  UP:        10.0.1.38:111   [01]   0.127 s
  UP:        10.0.1.57:1025  [01]   0.147 s
  UP:        10.0.1.59:1025  [01]   0.147 s
  UP:        10.0.1.57:5000  [01]   0.156 s
```

图3.16 Scanrand扫描示例

对 Windows 操作系统来说，Foundstone 的 SuperScan 也是一款非常棒的端口扫描工具，该工具功能丰富，还包括 Banner 抓取功能等。

2. 隐秘性 TCP 扫描

隐秘性 TCP 扫描方法的设计目的是不被目标主机或其他审计监测工具检测到。这类方法主要是利用了某些 TCP/IP 栈实现上的特有特征来实现的，因此，这类方法不一定对所有的操作系统都适用，但当发现了某些敏感的平台时，它们确实能提供一定程度的隐秘性。不难理解，这类 TCP 扫描也是通过向目标主机发送特定的 TCP 分组报文来实现的，只不过这类 TCP 分组报文设置了某些隐秘性比较好的标志位，主要用到的标志位包括 SYN、FIN、NULL 等。

（1）反向 TCP 标志位扫描。

防火墙和 IDS 等安全设施通常针对发送到目标主机的敏感端口的 SYN 分组报文进行检测，为了规避这样的检测，我们可以向不同标志位发送 TCP 探测分组报文。这种使用非常规 TCP 标志位的分组报文去探测目标主机的做法就是我们所说的反向技术，因为该做法中的响应报文是由关闭端口发回的（也就是说，只有当端口是关闭的时候，目标主机才会对探测分组进行响应）。RFC793 规定，如果主机上的某个端口关闭时，其对任何试图建立连接的请求分组应该发送一个 RST/ACK 分组报文，以重置该连接 [7]。利用这个特性，探测方可以发送多种 TCP 标志位取值组合的 TCP 探测分组报文。每个 TCP 探测分组报文发送到目标主机的每个端口。通常用到的 TCP 标志位配置组合有以下 3 种：

① 基于 FIN 标志位设置的 FIN 探针；

② 基于 FIN、URG、PSH 标志位设置的 Xmas 探针；

③ 没有任何标志位设置的 NULL 探针。

图 3.17 和图 3.18 给出了当目标主机上待探测的端口开放和关闭时，探测主机和目标主机之间的分组交互过程。

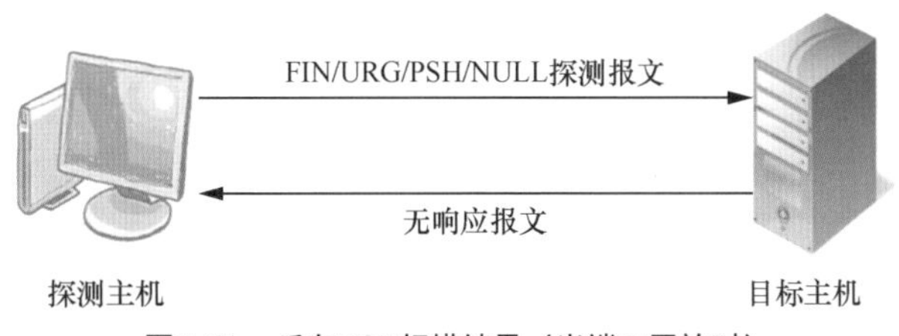

图3.17 反向TCP扫描结果（当端口开放时）

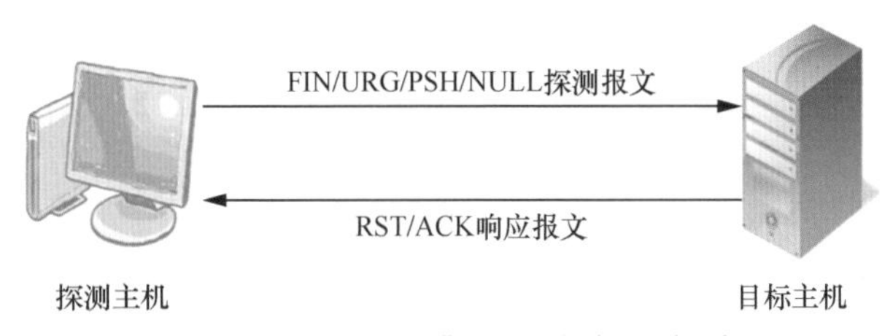

图3.18 反向TCP扫描结果（当端口关闭时）

根据 RFC793 标准，如果这样的探测请求没能得到目标主机的响应，可能是由于端口开放，也可能是由于目标主机宕机，所以这种扫描方法得出的结果不一定是非常准确的，但隐秘性还是比较好的。对于目标主机上所有关闭的端口，目标主机都会返回一个 RST/ACK 响应报文给探测主机。不过，某些操作系统平台（主要是 Windows 家族）并未完全遵守 RFC793 标准。当这类平台接收到一个发给其关闭端口的探测分组报文时，这类平台不会做出 RST/ACK 响应，因此，这种探测方法只对类 UNIX 操作系统有效。

Nmap 可以执行反向 TCP 端口扫描，分别用以下选项实现：-sF（FIN 探针）、-sX（Xmas 探针）和 -sN（NULL 探针）。

Vscan 是 Windows 环境下的另一个可执行反向 TCP 端口扫描的工具，该工具无须安装 WinPcap 网络驱动器，而是直接在 Winsock 中使用原始套接字。

（2）基于 ACK 标志位的扫描。

基于 ACK 标志位的扫描是由尤利尔 • 梅蒙（Uriel Maimon）首先提出并在 *Phrack* 杂志第 49 期（1996 年 11 月）中描述的。这项技术通过向目标主机发送 ACK 探测分组报文，然后分析目标主机返回的 RST 响应分组报文的头信息来探测 TCP 开放端口，基本和前述的 NULL、FIN，以及 Xmas 扫描一样，除了探测分组是 FIN/ACK[8]。根据 RFC793 标准的定义，无论目标主机的端口开放或者关闭，都应该对这样的探测响应 RST 报文。然而尤利尔注意到，如果端口开放，许多基于 BSD 的系统只是丢弃该探测报文。因此，这项探测技术也只是对部分操作系统和平台有效。一般有两种主要的 ACK 扫描技术：一种是分析接收到的分组的 TTL 字段，另一种是分析接收到的分组的 Window 字段。

这项技术也会检查防火墙等过滤系统和其他更复杂的网络情况，以帮助理解分组通往目标网络的整个过程。例如，TTL 字段的值可以用来推断分组所经过的中间节点的数量等。

① 分析响应分组的 TTL 字段。

为了分析 RST 响应分组的 TTL 字段数据，探测主机首先向目标主机的不同端口发送大量精心制作的 ACK 分组（几千个分组）报文，如图 3.19 所示。

图3.19　向不同的端口发送大量ACK探测报文

比如，我们可以用 hping2 执行 ACK 探测分组报文的发送动作。图 3.20 所示为接收到的前 4 个 RST 分组记录。

```
1: host 192.168.0.12 port 20: F:RST -> ttl: 70 win: 0
2: host 192.168.0.12 port 21: F:RST -> ttl: 70 win: 0
3: host 192.168.0.12 port 22: F:RST -> ttl: 40 win: 0
4: host 192.168.0.12 port 23: F:RST -> ttl: 70 win: 0
```

图3.20　接收到的分组记录1

通过分析每个分组的 TTL 值，我们可以很容易地发现，端口 22 返回的值是 40，而其他端口返回的值都是 70，这就意味着目标主机的端口 22 是开放的，因为其返回的 TTL 字段的值小于其初始的边界值。

② 分析响应分组的 Window 字段。

和前述一样，为了分析 RST 响应分组的 Window 字段数据，探测主机首先向目标主机的不同端口发送大量精心制作的 ACK 分组（几千个分组）报文，如图 3.19 所示。运行 hping2 命令来实施 ACK 探测分组报文的发送动作。图 3.21 所示为接收到的前 4 个 RST 分组记录。

```
1: host 192.168.0.20 port 20: F:RST -> ttl: 64 win: 0
2: host 192.168.0.20 port 21: F:RST -> ttl: 64 win: 0
3: host 192.168.0.20 port 22: F:RST -> ttl: 64 win: 512
4: host 192.168.0.20 port 23: F:RST -> ttl: 64 win: 0
```

图3.21　接收到的分组记录2

我们注意到，这次每个分组的 TTL 字段的值都是 64，这意味着在这种情况下，基于 TTL 字段的分析是无法识别出目标主机的端口开放情况的。但是，通过分析 Window 字段，我们发现第 3 个分组有一个非 0 的值，这也同样表明端口 22 是开放的。

基于 ACK 标志位的扫描的优点是它难以被一般的防御系统（包括 IDS 和个人防火墙等）检测到；缺点是这种扫描类型依赖于 TCP/IP 栈实现的 bug，这些 bug 在 BSD 类操作系统中比较常见，但其他绝大多数操作系统都已经不存在这样的情况了。随着 BSD 类操作系统退出主流操作系统行列，这项扫描技术基本上已经没有用武之地。

Nmap 支持基于 ACK 标志位的扫描，其 -sA 和 -sW 选项较为常见。hping2 也可以采样和分析 TTL 和 Window 字段的值，不过大多数情况下非常耗时。

3. UDP 扫描

由于 UDP 是无连接协议，因此，只有两种方法可用于有效枚举可访问的 UDP 网络服务。一种是通过向所有65 535个UDP端口发送UDP探测分组报文，然后等待“ICMP目的端口不可达”的报文，以此识别不可访问的 UDP 端口；另一种是使用具体的 UDP 服务的客户端工具（命令）向目标 UDP 网络服务发送 UDP 数据报文，并尝试等待响应报文，比如我们可以用 snmpwalk、dig、tftp 等工具探测 SNMP、DNS、TFTP 等服务是否开放。

许多安全意识比较强的组织通常都会将其往来于互联网主机的 ICMP 报文过滤掉，这就对通过简单的端口扫描来评估其 UDP 服务的开放性造成了困难。如果“ICMP 目的端口不可达”的报文可以从目标网络逃逸，那么传统的 UDP 端口扫描还可以继续承担用于识别目标主机上的 UDP 开放端口。

图 3.22 和图 3.23 展示了当端口处于开放和关闭的情况下，UDP 探测分组报文和目标主机生成的 ICMP 响应报文的情况。

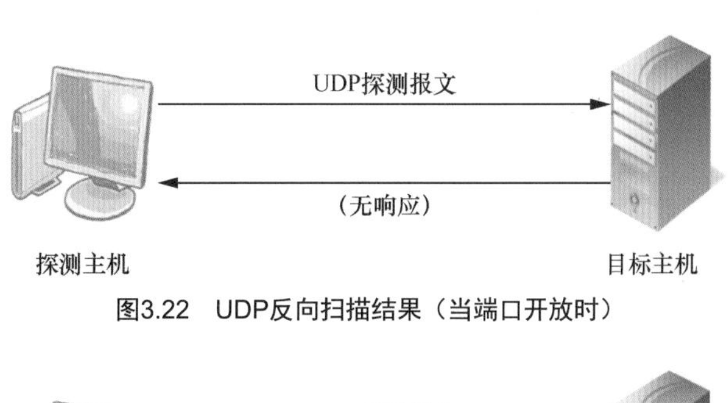

图3.22 UDP反向扫描结果（当端口开放时）

图3.23 UDP反向扫描结果（当端口关闭时）

UDP 端口扫描实际上也是一种反向扫描，也就是说当端口开放的时候是没有响应的。特别地，扫描是在找来自目标主机的“ICMP 目的端口不可达”的报文（ICMP 类型 3，代码 3），如图 3.23 所示。

Nmap 有一个 -sU 选项可支持 UDP 端口扫描，SuperScan4 也支持 UDP 端口扫描。不过，这两个工具都是通过寻找那些没有响应报文的端口来识别其开放性。因此，如果 ICMP 报文在从目标网络返回给探测主机的过程中被防火墙过滤了，其结果的准确性就无法得到保证了。

在网络空间中存在完善审计的情况下，我们需要向流行的服务端口发送精心设计的 UDP 客户端分组报文，然后等待其正面（positive）的响应。Fryxar 开发的 scanudp 工具是这方面做得比较好的工具。

4. 反射式扫描

反射式扫描或者第三方端口扫描本质上是利用了 FTP 的漏洞，这种扫描方法允许探测主机将探测报文通过存在这种漏洞的服务器反射给目标主机，从而可以隐藏网络扫描的“真身”。这种扫描方法的另一个好处是有可能更方便地穿透或洞悉防火墙的配置，如通过一个受信任的、但存在漏洞的主机进行反射，就可以轻易地穿透防火墙。除了 FTP，其他一些可利用的协议或应用还包括邮件服务器和 HTTP 代理等。

（1）FTP 反射扫描。

早期一些运行版本比较老旧的 FTP 服务的服务器可以中继和转发多种 TCP 攻击报文及端口扫描报文。这些比较老旧的 FTP 服务器在处理连接的时候存在一个缺陷，即其内置的 PORT 命令允许数据发送到用户指定的主机和端口。在默认配置的情况下，运行在以下这些操作系统平台上的 FTP 服务都会受到这个缺陷的影响：FreeBSD 2.1.7、HP-UX 10.10、Solaris 2.6、SunOS 4.1.4、Red Hat Linux 4.2 及其更早期的版本等。

如果 FTP 服务器还配置有可写的目录（即可以从客户端上传文件数据），那么基于 FTP 的反射扫描（更多是指恶意攻击）可能产生灾难性的后果。因为在这种情况下，一系列的命令或其他数据可以写入一个文件，然后通过 PORT 命令中继到目标主机的指定端口。比如，我们可以上传一个垃圾邮件到一个有漏洞的 FTP 服务器，然后将这个邮件信息发送到目标邮件服务器的 SMTP 端口。图 3.24 显示了 FTP 反射扫描的三方角色关系。

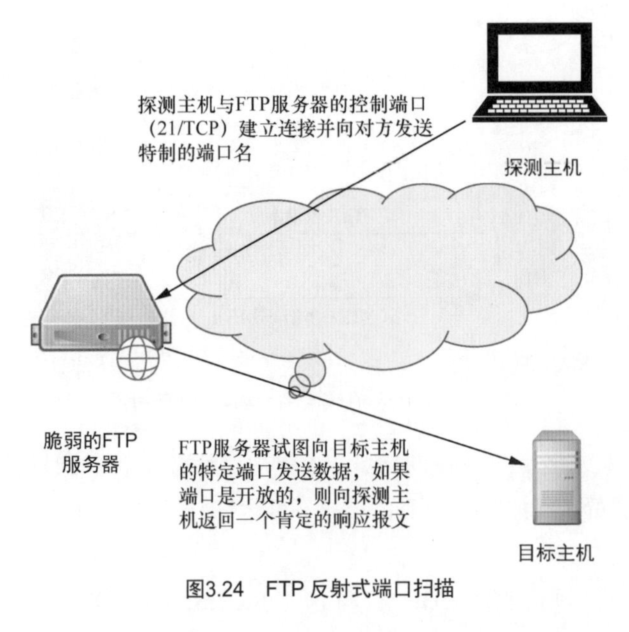

图3.24　FTP 反射式端口扫描

当执行 FTP 反射扫描时，将发生以下系列事件。

① 探测主机和有漏洞的FTP服务器的控制端口(21/TCP)建立连接，并进入被动模式(passive mode)，指使 FTP 服务器发送数据到指定主机的指定端口。

② 执行 PORT 命令，并在参数中给出尝试连接的目标主机的 IP 地址及具体的端口号，如 PORT 166.111.8.205，23。

③ 执行 LIST 命令，FTP 服务器尝试和 PORT 命令中指定的目标主机建立一个 TCP 连接。

如果执行 LIST 命令返回的响应结果代码是 226，则说明目标主机的端口是开放的；如果返回的响应结果代码是 425，则表明连接请求被拒绝（当然我们无法据此进一步判断是端口关闭，还是被过滤等）。

Nmap 也支持 FTP 反射扫描，涉及 -P0 和 -b 选项，如图 3.25 所示。

```
nmap -P0 -b username:password@ftp-server:port <target host>
```

图3.25 Nmap的FTP反射扫描命令

（2）代理反射扫描。

如前文所述，探测分组也可以通过开放的外部代理（proxy）服务器反射来到达目标主机。某些代理服务器由于配置不当，很容易沦为 TCP 端口扫描的中继器（反射器）。不过，以这样的方式找寻代理服务器来实施反射式端口扫描往往比较耗时耗力，所以，很多攻击者更倾向于滥用开放的代理服务器来实施对实际攻击报文的反射和中继，这样来得更直接、更高效。

ppscan.c 是 UNIX 操作系统下的反射扫描工具，其源码也可以获取。

（3）基于监听的欺骗扫描。

1998 年巴赫（Bach）发布了基于 UNIX 环境的 spoofscan 扫描工具，标志着一种新的基于半开连接的 SYN TCP 端口扫描方法出现了。spoofscan 扫描工具的运行要求具备 root 用户权限，使用 spoofscan 可以进行隐秘端口扫描。spoofscan 扫描工具关键的创新点在于可以将主机网卡设置为混杂模式，因此可以监听整个局域网段的响应信息。

基于监听的欺骗扫描具有以下两个方面的独特优势。

① 如果你在目标主机（或保护目标主机的防火墙）所在的网段上有一台具有管理员权限的主机，那么你就可以假冒其他 IP 地址来发送 TCP 探测报文以识别受信任的主机，并窥探到防火墙的策略。事实上我们可以通过对背景流量的监听获取到很精准的结果，因为监听过程可以监测到本地网段对假冒探测报文的响应。

② 如果你具有某个大型共享网段的访问权限，你就能假冒没有访问权限（甚至根本不存在）的主机来发起扫描探测报文，以分布式和隐秘的方式对远程网络开展有效的端口扫描。

这种方法的一个精妙之处是，在共享网络环境下，探测方（或者攻击者）滥用了其对本地网络的访问权限。在交换网络环境下，借助地址解析协议（Address Resolution Protocol，ARP）重定向欺骗及其他技术，这种方法也能取得很好的效果。spoofscan 的源码也可以获取。

（4）基于 IP 报文头 ID 字段的扫描。

基于 IP 报文头 ID 字段的扫描是一种模糊的扫描技术，涉及对大多数操作系统的 TCP/IP 栈的一些特性的滥用。在这类扫描中涉及 3 台主机：一是发送扫描报文的探测主机；二是被扫描的目标主机；三是“僵尸”主机或者闲置主机，该主机可以是任何一台互联网可访问的服务器，旨在协助完成对目标主机的欺骗扫描。

首先探测主机向僵尸主机持续地发送探测报文，同时进行 IP 报文头 ID 值的分析；随后探测主机再向目标主机的待探测端口发送假冒源地址的 TCP SYN 请求报文，被假冒的源地址为僵尸主机的地址，这样如果目标主机上的待探测端口是开放的，那么它就会向僵尸主机发送 SYN/ACK 响应报文，这样就会改变探测主机此前采样获取的 IP 报文头 ID 值的规律，探测主机据此可间接地得出目标主机待探测端口的开放性。

基于 IP 报文头 ID 字段的扫描的隐蔽性非常强，一方面目标主机根本不知道探测主机的存在，另一方面，探测主机也可以选择其认为更值得信任的不同的僵尸主机来实施这样的扫描。因此，一些有经验的攻击者经常用这种扫描方法来绘制基于 IP 的主机之间的信任关系，诸如防火墙和虚拟专用网络（Virtual Private Network，VPN）网关等。图 3.26 给出了基于 IP 报文头 ID 字段的扫描的过程。

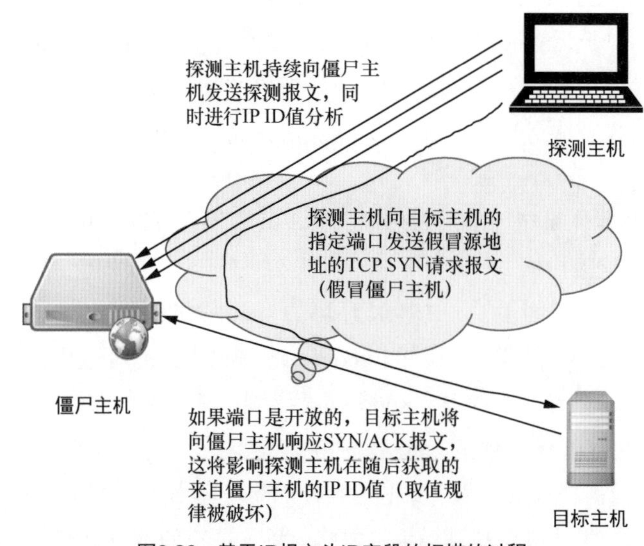

图3.26　基于IP报文头ID字段的扫描的过程

Nmap 工具通过 -sI 选项支持基于 IP 报文头 ID 字段的扫描，如图 3.27 所示。

```
-sI <zombie host[:probe port]>
```

图3.27　Nmap的基于IP报文头ID字段的扫描命令

在默认情况下，Nmap 利用僵尸主机的 80 端口执行这样的扫描。图 3.28 所示的例子展示的是通过 192.168.0.155 来扫描 192.168.0.50 的情况。

```
$ nmap -P0 -sI 192.168.0.155 192.168.0.50

Starting Nmap 4.10 ( http://www.insecure.org/nmap/ ) at 2007-04-01 23:24 UTC
Idlescan using zombie 192.168.0.155; Class: Incremental
Interesting ports on  (192.168.0.50):
(The 1582 ports scanned but not shown below are in state: closed)
Port      State     Service
25/tcp    open      smtp
53/tcp    open      domain
80/tcp    open      http
88/tcp    open      kerberos-sec
135/tcp   open      loc-srv
139/tcp   open      netbios-ssn
389/tcp   open      ldap
443/tcp   open      https
445/tcp   open      microsoft-ds
464/tcp   open      kpasswd5
593/tcp   open      http-rpc-epmap
636/tcp   open      ldapssl
1026/tcp  open      LSA-or-nterm
1029/tcp  open      ms-lsa
1033/tcp  open      netinfo
3268/tcp  open      globalcatLDAP
3269/tcp  open      globalcatLDAPssl
3372/tcp  open      msdtc
3389/tcp  open      ms-term-serv
```

图3.28 Nmap扫描示例

Vscan是Windows环境下的另一个可执行基于IP报文头ID字段的扫描的工具，如前文所述，该工具无须安装WinPcap网络驱动器，而是直接在Winsock中使用原始套接字。

5. SOCKS端口探测

SOCKS端口允许多台设备共享互联网连接服务，为部分互联网用户访问部分无法正常访问的服务提供了方便。不过，由于许多用户往往会误配置SOCKS端口，而这样的误配置可能导致允许任意选择的源节点和目的节点进行通信，因此，扫描SOCKS端口也是攻击者寻找攻击入口的途径之一，而且由于SOCKS端口具有代理特性，攻击者在借助它来访问其他互联网主机的同时，还能很好地隐藏自身的真实位置。当然，从网络空间测绘的角度也可以借此作为一种端口扫描的方法。

3.3.2 端口高速扫描

一般来说，如果仅在局域网或小的城域网范围内进行主机端口扫描，则无论使用上述的何种方法去扫描任意数量的端口，都能在较短的时间内完成。因此，我们一般比较关心扫描方法的安全性及隐蔽性。然而，当需要在全网范围内进行端口扫描时，由于待扫描的目标数量过于庞大，且分布极不均匀，如何尽可能快速扫描且不对目标网络造成较大影响成了主要的研究目标。这里主要从待扫描地址列表的生成、扫描报文的高速发送和扫描回复报文的处理这 3 个方面介绍端口高速扫描中主要要解决的问题，并结合 ZMap[9] 和 Masscan[10] 两个目前性能十分好的端口扫描工具进行详细讨论。

1. 待扫描地址列表的生成

考虑到高速端口扫描的特殊性，对于一系列待扫描的目标地址和端口，如果不对它们做任何处理，直接按顺序一一进行扫描，往往会在扫描时对某一目标网络进行十分密集的扫描行为。这不仅会对目标网络的传输性能造成很大影响，还极易被目标网络管理员发现，导致扫描器 IP 地址被封禁，无法进行后续的扫描。因此，需要对这些待扫描的目标进行随机化处理。

在进行大范围的端口扫描（例如 IPv4 全网扫描）时，由于地址数量巨大，待扫描地址列表的生成速度也会极大地影响整体的扫描速度。一般而言，随机化处理的方法是给每一个地址按顺序生成索引，通过生成随机的不重复的索引列表来生成待探测地址列表。然而，依赖传统的随机数生成算法无法保证所生成索引列表的不重复性，因此需要考虑其他的解决方案。

为了生成不重复的索引列表，ZMap 使用了基于群论的方法。假设总待探测地址数量为 N，ZMap 在一个以 p 为模的整数乘法群$(\mathbb{Z}/p\mathbb{Z})^{\times}$上进行迭代。ZMap 将 p 设置为略大于 N 的素数，这样保证了该群是一个循环群，且经过足够次数的迭代后能对 $[1, p-1]$ 区间的每个整数都进行一次探测。在生成新的随机索引列表时，为了保证随机性，ZMap 首先为乘法群生成一个新的原根，并选择一个随机的起始地址。为了生成新的原根，ZMap 利用了群论中元素的顺序由同构保持这一性质，通过利用同构$(\mathbb{Z}_{p-1},+)\cong(\mathbb{Z}_p^*,\times)$并利用函数$f(x)=n^x$将$(\mathbb{Z}_{p-1},+)$的原根映射到乘法群，其中的 n 就是$(\mathbb{Z}_p^*,\times)$的一个已知原根。而$(\mathbb{Z}_{p-1},+)$的生成式是已知的，即$\{s\mid(s,p-1)=1\}$可以通过预先计算和存储 $p-1$ 的质因数并检查 32 位随机数与 $p-1$ 的所有质因数是否互质来有效地找到加法群的生成式，当找到与 $p-1$ 互质的一个数（加法群的一个随机原根）时，就直接将其映射到$(\mathbb{Z}_p^*,\times)$生成新原根。一旦乘法群的一个新原根生成，就可以对随机选择的初始索引不断执行群运算（即乘原根后对 p 取模），直到重新得到初始索引，即代表探测结束。这样的算法只是在最初乘法群原根计算时引入了一次性开销，在随后的探测过程中开销很小，相对后续的扫描包发送开销来说可忽略，可以说兼顾了生成的地址索引列表的随机性和算法的高性能。

与 ZMap 不同，Masscan 使用了 Blockrock[11] 加密算法来生成随机的索引列表。具体来说，首先需要使用索引总数 N 对 Blockrock 算法进行状态初始化。然后在 $[0, N-1]$ 区间依次探测索引 i，通过算法提供的加密函数 x=encrypt(i)，即可得到一系列随机的位于 $[0, N-1]$ 区间且不重复的 x，此外，通过引入不同的种子（seed），还可以改变加密函数的映射关系，即 x=encrypt(i, seed)，使算法在不同种子下生成的随机列表并不相同，保证了更强的随机性。

2. 扫描报文的高速发送

在高速端口扫描中，扫描主机的带宽决定了扫描速度的上限，而扫描报文的发送策略决定了带宽的利用率。一般来说，一个网络报文的发送需要经过报文构造、通过网络协议栈两个步骤完成。对于报文构造，目前高速扫描技术普遍最大化利用了缓存技术，即在内存维护了一个报文缓存区。

对端口扫描来说，不同扫描报文的区别只在于目标地址和目标端口，所以每次构造新的扫描报文时只需要更新缓存区内报文的目标地址和目标端口字段。这极大地降低了扫描报文构造的开销。

探测报文完成构造后，需要 CPU 调度并通过网络协议栈进行发送。一般来说，构造报文时，报文的缓冲区位于操作系统用户态，而网络协议栈则一般在操作系统内核态，报文发送之前，需要将报文从用户态复制到内核态，再通过直接存储器访问（Direct Memory Access，DMA）将报文从内核态复制到网卡硬件进行发送。这里的两个复制过程的开销在低速探测时几乎可以忽略，然而，如果在 10 Gbit/s 带宽的网络下进行超高速探测，这两个复制过程的开销就变得不可忽视了。为了优化该过程，可以使用 PF_RING[12] 来优化数据包从用户态内存到网卡硬件的过程。PF_RING 首先通过 mmap 系统调用进行内存映射，将内核态的内存映射到用户态，于是不再需要将报文从用户态复制到内核态这个过程。此外，PF_RING 还通过轮询的方式进行内核态到网卡硬件的数据复制，减少了相应的开销。

报文复制开销的问题得到优化后，需要考虑的是数据包的发送过程。数据包的发送通常依赖于操作系统提供的 socket 和 send 系统调用。这里的一个问题是，如果利用普通的 socket 进行数据包的发送，操作系统会在内核中给相应的连接会话分配文件描述符和内存，即形成有状态的数据包发送，使用这种方式发送扫描数据包会受到系统资源的限制，无法进行高速率的发送。为了解决这个问题，ZMap 使用原始套接字直接在数据链路层进行数据包发送，这样做有诸多好处：一是直接在链路层发送探测包，避免了操作系统内核进行路由查找、ARP 缓存查找以及 netfilter 检查等大量开销；二是在进行 TCP-SYN 扫描时，直接从链路层发包避免了在操作系统内核中建立 TCP 会话，节约了系统资源。此外，当系统收到对端发送的 TCP SYN-ACK 数据包时，由于内核中无对应的 TCP 会话，系统会自动向对端发送 TCP RST 报文，避免了对端长期保持一个半开连接的状态，起到了保护对端主机的作用。Masscan 采用的方式则是自己实现了一个用户态的网络协议栈，绕开了操作系统的介入，最终也起到了和 ZMap 差不多的效果。

得益于上述讨论的这些优化方法，ZMap 和 Masscan 都拥有极高的扫描性能，它们均能在较高配置的服务器及 10 Gbit/s 带宽的网络的条件下，在 5 min 内对 IPv4 网络下的某个端口进行全网扫描。

3. 扫描回复报文的处理

高速端口扫描中还需处理的一个关键问题是扫描回复报文的接收与处理。在扫描回复报文的接收方面，目前主流技术的做法都相差无几，一般方法是：使用一个独立的线程来监听网卡的接收端，对所收到的报文进行端口校验，主要判断所收到的报文的源端口是否为探测的目标端口，以及报文的目的端口是否在所发送的扫描报文的端口范围内。校验通过后，提取出地址和端口等信息，交给去重模块进行进一步处理。

在结果去重方面，ZMap 利用了位图来进行地址去重，具体做法是：将整个地址空间编码为一个大的位图，每一位对应一个地址，通过索引号进行关联。当一个地址将被记录时，首先在位图中检查该地址对应的二进制位是否已经被置 1，如果已经置 1，表明该地址已经被记录过，则不再进行记录；若未被置 1，则将该地址记录，并在位图中将该地址对应为位置 1。这样的处理能严格避免扫描结果重复的问题。缺点在于，位图所消耗的存储资源由地址的数量决定，当地址数量过于庞大时，该方法就不再适用了。因此 ZMapv6[13] 并没有进行结果去重。

而 Masscan 则认为，在端口扫描中，如果对端多次回复 TCP SYN-ACK 报文，扫描主机接收到重复报文的时间是非常接近的。而如果很长时间内都没接收到某个扫描目标的重复回复报文，则可以认为之后都不会再接收到该目标的重复回复报文。因此，Masscan 使用了一个长度为 65 536 的哈希表来辅助去重，每一个表项中有 4 个槽，用于存储最近接收到的 4 组扫描结果。当接收到一个有效的 TCP SYN-ACK 报文时，首先对它的地址和端口进行哈希运算，得到对应的哈希表的表项索引，然后依次扫描该表项中的 4 个槽，判断该报文是否已经存储在哈希表中。如果查找成功，则认为该报文重复，丢弃该报文后继续进行下一个回复报文的处理；如果并未在表中找到该报文，则认为该报文是第一次出现，Masscan 首先将对应的哈希表表项中的前 3 个槽向后移动一个槽位（最后一个槽中的数据将被覆盖丢弃），然后将该报文的相关数据（地址和端口）记录到第 1 个槽中，最后将地址和端口记录到用户指定的输出位置。这样的处理方式非常灵活，在使用较低内存的前提下进行了非常高效的去重。虽然这种方式相比于位图在某些极端情况下可能还是会产生重复，例如在很短时间内将连续多个目标映射到哈希表的同一表项，导致槽被快速刷新，当出现重复报文时，由于之前记录的结果已经被刷新，所以无法进行去重。但是在机器内存允许的前提下，我们可以通过增加哈希表表项数量的方式来降低这种情况出现的可能性，这充分表现了该方法的灵活性和适应性。

4. IPv6 网络下的端口扫描

当需要对 IPv6 网络下的主机进行端口扫描时，一般不能像在 IPv4 网络下一样，直接对某个地址块进行扫描。因为 IPv6 地址空间巨大，一个子网所包含的地址量可能都比 IPv4 所有地址的数量多好几个数量级，想要对所有地址进行端口扫描是不现实的。此外，IPv6 活跃地址的分布非常不均匀，随机扫描的效率非常低下。目前来说，IPv6 网络下的扫描目标的生成依赖于已知存活的 IPv6 种子地址和基于 IPv6 地址特征的预测方案，如 6Tree、6Gen、Entropy/IP、DET 等（这些方案的详细介绍请参阅本书第 5 章）。其核心思想是先收集一部分已知存活的 IPv6 地址，这部分地址称为种子地址，然后从种子地址中利用不同方案提取特征，再结合 IPv6 地址构成的特点来生成可能存活的 IPv6 地址集合，并探测其活跃性。经探测为活跃的地址将作为之后的种子，并不断迭代生成更多的待探测 IPv6 地址。

5. 小结

全网范围内的高速端口扫描对于网络空间探测、网络资产测绘等具有重要意义。因为网络瞬息万变，在尽可能短的时间内掌握网络主机的端口开放情况有助于快速筛选出网络中有价值的目标，方便进行后续更有针对性的网络探测与资产测绘工作。可以说，端口扫描是网络探测技术的基础，高速端口扫描是网络测绘的核心技术。

3.4 协议与服务识别

端口开放性扫描并不是我们的最终目的，无论是作为网络空间测绘人员，还是作为攻击者，都需要进一步探测和识别在开放的端口上运行什么样的协议和服务。因此，还需要基于端口开放性扫描的结果，进一步扫描和识别其上提供的服务。

前面我们讨论过，TCP/UDP 数据报文的头部都定义了一个 2 B 的字段用于表示端口号，而且 IANA 还定义和维护了一个端口及服务对应的列表，早期的应用协议大多指定了其服务运行对应的端口号，在这种情况下，服务的识别是非常简单的。不过，随着应用的快速发展，并考虑到操作系统及应用配置，服务端口的可配置化越来越得到支持。这样许多应用服务提供者出于安全或隐私等各种需要，不再严格遵循这种服务和端口的映射关系，给服务识别带来了困难，需要有新的服务识别技术。下面分别进行介绍。

3.4.1　基于端口的服务识别

基于端口的服务识别直接利用端口与服务对应的关系，比如 23 端口对应 Telnet，21 端口对应 FTP，80 端口对应 HTTP。这种服务识别方式是较早的一种方式，对于大范围评估是有一定价值的，但是精度较低。例如使用 nc 这样的工具在 80 端口上监听时会认为 80 端口是开放的，但实际上 80 端口并没有提供 HTTP 服务，因为端口与服务对应的关系只是简单的对应，并没有判断端口运行的协议，这就产生了误判，认为只要开放了 80 端口就是开放了 HTTP。但实际并非如此，这就是端口扫描技术在服务判定上的根本缺陷。

3.4.2　基于Banner信息的服务识别

基于 Banner 信息的服务识别相对精确。获取服务的 Banner 是一种比较成熟的技术，可以用来判定当前运行的服务。而且 Banner 不仅能判定服务，还能够判定具体的服务版本信息。如图 3.29 所示，根据头部信息发现对方是 Red Hat Linux，基本上可以锁定服务的真实性[14]。

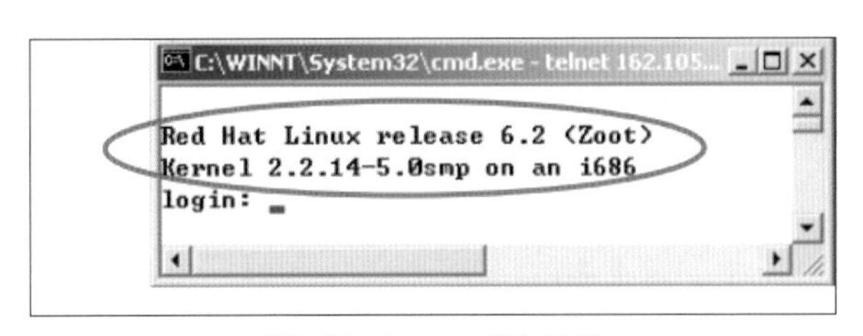

图3.29　Banner信息示例

HTTP、FTP、Telnet 等都能够获取一些 Banner 信息。为了判断服务类型、应用版本、操作系统平台，通过模拟各种协议初始化握手，就可以获取信息。但是在安全意识普遍提升的今天，对 Banner 的伪装已导致识别精度大幅降低。例如 IIS、Apache 等可对存放 Banner 信息的文件字段进行修改，这种修改的开销很低。现在流行的一个伪装工具 Servermask，不仅能够伪造多种主流 Web 服务器的 Banner，还能伪造 HTTP 应答头信息里各个条目（item）的顺序。利用 Servermask 修改 Banner 信息前后对比如图 3.30、图 3.31 所示。

```
$ nc 192.168.7.247 80
HEAD / HTTP/1.0

HTTP/1.1 200 OK
Server: Microsoft-IIS/5.0
Content-Location: http://192.168.7.247/Default.htm
Date: Fri, 01 Jan 1999 20:09:05 GMT
Content-Type: text/html
Accept-Ranges: bytes
Last-Modified: Fri, 01 Jan 1999 20:09:05 GMT
ETag: W/"e0d362a4c335be1:ae0"
Content-Length: 133
```

图3.30　Banner信息是可以修改的（修改前）

```
$ nc 192.168.7.247 80
HEAD / HTTP/1.0

HTTP/1.1 200 OK
Date: Fri, 01 Jan 1999 20:06:24 GMT
Server: Apache/1.3.19 (Unix) (Red-Hat/Linux) mod_ssl/2.8.1
OpenSSL/0.9.6 DAV/1.0.2 PHP/4.0.4pl1 mod_perl/1.24_01
Content-Location: http://192.168.7.247/Default.htm
Last-Modified: Fri, 01 Jan 1999 20:06:24 GMT
ETag: W/"e0d362a4c335be1:ae0"
Accept-Ranges: bytes
Content-Length: 133
Content-Type: text/html
```

图3.31　Banner信息是可以修改的（修改后）

由对比可知，不仅红色的部分发生了变化，整个返回序列都发生了变化且这个变化是手动操作难以实现的。如果不能成功地修改序列，那就可能给有经验的渗透者提供识别的依据。

3.4.3　基于指纹的服务识别

互联网上开放的不同服务往往有着截然不同的功能，在网络扫描过程中，与这些不同的服务进行应用层协议握手时，所获得的返回数据也不尽相同，这些数据的不同特征构成了某一服务的判别特征（指纹）。一般来说，为了对某种特定的网络服务进行探测，需要构造相应的服务请求报文。以这种策略进行服务扫描时，为了识别某个开放端口所运行的具体服务，需要对所有可用的应用层协议请求报文进行逐一尝试，导致效率低下。然而，在对众多应用层协议进行深入分析后可发现，许多基于文本的应用层协议（如 HTTP、SSH 等）对于非合法的请求报文也会返回协议相关的报错信息，这些信息也可以用于服务识别。利用该特点，可以快速进行服务识别。这里主要讨论 Nmap 服务识别方法以及 LZR 服务识别方法。

1. Nmap 服务识别方法

Nmap 服务识别主要是针对某一主机来进行的，即对某一主机上所有开放端口运行的服务进行识别，其基本原理是：向目标主机的某些端口发送一个特定的请求报文，将返回的数据与已知服务识别规则进行匹配，根据匹配结果判断服务类型。服务识别规则是 Nmap 进行服务识别的核心，其本质是网络安全专家编写的一系列模式匹配规则。一条匹配规则往往包含一条或多条正则表达式，用于匹配返回数据的不同字段[15]。

Nmap 构造了数百种 TCP 和 UDP 请求报文，用于识别 6500 多种不同的服务模式。Nmap

将一种请求报文和若干目标端口、匹配规则组织在一起，构成了待探测组，所有的待探测组被写入一个固定的文件中（文件名一般为nmap-service-probes）。图3.32给出了一个待探测组示例。

```
##############################NEXT PROBE##############################
Probe TCP GenericLines q|\r\n\r\n|
rarity 1
ports 21,23,35,43,79,98,110,113,119,199,214,264,449,505,510,540,587,616,628,666,731,771,782,1000,101
0,1040-1043,1080,1212,1220,1248,1302,1400,1432,1467,1501,1505,1666,1687-1688,2010,2024,2600,3000,300
5,3128,3310,3333,3940,4155,5000,5400,5432,5555,5570,6112,6432,6667-6670,7144,7145,7200,7780,8000,813
8,9000-9003,9801,11371,11965,13720,15000-15002,18086,19150,26214,26470,31416,30444,34012,56667
sslports 989,990,992,995

# Library as in books: http://solutions.3m.com/wps/portal/3M/en_US/library/home/resources/protocols/
match 3m-sip m|^Invalid request string: Request string is: \"\r\"$| p/Standard Interchange Prototol
2.0/ i/Integrated Library System authentication; Civica Spydus 7/

match abc m|^Feedback\nError=You need unique ID to command ABC!| p/ABC Torrent http interface/

match achat m|^ERROR\r\n$| p/AChat chat system/
```

图3.32　Nmap服务识别示例

每个待探测组以Probe为起始点。Probe行中的第二个字段描述了传输层协议类型（TCP/UDP）。第三个字段描述了请求数据包的数据格式，图3.32中的GenericLines代表的是通用格式，即直接发送下一个字段中的数据而不进行其他包装。第四个字段描述了请求数据，数据被包裹在双竖线中，因此请求字段为“\r\n\r\n”，由于是通用格式的探测，该数据将被直接发送给目标端口。Probe行的下一行的rarity字段描述了该探测组的稀有度，被用于扫描强度过滤。在Nmap进行服务扫描时，有一个选项（--version-intensity）可以指定扫描强度，其默认值为7，任何rarity不大于扫描强度的待探测组都被视为备选探测组，用于之后的探测中。rarity字段后是该探测组的目标端口字段，最后是众多的匹配规则。每个匹配规则以match为起始点，match字段后的第一个字段为待匹配服务名，后面是该服务所对应的数据匹配模式。

每次对某一主机进行服务识别时，Nmap会对该主机的所有目标端口维护一个待探测端口集合，然后探测所有待探测组，发送请求报文以判断端口的存活性和服务类型。对于一个待探测组里的若干目标端口，Nmap首先对该目标端口集与主机的待探测端口集取交集，然后逐一尝试与这些端口进行TCP连接。对于未开放的端口，则将其从待探测端口集中移除；对于开放的端口，则可以根据其返回数据与当前待探测组里的服务识别规则进行匹配。如果匹配成功则将该端口与匹配的服务记录到结果里，并将该端口从待探测端口集中移除，否则继续将该端口保留在待探测端口集中。为了进行高效的探测，待探测组的顺序是经过精心设计的，排序靠前的待探测组过滤了大量的可疑端口，排序靠后的待探测组往往只需要探测极少数的几个端口，极大地提高了探测效率。

虽然Nmap的服务识别能力很强，但它的识别方法存在效率较低、隐蔽性不高等问题。因为对同一目标主机的大量端口进行多次连接的行为极易被目标主机发现，有可能在探测过程中就被发现并被封禁IP地址，导致后续的探测失败，影响服务识别结果。

2. LZR服务识别方法

不同于Nmap在进行端口扫描的同时进行服务识别，如今的高速网络扫描一般将扫描任务分成好几个阶段的小任务来执行[16-18]。如图3.33所示，对于一个原始地址集，首先会进行无状态的端口扫描来获得各个特定端口下的存活地址集。这一步过滤了大量的不活跃地址，极大地提高了后续服务识别和服务扫描的效率。然后，针对第一步中获得的每一个{IP地址，端口}组合，服务识别模块将发送某些特定的请求报文进行服务识别，得到{IP地址，端口}到服务类型的映射关系。最后服务扫描模块将根据该映射关系发送对应的服务请求报文，并获得被扫描主机的应用层返回数据。

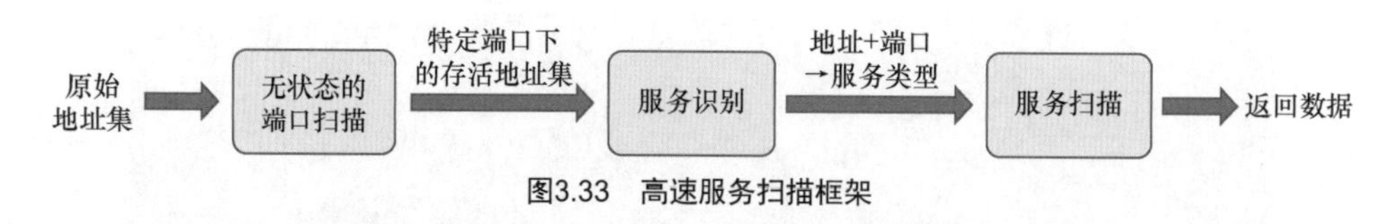

图3.33　高速服务扫描框架

LZR服务识别方法的设计也是基于上述扫描框架的，即认为已经获取了一系列“存活”的{IP地址，端口}列表，只需要在此基础上进行进一步的服务识别。LZR是一种非常高效的服务识别方法，它能在5次协议握手内以99%的准确率识别存活端口所运行的服务。该方法的内容分为主机状态推断和服务识别两部分，下面将分别对这两部分进行介绍[18]。

（1）主机状态推断。

在对大量的互联网扫描结果进行分析后发现，某些主机的端口虽然在端口扫描时被判定为开放，即该端口对扫描主机所发送的SYN报文有回应，但扫描主机在后续进行应用层连接时，却无法获取对端返回的数据。深入分析后发现，一般有3种情况会造成这种结果：（1）目标主机在扫描主机进行端口扫描后对扫描主机的IP地址进行了封禁；（2）目标主机在与扫描主机建立连接后直接切断了连接；（3）目标主机将TCP窗口大小设置为0，导致扫描主机虽然与其建立了连接，但无法发送任何数据，直到扫描主机超时主动切断连接。在以上3种情况中，（1）和（2）并不会对服务扫描的整体效率造成影响，因为扫描时可以很快判断对端不可达。（3）对扫描效率的影响较大，因为扫描主机通常会设置一个长达数秒的超时时间，而正常的服务扫描往往只需几十毫秒即可完成，导致类似（3）的目标主机极大地限制了扫描效率。为了进行高效的服务识别，首先需要对上述的目标主机状态进行判断，即进行主机状态推断。

主机状态推断的方法如下：首先，扫描主机向目标主机的目标端口发送SYN报文，如果收到目标主机发回的RST或FIN报文或者超时未收到报文，则认为目标端口不可达，并切断连接且不再进行后续操作；其次，收到目标主机回复的SYN-ACK报文后，检查报文中的TCP窗口字段，如果该字段为0，则认为该目标端口不可达，直接切断连接且不再进行后续操作；最后，认为已经和对端建立了TCP连接，并向对端发送应用层请求报文，如果收到对端的RST或FIN报文或超时未收到报文，则认为该请求报文不正确，换下一个请求报文重新建立连接并继续发送，直到收到对端的数据回复或者可用的请求报文用尽。

主机状态推断的意义在于对于TCP窗口大小为0的连接可以及时切断，避免不必要的超时等待时间，达到提高探测效率的目的。

（2）服务识别。

LZR服务识别方法同样基于以下基本原理：许多基于文本的应用层协议对于非合法的请求报文也会返回协议相关的报错信息，这些信息也可以用于服务识别。

为了设计合理的请求报文发送序列，需要对所有待识别服务进行测试，查看它们对不同的请求报文的响应情况。研究人员经过大量探测试验后，得到了如图3.34所示的实验结果。图3.34中横轴代表发送的请求报文，其中的wait代表不发送任何报文，只在一段时间（如6 s）内等待对端发送的数据。纵轴代表端口上实际运行的服务类型。图 3.34 中每一个数据表示向纵轴代表的服务发送横轴的请求报文时，得到对端服务返回数据的概率，颜色的深浅也反映了概率的大小。可以看到，绝大部分的基于文本的应用层协议都对这 4 种请求报文中的至少一种有数据回复，而基于二进制的协议（图 3.34 中所示的 MQTT、POSTGRES、SMB 等）对这些请求报文没有回复，这些协议也就不在 LZR 的可识别范围内。

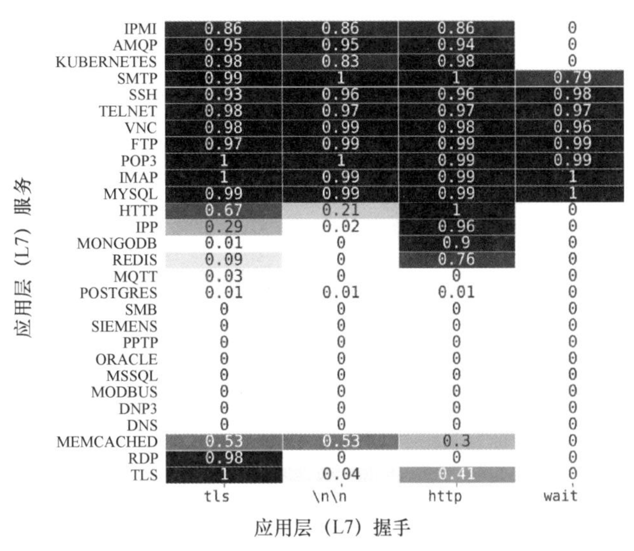

图3.34　LZR探测实验结果——通过不同的握手扫描应用层服务的响应结果[18]

基于如图 3.34 所示的结果，可以构造如下的探测请求序列：HTTP、TLS、Wait、\n\n。再结合主机状态推断算法，可以得到如图 3.35 所示的 LZR 算法工作流程。如图 3.35 所示，算法的输入队列可接收来自两部分的输入。第一部分输入可以是来自给定的 {IP 地址，端口 } 列表，向该列表发送 SYN 报文，得到返回的 SYN-ACK 报文序列。第二部分输入可以是来自 ZMap 无状态扫描器的输出，其返回的是进行端口扫描过程中对端返回的 SYN-ACK 报文序列。对于输入队列中的 SYN-ACK 报文序列，首先过滤掉 TCP 窗口大小为 0 的报文，然后向其他报文的对端选择应用层握手（handshake）报文并发送。如果能收到返回数据，则利用这些返回数据识别服务类型。如果不能收到返回数据，但对端未关闭连接，则需要对同一请求报文设置 TCP PUSH flag 并重发；如果还是无返回数据，则判断服务无法识别；如果对端回复了 ACK 报文但未回复其他数据，则选择下一个握手报文发送，再进行类似的判断过程，直到所有握手报文用完，判定服务无法识别。

以上工作流程中，从服务端返回数据识别服务类型的方法可以有多种，LZR 中使用了最为简单、高效的判断方法，即从返回数据中查找服务类型关键词，如 HTTP、Telnet、FTP、VNC 等。这种方法意味着 LZR 无法识别返回数据较为复杂且不含此类关键词的网络服务，所以 LZR 目前只能对不到 20 种的基于文本的服务进行识别。尽管如此，LZR 所提供的这个较为通用的服务识别框架对未来服务识别的研究工作有着重要的意义，我们可以对其探测请求序列进行扩展和优化，使其支持更大范围的服务识别，也可以对其服务识别方法进行改进，使其识别的准确度更高。

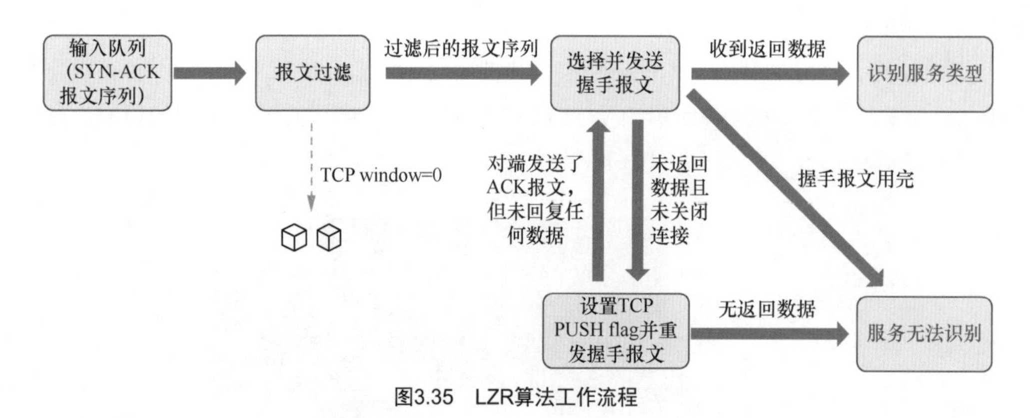

图3.35 LZR算法工作流程

3.5 基于指纹的操作系统识别

研究表明，人类社会中每个人都有其独特的指纹，迄今还没有发现指纹完全相同的两个人。因此，刑侦学上常常以指纹比对和识别的方式来确认犯罪嫌疑人。互联网上运行的各类操作系统在 TCP/IP 栈的实现上也往往存在不同的特点，这些不同的特点构成了识别不同操作系统的基础，是操作系统的“指纹”[19]。这类指纹分布在 TCP/IP 栈的不同层次，有 IP 层（含 ICMP）、TCP 层，也有应用层。从测绘的角度来说，我们一般采用黑盒测试方法来研究目标主机对各种探测报文的响应来构建其指纹，并据此识别其上运行的操作系统类型[20,21]。采集指纹信息的方式可分为被动扫描方式和主动扫描方式。

我们知道 TCP/IP 规范是用自然语言描述的，一定程度上存在不严谨也是正常的，特别是在对如何处理某些非正常情况时没有很清晰的描述，甚至对部分协议报文头字段的取值及其具体行为未加以定义。这就导致不同的协议实现者在具体实现时做出不同的决策，从而导致不同操作系统对某些报文头字段具有不同的默认值设置，进而表现出不同的行为特征。此外，某些程序设计人员甚至没能完全正确地遵守协议规范要求，某些操作系统也可能没能将部分最新的高级协议任选项整合到系统实现中来，由此导致不同的操作系统都或多或少存在属于自己的独有特征。那么，当我们精心构造某些异型的数据包（甚至就是以正常的数据包）来对目标主机进行探测时，我们可通过观察目标主机对探测报文的响应，提取出相应的特征，并根据特征的不同反推目标主机上所运行的操作系统的类型，甚至是版本等信息，这是基于主动扫描方式采集指纹信息，并据此识别操作系统的基本出发点，这种方式简称为主动指纹识别方法（active fingerprinting）[22]。

这样的特征包括 TCP/IP 报文头中的默认值、标识某些高级特征是否支持的标志位、标识不同响应行为的标志位（在基于 ICMP 报文的探测中，往往“没响应”本身就是一种响应，需要特别加以标识；有些情况下，还需要查看响应报文中的内容字段，并根据不同的内容生成相应的标志）。所有这些不同的特征构成了一个暂时未知的操作系统的特征向量，然后我们可以据此特征向量到一个事先维护的数据库中进行查找、比对，该数据库包含已知的操作系统类型、版本及多维度的典型特征等信息（即所谓操作系统指纹库）。如果比对成功，那么我们就能容易地推断出该未知的操作系统的类型。

Nmap 维护了一个超过 2600 条记录的指纹库 [23]，每个记录包含操作系统的名称及相应的特征向量各维度的值。尽管操作系统的主动指纹识别技术的性能从未被仔细地评估过，但该方法的确在实践中被广为使用，而且绝大部分系统管理人员也相信其结果是基本准确的。

与此相对的被动指纹识别（passive fingerprinting）不涉及向未知主机发送探测报文，而是通过网络嗅探工具收集数据报文，再对数据报文头字段的不同特征，如 TCP Window size、IP TTL、IP ToS（Type of Service，服务类型）、DF 位等参数进行分析形成指纹，进而识别通信对端所运行的操作系统类型 [24-26]。由于不涉及异型报文的主动人为构造，被动指纹识别只依赖于分组头字段的默认值，用不到由于异型分组所引发的其他特性。由正常的分组头字段默认值所代表的特征数量只占 Nmap 用于主动指纹识别的核心特征的三分之一左右。因此，一般来讲，被动指纹识别的结果肯定不如主动指纹识别的结果准确，甚至，有时候，在这样的场景下，“指纹识别”这个概念本身的使用都显得不是很合适。特别地，当要求被动指纹识别在具体操作上需要和已存在指纹库中的范例做精确匹配时，或者为每一个新类型的操作系统创建一个新类型（指纹库新记录），或者为某个已经在指纹库中的记录增加可能有用的新特征等情形下，都不一定能获得最佳的性能。

一般来说，主动指纹识别的优点是速度快、可靠性高，缺点是严重依赖目标主机所在的网络拓扑结构和过滤规则；而被动指纹识别的优点是隐蔽性好，缺点是速度慢、可靠性不高。在实际应用中以主动指纹识别为主，而以被动指纹识别作为一种补充手段。

3.5.1　经典的指纹识别方法

即使不借助任何隐秘性的技术，主机通常也会通过标志信息向与它发起连接请求的客户端用户宣告其操作系统相关的信息。比如，当我们试图用 Telnet 命令远程登录一个目标主机的时候，目标主机通常会将操作系统版本等相关信息作为欢迎消息的一部分发送给客户端 [21]。这就是我们通常所说的标志抓取（banner grabbing），标志抓取是最基本、最简单的指纹识别方法，在很多情况下相当有效和可靠，而且这个方法非常简单，绝大部分情况下不需要任何特殊的工具。

图 3.36 所示是通过 Telnet 命令抓取标志信息的一个例子（该命令无论是在 Windows 还是在类 UNIX 操作系统上都有，不过，由于其本身是明文传输，现在已经基本被加密的 SSH 命令所替代）。

```
root@nostromo# telnet mail.fh-hagenberg.at 143
Trying 193.170.124.96...
Connected to postman.fh-hagenberg.at.
Escape character is '^]'.
* OK Microsoft Exchange Server 2003 IMAP4rev1 server version
  6.5.7226.0 (postman.fhs-hagenberg.ac.at) ready.
```

图3.36　通过Telnet命令抓取标志信息示例1

从 Telnet 命令执行的输出结果中，我们看到了“Microsoft Exchange Server 2003”，这是操作系统版本；还看到“IMAP4rev1 server”，这是从远程服务器上访问电子邮件的标准协议。如果是一个攻击者看到这样的信息，那么他就该针对 Microsoft Exchange Server 2003 操作系统可能存在的漏洞进行漏洞利用了。

我们再来看一个例子，如图 3.37 所示。

```
root@nostromo# telnet nostromo.joeh.org 80
Trying 193.170.32.26...
[...]
HEAD / HTTP/1.0
[...]
Server: Microsoft-IIS/8.1
[...]
```

图3.37 通过Telnet命令抓取标志信息示例2

从返回结果看，服务器似乎运行的是 Microsoft-IIS，版本为 8.1。不过，事实上并没有 IIS v8.1 的系统。很显然，这里的标志信息被人为以某种方式修改了。标志信息伪造通常是出于安全的需要。不过，对熟悉操作系统指纹识别技术的高手来说，这样的伪造却不一定能难倒他。因为在大多数情况下，操作系统指纹识别的结果都是通过多种探测工具探测结果的综合评估来确定的。

如果说前面的方法是通过标志信息抓取来非常直接地获取目标主机的操作系统信息，我们其实还可以通过一些相对间接的方法来获取所需要的信息。

FTP 命令通常也会通过欢迎性的标志提供这样的信息，甚至许多 FTP 的实现还有一个内部命令 SYST，可通过执行这个命令获取目标主机系统相关的信息。HTTP 也可用于连接目标主机并发起简单的“GET/HTTP/1.0\n”查询请求，然后根据响应报文分析目标主机的系统版本信息[21]。

SNMP 通常用于管理和监控网络设备（如路由器、交换机等），不过，许多服务器实现了 SNMP 以支持对服务器主机运行状况的监控。此外，SNMP 还提供关于其宿主机及其操作系统等基本运行环境的信息。SNMP 服务通常运行在 UDP/161 端口。SNMP 服务通常通过最简单的团体名字（community name）进行最弱的认证，然而许多主机的 SNMP 服务沿用了默认的团体名字设置（比如 public），所以很容易被识破，这为远程查询目标主机的信息提供了一种渠道[25]。

其他一些能发回免费且有用信息的服务包括 IMAP、POP2、POP3、SMTP、SSH、NNTP 和 Finger 等，而且它们中的部分服务即便是现在也仍然有效、可靠，并可被用于构建自动化的工具以简化使用方法。

一种更微妙的方法是使用匿名 FTP 账号（如果支持）来下载一个 FTP 正常运行所需的公共可执行程序（比如 /bin/ls），然后检查并确定它是为什么样的平台所构建的。

还有一个更原始的方法是使用任何一款通用的端口扫描器（如 Nessus、SAINT 等的免费款）对目标主机进行端口扫描，然后检查返回的处于监听状态的端口列表，并找出其与特定操作系统的活跃端口列表的共同模式(这里的一个假设是不同操作系统有其相对固定的活跃端口列表)。需要注意的是这个方法只对那些安全性欠佳的主机有效，特别是早期的 Windows 服务器以及那些未实现已被广为接受的基本计算机安全概念的主机。

此外，我们也可以通过某种非技术手段来确定某个目标主机的操作系统类型，比如社会工程的方法，我们可以通过电话询问，或者和系统管理员聊天，或者访问公开的网页等方式获知目标主机的操作系统信息。

3.5.2 主动指纹识别技术

主动指纹识别技术是目前主流的操作系统识别方法，这种方法的基本原理是对目标主机主动发出探测报文（探测报文可以是各协议规定的正常报文，也可以是精心构造的异型报文），然后收集和分析目标主机的响应报文及其报文头各字段的取值等。这里的一个假设是由于不同类型的操作系统是由不同的程序设计人员实现相关的TCP/IP栈，所以在协议报文字段的取值方面存在相对固定的差异，正是这些差异构成了识别不同操作系统的基础。

目前最常用到的IP分组类型有TCP/IP、UDP和ICMP的报文。下面我们先讨论TCP/IP相关的报文字段用于操作系统识别的情况。

1. TCP/IP相关的指纹

TCP/IP栈，包括IP和TCP报文头中的多个字段，在不同的操作系统实现中，其初始值的选择多有不同，如TTL字段、初始序列号（Initial Sequence Number，ISN）字段、Timestamp字段、Window字段等。

（1）TTL字段。

TTL字段是IP分组头的一个字段，长度为1 B（8 bit），该字段的值在分组传递过程中会动态变化，也就是分组每经过一个路由节点，其值被减1，直到该字段的值被减为0。如果该分组还没有送达目标主机，那么该分组将被丢弃[27]。所以，在TCP/IP实现的时候，通常会给该字段设置一个初始值，一般来说这个值不宜太小，否则分组还未正常到达目的地就被丢弃了。但到底设置多大才合适，其实就取决于协议栈的实现者。通过测量，我们很容易观察到不同的操作系统确实使用着不同的TTL初始值，比如Windows 2000选用128，Linux选用64等。因此，如果我们对网络规模（直径）有大致的概念，很多情况下，我们可仅凭这个信息就对目标主机的操作系统类型做大致的判断。

由于TTL字段是IP分组头的字段，而ICMP报文也是通过IP分组转发的，在具体基于TTL字段的操作系统指纹识别时，我们可以通过观察ICMP请求和响应报文中的TTL值来推断目标主机的操作系统类型。下面我们对这两种情况分别讨论。

① 基于ICMP响应报文中的TTL值。

通过观察ICMP响应报文中的TTL值来推断操作系统类型是非常简单的方法。我们首先向目标主机发送一个ICMP查询请求报文，如果随后接收到响应报文，我们就检查该响应报文的IP分组头中的TTL字段的值。当然，此时这个值已经不是目标主机构造这个响应报文时赋予它的初始值了。这是因为，根据TTL的工作原理，IP分组每经过一个路由转发节点，该字段的取值会被减1。因此，我们观察到的响应报文中的TTL值是目标主机赋予它的初始值减去从目标主机到探测主机之间的路由跳数以后的值。因此，我们还需要根据观察到的TTL值再加上这个跳数值，才能得出目标主机赋予该报文的初始TTL值。

有两种方法实现上述目标，第一种方法是查看各类主机或网络设备操作系统比较常用的TTL初始值，大致包括255、128、64、60、32等，然后比较观察到的ICMP响应报文中的TTL

值，选用与其最接近的初始值作为目标主机赋予该 ICMP 响应报文的初始 TTL 值。比如，如果观察到的值是 25，那么可以认为初始值是 32；反之，如果观察到的值是 40，那么，可以认为初始值是 60。第二种方法是借助 traceroute 命令，判断从探测主机到目标主机之间的节点跳数，将观察到的 TTL 值加上这个跳数值，就得到我们所要的结果了。不过，需要说明的是，由于路径的非对称性，traceroute 命令得出的跳数和从目标主机到探测主机的响应报文经历的跳数不一定一致，所以单独使用这个方法时，该方法只能作为一种猜测手段。当然，如果两种方法结合起来使用，效果会更好。

② 基于 ICMP 请求报文中的 TTL 值。

通过观察到达探测主机的 ICMP 请求报文中的 TTL 字段，也可以获取许多有用的信息。当然，和 ICMP 响应报文的情况一样，我们从 ICMP 请求报文中观察到的 TTL 值已经不是发送请求报文的主机赋予该报文的初始 TTL 值，原因也是一样的。推断初始 TTL 值的第一种方法依然可用，即通过查看各类主机或网络设备操作系统比较常用的 TTL 初始值，大致包括 255、128、64、60、32 等，然后比较观察到的 ICMP 请求报文中的 TTL 值，选用与其最接近的初始值作为目标主机赋予该 ICMP 请求报文的初始 TTL 值。不过第二种方法不一定能用，因为 traceroute 探测报文可能被过滤，不一定能到达目标主机。

基于 TTL 指纹识别操作系统类型，需要事先构建一个指纹库，即维护一个主流操作系统的 TTL 初始值的映射表。表 3.1 给出了比较早期的操作系统的 TTL 初始值 [1]。

表3.1　不同操作系统的TTL初始值

操作系统	ICMP响应报文中的TTL初始值	ICMP请求报文中的TTL初始值
Debian GNU/Linux 2.2, kernel 2.4 test 2	255	64
Red Hat Linux 6.2, kernel 2.2.14	255	64
Linux Kernel 2.0.x	64	64
FreeBSD 4.0	255	255
FreeBSD 3.4	255	255
OpenBSD 2.7	255	255
OpenBSD 2.6	255	255
NetBSD	255	—
BSDI BSD/OS 4.0	255	—
BSDI BSD/OS 4.1	255	—
Solaris 2.5.1	255	255
Solaris 2.6	255	255
Solaris 2.7	255	255
Solaris 2.8	255	255
HP-UX v10.20	255	255
HP-UX v11.0	255	—
Tru64UNIX v5.0	64	—

续表

操作系统	ICMP响应报文中的TTL初始值	ICMP请求报文中的TTL初始值
IRIX 6.5.3	255	—
IRIS 6.5.8	255	—
AIX 4.1	255	—
AIX 3.2	255	—
Ultrix 4.2-4.5	255	—
OpenVMS v7.1-2	255	—
Windows 95	32	32
Windows 98	128	32
Windows 98 SE	128	32
Windows ME	128	32
Windows NT 4 WRKS SP 3	128	32
Windows NT 4 WRKS SP 6a	128	32
Windows NT 4 Server SP4	128	32
Windows 2000 Professional	128	128
Windows 2000 Server	128	128

（2）ISN 字段。

另一个在操作系统指纹识别中非常有用的字段是 TCP 报文头中的 ISN 字段，如图 3.38 所示。序列号是 TCP 报文头中的一个 4 B（32 bit）的字段，TCP 是面向连接的可靠传输协议，在报文发送的时候需要对每个数据报进行“编号”，当某些数据报在传输中丢失时，可据此要求发送方重传等，所以序列号是非常重要的。RFC793 协议是这样定义的：在无 SYN 报文的情况下，序列号就是本段数据报中的第一个数据字节；在有 SYN 报文（连接建立请求）的情况下，序列号的取值为 ISN 的值，而第一个数据字节为 ISN+1[7]。

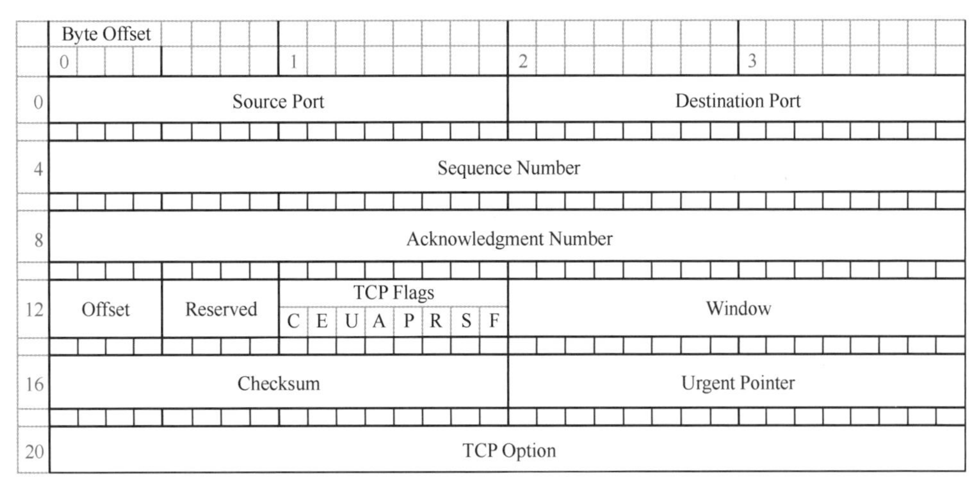

图3.38 TCP报文头格式

当通信双方基于 TCP 进行通信的时候，双方将基于序列号来保持数据收发的顺序和完整性（当前会话中已经收到哪些数据，下一个希望接收到的数据是什么等）。当建立初始会话连接时，通信双方都会选择一个ISN（的值），后面通信的数据分组将在这个初始值的基础上递增，如图3.39所示。

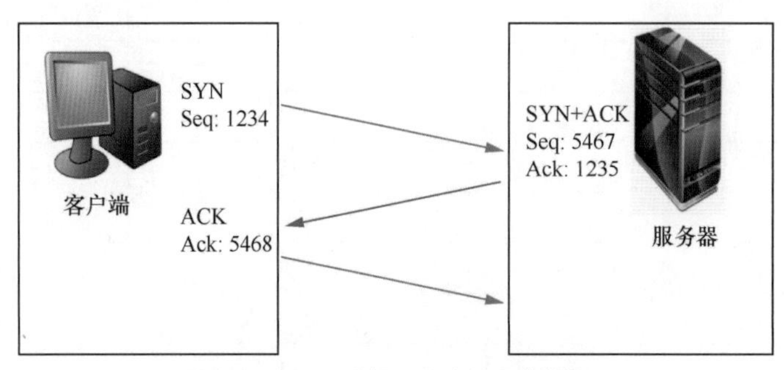

图3.39 TCP三次握手及序列号递增情况

ISN 初始值最初使用了一个基于时间的计数器，就像一个时钟一样，每隔 4 μs 计数器加 1。也就是当 TCP 连接建立的时候，这个计数器被初始化，随后其值每隔 4 μs 增加 1，直到达到 32 bit 取值的最大值（4 294 967 295），然后循环归 0，最后继续增长。

后来，人们意识到这个方法存在很严重的安全风险，因为攻击者可以比较容易地猜测到 ISN 的值，然后用猜测结果来劫持一个会话连接等（这就是所谓的序列号预测攻击）。

1996 年，RFC1948 规范[28]提出一个新的方法，建议用系统内部时钟、通信的源 IP 地址、源端口、目的 IP 地址、目的端口四元组，以及一个伪随机数生成器（生成的数）的组合值，然后通过一个 MD5 哈希函数来生成 ISN。

2001 年和 2002 年，被动扫描工具 p0f 的作者米夏尔·察莱夫斯基（Michal Zalewski）对现代操作系统进行了分析，包括基于网络的序列号生成器的质量、基于网络的序列号生成器用于估计攻击的可行性以及基于网络的序列号生成器的伪随机数生成器的功能行为等。他的发现是：绝大部分协议开发者并未完全遵循 RFC1948 规范的建议，大多是实现了那个组合的某些变种。然而并非所有的伪随机数生成器都是同等创建的，上述发现构成了基于 ISN 进行操作系统指纹识别的基础。通过分析目标主机生成的 ISN，包括测试 ISN 序列号增长的一致性等，扫描器就有可能确定目标主机的操作系统或至少能对其做一个大致的分类[19]。

TCP 报文头还有多个选项，这些选项单独使用也许无法直接识别目标主机的操作系统类型，但如果结合起来使用就有可能大大缩小判断的范围。此类选项包括时间戳（timestamp）、TCP 滑动窗口（window）、最大段大小（Maximum Segment Size，MSS）、显式拥塞通告（Explicit Congestion Notification，ECN）等。下面我们分别简单讨论一下。

（3）Timestamp 字段。

在 TCP 标准的早期版本（RFC793）中并未包括时间戳选项，该选项是在 RFC1072 中提出来的[29]，后来在 RFC1185 和 RFC1323 中又做了更新[30,31]。引入时间戳选项的目的是减少不必要的重传报文数量，从而提升 TCP 的性能，特别是长距离高速链路的性能。

时间戳选项是两个 4 B 的字段，其中时间戳值 TSval 字段包含发送该选项的主机当前的时钟值，而时间戳回显响应 TSecr 字段只在 TCP 报文头中的 ACK 标志位设置为 1 时才有效。此时，该字段显示的是远端 TCP 在 TSval 字段中给出的那个时间戳的值，如果 TSecr 字段无效，那么其值必须设置为 0。

由于该字段是 TCP 的一个任选项，因而并非所有操作系统的协议栈都实现了它。该字段和目标主机更新内部时钟的频率组合起来也构成了操作系统指纹识别的一种方式。

（4）Window 字段。

TCP Window 字段是一个 2 B（16 bit）的无符号整数字段，用于定义会话接收方准备接收来自发送方的数据量（字节数）。随着网络带宽越来越高，为了更好地利用越来越高的带宽，对于接收方主机增加并向对方通告 Window 缓冲窗口值的能力反而变得更谨慎了。和时间戳选项同时引入 TCP 规范的还有窗口调整因子（window scaling）选项，其旨在提供一个和 Window 值相乘的乘数因子。这样就可以在调整接收窗口的同时，保持向下兼容，即保证能与不支持该选项的 TCP 协议栈进行通信[31]。同样地，由于该选项是一个任选项，所以，不同的操作系统协议栈在实现上有不同的选择，也由此构成了指纹识别的基础。

（5）MSS 字段。

MSS 倒是在 TCP 规范的早期版本 RFC793 中就有定义，用于告诉通信对端发送方能支持的最大接收报文段的大小。理论上，如果该选项未设置，那么任何大小的报文段都是可接收的。另外，需要说明的是，这个选项应该只出现在 SYN 或 SYN+ACK 报文中。不同的操作系统协议栈在实现上有不同的选择，由此构成了指纹识别的基础。

（6）ECN 字段。

在早期的协议栈实现中，主机是通过感知分组被丢弃而意识到网络的拥塞的。ECN 为网络设备或主机在丢弃数据分组之前提供了一种向其他设备（特别是发送方）通告网络拥塞的方法，这样支持 ECN 的主机就可以降低数据发送的速率，以避免丢包。ECN 字段只有 2 bit，其取值情况如图 3.40 所示[32]。

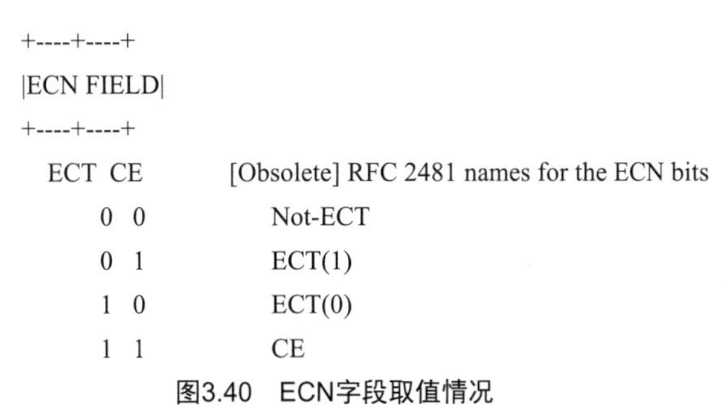

图3.40　ECN字段取值情况

支持 ECN 的主机会在 TCP 三次握手阶段通过设置 ECT(0) 或 ECT(1) 位来向通信的对端通告其能力。拥塞的状态是通过同时将 2 bit 都设置为 1 来表示和通告的。

（7）TCP FIN 探测报文。

FIN 标志位通常用以标记一个通信会话的结束，因而，理论上，正常情况下，如果不是事先已经建立了一个连接，就不应该出现 FIN 标志位置位的 TCP 报文。所以，如果异常情况下，遇到这种数据报文，RFC793 中定义的标准行为是将其忽略，然而许多操作系统的协议栈会发回一个 RST 标志位置位的分组报文。这种实现上的差异即指纹识别的基础。在具体扫描探测的时候，可以通过主动向目标主机的某个已知开放的端口主动发送一个 FIN 标志位置位的探测报文，来观察其响应情况。

几乎所有的主动指纹识别工具都使用某些或者所有上面讨论到的识别技术来获取目标主机的相关数据，然后将所获取的数据结果和已知的操作系统指纹库进行比对。随着各种工具的开发，相应的操作系统指纹库也不断得到扩展，反过来使得工具的识别准确率越来越高。事实上，一个工具的流行度及其流行时间和它的指纹库大小是互相成全、互相印证的，这方面的一个代表是 Nmap。Nmap 实现了上面提到的各种指纹识别技术，而且可以运行在 UNIX、Linux、macOS、FreeBSD 和 Windows 等操作系统上。Nmap 3.30 号称可以通过 7 种测试准确识别 874 种不同类型及补丁的操作系统，被广泛称誉为当前工业界和学术界最佳的扫描工具，而且该工具还在持续地迭代改进中。

表 3.2 给出了部分主流操作系统的指纹信息。

表3.2　部分主流操作系统的指纹信息[24]

操作系统	TTL	DF	Pkt size	Window size	Window scale	MSS	Sack	NOPs
Windows XP	64～128	Set	48	variable	0	14 401 460	Set	2
Windows 7	64～128	Set	52	variable	2	14 401 460	Set	3
Windows 8	64～128	Set	52	variable	8	14 401 460	Set	3
Linux	0～64	Set	60	2920～584 014 600	3	1460	Set	1
FreeBSD	0～64	Set	60	65 550	7	1460	Set	1
macOS	0～64	Set	64	65 535	4	1460	Not	3
Android 4.x	0～64	Set	52,60	65 535	6	1460	Set	3
Symbian	128～255	Not	44	8192	0	1460	Not	0
Palm OS	128～255	Not	44	16 348	0	1350	Not	0
NetBSD	0～64	Set	64	32 768	0	1416	Not	5
OpenBSD	0～64	Set	64	32 768	0	1440	Set	5

2. ICMP 相关的指纹

在指纹识别中常用到的另一个协议是 ICMP。ICMP 规范由 RFC792 定义，而且所有实现 IP 的主机都必须实现 ICMP[2]。ICMP 非常简单且用途广泛。比如，我们熟知的 traceroute 工具就是基于 ICMP 来发现分组报文到达某个目标所经过的路径的，网络管理人员也常用基于 ICMP 实现的 Ping 命令来检测某个服务器或者路由器的运行状态。事实上，某些情况下，Ping 命令也能揭示主机操作系统的某些信息。

基于 ICMP 报文的指纹识别大致可以分为两类，一类是基于正常的 ICMP 查询报文信息提取相应的特征来构建未知操作系统类型的指纹，另一类是通过探测主机来构建特殊的异型数据报文，再发送给相关目标主机，然后观察目标主机的响应报文并提取相关特征[1]。

（1）基于正常的ICMP查询报文。

不同的操作系统在对正常的ICMP查询报文的响应上存在差异，这种差异是构成此类指纹识别方法的基础。比如，早期的Windows操作系统对ICMP ECHO请求报文和ICMP时间戳请求报文的响应与Linux及基于BSD的UNIX操作系统的响应就存在差异。当然，这样的“指纹”也许只能对操作系统的类型做一个大的区分，而无法识别具体的操作系统。随着Windows操作系统的新版本推出，其针对ICMP报文的响应行为越来越接近UNIX类操作系统的行为。因此，我们还需要进一步结合其他指纹识别技术来协助进一步准确识别目标主机的操作系统类型。

① 面向广播地址的非回显ICMP查询请求报文。

如果目标网络没有禁止广播报文，那么我们就可以非常容易地识别对广播报文有响应的主机。首先，我们向目标网络的广播地址发送一个ICMP时间戳请求报文，其中运行Sun Solaris、HP-UX 10.20以及Linux Kernel 2.2.x操作系统的主机都将会对此广播报文进行响应，其他操作系统则不会。然后，我们继续向目标网络的广播地址发送ICMP信息（information）请求报文，其中运行HP-UX 10.20操作系统的主机将会对此广播报文进行响应，而Sun Solaris和Linux Kernel 2.2.x操作系统则不会。最后，我们向目标网络中那些在前面的探测中没有响应的IP地址发送ICMP地址掩码请求报文，其中运行Sun Solaris操作系统的主机将会对此报文进行响应，而Linux Kernel 2.2.x操作系统则不会，如图3.41所示。

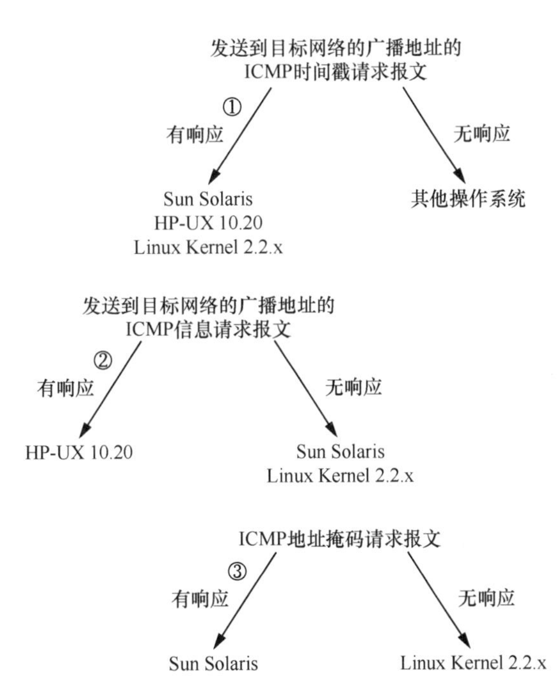

图3.41　基于正常的ICMP查询报文的指纹识别

② 使用分段ICMP地址掩码请求报文。

只有部分操作系统会对ICMP地址掩码请求报文进行响应，包括Ultrix、OpenVMS、Windows 95/98 SE/NT SP以下、HP-UX 11.x及Sun Solaris等。对于这些会对ICMP地址掩码请求报文进行响应的操作系统，我们要如何进一步去区分和识别呢？

我们先来看一下常规的 ICMP 地址掩码请求报文的执行结果（假设目标主机是 Sun Solaris 2.7），如图 3.42 所示。

```
[root@aik icmp]# ./sing -mask IP_Address
SINGing to IP_Address (IP_Address): 12 data bytes
12 bytes from IP_Address: icmp_seq=0 ttl=236 mask=255.255.255.0
12 bytes from IP_Address: icmp_seq=1 ttl=236 mask=255.255.255.0
12 bytes from IP_Address: icmp_seq=2 ttl=236 mask=255.255.255.0
12 bytes from IP_Address: icmp_seq=3 ttl=236 mask=255.255.255.0
12 bytes from IP_Address: icmp_seq=4 ttl=236 mask=255.255.255.0

--- IP_Address sing statistics ---
5 packets transmitted, 5 packets received, 0% packet loss
```

图3.42　ICMP地址掩码请求报文的执行结果示例1

由图 3.42 可知，返回的是目标主机所在网络的地址掩码，正常情况下，所有能对 ICMP 地址掩码请求报文进行响应的操作系统基本都是这样响应的。

不过，如果我们在构造请求报文的时候，稍微地调整一下（比如要求请求报文做分段），情况将发生变化：我们还是执行 sing 命令，向 Sun Solaris 2.7 主机发送 ICMP 地址掩码请求报文，不过，这次我们引入 -F 选项，指示程序对报文做分段（分段大小为 8 B），然后再来观察执行结果，如图 3.43 所示。

```
[root@aik icmp]# ./sing -mask -c 2 -F 8 IP_Address
SINGing to IP_Address (IP_Address): 12 data bytes
12 bytes from IP_Address: icmp_seq=0 ttl=241 mask=0.0.0.0
12 bytes from IP_Address: icmp_seq=1 ttl=241 mask=0.0.0.0

--- IP_Address sing statistics ---
2 packets transmitted, 2 packets received, 0% packet loss
```

图3.43　ICMP地址掩码请求报文的执行结果示例2

Tcpdump 的输出结果如图 3.44 所示。

```
20:02:48.441174 ppp0 > y.y.y.y > Host_Address: icmp: address mask
request (frag 13170:8@0+)
                              4500 001c 3372 2000 ff01 50ab yyyy yyyy
                              xxxx xxxx 1100 aee3 401c 0000
20:02:48.442858 ppp0 > y.y.y.y > Host_Address: (frag 13170:4@8)
                              4500 0018 3372 0001 ff01 70ae yyyy yyyy
                              xxxx xxxx 0000 0000
20:02:49.111427 ppp0 < Host_Address > y.y.y.y: icmp: address mask is
0x00000000 (DF)
                              4500 0020 3618 4000 f101 3c01 xxxx xxxx
                              yyyy yyyy 1200 ade3 401c 0000 0000 0000
```

图3.44　Tcpdump的输出结果

这次 Sun Solaris 2.7 主机返回的地址掩码字段的值为 0.0.0.0（而不是原先的 255.255.255.0）。HP-UX 11.x 操作系统的情况也一样。所以，为了进一步区分 Sun Solaris 和 HP-UX 11.x 操作系统，还需要再做一次测试。整个测试过程如图 3.45 所示。

③ 使用 IP 报文头 ID 字段的值。

当发送方所在的网络能够处理的最大分组长度比接收方所在的网络要长的时候，报文在进入接收方网络之前，会被分割为多个小一些的报文，即分段（分片）。这些分段的小报文在到达接收方以后还是要重新按序拼接起来的，为了标识属于同一个长报文的不同分片，引入了 ID

字段。ID 字段是 IP 报文头中的一个 2 B（16 bit）的域，可以取 65 536 个不同的值。当然发送方也可以指定某些报文不许分段，协议报文头中的“Don’t Fragment”(DF) 标志位用于指示中间的路由器不要对其做分段操作。在此情况下，忽略 ID 字段即可。

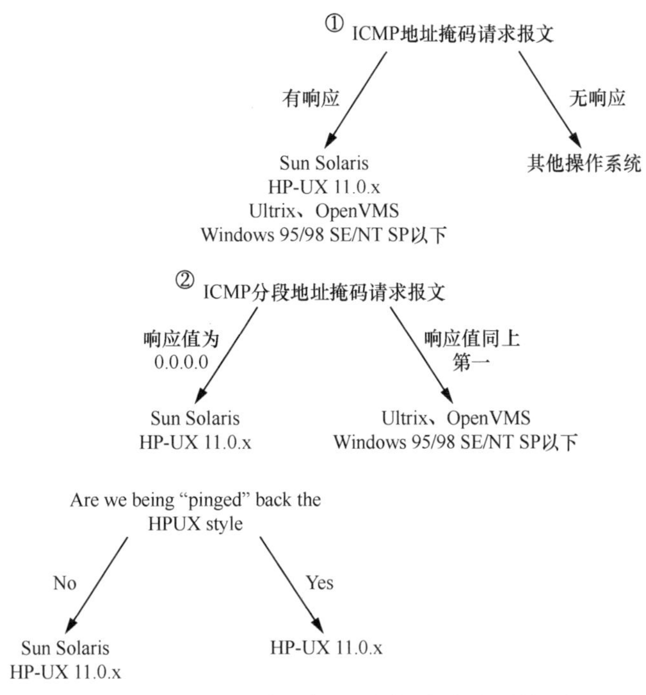

图3.45 基于ICMP地址掩码查询请求报文的指纹识别

由于每种操作系统对待 ID 字段的操作方式不同，在指纹识别中就可以利用这样的差异来构建不同操作系统的指纹，并据此识别不同的操作系统。比如，在有些操作系统的协议栈实现中，ID 字段的增长步幅是 1，而在有些操作系统的协议栈实现中，ID 字段的增长步幅却是大于 1 的某个数（如早期的 Windows 操作系统版本——Windows 95/98 SE/NT 等，其 ID 字段的增长步幅是 256），但 Windows 2000 以后的版本中增长步幅恢复为 1。还有的操作系统将 ID 字段始终置为 0（当然是在 DF 为 1 的情况下），当然，原则上，DF 为 1 的时候，ID 字段可以取任意值，因为接收方并不会去处理该字段。但它们的不同取值，恰恰也构成了指纹识别的基础。不过，需要指出的是，ID 字段的值可预测这个特性虽然给操作系统指纹识别提供了方便，但也带来了某些安全隐患，对此我们应该加以注意。

在实际网络环境中，基于 IP 报文头 ID 字段的操作系统指纹识别当然还要更复杂一些，这是因为我们试图识别的目标主机是互联网可访问的主机，在我们向它发送探测报文的同时，它可能也正在和其他主机进行通信，因此，我们观察到的两个报文之间的 ID 字段的值往往会比 1（对于早期的 Windows 系统来说，该值是 256）大。在设计扫描器的时候，一定要考虑到这个因素。

④ ToS 字段。

根据 RFC1349 的定义，ICMP 响应报文的 ToS 字段的值应该和相应的请求报文的 ToS 字段的值是一样的 [33]。然而在实际情况下，并非所有操作系统都严格遵守该规定 [1]。另外，在绝大多数的协议实现中，“ICMP 目的端口不可达”的错误报文的 ToS 字段的值都为 0，而 Linux 操作系统返回的是一个不同于 0 的值，这也为操作系统的初步识别提供了一个简便易行的规则。

（2）使用精心构造的异型查询报文。

通过精心构造异型查询报文并发送给目标主机，可以诱使目标主机产生 ICMP 错误报文并返回给探测主机。ICMP 错误报文中的许多方面都非常有益于识别目标主机。

ICMP 错误报文通常都会根据要求返回一小部分原请求报文的内容，以便发送方知道这是针对哪个请求报文的响应。然而，某些操作系统协议栈在实现时，所返回的内容要比期望的更多。这个特性在某些情况下特别有用，特别是在待识别的目标主机没有监听开放端口的情况下。

ICMP 请求报文没能被正确处理的时候，比如由于目标主机不处于正常运行的状态或者请求报文本身有问题，也会产生 ICMP 错误报文。我们前面在讨论端口扫描时，描述过“参数有问题”的错误报文，这些错误报文在指纹识别中也是非常有用的。这里的依据在于：早期的 ICMP（RFC792）中规定，响应错误报文将携带原请求报文数据的前 8 B（64 bit）数据，后来的 RFC1122 又建议携带 576 B（4608 bit）数据，然而许多早期的 TCP/IP 中还保留 8 B 的做法；而更“奇怪”的是，Solaris 2.x 则是取 64 B 长度（这看起来更像是误读了协议文本，把 64 bit 看成 64 B 了）。

Linux 2.4.0 ～ Linux 2.4.5 还有一个基于 ICMP 和 IP ID 的更显著的指纹，那就是当它们响应 ICMP 回显请求报文时，总是把 DF 比特置 1，同时将 IP ID 字段置 0。虽然这么做是合法的，但也为我们提供了一种能准确识别此类操作系统的指纹，而且还可以同时支持主动式和被动式的识别。

3.5.3 被动指纹识别技术

被动指纹识别技术是通过分析网络上主机之间通信的数据流量信息来完成的。由于流量信息通常都是通过在网络中部署嗅探器等方式被动地获取的，因此通常被称为被动指纹识别。像主动指纹识别一样，被动指纹识别也是基于每台操作系统 IP 栈在实现上的独特特征，通过分析被动监听获取的流量信息，识别不同操作系统产生的流量特征的差异，反过来识别不同的系统类型。当然，由于被动指纹识别技术只能通过被动地监听目标主机之间通信的流量信息来实现识别，而通常情况下，目标主机之间通信的都应该是合法的流量，不能引入异常分组流量（即前文所述的异型报文）。因此，被动指纹识别只能完成主动指纹识别的一部分工作，作为主动指纹识别技术的一种补充[26]。

TCP/IP 数据报文头中有 4 个字段常被用于被动指纹识别中，以确定操作系统类型。这 4 个字段为 TTL、Window size、DF 标志位，以及 ToS。前文讨论主动指纹识别技术时提到的其他字段，诸如 ISN、MSS，以及其他 TCP 任选项等，当然也可以组合使用。但总体测试下来，除了 TTL 和 Window size 字段，其他字段在识别操作系统方面的作用比较有限，下面只简单补充介绍 TTL 和 Window size 字段。

TTL 和 Window size 字段之所以可以作为指纹识别的重要特征，是因为在 TCP 和 IP 规范定义中并未要求在具体系统实现时使用某个特定的默认值。尽管后来补充的 RFC1700[34] 为协议实现给出了一个关于 TTL 字段的建议默认值（64），但显然后来的许多实现都并未采纳这个建议。

这样，不同的操作系统在实现其协议栈的时候就有不同的选择，即设置不同的初始 TTL 值。表 3.3 给出了部分操作系统的典型 TTL 初始值和 Window 值的设置情况。当然，由于 TTL 作为数据分组的一个字段，其在网络中传输转发的时候是动态变化的，所以，我们从不同的网络位置嗅探网络流量所观察到的数据包 TTL 值是不一样的。需要通过类似 traceroute 等手段，从观察到的 TTL 值来推断数据分组的 TTL 初始值，并据此推断目标主机的操作系统类型。有关这方面的操作流程和前述主动指纹识别的是一样的。

表3.3 部分操作系统的典型TTL初始值和Window值[35]

操作系统	IP TTL初始值	TCP Window值
Linux（Kernel 2.4/2.6）	64	5840
谷歌定制的 Linux	64	5720
FreeBSD	64	65 535
Windows XP	128	65 535
Windows 7、Vista and Server 2008	128	8192
Cisco Router（IOS 12.4）	255	4128

我们可以借助表 3.3 中的信息用手动的方式从网络流量中进行操作系统指纹识别。下面给出的一个例子是用 tshark 这个命令从一段事先采集到的流量数据文件中解读出来的结果，当然这里我们只截取前面几个数据分组的结果，如图 3.46 所示。

```
$ tshark -r day12-1.dmp -R“tcp.flags.syn eq 1”-T fields -e ip.src -e ip.ttl -e
tcp.window_size -c 16 | sort -u
192.168.1.105  128  8192
192.168.1.106  128  65 535
74.125.19.139  54   5720
87.106.12.47   45   5840
87.106.12.77   45   5840
87.106.13.61   45   5840
87.106.13.62   45   5840
87.106.1.47    45   5840
87.106.1.89    45   5840
87.106.66.233  45   5840
```

图3.46 部分数据分组结果

其中，第一列是 IP 地址，第二列是 TTL 的值，第三列是 TCP Window 的值。从结果中我们可以看到，只有（流量嗅探的）本地网段（192.168.1.0/24）上的主机显示的是 TTL 的初始值，来自其他主机的分组的 TTL 字段似乎经过了 10 或 19 跳的转发。通过将每个 IP 主机的 TTL 和 Window 的值和表 3.3 进行比对，就可以很容易地确定：192.168.1.106 运行的是 Windows XP（TTL=128，Window_size=65 535）；而 192.168.1.105 运行的是 Windows 后面升级的某个版本（TTL=128，Window_size=8192）；而谷歌定制的主机（74.125.19.139）因具有独有的 Window 值（5720）也很容易被识别出来；而其他主机基本可以确定是采用 Linux 操作系统[35]。

手动识别操作系统显然费时、费力又低效，好在已经有不少工具可以实现自动化的识别任务了，比较常用的有 ettercap、p0f、Satori 和 NetworkMiner 等。我们将在 3.6 节专门介绍一些比较常用的扫描工具，此处先不展开。

相比于主动指纹识别，被动指纹识别隐蔽性更强，在某些场景下有其特殊用途，比如，单位可以使用被动指纹识别技术来识别其网络上的流氓（rogue）系统，这些系统可能是网络上没有被认证的系统，如 Microsoft 和 Sun 服务器可以很快识别出流氓 Linux 或者 FreeBSD 系统。被动指纹识别技术也可以在不需要物理接触或不影响网络系统性能的情况下，快速梳理单位内部网络包括操作系统类型在内的各种资产。当然，该项技术也可能被攻击者所用，比如攻击者可以用该项技术很隐蔽地确定潜在受害者（比如某个 Web 服务器）的操作系统类型，或者远程代理防火墙等，再针对具体的操作系统可以利用的漏洞信息进行进一步的攻击活动。

3.5.4 基于机器学习的指纹识别方法

近年来，机器学习技术也被引入操作系统指纹识别的研究中，本节从基于 K 近邻（K-Nearest Neighbor，KNN）分类器的指纹识别、基于朴素贝叶斯分类器的指纹识别、基于支持向量机（Support Vector Machine，SVM）的指纹识别、基于遗传算法（Genetic Algorithm，GA）的指纹识别以及基于多层感知机（Multi-Layer Perception，MLP）的指纹识别等方面概述相关的研究工作及成果。

1. 如何对指纹识别方法进行评估

前文中我们介绍了许多操作系统指纹识别的方法和原理，但直接单独使用这些方法往往开销较大且容易被防火墙阻拦。因为在识别的过程中，需要发送较多的探测包或探测包的特征过于明显，所以很容易被识别进而被拦截。既然单独使用各类方法的效果不佳，我们自然会想到将不同的方法进行组合，以获得更加准确、隐蔽、高效的指纹识别方案。但在这之前，我们需要构建一个评价标准，以便对不同的方案进行比较。

在评价不同指纹识别方案在结果上的优劣时，最为朴素的想法就是比较在使用各个方案前后，判断目标主机操作系统的准确率提升了多少。识别目标主机操作系统的准确率的变化被称为信息增益（information gain），能够提供最大信息增益的指纹识别方案最能够将不同的操作系统区分开来。所以，我们可通过比较不同方案的信息增益来比较指纹识别方案的准确性 [36]。

具体而言，我们可以使用以下方法对信息增益进行计算：在对目标主机进行指纹识别之前，我们可以根据所有操作系统类别的先验概率分布，对目标主机真正运行的操作系统进行猜测。在完成指纹识别之后，从识别的结果中，我们能够得到各操作系统类别的后验概率分布，并再对目标主机的真实情况进行猜测。我们使用随机变量来 X 来描述我们对目标主机真实操作系统的分类结果，即猜测的结果，那么变量 X 的熵，即我们在对未知的目标主机系统进行分类时的不确定性，计算如下：

$$H(X) = -\sum_{x \in X} p(x) \log p(x) \tag{3.1}$$

我们使用随机变量 Test_i 来描述对目标主机进行识别的结果。确定 Test_i 的值可能会告诉我们一些关于 X 的信息，这些关于 X 的信息也就是信息增益 $\mathrm{IG}(\mathrm{Test}_i)$，也可以使用变量 X 的熵与

在已知 Test_i 取值情况下变量 X 的熵之间的差值来描述：

$$\text{IG}(\text{Test}_i) = H(X) - H(X|\text{Test}_i) \tag{3.2}$$

基于上述标准，我们可以对常见的指纹识别方法进行评价。已有的实验[36]分别评价了版本为 4.21ALPHA4 的 Nmap 中默认的指纹识别方法的各个子项，它们都是较有代表性的指纹识别方法，下面简单介绍一下具体的评价结果。

Nmap 在进行操作系统指纹识别时，一共会发送 16 个探测数据包，包括 6 个发往开放端口的 TCP SYN 包（Pkt1 ～ Pkt6）、3 个发往开放端口且设置了不同标志位的 TCP 数据包（T2 ～ T4）、3 个发往关闭端口且设置了不同标志位的 TCP 数据包（T5 ～ T7）、1 个发往开放端口且设置了 ECN 控制位的 TCP 数据包、2 个 ICMP ECHO 数据包和 1 个发往关闭端口的 UDP 数据包。已有的实验仅对基于 TCP 的指纹识别方案进行研究，因为基于 UDP 和 ICMP 的指纹识别方案更加容易被防御设备屏蔽，并且根据上述评价标准，它们能够提供的信息增益较少。

通过对目标主机返回的数据包的分析，可以提取表 3.4 中所列的指纹信息。

表3.4　Nmap的指纹识别项目

R	Responsiveness
DF	IP don’t fragment bit
T	IP initial time-to-live（TTL）
TG	Guessed IP TTL
W	initial TCP window size
S	TCP sequence number
A	TCP acknowledgement number
F	TCP flags
O	TCP options
RD	TCP checksum
TOS	IP type of service
Q	TCP miscellaneous quirks
SP	TCP initial sequence number（ISN）predictability index
GCD	TCP ISN greatest common denominator
ISR	TCP ISN counter rate
TI	IP header ID sequence generation
TS	TCP timestamp option generation

对所有探测包的返回结果进行指纹识别后，它们的信息增益如表 3.5 所示。某些指纹识别项目需要同时使用多个探测包的返回结果，这些指纹项在表 3.6 中单独列出。

表3.5　使用单个探测包返回结果进行指纹识别的信息增益[36]

IG	R	DF	T	TG	W	S	A	F	O	RD	Q
Pkt2	—	—	—	—	**4.76**	—	—	—	**5.39**	—	—
Pkt3	—	—	—	—	**4.74**	—	—	—	**5.07**	—	—
Pkt4	—	—	—	—	**4.75**	—	—	—	**5.36**	—	—

续表

IG	R	DF	T	TG	W	S	A	F	O	RD	Q
Pkt5	—	—	—	—	**4.76**	—	—	—	**5.29**	—	—
Pkt6	—	—	—	—	**4.76**	—	—	—	**4.40**	—	—
ECN	0.09	1.03	*2.57*	*2.57*	**4.61**	—	—	—	**4.89**	—	0.23
Pkt1/T1	0.68	1.01	*2.55*	*2.55*	**4.71**	0.19	0.29	0.29	**5.27**	0.62	0.62
T2	0.89	1.05	1.81	1.81	1.04	1.13	0.95	1.05	0.02	0.93	0.44
T3	0.71	1.49	*2.76*	*2.76*	**4.51**	1.14	1.31	1.61	*4.33*	0.68	0.26
T4	0.44	1.30	*2.73*	*2.73*	1.48	0.52	1.26	0.76	0.02	0.47	0.02
T5	0	0.98	*2.57*	*2.57*	0.18	0.44	0.20	0.23	0	0.08	0.04
T6	0.30	1.23	*2.67*	*2.67*	0.46	0.44	1.23	0.70	0.02	0.38	0.02
T7	0.55	1.36	*2.77*	*2.77*	0.72	0.90	1.52	0.74	0.02	0.59	0.04

表3.6 使用多个探测包返回结果进行指纹识别的信息增益[36]

SP(4)	GCD(4)	ISR(4)	TI(3)	TS(2)
3.02	1.45	*2.62*	1.62	*2.67*

在 Nmap 4.21ALPHA4 指纹数据库中，总计有 417 个表项，它们的总熵值为 8.70。在表 3.5 和表 3.6 中，以粗体标出的表项说明，该探测包的该项指纹能够使不确定度减少 50% 以上；以斜体标出的表项说明，该探测包的该项指纹能够使不确定度减少 25% ～ 50%，其余探测包的指纹项能够减少的不确定度小于 25%。上述结果均假定目标主机的操作系统是数据库中任何一种操作系统的概率都是相等的。

从表 3.5 和表 3.6 中我们可以看出，对开放端口进行的 W 项和 O 项指纹提取能够为我们提供最大的信息增益，而这些识别可以通过发送 Pkt1 ～ Pkt6 包、ECN 包或者 T3 包来完成。与之相对的，发送的 T2 包和 T4 包提供的信息较少，向关闭端口发送的数据包在 W 项和 O 项上则几乎不提供信息增益。不过，向关闭端口发送数据包常常能够得到 TCP RST 回复，这也可能会提供部分信息。除了 W 项和 O 项之外，其余基于单个数据包的指纹提取项目中仅有 T 项为我们提供了超过 25% 的信息增益。

经过这样的测试和定量计算，我们能够清晰地看出每一种指纹识别方法究竟有多大的作用，也就是能够为我们的判断结果消除多少不确定性。这不仅可对现有的或新兴的指纹识别方法进行评估，也能够为下一步的改进和研究指引方向。当然，使用信息熵作为评价指标也不尽完美，如普遍认为信息熵会高估存在多个可能结果的测试的价值；其他评价指标，如信息增益率和最小描述长度等，虽然没有信息熵存在的那些问题，但也有各自的弱点。如何选择一个或多个较为理想的指标对各类指纹识别方法进行评价，仍然需要进一步的探索。

2. 基于 KNN 分类器的指纹识别方法

在使用传统的指纹匹配方法进行目标主机的操作系统指纹识别时，存在一个不可避免的矛盾：一方面，我们希望能够尽可能具体且准确地知道目标主机的操作系统信息，因此会尽量多地为不同操作系统添加指纹信息，或者为同一类型的操作系统添加其不同版本的指纹信息，最终得到一个庞大且划分细致的指纹库；但另一方面，部分操作系统的指纹相互之间十分相似，同一系统的不同版本之间的指纹则可能有更高的相似度，导致在进行指纹匹配时，某些指纹可能会被错误地分类到其他具有相似指纹的操作系统类别中。例如将运行 Windows 2000 的目标主机识别为运行 Windows XP，因为两者在 TCP 报文头的指纹特征上几乎没有差别；也有可能会因为同一个操作系统的不同指纹之间特征相差过大，导致对应的目标主机被拒绝分类，例如 Windows 2000 在指纹库中拥有若干条特征互不相同的指纹，因此该操作系统的分类拒绝率会高于其他操作系统。为了解决这一问题，李普曼（Lippmann）等人引入了 KNN 分类器[26]。

KNN 分类器的基本思路是：假设我们当前拥有若干已知类别的对象构成的对象集，当出现一个未知类别的对象时，我们依次计算该对象与所有已知类别对象的距离，选取其中与该对象距离最近的 K 个对象，统计这 K 个对象的类别，并将未知类别的对象归类为 K 个对象中数量最多的类别。对于该分类器，我们能够通过调整计算两个对象之间距离的公式和选取 K 值的大小来对分类效果进行调整。距离定义的选取主要取决于指纹特征空间的特点，常用的距离定义有欧氏距离：

$$d(X,Y)=\sqrt{\sum_{i=1}^{n}(x_i-y_i)^2},X,Y\in\mathbb{R}^n \qquad (3.3)$$

以及曼哈顿距离：

$$d(X,Y)=\sum_{i=1}^{n}\left|x_i-y_i\right|,X,Y\in\mathbb{R}^n \qquad (3.4)$$

而 K 值的选取则需要通过多次实验来决定：在 K 值较小时，增大 K 值通常可以降低分类的错误率，因为噪声点的影响会随着近邻参考点的增多而被弱化；而在 K 值较大时，继续增大 K 值会导致分类错误率上升。在经过多次试验后，可以通过绘制错误率随 K 值的变化曲线来选取一个相对合适的 K 值。通过 KNN 分类器的原理我们可以看出，该分类器不存在拒绝分类的问题，而对于前文所提到的，同一操作系统指纹差距过大和不同操作系统指纹差距过小的问题，则在适当调整 K 值的大小后能够得到解决。

李普曼等人[26]以 Ettercap 的指纹库作为基础数据，对比了使用 KNN 分类器和指纹精确匹配的方式进行操作系统指纹识别的效果。实验时选取的 K 值为 3，以防止在多个不同的操作系统具有某些相同指纹时出现随机分类的结果。分类的平均错误率结果如图 3.47 所示。

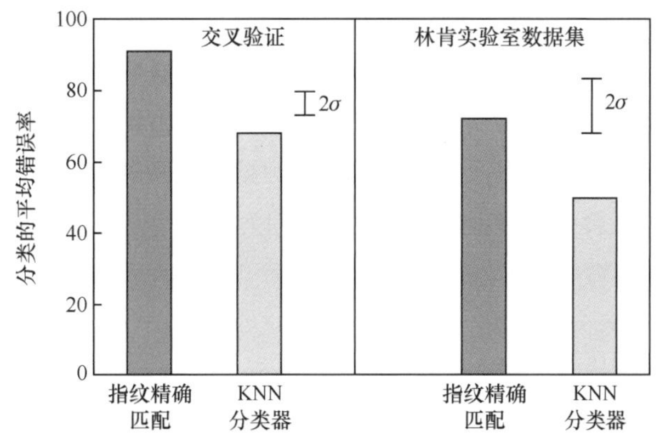

图3.47 指纹精确匹配和KNN分类器在交叉验证和林肯实验室数据集上的平均错误率[26]

从图 3.47 中可以看出，虽然分类的结果仍然需要进行后续的优化，但是使用 KNN 分类器的错误率明显要低于指纹精确匹配时的错误率，说明对于体量庞大的指纹库，KNN 分类器能够较好地解决不同操作系统之间指纹相似和相同操作系统指纹差异过大的问题。

KNN 分类器本身的理论基础十分成熟，同时整个算法的架构也清晰、简洁。因此在早期，相比传统分类方法，KNN 分类器能够有效地提升分类的准确率，并广泛、快速地开始实际应用。但随着指纹特征复杂化、样本数量增多带来样本不平衡等问题，KNN 算法计算量大、对稀有类别预测的准确率低等问题也暴露了出来。所以，KNN 算法比较适合作为对其他算法某一步的补充，而非单独作为分类算法使用。

3. 基于朴素贝叶斯分类器的指纹识别方法

与传统的指纹识别方法不同，基于朴素贝叶斯分类器的指纹识别方法并不追求指纹的精确匹配以确定目标主机的操作系统，而是根据报文头的部分指纹进行最大似然的推测，从而得到识别结果。由于不要求指纹的精确匹配，在面对被修改过的 TCP/IP 栈或者残缺、冲突的数据包时，该方法能够得到比传统方法更高的识别准确率，且因为该方法可以基于较少的指纹工作，在进行被动指纹识别时能够达到更高的效率。

罗伯特（Robert）[37] 所提出的基于朴素贝叶斯分类器的指纹识别方法仅使用了 IP TTL、IP DF、initial TCP window size 和 SYN packet size 这 4 个字段。分类器检查发起连接时的 TCP SYN 包，再根据数据包的特征值计算目标主机属于各类操作系统的概率，并选择概率最大的一类作为识别结果。也就是说，探测主机希望在给定观测数据的前提下确定目标主机属于各类操作系统 H_i 的概率 $P(H_i|D)$。观测数据包括 4 个子项：$d_{\mathrm{TTL}} = \mathrm{ttl}$，$d_{\mathrm{WSS}} = \mathrm{wss}$，$d_{\mathrm{SYN}} = \mathrm{syn}$，$d_{\mathrm{DF}} = \{0,1\}$。在假定上述 4 个子项相互之间独立的前提下，我们可以使用贝叶斯公式计算得到 $P(H_i|D)$：

$$P(H_i|D) = \frac{\prod_j P(d_j|H_i)P(H_i)}{P(D)}, d_j \in D \tag{3.5}$$

事实上，观测数据所包含的 4 个子项并不相互独立。但是已有的研究表明，在实际使用时，朴素贝叶斯分类器仍然能够达到较佳的分类效果。并且注意到在上述的概率计算式中，分母 $P(D)$ 都是相同的，因此在实际使用时我们并不需要将分母的值计算出来。

在训练分类器时，罗伯特使用了两种不同的方法。第一种方法，罗伯特将所有操作系统分布的先验概率 $P(H_i)$ 进行了归一化，再使用 p0f 指纹文件中的特征对分类器进行训练；第二种方法，罗伯特使用了一个 Web 服务器来发送所有的 TCP SYN 数据包，将每一个接收到的数据包与一项 HTTP 的日志进行匹配，并从日志条目中提取出目标主机的浏览器型号以及操作系统类型。使用第二种方法虽然能够得到大量清晰的训练数据，但同时也会面临两个问题：一是通过代理连接的目标主机可能会产生错误的训练数据，因为 Web 服务器记录的是目标主机返回的日志，但用于分析的 TCP SYN 包却是通过代理主机发出的；二是某些目标主机可能会出于保持匿名性或兼容性的目的向 Web 服务器发回错误的信息。不过，在体量庞大的训练集中，罗伯特认为上述两类错误都是在统计学上可以忽略的。

完成分类器的训练之后，罗伯特使用上述两种方法训练出的分类器与 p0f 的识别结果进行了比较，相关结果如表 3.7 所示。但是由于罗伯特的实验是在公开网站上进行的，访客真实的操作系统结果是由访客自行填写的，因此在文中，罗伯特并没有给出分类器结果的准确率，因而对得到的结果也只能进行一个简单的比较。

表3.7 朴素贝叶斯分类器与p0f识别结果[37]

识别方法 / 操作系统	p0f贝叶斯（%）	日志贝叶斯（%）	p0f（%）
Windows	92.6	94.8	92.9
Linux	2.3	1.6	1.7
macOS	1.0	2.1	1.0
BSD	1.6	0.0	1.6
Solaris	0.4	0.5	0.2
其他	2.1	1.1	1.0
未知的			1.6

虽然我们无法从实验结果上评判朴素贝叶斯分类器实际的运行效果究竟如何，但是我们仍然能看到它相比于传统识别方法的一些优势，其中最为亮眼的就是对残缺数据的兼容性。在不断波动的网络环境下，如何对不完整的指纹进行识别是一个无法逃避的问题，在这一点上，朴素贝叶斯分类器的思想值得借鉴。但是，面对目前庞大且复杂的操作系统指纹数据，仅仅使用朴素贝叶斯分类器进行指纹识别还是会显得力不从心。

4．基于支持向量机的指纹识别方法

虽然传统的指纹匹配的识别方法能够以很高的准确度识别存在于指纹库中的操作系统指纹，但是对于没有存入数据库中的操作系统指纹，精确匹配的识别方法就存在自身的缺陷，其僵化的匹配方式十分容易导致过拟合现象的发生。如果换一个视角，将操作系统的指纹识别问题看作模式识别领域的分类问题，我们就可以使用 SVM 技术来完成高精度的操作系统指纹识别，同时解决识别数据库中缺失指纹的问题。

SVM 最初用于解决二分类的问题，其思路是在样本空间找到一个超平面，该超平面能够将向量集合中的所有向量无误地分开，并能使得距离该超平面最近的向量与该超平面之间的距离（称为间隔）是最大的，该超平面也被称为最优超平面，如图 3.48 所示。之后便使用该最优超平面对未知标签的样本进行分类。在训练二分类 SVM 分类器时，用于划分样本空间的超平面通常以如下形式出现：

$$\boldsymbol{w}\cdot\boldsymbol{x}+b=0(\boldsymbol{w}\in\mathbb{R}^n,b\in\mathbb{R}) \tag{3.6}$$

样本的分类函数可以写作：

$$f(\boldsymbol{x})=\mathrm{sgn}(\boldsymbol{w}\cdot\boldsymbol{x}+b) \tag{3.7}$$

按照结构风险最小化（Structural Risk Minimization，SRM）原则，求取最优超平面的问题可以转换为求解如下的优化问题：

$$\min_{w,b}\frac{1}{2}\|\boldsymbol{w}\|^2+C\sum_{i=1}^{N}\xi_i$$

$$\text{s.t.}\, y_i(\boldsymbol{w}\cdot\boldsymbol{x}_1+b)\geqslant 1-\xi_i, \xi_i\geqslant 0, i=1,2,\cdots,N \tag{3.8}$$

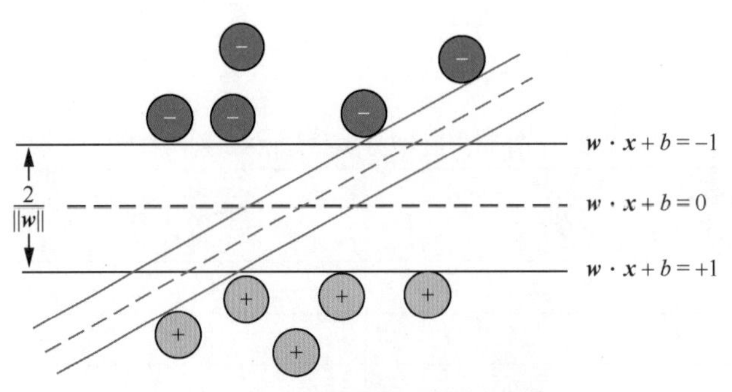

图3.48　最优超平面分割样本空间

其中 $y_i=\pm 1$ 表示样本的分类标签，正、负取值分别代表样本为正样本或负样本，而 N 为训练样本的总数。为了减少真实数据中噪声和离群点的影响，可以人为规定松弛系数 ξ_i 和惩罚系数 C。松弛系数ξ_i代表了每个样本发生分类错误的程度，分类正确时其值为 0，分类错误时，该样本离超平面越远，松弛系数也相应越大；惩罚系数 C 则用于在更少的分类错误和更大的间隔之间进行权衡，C 的值越大，超平面就更注重分类的正确性。所以，上述优化问题所表达的含义为在一定的分类容错和错误惩罚下，求取最优超平面。图 3.48 展示了未引入松弛系数ξ_i和惩罚系数 C 时，最优超平面对样本空间进行分割的实例。

将上述优化问题使用拉格朗日乘子法求解，引入的拉格朗日乘子如下：

$$\boldsymbol{\alpha}=[\alpha_1,\alpha_2,\cdots,\alpha_N]^{\mathrm{T}} \tag{3.9}$$

经过推导可以得到上述优化问题的对偶问题：

$$\max_{\alpha}\sum_{i=1}^{N}\alpha_i-\frac{1}{2}\sum_{i,\,j=1}^{N}\alpha_i\alpha_j y_i y_j(\boldsymbol{x}_i\cdot\boldsymbol{x}_j)$$
$$\text{s.t.}\, 0\leqslant\alpha_i\leqslant C, i=1,2,\cdots,N, \sum\nolimits_{i=1}^{N}\alpha_i y_i=0 \tag{3.10}$$

通过该对偶问题求取得到的 SVM 为线性的形式，仅能完成线性的分类任务。但是在现实世界中，存在大量的非线性分类问题，因此我们需要利用核函数使得 SVM 能够完成非线性的分类任务。使用了核函数的 SVM 的对偶问题描述如下：

$$\max_{\alpha}\sum_{i=1}^{N}\alpha_i-\frac{1}{2}\sum_{i,\,j=1}^{N}\alpha_i\alpha_j y_i y_j K(\boldsymbol{x}_i\cdot\boldsymbol{x}_j)$$
$$\text{s.t.}\, 0\leqslant\alpha_i\leqslant C, i=1,2,\cdots,N, \sum\nolimits_{i=1}^{N}\alpha_i y_i=0 \tag{3.11}$$

其中，函数 $K(\cdot)$ 被称为核函数，它能够在不知道高维空间至低维空间映射函数的前提下，计算两个高维空间向量映射到低维空间后的内积。常用的核函数分别有线性核函数、多项式核函数、高斯核函数和 Sigmoid 核函数。使用核函数之后，样本的分类函数转变如下：

$$f(\boldsymbol{x})=\mathrm{sgn}(\sum\nolimits_{i=1}^{N}\alpha_i y_i K(\boldsymbol{x}_i,x)+b) \tag{3.12}$$

在了解 SVM 如何解决二分类问题的基础上，我们便可以继续利用 SVM 解决多分类的问题，SVM 的主要思想便是将多分类问题转化为多个二分类问题进行解决。转换的策略有 one-vs-all、one-vs-one 和 error correcting coding。其中，one-vs-one 是较简单且效率较高的一种策略。它通过将多分类问题转换为每两个类别之间的二分类问题，得到每个二分类问题的结果并进行投票，得票最多的类别被认为样本所属的类别。

Zhang 等人[38]对 Nmap 4.90RC1 指纹库中的指纹进行了分析，将各个指纹投影成了特征空间中的一个向量，并以此作为训练数据构建了 SVM，完成了操作系统的指纹识别。基于 SVM 的指纹识别系统架构如图 3.49 所示。

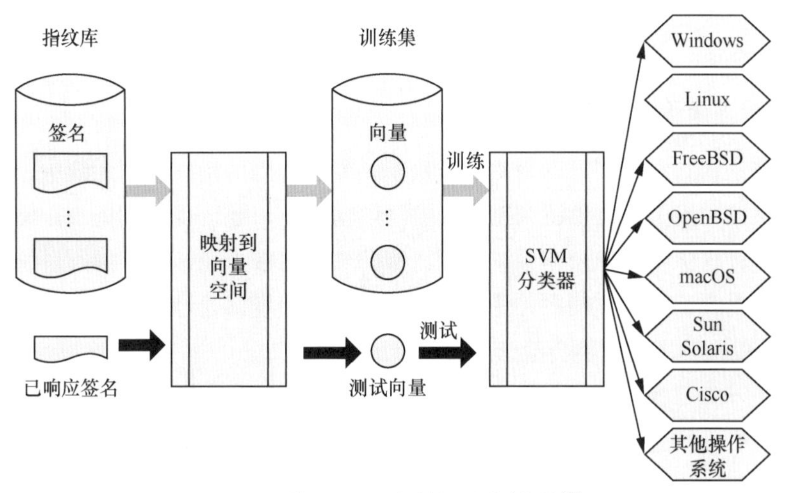

图3.49 基于SVM的指纹识别系统架构[38]

对于指纹库中的所有指纹，研究人员首先将它们转换为特征空间中的样本点，并为每一个样本点标注它的标签，也就是操作系统，最终将特征空间中所有标出的点作为训练集训练 SVM。实验时输入 SVM 的样本维数为 544，解决多分类问题所使用的策略为 one-vs-one，共训练了 28 个二分类 SVM，使用的核函数为高斯核函数，并通过多次实验对 SVM 的超参数进行调整。训练完成之后，将未知操作系统的目标主机返回数据包转换为特征空间中的样本点，并输入 SVM 进行分类，得到目标主机的操作系统指纹识别结果。最终，各操作系统的识别错误率如图 3.50 所示。

操作系统	Windows	Linux	FreeBSD	OpenBSD	macOS	Solaris	Cisco	其他	E_M	E_m
错误率（%）	3.91	5.19	17.7	15.85	25.80	4.53	24.22	9.74	13.37	12.24

图3.50 使用SVM方法进行操作系统识别时，各操作系统的错误率[38]

其中，错误率的计算方式如下：

$$E_i = \frac{\mathrm{FP}_i + \mathrm{FN}_i}{\mathrm{TP}_i + \mathrm{TN}_i + \mathrm{FP}_i + \mathrm{FN}_i} \tag{3.13}$$

最小平均错误率 E_m 和最大平均错误率 E_M 的计算方式如下：

$$E_m = \frac{\sum_i (\mathrm{FP}_i + \mathrm{FN}_i)}{\sum_i (\mathrm{TP}_i + \mathrm{TN}_i + \mathrm{FP}_i + \mathrm{FN}_i)}$$

$$E_M = \frac{\sum_i E_i}{N} \tag{3.14}$$

其中，N 代表操作系统的类别数，i 代表某种特定的操作系统类型。

从图 3.50 中的数据可以看出，对于 Windows、Linux 和 Solaris 系统，通过上述方法构建的 SVM 能够较为精确地完成指纹的识别，同时也能准确地将没有运行上述类别操作系统的目标主机区分出来，但是对于 macOS 和 Cisco 系统，指纹识别的准确率就不尽如人意了。某些操作系统识别的准确率较低可能是对应的训练数据质量不够理想，抑或是在训练过程中缺少针对相关数据的处理。但这样总体优秀的实验结果还是能够让我们看到，基于 SVM 构建操作系统指纹识别系统是一类较为有效的方案。

5. 基于遗传算法的指纹识别方法

基于遗传算法的指纹识别方法是为了解决基于专家规则的指纹识别系统中过多的人工参与而产生的，它可以在很少甚至没有人工知识参与的情况下，通过现有数据决定使用数据包头中的哪些特征来进行目标主机的操作系统识别。特征数量的减少能够提升操作系统指纹识别的速度，同时也能够提升识别的准确率并降低识别操作的复杂度。通过遗传算法淘汰的特征在理论上不会提升识别的准确率，也不会给识别过程添加噪声。

遗传算法是一种寻找特征空间中最优特征组合的特征降维方法，该算法来源于生物学中的自然选择和遗传变异的过程。具体而言，遗传算法是将每一种特征组合看成种群中一个个体的基因，个体的基因控制了个体的性状，也就导致具有不同基因的个体之间存在差异。而对于特定的环境，每个个体都有自己的适应度，适应度高的个体自然更容易生存下来，适应度低的个体则在种群中的数量更少。不同的个体可以产生自己的下一代，并且会通过交叉互换等方式将自己的基因部分传递给下一代。如此一来，携带适应环境基因的个体就会越来越多，不适应环境的基因则会逐渐消失。按照这一原理，遗传算法只需要对每一种特征组合定义一个适应度，在计算了所有特征组合的适应度后，按照适应度设计一定的淘汰规则，并让剩下的特征组合进行一定的交叉变异，产生下一代的特征组合。当进行足够多次的迭代之后，剩余的特征组合就是表现最好的特征组合。

阿克索伊（Aksoy）等人[39]在进行实验时使用了多个安装了不同操作系统的真实物理主机，在其上进行相同的访问操作，再使用多台设备对上述物理主机所发送和接收的包进行监听，以消除收集数据时可能产生的误差。实验选取的协议共有 5 种，分别是 IP、TCP、UDP、DNS 和 SSL，实验前还去除了数据包中包含空值的特征以及与机器学习的分类方法不兼容的特征。每种协议所收集数据包数量的比例和真实网络环境中该协议的流行度是相关的。数据集中的 5% 用于使用遗传算法以决定使用的特征组合，另外 5% 用作遗传算法的测试集，剩余的 90% 使用机器学习的分类算法进行 5 折交叉验证测试，使用的分类算法分别为决策树 C4.5 算法（J48）、重复增量修枝算法（JRip）、链波下降规则（Ridor）、PART 决策树算法、决策表算法（DT）、随机森林算法（RF）、朴素贝叶斯算法（NB）、多层感知机（MLP）。其中，由于算法本身具有较高的复杂度且 TCP 数据包过多，使用 MLP 进行分类的实验无法完整完成，因此没有展示在图 3.51 中。

实验时计算适应度的公式如下：

$$\text{Fitness} = 0.80 \times \text{Accuracy} + 0.15 \times \left(1 - \frac{|\text{SelectedFeatures}| - 1}{|\text{AllFeatures}| - 1}\right) + 0.05 \times \left(1 - \frac{|\text{SelectedRules}| - 1}{|\text{AllRules}| - 1}\right) \tag{3.15}$$

其中 Accuracy 表示在指定机器学习分类算法下的指纹识别的准确率。

阿克索伊等人对上述选取的协议和所有分类算法计算了指纹识别的准确率。IP、TCP、UDP、DNS 和 SSL 的平均准确率分别为 68.0%、98.4%、71.1%、78.7%、29.2%。对于平均准确率最高的 TCP，遗传算法针对上述 7 种分类算法选择的特征数量分别为 7、8、7、12、4、10、12。同时在使用 NB 作为分类算法的条件下，使用遗传算法选择的 12 个特征进行指纹识别的准确率比使用全部 37 种特征进行指纹识别的准确率高 6%。在使用与不使用遗传算法进行特征选择的情况下，各分类算法对 TCP 数据包头进行指纹识别的准确率如图 3.51 所示。

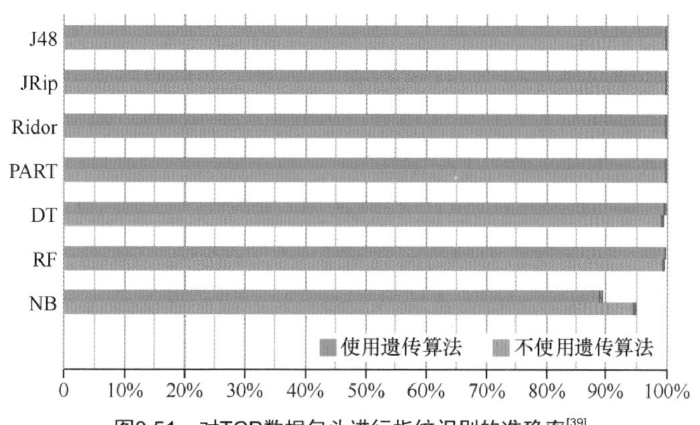

图3.51 对TCP数据包头进行指纹识别的准确率[39]

可以看到，在缺少先验知识的情况下，遗传算法确实可以有效地减少完成指纹识别时所需要的特征数量，从而降低指纹识别系统的复杂度，提升指纹识别的速度，而损失的识别准确度也在可以接受的范围。

6. 基于多层感知机的指纹识别方法

除 SVM 之外，在模式识别领域我们还可以使用 MLP 来解决分类问题，MLP 同样能够解决传统指纹识别方法存在的问题。传统的被动操作系统指纹识别常常依赖各类操作系统 TCP/IP 栈的默认参数设置，如果用户手动修改了协议栈的参数，那使用传统方法对该目标主机进行操作系统识别则会变得困难许多。但是，使用 MLP 的方法，我们可以将所有的参数作为一个整体进行考虑而不用逐个考虑，通过 MLP 学习得到的分类规则能够在输入指纹发生小范围变化时拥有更强的稳健性，同时也免去了人工维护繁杂的指纹识别规则的工作。此外，针对传统指纹识别工具中存在的“首先匹配”的问题，即两个不同的操作系统在指纹库中拥有相同的指纹时，指纹识别工具总会将目标主机判断为其中一种操作系统，MLP 也能在一定程度上将其解决。

MLP 来源于人的神经元，其大致的结构如图 3.52 所示。

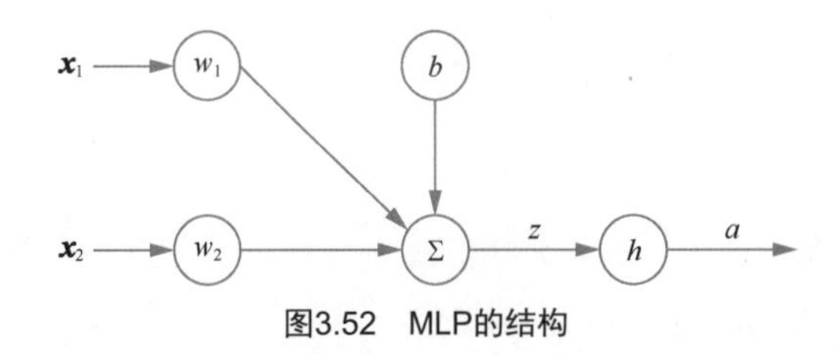

图3.52 MLP的结构

其中 $\boldsymbol{x}_1$、$\boldsymbol{x}_2$ 为二维输入向量的两个分量，它们分别与参数 w_1、w_2 相乘之后求和，求和的结果再与偏置项 b 相加得到结果 z，z 最后经过激活函数 $h(z)$ 的处理之后得到输出结果 a，我们便可以通过输出结果 a 来对输入向量进行分类。

实际使用时，图 3.52 中与 w 相乘后再与 b 求和的神经元一般都不止一层，输入向量的各个分量往往会经过多次的相乘求和才最终到达激活函数 $h(z)$。中间的层数越多，神经元的个数越多，整个感知机的结构就越复杂，也就更能够去拟合输入数据复杂的分布情况，或者提取输入数据的复杂特征。但是，在经过激活函数之前，我们对于各个分量的处理都是线性的，而现实情况下的数据模型或多或少都掺杂了非线性的成分，因此我们也需要在 MLP 中加入非线性的函数，也就是激活函数。常用的激活函数有 Logistic 单元、tanh 单元和 ReLU 单元等。

在训练 MLP 时，所有输入的训练样本都对应一个分类结果，我们使用这个分类结果与 MLP 的输出结果求差值，并用这个差值对所有网络中的参数求导，再乘以一个人为规定的系数，便可以得到每个参数的修正值。使用大量的样本多次对网络中的参数进行调整，当网络中参数的修正值减小到一定程度的时候，就是该 MLP 输出结果与理想结果最为接近的时候。

哈戈斯（Hagos）等人[40]搭建了一个单隐层的 MLP 模型用于操作系统指纹识别，并共进行了 324 次实验以调整网络的超参数，包括 batch 大小、隐层数量和每个隐层中节点的数量。最终选择了单个隐层、隐层中节点数量为 128 的 MLP 模型进行训练，激活函数选用了 tanh 单元。使用 Adam 损失函数和所有的训练集数据训练了 150 轮次之后，在测试集上的操作系统识别结果如表 3.8 所示。

表3.8 MLP模型的操作系统识别结果[40]

操作系统	精确率	召回率
Android	0.81	0.83
Linux	0.89	0.79
macOS	0.61	0.82
UNIX	0.92	0.99
Windows	0.98	0.89
iOS	0.84	0.73
平均值	0.84	0.83
准确率	83.91%	

可以看到，仅使用结构较为简单的MLP就能够以不错的准确率完成操作系统指纹识别的任务。

近年来，随着机器学习领域的快速发展，使用卷积神经网络和循环神经网络来解决分类问题的方法也日趋成熟。相信在不久之后，会有更多更加优秀的操作系统指纹识别方法涌现出来。

3.6　服务扫描与识别基础工具

如今许多优秀的网络扫描工具集成了多种扫描探针和技术方法，能够高效地识别出目标主机的开放端口上运行的服务，本节将依次介绍常用于服务扫描的 11 款工具。

3.6.1　Nmap

Nmap[41,42] 是一款非常流行的网络探测和安全审计的快速扫描工具，支持 Linux、Windows、macOS 等大部分主流操作系统，最早发布于 1997 年，而后于 2009 年发布了 5.00 版，该版本在原来版本的基础上增加了大量脚本和扫描组件，如 Ncat、Ndiff 快速扫描比较等，至此成为一款强大的网络安全领域的探测工具。

Nmap 通常用于大型网络的快速扫描，主要提供以下几种功能：主机存活性探测、主机运行的操作系统探测、端口开放性扫描及其上运行的服务探测，以及目标主机上包过滤器和防火墙类型的确定等。针对每种功能，Nmap 提供了多种数据包探针以及自定义组件，以满足网络安全分析员多元的探测需求。

1. 功能和原理介绍

Nmap 中主机发现和端口扫描两者功能类似，主机发现是通过向目标主机的默认端口（如 80 端口）发送探测报文来验证主机的存活性，并不对目标主机上所有待探测端口进行扫描；而端口扫描则往往是在主机存活的基础上进行探测的，对目标主机的指定端口列表或范围进行开放性扫描。这两者都是根据接收到的响应报文的类型，判断主机或端口的状态。针对 TCP 报文的各个标志位组合，Nmap 提供了相应的探测报文，如 TCP SYN 报文、ACK 报文等，对 FIN、PSH、URG 等标志位也提供了相应的选项来发送探测报文。此外 UDP、ICMP 等探测报文也被 Nmap 所涵盖，并且提供了自定义选项。

而针对服务扫描，Nmap 使用包含大约 2200 个著名服务的 nmap-services 数据库，在开放的 TCP/UDP 端口，版本探测会确定什么服务正在运行。其中 nmap-service-probes 数据库包含查询不同服务的探测报文和解析识别响应的匹配表达式。具体地，Nmap 试图确定服务协议（如 FTP、SSH、Telnet、HTTP）、应用程序名（如 Apache httpd）、版本号、主机名、设备类型等。默认打开 -A 选项，同时打开操作系统探测，确定操作系统（Windows、Linux）以及其他细节，如是否可以连接 X server、SSH 协议版本等。表 3.9 展示了 Nmap 指纹库中常见的端口及其服务。

表3.9　Nmap指纹库中常见的端口及对应服务

端口	服务	传输协议
20/21	FTP	TCP
22	SSH	TCP

续表

端口	服务	传输协议
23	Telnet	TCP
25	SMTP	TCP
53	DNS	TCP
67/68	DHCP	UDP
69	TFTP	UDP
80	HTTP	TCP
88	Kerberos	UDP
110	POP3	TCP
111	SUNRPC	TCP/UDP
135	RPC	TCP/UDP
139	NetBIOS	TCP/UDP
161/162	SNMP	UDP
389	LDAP	TCP
443	SSL	TCP
445	SMB over IP	TCP/UDP
1433	MS-SQL	TCP
9929	Nping-echo	TCP

2. 主机发现

Nmap 在没有给出主机发现的选项时，默认会发送一个 TCP ACK 报文到 80 端口以及一个 ICMP 回声请求报文到每台目标机器。但对于 UNIX shell 用户，建立 TCP 连接中使用的 connect() 系统调用会发送一个 SYN 报文而不是 ACK 报文。若收到 TCP ACK 报文，则证明主机在线。若收到 TCP RST 报文，则证明主机不在线。上述两种默认主机探测报文对应以下 3 种选项。

（1）-PS[portlist]：针对 TCP 端口，发送 SYN 报文，具体命令如下。

```
nmap -PS 192.168.80.128
```

这种主机探测的方式不会建立三次连接，第二次连接成功后直接发送 RST 而非 ACK 报文。

（2）-PA[portlist]：针对 TCP 端口，发送 ACK 报文。

这种主机探测的方式会完成 TCP 三次握手。部分防火墙设置有状态规则来封锁非预期的报文，如 Linux Netfilter/iptables 通过 --state 选项来设置防火墙规则。Nmap 可以通过同时指定 -PS 和 -PA 选项来既发送 SYN 又发送 ACK 两种 Ping 探测，使通过防火墙的机会尽可能大。

（3）-PE，PP，PM：发送 ICMP ECHO，时间戳请求，地址掩码请求报文。

发送一个 ICMP type 8（回声请求）、type 13（时间戳请求）、type 17（地址掩码请求）报文到目标 IP 地址，分别期待从运行的主机得到一个 type 0（回声响应）、type14（时间戳响应）、type18（地址掩码响应）报文。

此外，Nmap 还提供 UDP、ARP 等协议探测报文，具体内容如下。

（1）-PU：针对 UDP 端口，发送 UDP 发现报文。

该选项发送空的 UDP 报文到指定的端口，如果不指定端口，默认是 31 338 端口。如果目标端口关闭，则会得到一个 ICMP 端口无法到达的回应报文。如果目标端口开放，则大部分服务会忽略这个空报文而不做任何回应，少数服务（如 chargen）则会响应一个空的 UDP 报文。以上这两种情况都表明主机存活，否则如果收到其他类型的 ICMP 错误，像主机 / 网络无法到达或者 TTL 超时，则表明主机是关闭的。这种扫描方法不如 TCP 方便，且花费时间更长，因此这种扫描并不常用。

（2）-PR：进行 ARP Ping 扫描。

ARP 发现对局域网上的目标而言总是更快和更有效的。Nmap 用其优化的算法管理 ARP 扫描。在默认情况下，Nmap 不关心基于 IP 地址的 Ping 报文。如果 Nmap 发现目标主机就在它所在的局域网上，会直接进行 ARP 扫描，当收到 ARP 应答报文时，就知道主机正在运行。

3. 端口扫描

Nmap 支持十几种扫描技术。默认情况下，Nmap 执行一个 SYN 扫描，但是如果用户没有权限发送原始报文或者如果指定的是 IPv6 目标，Nmap 将调用系统函数 connect() 进行扫描。

（1）基于 TCP 报文的标准扫描。

① TCP SYN 扫描。

Nmap 中通过指定选项 -sS 来执行 TCP SYN 扫描。这种扫描方式也叫作半开连接扫描，因为它不打开一个完全的 TCP 连接，在三次握手的第二次连接后，将发送 RST 复位报文重置 TCP 连接。与 Fin/Null/Xmas、Maimon 和 Idle 扫描依赖于特定平台不同，SYN 扫描可以应对任何兼容的 TCP 协议栈。

Nmap 根据响应报文来判别端口开放的状态。SYN/ACK 表示端口在监听（开放），而 RST（复位）表示没有监听者。如果数次重发后仍没响应，该端口就被标记为被过滤。如果收到 ICMP 不可到达错误（类型 3，代号 1、代号 2、代号 3、代号 9、代号 10、代号 13），该端口也被标记为被过滤。一个 TCP SYN 扫描命令的具体示例如图 3.53 所示。

```
└─$ sudo nmap -sS 45.33.49.119 -p 1-100
Starting Nmap 7.91 ( https://nmap.org ) at 2022-03-22 16:36 CST
Nmap scan report for ack.nmap.org (45.33.49.119)
Host is up (0.077s latency).
Not shown: 97 filtered ports
PORT    STATE  SERVICE
22/tcp open   ssh
25/tcp open   smtp
70/tcp closed gopher
```

图3.53　TCP SYN扫描命令示例

② TCP Vanilla connect() 扫描。

Nmap 中通过指定选项 -sT 来执行 TCP connect 扫描。与其他扫描类型直接发送原始报文不同，Nmap 通过创建 connect() 系统调用要求操作系统和目标机以及端口建立连接。Nmap 用该应用程序接口（Application Program Interface，API）获得每个连接尝试的状态信息，而不是读取响应的原始报文。

与 SYN 扫描相比，这种方式不仅需要更多报文来得到同样信息，目标主机和 IDS 也可能记录下连接。因为 Nmap 对高层的 connect() 调用比对原始报文控制更少，这种方式相比于 SYN 扫描效率更低，完全建立连接需要花费更长的时间。

③ 基于 ACK 标志位的扫描。

这种扫描方式基于 TCP 探测报文中的 ACK 标志位对目标主机的端口活跃性进行探测，主要包含以下两个选项。

-sA：发送只设置了 ACK 标志位的 TCP 探测报文。

-sM：Maimon scans 发送 TCP FIN/ACK 探测报文。

可能的探测结果包括如下两种。

unfiltered：当扫描未被过滤的系统时，open（开放的）和 closed（关闭的）端口都会返回 RST 报文，Nmap 把它们标记为 unfiltered（未被过滤的）。

filtered：不响应或者发送特定的 ICMP 错误消息（类型 3，代号 1、代号 2、代号 3、代号 9、代号 10、代号 13）。

这种扫描方式与其他扫描方式的区别在于，ACK 扫描并不能确定端口是 open 或者 open|filtered，只用于防火墙规则的发现，即确定防火墙规则是有状态的还是无状态的，以及防火墙的哪些端口是被过滤的。因为当扫描未被过滤的系统时，open 和 closed 的端口都会返回 RST 报文。

这种扫描方式并不对所有系统都适用，如许多基于 BSD（伯克利软件套件，UNIX 的衍生系统）的系统。这类系统如果端口开放，则会直接丢弃该探测报文。

④ 基于 TCP 报文的其他标志位。

-sF，-sX，-sN：TCP FIN、Xmas、NULL 扫描。

这 3 个选项分别发送只设置了 FIN 标志位，设置了 FIN、PSH 和 URG 标志位，以及不设置任何标志位的 TCP 探测报文。

对于这几种扫描方式，端口状态的判断方法如下：如果目标无响应，判断为 open|filtered；如果目标返回 RST，判断为 closed；如果是不可达错误类型，显示为 filtered。

上述探测的优点是能躲过一些无状态防火墙和报文过滤路由器，而且比 SYN 扫描要隐秘一些；缺点是并非所有系统都严格遵循 RFC793。许多系统不管端口开放还是关闭，都响应 RST。这导致所有端口都标记为 closed。这样的操作系统主要有 Microsoft Windows、许多 Cisco 设备、BSDI，以及 IBM OS/400。此外，它们不能辨别 open 端口和一些特定的 filtered 端口，从而只能返回 open|filtered。

-sW：TCP 窗口扫描。

该类探测报文通过检查返回的 RST 报文的 TCP 窗口域来检测端口的开放状态，开放端口用正数表示窗口大小，而关闭端口的窗口大小为 0。

当收到 RST 报文时，窗口扫描不总是把端口标记为 unfiltered，而是根据 TCP 窗口值是正数还是 0，分别把端口标记为 open 或者 closed。

（2）基于 IP 扫描。

-sO：IP 扫描。

这种扫描方式可以用于确定目标机支持哪些 IP，如 TCP、ICMP、IGMP 等。与 UDP 扫描方式类似，这种扫描方式发送不包含数据的空 IP 报文头，甚至不包含所声明协议的正确报文头。但是 TCP、UDP、ICMP 需要使用正确的协议头，否则目标系统可能会拒绝这类报文。

对于 ICMP 端口，这种方式不关注 ICMP 目的端口不可达消息，而关注 ICMP 不可达消息。如果 Nmap 从目标主机收到任何协议的任何响应，Nmap 就把那个协议标记为 open。如果收到 ICMP 不可到达错误（类型 3，代号 2），Nmap 就把那个协议标记为 closed。如果收到其他 ICMP 不可达协议（类型 3，代号 1，代号 3，代号 9，代号 10，代号 13），Nmap 就把那个协议标记为 filtered。下面是该类扫描的一个命令示例和扫描结果，如图 3.54 和图 3.55 所示。

```
└─$ sudo nmap -sO 140.82.114.3 -p 1-100
```

图3.54　IP扫描命令示例

```
Not shown: 96 filtered protocols
PROTOCOL STATE         SERVICE
1        open          icmp
6        open          tcp
17       open|filtered udp
47       open|filtered gre
```

图3.55　IP扫描结果

（3）FTP 中继扫描。

-b <FTP relay host>：FTP 中继扫描。

参数格式是 <username>:<password>@<server>:<port>，其中 <server> 是某个脆弱的 FTP 服务器的域名或者 IP 地址，<username>:<password> 可以省略。

该类扫描的原理为 FTP 支持代理 FTP 连接，允许用户连接到一台 FTP 服务器，然后将文件发送到一台第三方服务器。一些 FTP 服务主机可以中继和转发多种 TCP 攻击报文，包括端口扫描报文。这种扫描方式可以绕过防火墙，因为 FTP 服务器常常被置于网络内部。

4. 服务扫描

默认情况下，Nmap 在端口扫描的同时对其上运行的服务进行探测，此外通过指定 -A 选项，可以同时打开操作系统探测和版本探测。Nmap 中提供 --verison-intensity 选项，用户可以设置版本扫描强度。相关选项如下。

-sV：运行版本探测。

-sR：RPC 扫描。

此外，Nmap 还支持通过 --script 和 --script-args 来使用脚本进行服务探测。下面列举几个脚本扫描的例子。

① SMB 扫描：服务器消息块（Server Message Block，SMB）协议是一种基于 NetBIOS 的文件共享协议，被用于微软的 Lan Manager 和 Windows NT 服务器上。然而 SMB 是微软历史上出现问题最多的协议之一，它通常运行在 139 端口。WannaCry 和 Petya 正是利用 SMB 1.0 暴露的漏洞，在 445 端口上进行传播。SMB 扫描使用的脚本为 smb-os-discovery.nse，用于判断目标操作系统。下面的命令行显示了对主机 140.82.112.2 的 139、445 端口进行 SMB 扫描，其中

smb-vuln-* .nse 指定了所有关于 smb-vuln 的脚本文件，进行全扫描；safe 则指定对目标主机安全地进行扫描，否则容易使目标系统宕机。

```
nmap -v -p139,445 --script=smb-vuln-*.nse --script-args=safe=1 140.82.112.2
```

② SMTP 扫描：SMTP 是一种提供可靠且有效的电子邮件传输的协议。SMTP 扫描使用的脚本为 smtp-enum-users .nse。下面的命令行显示了对主机 140.82.112.2 的 25 端口进行 SMTP 扫描，其中指定使用 VRFY 方法进行账户枚举。

```
nmap -v -p25 --script=smtp-enum-users.nse --script-args=smtp-emum-users.
methods={VRFY}140.82.112.2
```

③ WAF 扫描：Web 应用防火墙（Web Application Firewall，WAF）是通过执行一系列针对 HTTP/HTTPS 的安全策略来专门为 Web 应用提供保护的一款产品。WAF 主要对 HTTP 的请求进行异常检测，拒绝不符合 HTTP 标准的请求，常见的如 SQL 注入、跨站脚本漏洞（Cross Site Script Attack，XSS）以及过滤掉一些可能让应用遭受 DoS 攻击的流量。WAF 扫描使用脚本 http-waf-detect .nse，该脚本尝试通过使用恶意负载探测 Web 服务器并检测响应代码和正文的变化来确定 Web 服务器是否受到入侵防御系统、IDS 或 Web 应用防火墙的保护。

5. 图形界面：Zenmap 工具

Zenmap 是 Nmap 的一个官方的图形用户界面，提供命令行输入的方式，只需要在命令栏中填写即可，对应的主机 IP 地址 / 域名都会自动填充到目标栏中，同时配置栏也给出了一些常规的扫描方法。

如图 3.56 所示，Zenmap 对主机 45.33.32.156 进行端口、服务扫描，同时对操作系统进行探测，具体可以通过端口 / 主机标签查看主机上端口的开放情况以及运行的服务，拓扑标签查看数据包的传输路径，主机明细标签查看主机状态、地址列表、主机名、预测的操作系统类型 / 版本及概率等信息。

Nmap输出 | 端口/主机 | 拓扑 | 主机明细 | 扫描

端口	协议	状态	服务	版本
22	tcp	open	ssh	OpenSSH 6.6.1
80	tcp	filtered	http	
135	tcp	filtered	msrpc	
139	tcp	filtered	netbios-ssn	
445	tcp	filtered	microsoft-ds	
593	tcp	filtered	http-rpc-epmap	
4444	tcp	filtered	krb524	
5800	tcp	filtered	vnc-http	
5900	tcp	filtered	vnc	
9929	tcp	open	nping-echo	Nping echo
31337	tcp	open	tcpwrapped	

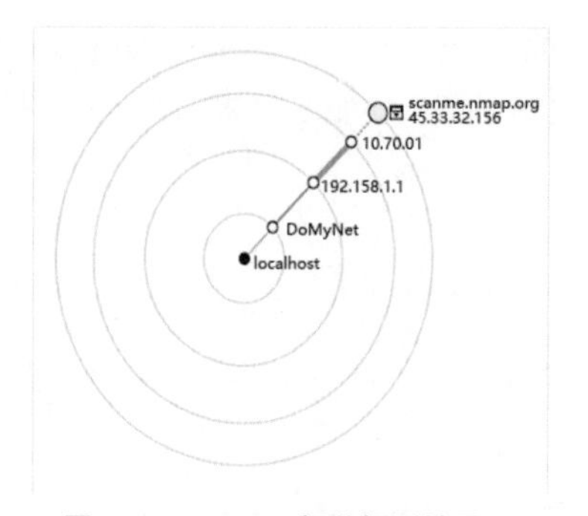

Nmap输出 | 端口/主机 | 拓扑 | 主机明细 | 扫描

scanme.nmap.org (45.33.32.156)
主机状态
状态：up
开放端口：3
过滤端口：8
未开放端口：989
已扫描端口：1000
上线时间：2655737
最后启动：Sat Jan 29 21:11:01 2022
地址列表
IPv4 45.33.32.156
IPv6 未知
MAC地址：未知
主机名
名称 - 类型：scanme.nmap.org - PTR
操作系统
名称：Linux 2.6.32
精确度：91%
使用端口
操作系统类别

图3.56 Zenmap相关探测结果

3.6.2 ZMap

ZMap[9,16,43-45] 是一个快速的网络扫描器，被设计用于互联网范围的网络探测。如图 3.57 所示，模块化的数据包生成和响应解释组件支持多种类型的探测，包括 TCP SYN 扫描和 ICMP 扫描。模块化的输出处理程序允许用户以特定的应用方式输出扫描结果或对其采取行动。该架构允许发送和接收组件异步运行。在一台具有千兆以太网连接的典型台式机上，ZMap 能够在 45 min 内扫描整个公共 IPv4 地址空间。通过万兆连接和 PF_RING，ZMap 可以在 5 min 内完成对整个公共 IPv4 地址空间的扫描。

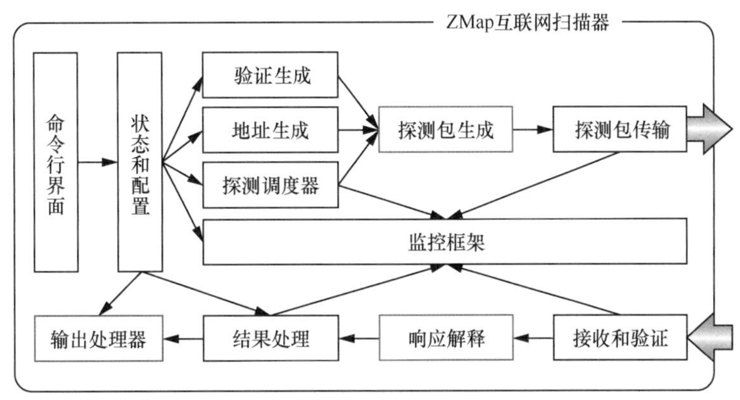

图3.57 ZMap扫描探测原理[9]

ZMap 可在 GNU/Linux、macOS 和 BSD 上运行。ZMap 已经完全实现了 TCP SYN 扫描、ICMP、DNS 查询、通用即插即用（Universal Plug and Play，UPnP）、BACNET 探测模块，并可以发送大量的 UDP 探测。

1. 功能和原理介绍

（1）数据包传输和接收。

为了优化数据包的传输速率，ZMap 在其数据包生成组件中，使用多个线程异步运行，每个线程都保持一个紧密的循环，通过一个原始套接字发送以太网层的数据包。此外，ZMap 通过生成和缓存以太网层的数据包，避免了 Linux 内核对每个数据包进行路由查询和网络过滤器检查。

接收上，ZMap 使用 libpcap 来实现 ZMap 的接收组件。libpcap 是一个用于捕获网络流量并对接收的数据包进行分类的库。收到数据包后，ZMap 会检查源端口和目的端口，丢弃明显不是由扫描发起的数据包，并将剩余的数据包传递给主动探测模块进行解释。

（2）探针模块。

ZMap 的探针模块负责填充探针数据包的主体，并验证未收到的数据包是否对探针有反应。将这些任务模块化使 ZMap 能够支持各种探测方法和协议，并简化了扩展性。

（3）ZGrab 与 ZTag。

对于标志抓取或 TLS 握手，可以结合 ZGrab、ZTag 等“姐妹项目”完成。ZGrab 是一个快速、模块化的应用层网络扫描器，是为了与 ZMap 一起工作而构建的（ZMap 识别 L4 响应主机，ZGrab 执行深入的后续 L7 握手）。与许多其他网络扫描器不同，ZGrab 输出网络握手的详细文本（例如在 TLS 握手中交换的所有消息），以进行脱机分析。

ZTag是一个与ZMap和ZGrab一起工作的工具。ZTag处理ZGrab输出，并用额外的元数据（如设备型号和漏洞）注释原始扫描数据。ZTag还可以将原始协议握手转换为更描述性的记录，就像Censys中的记录一样。ZTag被Censys广泛用于生成搜索引擎中的数据。

2. 端口扫描

ZMap在默认情况下执行TCP_SYNSCAN，并输出不同IP地址的列表，输出结果还有Redis、JSON格式，可以用作生成程序可解析的扫描统计。ZMap可以通过指定output-file（-o）、output-args等选项来指定附加的输出字段，并使用output-filter来过滤输出的结果。此外，ZMap提供黑名单配置文件，以排除预留的/未分配的IP地址空间（如RFC1918规定的私有地址、组播地址），以及网络中需要排除在扫描之外的地址。默认情况下，ZMap采用/etc/zmap/blacklist.conf文件中所包含的预留和未分配地址。如果需要某些特定设置，可以在文件/etc/zmap/zmap.conf中指定或使用自定义配置文件。

（1）标准TCP端口扫描。

ZMap在Ethernet层完成TCP端口扫描包的发送，这样做是为了减少跟踪打开的TCP连接和路由操作带来的内核开销。下面的命令行为这种扫描的例子，其中选项-n设置随机访问IP地址数为10 000，-B设置网络带宽为10 Mbit/s，-p设定扫描的目标端口，结果显示开放80端口的IP地址以及提供了当前扫描状态的信息（hitrate显示了recv/send的比例，即命中率）。

```
sudo zmap -B 10M -p 80 -n 10000
```

（2）ICMP Echo请求扫描。

这种扫描方式将ICMP Echo请求包发送到每个主机，并以收到ICMP应答包作为答复。实施ICMP扫描可以通过选择icmp_echoscan扫描模块来执行。如下面的命令行所示，可以通过指定--probe-module=icmp_echoscan选项实现该扫描。

```
sudo zmap -p 80 -N 10 -B 10M--probe-module=icmp_echoscan
```

这种扫描方式的优点是能快速识别IP地址上指定端口是否开放，并且可以指定网络带宽，实现报文的低延迟传输，缺点是：①每次只能探测一个端口，需要借助脚本实现大范围端口探测；②TCP连接Redis的方式不支持Redis密码，也不支持选择Redis数据库；③如果主机上存在跟踪连接建立的防火墙规则，如类似-A INPUT -m state --state RELATED，ESTABLISHED -j ACCEPT的netfilter规则，这些规则将会阻止SYN/ACK包到达内核，使得RST包无法被送回，从而导致与被扫描主机的连接一直打开，直到超时后才会断开。因此在执行ZMap时，通常使用-s选项指定一组主机上未使用且防火墙允许访问的端口作为发送探测报文的源端口。

下面我们通过自定义bash脚本，支持指定端口个数的扫描。如图3.58所示，首先我们定义了端口数量的环境变量，指定了5个端口；其次我们修改了zmap.conf配置文件；最后针对每个端口制定了ZMap探测策略。

```
└─# export sName=$1
export sNetwork=$2
export sPort1=$3
export sPort2=$4
export sPort3=$5
export sPort4=$6
export sPort5=$7
```

```
└─# cat /etc/zmap/zmap.conf
output-fields "saddr,sport,ttl,cooldown,repeat,timestamp-str
output-filter "success = 1 && cooldown = 0 && repeat = 0"
blacklist-file "/etc/zmap/blacklist.conf"

### Optionally print a summary at the end
#summary
source-port 50000-60000
cooldown-time 15
seed 3
```

```
if [ $sPort5 ];
then
echo "Start scan port: $sPort5!!!"
zmap -p $sPort5 -r 1000 -o "${sName}_Result_${sPort5}.csv" $sNetwork;
sleep 1;

else
cut -d$'\n' -f2- ${sName}_Result_*.csv  > ${sName}_Result_SUM.csv;
#mv Result_SUM_000.csv ${sName}_Result_SUM.csv;
echo "Scan Ok!"
echo "Result is in ${sName}_Result_SUM.csv !!!"
fi
then dquote> "
```

图3.58 ZMap多端口探测脚本

（3）UDP 端口扫描。

UDP 端口探测会发出任意 UDP 数据包给每个主机，并接收 UDP 或 ICMP 不可达的应答。ZMap 可以通过使用 --probe-args 命令行选项来设置以下 4 种不同的 UDP 载荷。

（a）ASCII 的 text 载荷：--probe-args=text:ST。

（b）十六进制的 hex 载荷：--probe-args=hex:02。

（c）包含载荷的外部文件 file：--probe-args=file:netbios_137.pkt。

（d）基于 template 通过动态字段生成的载荷：--probe-args=file:sip_options.tpl。

如图 3.59 所示，我们自定义了发送 SIP（Session Initialization Protocol，会话初始化协议）OPTIONS 请求的载荷模板，它是由一个或多个使用 ${} 将字段说明封装成序列所构成的载荷文件。

```
OPTIONS sip:${RAND_ALPHA=8}@${DADDR} SIP/2.0
Via: SIP/2.0/UDP ${SADDR}:${SPORT};branch=${RAND_ALPHA=6}.${RAND_DIGIT=10};rport;alias
From: sip:${RAND_ALPHA=8}@${SADDR}:${SPORT};tag=${RAND_DIGIT=8}
To: sip:${RAND_ALPHA=8}@${DADDR}
Call-ID: ${RAND_DIGIT=10}@${SADDR}
CSeq: 1 OPTIONS
Contact: sip:${RAND_ALPHA=8}@${SADDR}:${SPORT}
Content-Length: 0
Max-Forwards: 20
User-Agent: ${RAND_ALPHA=8}
Accept: text/plain
```

图3.59 SIP OPTIONS请求载荷模板

下面的命令行显示了将 SIP OPTIONS 请求发送到 100 个随机 IP 地址的 UDP 端口 1434 的扫描命令，返回结果如图 3.60 所示。通过指定 -M 选项为 UDP，可以开启 UDP 端口扫描，但相比于 tcp_synscan 和 icmp_echoscan，扫描速度降低为十几分之一。

```
sudo zmap -M udp -p 1434 --probe-args=file:sip_options.tpl -N 100 -f saddr,data
```

```
 0:00 0%; send: 0 0 p/s (0 p/s avg); recv: 0 0 p/s (0 p/s avg); drops: 0 p/s (0 p/s avg); hitrate: 0.00%
0.161.226.31,
 0:01 1%; send: 10369 10.3 Kp/s (10.0 Kp/s avg); recv: 1 1 p/s (0 p/s avg); drops: 0 p/s (0 p/s avg); hitrate: 0.01%
 0:02 1%; send: 20377 10.00 Kp/s (10.0 Kp/s avg); recv: 1 0 p/s (0 p/s avg); drops: 0 p/s (0 p/s avg); hitrate: 0.00%
 0:03 1%; send: 30394 9.99 Kp/s (10.0 Kp/s avg); recv: 1 0 p/s (0 p/s avg); drops: 0 p/s (0 p/s avg); hitrate: 0.00%
 0:04 1%; send: 40399 10.00 Kp/s (10.0 Kp/s avg); recv: 1 0 p/s (0 p/s avg); drops: 0 p/s (0 p/s avg); hitrate: 0.00%
0.249.72.163,
 0:05 2% (4m07s left); send: 50406 10.0 Kp/s (10.0 Kp/s avg); recv: 2 1 p/s (0 p/s avg); drops: 0 p/s (0 p/s avg); hitrate: 0.00%
 0:06 2% (4m56s left); send: 60421 10.00 Kp/s (10.0 Kp/s avg); recv: 2 0 p/s (0 p/s avg); drops: 0 p/s (0 p/s avg); hitrate: 0.00%
 0:07 2% (5m45s left); send: 70429 10.00 Kp/s (10.0 Kp/s avg); recv: 2 0 p/s (0 p/s avg); drops: 0 p/s (0 p/s avg); hitrate: 0.00%
0.166.221.138,
 0:08 3% (4m20s left); send: 80433 10.00 Kp/s (10.0 Kp/s avg); recv: 3 1 p/s (0 p/s avg); drops: 0 p/s (0 p/s avg); hitrate: 0.00%
 0:09 3% (4m53s left); send: 90435 10.00 Kp/s (10.0 Kp/s avg); recv: 3 0 p/s (0 p/s avg); drops: 0 p/s (0 p/s avg); hitrate: 0.00%
 0:10 3% (5m25s left); send: 100443 10.0 Kp/s (10.0 Kp/s avg); recv: 3 0 p/s (0 p/s avg); drops: 0 p/s (0 p/s avg); hitrate: 0.00%
```

图3.60　UDP端口扫描示例

除了上述两种方法，还可以通过 --probe-module 选项自定义特定格式的探测包。

3.6.3　Masscan

Masscan[46-49] 是另一个互联网级别的高性能端口扫描工具，我们也简单介绍一下。

1. 功能和原理介绍

Masscan 针对 TCP 端口进行扫描，但不建立完全的 TCP 连接，而是在 TCP 端口内部使用异步传输，并使用了随机化的目标扫描，因此对于非连续段的 IP 地址扫描更加高效，解决了范围切分带来的性能缺失问题，且降低了对目标网络的负载压力。Masscan 常用来对主机上的端口进行快速扫描，其最快可以在 10 min 内对整个互联网进行扫描，并且可以通过 --rate 选项来指定发包的速率，因此常和 Nmap 进行结合。经过 Masscan 端口活跃性探测之后，对活跃端口使用 Nmap 工具进行服务探测和版本探测，可加快整个服务识别过程的速度。

2. 端口扫描

相较于 Nmap，Masscan 可以通过 adapter-ip 来指定发包的源 IP 地址，还可以自定义任意的地址范围和端口范围。此外，还可以通过选项 --interface 指定探测的网卡，若此网卡没有分配 IP 地址，可以通过 dhclient 命令获取，Masscan 会对该网卡进行 ARP 解析以获取相应的 MAC 地址。

如图 3.61 所示，通过指定发包的网卡为 eth0 来探测主机 45.33.32.156 的 1 ～ 65 535 端口的活跃性。之后在活跃端口上，需要借助 Nmap 探测端口上运行的服务，Masscan 实现了与 Nmap 的无缝衔接，通过指定 --nmap 选项，就可以运行 Nmap 相关的扫描功能。

```
└─$ sudo masscan 45.33.32.156 -p1-65535 --interface eth0
Starting masscan 1.3.2 (http://bit.ly/14GZzcT) at 2022-02-21 14:11:26 GMT
Initiating SYN Stealth Scan
Scanning 1 hosts [65535 ports/host]
Discovered open port 22/tcp on 45.33.32.156
Discovered open port 31337/tcp on 45.33.32.156
Discovered open port 9929/tcp on 45.33.32.156
Discovered open port 80/tcp on 45.33.32.156
```

图3.61　端口扫描示例

3. 基于 Banner 信息的服务探测

Masscan 可以通过指定 --banners 选项来获取相关的连接信息。图 3.62 显示了对 45.33.32.0/24

的256台主机的0～40 000端口进行扫描，获取相应的Banner信息，并将结果保存在result.json文件中。

```
└─$ sudo masscan 45.33.32.0/24 -p0-40000 --max-rate 20000 --banners -oJ result.j
son
Starting masscan 1.3.2 (http://bit.ly/14GZzcT) at 2022-02-22 06:00:49 GMT
Initiating SYN Stealth Scan
Scanning 256 hosts [40001 ports/host]
```

图3.62 服务探测命令示例

之后通过 Python 脚本解析 JSON 文件，可以得到相关端口上运行的服务信息，图 3.63 显示了 5 台主机的相关端口上的扫描结果。其中部分扫描结果由于无法获取相关的 Banner 信息，无法准确识别对应的服务。

	A	B	C	D	E	F
1	ip	端口	状态	服务	版本	
2	45.33.32.181	22	open			
3	45.33.32.63	22	open	OpenSSH	8.4p1	
4	45.33.32.107	22	open	OpenSSH	7.4	
5	45.33.32.160	465	open	SMTP	Postfix	
6	45.33.32.107	8765	open	Apache ht	2.4.25	
7	45.33.32.209	7001	open	http	Node.js	
8						

图3.63 Masscan Banner信息解析结果

3.6.4 Xprobe/Xprobe2

下面简要介绍 Xprobe/Xprobe2 的基本原理。

1. 功能和原理介绍

Xprobe2[50-52] 通过 ICMP 来获得指纹，并通过模糊矩阵统计分析来探测操作系统，确定远程操作系统的类型。在整个探测过程中，Xprobe2 将对目标主机进行端口和协议扫描，并通过指纹匹配端口上运行的服务。

图 3.64 显示了 Xprobe2 提供的 13 个模块，每个模块采用不同的探测报文对目标操作系统进行扫描，分别是 ICMP Ping 发现模块、TCP Ping 发现模块、UDP Ping 发现模块、UDP 和 TCP TTL 距离计算模块、TCP 和 UDP 端口扫描模块、ICMP ECHO 指纹模块、ICMP 时间戳指纹模块、IMCP 地址掩码指纹模块、ICMP 目的端口不可达指纹模块、TCP 三次握手指纹模块、TCP RST 指纹模块、SMB 识别模块以及 SNMPv2c 指纹模块。

```
[x] [1] ping:icmp_ping  -  ICMP echo discovery module
[x] [2] ping:tcp_ping  -  TCP-based ping discovery module
[x] [3] ping:udp_ping  -  UDP-based ping discovery module
[x] [4] infogather:ttl_calc  -  TCP and UDP based TTL distance calculation
[x] [5] infogather:portscan  -  TCP and UDP PortScanner
[x] [6] fingerprint:icmp_echo  -  ICMP Echo request fingerprinting module
[x] [7] fingerprint:icmp_tstamp  -  ICMP Timestamp request fingerprinting module
[x] [8] fingerprint:icmp_amask  -  ICMP Address mask request fingerprinting module
[x] [9] fingerprint:icmp_port_unreach  -  ICMP port unreachable fingerprinting module
[x] [10] fingerprint:tcp_hshake  -  TCP Handshake fingerprinting module
[x] [11] fingerprint:tcp_rst  -  TCP RST fingerprinting module
[x] [12] fingerprint:smb  -  SMB fingerprinting module
[x] [13] fingerprint:snmp  -  SNMPv2c fingerprinting module
```

图3.64 Xprobe/Xprobe2的模块组成

2. 标准 TCP UDP 端口和服务扫描

下面的命令行对主机 140.82.113.2 的 22 号 TCP 端口、53 号和 67 号 UDP 端口进行扫描。

```
sudo xprobe2 -T 22, -U 53,67 140.82.113.2
```

对相应端口的开放状态和运行的服务进行扫描，结果如图 3.65 所示。默认情况下，Xprobe2 还会对目标主机的操作系统进行探测。

```
[+] Stats:
[+]   TCP: 0 - open, 0 - closed, 1 - filtered
[+]   UDP: 0 - open, 0 - closed, 2 - filtered
[+]   Portscan took 7.72 seconds.
[+] Details:
[+]   Proto     Port Num.       State           Serv. Name
[+]   TCP       22              filtered        ssh
[+]   UDP       53              filtered/open   domain
[+]   UDP       67              filtered/open   bootps
```

图3.65 Xprobe2运行结果输出（部分）

3. 指定相应的模块进行扫描

图 3.66 中的命令行显示指定 ICMP echo Request 指纹识别模块对目标操作系统进行探测。若要显示相应的端口和服务扫描结果，需要启用 portscan。结果显示该模块对于目标主机存活性进行了判断，同时对运行的操作系统进行了预测。

```
-$ sudo xprobe2 -v -M 6 45.33.32.156
```

```
[+] All alive tests disabled
[+] Target: 45.33.32.156 is alive. Round-Trip Time: 0.00000 sec
[+] Selected safe Round-Trip Time value is: 10.00000 sec
[+] Primary guess:
[+] Host 45.33.32.156 Running OS: "Linux Kernel 2.0.34" (Guess probability: 100%)
```

图3.66 指定模块扫描示例

3.6.5 Scapy

1. 功能和原理介绍

Scapy 是一个 Python 程序，能够伪造或解码大量协议的数据包，并在网络上发送它们，捕获它们，匹配请求和响应。Scapy 的范例是提出一种领域特定语言（Domain Specefic Language，DSL），它可以对任何类型的数据包进行强大而快速的描述。

与许多工具不同，Scapy 提供发送的所有请求和收到的所有响应信息。Scapy 检查这些数据并根据用户指定的视角进行解释。例如，用户可以对数据包的源 TCP 端口进行分析，并对端口扫描的结果进行可视化。此外，用户也可以根据响应包的 TTL 来可视化数据。由于 Scapy 提供了完整的原始数据，因此用户可以多次使用或可视化该数据。

2. 交互式界面

图 3.67 显示了 Scapy 的启动画面，之后我们对 www.github.com（140.82.112.3）的 22 号 TCP 端口进行扫描，返回 IP 网络层和 TCP 传输层数据包内容，结果表明端口开放。

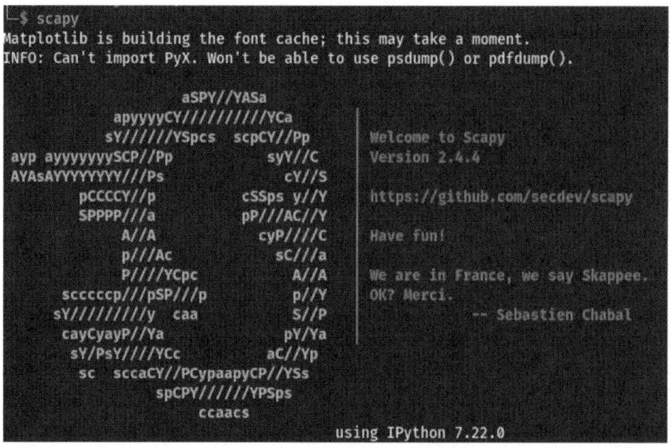

```
└─$ scapy
Matplotlib is building the font cache; this may take a moment.
INFO: Can't import PyX. Won't be able to use psdump() or pdfdump().

                     aSPY//YASa
             apyyyyCY//////////YCa
            sY//////YSpcs  scpCY//Pp     | Welcome to Scapy
 ayp ayyyyyyySCP//Pp           syY//C    | Version 2.4.4
 AYAsAYYYYYYYY///Ps              cY//S   |
         pCCCCY//p          cSSps y//Y   | https://github.com/secdev/scapy
         SPPPP///a          pP///AC//Y   |
              A//A            cyP////C   | Have fun!
              p///Ac            sC///a   |
              P////YCpc           A//A   | We are in France, we say Skappee.
       scccccp///pSP///p          p//Y   | OK? Merci.
      sY/////////y  caa           S//P   |             -- Sebastien Chabal
       cayCyayP//Ya              pY/Ya   |
        sY/PsY////YCc          aC//Yp
         sc  sccaCY//PCypaapyCP//YSs
                  spCPY//////YPSps
                       ccaacs
                                       using IPython 7.22.0
```

```
<IP  version=4 ihl=5 tos=0x0 len=44 id=17825 flags= frag=0 ttl=128 proto=tcp chksum=0xe7ac src=140.82.112.3 dst=192.168.80.128
<TCP  sport=ssh dport=ftp_data seq=2042381071 ack=1 dataofs=6 reserved=0 flags=SA window=64240 chksum=0xd2b0 urgptr=0 options=[('MSS', 1460)]
```

图3.67　Scapy的启动与输出

3. 采用 Python 脚本进行端口扫描

对于 TCP 端口的识别和扫描，Scapy 通过构造 SYN 数据包，从响应数据包中判断是否返回 SYN+ACK 数据包来识别端口是否开放。具体地，初始时 SYN 数据包序列号 seq=0，其中 flags 字段有 8 位，因此 flags=2，可以将 SYN 标志位置为 1。对于 SYN+ACK 标志位的识别，返回的数据包序列号 seq=1，此时 flags=0x12，因此只需要判断响应的数据包中 TCP 头部的 flags 值是否为 0x12，即可判断端口的开放情况。

根据数据包的响应情况，分为以下 3 种类型。

（1）Unanswered：未响应，可能是端口关闭，也可能是发送的 SYN 数据包被过滤。

（2）Answered+flags=RST：端口关闭。

（3）Answered+flags=SA（0x12）：端口开放。

图 3.68 显示编写的 Python 脚本，向指定主机 TCP 从低端口 lport 到高端口 hport 发送 SYN 握手包，通过识别响应包 TCP 字段中 flags 的取值，判断端口的开放情况。后续结合 Nmap 或 Masccan 工具，可以对指定端口上的服务进行探测。

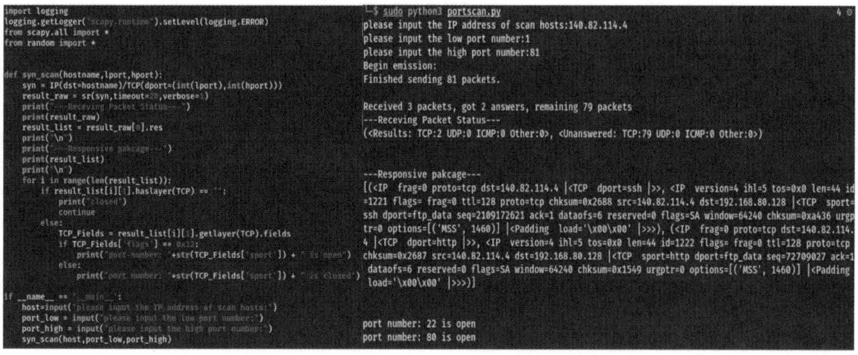

```
import logging
logging.getLogger("scapy.runtime").setLevel(logging.ERROR)
from scapy.all import *
from random import *

def syn_scan(hostname,lport,hport):
    syn = IP(dst=hostname)/TCP(dport=(int(lport),int(hport)))
    result_raw = sr(syn,timeout=20,verbose=1)
    print('---Receving Packet Status---')
    print(result_raw)
    result_list = result_raw[0].res
    print('\n')
    print('---Responsive pakcage---')
    print(result_list)
    print('\n')
    for i in range(len(result_list)):
        if result_list[i][1].haslayer(TCP) == '':
            print('closed')
            continue
        else:
            TCP_Fields = result_list[i][1].getlayer(TCP).fields
            if TCP_Fields['flags'] == 0x12:
                print('port-number: '+str(TCP_Fields['sport']) + ' is open')
            else:
                print('port number: '+str(TCP_Fields['sport']) + ' is closed')

if __name__ == '__main__':
    host=input('please input the IP address of scan hosts:')
    port_low = input('please input the low port number:')
    port_high = input('please input the high port number:')
    syn_scan(host,port_low,port_high)
```

```
└─$ sudo python3 portscan.py
please input the IP address of scan hosts:140.82.114.4
please input the low port number:1
please input the high port number:81
Begin emission:
Finished sending 81 packets.

Received 3 packets, got 2 answers, remaining 79 packets
---Receving Packet Status---
(<Results: TCP:2 UDP:0 ICMP:0 Other:0>, <Unanswered: TCP:79 UDP:0 ICMP:0 Other:0>)


---Responsive pakcage---
[(<IP  frag=0 proto=tcp dst=140.82.114.4 |<TCP  dport=ssh |>>, <IP  version=4 ihl=5 tos=0x0 len=44 id
=1221 flags= frag=0 ttl=128 proto=tcp chksum=0x2688 src=140.82.114.4 dst=192.168.80.128 |<TCP  sport=
ssh dport=ftp_data seq=2109172621 ack=1 dataofs=6 reserved=0 flags=SA window=64240 chksum=0xa436 urgp
tr=0 options=[('MSS', 1460)] |<Padding  load='\x00\x00' |>>>), (<IP  frag=0 proto=tcp dst=140.82.114.
4 |<TCP  dport=http |>>, <IP  version=4 ihl=5 tos=0x0 len=44 id=1222 flags= frag=0 ttl=128 proto=tcp
chksum=0x2687 src=140.82.114.4 dst=192.168.80.128 |<TCP  sport=http dport=ftp_data seq=72709027 ack=1
 dataofs=6 reserved=0 flags=SA window=64240 chksum=0x1549 urgptr=0 options=[('MSS', 1460)] |<Padding
 load='\x00\x00' |>>>)]


port number: 22 is open
port number: 80 is open
```

图3.68　Python脚本（左）及端口扫描结果（右）

3.6.6 Unicornscan

1．功能和原理介绍

Unicornscan[53,54] 是一款信息收集和关联引擎，由安全研究和测试社区的成员构建，旨在提供可扩展、准确、灵活和高效的探测功能。具体地，Unicornscan 提供以下几种功能。

（1）对于 TCP 所有的标志位，可以进行异步的无状态 TCP 扫描。

（2）异步无状态的 TCP Banner 抓取。

（3）异步协议特定的 UDP 扫描。

（4）通过分析响应，主动和被动地识别远程操作系统、应用程序和组件。

（5）PCAP 文件的记录和过滤。

（6）关系数据库输出。

（7）支持自定义模块。

（8）定制的数据集视图。

2．标准 TCP/UDP 端口和服务扫描

图 3.69 所示的命令行显示了对 scanme.nmap.org（45.33.32.156）的 1 ～ 3000 端口进行扫描的结果，其中使用 -H 指定对主机名进行解析，-m 指定扫描模式，sf 指定 TCP 扫描，U 指定 UDP 扫描，-Iv 指定输出详细的信息。结果表明，主机上的 22 端口运行 SSH 服务，80 端口运行 HTTP 服务。

```
└─$ sudo unicornscan -H -msf -Iv 45.33.32.156 -p 1-3000
adding 45.33.32.156/32 mode `TCPscan' ports `1-3000' pps 300
using interface(s) eth0
scaning 1.00e+00 total hosts with 3.00e+03 total packets, should take a little longer than 17 Seconds
connected 192.168.80.128:7565 -> 45.33.32.156:22
TCP open 45.33.32.156:22  ttl 128
connected 192.168.80.128:29866 -> 45.33.32.156:80
TCP open 45.33.32.156:80  ttl 128
sender statistics 294.5 pps with 3000 packets sent total
listener statistics 2360 packets recieved 0 packets droped and 0 interface drops
TCP open                    ssh[   22]         from scanme.nmap.org  ttl 128
TCP open                   http[   80]         from 156.32.33.45.in-addr.arpa  ttl 128
```

图3.69　端口和服务扫描示例

3.6.7 NAST

网络分析器嗅探工具（Network Analyzer Sniffer Tool，NAST）是一个基于 Libnet 和 Libpcap 的数据包嗅探器和 LAN 分析器，它可以在正常模式或混杂模式下嗅探网络接口上的数据包。

1．功能和原理介绍

NAST 通过 ASCII 或十六进制的 ASCII 格式转储数据包的头和有效载荷。作为一个分析工具，NAST 有以下多种功能：建立局域网主机列表，跟踪 TCP 数据流，查找局域网网关，发现混杂的节点，重置一个已建立的连接，执行单一的半开放的端口扫描器，查找链路类型（集线器 / 交换机），捕捉局域网节点的 Banner 信息，控制 ARP 数据包以发现可能的 ARP 欺骗行为

以及字节计数等。

2. 本地主机活跃性探测

NAST 通过 -b 选项，可以扫描本地局域网的主机活跃性、端口开放情况及相应的 Banner 信息。从图 3.70 中的命令行输出可以看到，仅检测出局域网内网关 192.168.80.2 上开放了 53 端口，检测精度较低。

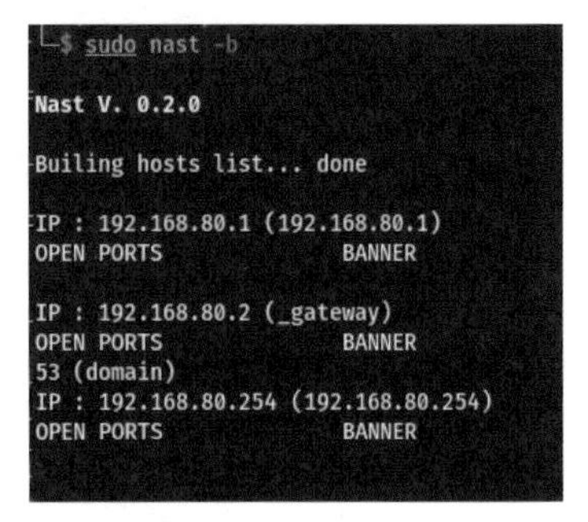

图3.70　本地主机活跃性探测示例

3. 标准 TCP 端口扫描和服务探测

NAST 通过指定 -S 选项，可以用于对选定的主机进行半开放的端口扫描，并试图确定一些防火墙规则。与 Nmap 半开放扫描类似，NAST 发送一个 SYN 数据包，等待一个响应，SYN|ACK 表示端口开放，RST 表示端口关闭，不处于监听状态。这种扫描技术的优点是较少的网站会记录它，缺点是需要 root 权限来构建并发送这些自定义的 SYN 数据包。

图 3.71 中的命令行显示对 www.github.com（140.82.112.4）的 1 ～ 100 端口（启动 nast -S 扫描命令后，扫描目标通过用户交互输入）进行扫描，并探测在端口上运行的服务。

```
└$ sudo nast -S
ort Scanner extremes
nsert IP to scan   : 140.82.112.4
nsert Port range   : 1-100

tate        Port        Services        Notes

iltered     1           tcpmux          SYN packet timeout(**)
iltered     2           unknown         SYN packet timeout(**)
iltered     3           unknown         SYN packet timeout(**)
iltered     4           unknown         SYN packet timeout(**)
iltered     5           unknown         SYN packet timeout(**)
iltered     6           unknown         SYN packet timeout(**)
iltered     7           echo            SYN packet timeout(**)
iltered     8           unknown         SYN packet timeout(**)
iltered     9           discard         SYN packet timeout(**)
iltered     13          daytime         SYN packet timeout(**)
iltered     15          netstat         SYN packet timeout(**)
pen         22          ssh             None
iltered     33          unknown         SYN packet timeout(**)
pen         80          http            None
iltered     91          unknown         SYN packet timeout(**)

ll the other 85 ports are in state closed
```

图3.71　标准TCP端口扫描和服务探测示例

3.6.8 Knocker

1. 功能和原理介绍

Knocker 是一个简单、易用的 TCP 端口扫描器，用 C 语言编写，能够分析主机和其上启动的不同服务。和 Nmap 一样，Knocker 可以提供操作系统探测服务以及远程主机的端口扫描。

Knocker 提供如图 3.72 所示的选项和对应的功能。例如，通过指定 --host 以及端口范围完成端口扫描任务，使用 -H 来指定待扫描的单个或列举的多个主机，-SP 和 -EP 结合使用来指定端口的扫描范围，对于 IPv4/IPv6 地址的扫描需要指定选项 -4/-6 等。

```
Required options:
      -H,  --host              host name or numeric Internet address
        or
      --last-host              get the last scanned host name

Common options (if SP is specified you must also give EP):
      -P,  --port              single port number (for one port scans only)
      -SP, --start-port        port number to begin the scan from
      -EP, --end-port          port number to end the scan at

      --last-scan              performs again the last port scan

Extra options:
      -4,  --ipv4              only IPv4 host addressing
      -6,  --ipv6              only IPv6 host addressing
      -q,  --quiet             quiet mode (no console output, logs to file)
      -lf, --logfile <logfile> log scan results to the specified file
      -nf, --no-fency          disable fancy output
      -nc, --no-colors         disable colored output

      --configure              let you configure knocker

Info options:
      -h,  --help              display this help and exit
      -v,  --version           output version information and exit
```

图3.72　Knocker的选项及功能

2. *标准端口扫描和服务探测*

Knocker 通过标准 TCP 连接来测试端口开放性。若能完成三次握手，则判定端口开放，否则端口关闭或探测报文被过滤。通过 -SP 和 -EP 选项指定扫描端口的范围，也可以通过 --port/-P 选项指定具体的端口号。图 3.73 中的命令行显示了对主机的 1 ～ 100 端口进行扫描。

```
(base) linhai@ubuntu:~$ sudo knocker -H 192.168.80.2 -SP 1 -EP 100

|-=| k n o c k e r  - t h e  - n e t  - p o r t s c a n n e r |=-=[ 0.7.1 ]=-|

 - started by user root on Mon Feb 28 18:39:14 2022

 - hostname to scan: 192.168.80.2
 - resolved host ip: 192.168.80.2
 - - scan from port: 1
 - - - scan to port: 100
 - - - - scan type: tcp connect

                                                    s c a n n i n g

 -=[ 53/tcp, domain ]=- * OPEN *
```

图3.73　标准端口扫描和服务探测示例

3.6.9　Blackwater

Blackwater 是用 Rust 语言编写的并发扫描器。在官方测试中，Blackwater 1 s 内扫描了 6 万个端口并且有着极低的丢包率，扫描速度远超 Nmap、Masscan 等主流端口扫描工具。

1. *功能和原理介绍*

图 3.74 显示了 Blackwater 自带的选项及其对应的功能。其中选项 -i 用于指定待扫描的主机，可以是主机的域名也可以是其对应的 IP 地址。

Blackwater 主要针对 IPv4 地址进行端口扫描，在确定端口开放后，可以结合其他工具进行服务探测。Blackwater 通过指定 -u 选项可以进行 UDP 扫描，否则采用标准的 TCP SYN 扫描，如图 3.74 所示。

```
USAGE:
    blackwater [FLAGS] [OPTIONS]

FLAGS:
    -h, --help       Prints help information
    -u, --udp        Scanning with UDP
    -V, --version    Prints version information

OPTIONS:
    -c, --concurrency <concurrency>    Number of concurrent scans [default: 65535]
    -i, --ip <ip>                      Scanned IP address
    -f, --outfile <outfile>            Result output file address
    -p, --port <port>                  Port Range <port,port,port> or <port-port> or <po
rt,port,port-port> [default:
```

图3.74 Blackwater的选项及功能

2. 标准端口扫描

通过指定 -p 选项以及端口范围，我们对 www.bing.com 的 1 ～ 2000 端口进行扫描，可以看到其中 80 端口为开放状态，如图 3.75 所示。

```
(base) linhai@ubuntu:~$ time blackwater -i www.bing.com -p1-2000
```

```
www.bing.com:80

real    0m19.687s
user    0m2.036s
sys     0m8.437s
```

图3.75 标准端口扫描示例

值得注意的是，Blackwater 对于外网扫描的速度波动性较大，这是由多线程并发导致的性能降低。Blackwater 中可以通过 -c 选项来指定并发的 CPU 逻辑单元数，其中数值 =CPU 逻辑核心数 ×100。对于内网扫描，数值 = CPU 逻辑核心数 ×250。除此之外，由于网络问题，接收到响应的数据包会存在延迟或丢失，可以通过 -t 选项来设定 timeout 的值。

3.6.10 IP Scaner

1. 功能和原理介绍

IP Scaner 是一款在局域网内进行端口扫描的工具，在静态 IP 地址或者动态主机配置协议（Dynamic Host Configuration Protocol，DHCP）环境下，都提供完善的 IP 地址管理。此外，IP Scaner 可以收集和存储网络中所有设备不断形成的、可审计的历史记录，来维护不断更新的网络状况文档。从技术实现来讲，分布式的 IP Scaner 探测器监控每一个虚拟局域网（Virtual Local Area Network，VLAN），以此探测出接入网络中所有的以太网和 IP 设备。其中，中央控制的 IP Scaner Server 维护一个关系数据库管理系统，能够集中地实现网络集中政策管理、监视和控制。

2. 端口扫描

IP Scaner 向用户提供了图形界面，可以在窗口中自定义要搜索的 IP 地址范围，如图 3.76

所示，对网段 192.168.10.1 ～ 192.168.10.255 上的 255 个 IP 地址进行扫描，可以看到网关 IP 地址为 192.168.10.1 的主机 DoMyNet 开放了 80、8080 端口，IP 地址为 192.168.10.143 的物联网设备 yeelink-light-lamp4-mibtE389 开放了 80 端口。结合端口开放信息，后续可以在这些端口上进行服务识别。IP Scaner 还可以自定义要捕捉的字段，如丢包率、NetBIOS 等信息。

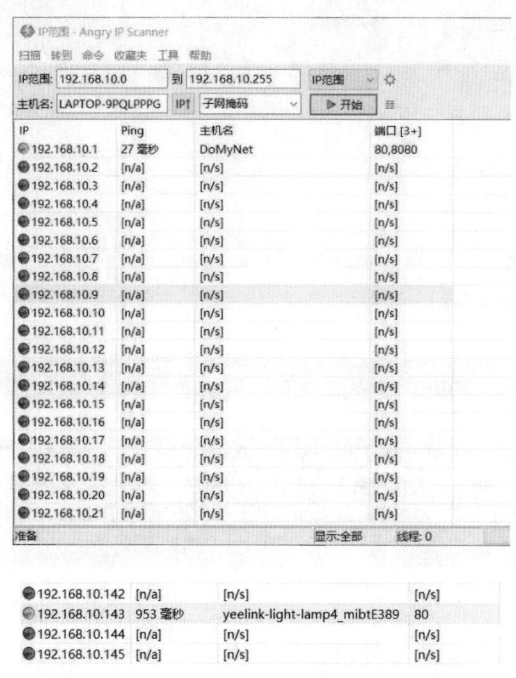

图3.76　IP Scaner IP范围扫描结果（部分）

3.6.11　p0f

1. 功能和原理介绍

p0f[55] 是一款被动流量扫描工具，用来识别 TCP/IP 通信背后的参与者。该工具可以用于渗透测试的侦查、检测未经授权的网络连接以及进行常规的网络监控。

对于 TCP，p0f 对客户端发起的 SYN 包和来自服务器的第一个 SYN+ACK 响应进行指纹识别。对于应用级别的流量，p0f 依赖于 HTTP 或 SMTP 命令的排序或语法，而不是任何如 User-Agent 的声明性语句。对于 Windows 和 Linux 系统发出的 Ping 包，p0f 则采用不同的方法。

2. 被动流量扫描和操作系统探测

p0f 通过 -i 选项可以指定监听的网络接口为 eth0，捕获经过网卡 eth0 上的数据流量，-p 设置指定的网卡为混杂模式，如下面的命令行所示。

```
sudo p0f -i eth0 -p
```

部分监听结果如图 3.77 所示，显示了从网卡 eth0（192.168.80.128）的 47 172 端口到 142.251.43.14 的 443 端口的流量，p0f 分析出了本地的操作系统及版本号，同时判别出了连接的类别。

```
--- p0f 3.09b by Michal Zalewski <lcamtuf@coredump.cx> ---

[+] Closed 1 file descriptor.
[+] Loaded 322 signatures from '/etc/p0f/p0f.fp'.
[+] Intercepting traffic on interface 'eth0'.
[+] Default packet filtering configured [+VLAN].
[+] Entered main event loop.


.-[ 192.168.80.128/47172 -> 142.251.43.14/443 (syn) ]-
|
| client   = 192.168.80.128/47172
| os       = Linux 2.2.x-3.x
| dist     = 0
| params   = generic
| raw_sig  = 4:64+0:0:1460:mss*44,7:mss,sok,ts,nop,ws:df,id+:0
|
`----

.-[ 192.168.80.128/47172 -> 142.251.43.14/443 (mtu) ]-
|
| client   = 192.168.80.128/47172
| link     = Ethernet or modem
| raw_mtu  = 1500
|
`----
```

图3.77 p0f命令的部分监听结果

3. k-p0f

k-p0f[56] 是一款高吞吐量的内核被动操作系统指纹识别器，在 p0f 的基础上进行了两项改进。

（1）k-p0f 不执行 p0f 的 HTTP 数据检测，因为 HTTP 客户端检测对操作系统的检测结果没有影响，k-p0f 只检查 SYN 和 SYN+ACK 数据包。

（2）作为驻守在 Linux 内核的 PNA（Passive Network Appliance，无源网络设备）[57] 实时监控器，k-p0f 不需要进行任何系统调用来拦截来自操作系统网络堆栈的数据包。相反，PNA 直接向 k-p0f 监视器提供每个数据包。而 p0f 必须进行系统调用以观察流量，在遇到大量流量时开销较大。

k-p0f 针对每种混合流量和监控器类型，在 30 s 内测量了 10 次最大可持续吞吐量的平均值，图 3.78 所示的实验结果表明 k-p0f 可以维持比 p0f 高 16 倍的吞吐量。

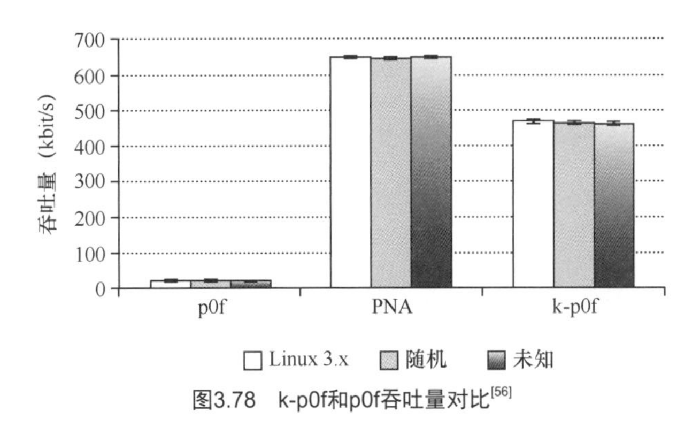

图3.78 k-p0f和p0f吞吐量对比[56]

3.7 国内外测绘平台（项目）简介

网络空间中网络设备的类型多样、数量庞大、连接复杂，网络应用丰富。为了摸清网络资产，网络空间测绘近年来得到了各国政府的高度重视。以美国为代表的发达国家，从政府到民间都纷纷启动网络空间测绘计划，并相继推出不同侧重点的测绘平台。相比于国外网络测绘进展，国内的网络空间测绘起步较晚，所幸还是有一些私营企业做了一些布局，并推出了各具特色的测绘平台。

网络空间测绘最早起源于美国，美国也是最早推动网络空间测绘应用的国家，目前已形成了较为完整的网络空间探测基础设施和体系。最具代表性的有美国国家安全局（National Security Agency，NSA）的“藏宝图计划”、美国国防部高级研究项目局（Defense Advanced Research Projects Agency，DARPA）的“X 计划”以及美国国土安全部（United States Department of Homeland Security，DHS）的“SHINE 计划”。表 3.10 展示了美国网络空间测绘相关计划。

表3.10 美国网络空间测绘相关计划

序号	项目名称	主导部门	主要任务	时间	主要内容
1	“藏宝图计划”	NSA	具备对全球的多维度信息主被动探测能力，旨在测绘全球互联网，以“近乎实时”的方式创建“全球互联网交互地图”	2004—至今	（1）分层次对互联网的物理拓扑、逻辑拓扑进行测绘；（2）绘制互联网地图
2	“X计划”	DARPA	为网络作战部队提供高效网络作战能力，旨在打造一个通用的网络作战指挥平台	2012-5—2019	（1）网络作战图；（2）作战单元；（3）网络作战能力集
3	“SHINE计划”	DHS	感知美国关键基础设施网络组件的安全态势，旨在改善、降低网络中工业控制系统（Industrial Control System，ICS）的安全风险	2008-6—2014-1	（1）SCADA测试床项目；（2）能源领域关键基础设施保护计划等

在商业领域，由于网络的普及和网络设备的爆发式增长，网络安全问题日益凸显。网络空间测绘对网络管理和安全防护提供强大的数据支持，针对全球网络资产探测的网络测绘平台陆续出现，其中具有代表性的平台包括 Shodan、Censys、FOFA、ZoomEye 等。下面简要介绍国内外一些比较有代表性的网络空间测绘计划及相关系统平台。

3.7.1 “藏宝图计划”

美国 NSA 为了将整个网络的所有设备在任何地点、任何时间的动态都纳入监控而进行的互联网地图绘制项目，代号为“藏宝图计划”。

“藏宝图计划”[58] 通过大规模互联网映射、探测和分析引擎系统，建立一个近实时的交互式的全球互联网地图，目标是监视整个互联网，随时随地地掌握每个网络用户的行踪。它主要服务于网络空间安全的态势感知（包含敌我双方），用于计算机攻击、漏洞利用环境的准备，以及网络侦查、作战有效性的测量等。它面向 IPv4、IPv6（部分），关注物理层、链路层、网络层（路由与 AS）和应用层。

“藏宝图计划”在全球部署采集点收集数据情报。采集点包括：①基于五眼联盟的 30 多个第三方国家情报组织，及 80 多个特殊情报数据源（即不同国家的大使馆）；② 50 000 多个木马设备，将一个植入木马的设备放到指定的地点，成为藏宝图信息搜集点；③ 20 多个互联网主干光纤接入点，在全球比较大的海底光缆接入点进行流量镜像；④ 40 多个卫星通信拦截点，对网络空间多层（地理层、物理层、逻辑层、社交层）信息进行获取。通过上述采集点，该计划收集全世界的网络数据和地理位置数据，包括 3000 万～ 5000 万的独立 IP 地址，涵盖多种网络设备，如电信运营商的通信电缆设施、智能手机、平板计算机和通用计算机等。数据类型很丰富，包括指纹信息（操作系统和软件特征）和 BGP、AS、路由信息、Whois 信息等。数据采集完成后，有专门的系统供不同的情报部门使用，用于浏览和检索数据。“藏宝图计划”显然可以为“计算机攻击行为”提供一份有效的攻击地图。

3.7.2 “X计划”

在网络空间这一新的作战领域，美国在很大程度上依赖于人力和手动操作，缺乏对网络空间的测量、量化及对其基础定义的理解，无法做到快速感知、决策和执行，因此迫切需要在这一虚拟空间开发与物理空间同等的作战能力。美国 DARPA 为国防部开发了一个防御平台，这是一个以类似于动能战的方式规划、实施和评估网络战而进行的项目，代号为“X 计划”（plan X）。

“X 计划”全面评估网络进攻武器的可能附带杀伤，为指挥层决策提供参考。此外，该计划还打造了一套专门用于网络战的操作系统，不仅能够承受来自对手的网络攻击，还能够即时发起反击。“X 计划”计划将网络地图、作战单元和能力集的网络战空间概念整合到军事网络作战的规划、执行和测量阶段，从而能够制定作战预案，实施自动反击。“X 计划”简化网络作战流程，让普通标准配置的士兵“摆脱键盘的束缚”，利用直观的界面在虚拟网络战场抵御敌方计算机攻击。在作战规划层面，“X 计划”通过编程图形化的方式对网络作战的复杂性进行抽象处理，从而确保网络计划人员以作战效果而非具体形式同作战人员进行协同与交流。这样行动和步骤能够以应用软件的形式构建，并通过“X 计划”应用商店进行交付。在执行层面，“X 计划”将所有军方网络操作都转化为预先编程的块式应用程序，如“网络状况”程序能够获取作战环境中的网络统计信息，并建立存储应用程序的商店。这样作战人员只需根据作战需要从应用商店获取相关应用，并根据具体条件更改参数，通过简单的操作执行网络作战任务，并不需要具备专业的网络技术。

“X 计划”项目持续时间约 6 年，总投资超过 1.1 亿美元。该项目寻求为理解、规划和管理网络战创造革命性技术，并研究能够主导战场的基本战略和战术，具体涉及网络战系统体系架构、网络战损伤监测、网络战规划和执行、网络战场的可视化和互动等领域。2017 年 9 月，“X 计划”交付美国的陆军试用，旨在加快该项目由试验样机到战场部署应用的进程。“X 计划”从技术层面进行体系研发，使美军能够摆脱人工依赖的网络作战模式，构建使军方能够实现在实时、大规模的动态网络环境中理解、规划和管理网络战争的完整全程闭环系统。

3.7.3 “SHINE 计划”

“SHINE”计划（Shodan Intelligence Extraction）是美国 DHS 下属的工业控制系统应急小组（Industry Control System-Computer Emergence Response Team，ICS-CERT）为确保美国本土关键的基础设施相关的设备网络可达并关注安全态势而制定的项目，参与人员为鲍勃·拉德瓦诺夫斯基（Bob Radvanovsky）和杰克·布罗德斯基（Jake Brodsky），起止时间为 2008 年 6 月至 2014 年 1 月 31 日。“SHINE 计划”的目标是基于开放情报源，根据可定义、可搜索的术语集进行设备搜索，并进行进一步数据分析，改善、降低网络中 ICS 的安全风险。表 3.11 所示是一些具体的搜索数据。

表3.11　制造商设备数量Top11

制造商	数量	百分比
ENERGYICT	106 235	18.10%
SIEMENS	84 328	14.37%
MOXA	78 309	13.34%
LANTRONIX	56 239	9.58%
NIAGARA	54 437	9.27%
GOAHEAD-WEB	42 473	7.24%
VXWORKS	34 759	5.92%
INTOTO	34 686	5.91%
ALLIED-TELESYS	34 573	5.89%
DIGI INTERNATIONAL	30 557	5.21%
EMBED THIS-WEB	30 381	5.17%

3.7.4 Shodan

随着“SHINE 计划”的实施，网络空间扫描引擎开始步入公众的视野。2009 年，约翰·马瑟利（John Matherly）推出了 Shodan 平台，这是全球最早的也是目前知名的开放式网络空间搜索引擎。Shodan 可提供面向网络专业人员的现代漏洞评估工具，可扫描互联网并通过对返回的 Banner 及其他信息的分类处理来解析各种设备。Shodan 侧重于对 IP 设备层的探索，不支持对域名的搜索。Shodan 持续更新网络设备的指纹信息（只有硬件设备的指纹而缺少应用系统的指纹），提供的数据包括实时数据和历史数据，可以通过 Web 查询和 Web API 的方式获取数据。

与谷歌不同的是，Shodan 不是在网上搜索网址，而是直接进入互联网的背后通道。Shodan 全天候运行，每月收集大约 5 亿台联网设备和运行的服务的信息，它可以在极短的时间内在全球联网设备中搜索到用户想找的设备信息。Shodan 更关注互联网上的主机，从服务器、工控设备到智能家电、摄像头，只要是连接互联网的设备，都可以被 Shodan 搜索到。Shodan 主要在 Web 服务器（HTTP/HTTPS 的端口 80、8080、443、8443），以及 FTP（端口 21）、SSH（端口 22）、Telnet（端口 23）、SNMP（端口 161）、IMAP（端口 143 或加密 993）、SMTP（端口 25）、SIP（端口 60）和实时流协议（Real-Time Streaming Protocol，RTSP，端口 554）上收集数据。

3.7.5 Censys

Censys 是一款兼具网络指纹搜索和安全分析的搜索引擎，最初由美国密歇根大学的研究人员维护，目前由谷歌提供支持。与 Shodan 类似，Censys 维护着一个完整的数据库，里面保存着每个暴露在互联网上的设备信息。对一个黑客来说，如果他想搜索一个特定的目标，并需要收集目标配置的信息，那么 Censys 无疑是一款特权工具。同时，安全专家能够通过 Censys 轻易锁定互联网上保护措施很差的设备。

Censys 原先是作为一个开源项目的一部分开发的。该项目旨在维护一个“联网设备的完整数据库”，目的是帮助安全专家评估互联网上的产品和服务的安全性。Censys 在获取设备指纹信息时使用到了 ZMap、ZGrab 和 LZR 等工具。ZMap 是一款高速、并发网络扫描器，能在分钟级实现对整个 IPv4 互联网空间的扫描。它能够扫描特定机器，以寻找可能被利用的安全漏洞，它分析了 40 亿个 IP 地址，并每天搜集这些 IP 地址上设备的信息。ZGrab 是一个有状态的应用层扫描器，支持 HTTP、HTTPS、SSH、Telnet、FTP、SMTP、POP3、IMAP、Modbus、BACNET、Siemens S7 和 Tridium Fox 等协议。LZR 识别和发现不符合 IANA 端口映射的意外服务。Censys 拥有强大的指纹获取能力，能在每天完成全球 IPv4 网络空间设备指纹的更新，通过结构化存储机制 Zdb 实现平台的次秒级响应，并支持全文本查询。Censys 的系统架构如图 3.79 所示。

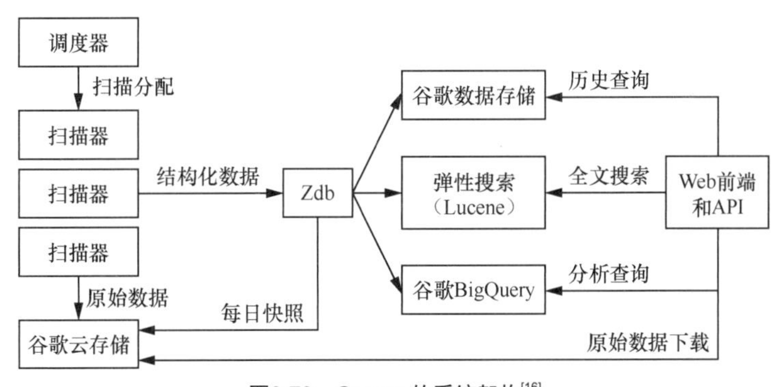

图3.79　Censys的系统架构[16]

Censys 提供多种数据类别，包括原始数据和结构化数据、实时数据和历史数据；同时支持多种数据获取方式，包括 Web 查询、Web API 和谷歌 BigQuery；结果展示比较友好，IP 地址和域名、指纹、端口、系统、协议、地理位置等都有直观的展示；网站查询结果可以达到 1000 条；每月查询次数限额，注册用户每月最多查询 250 次。图 3.80 展示了一个 Censys 查询实例。

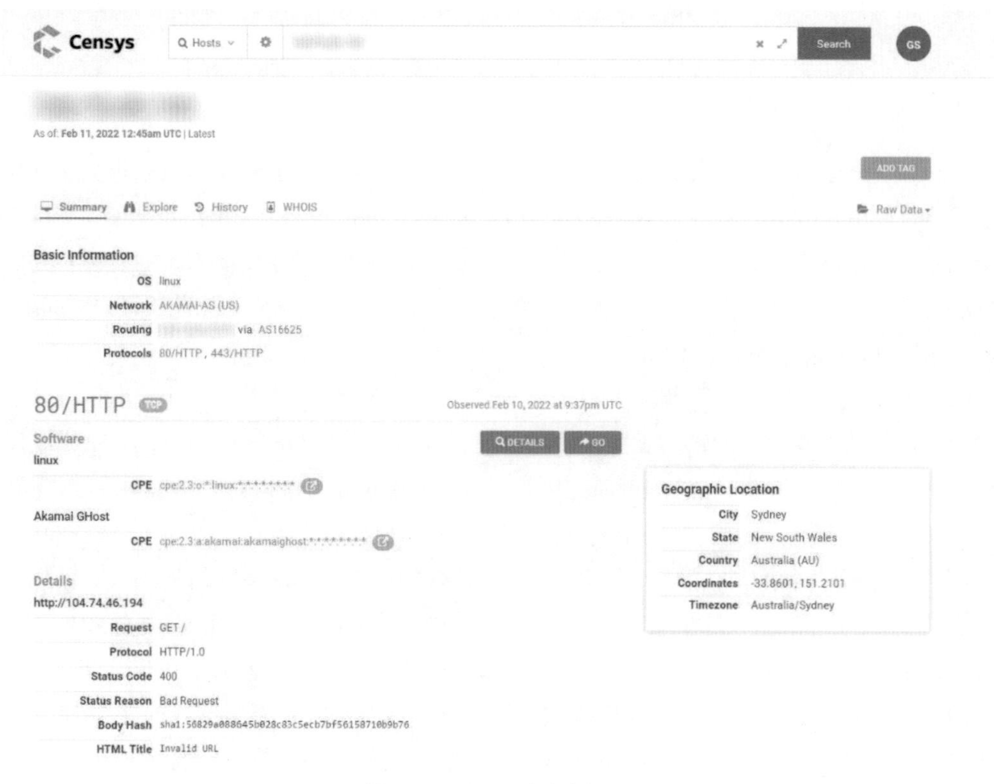

图3.80　Censys 查询实例

3.7.6　ZoomEye

ZoomEye 又叫钟馗之眼，是一款针对网络空间的搜索引擎，收录了互联网空间中的设备、网站及其使用的服务或组件等信息。ZoomEye 拥有两大探测引擎——Xmap 和 Wmap，分别针对网络空间中的设备及网站，可通过 24 小时不间断探测、识别，标识出互联网设备及网站所使用的服务及组件。研究人员可以通过 ZoomEye 方便地了解组件的普及率及漏洞的危害范围等信息。ZoomEye 和 Shodan 很相似，提供详细的 Banner 信息，但没有像 FOFA 那样有域名相关的展示，对域名的搜索不是很友好。ZoomEye 搜索引擎偏向 Web 应用层面的搜索，也不支持历史数据的获取。支持 Web 查询、Web API 和直接下载等多种数据获取方式。虽然被称为“黑客友好”的搜索引擎，但 ZoomEye 并不会主动对网络设备、网站发起攻击，收录的数据也仅用于安全研究。ZoomEye 更像是互联网空间的一张航海图。ZoomEye 兼具信息收集的功能与漏洞信息库的资源，对广大的渗透测试爱好者来说是一件非常不错的利器。ZoomEye 的 Web 查询实例如图 3.81 所示。

图3.81　ZoomEye的Web查询实例

3.7.7　FOFA

FOFA 是华顺信安（白帽汇）推出的一款网络空间资产搜索引擎。FOFA 偏向资产搜索，能够帮助用户迅速进行网络资产匹配、加快后续工作进程，如进行漏洞影响范围分析、应用分布统计、应用流行度排名统计等。

FOFA 检索到的内容主要是服务器、数据库、某些网站管理后台、路由器、交换机、具有公共 IP 地址的打印机、网络摄像头、门禁系统、Web 服务等，支持 Web 查询和 Web API 等数据获取方式。不同于 Censys，FOFA 不支持网络指纹历史数据的查询，同时资产具有重复性。如图 3.82 所示，在进行资产展示时，重复出现多条相同的 IP 地址。但是 FOFA 的漏洞相关性最好，更符合我们想快速复现漏洞的需求。

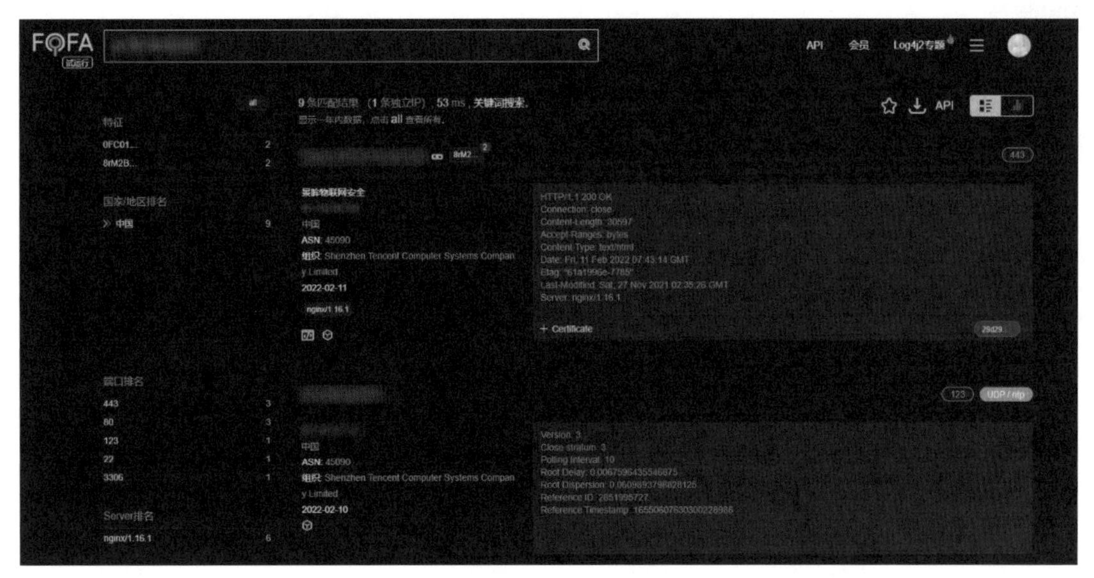

图3.82　FOFA 查询示例

3.7.8 RaySpace

网络空间坤舆图之资产测绘扫描系统（RaySpace）是盛邦安全一款集资产普查、风险探测、风险管理于一体的网络空间资产测绘系统，结合漏洞发现检测技术和数据情报分析技术，以存活探测、指纹检测、PoC检测三大高性能检测引擎为基础，依托资产指纹库、CVE漏洞库、PoC规则库等丰富的资源库，可以实现对网络空间的IPv4、IPv6及域名资产存活状态的快速探测，具备针对全球网络空间各类资产的发现、识别、威胁检测能力。

RaySpace不仅探测资产的自身属性，包括IP地址、端口、WEB、操作系统、设备类型、支撑服务层、应用层等静态的信息，还包括漏洞等资产的动态信息，建立一套完整的资产加风险台账库，并定期进行自动更新。RaySpace还支持针对探测目标实现证书获取、整个C段信息探查、Whois查询以及r/fDNS查询，进一步掌握资产所属关系及相关联资产，资产自身属性和组织架构关联，支持将目标网络空间资产的关联关系进行存储并绘制成图，构建资产网络拓扑图。

RaySpace将地理空间域、虚拟网络空间域和社会空间域相互映射，构建精准有效的全球网络空间地图，一方面可以清晰准确地掌握全网资产分布及安全态势，另一方面可以及时感知资产变化。

RaySpace的查询界面如图3.83所示。

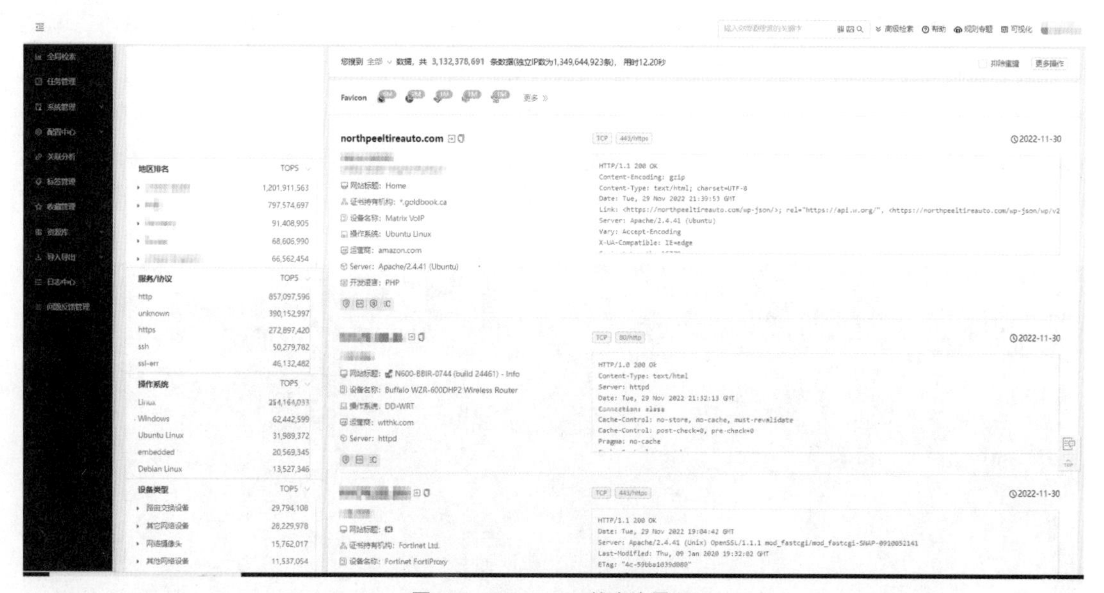

图3.83　RaySpace的查询界面

3.8 本章小结

网络空间资源探测是网络空间测绘的基石，也是网络空间测绘十分重要的应用之一。本章详细阐述了网络空间资源与服务概述、主机存活性扫描、端口开放性扫描、协议与服务识别、基于指纹的操作系统识别等主要探测技术，并对11个服务扫描与识别基础工具以及8个国内外网络空间测绘平台进行了简要介绍。同时，网络空间资源探测也是网络拓扑发现、网络空间地理定位等后续研究内容的基础，不仅对网络空间安全至关重要，对国家安全、社会稳定也具有深远的影响。

参考文献

[1] ARKIN O. ICMP Usage in Scanning - The Complete Know-How [Z/OL]. (2008-11-01)[2022-09-02].

[2] POSTEL J. Internet Control Message Protocol [S]. RFC792, IETF Network Working Group, 1981.

[3] BRADEN R. Requirements for Internet Hosts - Communication Layers [S]. RFC1122, IETF Network Working Group, 1989.

[4] BAKER F. Requirements for IP Version 4 Routers [S]. RFC1812, IETF Network Working Group, 1995.

[5] BHUYAN M H, BHATTACHARYYA D K, KALITA J K. Surveying Port Scans and Their Detection Methodologies [J]. The Computer Journal, 2011, 54(10): 1565-1581.

[6] MCNAB C. Network Security Assessment [M]. 2nd ed.Sebastopol: O'Reilly Media, Inc., 2007.

[7] RFC - Internet Standard. Transmission Control Protocol - DARPA Internet Program Protocol Specification [S]. RFC793, IETF Network Working Group, 1981.

[8] Zedd. 浅谈端口扫描技术 [EB/OL]. (2019-06-12)[2022-09-02].

[9] DURUMERIC Z, WUSTROW E, HALDERMAN J A. ZMap: Fast Internet-wide Scanning and Its Security Applications [C]//The 22nd USENIX Security Symposium (USENIX Security 13). 2013: 605-620.

[10] GRAHAM R. Masscan: The Entire Internet In 3 Minutes [EB/OL]. (2013-09-14)[2022-09-02].

[11] BLACK J, ROGAWAY P. Ciphers With Arbitrary Finite Domains [C]//Cryptographers' track at the RSA conference. Heidelberg: Springer Berlin, 2002: 114-130.

[12] DERI L. Improving Passive Packet Capture: Beyond Device Polling [C]//Proceedings of SANE. 2004: 85-93.

[13] GASSER O, SCHEITLE Q, GEBHARD S, et al. Scanning the IPv6 Internet: Towards a Comprehensive Hitlist [J/OL]. arXiv:1607.05179, 2016.

[14] 冰盾防火墙 . 详解常见漏洞扫描器及网络扫描技术 [EB/OL]. (2015-01-08)[2022-09-02].

[15] LYON G F. Service and Version Detection[EB/OL]. (2009-01-01)[2022-09-02].

[16] DURUMERIC Z, ADRIAN D, MIRIAN A, et al. A Search Engine Backed by Internet-wide Scanning [C]//Proceedings of the 22nd ACM SIGSAC Conference on Computer and Communications Security. 2015: 542-553.

[17] HENINGER N, DURUMERIC Z, WUSTROW E, et al. Mining Your Ps and Qs: Detection of Widespread Weak Keys in Network Devices [C]//21st USENIX Security Symposium (USENIX Security 12). 2012: 205-220.

[18] IZHIKEVICH L, TEIXEIRA R, DURUMERIC Z. LZR: Identifying Unexpected Internet Services [C]//30th USENIX Security Symposium (USENIX Security 21). 2021: 3111-3128.

[19] ALLEN J M. OS and Application Fingerprinting Techniques [Z/OL]. (2008-10-22)[2022-09-02].

[20] BOU-HARB E, DEBBABI M, ASSI C. On Fingerprinting Probing Activities [J]. Computers & Security, 2014, 43: 35-48.

[21] NOSTROMO. Techniques in OS-Fingerprinting [Z/OL]. (2005-09-01)[2022-09-02].

[22] LI R, SOSNOWSKI M, SATTLER P. An Overview of OS Fingerprinting Tools on the Internet [Z/OL]. (2020-11-01)[2022-09-02].

[23] LYON G F. OS Detection [EB/OL]. (2009-01-01)[2022-09-02].

[24] MATOUSEK P, Rysavy O, Gregr M, et al. Towards Identification of Operating Systems From the Internet Traffic: IPFIX Monitoring with Fingerprinting and Clustering [C]//2014 5th International Conference on Data Communication Networking (DCNET). IEEE, 2014: 1-7.

[25] TROWBRIDGE C. An Overview of Remote Operating System Fingerprinting, a white paper [Z/OL]. SANS Institute, 2003.

[26] LIPPMANN R, FRIED D, PIWOWARSKI K, et al. Passive Operating System Identification From TCP/IP Packet Headers [C]//In ICDM Workshop on Data Mining for Computer Security, 2003.

[27] RFC - Internet Standard. Internet Protocol - DARPA Internet Program Protocol Specification [S]. RFC791, IETF Network Working Group, 1981.

[28] BELLOVIN S. Defending Against Sequence Number Attacks [S]. RFC1948, IETF Network Working Group, 1996.

[29] JACOBSON V, BRADEN R T. TCP Extensions for Long-Delay Paths [S]. RFC1072, IETF Network Working Group, 1988.

[30] JACOBSON V, BRADEN R T, ZHANG L. TCP Extension for High-Speed Paths [S]. RFC1185, IETF Network Working Group, 1990.

[31] JACOBSON V, BRADEN R T, BORMAN D. TCP Extensions for High Performance [S]. RFC1323, IETF Network Working Group, 1992.

[32] RAMAKRISHNAN K, FLOYD S, BLACK D. The Addition of Explicit Congestion Notification (ECN) to IP [S]. RFC3168, IETF Network Working Group, 2001.

[33] ALMQUIST P. Type of Service in the Internet Protocol Suite [S]. RFC1349, IETF Network Working Group, 1992.

[34] REYNOLDS J, POSTEL J. Assigned Numbers [S]. RFC1700, IETF Network Working Group, 1994.

[35] HJELMVIK E. Passive OS Fingerprinting [EB/OL]. (2011-11-05)[2022-09-02].

[36] GREENWALD L G, THOMAS T J. Toward Undetected Operating System Fingerprinting [J]. Woot, 2007, 7: 1-10.

[37] BEVERLY R. A Robust Classifier for Passive TCP/IP Fingerprinting [C]//International Workshop on Passive and Active Network Measurement. Heidelberg: Springer Berlin, 2004: 158-167.

[38] ZHANG B, ZOU T, WANG Y, et al. Remote Operation System Detection Base On Machine Learning [C]//2009 Fourth International Conference on Frontier of Computer Science and Technology. IEEE,

2009: 539-542.

[39] AKSOY A, GUNES M H. Operating System Classification Performance of TCP/IP Protocol Headers [C]//2016 IEEE 41st Conference on Local Computer Networks Workshops (LCN Workshops). IEEE, 2016: 112-120.

[40] HAGOS D H, LØLAND M, YAZIDI A, et al. Advanced Passive Operating System Fingerprinting Using Machine Learning and Deep Learning [C]//2020 29th International Conference on Computer Communications and Networks (ICCCN). IEEE, 2020: 1-11.

[41] LYON G F. Nmap Network Scanning: The Official Nmap Project Guide to Network Discovery and Security Scanning [M]. Sunnyvale: Insecure. Com LLC (US), 2008.

[42] LYON G F. Nmap Security Scanner [EB/OL]. (2009-07-16)[2022-09-02].

[43] LEE S, IM S, SHIN S H, et al. Implementation and Vulnerability Test of Stealth Port Scanning Attacks Using ZMap of Censys Engine [C]//2016 International Conference on Information and Communication Technology Convergence (ICTC). IEEE, 2016: 681-683.

[44] DURUMERIC Z, BAILEY M, HALDERMAN J A. An Internet-Wide View of Internet-Wide Scanning [C]//23rd USENIX Security Symposium (USENIX Security 14). 2014: 65-78.

[45] DURUMERIC Z. Fast Internet-Wide Scanning: A New Security Perspective [D]. University of Michigan, 2017.

[46] GRAHAM R D. Masscan: Mass IP Port Scanner [EB/OL]. (2011-11-05)[2022-09-02].

[47] MYERS D, FOO E, RADKE K. Internet-Wide Scanning Taxonomy and Framework [C]// Proceedings of the 13th Australasian Information Security Conference (AISC 2015). Australian Computer Society, 2015: 61-65.

[48] 冉世伟 . 基于 Masscan 漏洞扫描技术的研究 [D]. 天津 : 南开大学 , 2016.

[49] MARKOWSKY L, MARKOWSKY G. Scanning for Vulnerable Devices in the Internet of Things [C]//2015 IEEE 8th International Conference on Intelligent Data Acquisition and Advanced Computing Systems: Technology and Applications (IDAACS). IEEE, 2015, 1: 463-467.

[50] ARKIN O, YAROCHKIN F, KYDYRALIEV M. The Present and Future of Xprobe2: The Next Generation of Active Operating System Fingerprinting [J]. Sys-Security Group. 2003.

[51] ARKIN O, KYDYRALIEV M, YAROCHKIN F. Xprobe2 Documentation [EB/OL]. (2010-07-08) [2022-09-02].

[52] ARKIN O, YAROCHKIN F. Xprobe2-A Fuzzy Approach to Remote Active Operating System Fingerprinting [Z/OL]. (2002-08-01)[2022-09-07].

[53] LEE R E, LOUIS J C. Introducing Unicornscan [EB/OL]. (2005-07-31)[2022-09-02].

[54] EL-NAZEER N, DAIMI K. Evaluation of Network Port Scanning Tools [C]//Proceedings of the International Conference on Security and Management (SAM). CSREA Press, 2011: 465-472.

[55] ZALEWSKI M. p0f: Passive OS Fingerprinting tool [EB/OL]. (2010-04-08)[2022-09-02].

[56] BARNES J, CROWLEY P. k-p0f: A High-Throughput Kernel Passive OS Fingerprinter [C]// Architectures for Networking and Communications Systems. IEEE, 2013: 113-114.

[57] SCHULTZ M J, WUN B, CROWLEY P. A Passive Network Appliance for Real-Time Network Monitoring [C]//2011 ACM/IEEE Seventh Symposium on Architectures for Networking and Communications Systems. IEEE, 2011: 239-249.

[58] 杨望 . 探寻美国“藏宝图”, 安全信息是如何共享的？ [EB/OL]. (2019-03-11)[2022-09-02].

第 4 章　网络拓扑发现

4.1　拓扑发现概述

正如第 1 章所述，我们将网络空间资源划分为实体资源和虚拟资源。本书主要关注实体资源及其互联关系。在第 3 章中，我们重点讨论了如何进行网络空间端系统的探测扫描，但事实上这仍旧是不够的，实体资源的连接关系也是我们关注的重点。本章将重点讨论如何发现实体的互联关系，即网络拓扑发现。

网络拓扑发现是研究网络拓扑结构的首要步骤，因为只有了解网络，才能让我们更好地利用网络。从 20 世纪末开始，人们试图通过发现节点数量众多、连接结构复杂的实际网络拓扑，从整体上对网络特性以及性能（如稳健性、并发性、脆弱性等）进行研究和探索，并以此为研究基础扩展到人类社会中的众多其他领域。但是，近年来互联网的飞速发展使得网络拓扑发现变得困难，其中的原因主要有：首先，网络规模越来越大，新的网络技术层出不穷，导致网络拓扑发现算法需要不断改良与进步；其次，网络连接结构错综复杂，异构性与管理的非集中性增加了发现难度；最后，网络拓扑结构的动态变化，如节点变换、协议升级等行为，都将引起网络内部拓扑结构的改变。

因此，随着网络结构的不断复杂化，新型网络设备、网络通信方式与网络协议等的面世与普及，以及人们对于网络拓扑结构有更加精确、更加完善的发现需求，网络拓扑发现的方法也在不断与时俱进。如今，大型网络越来越普遍，对网络进行精细化管理的需求也越来越普遍。此外，各国政府对网络安全的愈发重视，也对网络拓扑发现提出了进一步的要求和发展动力。在可以预见的将来，网络拓扑发现将会在网络领域越来越被人们所重视，这也是网络空间测绘的重要组成部分。总而言之，网络拓扑发现在以下几个方面具有重要意义。

第一，有利于设计更好的网络协议、服务和架构，并在现实情况下进行评估。随着互联网规模扩大以及各种新的互联网服务、新的网络模式与结构、新的网络协议标准乃至新的网络协议问世，如何根据用户需求切实提高互联网的服务质量与性能成了关键的问题。在很多情况下，作为对相关协议、服务与架构进行评估的第一步，了解客观的评估环境成了不可或缺的一环。例如，如果无法了解已有的网络结构与其存在的脆弱性与缺点，也就无法从网络架构上提升已有的网络服务的质量。如果无法了解网络的真实面貌，对一些已有的网络服务以及网络协议的部署情况、运行情况、适用情况进行现实意义上的评估也就变得不可能。

第二，有利于优化网络资源的分发。在如今越来越复杂的网络环境下，大量的大密度、高并发的服务通过互联网被提供给世界各地的用户。当面对越来越复杂而且庞大的网络服务需要，如何分发有限的网络资源、最大化网络服务的质量也就成了迫切需要解决的关键问题。而要想在网络的整体架构上对网络资源的分发进行优化，很多情况下，了解整个网络的拓扑结构从而发现其中的瓶颈链路以及设计上的不当之处也就变得至关重要。只有充分了解现有的网络资源的分发逻辑与网络拓扑结构，才能对网络资源的分发做出优化与调整。

第三，有利于解决物理基础设施的安全性与可靠性问题。了解网络拓扑结构不仅能发现瓶颈链路，也能发现潜在的、容易受攻击的脆弱链路。不合理的网络拓扑结构，重则可能导致关键链路受到潜在的针对性的洪泛攻击，从而导致网络服务的瘫痪，轻则可能导致网络服务的质量降级。因此，无论是学术界还是工业界，针对网络拓扑的研究往往都会牵涉到一系列安全性与可靠性问题。无论是对于攻击方还是防御方，通过网络测量发现潜在的安全问题都是一种重要的攻击或者防御手段。

事实上，若从更加直观的角度去解释，发现互联网拓扑，其实就是一个探明互联网、认识互联网的过程。互联网如今在全世界拥有数十亿用户，无数人天天与互联网打交道。在这种情况下，只有真正认识互联网，将网络从密布的光缆、复杂的电信号，转换成对人类来说可见、可知的抽象模型，才能让互联网本来的面目更加清晰可见，让人类能够更加充分和合理地利用互联网来提高生产力与促进社会的发展与进步。

一般来说，学术界和工业界主要将网络拓扑分为 4 个级别：接口级、路由器级、PoP 级和 AS 级。如表 4.1 所示，在不同级别的网络拓扑中构建的图的点和边的意义不同。当拓扑粒度从粗到细，点的意义也从庞大的 AS 缩小到了 PoP、路由器乃至每一个接口地址，当然各级别的网络拓扑也在不同的语义环境和应用场景下发挥各自的作用。

表4.1　各级别的拓扑发现

拓扑级别	点的意义	边的意义	主要的发现方法
接口级	一台主机或者路由器的一个接口	网络层相连	traceroute（ICMP）
路由器级	一个基于IP的设备，一台主机或拥有若干个接口的一个路由器	处于同一个IP广播域	traceroute+别名解析；路由协议（域内），以开放最短通路优先协议（Open Shortest Path First，OSPF）为例；SNMP（域内）
PoP级	一系列处于同一个AS且物理上位于同一个城市（甚至同一个园区）的路由器集合	两个入网点中存在物理相连的路由器	路由器级+基于延迟/距离测量等分析聚合技术
AS级	拥有独立ASN的AS	两个AS之间的连接关系	BGP路由； traceroute+IP→AS映射

本章首先在 4.2 节介绍接口级拓扑发现，然后在 4.3 节介绍路由器级拓扑发现，在 4.4 节介绍 PoP 级拓扑发现，最后在 4.5 节探讨 AS 级拓扑发现。

4.2 接口级拓扑发现

接口级拓扑的节点是 IP 地址，能够被所有在网络上穿越的数据包所感知，因此对于接口级拓扑发现可以采用大规模的主动测量。traceroute 就是最常用的工具，当然也可以利用 traceroute 的变种工具探测。

4.2.1 traceroute

traceroute 是接口级拓扑发现中最常用的工具。traceroute 记录了从源主机到目标主机经过的所有中间节点和双向时延。

1. traceroute 原理简介

traceroute 的工作原理在于其巧妙地运用了 IP 包头中的一个用于限制 IP 包转发跳数的字段。在 IPv4 中，该字段称为 TTL；在 IPv6 中，该字段称为 Hop Limit。TTL 和 Hop Limit 只有名字上的差异，以下统称为 TTL。TTL 字段主要用于防止路由环路。当 IP 包在网络中传输的时候，每被转发一次，其 TTL 值减 1。当 TTL 值减为 0 时，路由器（或其他网络设备）将该包丢弃，并给所转发的 IP 包的源地址返回一个 ICMP 超时信息，以防止该 IP 包在可能的路由环路中不断被转发，避免消耗网络资源。这样，该 ICMP 超时消息的源 IP 地址就是丢弃原数据包的路由器的接口地址。

traceroute 正是利用这一原理，通过向指定目标地址发送 TTL 字段的值逐步增加的 IP 数据包，不断触发 ICMP 超时信息来发现到达该目标地址的路径；然后通过对大量随机选择的目标地址重复上述过程，获得大量的从源主机到目标主机的路径信息，最后对这些路径信息进行融合、分析得到接口级的拓扑结构。此外，在发现网络拓扑的过程中，traceroute 还可以通过记录发包和收包的时间戳达到同时测量双向时延的效果。

我们用一个示例进一步说明 traceroute 的工作原理。如图 4.1 所示，源主机（图 4.1 中的 SRC）首先向探测目标（图 4.1 中的 DST）发送一个 TTL=1 的探测包（traceroute 探测包的类型多样，如 ICMP、UDP 或 TCP 探测包等，我们将在后文详细介绍）。该探测包在经过第一跳路由器（图 4.1 中的路由器 1）时，其 TTL 值减为 0，此时，第一跳路由器不再继续转发该探测包，而是将其丢弃，然后向源主机回复一个 ICMP 超时错误信息。通过捕捉超时错误信息，源主机即可获得第一跳路由器的 IP 地址以及其到第一跳路由器的双向时延。然后，源主机向探测目标发送一个 TTL=2 的探测包以发现第二跳路由器（图 4.1 中的路由器 2）的 IP 地址。通过不断递增 TTL，源主机可以发现到探测目标所经过的所有中间节点的 IP 地址和双向时延。当源主机收到了来自探测目标的响应包时，traceroute 的过程随即中止。

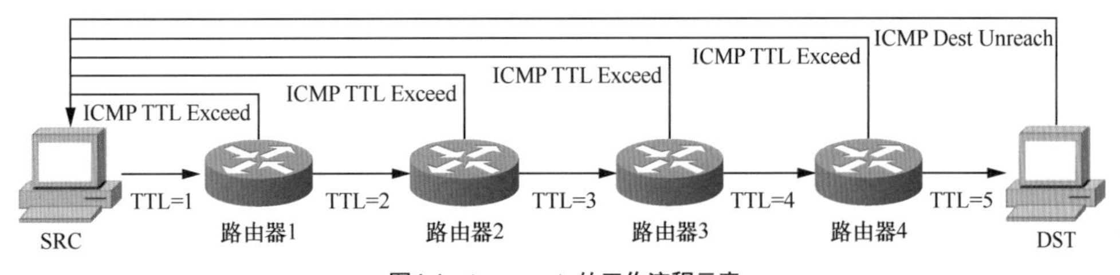

图4.1 traceroute的工作流程示意

2. traceroute 的类型

根据发送的探测包的种类不同，traceroute 可以大体分为以下几种。

（1）ICMP traceroute。

ICMP 是十分常用的网络诊断与故障定位协议，拥有良好的网络穿越能力，即较少被网络防火墙或者其他的过滤策略过滤。利用 ICMP 包（一般是 ICMP Echo Request，即 Ping）进行 traceroute 时，不需要指定端口号，ICMP 包中的序列号也能用于区分不同批次的探测。ICMP traceroute 还有一大优势是便于确定 traceroute 的终止条件，因为当跳数限制大到足以让 ICMP 包到达探测目标时，大多数探测目标都会以 ICMP Echo Reply 作为应答。

（2）UDP traceroute。

UDP traceroute 使用带有特定端口号的 UDP 数据包作为探测包。该探测包在当 TTL 足够大以至于能够到达探测目标时，会诱使探测目标返回一个 ICMP 目的端口不可达的错误信息。一般来说，使用较大的端口号可以防止探测到目标的开放端口影响测量结果。例如，当 TTL 不断增加到能够到达探测目标时，源主机预期能够收到一个 ICMP 目的端口不可达的错误信息。但是如果这个端口本身已经开放，即便探测包到达探测目标，主机也不会回复 ICMP 目的端口不可达的错误信息。此外，端口号往往要不断递增，以区分不同批次的 traceroute 探测。当然，这种探测方法也可能失效，这取决于探测目标的配置策略是否允许返回 ICMP 目的端口不可达的错误信息。

（3）TCP traceroute。

基于 TCP 的 traceroute 通常利用 TCP SYN 以增加通过防火墙的可能性。但一些主机的防火墙会在没有 TCP 连接需求的时候拒绝这样的 TCP 请求。例如，一些内网主机可能没有与外网进行 TCP 通信的需求，考虑到基于 TCP 的 traceroute 探测包本质上仍然是 TCP 握手请求，这些探测包很有可能被防火墙过滤。而且，这可能会对探测目标造成潜在的消极影响。例如，可能会导致探测目标保留一个 TCP 半连接，从而占用了探测目标的资源。因此在实际的网络探测中并不常用。

事实上，traceroute 也并不局限于这 3 种。任何满足良好网络穿越能力的数据包都可以被用作 traceroute 的探测包。不同的网络通过性（如边缘设备过滤 TCP 请求）、不同的负载均衡策略（如路由器对不同的协议种类设置不同的优先级，从而采取不同的负载均衡策略）或不同的应答策略（见 4.2.2 节），都可能导致不同类型的 traceroute 的探测结果产生显著差异。有研究比较过不同类型的 traceroute[1]，一般认为 UDP traceroute 更能深入子网，发现更多的路径，但同时也会发现一些错误的拓扑。而 ICMP traceroute 则更能成功到达探测目标，而且更不容易被负载均衡所影响（当然同时也会导致发现更少的拓扑路径）。

3. 确定 traceroute 探测目标

traceroute 需要人为指定探测目标后，才能探测发现路径上的中间节点。在小规模网络中确定 traceroute 的探测目标是非常容易的。例如，在一些 /24 或者更小的网络规模下，可能的接口 IP 地址不过数百个。在这种情况下，哪怕将其中的每个 IP 地址作为探测目标进行 traceroute 探测也是可行的。但在进行大规模 traceroute 测量时，尤其是对全球互联网进行拓扑发现时，对 traceroute 的探测性能会有更高的要求。例如，算上保留地址，全球 IPv4 公网地址共有 2^{32}≈43 亿个。虽然对现有的一些高速探测类 traceroute 方法（见 4.2.2 节）以及拥有良好网络带宽的设备而言，即便对所有 IPv4 地址进行 traceroute 探测也并非不可能。但这往往会浪费大量探测资源，并对互联网造成某些性能上的影响。因此进行大规模 traceroute 测量时，应合理选择探测目标以提高探测效率和节省探测资源。考虑到网络管理员通常将其管理的网络空间按子网进行划分（如 /24），因此对于每一个子网只探测一个地址即可。因为在 traceroute 中，我们的目的是发现其中的中间节点的 IP 地址，只要探测目标大体正确（哪怕是一个不可达地址）就不会对 traceroute 的结果造成太大的影响。

这种现象在 IPv6 中更严重。IPv6 巨大的地址空间直接导致任何暴力枚举的探测方法不再可行。已有的探测方法往往基于种子地址，即已经收集到的活跃 IPv6 地址。然后，对这些 IPv6 地址以及其所在的前缀（如 /64）中随机生成的地址进行探测。在 IPv6 中确定 traceroute 的探测目标一直是一大挑战，本书将在第 5 章中详细论述。

4. traceroute 的局限性

虽然 traceroute 很好地反映了源主机和目标主机之间的路径，但是它也有很多缺点，后文进行简要讨论。

（1）不确定的 traceroute 响应策略。

正常情况下，在 traceroute 探测的过程中，中间节点应该以入口端的地址回复响应包。然而，当不同中间节点在收到 TTL=0 的探测包时，会根据节点配置或者安全策略等，采取不同的响应策略。也就是说，很多情况下，中间路由器并不会以 traceroute 所设想的方式进行响应。这些非预期的响应方式如下。

① 无响应。例如，出于规避暴露的风险或是节省带宽等网络资源考虑，中间节点会选择拒绝对 TTL=0 的包进行主动响应，仅仅丢弃 traceroute 探测包。在 traceroute 过程中，这种中间节点往往用星号“*”表示。

② 以任设地址回复。一般在两种情况下会使被探测路由器用（由网络管理员）任意设置的地址来回复 TTL=0 的探测包。第一，出于方便考虑，选择用固定的地址（一般是路由器的某一个接口地址）回复探测包；第二，出于安全考虑，为了不暴露 IP 地址，选择用一个虚假的地址回复探测包，甚至用空地址或者私有地址进行回复。这种情况对于通过 traceroute 构建拓扑的过程也是极为不利的，甚至会导致发现错误的拓扑结构。

③ 以出口端的地址进行回复，即路由器用靠近探测目标侧的接口地址进行回复。虽然这种情况比较少见，但也会影响我们对拓扑的建构。

以上多种不同的响应策略，会给我们通过 traceroute 主动探测网络拓扑带来显著的困难。我们可能发现错误的本不该存在的拓扑，也可能遗漏一些拓扑边。但是，考虑到路由器一般会拥有多个 IP 地址，这些不同的响应策略也有可能帮助我们发现同一个路由器的不同接口地址，有利于构建路由器级拓扑。

（2）错误路由。

使用 traceroute 发现接口级拓扑的一个重要假设是：探测包的往返路径是重合的。然而，当中间节点发现转发数据包到目的地存在多条路径时，可能会根据负载均衡策略，将数据包转发到不同的路径上，这会导致我们发现错误的路由路径。

我们用一个具体的例子说明。如图 4.2 所示，考虑一个拥有负载均衡的拓扑，假设 A 是源主机，A 到探测目标 D 的路由路径包括：A → B1 → C1 → D 和 A → B2 → C2 → D。假设当 TTL=1 时，探测包的路由路径是 A → B1 → C1 → D，我们发现的是 B1。而当 TTL=2 时，探测包的路由路径是 A → B2 → C2 → D，我们发现的是 C2。因此，我们使用 traceroute 会发现一条错误的路由路径 A → B1 → C2 → D，因为没有 B1 直接到 C2 的路由。同理，我们可以得到另一条错误路由路径 A → B2 → C1 → D。

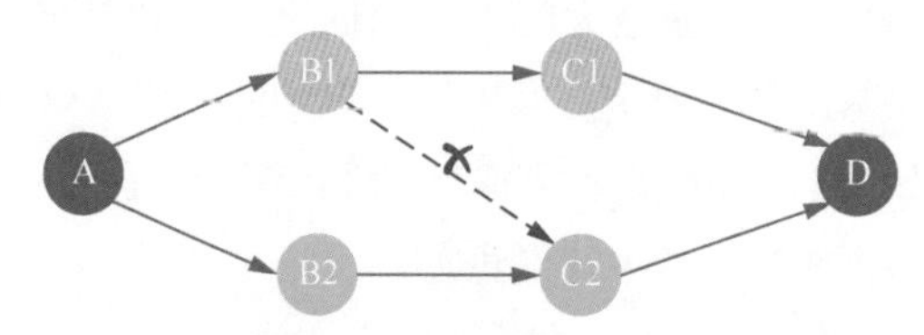

图4.2　负载均衡拓扑示意

在实际网络中，负载均衡行为可能根据实际网络不同链路的拥塞情况、负载均衡路由器的具体配置、探测包的属性（例如流信息）等因素变化。在无法确定这些因素时，完全规避负载均衡对基于 traceroute 的拓扑发现的影响也就相对困难。我们将在 4.2.2 节介绍相应的解决方案。

（3）非对称路径。

traceroute 的探测是单向的，只测试了从源主机到探测目标的路径，而无法同步地获得从探测目标到源主机的路径。如果两条路径相同，则称为对称路径；否则称为非对称路径。比如，图 4.2 中从 D 到 A 的路径可能是 D → C2 → B2 → A，这就和 A 到 D 的路径 A → B1 → C1 → D 不同。

（4）测量的不完整性。

用于测量的源节点和目的节点数目都是有限的，因此，相对于对全网进行采样，当我们从少量的源节点向大量的目的节点发送测量报文时，靠近源节点的节点和链路会被优先采集，从而会带来采样偏差 [2]。为了减小采样偏差，我们可以增加测量节点个数。由于 traceroute 拓扑测量得到的结构是一个以源节点为根的树，如果目的节点数目增多，那么意味着树的叶子节点增多，树的体积变大；另外，增加源节点，将会产生多个测量树，最后需要对这些树进行合并，两种增长方式最终都会增大测量的覆盖度。一般来讲，目的节点的数目远多于源节点。文献 [3] 指出源节点的边际效应在第二个或者第三个节点之后急剧下降；而目的节点的边际效应则会持续缓慢增加。为了减小采样偏差，我们还可以通过仔细地选取测量节点等方法来覆盖更多的节点。最直观的准则就是从分散的地理位置、ISP 来选取测量节点。

尽管如此，基于 traceroute 的主动测量系统仍然是十分重要的数据源，用于研究各个级别的拓扑结构。其中，CAIDA 的 Skitter（升级替代版本为 Ark）测量基础设施是典型的代表。

4.2.2　traceroute改进

为了应对复杂的网络情形，同时也为了提高 traceroute 的性能，自 traceroute 投入使用以来，学术界与工业界也不断针对其局限性做出改进。例如，针对 traceroute 的串行低性能，提出了高并发高性能的 traceroute；针对 traceroute 会被负载均衡路径干扰的局限性，提出了主动发现负载均衡或者规避负载均衡的 traceroute 方法。

1. 面向高速探测的改进型 traceroute

传统 traceroute 在探测时要不断递增 TTL 并等待回复。该探测过程是一个串行的过程，导致传统 traceroute 性能较差。传统 traceroute 不能并行化的原因是探测点（探针）很难准确估计探测点到探测目标的实际跳数，因此只能不断增大 TTL，直至达到实际的跳数。但这并非必要的，我们可以通过遍历 TTL 的取值以提高并行效率。例如，并行地发送 TTL=1,2,3,···,16 的探测包而非串行等待前一个探测包的回复。虽然这样可能会造成发包数量的浪费，例如，原本从探测点到探测目标的实际跳数只有 4，我们发送的 TTL=1,2,3,4,5 的探测包都是浪费的，但却省去了最为耗时的串行等待响应包的过程，因此整体探测效率是提升的。面向高速探测的改进型 traceroute 主要有 Yarrp、DoubleTree、FlashRoute 等，以下进行简要介绍。

Yarrp[4] 正是基于上述高速并行思想实现的拓扑探测工具。此外，为了避免遍历 TTL 造成的部分链路拥塞以及 ICMP 限速造成的丢包问题，Yarrp 采用了高度的随机化策略。例如，不会对同一个地址 A 连续发送 TTL=1,2,3,···,16 的包，而是可能会先对地址 A 发送 TTL=2 的包，然后对地址 B 发送 TTL=4 的包，再对地址 C 发送 TTL=11 的包。这种策略可以避免大量探测包在某条网络链路堆积造成拥塞。同时，将传统 traceroute 过程中串行进行的收发包分为发包和收包两个模块，发包模块不断按上述逻辑进行高速发包而不等待回复，收包模块不断捕捉探测包的回复包并进行分析与统计。这样实现了完全并行化，发包与收包完全解耦，能极大地提高大规模接口级拓扑探测的性能。

此外，针对前文中所提到的最为困难也是最容易造成性能瓶颈的 TTL 预测部分，也有一些学者进行了改进尝试。例如 DoubleTree[5] 不再使用严格递增的 TTL，而是从中等大小的 TTL 向两端搜索正确 TTL，进一步减少发包的数量。此外，2020 年提出的 FlashRoute[6] 也利用类似的思想，通过预测跳数尽可能减少发包数量，最大化 traceroute 性能。FlashRoute 在保证高度并行的同时，在对单一特定目标的探测过程中，采取与 DoubleTree 相似的两端同时搜索的方式，从中间路径开始向目的端和探测端同时延伸，直到碰到目标，或者遇到连续若干个无响应跳。同时，对常见的钻石形和树形拓扑进行针对性处理，防止这些特殊拓扑的交点被重复多次探测的情况出现，以最大限度减少探测数量。根据 Huang Y 等人的评估，FlashRoute 相较 Yarrp 在性能上有 3.5 倍的提升[6]。

高速探测类 traceroute 工具的局限性主要体现在两方面。一方面，这种并行化加上随机化的策略可能导致在大规模网络的测量中难以得到有效的阶段性反馈。一旦测量开始则很难中止，只有等所有探测全部完成后才能最终得到测量结果。另一方面，无论多么精确地进行跳数估计，探测包的浪费是无法避免的，导致这类改进型 traceroute 的测量开销要比传统的 traceroute 高。例如，从探测点到某目标的跳数实际只有 5，即 TTL 最多自增到 5 就应该停止探测，但在使用高速探测类 traceroute 工具时，我们无法得知实际跳数，且由于随机化策略的使用，这些工具可能发送大量 TTL=6,7,8,···,15 的探测包给探测目标，然而这些探测包其实都是冗余的。

2. 面向负载均衡的改进型 traceroute

如前文所言，traceroute 有一个明显的缺点是无法处理负载均衡。这就导致 traceroute 很有可能会“发现”错误的网络链路。负载均衡大体上可以分为目的地址级别的负载均衡、流级别的负载均衡、包级别的负载均衡。目的地址级别的负载均衡是在进行基于 traceroute 的主动拓扑发现中十分理想的一种负载均衡，因为在对同一目标进行持续 traceroute 探测的过程中，我们发送的探测包的目的地址都是固定的，故其不会被目的地址级别的负载均衡所影响。流级别的负载均衡基于数据包的流标签（flow label）对数据包进行动态转发，即为了保障部分网络服务的质量，将同一条流的数据包转发至同一路径上（同一源地址、目的地址的不同流可能经由不同的路径进行转发）。通常网络设备会根据网络数据包的传输层（或 ICMP 层）的前 4 个字节进行负载均衡。其中，UDP 和 TCP 头部的前 4 个字节分别是两个字节的源端口和两个字节的目的端口，而 ICMP 的前 4 个字节分别是 1 个字节的类型、1 个字节的代码与 2 个字节的校验和。针对流级别的负载均衡，我们可以通过手动调节这 4 个字节来控制负载均衡设备转发数据包的路径。包级别的负载均衡是最难预测和利用的负载均衡，负载均衡设备会对每一个不同的包都施加不同的负载均衡策略，即便两个连续的具有相同功能的数据包也可能被分流到不同的路径上。目前，traceroute 很难应对包级别的负载均衡。

如前文所述，考虑到 traceroute 过程中目的地址恒定，因此可以忽略掉目的地址级别的负载均衡。已有工作往往针对流级别的负载均衡，例如，Paris traceroute[7]。Paris traceroute 通过人为控制流标签（前文的 Yarrp、FlashRoute 等也都集成了该技术）以规避流级别的负载均衡。如图 4.3 所示，以 ICMP 为例，在 ICMP 头部的前 4 个字节中，前 2 个字节，即 ICMP 类型和 ICMP 代码在 ICMP traceroute 的过程中是固定的，而后续的校验和则是根据整个 ICMP 头部（包括 IP 包头中的源地址、目的地址等字段）计算而来。由于我们无法直接控制校验和字段，一个替代的方法是控制这 4 个字节之后的 4 个字节，即 2 个字节的标识符（identifier）和 2 个字节的序列号（sequence number）。这 4 个字节在我们实际的 traceroute 中是相对无用的（但在一些高速探测类 traceroute 工具实现中往往用于使发送的探测包与所接收的响应包相匹配）。因此，我们通过控制这 4 个字节的值，就可以达到控制校验和字段的效果。

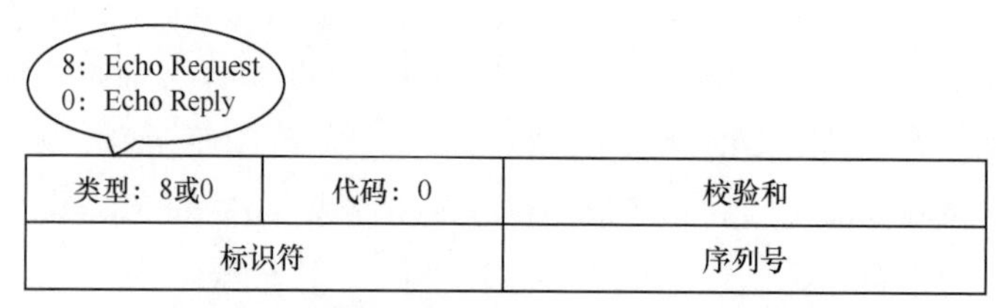

图4.3 ICMP Echo Request和ICMP Echo Reply的ICMP头部

尽管 Paris traceroute 能够规避流级别的负载均衡，但却无法主动发现负载均衡路径。所幸已有研究工作通过不断尝试各种流标签来主动触发负载均衡，从而发现更为复杂的拓扑结构。相关工作包括 MDA[8]、MDA-Lite[9]、Diamond-Miner[10]。我们以最为基础的 MDA 为例进行简要介绍。MDA 的核心思想非常简单：通过不断尝试不同的流标签，直到发现一条新的置信度足够高（例如95%）的链路。虽然MDA非常简单，但却可能会导致发送大量的探测包。例如，当后继节点为1个时，需要探测6次才能保证在95%的置信度上发现（或认定不存在）第2条隐藏的负载均衡的链路，这里的数字6称为N1。而当后继节点数量变为2个时，这个数字会变成11，称为N2。以此类推，还会有N3、N4等。该方法所带来的发包量过大的问题在后续的工作MDA-Lite和Diamond-Miner中得到了优化，MDA-Lite和Diamond-Miner通过利用上一轮探测的结果，对非密集的负载均衡进行简单处理并进行高并发，以提高整体的性能和节省发包数量。

MDA-Lite的主要思路是沿用以往使用过的流标签以节省探测资源，并对非密集负载均衡进行简单处理。MDA-Lite的核心假设是，非密集的负载均衡在网络中占绝大多数。满足以下3种情况之一，则称为密集的负载均衡。

（1）两跳的节点数量一致，但前一跳存在出度不小于2的节点；

（2）前一跳节点数量更少，后一跳存在入度不小于2的节点；

（3）前一跳节点数量更多，前一跳存在出度不小于2的节点。

图4.4所示为一个非密集的负载均衡和一个密集的负载均衡。MDA-Lite假定互联网中大多数都是类似如图4.4（a）所示的非密集的负载均衡拓扑结构。MDA-Lite采用较小数量的探测包，依次按跳数从前往后发送探测包。

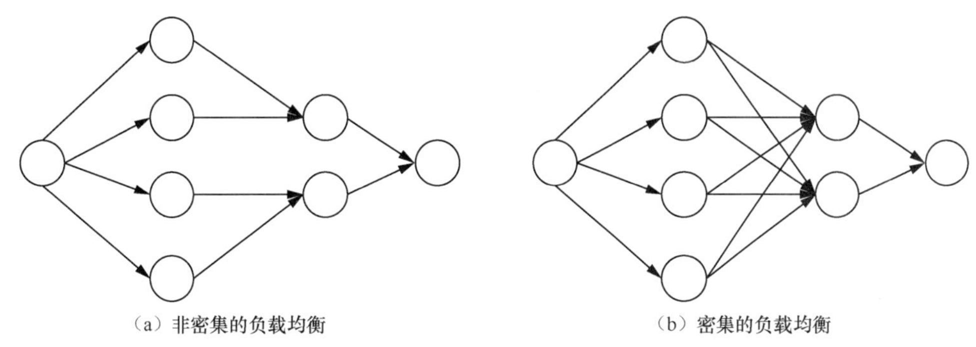

图4.4　非密集和密集的负载均衡示意

MDA-Lite只在一些特定情况下，才会进行节点控制。节点控制是指控制发包数量以达到确认负载均衡边交汇的置信度。换言之，在同一跳出现多个节点时，由于每一个节点都可能成为负载均衡的交汇点，因此需要更换流标签进行大量发包以满足探测包确实会（或者确实不会）经过负载均衡后交汇于该节点的置信度。以图4.4中的第三跳为例，节点控制会考虑任何一个节点成为潜在的负载均衡的交汇点的可能性。在对第三跳进行探测时，因为第二跳一共有4个地址，所以需要发送至少4×N2个探测包，其中N2个探测包能够以较高的置信度确保覆盖出现两跳分支的情况（也就是说能以较高置信度发现这种上一跳的不同两点交汇于该点的情况，或者以较高置信度确定这种情况不存在）。因此，在节点控制下，发现第三跳需要发送4×N2个探测包。但事实上，这种节点控制只是对于密集的负载均衡是有必要的。在如图4.4（b）所示的密集负载均衡的情况下，在第三跳确实需要发送4×N2个探测包才能发现这样密集的第二跳到第三跳的所有边。但如果真实的拓扑是非密集的负载均衡，事实上只需要发送4×N1个探测包。因为对于每一个第二跳不同的流标签，只需要发送N1个探测包来确定其后面的节点。因此，MDA-Lite 默认不采用节点控制，这本身就大大节省了发包数量。对在探测中发现的密集情况，再补充节点控制所需要的大量随机探测，MDA-Lite 算法的置信区间取决于补充探测的数量。基于 MDA-Lite 的 Diamond-Miner 对该方法进行了系统化并优化了并发性能，形成了一个能够持续主动发现负载均衡路径的系统。

不过，所有这些面向负载均衡的改进型探测方法都有一个共同的局限性：这些探测方法往往需要发送大量的不同流标签的探测包，以在概率统计的意义上保证触发负载均衡。因此，上述方法的性能较低，需要消耗大量的网络资源。此外，即使是控制流标签，也无法规避包级别的负载均衡。包级别的负载均衡理论上是不能通过修改探测包之类的方式来彻底规避的。

3. 反向 traceroute

反向 traceroute[11] 于 2010 年被提出，并获得了当年的网络系统领域顶级会议网络系统设计与实现研讨会（USENIX Symposium on Networked System Design and Implementation，NSDI）的最佳论文奖。反向 traceroute 用以解决 4.2.1 节提及的 traceroute 在实际测量中遇到的非对称路径问题。相关研究表明，这类非对称性十分常见 [12]，但是 traceroute 是无法有效探测这种不对称的网络拓扑结构的。

对此，反向 traceroute 利用多个探测点，并辅以记录路由等技巧实现了反向意义的 traceroute，可以发现从探测目标到探测点的网络路由。记录路由是 IPv4 中的一个保留选项，带有记录路由选项的包，要求途经的每一跳都将自己的 IP 地址记录下来。然而，考虑到记录路由最多记录 9 跳，而在探测点和探测目标较远时，9 跳显然是不足以记录往返的所有地址的。因此，反向 traceroute 需要其他探测点的协助。

具体而言，如图 4.5（a）所示，反向 traceroute 的探测流程大体如下：探测点 S 向探测目标 D 发送一个带有记录路由选项的 ICMP 回声请求（Ping 探测包），该探测包可能经过中间跳 h1, h2, h3, …, h7 后到达 D，于是 h1, h2, h3, …, h7, D 等 8 个地址被记录在记录选项之中。考虑到记录路由选项最多记录 9 个地址，反向路径上的第一个地址 R 也会被记录。这样我们就得到了从 D 到 S 的一条反向路径上的第一个地址 R。我们可以通过时间戳选项来确认地址 R 在返程路由中的存在，如图 4.5（b）所示。时间戳选项最多指定 4 个有序的地址，要求探测包在严格遵照顺序经过这些地址时记录其经过时的时间戳。因为时间戳选项要求记录的时间戳严格按照要求的顺序，所以只要能够确认 D 和 R 的时间戳，就能确认 R 在反向路径上。考虑到记录路由的限制，在以上的例子中我们只能发现反向路径上的第一跳。为了发现反向路径中剩下的跳，需要在探测目标 D 附近找到一个足够近的另一个辅助探测点 V。如图 4.5（c）所示，在辅助探测点 V，我们伪造源地址为 S，对 D 发送带有记录路由的探测包。此时，考虑到 V 与 D 足够近，可以节省掉数个记录路由的空间。例如，假设 V 与 D 只相隔两跳 h1, h2，这个时候，我们则可以在探测点 S 上收到含有记录路由的回复包：h1, h2, D, R1, R2, R3, R4, R5, R6。也就是说，最多可以发现反向路径上的 6 跳。

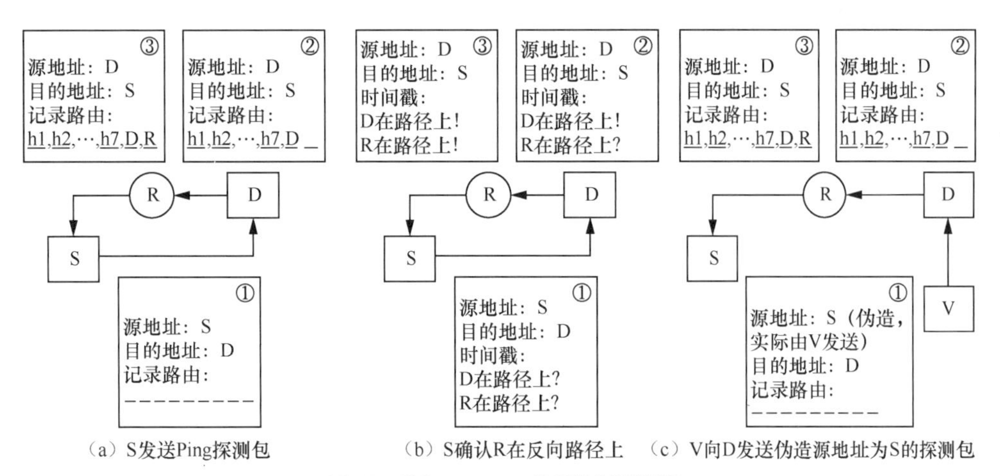

（a）S发送Ping探测包　（b）S确认R在反向路径上　（c）V向D发送伪造源地址为S的探测包

图4.5　反向traceroute的具体探测流程

反向 traceroute 是一种创新的探测方法，但其也存在局限性。一方面，反向 traceroute 依赖网络设备对记录路由选项的支持，且该选项仅在 IPv4 中受支持。网络设备对于时间戳选项的支持情况更是不理想。另一方面，反向 traceroute 需要探测目标附近的其他的多个探测点进行协同。最后，反向 traceroute 还用到了源地址伪造的特性，随着互联网范围内的真实源地址验证技术的推广部署，反向 traceroute 的适用范围将越来越小。

4.3　路由器级拓扑发现

路由器级拓扑结构显示了互联网中的路由器和它们的接口之间的互联关系。这个层次的拓扑结构可以被看作属于单个路由器的 IP 接口聚合的结果。路由器级拓扑发现往往应用于 ISP 或者 AS 内，当然也不局限于此。目前获取路由器级拓扑的方法可以分为 3 类：基于别名解析的路由器级拓扑发现、基于域内路由协议的路由器级拓扑发现和基于 SNMP 的路由器级拓扑发现。基于别名解析的路由器级拓扑发现的思路是先获取接口级拓扑，然后将属于同一路由器的接口合并，形成路由器级拓扑，因此依赖于别名解析方法。基于域内路由协议的路由器级拓扑发现方法则是利用域内路由协议提取拓扑信息，构成路由器级拓扑。至于基于 SNMP 的路由器级拓扑发现方法，其主要通过 SNMP 获取设备之间的连接关系，形成路由器级拓扑。此外，本节还介绍子网发现，这是一个介于接口级拓扑发现和路由器级拓扑发现的子任务，主要从子网的角度刻画整个网络拓扑。

4.3.1　基于别名解析的路由器级拓扑发现

在接口级网络拓扑中，每一个节点往往代表一个独立的 IP 地址。但是，在实际网络中，IP 地址和网络设备并不是严格的一对一的关系。例如，一台路由器会有很多的接口，每个接口分别对应一个 IP 地址。接口级拓扑结构往往无法反映真实的网络拓扑结构，通过一定手段建立接口到路由器的映射就变得尤为重要。从接口级拓扑计算出路由器级拓扑，在技术上通常被称为别名解析。基于接口级的拓扑发现结果来实现路由器级的拓扑发现，其核心就是别名解析。因此，本节我们主要通过讨论别名解析问题来介绍路由器级拓扑发现工作。目前，学术界和工业界已经提出了各式各样的解决别名解析的方法。从简单到复杂，从针对单一特定场景到针对普遍场景，从 IPv4 到 IPv6，但这些方法都有着不同的局限性和适用范围，至今为止仍未见普遍适用于各种场景的别名解析方法。以下介绍常用的别名解析方法。在实际中，有效地结合各种方法会取得更好的效果。

1. 基于统一接口回复

一种比较常见的方法是从一台源主机向两个可疑的接口发送 ICMP ECHO 消息，根据 RFC1812[13]，如果这两个接口属于同一台路由器，那么路由器会选择同一个接口发出两条 ICMP Reply 消息。这样，源主机只要检测 ICMP Reply 消息是否来自同一个 IP 地址就可以判断这两个可疑的接口是否属于同一个路由器 [14]。

这种方法的主要缺陷在于很多路由器出于安全方面的考虑而不对 ICMP ECHO 消息进行回复。此外，这种方法不能完全地解析接口别名，主要运用在找到可疑的别名接口之后，向路由器主动发送探测报文。

2. 基于 IPID

基于 IPID 的别名解析方法是目前最经典、最广泛运用的别名解析方法。IPID 是一个存在于 IPv4 固定头部与 IPv6 分片扩展报文头的一个字段，即 Identification（标识），主要用于 IP 分片重组过程中的分片识别。在早期，往往一个路由器的所有接口共用同一个 IPID 计数器，且 IPID 的增长是严格递增的，因此我们可以利用 IPID 公共计数器进行别名解析。Midar[15] 是利用这一思想的典型方法。该方法主要的算法逻辑很简单：首先，对 A 地址发送一个探测包（例如 Ping 探测包），然后，记录响应包的 IPID 值 x。类似地，对 B 地址发送一个探测包，记录响应包的 IPID 值 y。接着，再重复探测 A，得到 IPID 值 z。最后，比较这 3 个 IPID 值的大小。如果存在 $x<y<z$ 且 $z-x$ 小于某个阈值，就判定接口地址 A 和接口地址 B 共用了一个 IPID 计数器，从而推断出 A 和 B 是一对别名。

如图 4.6 所示，我们进一步用 IPID 递增序列来展示基于 IPID 的别名解析，地址 A 的 IPID 序列呈现一种不断递增的态势，与此同时，地址 B 的 IPID 也在跟随着 A 的 IPID 递增而不断递增。当且仅当 B 的 IPID 位于由 A 的 IPID 序列点 $A_1, A_2, A_3, \cdots$组成的矩形内部时，我们判定 A 和 B 拥有一致的 IPID 递增行为。当这些一致行为被大量发现，我们就认为 A 和 B 互为别名。

然而，这种基于共用 IPID 计数器的方式有着非常明显的局限性。第一，作为 IP 中最为经典的侧信道之一，除别名解析之外，IPID 已经被利用于 DNS 污染、IP 地址劫持等大量攻击之中。因此，大量路由器摒弃了这种严格递增的 IPID 计数器或者多个接口共用一个 IPID 计数器的设计思路。一旦 IPID 计数器不是多接口共用或者不是严格递增，就会导致基于 IPID 的别名解析方法完全失效。第二，IPv6 的固定头部中不存在固定的 IPID 字段，因为 IPv6 禁止中途分片。因此，一般情况下是无法获取 IPID 值的。不过，我们可以利用 IP 地址分片欺骗相关技术诱导出目标路由器的 IPID 值。我们将在第 5 章关于 IPv6 拓扑发现的讨论中具体介绍。

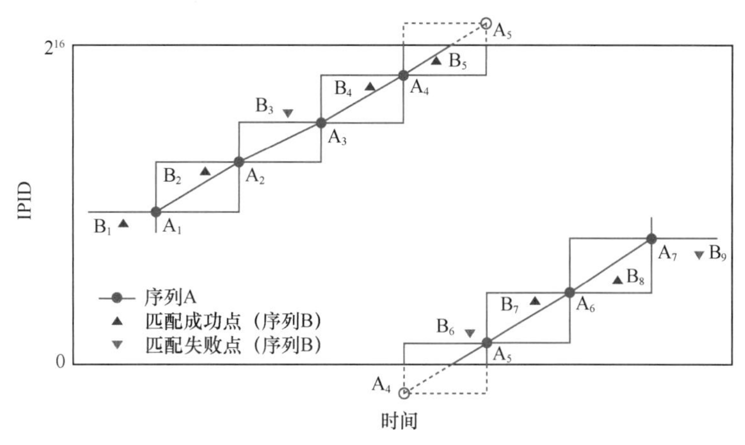

图4.6　IPID递增序列的判定示意[15]

3. 基于记录路由

基于记录路由的方法利用了 IPv4 的记录路由选项，通过将路由器发送数据包的 IP 地址附到该选项中，比较正向与反向数据以确定别名。这种方法的主要缺点是需要路由器实现记录路由选项，但实际情况中只有一部分路由器实现了这个选项；而且即使实现了记录路由选项，还需要路由器在配置中实际启用该功能。此外，记录路由数据的对齐也非常困难，尤其是在大规模的数据集上。

4. 基于 DNS

基于DNS的方法是指对IP地址进行DNS反向域名查询，根据查询到的DNS结果，判断别名。一般情况下，ISP 的路由器各个接口的 DNS 命名都是有规律的，比如 sl-bb21-lon-14-0.sprintlink.net 和 sl-bb21-lon-8-0.sprintlink.net 表示 Sprint 公司位于伦敦的骨干网路由器的两个接口 14-0 和 8-0[16]。但是，这种方法也有局限性。DNS 记录存在滞后、过时的情况。查询 DNS 本身相对耗时，而对 DNS 的结果进行比对更是一个耗时而且基准不明确的任务，不同 DNS 的域名命名惯例显然是难以预测的。此外，通常存在跨越 AS 边界的路由器，而 DNS 记录对于这类路由器的效果相对较差。

5. 启发式与分析式方法

此外，还有一些启发式和分析式方法也可以用于解决部分别名解析问题。例如，若出现从不同起点出发的探查路径相交，则在相交之前的 IP 是别名；或者，从一次探查中获得的 IP 序列中不可能存在别名。还有一些分析式方法，通过确定正、反两个方向，对探查路径判断子网，然后对齐来判断别名；或是在此基础上，进一步利用类似 Ping 的操作计算跳数差，差值在 1 之内的才被认为别名。但是，这些方法都只是启发式的，无法进行系统、科学的测量，而且也难免会因为不同的网络配置策略出现一些意外的情况。因此无法应用于大规模的别名解析中。

4.3.2 基于域内路由协议的路由器级拓扑发现

基于域内路由协议进行路由器级拓扑发现也是在AS内实现路由器级拓扑发现的常用方法，常用的域内路由协议有OSPF、IS-IS、RIP等。由于基于不同域内路由协议的路由器级拓扑发现方法的原理大同小异，本章以OSPF为例进行简要介绍。

OSPF是一种基于链路状态（link state）的分布式路由协议。在OSPF中，路由器之间可以互相传送信息。每个路由器在收集到足够的信息之后，就可以建立起自己的链路状态数据库，进而明确如何将数据包转发到目的地。

链路状态数据库中每个条目称为链路状态通告（Link State Advertisement，LSA）。OSPF共定义了5种不同类型的LSA，路由器间交换信息时就是交换这些LSA。每个路由器各自维护一个用于跟踪网络链路状态的数据库。各路由器基于链路状态进行路由选择计算，通过Dijkstra（迪杰斯特拉）算法建立最短路径树，并用该树跟踪系统中的每个目标的最短路径。最后通过计算区域间路由、AS外部路由确定完整的路由表。与此同时，OSPF动态监视网络状态，一旦发生变化则迅速扩散，达到对网络拓扑的快速收敛，从而确定出变化以后的网络路由表。

在运行OSPF的网络中，一个AS可分为一系列的区域（area）。具有多个接口的路由器可以分属于不同的区域，称为区域边界路由器，分别为每个区域维护各自独立的拓扑数据库。一个拓扑数据库实际上可以看作反映路由器间互联关系的一张全局的拓扑结构图，包括从同一个区域内的所有路由器收到的LSA的集合。由于同一区域内的路由器共享同样的信息，因此它们有一致的拓扑数据库。某一区域的拓扑对于区域外的实体是不可见的。根据源点和目的地是否在同一区域，OSPF有两种类型的路由选择方式：当源点和目的地在同一区域时，采用区域内路由选择；当源点和目的地在不同区域时，采用区域间路由选择。

OSPF主干（backbone）负责在不同区域间发布路由信息，它包括所有区域边界路由器，不包括完全在任何区域内的网络以及与它们相连的路由器。主干本身也是OSPF的一个区域，代号为0。因此，主干内所有路由器与其他所有区域内的路由器一样，利用相同的过程和算法维护路由信息。同样，主干的拓扑对所有其他区域内的路由器来说也是不可见的。

基于OSPF的路由器级拓扑发现方法，可以采用监听OSPF LSA的方法逐渐学习网络的拓扑信息，如图4.7所示。具体地，我们可以通过在需要探测其网络拓扑的区域中部署一个路由代理来监听（获得）该区域的拓扑数据库，然后据此数据库构建出该区域的网络拓扑。这样的路由代理实现了完整的OSPF，相当于一个特殊的路由器，但是它只被动地监听该区域的路由及拓扑变化信息，不会主动向区域中“注入”路由信息，因此，不会对被监听网络造成影响或干扰。

当然，也可以通过访问路由器的OSPF管理信息库（Management Information Base，MIB）来获得整个AS内部的网络拓扑。在OSPF MIB中，具体要用到的表为ospfAreaTable和ospfLsdbTable。ospfAreaTable描述了当前路由器所连接的区域的信息，ospfLsdbTable描述了当前路由器的链路状态数据库。OSPF MIB信息的获取涉及SNMP（当然还可以采用被动流量测量的方式，本章不展开讨论了），具体方法将在 4.3.3 节介绍。

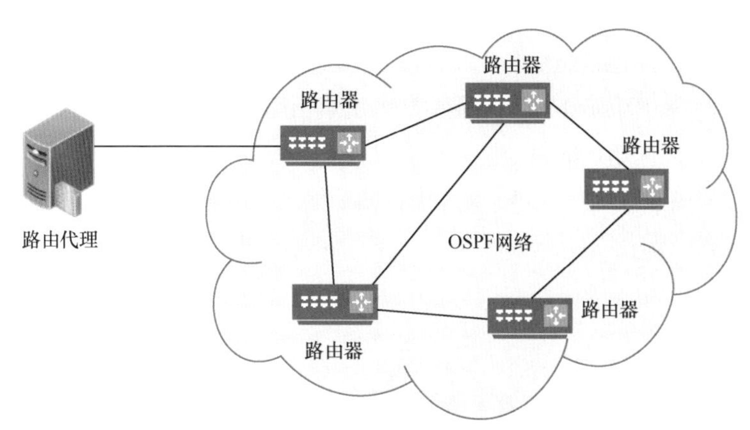

图4.7 基于OSPF的路由器级拓扑发现方法

基于域内路由协议的路由器级拓扑发现方法对管理域内的拓扑探测来说，无疑是目前最便捷也最有效的方法；然而对不具有管理权限的其他绝大多数 AS 来说，基于路由协议的拓扑发现方法则无法适用。

4.3.3 基于SNMP的路由器级拓扑发现

SNMP 是路由器级拓扑发现的一个重要工具，该协议的使用加快了网络拓扑的发现过程。利用 SNMP，我们可以从设备上获取信息，然后计算相关设备之间的连接关系。基于 SNMP 的路由器级拓扑发现方法的具体步骤如下。

（1）首先，访问拓扑发现系统所在主机的 SNMP MIBII 中的 ipRouteTable，如果发现有 ipRouteDest 值为 0.0.0.0 的记录，则说明系统所在的主机设置了默认网关，该记录的 ipRouteNextHop 值为默认网关的地址。检查默认网关的 ipForwarding 值。如果该值为 1，则表明该默认网关确实是路由设备，否则不是。

（2）遍历路由器（即前述默认网关）MIBII 的 IP 地址管理组中管理对象 ipRouteDest 下的所有对象，以每个路由记录的目的网络号为索引，查询 ipRouteType 字段的值。若该值为 3，则表明这条路由为直接（direct）路由，若该值为 4，则为间接（indirect）路由。间接路由表明在通往目的网络或目的主机的路径上还要经过其他路由器，而直接路由表明目的网络或目的主机与该路由器直接相连，这样就得到了与该路由器直接相连的网络号。再以这组网络号中的每个网络号为索引，查询其路由掩码（ipRouteMask）。根据路由掩码，就可以确定每个子网的 IP 地址范围。

（3）继续查询默认网关 MIBII 的 IP 地址管理组路由表中类型为间接路由的路由表项，得到路由的下一跳地址（ipRouteNextHop）。下一跳地址给出了与该网关相连的路由器，仍可以利用上面的方法搜索这个设备的路由表，如此不断迭代，直至终止条件（比如事先设置了搜索深度）或者到了网络的边界。这样，该方法可以搜索出多个路由器，并将它们所存储的路由表信息进行融合分析，构建连接关系，得到更大的网络拓扑。

（4）网络层拓扑主要反映子网和路由器之间的连接关系。子网和路由器的连接关系可以在发现与路由器直接相连的子网时得到，路由器和路由器的连接关系可以通过路由表中的 ipRouteNextHop 得到。

与基于路由协议的路由器级拓扑发现方法类似，基于 SNMP 的路由器级拓扑发现方法也主要是面向 AS 内的网络，因为 SNMP 的通信需要用到路由器配置的 Community Name（这相当于网管系统和被管对象之间通信的口令字）。该口令字是为了加强 SNMP 访问安全而设置的，不同 AS 对各自网络设备设置的这个口令字不会告知于他人。所以，一般我们无法向其他 AS 内的网络设备发起 SNMP 通信。

4.3.4 子网发现

子网发现是一类介于接口级和路由器级拓扑发现之间的拓扑发现子任务。图 4.8 展示了子网级的网络拓扑与其他级别的网络拓扑之间的关系。子网发现的主要意义是在促进对网络拓扑结构进行理解的同时，在已有的网络拓扑的基础上实现进一步划分、路径优化与态势感知等。子网发现主要利用 traceroute 中得到的 TTL 确定跳数距离（hop distance），将网络前缀从小前缀到大前缀进行合并与划分。子网发现的研究往往基于以下假设：子网中的所有接口在同一探测点应该拥有相同的 TTL 距离，并且到达目的前的最后一跳应该是相同的。但网络结构的复杂性以及可能存在的流量工程策略等（例如负载均衡）也给子网发现带来了不小的挑战。

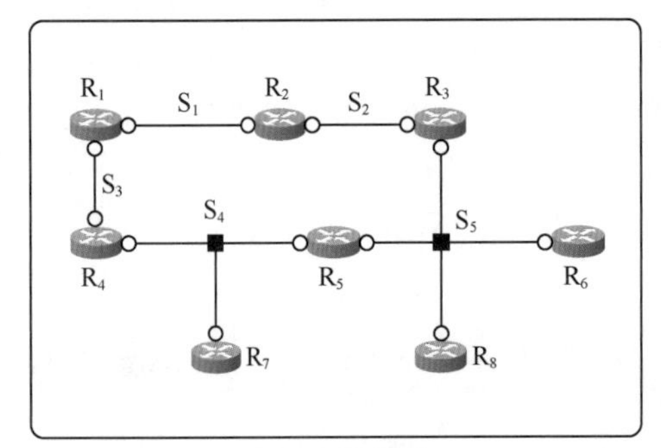

（a）互联网拓扑

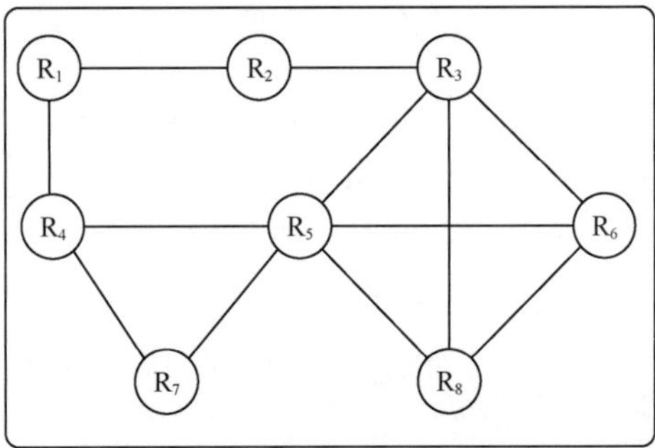

（b）路由器级拓扑

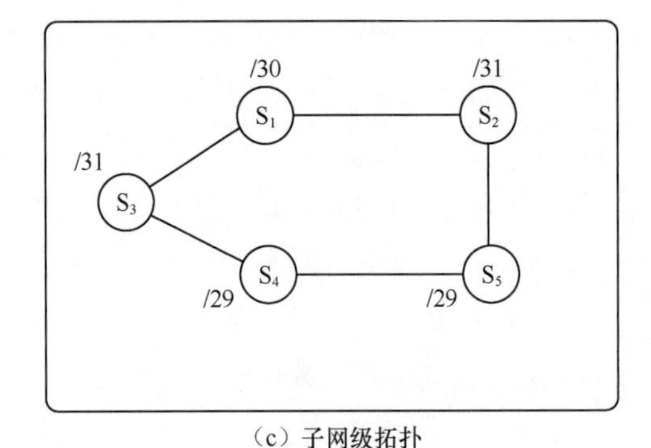

（c）子网级拓扑

图4.8 不同级别的拓扑示意[17]

在了解子网发现前，首先要了解子网中的一些重要概念，如图 4.9 所示。

（1）Pivot 接口：在子网中且不在进入子网的路由器上的接口。

（2）Contra-pivot 接口：在子网中且在进入子网的路由器上的接口，例如图 4.9 中的子网中的 .1 接口。

（3）Trail 接口：在一个 traceroute 获得的路径上且在目标之前。Trail 接口是非匿名非循环的 IP 接口，例如图 4.9 中虚线框中的接口。

（4）Flickering 接口：Trail 不同，TTL 相同。例如在图 4.9（a）中，w.x.y.z/29 子网中的 .2 与 .3 虽然前驱路由器都是一致的（即 R_4），但因为负载均衡的存在，到达 .2 与 .3 的 traceroute 路径可能经过 R_2，也可能经过 R_3，这就导致其在 traceroute 路径中的上一跳（即 Trail 接口）可能不同，可能是图中的虚线框中的任意一个。因此，.2 和 .3 就是 Flickering 接口。

（5）Warping 接口：Trail 相同，TTL 不同。例如在图 4.9（b）中，w.x.y.z/29 子网中的 .2 与 .3 前驱路由器一致，且上一跳（Trail 接口）也一致，但非对称负载均衡的存在导致 traceroute 路径可能通过 $R_1 \rightarrow R_2 \rightarrow R_5$，也可能通过 $R_1 \rightarrow R_3 \rightarrow R_4 \rightarrow R_5$ 到达 .2 或者 .3，造成 traceroute 路径中的 TTL 不同。此时，.2 和 .3 被称为 Warping 接口。

（6）Echoing 接口：路由器在返回 ICMP 超时消息时，将源地址设置为收到的探测包的目的地址而非接收路由器的接口地址，导致无法探测到中间路由器的接口。例如，在对 w.x.y.z/29 子网中的 .2 进行不断自增 TTL 的 traceroute 过程时，中间跳路由器始终以探测目标（即 .2）而不是其路由器自身的地址回复，导致中间跳路由器无法被发现。Echoing 接口数量较少，属于比较罕见的情况。

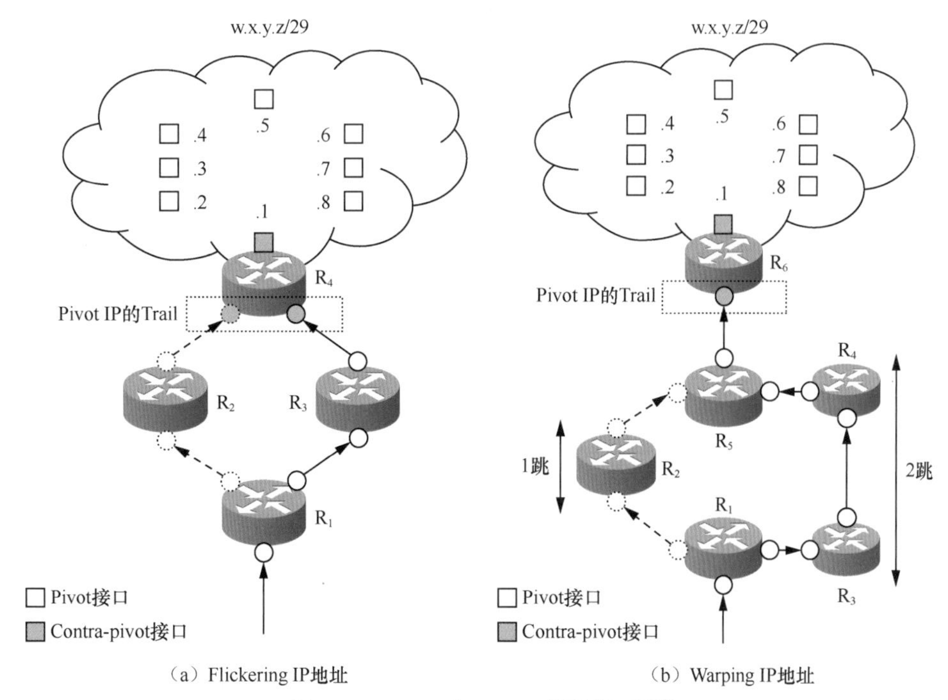

图4.9 Flickering和Warping情况的示例[17]

典型的子网发现方法包括 XNet[18]、TraceNet[19]、WISE[17] 等。这些方法基本都是基于 TTL

和共同前驱节点等子网常见的特性，对地址进行从粗粒度到细粒度的划分。这里，我们主要介绍最新的方法 WISE。该方法能在线性时间内发现子网，主要分为以下 4 步。

（1）对给定地址空间中的所有地址，打乱顺序后进行多次扫描确认其中存活的地址。第一次未收到响应则提高 TTL 进行第二次扫描。

（2）对每个地址进行 traceroute 操作，不断增加 TTL 值直到收到从目标发来的响应，以发现 Trail 接口。然后，继续进行 traceroute 操作，但不断减小 TTL 值以确保没有在目标地址之前能够收到回应。为提升探测效率，WISE 不对每个地址进行完整的 traceroute 扫描（即从 TTL=1 开始递增）。而是将地址严格排序后，每一次 traceroute 操作使用上一次 traceroute 操作发现目标的 TTL 值，再在此基础上进行一些正向和反向 traceroute 操作以获得完整的数据。扫描过程可进行多次，同时利用多线程加速。在扫描后，根据扫描结果检索出所有的 Flickering、Warping 和 Echoing 接口。进行第二次扫描以减少最后一跳匿名的情况（一般是网络限速导致）。WISE 会对 Flickering 的所有接口对进行别名检测，且不会处理接口非别名的 Flickering 接口。

（3）对被排好序的已被扫描的地址，进行以下操作：选定一个地址，为其构建一个 /32 子网，然后不断减小前缀长度，把前缀下的地址都加进来，再逐个判断这些地址是不是真的在一个子网里。判断规则一共有 5 条：规则一，共同 Trail；规则二，虽然 Trail 不同（因为有另类情况，即匿名或重复现象的发生），但 TTL 相同；规则三，同样是 Echoing Trail 且 TTL 相同；规则四，是 Flickering Trail（互为别名），且 TTL 相同；规则五，虽然 TTL 不同，Trail 也不同，但互为别名（在处理 Flickering Trail 时已经判定）。对候选地址检查完后，WISE 验证无法划为一个子网的地址的数量，并把这些地址分为两类：距离相近的为 Contra-pivot，否则为 Outlier。然后，不断扩展子网，直到出现以下情况：情况一，出现了 Contra-pivot（TTL 更小的非子网内的接口都是潜在的 Contra-pivot）；情况二，Outlier 不再占据所有接口的少数；情况三，出现了已经判断过的子网；情况四，子网大小超过 /20。出现上述情况之一后，子网前缀长度增加 1，并将此子网作为结果，剩下的未划入的地址则留给下一次推断。

（4）因为只要在发现 Contra-pivot 后，WISE 方法就会扩大子网，可能导致无法发现更大的子网。针对这一问题的解决方法主要有两种，一种是反向处理（Contra-pivot 往往在子网地址中的第一个）；另一种则是在合适的时候进行合并。最后，WISE 会对缺失 Contra-pivot 的子网进行补全。

和基于 traceroute 的接口级拓扑发现一样，已有的子网发现方法也存在无法确定路由器应答策略这一局限性。当路由器用比较少见的应答策略（如前文所提到的以任设地址回复，以出口端地址回复等）来响应 traceroute 探测包时，可能发现错误的子网。此外，随着网络拓扑结构的变化，尤其对于 IPv6 网络，这些子网发现方法已经越来越难以得到相应的支持。此外，随着网络结构愈发扁平化，以及一些新的网络结构与设备的面世与普及，单纯从拓扑发现这个角度来看，子网发现的意义已经有所淡化（尽管从网络空间测绘这个角度来看，子网发现仍然非常重要！）。

4.4 PoP级拓扑发现

PoP 是一个较为抽象的概念，没有很准确的定义，一般指属于同一个 AS 的紧密连接的（且地理上位于同一个城市甚至同一个园区）一些路由器构成的集合，它们往往拥有相似的内部结构。由 PoP 之间的连接关系构成的结构是 PoP 级拓扑结构，如图 4.10 所示。

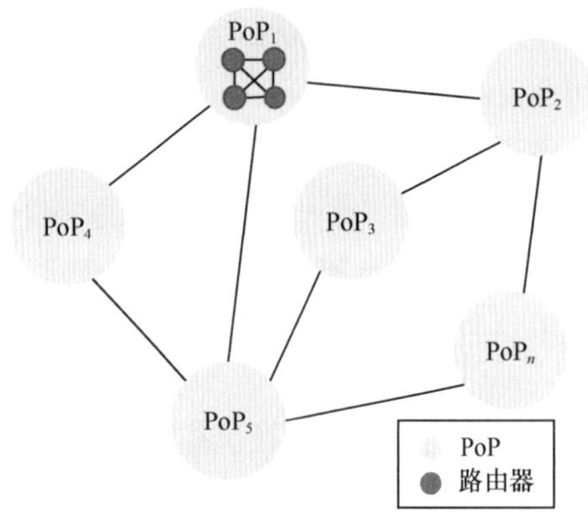

图4.10 PoP级拓扑结构示意

ISP 之间以及同一网络内的不同 PoP 的技术性质各不相同。一些 PoP 完全在 IP 层面上运行，而其他 PoP 则往往采用多协议标签交换（Multi-Protocol Label Switching，MPLS）和虚拟专用局域网服务交换。在许多情况下，ISP 往往在同一 PoP 内同时使用路由和交换技术，兼顾 MPLS 和 IP 的特点。PoP 级拓扑往往与 IP 地理定位、网络时延等联系起来。因为，属于同一个 PoP 的多个路由器往往具有几乎一致的地理位置与网络时延。绘制 PoP 级拓扑，有利于将网络拓扑与地理信息结合起来，以达到网络空间测绘的效果。

类似于别名解析将接口级拓扑聚合成路由器级拓扑，PoP 级拓扑的发现主要依赖于将一系列已有接口、路由器地址进行聚合，以达到发现 PoP 的目的。PoP 级拓扑发现主要有以下 3 种方法。

4.4.1 traceroute数据聚合

在 traceroute 数据上进行相应的聚合，这一思路非常直观而且也最为常见。以已知的接口级或路由器级拓扑信息作为输入，并通过一系列的 IP 地址聚合方式发现 PoP，从而聚合得到 PoP 级拓扑。IP 地址聚合方式包括通过比较 DNS 名称、对比 TTL 等。以下简要介绍两个典型的方法，即 Rocketfuel 和 iPlane。

Rocketfuel 在 traceroute 数据的基础上，用 IPID 区分别名获得路由器级拓扑，然后反查路由器接口对应的 DNS 名称，推断 DNS 名称命名规范，并使用正则表达式抽取出地理信息，最后根据地理信息对路由器进行聚合得到 PoP 级拓扑 [20]。Rocketfuel 的假设是 DNS 能够用于确定网络边界。然而，DNS 命名规范往往并不固定，因此这种方法的可靠性较差，如前文所述，基于 IPID 的别名解析也存在明显的局限性。

iPlane[21] 在基于 Rocketfuel 生成 PoP 级拓扑的基础上进行了一些改进。首先，iPlane 通过两个数据源确定分配给网络接口的 DNS 名称，这两个数据源分别是 Rocketfuel 的 undns 工具和 Sarangworld 项目的数据。iPlane 认为仅使用 DNS 数据源是不够的，因为有些接口没有 DNS 名称，或者没有规则能用于推断接口的 DNS 名称。有些接口也可能被错误命名，这会导致推断出的位置不正确。iPlane 使用 ICMP 回声请求数据包对接口进行探测，过滤掉 RTT 小于预期的接口。例如，同一个 PoP 应该位于相同或者极其接近的地理位置，若在通过 DNS 判断出来的 PoP 中存在一个接口，从探测点到该接口的 RTT 过小，则认为这个接口不属于该 PoP。然后，iPlane 通过对大量探测点进行探测，并根据响应对路由器接口进行聚类。iPlane 通过估计从路由器到探测点的路径上的跳数，猜测路由器使用的初始 TTL 值以定位或者缩小可能的 PoP 的搜索范围。

该猜测所基于的假设是，处于同一 AS 中且地理位置相同的路由器采用相同的反向路径将数据包回复给探测点，而不处于同一位置的路由器不会显示相似的反向路径。通过上述方式，iPlane 可检测到大约 13.5 万个 PoP。

总而言之，通过 traceroute 数据聚合的方法最大的局限是 traceroute 本身是基于网络空间的，而 PoP 更多的是相对于地理位置意义上的物理空间，二者不一定有良好的对应关系。此外，大规模 traceroute 数据量相对较大，因此 PoP 聚合将面临较大的测量开销。

4.4.2 基于时延聚类

相比于 traceroute 利用 TTL 这一跳数信息而言，基于时延聚类的方法更多依赖于网络时延——因为通常 PoP 在地理位置上是统一的，理应有非常接近的网络时延。例如，Feldman D 等人[22] 基于 IP 地址和地理位置数据库，通过利用 PoP 内部链路短、时延小的特点，在 traceroute 数据中搜索重复的序列，用以识别紧密连接的接口。忽略时延差小于一定值的边，将其视为一个 PoP 或多个 PoP，再进行融合或者拆分。然后，利用相关的地理信息服务获取位置信息，用 DNS 名字进行验证。该方法最大的问题是其依赖的数据库可能不够精确，而且存在覆盖面有限、数据过时之类的潜在问题。此外，这类方法还面临时延的准确性测量问题。如果无法精确测量时延，那就会对 PoP 的判定带来干扰。

4.4.3 基于ISP公布的信息

参阅 ISP 在网站上公布的有关信息，一些 ISP 可能定时、定期将 PoP（或数据中心）的一些数据在其网站上公开。这种方法自然也面临与其他的基于公开数据的测量方法相同的局限性，例如数据可能本身有误，而且也存在过时、不够精确、可能缺失等问题。

使用 PoP 级拓扑有可能检测到网络的重要节点，并了解网络动态等。此外，PoP 发现通常与地理位置关联，如果要在地理空间上对网络空间进行建模与测绘，PoP 级拓扑就是其中十分重要的一个桥梁。正如第 2 章所述，PoP 级拓扑模型相较于路由器级拓扑提供了更好的聚合水平，而且信息损失最小。PoP 级拓扑能够通过物理共存点的数量和它们的连接性来评估每个 AS 的规模，而非通过路由器和 IP 链接的数量，这大大降低了评估的复杂度。此外，PoP 级拓扑中的节点可以注明地理位置信息以及 PoP 节点的大小。因此，使用 PoP 级拓扑可以检测网络的重要节点并了解网络动态、为更多应用程序提供更高质量的服务。关于 PoP 级拓扑发现中的 IP 地理定位问题，本章不展开讨论，第 6 章将详细讨论。

4.5 AS级拓扑发现

AS 级拓扑是互联网的十分宏观的视图，能够直接反映互联网的性质。目前获取互联网 AS 级拓扑的方法可以分成两类：基于 BGP 和基于 traceroute 的间接映射。基于 BGP 的方法通过 BGP 直接得到 AS 级的拓扑信息，属于被动测量。该测量方法包含 5 种途径（数据源）：BGP 路由监控系统、BGP 路由服务器、Looking Glass 服务器、IRR 信息库和 SNMP 数据库。基于

traceroute 的间接映射方法是分析接口级和路由器级的拓扑数据，将 IP 地址或者路由器路径映射到相应的 AS 路径，从而得到 AS 级拓扑。

4.5.1 基于BGP

BGP 是 AS 之间基于路径向量的路由协议。BGP 路由器之间交换的信息不仅包含目的网络的可达性信息，也包含到达相应目的网络的路径信息。这样，我们可以通过 BGP 直接收集到 AS 级的拓扑信息。具体来说，可以分为以下 5 种途径。

1. BGP 路由监控系统

在路由监控系统中，服务器通过运行路由协议伪装成一台路由器，和真实的路由器进行路由会话。这些服务器只是被动地侦听邻居的路由更新报文，并建立自己的路由表，并不主动发出任何路由更新报文。因此，我们可以通过路由监控系统记录所有的路由更新报文，并周期性地保存其路由转发表，然后通过分析这些信息就可以得到网络的拓扑信息。Quagga（Zebra）是一款常用（开源）的 BGP 路由监控系统软件，其可实现 BGP、OSPF 等多种路由协议，被广泛部署于各类路由监控服务器中。

每一台 BGP 路由器都会维护一张路由表，该路由表记录从本地到目标网络地址前缀的 AS 路径和下一跳。这些 AS 路径组成了 BGP 的路由转发表，用于对数据包的转发。通过分析这个路由转发表就可以获取 AS 之间的连接关系。图 4.11 所示是一个路由表的局部。

Network	NextHop	Metric	LocPrf	Weight	Path
* 3.0.0.0	193.0.0.56			0	3333 3356 701 703 80 i
*	203.62.252.186			0	1221 4637 703 80 i
*	134.222.87.1			0	286 3549 701 703 80 i
*	195.219.96.239			0	6453 701 703 80 i
*	65.106.7.139	3		0	2828 701 703 80 i
*	129.250.0.11	6		0	2914 701 703 80 i
*>	157.130.10.233			0	701 703 80 i
*	4.68.1.166	0		0	3356 701 703 80 i
*>4.4.4.0/30	203.62.252.186			0	1221 4637 4766 9318
18305?					

图4.11 来自route-views.routeviews.org（AS6647）的路由表的局部

可见，每一个目的网络都构成路由器的一个表项，记录了到达该前缀的所有路由，其中“*>”标记的路由是当前选择的最佳路由。“Path”域记录了到达该目标前缀所经历的 AS，而最后的字母“i”表示该路由来自 AS 内部，也就是说网络 3.0.0.0 属于 AS80。对于目标前缀 3.0.0.0，路由器当前选择 157.130.10.233 作为下一跳，对应的 701 703 80 作为 AS 路径。表中其他属性请见 BGP[23]。

可以认为 AS 路径中，相邻 AS 在实际 AS 级拓扑中也是直接相连的，这样就可以通过 BGP 表来构造 AS 级拓扑，如图 4.12 所示。图 4.12 仅仅描绘了到目标前缀 3.0.0.0（属于 AS80）的 AS 级拓扑，节点中的数字表示 ASN。其中 AS6647 是路由监控系统所属的 AS。

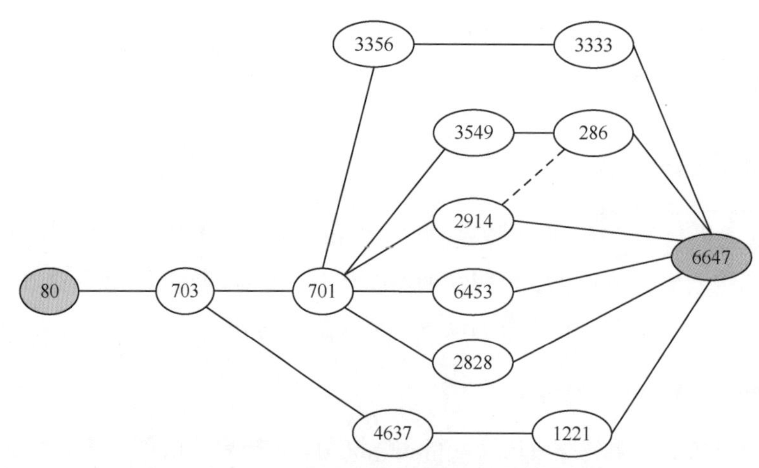

图4.12 由BGP路由表构造的AS级拓扑

这种测量方法同样面临数据不完整性问题。首先，由于 BGP 路由表只记录了本 AS（本例中是 AS6647）到目标前缀的 AS 路径，其他旁路路径不会反映在拓扑中，如图 4.12 中虚线所示，AS2914 到 AS286 之间可能会有一条通路，但是在基于 AS6647 的监控中无法被发现。我们可以通过增加被监测的 BGP 路由器来增加 AS 级拓扑的完整性，但改善的效果有限。其次，路由聚合和过滤会造成 AS 隐藏。如果 AS80 有两个各属于不同 AS 的客户，AS80 在向邻居 AS703 广播路由之前已经对这两个客户进行了路由聚合，那么客户的 ASN 就不会在拓扑中显示。同样，BGP 的过滤策略也会隐藏 AS。

BGP 路由表提供了静态的 AS 级拓扑结构，我们还可以通过 BGP 的 UPDATE 报文来实时地更新 AS 拓扑。UPDATE 报文通过 AS_PATH 属性反映了全网的拓扑变化，有助于发现 BGP 路由表不能提供的备份和隐藏路径，但同样也面临数据完整性问题。

另外，动态的 BGP 路由表和 UPDATE 报文还会产生所谓的生命期（aliveness）问题[24]。UPDATE 报文反映了网络的拓扑或者策略变化。但导致这些拓扑变化的，既有真实的拓扑变化，也有短时的抖动，比如路由器重启、链路的短暂故障等。我们在研究网络拓扑时，需要尽可能多地获取真实的拓扑变化，尽可能少地引入短时的抖动。一般来讲，暂时性的路由变化会随着时间增加而呈指数衰减，比如路由器关闭和重启的时间间隔是短暂的，不会很长。这样，当拓扑变化时，如果等待足够长的时间，就可以消除暂时性的路由变化。但如果不排除路由抖动带来的大量异常 UPDATE 报文，就会得到错误的拓扑构造结果。

在用于研究的公共 BGP 路由监控基础设施中，十分有名的是俄勒冈大学的 Routeviews 项目和 RIPE 的路由信息服务（Routing Information Service，RIS）项目。前者在全球（主要是北美地区）的多个地方部署了 BGP collector，记录了所有的路由表（包括最佳路由和备份路由）和 UPDATE 报文；截至 2022 年 6 月，后者在全球的 26 个地点建立了 1400 多个 BGP 会话，记录了各地区的 BGP 路由信息，部分节点甚至记录了全球的 BGP 路由信息，这些 BGP 路由数据都对外免费开放。

2. BGP 路由服务器

互联网交换中心（Internet Exchange Point，IXP）为很多 ISP 提供互联服务。ISP 之间的路由器通过外部边界网关协议（external Border Gateway Protocol，eBGP）会话连接。一般情况下，这些 eBGP 是全连接的。与内部边界网关协议（internal Border Gateway Protocol，iBGP）一样，全连接的方式都存在可扩展性问题。BGP 路由服务器是一种替代方案[25]。每个 ISP 的 BGP 路由器只和路由服务器相连，路由服务器为各个 ISP 提供互联网连接。通过这种方案，可以使 BGP 连接数从 $O(n^2)$ 降到 $O(n)$。和 BGP 路由监测系统一样，这些 BGP 路由服务器也和很多的 AS 进行 BGP 会话，不一样的是，路由服务器会为每个 BGP 会话维护各自的路由策略和路由表。

为了方便解决网络故障，一些 BGP 路由服务器允许用户通过 telnet 公开访问，执行“show ip bgp”等命令。在 AS 拓扑测量中，我们可以通过这些命令得到 BGP 路由表。其中有的 AS 是 Routeviews 和 RIPE RIS 没有覆盖到的。

3. Looking Glass 服务器

Looking Glass 服务器运行 Looking Glass 软件[1]，由 ISP 和 IXP 等网络运行机构运行维护，以 Web 的形式向用户提供其所管辖 BGP 路由器的信息。与 BGP 路由服务器相似，Looking Glass 服务器主要用于 BGP 路由的故障排查。用户在 Web 上选择需要执行的命令，Looking Glass 服务器在本机上执行该命令并在 Web 上显示返回结果。比如通过 traceroute 等工具检测目标地址的可达路径，定位故障发生的节点。本质上，Looking Glass 是对 BGP 路由器的路由信息进行有限查询的只读门户。在功能上，只有 Ping、traceroute、show bgp summary 等简单命令，其中通过“show bgp summary”命令可以得到该 BGP 路由器的所有邻居信息，包括 IP 地址以及所属 ASN，这些信息可以用于 AS 级拓扑构造。

从拓扑发现的角度看，BGP 路由服务器与 Looking Glass 服务器相似。出于商业机密考虑，一方面公开的服务器数量有限，另一方面能够得到的拓扑数据也有限，这就决定了 BGP 路由服务器与 Looking Glass 路由服务器这两种方法只能作为辅助和补充。

4. IRR 信息库

IRR 机构用于受理 IP 地址和 ASN 申请。同时，这些申请信息被存到数据库。另外，IRR 还通过路由策略规范语言记录 ISP 的 BGP 路由信息（不强制执行）。IRR 数据库里面的路由数据以对象的形式保存。我们可以用 Whois 工具进行查询。图 4.13 显示了通过查询亚太地区的 IRR 机构 APNIC，得到的关于前缀 166.111/16 和 AS23910 的信息。图 4.13 中有两个典型的对象。第一个是 inetnum 对象，或者叫 route 对象，记录了前缀信息；第二个是 aut-num 对象，记录了 AS23910（CERNET2）的信息，其中 export 和 import 域记录了该 AS 的路由策略。AS23910 的 export 域表示，本 AS（AS23910）向邻居 AS9406 声明了一条路径为（4840, 4839, 9407, 4538, 23910）的 AS 路由，并且说明通过本 AS 可以到达 AS4840 中的某个 IP 地址前缀。而 import 域则表示接收邻居 AS4538 的路由声明。

如果每一个 ISP 都把自己的路由信息反馈给 IRR，那么这个数据库无疑是完整的。但是一方面这种注册不是强制执行的，很多 ISP 考虑到商业安全性而拒绝注册；另一方面因为是手动维护，信息更新比较滞后，导致 IRR 数据库的信息存在很大的完整性和实时性问题。在地区级

---

[1] Looking Glass服务器的软件实现有很多变体和方式。

的 IRR 中，欧洲的 RIPE 强制命令 ISP 进行注册和更新，因此其数据库相对完整和实时。

```
inetnum:      166.111.0.0-166.111.255.255
netname:      TUNET
admin-c:      SZ120-AP
tech-c:       SZ120-AP
changed:      hm-changed@apnic.net 20041214
source:       APNIC

aut-num:      AS23910
as-name:      CNGI-CERNET2-AS-AP
descr:        China Next Generation Internet CERNET2
import:       from AS4538   action pref=10;   accept ANY
export:       to AS9406   announce AS23910 AS4538 AS9407 AS4839 AS4840
admin-c:      CER-AP
tech-c:       CER-AP
mnt-by:       MAINT-CERNET-AP
changed:      hm-changed@apnic.net 20031014
source:       APNIC
```

图4.13　Whois查询结果

在以上 4 种途径中，BGP 路由表数据源是使用较为广泛的。但是有研究[26]发现，将这 4 种数据源结合起来，可以在一定程度上弥补前面提到的 BGP 路由检测的缺陷，使得测量到的节点和连接边显著增加。

5. SNMP 数据库

SNMP 也可用于 AS 级的网络拓扑测量。通过 BGP4-MIB 和 OSPF-MIB 中的相关表格 ospfLsdbTable 和 bgp4PathAttrTable 可以构造网络的静态拓扑，利用 SNMP 的 TRAP 机制可实时地跟踪拓扑的变化。与路由器级拓扑一样，这种方法的最大不便仍然是访问权限和安全性问题，并且监测范围也受到很大限制。

4.5.2　基于traceroute的间接映射

前面通过别名解析将接口 IP 地址映射到路由器，得到了路由器级拓扑；同样，如果我们将 IP 地址映射到 AS，就可以得到 AS 级拓扑[27]。

相比前面的基于 BGP 的被动测量，基于 traceroute 的间接映射属于主动测量，具有相应的优势。首先，间接测量能够得到更细粒度的测量数据，比如 AS 之间的多连接路径；其次，间接测量能够发现 BGP 路由表不能得到的路径，包括因为路由聚合和过滤以及策略路由而不被广播的路由；最后，建立在 IP 接口层之上的 AS overlay 拓扑能够更清楚地说明 AS 拓扑的内在性质。

基于 traceroute 的间接映射的核心是 IP 地址到 AS 的映射。借鉴前面的直接测量，该测量方法主要包括以下两种途径（数据源）。

（1）BGP 路由表：BGP 路由表项最后一跳说明了该前缀的来源，从而可以将网络前缀和 ASN 联系起来。BGP 路由表可以来自 BGP 路由监测系统、BGP 路由服务器、Looking Glass 服务器等。

（2）IRR 信息：注册信息记录了 IP 地址所属的 AS，以及 AS 所辖的 IP 地址块。但是面临信息不完整和不准确的缺陷。

图 4.14 中，左列显示了清华大学到麻省理工学院（Massachusetts Institute of Technology，MIT）的 traceroute 路径，通过将 IP 地址映射到 AS 的方法得到了对应 IP 地址所属的 AS 及其组织（如右边所示），据此可构造 AS 级拓扑。

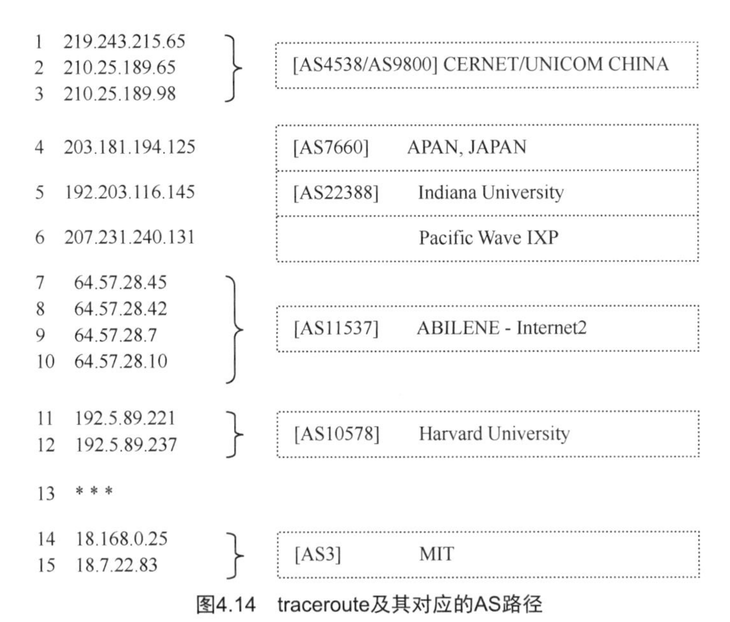

图4.14　traceroute及其对应的AS路径

但是，由于互联网络的复杂性，很难将所有的 IP 地址正确地映射到相应的 AS[27-29]，如出现以下几种情况

第一种情况是 IP 地址根本就不属于某 AS，这主要是由 IXP 造成的。IXP 是 ISP 进行 BGP 会话、交换路由信息的场所，主要通过高性能二层交换机进行路由交换。通常 IXP 的设备也需要 IP 地址用于互联或者管理，但是并没有被分配 ASN，这样该设备在 BGP 上是透明的。如图 4.14 中的第 6 跳，207.231.240.131 属于 Pacific Wave 交换服务中心。该 IXP 连接了美国、亚洲和澳大利亚太平洋沿岸的网络，利用了第二层交换技术，但没有被分配 ASN。

第二种情况是 IP 地址被错误地映射到其他的 AS。这是十分普遍的情况，原因也很复杂，主要有以下几类。

（1）未声明的 IP 地址：ISP 向具有独立 AS 的客户提供了一个 IP 地址块，但是客户并没有将该地址块公布到互联网上，而是通过 ISP 访问。这样就会造成 ISP 和客户 AS 的错误映射。

（2）BGP 的路由聚合和过滤，会使得子网 IP 地址错误地映射到上级网络的 AS。

（3）Sibling 关系的 AS：一个组织可能拥有多个 AS，这些 AS 之间存在 Sibling 关系，相互为对方提供互联网穿越功能。在这种情况下，区分这些 AS 就没有必要了。两个 Sibling AS 在 traceroute 中是两个节点，而在实际的 AS 级拓扑中，可以认为它们是同一个节点。

第三种情况是 IP 地址被映射到多个 AS，这种现象被称为 BGP 多源 AS（Multi-Origin AS，MOAS）。MOAS 是由 Huston 最先观察到的。RFC1930 推荐一个网络前缀只能产生于一个 AS[30]，而 MOAS 则违反了该 RFC 的规则。比如图 4.14 中的前 3 个 IP 地址同属于 AS4538 和 AS9800，就是典型的 MOAS 现象。引起 MOAS 的原因主要是多宿主（multi-homing）和误配置等[31]。

此外，traceroute 本身的缺陷也会给间接映射方法带来问题。比如图 4.14 中的第 13 跳，traceroute 返回“*”，表示因为防火墙丢弃了该 ICMP 报文或者返回的时候被丢弃了，或者是该跳路由器本身被配置为不对 ICMP 进行响应，等等。无论是哪种情况，我们都无法判断这一跳节点对应的 AS。

最后，由于 traceroute 并不能直接捕获 AS 之间的 BGP 会话，会在本质上产生一些路径偏差，比如前文提到的 Sibling AS 的拓扑发现。两个 Sibling AS 在 traceroute 中是两个节点，而在 BGP 中则是一个节点，这样两种方法得到的路径是不一样的。

这种测量 AS 拓扑的间接映射方法促使 AS traceroute 的出现，该工具在传统的 traceroute 的基础上，将 IP 地址映射到相应的 AS，得到源节点和目的节点之间的 AS 路径。NANOG traceroute 就是基于 IRR 查询的 AS traceroute；而 Mao Z M 则综合利用 BGP 路由表以及网络工程经验推理得到更准确的 IP 地址到 AS 的映射[27]。

4.6 本章小结

本章从 4 个不同的层次出发，讲述了关于网络拓扑发现的背景、方法、意义与局限性。网络拓扑发现自互联网问世以来就一直有着持续的发展，也随着互联网的不断演进，面临一系列新的挑战。虽然一系列新的工作仍然在不断涌现，但大体上的思路还是没有太大变化。例如接口级拓扑发现仍然依赖基于 ICMP 实现的 traceroute 等工具，后续的发展也只是进行针对性的优化和调整，本质还是 traceroute 方法和 ICMP 应用的延续。回顾本章，可以看到所有的拓扑发现方法都是基于以下 3 种不同类型的媒介。

1. 互联网的（不安全的）协议与网络配置

可以说，没有协议和规范，也就没有测量的途径。正是因为有了被广泛接受和部署的 TCP/IP 簇、ICMP，以及被广泛认可和部署的各种网络设备规范，我们才能利用这些协议和规范进行想要的测量工作。因此某种意义上，拓扑发现正是利用了很多互联网现有协议或者设备配置规范的不安全的地方。例如，如果所有网络设备都不用全局递增 IPID 计数器，那么现有的基于 IPID 的别名解析都将无法使用。如果网络协议或者网络设备配置绝对安全、可靠，主动拓扑发现就会变得极其困难甚至不可能，其实这正是网络空间抗测绘要研究的主题之一。

2. 被动的流量收集

被动测量通过各种网络流量的收集与分析，达到网络测量的效果。例如，渐进路由发现基于网络管理员权限以及 SNMP 等网络管理协议，对整个网络的拓扑进行建构，拥有较高的可靠性和准确性。但这类方法主要面向 AS 内的网络拓扑发现，难以对本 AS 外的全球互联网进行拓扑发现。

3. 第三方的数据共享

前文提到的 CAIDA、Routeviews、RIS 等多个国际第三方组织或者个人维护了一系列有利于进行全网拓扑发现的数据。一些数据库会对不同级别的数据提供不同等级的访问权限，例如

CAIDA 的一些重要数据只开源给合作单位，或者一些美国的盟友国家。

参考文献

[1] LUCKIE M, HYUN Y, HUFFAKER B. Traceroute Probe Method and Forward IP Path Inference [C]. The 8th ACM SIGCOMM conference on Internet measurement, 2008: 311-324.

[2] LAKHINA A, BYERS J W, CROVELLA M, et al. Sampling Biases in IP Topology Measurements [C]. In The Twenty-second Annual Joint Conference of the IEEE Computer and Communications Societies (IEEE INFOCOM 03), 2003: 332-341.

[3] BARFORD P, BESTAVROS A, BYERS J, et al. On the Marginal Utility of Network Topology Measurements [C]. The 1st ACM SIGCOMM Workshop on Internet Measurement (IMC 01), 2001: 5-17.

[4] BEVERLY R. Yarrp'ing the Internet: Randomized High-speed Active Topology Discovery [C]. The 2016 Internet Measurement Conference (IMC 16), 2016: 413-420.

[5] DONNET B, RAOULT P, FRIEDMAN T, et al. Efficient Algorithms for Large-scale Topology Discovery [C]. The 2005 ACM SIGMETRICS International conference on Measurement and modeling of computer systems, 2005: 327-338.

[6] HUANG Y, RABINOVICH M, AL-DALKY R. FlashRoute: Efficient traceroute on a Massive Scale [C]. The 2020 Internet Measurement Conferencec (IMC 20), 2020: 443-455.

[7] AUGUSTIN B, CUVELLIER X, ORGOGOZO B, et al. Avoiding traceroute Anomalies with Paris traceroute [C]. The 6th ACM SIGCOMM conference on Internet Measurement (IMC 06), 2006: 153-158.

[8] AUGUSTIN B, FRIEDMAN T, TEIXEIRA R. Measuring Load-balanced Paths in the Internet [C]. The 7th ACM SIGCOMM conference on Internet measurement (IMC 07), 2007: 149-160.

[9] VERMEULEN K, STROWES S D, FOURMAUX O, et al. Multilevel MDA-lite Paris traceroute [C]. The 2018 Internet Measurement Conference (IMC 18), 2018: 29-42.

[10] VERMEULEN K, ROHRER J P, BEVERLY R, et al. Diamond-Miner: Comprehensive Discovery of the Internet's Topology Diamonds [C]. The 17th USENIX Symposium on Networked Systems Design and Implementation (NSDI 20), 2020: 479-493.

[11] KATZ-BASSETT E, MADHYASTHA H V, ADHIKARI V K, et al. Reverse traceroute [C]. The 7th USENIX Symposium on Networked Systems Design and Implementation (NSDI 10), 2010: 219-234.

[12] VRIES W, SANTANNA J J, SPEROTTO A, et al. How Asymmetric is the Internet? [C]. IFIP International Conference on Autonomous Infrastructure, Management and Security, 2015: 113-125.

[13] BAKER F. Requirements for IP Version 4 Routers [S]. RFC1812, IETF Router Requirements Working Group, 1995.

[14] GOVINDAN R, TANGMUNARUNKIT H. Heuristics for Internet Map Discovery [C]. The Nineteenth Annual Joint Conference of the IEEE Computer and Communications Societies (IEEE INFOCOM 00), 2000: 1371-1380.

[15] KEYS K, HYUN Y, LUCKIE M, et al. Internet-scale IPv4 Alias Resolution with MIDAR [J]. IEEE/ACM Transactions on Networking, 2012: 383-399.

[16] SPRING N, MAHAJAN R, WETHERALL D, et al. Measuring ISP Topologies with Rocketfuel [J]. IEEE/ACM Transactions on Networking, 2004, 12(1): 2-16.

[17] GRAILET J F, DONNET B. Revisiting Subnet Inference WISE-ly [C]. The 2019 Network Traffic Measurement and Analysis Conference (TMA 19), 2019: 73-80.

[18] TOZAL M E, SARAC K. Subnet Level Network Topology Mapping [C]. The 30th IEEE International Performance Computing and Communications Conference, 2011: 1-8.

[19] TOZAL M E, SARAC K. Tracenet: An Internet Topology Data Collector [C]. The 10th ACM SIGCOMM conference on Internet Measurement (IMC 10), 2010: 356-368.

[20] SPRING N, MAHAJAN R, WETHERALL D. Measuring ISP Topologies with Rocketfuel [J]. ACM SIGCOMM Computer Communication Review, 2002, 32(4): 133-145.

[21] MADHYASTHA H V, ISDAL T, PIATEK M, et al. iPlane: An Information Plane for Distributed Services [C]. The 7th Symposium on Operating Systems Design and Implementation (OSDI 06), 2006: 367-380.

[22] FELDMAN D, SHAVITT Y. Automatic Large Scale Generation of Internet PoP Level Maps [C]. The 2008 IEEE Global Telecommunications Conference (Globecom 08), 2008: 1-6.

[23] REKHTER Y, LI T. A Border Gateway Protocol 4 (BGP-4) [S]. RFC 1771, IETF Network Working Group, 1995.

[24] OLIVEIRA R V, ZHANG B, ZHANG L. Observing the Evolution of Internet as Topology [C]. The 2007 Conference on Applications, Technologies, Architectures, and Protocols for Computer Communications (SIGCOMM 07), 2007: 313-324.

[25] HASKIN D. A BGP/IDRP Route Server Alternative to a Full Mesh Routing [S]. RFC 1863, IETF Inter-Domain Routing Working Group, 1995.

[26] CHANG H, GOVINDAN R, JAMIN S, et al. Towards Capturing Representative AS-level Internet Topologies [J]. Computer Networks, 2004, 44(6): 737-755.

[27] MAO Z M, REXFORD J, WANG J, et al. Towards an Accurate AS-level traceroute Tool [C]. The 2003 Conference on Applications, Technologies, Architectures, and Protocols for Computer Communications (SIGCOMM 03), 2003: 365-378.

[28] MAO Z M, JOHNSON D, REXFORD J, et al. Scalable and Accurate Identification of AS-level Forwarding Paths [C]. The 2004 IEEE INFOCOM Conference (INFOCOM 04), 2004: 1605-1615.

[29] MAO Z M, QIU L, WANG J, et al. On AS-level Path Inference [J]. ACM SIGMETRICS Performance Evaluation Review, 2005, 33(1): 339-349.

[30] HAWKINSON J, BATES D. Guidelines for Creation, Selection, and Registration of an Autonomous System (AS) [S]. RFC 1930, Inter-Domain Routing Working Group, 1996.

[31] ZHAO X, PEI D, WANG L, et al. An Analysis of BGP Multiple Origin AS (MOAS) Conflicts [C]. The 1st ACM SIGCOMM Workshop on Internet Measurement (IMC 01), 2001: 31-35.

第 5 章　面向 IPv6 的网络空间测绘

网络空间测绘在 IPv6 网络中的应用称为 IPv6 网络空间测绘。与在 IPv4 网络空间进行测绘不同的是，IPv6 在地址空间、报文头格式和相关协议设计方面有了巨大变化，导致部分 IPv4 网络空间测绘技术手段无法直接应用于 IPv6 网络空间的测绘。最直接的问题就是获取活跃地址变得更加困难，而缺少 IPv6 活跃地址也导致 IPv6 拓扑发现变得更具挑战。为了实现面向 IPv6 的网络空间测绘，本章首先在 5.1 节分析了 IPv6 网络空间测绘面临的挑战，然后在 5.2 节详细讲述了活跃 IPv6 地址发现方法，最后在 5.3 节简述面向 IPv6 网络的拓扑发现方法。

5.1　IPv6网络空间测绘面临的挑战

相较于 IPv4 网络空间测绘，IPv6 网络空间测绘更为困难，主要体现在以下几个方面。

第一，IPv6 地址空间更大，以现有的技术暴力探测整个 IPv6 地址空间是不可行的。IPv4 地址长度为 32 bit，地址空间大小为 2^{32}。而 IPv6 地址长度为 128 bit，地址空间大小为 2^{128}，远远大于 IPv4 地址空间。对于 IPv4 地址空间，使用最近出现的以快著称的 ZMap[1] 在一个通用的服务器上能在 45 min 内完成扫描，以同等条件扫描 IPv6 地址空间则需要 6.78×10^{24} 年。因此，针对 IPv6 网络空间测绘，需要有全新的思路，暴力探测的思路并不可取。

第二，IPv6 活跃地址分布稀疏，由于地址空间大，活跃 IPv6 节点少，活跃 IPv6 地址密度小。要进行 IPv6 网络空间测绘，首先需要找到活跃 IPv6 地址，然而由于 IPv6 地址空间巨大，当前设备数量和地址使用量级远小于 IPv6 地址规模，因此在整个 IPv6 地址空间中寻找当前活跃的地址无异于大海捞针。设计快速发现活跃 IPv6 地址的手段已是必不可少的。

第三，主机配置的 IPv6 地址动态变化，动态地址配置技术 [2,3] 使得节点的 IPv6 地址动态变化，特别是无状态地址自动配置（Stateless Address Auto-Configuration，SLAAC）[3]。在引入隐私扩展等机制 [4] 后，主机的 IPv6 地址动态变化，难以实时探测主机当前活跃的 IPv6 地址。这对于实时探测客户端的地址带来了巨大的挑战。

第四，IPv6 相关协议的更新和改进使得网络拓扑探测变得更具挑战性。例如 IPv6 节点对 ICMPv6 限速的支持更为普遍，这使得诸如 traceroute 等依赖 ICMP 的探测手段受到限制。此外，IPv6 标准包头去除了 IPID 等字段，使得第 4 章介绍的基于 IPID 进行拓扑探测的手段不再适用。

从上述分析来看，进行 IPv6 网络空间测绘，着重需要解决两方面的问题：活跃 IPv6 地址发现以及适用于 IPv6 的拓扑发现方法。第 4 章对基于 IPv4 的拓扑发现进行了详述，本章将从 IPv6 的角度进一步探讨。

5.2 活跃 IPv6 地址发现

对 IPv6 而言，发现其活跃地址是对 IPv6 网络空间进行测绘的基础。然而，IPv6 地址空间巨大，像对 IPv4 那样直接进行整个地址空间的无差别扫描是不可行的。原因在于，当前的扫描工具无法实现对整个 IPv6 地址空间的高效扫描。不过，经过学术界和工业界的研究，多种发现活跃 IPv6 地址的手段被提出，大致可以划分为开放数据提取、被动收集和主动探测 3 类。

5.2.1 开放数据提取

这类方法是指通过公开资源查询或解析获取活跃 IPv6 地址，例如通过 DNS、域名系统安全扩展（Domain Name System Security Extensions，DNSSEC）[5]、公开数据源等。DNS 可以被看作一个庞大的域名与 IP 地址映射的数据库，记录了全球支持通过 IPv6 访问的服务及 IPv6 地址，因此可以从 DNS 提取活跃 IPv6 地址。DNSSEC 的情况类似。此外，还有很多研究人员基于不同的方法，先做了一些关于活跃 IPv6 地址的收集工作。其中，部分研究人员也会选择在网站上公开此类数据，因此我们也可以在这类网站中提取他们共享的数据。甚至，部分网站为了保障用户安全，会提供一份曾进行恶意攻击（如钓鱼网站、垃圾邮件）的地址清单，通过这些清单，我们也可以收集到曾经活跃的 IPv6 地址。本节详细讲述通过此类思路获取活跃 IPv6 地址的方法和途径。

1. 通过 DNS 解析获取

DNS 是一个分层和分布式命名系统，用于识别计算机、服务和其他可通过互联网访问的资源。DNS 中包含的资源记录将域名与其他相关信息联系起来，其中一类十分重要的记录是将便于人们阅读和记忆的域名映射到计算机理解所需的 IP 地址，以使用底层网络协议定位服务和设备。但随着时间的推移，DNS 也被扩展到执行许多其他功能。自 1985 年以来，DNS 一直是互联网功能的一个重要组成部分。一个经常被用来解释 DNS 的比喻是，它作为互联网的电话簿，将计算机主机名翻译成 IP 地址。例如，域名 www.example.com，翻译为 12.34.56.78（IPv4）和 2002:6543:110:f:2468:1357:67c8:1456（IPv6）。DNS 可以快速、透明地更新，允许服务改变在网络上的位置（位置改变意味着 IP 地址改变）而不影响终端用户。用户在使用有意义的 URL 和电子邮件地址时就利用了这一点，而不必知道计算机如何实际定位这些服务。

DNS 的另一个重要且普遍的功能是它在分布式互联网服务中的核心作用，如云服务和 CDN。当用户使用 URL 访问分布式互联网服务时，URL 的域名被翻译成离用户最近的 CDN 边缘服务器的 IP 地址。这里利用的 DNS 的关键功能是，不同的用户可以同时收到同一域名的不同翻译，这是与传统的以电话簿类比 DNS 的观点的不同之处。这种利用 DNS 为用户分配近端服务器的过程是在互联网上提供更快、更可靠响应的关键，被大多数主要的互联网服务所采用。

DNS 反映了互联网中的管理责任结构。每个子域都是一个委托给管理者的管理自治区。对于由注册机构运营的区域，管理信息通常由注册机构的注册数据访问协议（Registration Data Access Protocol，RDAP）和 Whois 服务来补充。通过这些数据，可用于深入了解和跟踪互联网上某一特定主机。

通过DNS解析获取IPv6地址是一种常见且有效的渠道。目前已有的相关方法主要包含两种：PTR（Pointer）记录反查和NXDOMAIN记录枚举。

（1）PTR记录反查。

PTR记录反查指对所有公开可路由的IPv4地址进行反向域名解析，然后对获得的域名再进行AAAA查询，获取活跃IPv6地址。该方法能够进行有效探测所依赖的假设是域名拥有者已实现IPv4和IPv6双栈部署，且出于最大限度地降低成本和简化网络管理的原因，使IPv4和IPv6在名称上相同。

这种方法的第一步是收集可以查询到AAAA记录的DNS名称。由于IPv4地址空间目前正处于高利用率状态，而通过DNS查询也能检索所有IPv4地址的PTR记录，因此通过反向DNS域名查询获取支持AAAA记录的域名是可行的。IPv4地址的反向DNS查询使用特殊域名in-addr.arpa，如果地址空间的所有者提供了一个或多个名称，就可以返回一个或多个主机的名称。不过需要注意的是，PTR记录的配置不是强制要求的，所以，并非每个IP地址的PTR记录反查都能成功返回结果。虽然覆盖面不会很完整，但目前这种做法很普遍，足以提供一个大的域名集。在许多情况下，对PTR记录的成功查询可能会返回一个指向单一网络设备的名称。例如，研究人员Strowes D[6]在2016年对PTR记录反查法进行了测试，PTR查询收到的DNS响应如表5.1所示。其中，约11.9亿次查询返回了域名，占比约为42.29%；约14亿次查询返回了No domain，表明没有为这些地址空间配置子域；约2亿次查询返回了Server failure，另外有约300万次查询的结果配置了域名但没有找到记录。少量的查询因超时而失败。在返回的结果中，存在部分明显的错误配置数据。例如，有近100万个IPv4地址查询返回空字符串，有1517个响应中包含地址127.0.0.1。另一个值得注意的情况是部分IPv4地址查询返回了多个PTR记录，将返回多个响应的记录分解出来，得到一个完整的包含1 190 767 539个名称的集合。

表5.1　PTR查询响应类型及对应数量统计

<table>
<tr><th colspan="2">类型</th><th colspan="2">数量</th></tr>
<tr><td colspan="2">No domain</td><td colspan="2">1 421 766 914</td></tr>
<tr><td colspan="2">Server failure</td><td colspan="2">199 697 905</td></tr>
<tr><td colspan="2">No data</td><td colspan="2">3 055 458</td></tr>
<tr><td colspan="2">Other</td><td colspan="2">32 112</td></tr>
<tr><td rowspan="6">No error</td><td>localhost</td><td>2 401 398</td><td rowspan="6">1 190 362 811</td></tr>
<tr><td>空字符串</td><td>965 114</td></tr>
<tr><td>IPv4地址</td><td>184 858</td></tr>
<tr><td>127.0.0.1</td><td>1517</td></tr>
<tr><td>0.0.0.0</td><td>10</td></tr>
<tr><td>正确响应</td><td>1 186 809 914</td></tr>
<tr><td colspan="2">总计</td><td colspan="2">2 814 915 200</td></tr>
</table>

第二步是使用与域名收集阶段相同的基础设施，对第一步收集到的每一个域名发出AAAA查询，并收集响应。同样地，Strowes对之前测得的域名进行了测量，结果如表5.2所示。其中，

4 742 818 次查询返回了 AAAA 记录，占比约为 0.4%，但也有一些特殊的响应。例如，大约有 240 万个响应是查询“localhost”返回的结果，还有约 100 万个响应是一个普通的字符串“unknown.level3.net”的 PTR 查询结果，这 100 万个响应都解析为 IPv6 地址 2001:1900:2300:2f00::ff。在剩下的 1 316 832 个 AAAA 响应中去除重复的地址和 BGP 表中没有相应 ASN 的不可路由地址后，还剩下 965 304 个唯一的、全球可路由的 IPv6 地址。这些地址分布在 328 134 个 /64 前缀和 5531 个 ASN 中。还有 7715 个返回的地址的接口标识符（interface identifier）设置为零。在 84 个返回的地址中，所有位都是零。总的来说，这种方法获取的活跃 IPv6 地址数量较少，且主要是提供服务的地址。

表5.2　AAAA查询结果统计

<table>
<tr><th colspan="2">类型</th><th colspan="2">数量</th></tr>
<tr><td colspan="2">No data</td><td colspan="2">856 923 311</td></tr>
<tr><td colspan="2">No domain</td><td colspan="2">315 419 165</td></tr>
<tr><td colspan="2">Server failure</td><td colspan="2">13 678 831</td></tr>
<tr><td colspan="2">Timeout</td><td colspan="2">3414</td></tr>
<tr><td rowspan="5">No error</td><td>::1</td><td>2 401 386</td><td rowspan="5">4 742 818</td></tr>
<tr><td>level3</td><td>1 024 600</td></tr>
<tr><td>perfix::</td><td>7715</td></tr>
<tr><td>::</td><td>84</td></tr>
<tr><td>其他</td><td>1 309 033</td></tr>
<tr><td colspan="2">总计</td><td colspan="2">1 190 767 539</td></tr>
</table>

（2）NXDOMAIN 记录枚举。

NXDOMAIN 记录枚举主要利用了 IPv6 反向 DNS 树的独特功能和结构良好的格式。从概念上讲，反向区域与其他任何标准的 DNS 区域一样，但也具有特定的含义。它们用于将地址或资源（如 IPv4 或 IPv6 地址）映射到一个名称。对于 IPv6，其指定的反向区域是 ip6.arpa。该区域以十六进制位为界，按反向顺序分层组织。图 5.1 描述了一个 2402:db8::/32 的反向区域的例子，其中包括两个条目：一个是 2402:db8::bad:f00d:feed:cafe:5，指向 t.a.edu；另一个是 2402:db8::bad:f00d:feed:cafe:f，指向 p.a.edu。

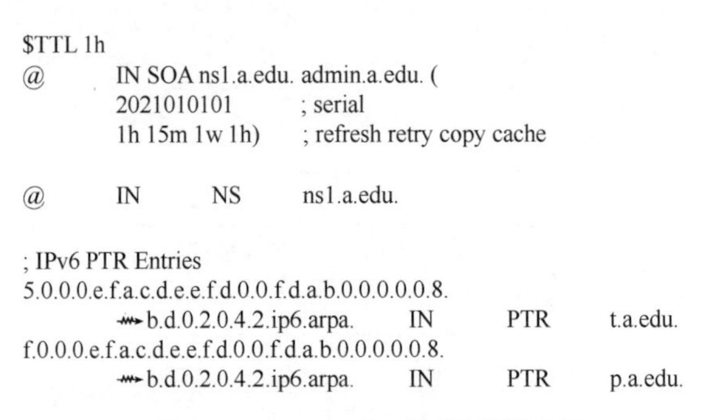

图5.1　2402:db8::/32 的反向区域示例

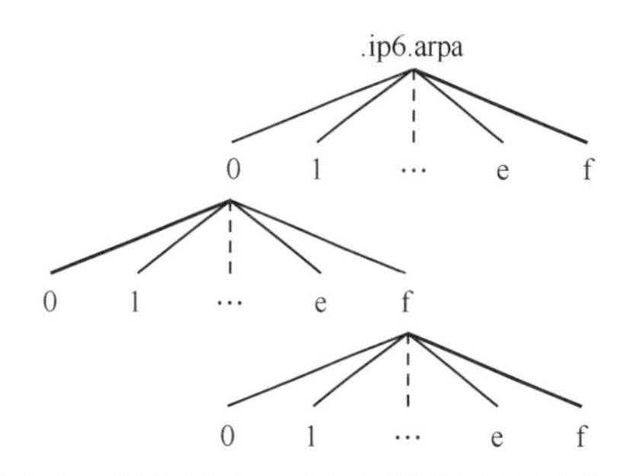

图5.2　利用NXDOMAIN记录枚举IPv6反向记录

当一个DNS解析程序收到响应代码为NXDOMAIN的响应时，表明被拒绝的域名及其下的所有子域都不存在。具体而言，这种方式从根（或者任意已知的子树）开始，对每个可能的子节点进行请求。如果权威服务器返回NXDOMAIN，整个可能的子树都可以被忽略，因为这表明被查询的节点下没有记录存在。如图5.2所示，如果对1.ip6.arpa.至f.ip6.arpa.的查询返回NXDOMAIN，可以忽略这些子树；但0.ip6.arpa.返回NOERROR，则在0.ip6.arpa.下继续搜索，最终发现f.f.0.ip6.arpa.为唯一存在的记录名称。

然而，上述技术在全球范围内应用也面临诸多限制和挑战。第一个限制是存在不符合标准RFC8020[7]的系统。目前IETF要求名称服务器的行为符合标准RFC8020。然而，根据RFC7707[8]，在互联网中发现的所有权威DNS名称服务器软件并非都符合RFC8020。具体而言，如果更高级别的服务器（从DNS树的角度来看）不能被任何提出的技术所枚举，那么这就会掩盖它们下面的可枚举区域。例如，如果一个区域性的网络注册机构（如APNIC或RIPE）使用的DNS服务器不能用来进行区域枚举，那么本方法就无法探测到其委托的所有反向区域（reverse zone）。为了防止出现这种情况，可直接使用已知的ip6.arpa区域作为算法的种子，如利用最新的Routeviews[9]和RIPE的RIS[10]平台采集的BGP路由表作为来源。基于这些数据，创建一个前缀列表，对于每个前缀计算出相应的ip6.arpa记录，然后将得到的DNS记录列表用作算法的输入种子。也可以使用公共种子数据集，如Alexa Top 1 000 000[11]。当然，也有其他方法可以用于在错误实施RFC8020的系统中收集ip6.arpa地址或子树。例如，通过采用不受保护的DNS区域转移（DNS Zone Transfer，AXFR），这是权威DNS服务器的一个典型的错误配置[12]。

第二个挑战是广度优先搜索与深度优先搜索的选择。利用深度优先的搜索策略（如图5.3所示）来探索IPv6反向DNS树会面临效率问题。如果前面的任何一个子树都比较满（非稀疏），或者权威DNS服务器对查询响应相对较慢，会使得子树大大延迟地址收集过程；而直接用广度搜索来代替深度搜索也会面临效率问题。因此，我们可以在深度优先搜索算法中整合广度优先搜索的特点，设计如下方法。第一步，将前缀长度阈值设置为32位，针对种子集的每条记录，枚举其ip6.arpa区域下的有效记录（方法思路如图5.2所示），直到相应的前缀长度达到32位。如果遇到比32位前缀更精细的输入记录，就把输入记录和输入记录的32位前缀添加到结果集A中。第二步，将前缀长度阈值设置为48位，对A中的DNS记录名称执行与第一步相同的操作，获得结果集B。第三步，将前缀长度阈值设置为64位，再次对B中的DNS记录名称执行与第一步相同的操作，获得结果集C。选择使用64位作为最小的聚合粒度是因为这是普遍建议的最小分配大小和用户网络的指定子网大小。最后，在C中的这些/64网络上使用图5.3中的算法，将目标前缀大小设置为128 bit，有效地列举完整的ip6.arpa区域。为了不使单一的权威服务器超载，ip6.arpa记录集在进一步枚举之前，先按相应的IPv6地址的最低十六进制位（即IPv6地址从左往右数的第125～128 bit对应的十六进制数）进行排序。按照最低的十六进制位排序可以尽可能地将具有相同网络前缀的区域分散。

图5.3　深度优先枚举ip6.arpa算法基本原理

第三个挑战是检测动态生成的区域。在 IPv4 中，动态生成反向 IP 地址区，即在被请求时创建 PTR 记录越来越常见。随着时间的推移，利用动态生成的 IPv6 反向区域也变得更加普遍，特别是接入网络倾向于利用动态生成的反向记录。虽然这为网络运营商提供了很大的便利，但却大大增加了枚举相应反向区域的子树的难度。对于一个动态生成 IPv6 反向区域的 /64 网络，需要探测 2^{64} 条记录，这显然是不现实的。因此，可以考虑依靠反向区域的语义属性来检测一个区域是不是动态生成的。一个简单的方法是使用返回的完全限定域名（Fully Qualified Domain Name，FQDN）的可重复性。动态生成反向区域的技术通常旨在为反向 PTR 记录提供相同或相似的 FQDN。对于前者，检测是十分容易的；对于后者，人们常常可以发现返回的 FQDN 中编码的 IPv6 地址。反过来，在一个动态生成的反向区域文件中，两条或更多的连续记录应该只相差几个字符。因此，可以使用 Damerau-Levenshtein 距离 [13] 来评估一个区域是不是动态生成的。不过这种简化的方法在实践中并非完全有用。例如，不仅反向区域是动态生成的，正向区域也可能是动态生成的。在这种情况下，返回的 FQDN 是随机的。同样地，在其他情况下，IPv6 地址也可能被进行哈希函数运算 [1]，然后并入反向记录。在这些情况下，两条记录之间的变化可能高达所使用的哈希摘要的全部长度。另一种方法是一种启发式方法并基于以下假设：如果一个区域是动态生成的，那么该区域的所有记录都应该存在。但是如果一个区域不是动态生成的，那么该区域的一些特定记录（如重复使用一个字符的记录）存在的可能性很小。举个例子，对于 0.0.0.0.0.0.0.0.8.e.f.ip6.arpa 这个反向区域来说，f.f.f.f.f.f.f.f.f.f.0.0.0.0.0.0.0.0.0.0.0.8.e.f.ip6.arpa 存在的可能性就很小。因此，可以从字符集 0 到 f 建立并查询所有 16 条类似的记录。由于这些记录存在的可能性很小，因此可以有效判断该区域是不是动态生成的。

Fiebig D 等人 [14] 实现了基于 NXDOMAIN 记录枚举活跃 IPv6 地址的方法并克服了上述限制和挑战。总的来说，Fiebig D 等人使用这种方法发现了 580 万的活跃 IPv6 地址，其中 540 万个地址是在 3 天内通过发布 2.21 亿次 DNS 查询发现的，平均每 41 次 DNS 查询就能发现一个分配的 IPv6 地址。虽然这种方法能够发现活跃 IPv6 地址，但是解析得到的活跃 IPv6 地址数量仍旧较少，探测效率也相对较低。

2. 通过 DNSSEC 解析获取

DNSSEC 是 IETF 提出的一套 DNS 扩展规范，用于保障 IP 网络中的 DNS 所交换的数据的安全性。该协议提供数据的加密认证和完整性保护机制。DNS 的最初设计并不包括任何安全功能。

[1] 哈希函数是一种从任何一种数据中创建小的数字“指纹”的方法，即能够对任意一组输入数据进行计算，得到一个固定长度的输出摘要。

它只是被设想为一个可扩展的分布式系统。DNSSEC 的目标是为 DNS 增加安全性，同时保持向后兼容性。RFC3833 记录了对 DNS 的一些已知威胁以及 DNSSEC 相应的解决方案。DNSSEC 旨在保护使用 DNS 的应用程序不接收伪造的 DNS 数据，如由 DNS 缓存中毒产生的数据。所有来自受 DNSSEC 保护的区域的查询响应都有数字签名。通过检查数字签名，DNS 解析器能够检查信息是否与区域所有者发布的信息相同（即未经修改且完整）。DNSSEC 不仅可以保护 IP 地址，还可以保护 DNS 中发布的其他数据，包括文本记录（TXT）和邮件交换记录（MX），并可用于启动其他安全系统，发布对存储在 DNS 中的加密证书的引用，如证书记录（CERT 记录，RFC4398）、SSH 指纹（SSHFP，RFC4255）、IPSec 公钥（IPSECKEY，RFC4025）和 TLS 信任锚（TLSA，RFC6698）。

通过 DNSSEC 查询获取活跃 IPv6 地址同样也利用了 IPv6 反向区域。在实践中，反向地址区域的使用有多种情况，例如在前向确认的反向 DNS 查询中使用，这被认为最佳操作实践。前向确认的反向 DNS 查询是指用一个地址查询域名，再查询该域名对应的地址。如果两个地址是相同的，那么该查询被认为确认的。如今，大多数邮件传送代理（Mail Transfer Agent，MTA）依靠确认反向 DNS 查询来减少垃圾邮件，如果查询没有被前向确认，可能会拒绝或退回收到的邮件。因此，网络运营商基本上都部署反向区域，以保障其网络中主机的服务质量。反向区域经常通过 DHCP[15] 和 IPv6 节点信息查询 [16] 自动填充，反向区域信息准确地代表了网络的活跃部分。由于 DNS 固有的分层设计和 IPv6 地址空间被分割成大量的子网络，因此不可能简单地下载整个 IPv6 的反向区域来列举主机。这些子网络被委托给全球数以千计的不同名称服务器，但是它们不可以直接下载各自的反向区域。因此，我们需要设计一种有效的 IPv6 地址枚举技术。Borgolte K 等人 [17] 观察到自 2010 年 4 月以来，IPv6 反向区（ip6.arpa）支持 DNSSEC，如果各自的委托反向区也是 DNSSEC 签署的，就为设计枚举方法提供了基础。截至 2018 年 1 月，59 个委托 IPv6 反向区（即 ip6.arpa 以下的区域）中已经有 51 个通过 DNSSEC 签署，因此可以枚举这些网络内的 IPv6 主机。所幸，DNSSEC 的下一个安全记录（Next Secure Record，NSEC）和下一个安全记录版本 3（Next Secure Record version 3，NSEC3）对于不存在的地址的否认存在特性为枚举区域内的活跃地址提供了基础。下面我们具体介绍如何利用 NSEC 反向域和 NSEC3 反向域发现活跃 IPv6 地址。

（1）基于 NSEC 反向域查询活跃 IPv6 地址。

DNSSEC 的 NSEC 包含区域内下一个记录的名称以及该记录名称下存在的资源记录类型。NSEC 主要用于为 DNS 数据提供认证的否认存在（denial of existence）。换言之，NSEC 用于证明某些记录确实不存在，并提供其之前的记录名称，以及其之后的记录名称。举个例子，假设一个区域有 4 个记录名称，分别为 example.com.、a.example.com.、f.example.com. 和 t.example.com.。当查询名称 c.example.com. 时，我们会收到响应表明记录名称 c. example.com. 不存在，但是其前后的记录名称分别为 a.example.com. 和 f.example.com.。利用这种否认存在特性，如果我们进一步枚举，即可发现如表 5.3 所示的该区域下的所有记录名称。我们称为“区域游走”。

表5.3 区域游走示例

记录名称	TTL	类别	资源记录类型	下一个记录名称	资源记录集
example.com.	600	IN	NSEC	a.example.com.	A RRSIG NSEC
a.example.com.	600	IN	NSEC	f.example.com.	A RRSIG NSEC
m.example.com.	600	IN	NSEC	t.example.com.	A RRSIG NSEC
t.example.com.	600	IN	NSEC	example.com.	A RRSIG NSEC

同理，对于一个 IPv6 反向区，如果一个子域（子网络）被委托给另一个名称服务器，NSEC 就会暴露该反向区中一个地址的上一个和下一个 IPv6 名称指针（PTR），或者一个名称服务器（Name Sever，NS）。基于 NSEC 反向域查询 IPv6 地址的方法就是利用 IPv6 反向区的组织方式来更有效地枚举地址。如图 5.4 所示，从一个目标 IPv6 反向区（如整个 IPv6 地址空间的根区）开始，列举基于 NSEC 的否认存在记录的反向区的步骤如下。

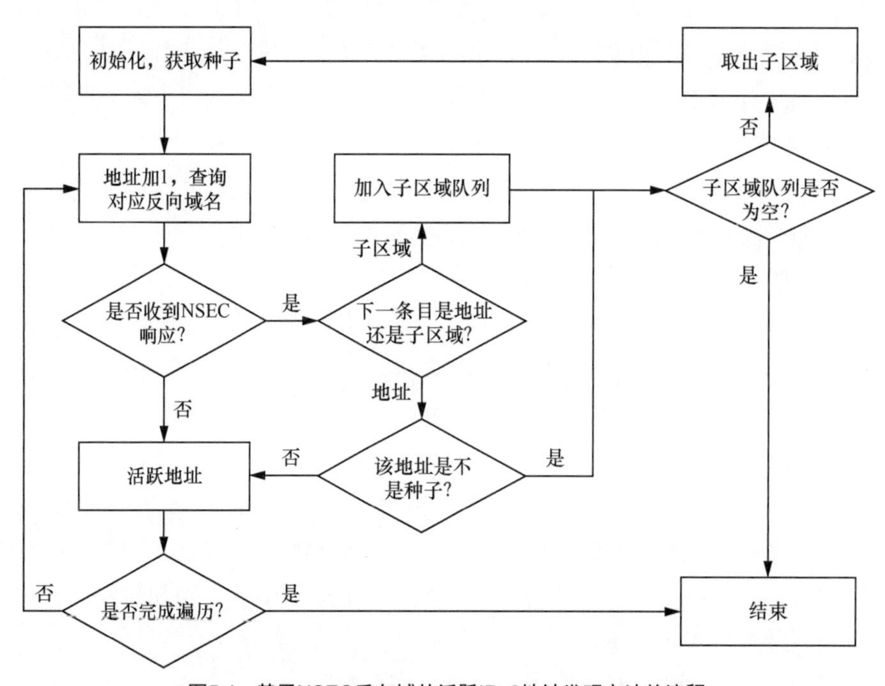

图5.4 基于NSEC反向域的活跃IPv6地址发现方法的流程

① 初始化：查询目标区域内的随机字符串以确定地址枚举的起点（种子），例如 foo.ip6.arpa。基于 IPv6 反向区域的组织方式（如 RFC5855[18] 所规定的），使用单一的十六进制数字的随机字符串进行查询能够获得 NSEC 响应。这也正好消除了在枚举之前识别地址空间中不存在的地址的要求。

② 区域游走：从种子开始，通过迭代查询下一个增量的地址来跟踪这个链条，即可能不存在的下一个地址，并可能产生否认存在的结果。如果没有收到 NSEC 的响应，那么就发现了一个活跃地址，继续递增该地址，直到收到 NSEC 的响应。一旦收到 NSEC 的响应，根据 IPv6 反向区域的组织方式，可以立即识别 NSEC 的下一个条目是地址还是子区域：如果不是一个完整表示的 IPv6 地址（32 位十六进制），那么反向区域的这个部分可能被委托给另一个 DNS 服务器。

如果遇到一个区域委托，可以选择通过一个随机种子来识别它是否被签名。如果是，那么继续判断当前方法是否仍然可以处理（NSEC）或是否需要进一步处理（NSEC3）。如果是前者，则可以选择将它添加到一个子区域队列中（即进行广度优先搜索）。如果返回的 NSEC 的下一个地址指向种子，就终止分区行走的步骤（已经关闭了链条，形成了一个圆圈）。

③ 子区域枚举：这是可选的一步。对于添加到队列中的每个子区域，递归地应用相同的枚举策略来发现活跃 IPv6 地址。

显然，基于 NSEC 反向区域枚举 IPv6 地址的方法的运行时间是线性的，需要向反向区域的名称服务器进行 $O(n+m)$ 次 DNS 查询，其中 n 是目标网络内地址的数量，m 是子区域委托的数量。

（2）基于 NSEC3 反向域解析活跃 IPv6 地址。

为了减少针对 DNSSEC 签名区的区域游走带来的安全隐患，Laurie B 等人提出了 NSEC3[19]。NSEC3 不是直接列出上一个和下一个记录名称，而是对记录名称进行哈希加密，列出加密后的值，并按字母顺序对哈希值进行排序。然后使用区域内每一对连续的哈希值，通过 NSEC3 表示“否认存在”。

如果该区域使用 NSEC3，那么名称服务器对一个不存在的名称 n 的查询做出如下响应：计算该名称的哈希值 $h(n)$，其中 h 为该区域指定的哈希函数，然后返回 NSEC3，NSEC3 中有预先计算的 n_1 和 n_2 的哈希值，存在 $h(n_1) < h(n) < h(n_2)$。值得注意的是，$n_1 < n < n_2$ 通常不成立，因为 h 通常不是保序映射。因此只暴露了两个现有记录名称的加密哈希值，而哈希计算是不可逆的，故而我们也无法简单从哈希值还原出对应的记录名称。

收到 NSEC3 响应后，客户端可以验证该区域内确实不存在其所查询的记录名称。该客户端首先验证 NSEC3 响应的真实性，然后验证所查询的记录名称在经过哈希计算后是否落入 NSEC3 指定的范围。该客户端可以使用已认证的 NSEC3 中指定的参数对查询的记录名称进行哈希计算，这些参数包括哈希算法类型（目前只支持 SHA-1[1]）、盐值（salt）[2]和迭代次数。不过，尽管经过了哈希加密处理，NSEC3 仍然会泄露该区域内的两个记录。因此，利用 NSEC3 也仍然是可以进行区域游走的。解决区域游走的一种方法是通过暴力或字典攻击。然而，由于反向区的组织方式特殊，现有的针对正向区的方法对 IPv6 反向区是无效的。暴力攻击计算成本高，需要大量的计算资源才能成功发动攻击，特别是考虑到 IPv6 地址空间的大小。而现有的字典攻击，如 nsec3walker，由于字母表小（0 ～ f，最多一个字符）以及该区的分层树深度太深，所以效率低下。另一种更可行的方法是利用与基于 NSEC 反向区枚举类似的方法收集。不过，与基于 NSEC 的地址枚举不同，基于 NSEC3 的地址枚举通过两个阶段完成。

第一阶段，通过主动查询记录名称以在线收集一个区域的 NSEC3 链。NSEC3 的设计使得按照它的链来寻找下一个哈希值在计算上是不现实的。相反，NSEC3 的核心思想是随机查询不存在的记录名称，直到恢复完整的 NSEC3 链。与 NSEC 的情况类似，一个完整的 NSEC3 链会形成一个封闭的圆，因此可以很容易地验证。在采样过程中，查询不存在的记录名称能够获取其前后存在的记录名称的哈希值（简称为哈希地址）；而任何尚未发现的 NSEC3 都会在圆圈上留下“缺口”。最终，抽样过程将填补所有缺口。对于基于 NSEC3 的反向区，收集流程如图 5.5

1 SHA-1是一种哈希函数，可以将任意长度的输入生成一个160 bit（20 B）的消息摘要。

2 在密码学中，盐值是指一种随机数据，被用作对数据、密码或口令进行加密的单向函数的额外输入。

所示，具体如下。

① 初始化：查询目标区域内的一个随机字符串以确定在线收集的起点，例如 foo.ip6.arpa。与 NSEC 的情况一样，使用单一的十六进制数字的随机字符串进行查询能够获得 NSEC3 响应。

② 区间游走：根据盐值和迭代次数来计算该区域下的随机名称的哈希值。如果哈希值已经被之前收集的 NSEC3 所覆盖，那么就反复选择随机名称，直到哈希值落入一个缺口，实现发现更多关于 NSEC3 链的信息。随着哈希缺口的数量减少，命中剩余缺口的概率也会降低，消耗的时间增加。所需的哈希计算的平均数量是 $O(r\log_2 r)$，r 是区域内的记录数（地址加上委托的子区域）。在收集阶段，可以确定一个哈希值是一个完整的 IPv6 地址还是一个子区域授权：NSEC3 会泄露下一个哈希值是一个 PTR 记录（完整的 IPv6 地址）还是一个 NS 记录（子区域授权），如图 5.6 所示。因此可以将地址和网络分离到不同的桶中，并在之后分别求解，这将大大降低计算成本。保留所有的 NSEC3 用于离线求解。重复区域游走的步骤，直到不存在更多的哈希缺口，或者退出条件为真，在这种情况下，部分地址空间仍未被探索。如果填补了 NSEC3 圈内的所有哈希缺口，就成功收集了所有哈希的 IPv6 地址和子区域前缀。

第二阶段是线收集阶段，要对 DNS 服务器进行 $O(n+m)$ 次 DNS 查询，其中 n 是目标网络内地址的数量，m 是子区委托的数量。为了以概率方式枚举一个区域内的地址，可以指定一个终止区域游走步骤的退出条件。例如一个常用的条件是超时。然而，一个更智能的解决方案是尽可能填补所有的空隙，直到最多存在 x 个大小为 y 的空隙。因此，整个区域最多有 xy 个哈希值不会被收集到。x 和 y 可以通过概率要求限制，例如至少 95% 的区域必须被枚举出来。此外，如果这些范围内的哈希值后来在反解被发现，那么这些缺口也可以被填补。

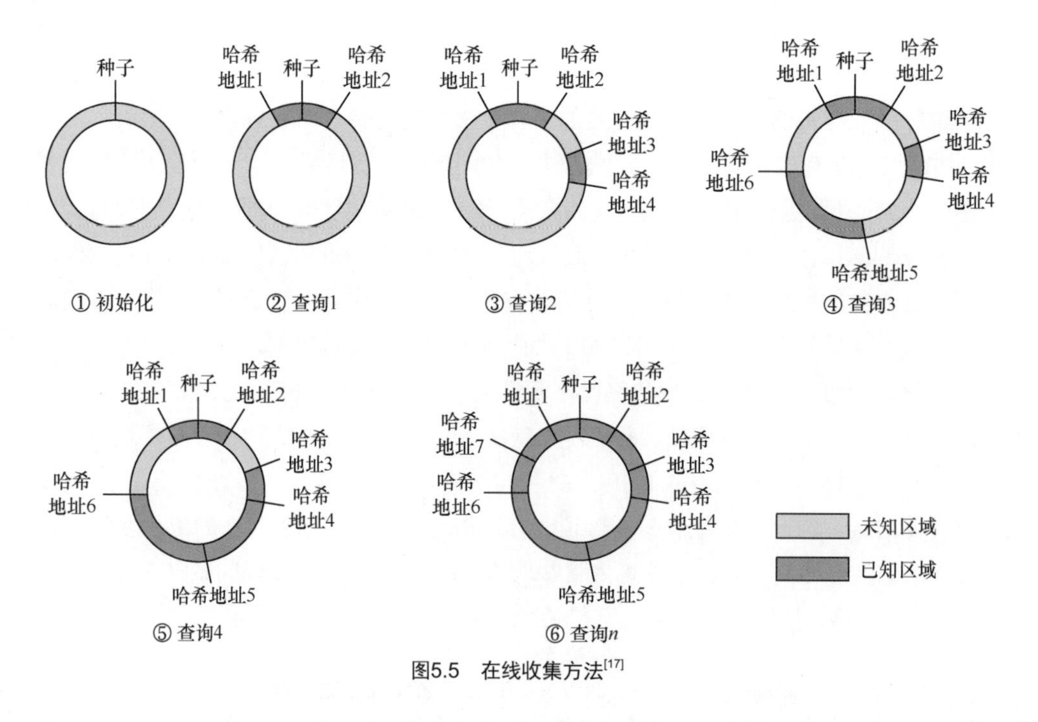

图5.5 在线收集方法[17]

```
; IPv6反向NSEC
2.0.0.0.e.f.a.c.d.e.e.f.d.0.0.f.d.a.b.0.0.0.0.0.8.b.d.0.1.0.0.2.ip6.arpa. IN
    ⇝    NSEC 9.0.0.0.e.f.a.c.d.e.e.f.d.0.0.f.d.a.b.0.0.0.0.0.8.b.d.0.1.0.0.2.ip6.arpa. PTR RRSIG

; IPv6反向NSEC3
1PDJ9FP13S70NCFCJCV35B8LLVT68U5Q.8.b.d.0.1.0.0.2.ip6.arpa. IN
    ⇝    NSEC3 1 0 10 86B3E6B74F0A2C23 G5AL6GMJ6ARLJ9M5F56LL48JPHJ1SGQK PTR RRSIG
```

图5.6　2001:db8::/32的反向IPv6区域的NSEC和NSEC3示例[17]

在线收集之后，枚举IPv6地址的下一步是离线反解收集的哈希地址。由于DNSSEC利用了加密安全的哈希函数，直观、简单的选择是暴力攻击。然而暴力攻击是不可行的，因为DNSSEC唯一支持的哈希算法SHA-1的搜索空间很大，有2^{160}个可能的值。一般来说，域名可以由字母、数字和连字符组成。然而，IPv6反向区遵循一个明确的结构：每个子区域严格来说是一个十六进制的数字。实际上，通过利用IPv6反向区的组织方式，可以进行定向搜索以大大加快反解哈希后的IPv6地址的效率，其中的核心思想是：地址一般不是从网络范围内随机分配的，而是遵循具有一定规律的模式。首先，地址通常是通过静态分配或通过DHCPv6逐步分配的，可能在早期的十六进制位有间隙，比如2001:db8::1/64和2001:db8::2/64，或者中间存在间隙，如2001:db8::1:1/64。其次，地址也更有可能通过SLAAC分配，而不是随机挑选。通过SLAAC，主机通常根据其MAC地址为自己分配一个IPv6地址。在这种情况下，IPv6地址中的12个半字节（共32个半字节）是基于主机的MAC地址，另外4个半字节在通过SLAAC分配的所有IP中是不变的。MAC地址则是与设备商相关的。例如，网络上一台MAC地址为00:11:22:33:44:55的主机将为自己分配IPv6地址2001:db8::211:22ff:fe33:4455。截至2018年1月，正式使用的设备商前缀只有24 434个，再加上恒定的十六进制位，其搜索空间共减少了2^{25}[1]。本质上，基于MAC的地址分配策略允许互联网范围内的设备和用户跟踪，因为MAC是全局唯一的，在不同的网络中保持不变。为了防止这种跟踪，IETF在SLAAC中添加了隐私扩展，主机可以使用临时地址来代替。这些隐私扩展使得地址枚举更加困难，因为临时地址的生存周期较短。不过，隐私扩展的使用通常只限于终端用户，服务器或网络设备很少使用。

总的来说，第一阶段不一定要在第二阶段启动之前完成。可以在观察到第一条NSEC3时就启动第二阶段，这样可以大大减少枚举目标网络地址的时间。此外，即使网络运营商可以在收集阶段改变哈希算法的参数，如盐值或迭代次数，以前收集的NSEC3仍然可以用于反解，实现枚举该区域内的主机和获取地址。

通过这种方法，Borgolte K等人[17]发现了约220万个IPv6地址。如图5.7所示，对于在全球范围内应用前缀长度在/20到/56之间的网络，通过DNSSEC解析比通过NXDOMAIN记录枚举方法发现了更多的前缀。例如，前缀长度至少为/44的网络多了3395个。对于前缀长度大于/60的网络，本方法发现的前缀数量增加减少，因为DNSSEC还没有在较小的网络中广泛部署（相比之下，DNSSEC在更高层次的区域中被广泛采用）。

1　搜索空间的减少体现在两部分。第一部分是4个十六进位的值固定为“fffe”，因此减少2^{16}的搜索空间；第二部分是供应商前缀OUI，原本的搜索空间是2^{24}，现在只有24 434（该值处于2^{14}和2^{15}之间），所以近似计算为减少了2^{9}的搜索空间。合计上述两部分，即减少了$2^{16+9}=2^{25}$的搜索空间。

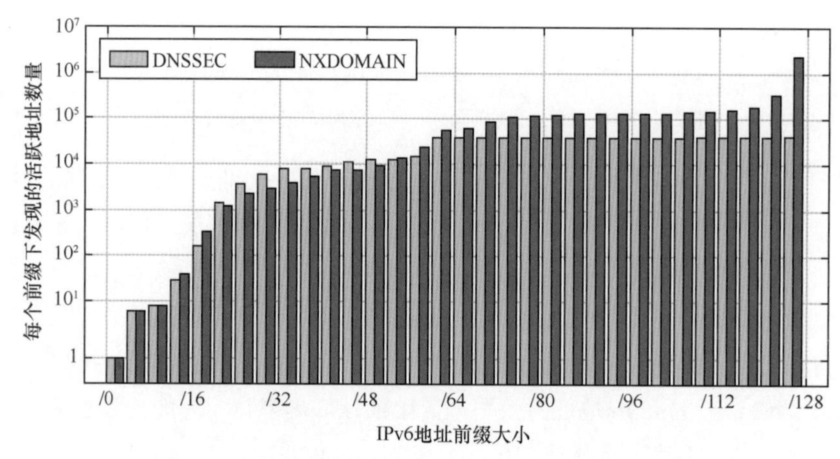

图5.7 DNSSEC解析与NXDOMAIN记录枚举方法的对比[17]

3. 通过公开数据源收集

事实上，互联网上有很多公开的数据源提供了活跃 IPv6 地址的列表。选择数据来源的指导原则是，数据源应该是公开的，即任何人都可以免费访问。互联网上此类公开数据源不少，不过数据质量及大小规模不等，比较有代表性的来源有以下几种。

（1）域名列表。

互联网中存在关于已对常用域名进行 AAAA 解析的结果，可以从中提取活跃 IPv6 地址。例如，德国的研究人员在相关研究工作[20-22]中，每天对 2.12 亿个来自不同大区的域名进行 AAAA 记录解析，获得约 980 万个 IPv6 地址。这个来源还包括从 Spamhaus、APWG 和 PhishTank 提供的黑名单中提取的域名，分别包括 850 万、37.6 万和 17 万个域名。Spamhaus 是一个国际非营利组织，旨在追踪垃圾邮件发送者和与垃圾邮件有关的活动。APWG 是国际反网络钓鱼工作组，专注于消除日益严重的网络钓鱼、犯罪软件和电子邮件诈骗所带来的身份盗窃和欺诈问题。APWG 成立于 2003 年，在世界范围内打击网络钓鱼攻击。PhishTank 是基于社区的反钓鱼攻击服务。PhishTank 于 2006 年 10 月 2 日作为 OpenDNS 的子公司建立，用户可以从世界各地向其汇报钓鱼网站，经其他用户以投票的形式认证后，即通过公开的 API 共享给所有使用 PhishTank 服务的机构和个人。

（2）FDNS。

FDNS 数据集包含 Rapid7 的 Sonar 项目对其所知道的所有域名进行 DNS 请求获取的响应数据，其中含有对所有域名进行 AAAA 查询的响应数据收集，并由适当的命名文件公布。该文件是一个 GZIP 压缩文件，包含以 JSON 格式给定域名的所有返回记录的名称、类型、值和时间戳，可以从这份数据集中提取活跃 IPv6 地址。

（3）证书透明度。

证书透明度（Certificate Transparency，CT）是一个互联网安全标准和开源框架，用于监控和审计数字证书。该标准创建了一个公共日志系统，旨在最终记录所有由公众信任的认证机构（Certification Authority，CA）颁发的证书，允许有效识别错误的或恶意颁发的证书。RFC6962对CT进行了描述。从2021年起，公开信任的TLS证书须强制实现CT，但其他类型的证书则未有相应要求。从记录在CT中的TLS证书中提取DNS域名，能够获取活跃IPv6地址。Gasser O等人[23]在2018年5月通过这种方式累计获得了1620万个活跃IPv6地址。

（4）RIPE IPmap。

RIPE IPmap是一个API，通过提供IXP、中转服务提供商和AS内的路由器的地理定位数据，绘制核心互联网基础设施。它是与学术界合作建立的，为开发者、运营商和研究人员提供良好、准确的地理定位结果。RIPE IPmap的探测数据包括IPv6地址，而且这些地址与其他来源的数据集的不同之处在于这些地址大多是路由器的地址。

（5）AXFR和TLDR。

AXFR是维持区域权威名称服务器之间数据一致性的标准手段之一。顶级域名记录（Top-Level Domain Record，TLDR）项目记录了根名称服务器和所有顶级域名服务器的DNS区域转移的结果，该项目大约每两小时更新一次。从中获得的域名也可以用于AAAA记录的解析，从而获得大量IPv6地址。遗憾的是这份数据集在本书写作时正不再更新。

（6）Bitnodes。

Bitnodes API提供了比特币网络的所有节点信息。所有的API都可供公众使用，不需要任何认证。每天最多只能有5000个来自同一IP地址的请求。可以从中搜集活跃IPv6地址，不过数量相较于其他来源较低，且包含客户端地址。

5.2.2 被动收集

这类方法需要在观测点被动地收集流量数据或日志文件，并从中提取、分析活跃的IPv6地址。

1. 通过CDN收集

Plonka D等人[24]在2015年首次使用从访问全球CDN的所有客户的活动日志中收集的IPv6地址作为数据集，并分析了活跃IPv6地址的特征。

在这项研究中，Plonka D等人主要依靠万维网服务器活动的汇总日志。这些汇总日志包含每个客户的IP地址，仅从日志条目中选择成功处理的请求对应的客户IP地址，可以避免伪造地址的干扰。对CDN的55 000台支持IPv6功能的服务器而言，日志汇总的时间间隔为24小时，并在随后的一天结束前进行处理。2015年3月，该数据集包含来自4420个AS的6872个BGP前缀中的IPv6地址（占宣告IPv6前缀的46%）。这些数据与2014年3月相比有所增长，当时的数据集中的地址来自3842个AS的5531个BGP前缀（40%）。在2015年3月的数据集中，一天观察到的地址数增加到3.18亿以上，一周时间内观察到的地址数超过18亿。相应地，一天观察到1.21亿个/64前缀，一周时间内观察到3.07亿个/64前缀。具体情况如表5.4和表5.5所示。

表5.4 活跃IPv6客户端地址统计数据

特点	2014年3月17日	2014年9月17日	2015年3月17日
Teredo地址	0.198万（0.00%）	0.328万（0.00%）	2.01万（0.01%）
ISATAP地址	9.02万（0.06%）	10.1万（0.04%）	13.3万（0.04%）
6to4地址	1280万（7.97%）	1250万（5.90%）	1390万（4.19%）
其他地址	1.49亿（92%）	1.99亿（94.1%）	3.18亿（95.8%）
其他前缀	6140万	8290万	1.21亿
每个前缀平均地址数	2.41	2.40	2.63
EUI-64地址（！6to4）	313万（1.94%）	366万（1.73%）	449万（1.35%）
EUI-64地址（MAC）	285万	323万	381万

表5.5 基于种子地址的活跃IPv6地址探测方法（一周）

特点	2014年3月17日—23日	2014年9月17日—23日	2015年3月17日—23日
Teredo地址	1.51万（0.00%）	2.45（0.00%）	13.1万（0.01%）
ISATAP地址	21万（0.02%）	23.8万（0.02%）	34.6万（0.02%）
6to4地址	6490万（7.22%）	7830万（6.34%）	6420万（3.43%）
其他地址	8.33亿（92.8%）	11.7亿（94.9%）	18亿（96.5%）
其他前缀	1.57亿	2.07亿	3.07亿
每个前缀平均地址数	5.32	5.64	5.88
EUI-64地址（！6to4）	888万（0.99%）	1310万（1.06%）	1620万（0.866%）
EUI-64地址（MAC）	612万	816万	974万

该数据集也将涉及IPv6过渡机制的客户地址与涉及原生IPv6端到端传输的地址分开，这是因为这些过渡机制的地址会使结果出现偏差。具体而言，该数据集剔除了与早期IPv6过渡机制相关的地址，即Teredo[25]、ISATAP[26]和6to4[27]。在这些过渡机制中，只有6to4仍然存在大量使用。这3种过渡机制的地址很容易分类，因为不涉及本地的、端到端的IPv6传输。删除这些与过渡机制相关的地址后，表5.4和表5.5中剩下的其他地址构成了观察到的活跃地址集合的主体，占90%以上。此外，表5.4和表5.5中显示了EUI-64地址。这些地址是指IPv6接口标识符是基于以太网MAC地址生成的，在规定的位置检测到十六进制值ff:fe[3]。其中有一些是无效的或重复的MAC地址，如MAC地址00:11:22:33:44:56是最普遍的。当然，EUI-64地址中可能存在误判，如隐私地址被误标为EUI-64地址。不过这种可能性较低，仅为$1/2^{16}$，在18亿个地址中也不到3万个。相对于表5.5中1620万个EUI-64地址，这是一个可忽略的子集。

除了定期收集活跃的万维网客户端地址外，Plonka D等人还收集了一组路由器IPv6地址，这些地址是通过traceroute对TTL进行设置后探测到的ICMP“超时”响应的源地址，类似于使用traceroute工具发现的地址。他们使用了3种类型的探测目标：一是IPv6递归DNS服务器的地址；二是CDN服务器地址，分布在全球约500个地点；三是自2013年以来收集的约1800万个万维网客户端地址。该数据是在2015年2月收集的，最终收集到320万个地址。这个数据集可以用来与万维网客户端地址的数据集进行对比，比较二者的前缀的活跃地址的密集程度，因为包含万维网客户端的地址空间区域与包含路由器的地址空间不同。

2. 通过 IXP 收集

Gasser O 等人[28]使用大型 IXP 和由莱布尼茨超级计算中心运营的慕尼黑科学网络（Munich Scientific Network，MWN）的互联网上行链路作为收集活跃 IPv6 地址的探测点。在 IXP，流量数据的采样率为 1 ∶ 10 000（基于数据包的系统计数采样）。在 MWN，Gasser O 等人解析了所有数据包，详细的统计数据如下：在 IXP 探测点共观察到 1.46 亿个不同的地址，而在 MWN 则探测到 270 万个不同的地址。开始时，在 MWN 观察到的 IP 地址数量更多，但这些地址很快就消失了。此外，在 MWN 观察到的超过三分之二的地址源自 IANA 的特殊子网。如图 5.8 所示，对于 IXP 和 WMN，新 IP 地址的百分比都接近于线性，这是因为客户端使用了 IPv6 隐私扩展地址[3]。几天后，观察到的 AS 和前缀的数量已占总观察数量的 90% 以上。图 5.8（b）中每天新增的活跃 IPv6 地址数量是下降的，这是因为周末上线的研究人员和学生数量减少。

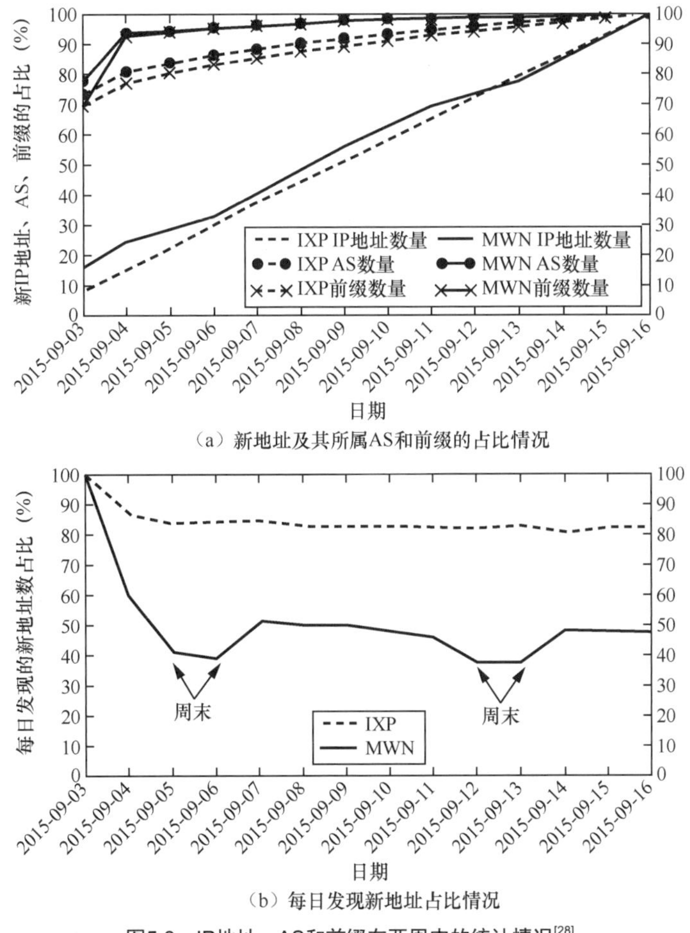

（a）新地址及其所属AS和前缀的占比情况

（b）每日发现新地址占比情况

图5.8 IP地址、AS和前缀在两周内的统计情况[28]

此外，Song G 等人[29]利用中国教育和科研计算机网（China Education and Research Network，CERNET）上的出口镜像获取 NetFlow 流量，并解析提取 IPv6 地址。Song G 等人于 2019 年 8 月 1 日～2021 年 1 月 10 日收集了 11.5 亿个 IPv6 地址。这些地址分布在 1.4 万个 AS 和 4.9 万个 BGP 宣告

前缀中。进一步地，去掉其中的别名地址后，剩余地址分布在约 4.76 万个 BGP 宣告前缀中。地址分布符合长尾分布，大量地址分布在少数的 BGP 宣告前缀中，其中地址分布最多的前 4 个前缀分别属于 CERNET、Amazon、Fastly 和中国电信，占比分别为 24.8%、9.0%、8.33% 和 7.33%。

被动收集活跃 IPv6 地址的方法能有效发现少数 BGP 宣告前缀空间（尤其是探测点所在的网络）中的活跃 IPv6 地址，但是覆盖的地址空间范围往往有限。因此，这种方法收集的地址不能完全体现全球 IPv6 活跃地址的分布现状。

5.2.3 主动探测

实现 IPv6 地址主动探测的一个自然的想法是对 IPv6 地址空间进行暴力扫描，但这是不可行的。幸运的是，IPv6 地址配置往往有一定的模式，这些地址配置模式通常可以用来发现一部分活跃地址。例如，典型的地址配置包括基于低字节（low-byte-based）、基于服务端口（service port-based）、基于单词（wordy-based）和基于 IPv4 地址（IPv4-based）等模式。基于低字节的模式是指 IPv6 地址的接口标识符除了低字节（即接口标识符的最后一些字节）外的所有字节都被设置为 0，如 2003:da8::1、2003:da8::2。基于服务端口的模式是指接口标识符中嵌入了服务的 TCP/UDP 端口号，如 2003:da8::80、2003:da8::25。基于单词的模式是指接口标识符中嵌入了单词，如 2001:db8::bad:cafe。基于 IPv4 地址的模式是指接口标识符中嵌入了 IPv4 地址，如 2003:da8::192:0:0:1。然而，这些模式的粒度往往较粗，也没有与具体地址空间进行匹配，因此发现活跃地址的效率往往相对低下。

一种更可行的方法是基于种子地址的活跃 IPv6 地址预测方法。虽然 IPv6 地址空间巨大且稀疏，但是网络管理人员在使用和分配 IPv6 地址时存在一些较为通用或固定的模式。而在进行地址空间探测时，这会表现为某些子空间的活跃 IPv6 地址的密度相对较大。我们可以通过从前期收集到的活跃 IPv6 地址（即种子地址）中提取这些模式，并预测或推断活跃 IPv6 地址密度更大的子空间，从而有望在有限的时间和探测资源开销里，探测到更多的活跃 IPv6 地址（因为我们也不可能去穷尽扫描全部的地址空间）。

图 5.9 给出了基于种子地址的活跃 IPv6 地址探测方法。首先收集种子地址，种子地址是从各种数据源中收集的活跃 IPv6 地址。然后挖掘种子地址的结构模式和特征并生成候选地址，探测候选地址以确定其活跃性。在探测活跃地址的过程中，需要进行别名前缀检测。别名前缀是指一个特殊的前缀，其特征是针对该前缀下的所有地址的探测都由同一设备进行响应（顺便说明：别名前缀下的地址称为别名地址）。别名前缀检测有利于节省探测资源，毕竟 IPv6 前缀空间巨大（如 /64），针对同一设备的反复探测会浪费探测资源。

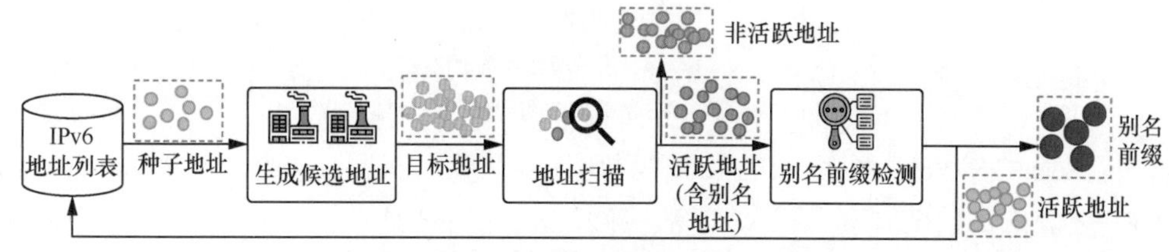

图5.9 基于种子地址的活跃IPv6地址探测方法

收集种子地址的方法众多，前文所述的开放数据提取和被动收集等方法都适用。甚至，通过主动探测的方法获取的活跃 IPv6 地址也可以作为种子地址。地址扫描方法相对简单，例如使用 ICMP 探测，或者利用 TCP 或 UDP 端口探测来确定地址是否活跃。因此，接下来重点介绍候选地址生成方法和别名前缀检测方法。在此之前，我们首先介绍一些相关的术语以方便读者理解。

① 预算（budget）：在评价探测方法时，在指定前缀区域生成的候选地址数量。

② 命中率（hit rate）：在生成指定预算的候选地址后，对候选地址进行探测，统计有响应的地址。命中率是指有响应的地址数量与预算的比值。

③ 命中列表（hitlist）：通过各种方式发现的活跃地址的列表。命中列表可作为候选地址生成方法的输入项，提供种子地址，对应于图 5.9 中的 IPv6 地址列表。

1．候选地址生成方法

目前，已有的候选地址生成方法可以划分为两类，分别为地址统计特征学习和地址结构特征发现。

（1）地址统计特征学习。

这一类方法是学习种子地址的内部结构特征并以此生成候选地址，然后扫描候选地址来发现活跃的 IPv6 地址，这类方法的典型代表是 Entropy/IP[30]。

Entropy/IP 的核心思想是通过分析已知活跃的 IPv6 地址的内部结构特征，然后利用信息论和机器学习的技术对 IPv6 地址进行概率建模。Entropy/IP 首先将 IPv6 地址的每一个十六进制字符（对应 4 bit，具有 16 种可能取值）建模为一个随机变量，共生成 32 个随机变量，然后对每个随机变量计算其熵值，熵值相似的相邻十六进制字符组成段（之所以使用熵，是因为其揭示了 IPv6 地址中可变的部分和相对不变的部分），从而将地址表示为一组随机向量。Entropy/IP 使用常见的统计模型——贝叶斯网络（Bayesian Network，BN）对 IPv6 地址进行建模。因此，Entropy/IP 可以揭示段之间的相互依赖关系，并发现隐藏在 IPv6 地址中的结构。

熵可用于衡量信息的不可预测性（离散程度）。通常定义一个离散随机变量 X 的可能取值 $\{x_1,\cdots,x_k\}$和对应概率质量函数 [1]$P(X)$ 的熵为 $H(X)$，计算方式如下：

$$H(X) = -\sum_{i=1}^{k} P(x_i)\log_2 P(x_i) \tag{5.1}$$

一般来说，熵越高，X 的同等概率取值越多。如果$H(X)=0$，那么 X 只取一个值；如果 $H(X)$是最大值，那么 $P(X)$ 是均匀的。例如，图 5.10 中的 IPv6 地址用 32 位十六进制表示。把地址中的第 i 个十六进制字符位置的值视为随机变量 X_i($i=1,\cdots,32$)。以最后一位为例，其有两次取值为“c”，三次取值为“f”。

因此，X_{32} 的概率质量函数为$\hat{P}(X_{32})=\left\{p_c=\frac{2}{5}, p_f=\frac{3}{5}\right\}$。由于有 16 个十六进制字符，最大熵为 $\log_2 16$，因此归一化的熵为：

$$\hat{H}(X_{32}) = \frac{-(p_c\log_2 p_c + p_f\log_2 p_f)}{\log_2 16} \approx 0.24 \tag{5.2}$$

1　在概率统计学中，离散随机变量用概率质量函数（probability mass function）描述，而连续随机变量用概率密度函数（Probability Density Function，PDF）描述。

通过将 IPv6 地址所有十六进制位对应的熵值累加，即可计算得到所有地址的总熵值，该值代表了这些地址的可变程度。

正如前文所述，熵揭露了 IPv6 地址中可变的部分和保持相对不变的部分。Foremski P 等人把相邻的十六进制字符组合成具有类似熵的连续位块，并称之为段，用大写字母标记。例如，在图 5.10 中，十六进制字符 1 ～ 11 和 17 ～ 28 的值是恒定的（熵值为 0），而十六进制字符 12 ～ 16 和 29 ～ 32 的值是变化的（熵值不为 0）。因此，这些字符形成了 4 个段：A（1 ～ 11）、B（12 ～ 16）、C（17 ～ 28）和 D（29 ～ 32）。通过对 IPv6 地址进行分段，可以区分出连续的位组，这些位组的取值变化情况是不同的。然后对每个段 k，研究其取值范围，记为 D_k。在 D_k 中挑选出现次数较多的取值或取值范围组成集合 V_k，对 V_k 的要求是其中的元素能否覆盖 D_k 大部分的取值。例如，在图 5.10 中，12 ～ 16 这个段的$D_k = \{11111, 11111, 31c13, a2f2a, 11111\}$，而 11111 能够覆盖 D_k 中大部分的取值，因此$V_k = \{11111\}$。然后可将地址表示为向量，每一维度对应段 k，并在 V_k 中取值。将地址表示为随机向量使得能够应用众所周知的统计模型，进而可以揭示各段之间的相互依赖关系，并发现隐藏在 IPv6 地址中的结构。由于 BN 是一种统计模型，而且它能以有向无环图的形式表示联合分布的随机变量，因此，Foremski P 等人引入 BN 来对 IPv6 地址的结构进行表征，其中每个顶点代表一个单一变量 X，并持有以其他变量的值为条件的概率分布；从顶点 Y 到 X 的一条边表示 X 在统计上依赖于 Y。事实上 BN 可以用来模拟涉及许多变量的复杂现象，它将复杂的分布分割成较小的、相互联系的部分，这样更容易理解和管理。我们的目标是为 IPv6 地址数据集找到一个合适的 BN。为实现这一目标，需要从数据中学习 BN 结构（即发现统计上的依赖关系），并需要确定其参数（即估算条件概率分布）。为此，Foremski P 等人使用 BNFinder 软件。由于从数据中学习 BN 通常是 NP-hard 的，于是他们对网络进行了限制，使给定的段 k 只能依赖于先前的段。例如，B 可以直接依赖于 A，但不能依赖于 C。

```
0         1         2         3
12345678901234567890123456789012
--------------------------------
20010db840011111000000000000111c
20010db840011111000000000000111f
20010db84003 1c13000000000000200c
20010db8400a2f2a000000000000200f
20010db840011111000000000000111f
```

图5.10　IPv6地址示例[30]

一旦找到了 BN 模型，就可以使用 BN 生成与模型相匹配的候选地址（可选择限制在某些网段的值上），这些地址可用于对 IPv6 的定向扫描。例如，图 5.11 展示了从 CDN 收集的某日本电信公司在一周内一组 2.4 万个万维网客户地址的分析结果。

第一，图 5.11（a）显示了整个数据集中每个地址段的熵值。简言之，地址段（用垂直虚线划定，在顶部用大写字母 A ～ K 标记）是由具有相似熵的十六进制字符组成的。除此之外，Entropy/IP 总是把 1 ～ 32 位作为 A 段。第二，图 5.11（b）、图 5.11（c）是 Entropy/IP 的条件概率展示，通过彩色热力图来显示段内的值的分布。例如，A 段总是有 20010db8 的值，这是以 100% 的概率反映的。在这个例子中，C 段的长度是两个十六进制字符，其中观察到 4 个不同的值：最常见的是 10，出现概率为 60%。各段的取值范围则是在一个彩色方框内显示为两个值（从低到高），例如J段的一个取值范围为0000ed18068～ffb2bc655b，出现概率为40%。从图5.11（b）到图5.11（c）还显示了以 J 段的值为条件时，概率的变化情况。本示例显示了选定 J 段的值为 00000000000 时，C 段的值为 10，概率为 100%，H 段和 I 段的值为 0。

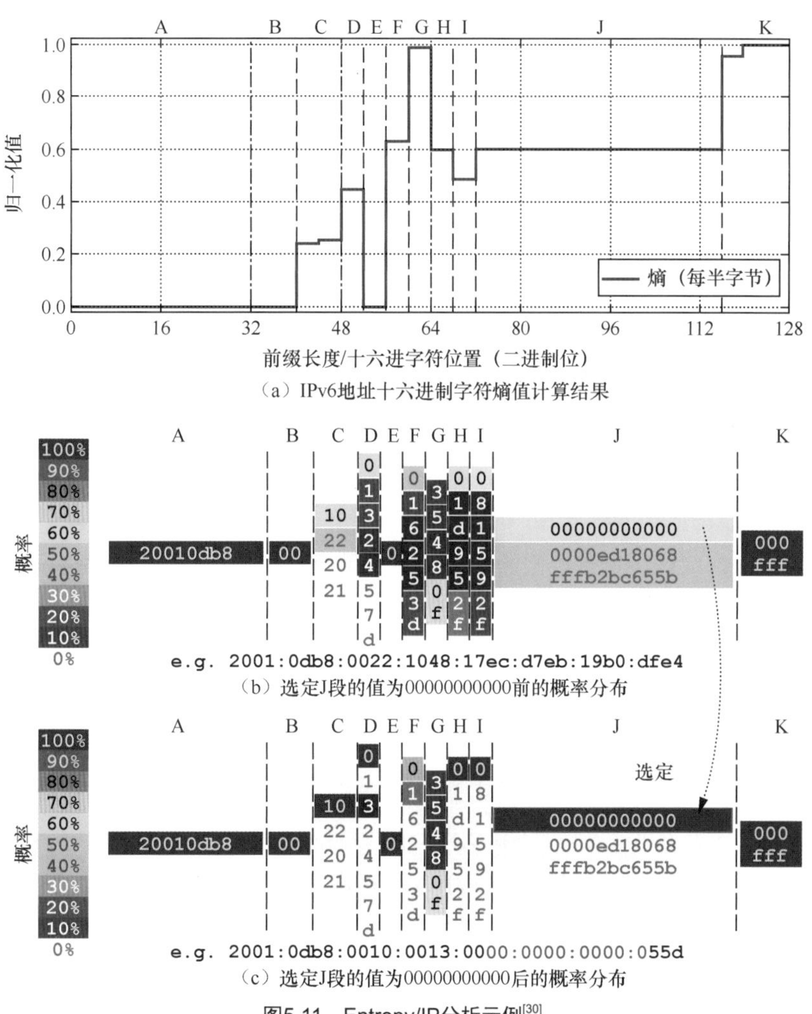

（a）IPv6地址十六进制字符熵值计算结果

（b）选定J段的值为00000000000前的概率分布

（c）选定J段的值为00000000000后的概率分布

图5.11　Entropy/IP分析示例[30]

Foremski P 等人也在 10 个数据集上进行了试验。在每个数据集中，随机采样获取了 1000 个真实 IPv6 地址作为训练集进行 BN 模型训练，剩余的地址作为测试集，然后利用该模型生成 100 万个候选地址进行扫描。在通过使用 ICMP 回声请求扫描这 1000 万个候选地址后，他们发现了 77 万个 IPv6 地址（命中率约为 7.7%）和 4.6 万个 IPv6 前缀。

虽然 Entropy/IP 可以有效地分析种子地址的结构信息和配置特征，但种子地址的采样偏差导致分析结果与实际活跃地址的结构特征并不一致。特别是，当子网空间中没有或很少有种子地址时，Entropy/IP 分析地址的效果并不好。

（2）地址结构特征发现。

这类方法是为了发现种子地址的分布特征，并生成候选地址进行扫描。这类方法又可以进一步划分为 3 类。第一类是基于模式发现的方法，即发现已有活跃 IPv6 地址的模式，并利用该模式生成候选地址进行探测；第二类是基于密度挖掘的方法，即挖掘已有种子地址的大密度区域，并在该区域生成候选地址进行探测；第三类是基于机器学习 / 深度学习的方法，即利用机器学习 / 深度学习等技术手段学习种子地址的分布特征，指导活跃 IPv6 地址扫描。

① 基于模式发现的地址生成方法。

Ullrich J 等人[31]提出了一种基于模式的递归算法用于自动发现样本中的模式，并根据发现的模式生成待扫描的候选地址。模式发现算法是递归进行的，通过在每次递归中确定附加位来完善一个给定的模式。附加位的选择方式是：完善后的模式在所有候选模式中覆盖的地址数量最多。每一次递归中，确定的位的数量加 1，而未确定的位的数量减 1。如果未确定的位的数量少于一个给定的阈值，则开始生成地址。然后，所有包含当前模式的地址都按升序生成。

完善模式：完善模式在所有候选模式中覆盖的地址数量最多。为了找到这种模式，该方法需要创建一些规则并计算关键性能指标——支持度。具体而言，对于每一个未确定的位 b_u 都会产生两条互斥的规则：

规则 1：该地址与当前的模式相适应 ⇒ 未确定的位 b_u 为 0；

规则 2：该地址与当前的模式相适应 ⇒ 未确定的位 b_u 为 1。

一个规则的支持度是满足该规则的地址数与满足当前模式的地址数的比率。将支持度最高的规则应用于当前模式能够使完善模式进行下一次递归。

反向规则和模式：完善模式的反向规则也能用于递归。如果一个递归的最佳规则是规则 1，即地址与当前模式相适应 ⇒ 未确定的位 b_u 为 0；它的反向规则就是规则 2，即地址与当前的模式相适应 ⇒ 未确定的位 b_u 为 1。将反向规则应用于当前模式导致反向模式，然后用这个反向模式调用另一个递归。这保证了所有的模式都以二叉搜索树的方式被包括在内，使得“更有可能是活跃的地址”在“更不可能是活跃的地址”之前被探测到。

停止条件：如果未确定的位的数量少于某个阈值（threshold），则停止递归模式的生成。基于当前的模式，所有合适的地址都按升序迭代进行扫描，产生的地址数为 $2^{\text{threshold}}-1$。

总的来说，该算法使用“贪心”策略使模式包括更多的种子地址。Ullrich J 等人对上述方法进行了实验，分别对路由器、服务器和客户端地址进行了分析。总体而言，相较于暴力扫描和基于低字节模式探测两种方法，该方法能够发现更多的活跃 IPv6 地址。然而，相较于后续章节介绍的方法而言，该方法发现活跃 IPv6 地址的效率较低。在生成的候选地址数量较少（如 1000 个）时，命中率相对较高。然而，随着生成的候选地址数量增加时，命中率迅速下降。当生成 100 万个候选地址时，活跃地址命中率仅约为 1‰。

② 基于密度挖掘的地址生成方法。

基于密度挖掘的方法的核心思想是挖掘已有种子地址的大密度区域，然后在该区域生成候选地址并进行探测，典型的方法包括 6Gen、6Tree 和 DET。

事实上，产生 IPv6 地址扫描目标的一个自然方法是尝试对组织的 IP 地址分配方案进行逆向工程。然而，这种方法也存在弊端：第一，从有限的 IPv6 种子地址中确定地址分配模式可能十分困难；第二，网络可能对地址空间的同一区域使用多种分配策略；第三，确定独立管理的网络之间的边界并非易事。相反，Murdock A 等人设计了 6Gen[32]。6Gen 是一种基于密度挖掘的候选地址生成算法，它使用汉明距离来测量不同地址之间的距离，基于聚集分层聚类（AHC）找到种子地址的大密度区域，然后在这些区域生成候选地址进行扫描。6Gen 假设种子地址密集区与实际（全部）活跃地址密集区相关，并将种子地址建模为活跃地址的独立同分布的随机样本。这种思想与假设种子地址之间存在依赖关系的方法不同。原因是尽管将种子地址建模为独立同分布的随机样本会使候选地址生成变得更简单和灵活，但效率会因不能学习模式而降低。6Gen 使用“贪心”策略将相似的种子地址聚集到具有大种子地址密度的地址空间区域，并将这些区域内的地址作为扫描目标输出。6Gen 是迭代运行的，具体如下。

首先识别最相似的种子地址。具体而言，为了实现对相似地址的聚类，6Gen 利用地址之间的汉明距离表示地址间的相似性。汉明距离用于计算两个十六进制表示的地址之间数值不同的位置的个数。IP 空间也存在区域的表示，如使用通配符“?”。为了计算两个区域之间的距离，6Gen 将 IPv6 地址相同位置的任意取值与通配符“?”占位的距离都计算为零。举个例子，2402:6::58 和 2402:6::51 之间的距离是 1；2402:6::51 和 2402:6::5? 之间的距离是 0。采用十六进制表示而非二进制表示地址来计算地址相似性的原因在于：第一，编址方案更有可能采用十六进制；第二，使用二进制表示地址来计算地址相似性会出现具有相同的汉明距离但两个地址在直观上并不相似的情况。例如，2002:: 和 2::10 的汉明距离是 2，2402:: 和 2402::6 的汉明距离也是 2。但是第二组地址直观上更相似，可以用 2402::? 表示。

然后将相似的种子地址聚类形成不同大密度区域，直到聚类区域的总大小超过用户提供的扫描预算。6Gen 使用区间（range）包含一个聚类中的种子地址。一个自然的想法是使用通配符表示一个区间，即 [0-f]。如图 5.12 所示，这 7 个地址的聚类表示为 1::?:??2?。6Gen 也扩展了通配符的表示方法，可以使用 [2-3,9-e] 表示地址的某一十六进制位上的特定取值范围。

1	:	:	2	:	1	2	0
1	:	:	2	:	1	2	4
1	:	:	2	:	3	2	a
1	:	:	2	:	3	2	6
1	:	:	5	:	1	2	d
1	:	:	5	:	3	2	e
1	:	:	5	:	1	2	9

图5.12 种子地址的聚类表示示例1::?:??2?[32]

换言之，6Gen 将部分扫描预算分配给具有许多类似种子地址的“热点”区域，根据种子地址密度与活跃主机密度正相关的假设，该设计将最大限度地增加发现先前未知的活跃主机的可能。值得注意的是，6Gen 并非纯密度驱动，因为它首先识别类似的种子地址，再将它们聚类到大密度区域。将距离更远的种子地址进行聚类也有可能形成更大的密度区域。优先考虑相似性的动机是为了节省预算，因为更相似的种子集群形成的区域更小，消耗的预算更少。

6Gen 在概念上很简单，但计算成本很高。一种简单的实现方式是在所有集群上进行迭代：对于每个集群，在所有外部种子上进行迭代以寻找候选种子。随着集群的不断扩充，可以很容易地将集群的扩充计算并行化。有两种方法可以进行优化来进一步降低计算的复杂性。第一，在每次迭代中，6Gen 都会找到候选种子来扩充每个集群，并计算可能的密度变化情况。每次迭代只有一个集群改变，而且由于集群分别独立扩充，所有其他集群保持不变，这些集群的最佳增长可以在迭代之间被缓存，这能将 N 个地址的运行时间降低至$\frac{1}{N}$。第二，可以优化寻找集群扩展时需要加入的种子。将所有的种子存储在一个十六叉树中，树中的每一级代表一个十六进制位，每个分支与该位置的十六进制数值相对应，这使得能够快速地迭代一个给定范围内的种子，而不是迭代所有的种子。十六叉树也允许在给定的范围内重建一个集群的种子集。为了优化空间，6Gen 只存储一个集群的范围和种子集的大小，而不是种子集本身。

6Gen 在每个路由前缀下生成 100 万个候选地址，累计产生 58 亿个扫描目标。其中，5670 万的目标在 TCP/80 上得到响应。然而，绝大多数（98%）地址位于别名前缀中，而判断别名前缀的方法将在后文介绍。因此这里探讨了 6Gen 在剩余的非别名前缀中发现的约 100 万个响应地址。6Gen 在属于 2368 个（占总量的 32%）AS 的 2840 个（占总量的 28%）路由前缀中找到了活跃地址。我们在图 5.13 中显示了上述活跃地址随 AS 的累积分布情况，并在表 5.6 中列出了去除别名前缀的活跃地址数占比排名前十的 AS。排名前两位的 AS 都属于亚马逊（Amazon），总占比达 20% 以上。另一个值得注意的现象是，一些 AS 同时包含别名地址和非别名地址，这表明此类 AS 可能在不同的子网中采取不同的别名策略，因此 AS 级的别名过滤手段过于粗糙。

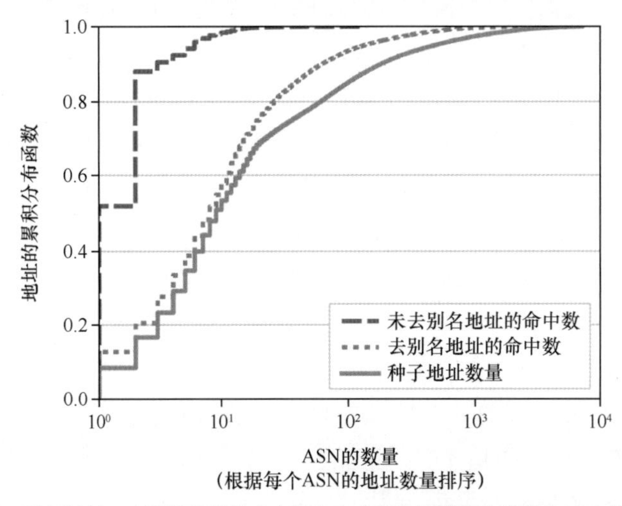

图5.13 种子地址、去别名地址的命中数和未去别名地址的命中数在AS中的分布[32]

表5.6 去除别名前缀的地址命中率对比（排名前十的AS）[32]

AS名称	ASN	命中率
Amazon	14 618	12.9%
Amazon	16 509	7.7%
OVH	16 276	7.1%
Hetzner	24 940	5.7%
HostEurope	20 773	5.3%
RH-TEC	25 560	5.3%
Globe	25 234	4.3%
GoDaddy	26 496	3.5%
Uvensys	58 010	3.2%
DigitalOcean	14 061	3.1%

图5.14显示了每个路由前缀的命中率的分布情况，按种子的数量分桶。如每个桶的中值所示，6Gen为大多数有10个以上种子的前缀找到活跃地址。命中率和每个路由前缀的种子数之间存在正相关。一个可能的解释是，6Gen不是在发现新地址，而是在发现地址的流失。之前发现的种子地址（对应的主机）如果不活跃了，那可能是该主机目前已配置了新的地址，而6Gen只是重新发现了这些主机。为了评估这一解释，Murdock等人从每个路由前缀的命中数中减去不活跃的种子数。对于四分之一的前缀，差值是正的，证明了6Gen的效用，因为6Gen一定发现了新的地址，而这些地址不可能是由于主机地址迁移造成的。对于其余的前缀，6Gen无法确认是否发现了流失的地址，或者只是发现了比非活跃种子更少的地址。

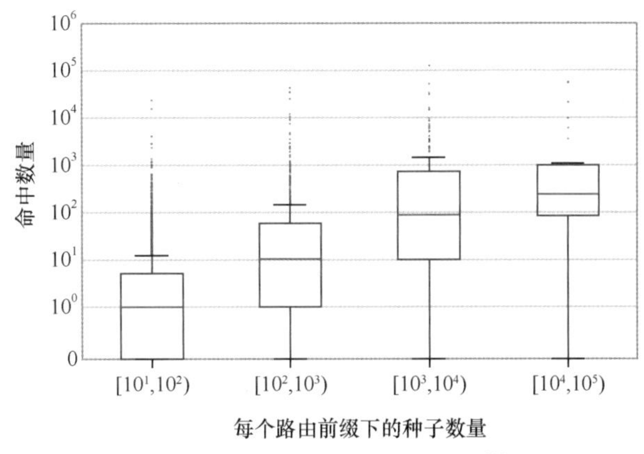

图5.14 路由前缀的命中率的分布[32]

在6Gen之后，Liu Z等人提出了6Tree[33]，其核心思想是使用分裂层次聚类（Divisive Hierarchical Clustering，DHC）算法构建分层空间树，并根据探测结果动态地指导候选地址生成方向。如果把IPv6地址的每个十六进制位看作一个维度，则意味着有些维度比其他维度有更多的可变值，也即不同维度的熵是不同的。探针可以优先在可变值更多的维度上进行搜索，因为有可能未被发现的活跃地址在这些维度上有不同的取值，但在其他稳定的维度上有相同的值。

为了分析搜索顺序的可变性，6Tree在种子地址向量上执行了DHC算法。在较小的聚类中，每个维度的值将更加稳定，即熵将在聚类过程中逐渐收敛为零（假设熵变为零的顺序表征了不同维度的取值可变情况）。此外，空间树可以将各个簇（cluster）视为节点并进行连接，其中从叶子节点到根节点的每条路径都记录了熵趋于零的顺序。这些顺序可以被理解为搜索方向，反映了不同簇中维度的取值差异性。根据扫描结果，我们可以优先在发现更多活跃地址的路径上进行后续搜索。此外，由于目标区域的规模不断扩大，潜在的别名前缀地址区域的活跃地址通常是密集的，可以及早识别。

图5.15展示了6Tree的工作原理。6Tree首先执行DHC算法，并基于种子地址生成空间树。然后，根据空间树提供的搜索方向进行全互联网扫描，并根据实时反馈动态调整方向。如果扫描器发现一个区域拥有过多的活跃地址，就会中断扫描并进行别名前缀检测。6Tree会持续动态扫描，直到扫描的地址数量达到预算。

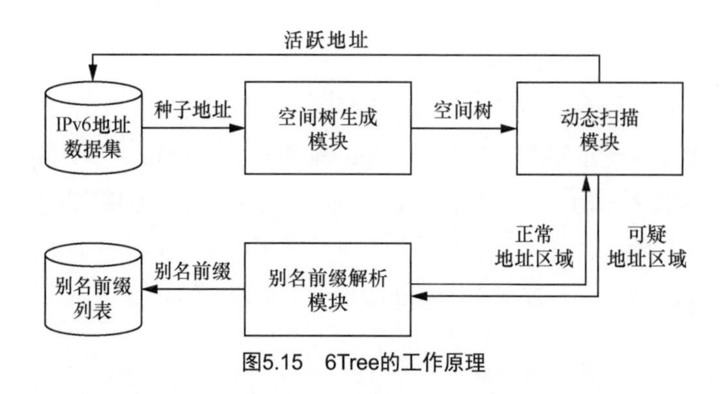

图5.15　6Tree的工作原理

同样，Liu Z 等人采用了 Gasser O 等人 [23] 的方法，获取了 442 万个 IPv6 地址，用作后续测试的数据集并记为 C_1。Liu Z 等人比较了 6Tree 和 6Gen 发现活跃 IPv6 地址的能力。在将 C_1 中的所有地址均匀划分为 100 个子集后，通过灵活设置每个子集中采样的种子数量，设计了 3 种采样模式来模拟种子和所有活跃地址之间的密度分布差异。为了获取指定数量（M）的种子地址集，在相对平衡的采样模式 I 中，每个子集中采样的种子数量（N）占种子地址总数的比例都小于 2.5%，即 $N/M<2.5\%$。其他采样模式在采样模式 I 的基础上，伪随机地将采样比例调整得更高。采样模式Ⅱ中有 25% 的子集中的采样比例更高，采样模式Ⅲ则调整了 50% 的子集中的采样比例。调整后，在采样模式Ⅱ中每个子集的采样占比均小于 4.5%，在采样模式Ⅲ中均小于 7.5%。因此，由于采样种子地址总数固定，在后两种采样模式中，有些子集的采样种子数量占比甚至是小于 0.01% 的。图 5.16 展示了基于 15 亿预算和种子数从 20 万到 100 万变化的 C_1 中发现的地址数量，并同时展示了 3 种采样方式的种子地址的累积分布情况。为了充分对比 6Gen 和 6Tree，Liu Z 等人考虑了两种运行模式。第一，undivided 模式代表不将种子地址划分为多个子集，而是直接在整个种子地址集上运行两个算法；第二，divided 模式代表将种子地址划分为多个子集（例如，在前文提及的划分为 100 个子集），并分别在每个子集上运行两个算法，这样有利于并行运行两个算法。在 undivided 模式下，6Gen 取得了更好的性能。在采样模式 I 下，6Gen 的性能约为 6Tree 的 110%。当采样变得更加不均匀时，6Tree 的维护能力更强，在采样模式Ⅲ下，其性能约为 6Gen 的 110%。在 divided 模式下，6Tree 和 6Gen 的性能相似。在采样模式 I 下，6Gen 的性能略好于 6Tree，而在其他两种采样模式下，情况则相反。在采样模式 I 下，6Tree 的性能不受工作负载划分的影响。一个可能的原因是，均匀采样种子上的划分对 DHC 过程中的熵分布没有明显影响。在 undivided 模式下，除了采样模式Ⅲ外，6Gen 在十六进制模式下有相对更好的发现性能。6Tree 在四进制模式下具有相对较好的发现性能，与二进制模式相比，它在 DHC 过程中要花费更多的时间。

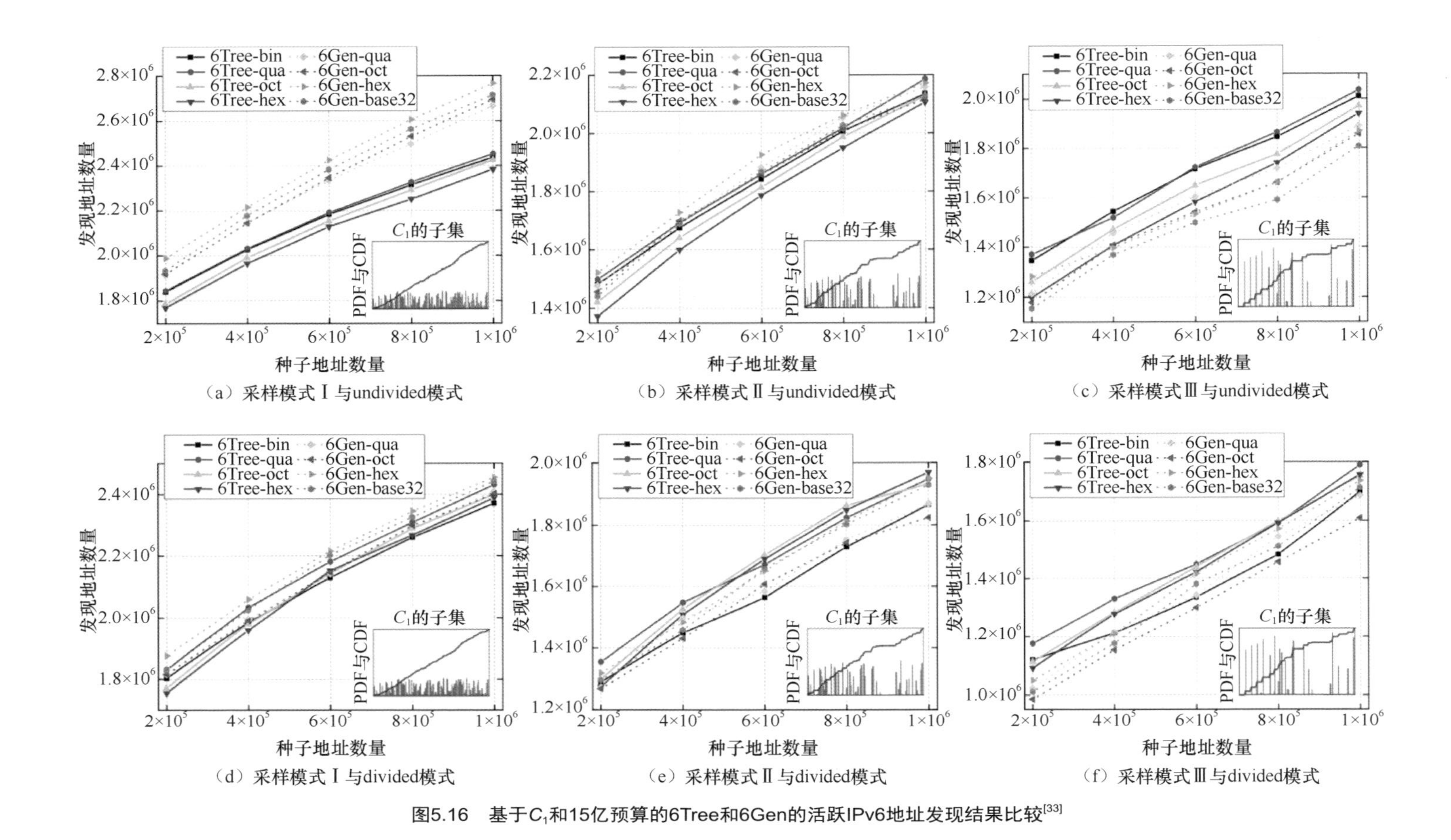

图5.16　基于C_1和15亿预算的6Tree和6Gen的活跃IPv6地址发现结果比较[33]

DET[29] 在 6Gen 和 6Tree 的基础上进一步提升了探测效率。DET 通过动态反馈活跃地址密度的方式选择在大密度地址空间生成候选地址，缩小地址探测范围。具体地，DET 先对收集的种子地址进行向量化，然后在线性时间构建密度空间树，空间树的根节点对应整个 IPv6 地址空间，叶子节点代表种子地址的大密度区域。具体做法如下。

a. 采用最小熵作为密度空间树分裂指标。

密度空间树中的节点具有大密度的特征。DET 的目标是在拆分当前节点时，使大密度区域的地址被划分到同一个子节点中。在可接受的时间范围内，使用一个启发式的指标，即将当前种子地址熵值最小的维度设置为分裂指标。假设当前节点中的活跃地址向量为 $\boldsymbol{\omega}$，$\boldsymbol{\omega}$ 包括 M 个 IPv6 活跃地址。$\boldsymbol{\omega}$ 的任何一个子集 $\boldsymbol{\omega}_i$ 都满足大密度的特征，并且包括 m 个 IPv6 活跃地址。在不失一般性的前提下，进一步假设 $\boldsymbol{\omega}_i$ 中有一个稳定维度 x 和一个可变维度 y。$\boldsymbol{\omega}_i$ 对 x 和 y 的熵值贡献也分别用 $E(x)$ 和 $E(y)$ 表示。子集 $\boldsymbol{\omega}_i$ 在 y 维度上有 k 个值，其大小为 $m_i(i=1,\cdots,k)$。当 $p=\dfrac{m}{M}, p_i=\dfrac{m_i}{M}$，则有 $p=\sum_{i=1}^{k} p_i$。此时，有 $E(x)=-p\log_2 p=-(\sum_{i=1}^{k} p_i)\log_2 p$，$E(y)=-\sum_{i=1}^{k} p_i \log_2 p_i$。由于 $-p_i\log_2 p<-p_i\log_2 p_i$，也因此存在：

$$E(x)=-\sum_{i=1}^{k} p_i\log_2 p<-\sum_{i=1}^{k} p_i\log_2 p_i=E(y) \tag{5.3}$$

$E(x)<E(y)$ 意味着稳定维度对 $\boldsymbol{\omega}$ 贡献的熵小于 $\boldsymbol{\omega}_i$ 中可变维度贡献的熵。换言之，当前地址向量的维度的熵值越小，意味着当前地址向量的维度有更多来自稳定维度的子集的值。因此，通过在熵值最小的维度上划分当前的种子集，可以实现最小的密度损失。对于一个节点，可以选择熵值最小的维度作为分割指标。

b. 密度空间树生成。

下面介绍生成密度空间树的步骤。首先对 IPv6 种子地址集进行向量化，例如按照十六进制表示 IPv6 地址，然后对地址向量执行 DHC（这里引入一个参数 β，代表表示 IPv6 地址时使用的二进制位数：如果按照十六进制表示，则 β=4；当然也可以使用八进制（β=3）或四进制（β=2）等方式表示 IPv6 地址）。接着初始化空间树的根节点（这里的根节点对应于整个活跃的种子地址空间），并对根节点执行 DHC 算法，根据分裂指标生成子节点。然后，对应于该节点的种子地址向量被分割成多个子集，每个子集分布在一个子节点中。类似地，在新的子节点继续进行 DHC 算法，直到子节点对应的地址向量数量小于阈值 δ。不分裂的节点称为叶子节点。叶子节点存储种子地址的大密度区域。在聚类过程中，如果有多个相等的最小熵，左侧的子节点比右侧的子节点有更高的优先权。左侧维度的优先级保持了地址的层次性特征。随着节点分裂的每一次迭代，子节点会增加一个稳定的维度。在密度空间树中，一个节点的稳定维度的数量等于该节点在空间树中的深度。对于 δ=1，空间树的深度等于 IPv6 地址向量的维度。Song G 等人使用了堆栈来记录各维度变得稳定的顺序。在 DHC 聚类过程中，一个节点被分割后，生成的新的子节点会将稳定的维度添加到堆栈中。注意，由于引入了堆栈，只有一个孩子的节点与它的孩子合并成一个节点。密度空间树的模式具有堆栈属性，具有以下好处：首先，堆栈简化了密度空间树；其次，拥有较少的节点可以减少存储相应种子向量所需的内存。

图 5.17 展示了 DET 密度空间树构建原理示例。首先对收集到的种子地址进行向量化，即将种子地址按照十六进制表示；然后计算各维度的熵，计算方式与 Entropy/IP 相同，即

$H(X) = -\sum_{i=1}^{k} p_i \log_2 p_i / \log_2 16$，例如，节点 1 中的地址的第 19 位（从 0 开始计数）取值为 1 和 2，熵值为 0.26。在第 13、19、30 位，选择熵值最小的第 19 位进行节点分裂，循环往复，即可构建含有 5 个节点的密度空间树。

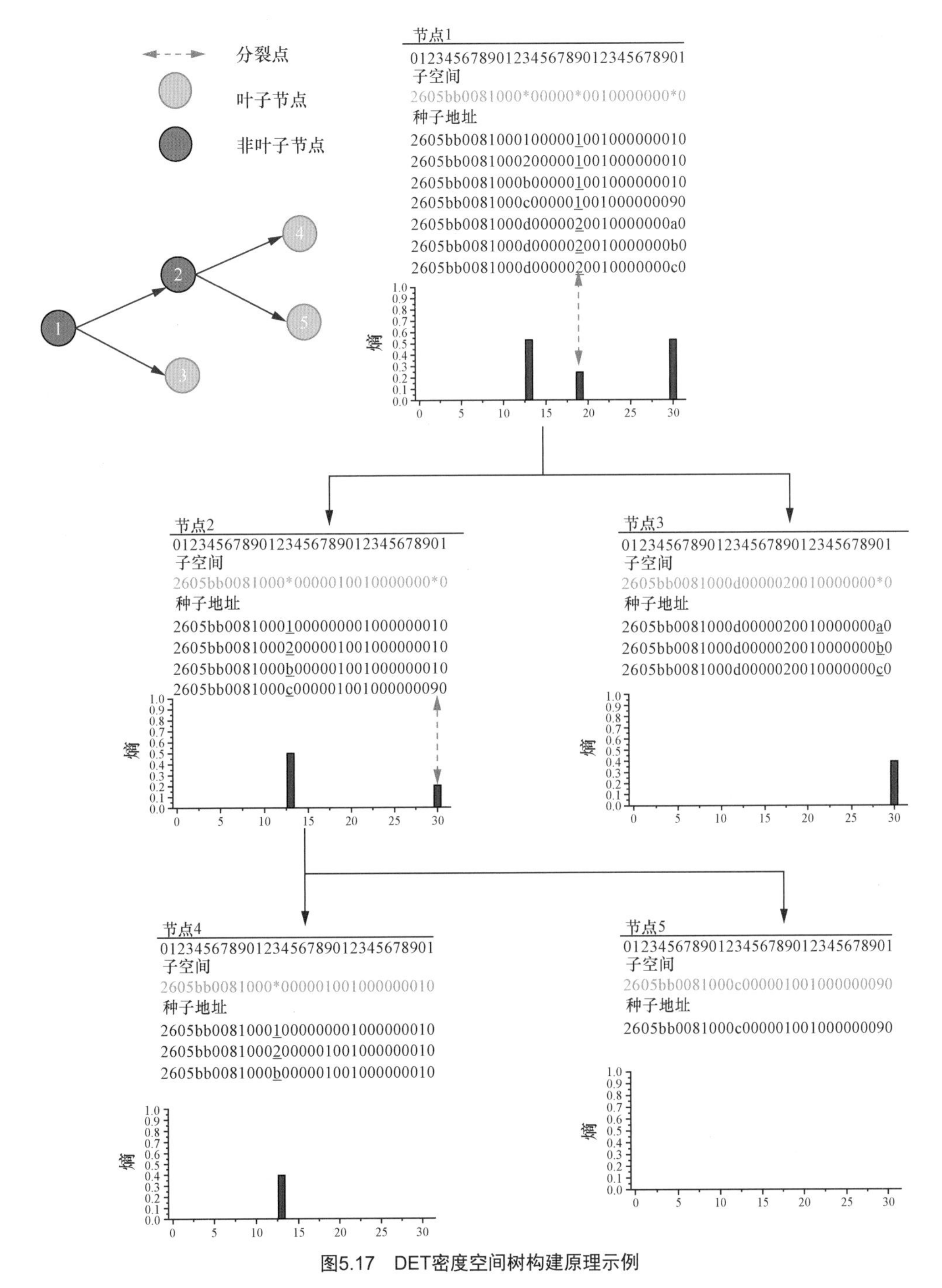

图5.17 DET密度空间树构建原理示例

已有研究通常使用 4 bit 组（即十六进制）作为表达 IPv6 地址的方式，其实这并非唯一的。事实上，我们也可以用 3 bit 组（八进制）或 2 bit 组（四进制）来表示 IPv6 地址。用不同长度的比特组来表达 IPv6 地址（简称为地址粒度）对候选地址生成的影响并未得到研究。因此，Song G 等人也研究了在生成候选地址时能产生更好结果的地址粒度，并优化了 DET 算法。他们使用 Gasser O 等人提供的 230 万个活跃地址数据集作为种子地址，并执行 DET 来生成具有不同预算和不同级别地址粒度（例如，β=1, 2, 4）的候选地址。在不考虑别名前缀的情况下，该算法的预测结果如图 5.18 所示。

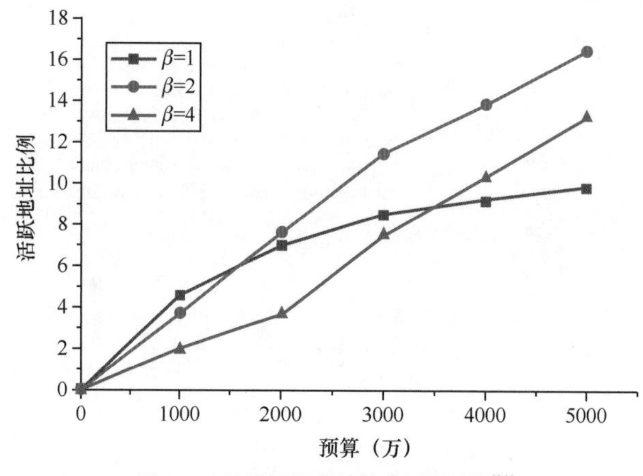

图5.18 使用不同地址粒度预测结果[29]

由图 5.18 可知，DET 算法在预算小于 3500 万时，β=4 的预测结果出乎意料的最差，这与一般的假设有很大不同。本质上，这与地址在小范围内的生成方式有关。当一个特定的维度在向量中是可变的，地址生成范围为 $(0, 2^{\beta}-1)$。β 越大，地址生成方法越松；β 越小，地址生成方法越紧。候选地址的生成是由种子地址驱动的。当地址预算较小时，β=1 的地址生成方法对寻找活跃地址更有效。当地址预算较大时，β=1 的地址生成方法限制了地址生成的空间，而对于松散的地址生成，如 β=4，会导致数据驱动效应的减少。根据实验结果，Song G 等人提出以下关于配置算法参数的建议：对于小预算，选择 β=1 的紧密生成方法；对于大预算，使用相对宽松的生成方法，如 β=2。

Song G 等人在 Gasser O 等人公布的数据集和自行收集的种子地址集上评估了 DET 算法生成候选地址的效率，并将 DET 与 6Tree、6Gen、Entropy/IP 进行了比较。首先，Song G 等人利用 Gasser O 等人提供的 230 万个活跃地址作为种子地址，使用上述算法生成不同预算的候选地址，并且使用基于概率的别名前缀检测法（详见本节第 2 部分内容）来确定地址是不是别名地址。从图 5.19 可以看出，6Gen 和 6Tree 在地址生成方面的表现超过了 Entropy/IP。从趋势上看，预算越大（也就是希望生成的候选地址数量越多），新的活跃地址的比例越小。随着预算的增加，地址生成器会在次优的地址区域生成地址。当预算为 1000 万～5000 万时，与 6Gen 和 6Tree 相比，DET 探测到的候选地址的活跃比例的绝对值增加了 10% 以上。因此，在相同的预算下，DET 在发现活跃的 IPv6 地址和提高 IPv6 地址探测的效率方面更加有效。

为了进一步验证 DET 的有效性和普适性，Song G 等人也做了 Gasser O 等人工作中关于命中列表类似的工作，收集活跃 IPv6 地址作为自建命中列表。从自建命中列表里的种子地址中随机选择 230 万个连续 10 天稳定存活的 IPv6 地址来生成候选地址，实验结果如图 5.20 所示。在生成 5000 万个候选地址时，在未去除别名前缀的情况下，DET 比 6Tree 多发现了 720 万个新的 IPv6 地址；在去除别名前缀的情况下，DET 比 6Tree 多发现 340 万个新的 IPv6 地址。

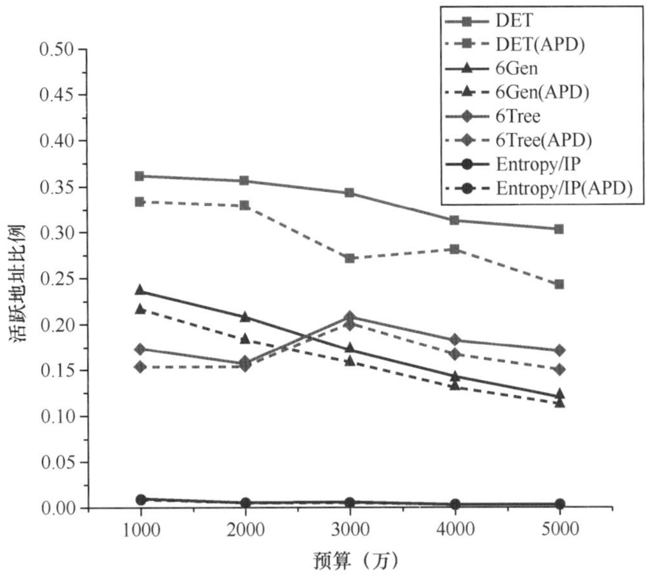

图5.19　Gasser O等人命中列表上的候选地址生成结果[29]

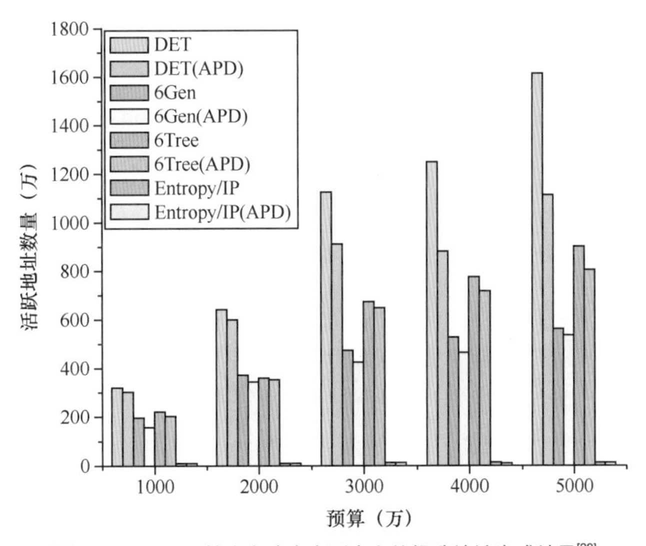

图5.20　Song G等人自建命中列表上的候选地址生成结果[29]

图 5.21 展示了 DET 在单一的前缀空间里的地址生成效率。通过在自建命中列表中随机选择包含种子地址的 BGP 前缀，然后使用不同的地址生成算法来生成相同数量的候选地址我们发现，DET 的有效地址比率高于 6Gen 和 6Tree。与 Entropy/IP 相比，除了 2001:550::/32 之外，DET 的生成效率有了较大的提高，该前缀属于 AS173，分配给了 Cogent（世界上最大的 ISP 之一）。进一步分析表明，2001:550::/32 中有更多的种子地址，Entropy/IP 可能已经有效地学习了分配地址的结构，因此具有较高的命中率。

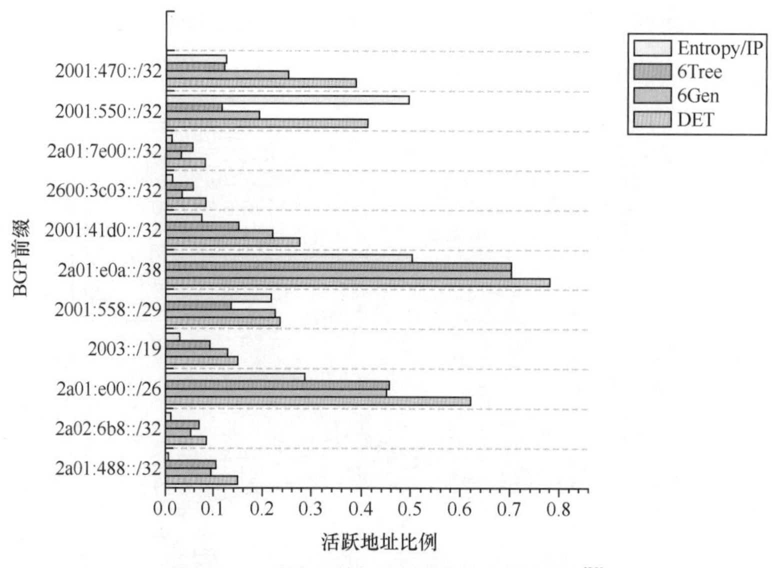

图5.21 BGP宣告前缀下的候选地址生成结果[29]

③ 基于机器学习 / 深度学习的地址生成方法。

基于机器学习 / 深度学习的地址生成方法主要利用机器学习 / 深度学习等技术手段学习种子地址的分布特征，指导活跃 IPv6 地址扫描，代表性方法包括 6Hit、AddrMiner、6GAN。

Hou B 等人 [34] 提出使用强化学习来发现活跃的 IPv6 地址的方法——6Hit，其核心思想是利用历史反馈结果来更新地址生成方向。图 5.22 说明了 6Hit 的主要工作流程。6Hit 首先使用 DHC 算法划分整个 IPv6 地址空间 X。地址空间 X 的划分是通过利用 DHC 算法来构建一个名为空间树的树状结构来实现的。同时，为了解决集群分割过程中的空间损失问题，6Hit 在空间树的构建中增加了一种新的叶子节点，称为 R 节点。为每个非叶子节点添加一个 R 节点作为其子节点的目的是记录其分裂过程中的空间损失。通过这种方式，6Hit 可以确保探索范围覆盖整个地址空间 X，利用现有的知识（即区域种子密度），迭代地探索活跃地址。6Hit 采用强化学习的方法来生成目标，评估现有探针的反馈（探测效果）来调整探测方向。这基于两点考虑：首先，种子密度可能在很大程度上与一个区域的活跃密度不同，因此，不应过分依赖种子密度，而应仅将种子密度作为初始扫描中探针分配的先验，每个区域的预期奖励应该根据评价性反馈逐渐修正；其次，一个区域的活跃密度随时间而变化，这是因为当一个区域中的一些地址被检测到是活跃的，这些活跃的地址应该被记录并从该区域中移除，以防止它们再次被探测。为此，6Hit 在产生重复的候选地址时利用惩罚性返回，以减少对一些区域的过度探测；同时，6Hit 定义了一个区域扫描期望奖励（即 $R(i)$，$i \in [1, n]$）来估计每个区域的活跃地址的回报。在每次扫描迭代之后，6Hit 根据迄今为止的探测结果更新区域预期回报，并相应地调整每个区域后续的探测策略。这种动态扫描 - 更新 - 调整的过程循环往复，直到探测数据包的总数达到预算上限。

Hou B 等人使用 Gasser O 等人于 2019 年 10 月 5 日公开的活跃地址作为数据集 C。该数据集共包含约 340 万个活跃 IPv6 地址。为了研究初始种子地址在实际测试中对不同方法性能的影响，Hou B 等人采用了两种策略从 C 中形成种子地址集：向下采样（down sampling）和有偏采样（biased sampling）。在向下采样中，从 C 中随机抽取一定数量的地址作为种子集 C_x，

$x \in \{1,2,3,4\}$。在有偏采样中，对 C 中的地址进行排序，然后提取一定数量的相邻地址作为种子集 C_y，$y \in \{5,6,7,8\}$。表 5.7 展示了这些种子集的相关细节信息。直观地说，C_x 的“质量”应该比 C_y 的好，因为“质量”差意味着种子地址的分布和实际活跃地址分布之间的匹配度差。

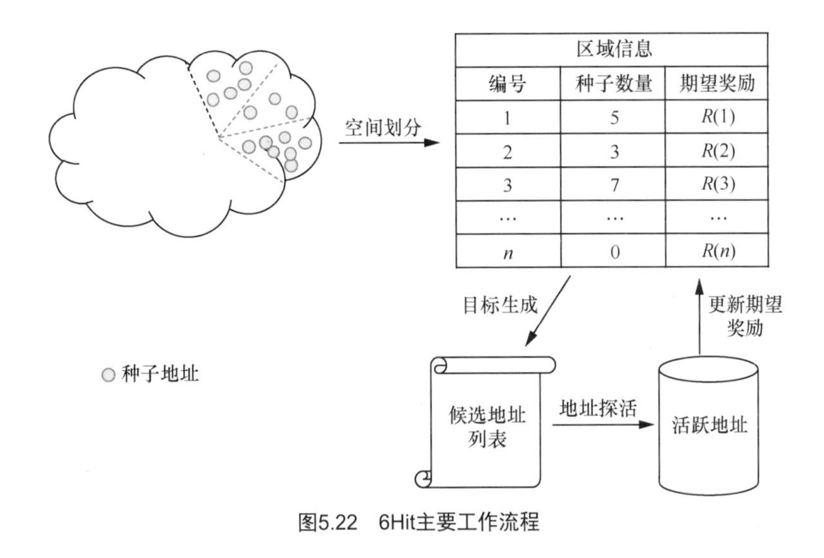

图5.22　6Hit主要工作流程

表5.7　种子地址集的特点[34]

种子集	种子数量	选择策略	地址范围
C_1	1×10^3	向下采样	2001:1388::1～2c0f:feb0::1
C_2	5×10^3	向下采样	2001:1284::1～2c0f:f470::1
C_3	3×10^4	向下采样	2001:1218::1～2c0f:fed8::1
C_4	1×10^5	向下采样	2001:1218::1～2c0c:ff00::1
C_5	1×10^3	有偏采样	2001:1208::1～2001:1291::1
C_6	5×10^3	有偏采样	2001:1208::1～2001:1328::1
C_7	3×10^4	有偏采样	2001:1208::1～2001:1460::1
C_8	1×10^5	有偏采样	2001:200::1～2001:2003::1

使用上述不同的种子集 $C_i(\ i \in [1,8]\ )$ 来比较命中率。在每个种子集下，生成 1000 万个候选地址并用 ICMPv6 进行探测。图 5.23 展示了最终结果。由图 5.23 可知，基于地址结构特征发现的方法（6Hit[1]、6Tree 和 6Gen）的命中率远远高于地址统计特征学习的方法（Entropy/IP）。此外，6Hit 和 6Tree 的命中率也高于 6Gen。在扫描过程中，设定每次迭代产生的地址数$b(=\gamma \cdot m_i)$，其中$\gamma = 3$，m_i 表示种子集 C_i 中的地址数。当初始种子的质量较差时，6Hit 的命中率远远高于其他方法（C_5、C_6 和 C_7）。这意味着 6Hit 能够探索新的区域并根据反馈调整其探测方向。然而，随着 m_i 的增加，6Hit 的迭代次数减少，导致命中率下降。6Hit 和 6Tree 在种子集 C_4 上产生了大致相同的迭代次数，导致命中率相似。

[1] 基于机器学习/深度学习的方法本质上也属于基于地址结构特征发现的方法。

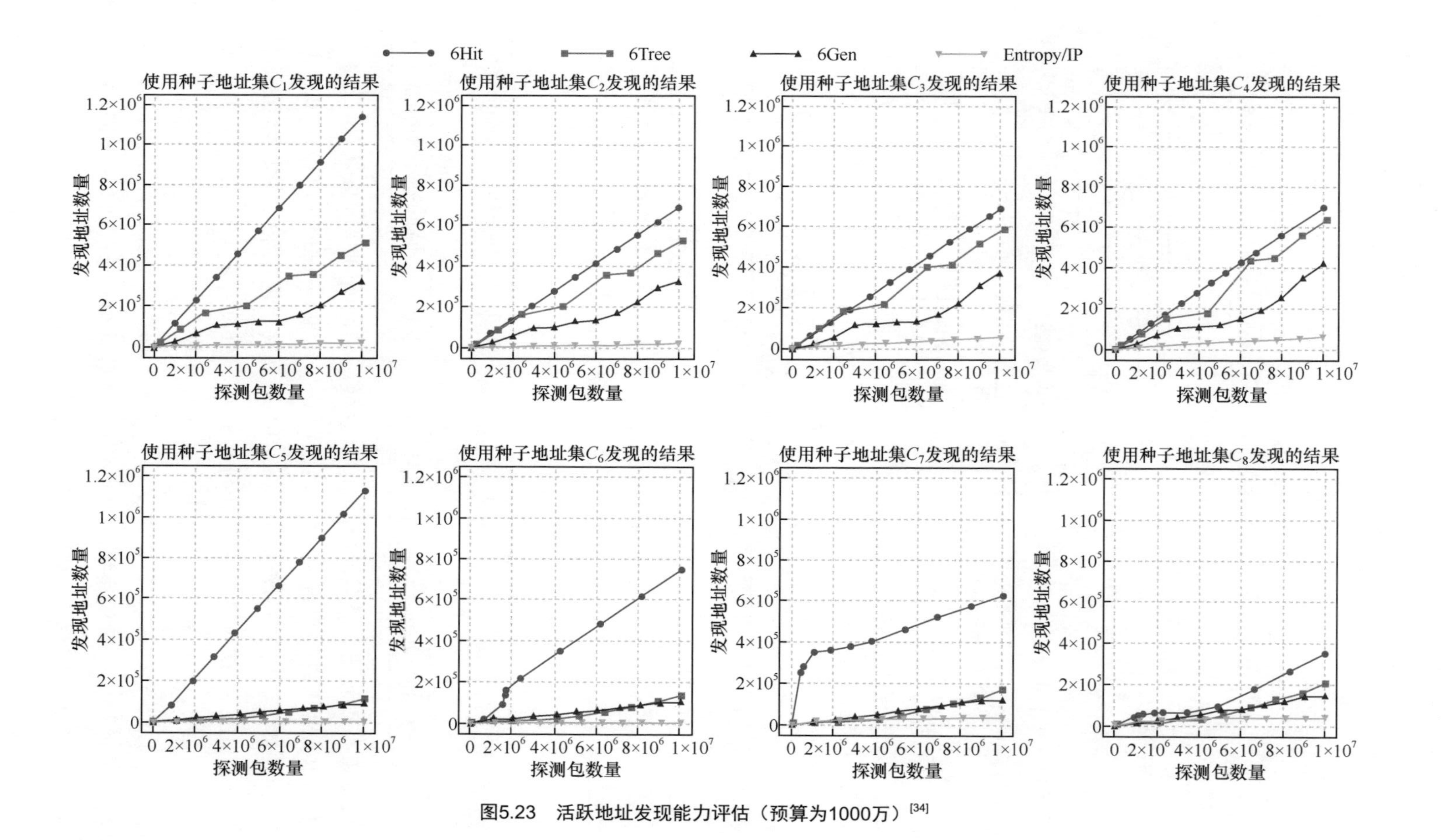

图5.23 活跃地址发现能力评估（预算为1000万）[34]

考虑到部分区域缺少种子地址，无法有效学习对应的地址模式，Song G 等人 [35] 设计了一个全面、高效的全球活跃 IPv6 地址探测系统——AddrMiner，其核心是将主动地址探测分为 3 个子任务：分别对没有种子的地址空间区域、有少量种子的地址空间区域和有足量种子的地址空间区域进行主动 IPv6 地址探测。

图 5.24 展示了 AddrMiner 的系统结构。不同 AddrMiner 从公开资源中收集种子地址来制作 IPv6 命中列表，并将它们划分到 BGP 宣告的路由前缀空间中。然后，根据每个前缀空间包含的种子地址的数量，将这些路由前缀空间划分为不同的场景。策略引擎根据不同的场景，使用不同的策略进行活跃地址探测。对于有足量种子地址的路由前缀空间，AddrMiner-S 同样使用强化学习技术来学习种子地址特征，同时解决 6Hit 存在的抽样偏差的问题，更加有效地进行活跃地址探测。当然，对于 AddrMiner 这个活跃地址探测方法体系而言，前述的基于种子地址的探测方法都可以应用于有足量种子地址的路由前缀空间。而对于没有或仅有少量种子地址的路由前缀空间，可以通过从有足量种子的前缀空间学习通用地址模式，然后迁移至没有或仅有少量种子地址的前缀空间生成候选地址，并进行探测。

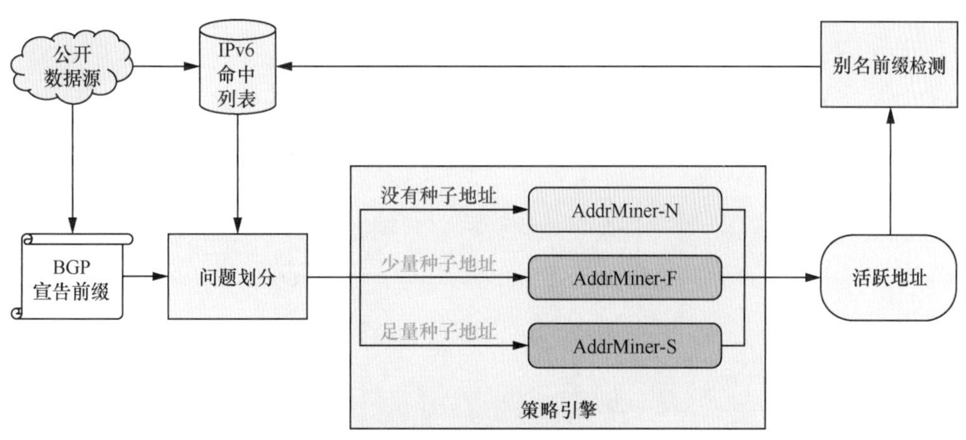

图5.24 AddrMiner系统结构

Cui T 等人设计了一个候选地址生成架构——6GAN[36]，它将种子地址分类和对抗训练与强化学习相结合，如图 5.25 所示。该架构可分为 4 个目标：种子地址分类、生成器学习、判别器学习和别名前缀检测。

6GAN 首先将种子地址通过已知的种子地址分类方法进行模式发现。然后，6GAN 将 k 个地址模式分别输入 k 个生成器，然后通过判别器完成对抗性训练。第 i 个生成器 G_i 的目标是生成具有第 i 种模式类型的地址来欺骗判别器 D，而判别器 D 的目标是区分由生成器生成的假地址和具有 k 种模式标签的真实地址。6GAN 的判别器是使用具有多个滤波器的卷积神经网络实现的。不同大小的过滤器有助于发现多种地址序列结构。这个框架增强了判别器判别不同寻址模式的能力，有助于在对抗性训练中达到最优。生成器 G_i 的学习由生成地址的评估奖励引导，该奖励来自判别器 D 和一个别名检测器 A，可以通过强化学习获得。6GAN 的所有生成器都使用长短时记忆（Long Short-Term Memory，LSTM）单元来建模。在 6GAN 中，k 个生成器和 1 个判别器将被交替训练以达到各自的目标。别名检测器 A 用已知的别名前缀估计奖励。

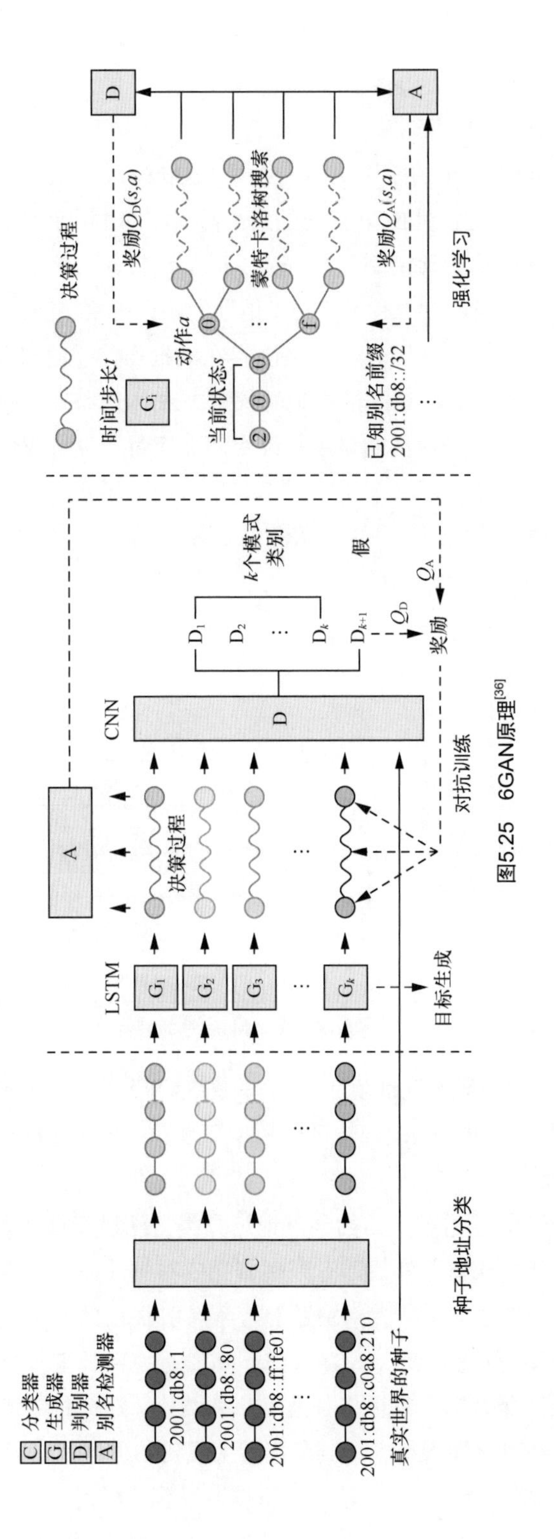

图5.25 6GAN原理[36]

Cui T 等人在两个数据集上进行了测试。第一个数据集是 IPv6 命中列表，是由 Gasser O 等人[23] 提供的。该数据集是由每天探测多个公共地址集的结果组成的。第二个数据集是 CERN IPv6 2018，是 Cui T 等人基于被动测量方式自行采集的。Cui T 等人于 2018 年 3 月至 7 月在 CERNET 上被动地收集了活跃 IPv6 地址信息，并用持续活跃的地址来建立数据集。为了探索 6GAN 在不同数据集下执行目标生成的稳健性，Cui T 等人在图 5.26 和图 5.27 中分别测量了 IPv6 命中列表和 CERN IPv6 2018 数据集中总种子数为 5 万个的不同预算规模下的目标数量和生成率。实验结果显示，6GAN 在这两个数据集上都能实现稳定的性能。与 6Tree 相比，6GAN 可以在有限的预算内发现比 6Tree 多 0.03 ～ 0.33 倍的活跃地址。此外，6GAN 的候选地址保持不同类型的寻址模式。生成器是可控的，只要用相应的模式种子数据进行训练，研究人员就可以生成特定模式类型的地址。

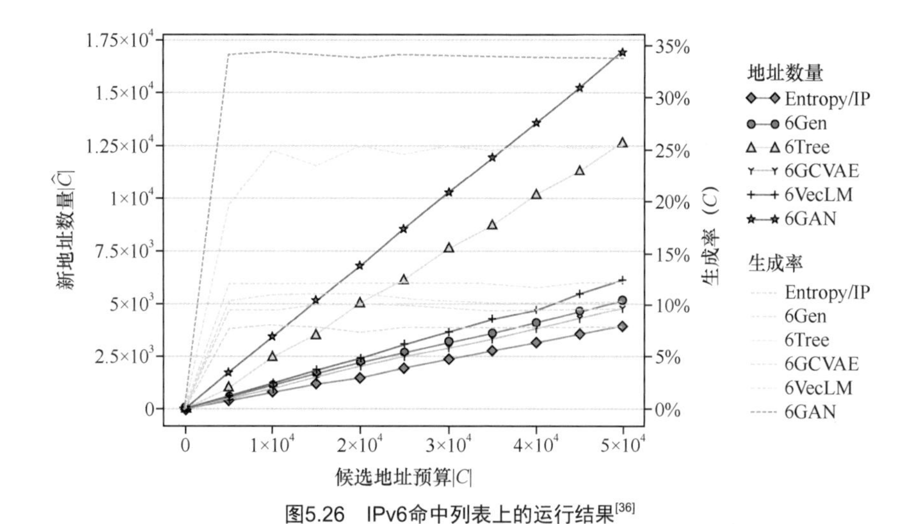

图5.26　IPv6命中列表上的运行结果[36]

图5.27　CERN IPv6 2018上的运行结果[36]

2. 别名前缀检测方法

在对生成的候选地址探测的过程中，如果能尽早地确定某些地址属于某个别名前缀，就可以节省大量探测的开销，因此，别名前缀检测是基于主动探测的活跃 IPv6 地址发现过程中非常重要的一个环节。确定一个前缀是别名的核心是确定对该前缀下所有地址做出响应的机器是同一台主机。目前别名前缀检测大致有两类方法，一类是基于概率的，另一类是基于指纹的，以下分别进行简单介绍。

（1）基于概率的别名前缀检测。

基于概率的别名前缀检测方法的出发点是海量的 IPv6 地址空间，这种情况下随机选择的 IPv6 地址往往是不活跃的。基于上述观点，Murdock A 等人 [32] 设计了基于概率的别名前缀检测方法。对于每个前缀，随机生成 3 个地址，向每个地址的 80 端口发送 3 个 TCP SYN 探测包。如果一个前缀中这 3 个地址都对至少一个探测包做出响应，就将这个前缀看作别名前缀。Murdock A 等人对包含活跃地址的 /96 地址前缀进行了主动探测。鉴于 /96 前缀的大小（2^{32} 个地址），在一个非别名的前缀中随机选择 3 个响应的地址的概率是可以忽略不计的。即使一个前缀是非别名前缀，并且该前缀下有 100 万个响应地址，该方法将一个非别名前缀错误地标记为别名前缀的可能性也小于 1×10^{-10}。选择在 /96 的前缀粒度上操作的原因是：/96 是一个相对较小的前缀，并且所需的探测数据包的数量是可控的。

Gasser O 等人 [23] 对上述方法进行了改进，提出了多层级别名前缀检测法。首先，该方法不再将前缀长度固定为 /96，而是可以在不同前缀长度下进行检测。其次，为了判断一个前缀是不是别名前缀，多层级别名前缀检测法对在该前缀下随机生成的 16 个地址进行 TCP/80 和 ICMPv6 探测。这 16 个地址的生成方式如下：该前缀后补充 4 bit，遍历这 4 bit 的 16 种取值得到 16 个子前缀，然后在每个子前缀下随机生成一个地址，从而获取 16 个地址。例如，为了检测 2001:da8:1:1::/64 是不是别名前缀，我们在 2001:da8:1:1:[0 ～ f]000::/68 这 16 个子前缀下随机生成 16 个地址（如表 5.8 所示），然后进行 TCP80 和 ICMPv6 探测。这种探测方法使得生成的随机地址尽可能覆盖到不同子前缀。如果我们能够收到这 16 个地址的响应，就可以将该前缀确定为别名前缀。

表5.8　多层级别名前缀检测法下16个随机地址生成示例

序号	地址
1	2001:0da8:0001:0001:083f:4290:67da:15ec
2	2001:0da8:0001:0001:1c7a:3165:ddd8:2f8e
3	2001:0da8:0001:0001:2654:a7d4:bd9d:8158
…	…
16	2001:0da8:0001:0001:f03c:4bf2:de71:5408

（2）基于指纹的别名前缀检测。

基于概率的检测方法本质上不能证明是不是同一台主机做出的响应。为了准确发现别名前缀，Song G 等人 [29] 提出了一种基于指纹的别名前缀检测（Fingerprint-based Aliased Prefix Detection，FAPD）算法。该算法使用主机的分片机制，包括 3 个主要步骤：活跃前缀检测、分片诱导以及映射关系检测。

① 活跃前缀检测。

首先，使用基于概率的别名前缀检测来寻找活跃的前缀。为了确定一个前缀是否活跃，可以使用ICMPv6向该前缀内的随机生成的16个地址发送探测数据包，如果从所有16个被探测的地址获得响应，那么认为该前缀活跃。然后伪随机地生成候选地址，以防止随机生成的地址被聚集在一个子前缀空间，导致整个前缀被误判为活跃前缀。IPv6要求互联网中每条链路的最大传输单元（Maximum Transmission Unit，MTU）为1280 B或更大，并建议路径最大传输单元（Path MTU，PMTU）为1500 B。为了减少网络带宽的消耗，并尽量减少在活跃前缀检测阶段收到的响应数据包分片，Song G等人建议通常发送1300 B的ICMPv6回应请求。

② 分片诱导。

IPv6协议既不允许网络内数据包分片，也不允许IPv6分组头包含类似于IPv4的标识符字段。然而，IPv6支持终端主机的分片。如果路由器转发接口的PMTU值小于要转发的数据包大小，路由器会丢弃数据包，并向数据包的发送者发送ICMPv6 Packet Too Big消息[37]。基于这种机制，Luckie M等人[38]和Beverly R等人[39]提出通过发送欺骗性的ICMPv6 Packet Too Big消息来获得路由器接口的分片标识（IPv6分片报文头中的Identification字段）。同样地，Song G等人通过发送ICMPv6 Packet Too Big消息来欺骗终端主机进行分片，并从终端主机获得分片后的数据包。在上一步中找到活跃前缀后，向其中一个候选地址发送ICMPv6 Packet Too Big消息，其MTU值小于之前响应的数据包大小，这导致目标主机进行响应时做分片处理。如图5.28所示，在执行步骤Ⅰ时，探针向候选地址发送了1300 B的ICMPv6回声请求，同时也收到1300 B的ICMPv6回声响应，由于探针和目标主机之间的PMTU值不小于1300 B，ICMPv6 Echo Request和Echo Reply都没有被分片。然后，在执行步骤Ⅱ时，探针向其中一个候选地址发送一个伪造的ICMPv6 Packet Too Big消息。在ICMPv6 Packet Too Big消息中，MTU字段被设置为1280 B，它包含探针刚刚发送的原始ICMPv6 Echo Request的前1184 B的数据。当目标主机接受了“伪造的”Packet Too Big消息后，它将PMTU值改为1280 B，并将其存储在目标缓存中。在执行步骤Ⅲ时，探针再对其他15个候选地址发送1300 B的ICMPv6回声请求，此时，探针收到的都是带有分片的ICMPv6回声响应报文，因为目标主机缓存的探针的PMTU值（即1280 B）小于原始响应报文的大小。

③ 映射关系检测。

基于概率的别名前缀检测可以有效地发现活跃前缀。然而，这种检测不能准确地确定对前缀内的所有地址做出响应的是不是同一主机。因此，这里Song G等人考虑是否能找到具有主机的独特特征的指纹。但是要找到一个有效的指纹是很有挑战性的。Gasser O等人提出，由于网络条件和负载平衡，iTTL、Optionstext、Window Scale、MSS、Window Size和Timestamp都无法作为指纹唯一地识别主机。在路由器的别名解析中，分片标识通常被认为识别同一台路由器的指纹。然而，出于安全考虑，路由器和主机中使用的非全局计数器以及分片标识的值的随机化使得分片标识指纹失效。

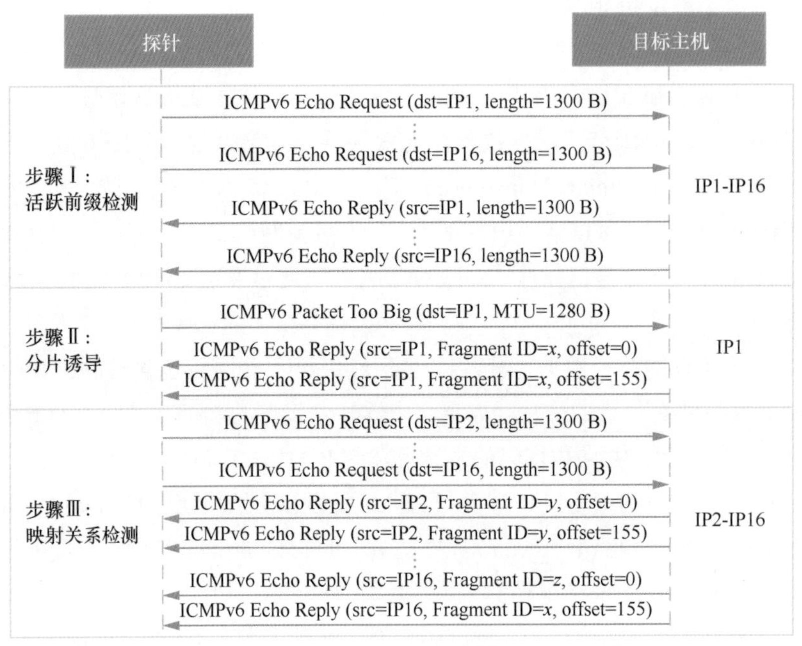

图5.28　FAPD时序[29]

虽然不能使用分片标识作为指纹，但是同一主机对于别名前缀下不同地址的分片行为的统一性也为我们提取新的指纹提供了可能。因此，Song G 等人提出了一种基于主机分片行为的前缀指纹机制，可以准确识别前缀和主机之间的映射关系。主机维护不同目的地的 PMTU 值（通常在目的地缓存中）。然后，要么发送小于 PMTU 值的数据包，要么利用 IPv6 分片头来分割大数据包。需要注意的是，终端主机有责任维护 PMTU 状态。RFC8201 指出，设备必须保持状态 5 min 以上，建议计时器设置为 10 min。如图 5.29 所示，如果探针为别名前缀下的一个地址发送了欺骗的分片，当探针在短时间内（<10 min）向别名前缀下的其他地址发送相同大小的 ICMPv6 回声请求时，如果这些地址对应的是与前面那个地址相同的主机，那么这些地址也会响应分片后的数据包（因为该主机在接收第一个欺骗的报文时已经缓存了 PMTU 值）。使用 PMTU 状态功能，Song G 等人构建了一个前缀的指纹，可以唯一地识别一个前缀是否被配置在一个设备上。指纹是一个数组，记录了活跃前缀中的候选地址所响应的数据包的分片状态。在一个活跃的前缀空间中选择要探测的候选地址（例如 16 个地址），然后对第一个地址进行分片欺骗，再收集所有其他候选地址对应的响应数据包的分片状态。指纹数组，例如 [1,1,1,1,1,1,1,1,1,1,1,1,1,1,1,1]（1 代表分片，0 代表没有分片，初始化时全为 0），意味着向配置第一个地址的主机发送了 ICMPv6 数据包太大的消息，导致其他地址响应进行了分片。如果指纹数组从全 0 数组变为全 1 数组，意味着候选地址互为别名，待检测的活跃前缀是一个别名前缀。

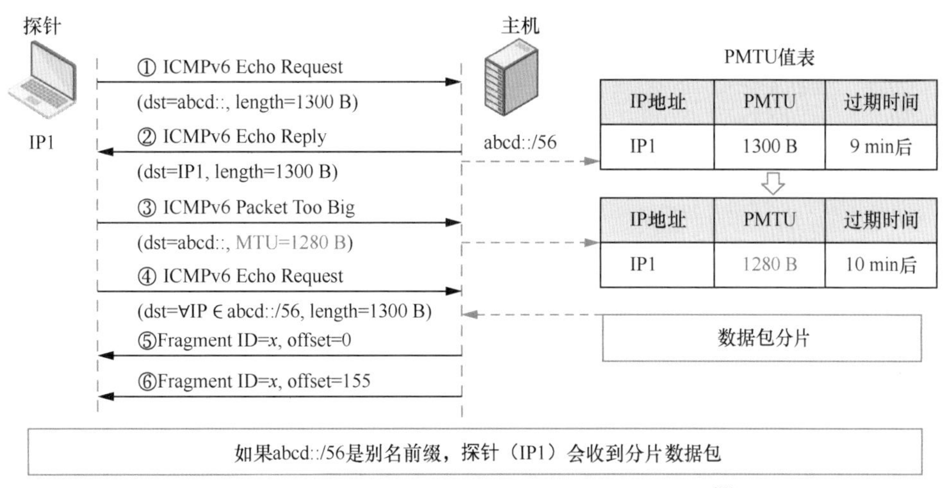

图5.29 欺骗远程终端主机（映射到别名的前缀）分片[29]

回到图 5.28 给出的 FAPD 的例子。对于一个给定的前缀，在该前缀内伪随机地生成 16 个候选地址（IP1 ～ IP16）。例如，通过检测前缀 2001:1291:5:88::/64，在 16 个子前缀中的每一个子前缀下产生一个地址，即 2001:1291:5:88:[0 ～ f]000::/68。首先，探针向每个随机地址发送一个 1300 B 的 ICMPv6 回声请求报文，并接收来自所有未被分片的伪随机地址的 ICMPv6 响应报文。在步骤 I 中，得到的指纹数组是一个全 0 数组。然后，探针向 IP1 发送一个 ICMPv6 数据包太大的消息，MTU 字段设置为 1280 B。这个“假消息”欺骗了目标主机的 PMTU（目标主机对探针值设置为 1280 B）。然后，探针立即再次向伪随机地址发送 1300 B 的 ICMPv6 回声请求报文，探针根据接收到的响应报文情况设置数组相应域的值。如果指纹从全 0 数组（步骤 I ）变为全 1 数组（步骤III），则该前缀被判断为一个别名前缀。请注意，如果回复数据包是部分分片（指纹数组包含 0 和 1），则该前缀不是别名前缀。如果终端主机的 PMTU 值最初被设置为 1280 B，或者终端主机忽略了步骤 II 中的 ICMPv6 Packet Too Big 消息，它将无法欺骗分片，导致该算法无法工作。

Song G 等人对上述方法进行了评价。他们从 Gasser O 等人 [23] 披露的活跃前缀中按照在每个 AS 中选择不超过 3000 个前缀的标准构建了一个相对平衡的测试集，其中包含 20 938 个活跃前缀，涵盖 162 个 AS 和 1878 个 BGP 宣告前缀。然后对每个前缀执行 FAPD 算法，以检测活跃的前缀是不是别名前缀。如表 5.9 所示，45.12% 的被测前缀要么因为 PMTU=1280 B 而没有进行分片（40.80%），要么忽略 ICMPv6 Packet Too Big 消息（4.32%），这些场景下 FAPD 算法无法适用。因此，使用 FAPD 算法可以在 54.88% 的前缀中获得指纹数组。在这些指纹数组中，80.61% 的指纹数组是全 1 数组，代表这些前缀是别名前缀。另外，19.39% 的指纹数组不是全 1 数组，即在多层级别名前缀检测法所披露的测试集中，这些前缀并非设置在同一台主机上。FAPD 算法可以有效地检测大多数 AS 和 BGP 前缀中的别名前缀，它在 149 个（89.51%）AS 和 1705 个（90.79%）BGP 前缀中发挥作用。2227 个“别名前缀”为误判，它们应该被称为活跃前缀。此外，通过检查 Gasser O 等人披露的所有别名前缀（531 840 个），可以发现其中的 18 264 个前缀是活跃前缀，而非别名前缀。

表5.9　FAPD算法执行别名前缀检测结果

分类	总计	FAPD算法生效			FAPD算法失效		
		别名前缀	误判	共计	PMTU=1280 B	Packet Too Big 忽略	共计
活跃前缀	20 938	9263（44.24%）	2227（10.64%）	11 490（54.88%）	8542（40.80%）	905（4.32%）	9447（45.12%）
AS	162	137（84.57%）	48（29.63%）	149（89.51%）	27（16.67%）	16（9.88%）	39（24.07%）
BGP 前缀	1878	1332（70.93%）	455（24.23%）	1705（90.79%）	280（14.91%）	253（13.47%）	412（21.94%）

总体而言，基于概率的别名前缀检测法无法准确判断一个前缀是不是真正意义上的别名前缀，存在误判。而FAPD算法能够更准确地判断一个前缀是否为别名前缀，但其适用范围相对受限。因此，两种方法可以结合使用。

5.3　IPv6拓扑发现

第4章主要介绍了基于IPv4的拓扑发现方法。虽然部分技术手段仍能用于IPv6，但实际上IPv6的拓扑发现与IPv4的有着诸多不同，主要体现在以下几方面。

（1）巨大的IPv6地址空间为发现测量目标带来了困难。例如，探测一个子网的拓扑在IPv6网络下变得更具挑战性。在IPv4网络下，对于一个/24的子网，只需要对其中的2^8个地址进行traceroute即可。然而，在IPv6下，一般子网大小为/64（有的甚至更大），此时需要探测2^{64}个地址，使用现有工具无法快速完成探测。

（2）IPv6在诸多协议设计方面进行了改进。例如，IP分组头的IP ID字段往往被用于IPv4的路由器别名解析，然而IPv6的标准包头移除了IP ID字段。在IPv6下，IETF要求节点对ICMP数据包进行严格的限速，使得像traceroute等高度依赖ICMP的工具在测量过程中触发限速进而引起丢包。

（3）IPv6的相关资源较为稀少。例如，很多云服务仍然无法支持IPv6，诸多开源工具、开源数据也仍然缺乏对IPv6的支持，这也给大规模的IPv6拓扑发现带来了巨大的挑战。

目前，学术界涌现的针对IPv6网络的拓扑发现方法主要集中在接口级和路由器级。而IPv6路由器级的拓扑发现方法又突出表现在实现路由器别名解析的新型方法。本节主要简单介绍这几个方面的内容。

5.3.1　基于种子地址的IPv6接口级拓扑发现

如5.2节所述，尽管IPv6拥有海量的地址空间，很难通过暴力扫描探测其中的活跃地址，但目前已有不少研究通过开放数据提取、被动收集等手段收集了大量活跃IPv6地址。利用探测到的活跃地址进行拓扑发现，也足以覆盖一定数量的网络。此外，也可以利用候选地址生成算法，根据种子地址生成可能存活的候选地址，再对其进行网络拓扑的探测。Beverly R等人[40]

基于上述思想对 IPv6 网络拓扑进行了探测，主要分为 4 步。第一步，获取 IPv6 地址，利用 5.2 节所述方法从各种数据源获取大量活跃 IPv6 地址。第二步，前缀转换，一个简单有效的方法是截取活跃地址的 64 位前缀，这能使拓扑探测深入更多子网。第三步，生成目标地址，即将上一步获取的前缀与一些特定的接口标识符组合以生成探测的目标，如 IID :0000:0000:0000:0001、1234:5678:1234:5678。第四步，对所有生成的目标使用 Yarrp6 进行无状态高速探测。Yarrp6 是一种高速拓扑探测工具。与 traceroute 不同的是，Yarrp6 不维护状态，而是将探测信息（如 TTL、时间戳）编码至探测包中以便直接从 ICMP 响应包中提取状态，同时采用随机化策略以减少 ICMPv6 限速对拓扑探测的影响。

Beverly R 等人使用该方法发现了超过 130 万个 IPv6 路由器地址，约 4580 万个 IPv6 拓扑路径，覆盖大约 9900 个 BGP 宣告前缀和 7100 个 AS。该方法的局限性主要在于活跃 IPv6 地址的覆盖范围问题，而探测的覆盖范围完全取决于活跃地址的覆盖范围，因此无法探测一些缺乏活跃地址的网络。

5.3.2 基于ICMP限速的路由器别名解析

为防止过量的 ICMP 数据包占据带宽和网络资源，以及预防潜在的 ICMP 洪泛攻击的风险，RFC4443[37] 对 IPv6 节点的 ICMP 错误消息限速进行了强制规定。不过，这也给 IPv6 网络的测量带来了较大的影响。例如，以 traceroute 为代表的网络拓扑发现工具在探测网络拓扑时需要防止因为 ICMP 限速导致的丢包和性能瓶颈。例如 Beverly R 等人[40] 在两个美国高校的探测点（分别用探测点 1 和探测点 2 表示）对此进行了测试。从如图 5.30 所示的结果可知，traceroute（图中标识为 sequential）和 Yarrp6 在进行高速探测时都会在特定跳数出现大量丢包的情况，如图 5.30（a）中的第 3 跳。这是因为大量探测包堆积，造成了明显的 ICMP 限速丢包。Yarrp6 比 traceroute 表现更优是因为其使用了随机策略以避免发送一批探测包对同一网络进行探测的情况。

不过，这种 ICMP 限速要求也为在 IPv6 网络中进行拓扑探测提供了新思路，特别是在别名解析阶段。一个典型的方法是 Limited Ltd.[41]。该方法是一种路由器别名解析方法，其基于的核心假设是同一个 IPv6 路由器的多个接口共用一个 ICMP 限速计数器。在此基础上，该方法对疑似互为别名的地址发送大量的 ICMP 回声请求并附上编号。由于 IPv6 网络中 ICMP 限速普遍存在，因此并非所有 ICMP 回声请求都能得到响应。于是，能够收到响应的 ICMP 回声请求的序号就构成了一个序列，该序列也可以看作一个类似指纹的特征。如图 5.31 所示，在高速发送的 ICMP 回声请求探测包中，只有部分的 ICMP 回声请求能够收到响应，这就构成了图中的黑白条纹序列。当然，如果不考虑 ICMP 限速的存在，针对所有地址的探测都应该是纯黑的序列。因此，我们可以对这个指纹信息利用随机森林分类器进行分类，实现对路由器地址的别名解析。该方法在实验数据集上取得了接近 100% 的精确率和大约 70% 的召回率，能够有效实现路由器的别名解析，为在 IPv6 网络下进行拓扑探测提供了新的思路。该方法最大的缺点是需要发送大量的 ICMP 探测包，会对被测目标以及目标网络造成负面影响。

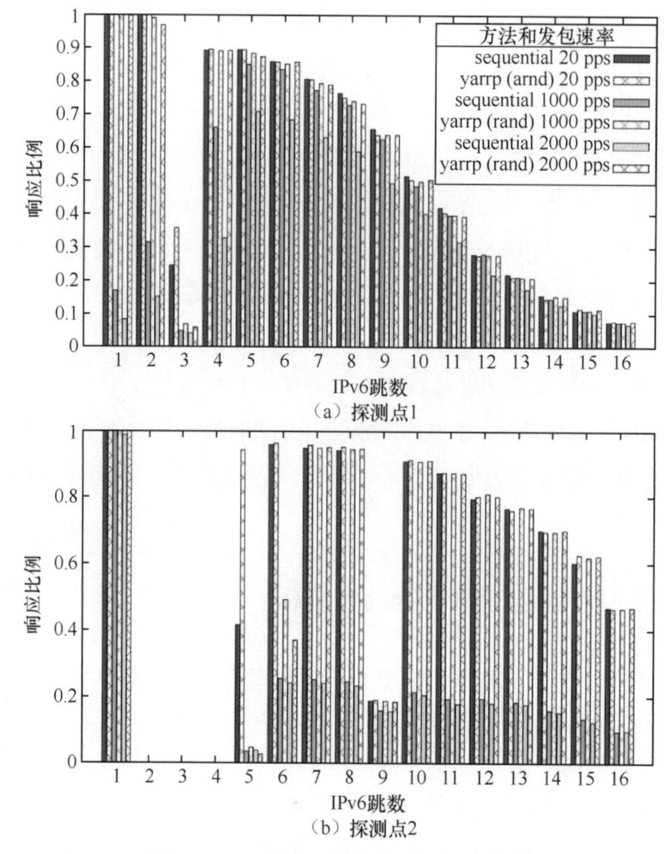

图5.30　ICMP限速对拓扑探测的结果影响[40]

图5.31　ICMP回声请求指纹示意[41]

5.3.3　基于诱导分片的路由器别名解析

在 IPv4 网络下的路由器别名解析通常可利用 IP 分组的 IP ID 字段的信息，即路由器的各个接口都共享一个 IP ID 计数器。不过，由于 IPv6 固定包头没有 IP ID 字段，因此无法利用 IP ID 字段承载的信息做别名解析。所幸，IPv6 的分片报文头含有分片标识（fragment identification）。因此，Luckie M 等人[38]提出了基于诱导分片的路由器别名解析方法

Speedtrap，其核心思想是发送一个伪造的 ICMP Packet Too Big 包，向对端表明链路 MTU 过小，要求对端分片。此时，对端再次发送（响应）的数据包中也就含有了分片标识，可以用于别名检测。该方法的具体流程如图 5.32 所示。

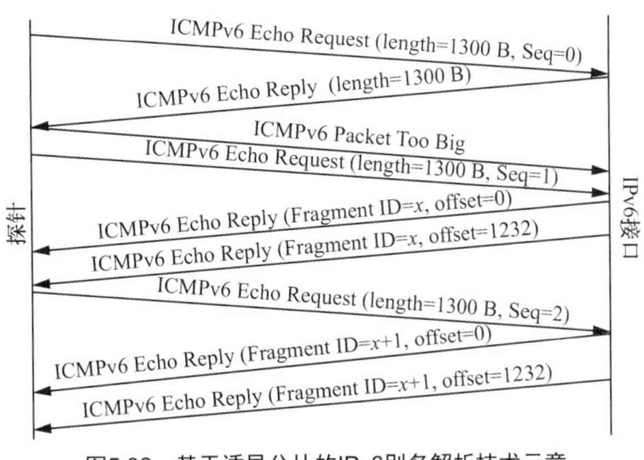

图5.32　基于诱导分片的IPv6别名解析技术示意

（1）探针发送一个较大的 ICMPv6 回声请求，要求该报文长度大于常见的 MTU 大小。一般链路的 MTU 值设置为 1280 B，因此 ICMPv6 回声请求的大小可以设置为 1300 B。

（2）对端返回 ICMPv6 回声响应，其大小也是 1300 B。

（3）探针向对端发送一个 ICMPv6 Packet Too Big 包，表明其发送的 ICMPv6 回声响应过大，超过了路径上的 MTU 值限制，要求其进行分片。同时，在 ICMPv6 Packet Too Big 包中指明了 PMTU 值是 1280 B。

（4）对端收到了 ICMPv6 Packet Too Big 包后，修改其缓存中记录的 PMTU 值为 1280 B。也即，如果对端再对探针发送数据包时，需要使每个包的大小不超过 1280B；如果超过，需要进行分片。

（5）探针重新向对端发送 1300 B 的 ICMPv6 回声请求；此时，因为对端的 PMTU 值已经被修改，对端在回复该请求时，将 1300 B 的 ICMPv6 回声响应包拆分成两个包，给每个包都加上分片扩展头部，并在相应的字段填写分片标识，以供分片重组使用。

（6）最后通过分析被测目标的分片标识，发现其中绝大多数都是严格递增的，因此可用于识别互为别名的路由器接口地址。

该方法在小规模数据集的验证中达到了接近 100% 的精确率，在 20 pps（每秒 20 个数据包）的发包速率下能在 9 小时内对约 5 万个 IPv6 地址进行别名解析。该方法是基于“欺骗”的，但在实际测量中，要考虑对端无法被“欺骗”的情况。例如，一些网络策略可能直接过滤 ICMPv6 Packet Too Big 包，或者直接拒绝修改 PMTU 值。此外，有的链路的 PMTU 值已是 IPv6 链路层支持的最小 MTU 值（即 1280 B），无法再被诱导缩小。对此类情况，该方法都无法处理。

5.4　本章小结

本章介绍了在 IPv6 网络下进行网络空间测绘与在 IPv4 环境下的不同之处和面临的挑战。

首先活跃 IPv6 地址的获取便是不同于 IPv4 的一大挑战。本章系统地介绍了目前已有的活跃 IPv6 地址发现方法。通过公开数据收集、被动收集和主动探测等方式能够发现活跃 IPv6 地址，这些地址可以作为 IPv6 网络空间测绘的基础。此外，本章还简要介绍了 IPv6 网络拓扑发现面临的新挑战和特定的解决方案。

参考文献

[1] DURUMERIC Z, WUSTROW E, HALDERMAN J A. ZMap: Fast Internet-wide Scanning and Its Security Applications [C]//The 22nd USENIX Security Symposium (USENIX Security 2013), 2013: 605-620.

[2] MRUGALSKI T, SIODELSKI M, VOLZ B, et al. Dynamic Host Configuration Protocol for IPv6 (DHCPv6) [S]. RFC8415, IETF Dynamic Host Configuration Working Group, 2018.

[3] THOMSON S, NARTEN T, JINMEI T. IPv6 Stateless Address Autoconfiguration [S]. RFC4862, IETF IP Version 6 Working Group, 2007.

[4] NARTEN T, DRAVES R, KRISHNAN S. Privacy Extensions for Stateless Address Autoconfiguration in IPv6 [S]. RFC4941, IETF IP Version 6 Working Group, 2007.

[5] EASTLAKE D. Domain Name System Security Extensions [S]. RFC2535, IETF Domain Name System Security Working Group, 1999.

[6] STROWES D. Bootstrapping Active IPv6 Measurement with IPv4 and Public DNS [Z/OL]. arXiv:1710.08536, 2017.

[7] BORTZMEYER S, HUQUE S. NXDOMAIN: There Really Is Nothing Underneath [S]. RFC8020, IETF Domain Name System Operations Working Group, Nov. 2016.

[8] CHOWN T, GONT F. Network Reconnaissance in IPv6 Networks [S]. RFC7707, IETF Operational Security Capabilities for IP Network Infrastructure Working Group, 2016.

[9] University of Oregon. Route Views Project [EB/OL]. (2021-05-10) [2022-06-01].

[10] Ripe NCC. Routing Information Service (RIS) [EB/OL]. (2015-03-15) [2022-06-01].

[11] CZYZ J, LUCKIE M, ALLMAN M, et al. Don't Forget to Lock the Back Door! A Characterization of IPv6 Network Security Policy [C]//The 23rd Annual Network and Distributed Systems Security (NDSS 2016), 2016.

[12] ATKINS D, AUSTEIN R. Threat Analysis of the Domain Name System (DNS) [S]. RFC3833, IETF DNS Extensions Working Group, 2004.

[13] FIEBIG T, DANISEVSKIS J, PIEKARSKA M. A Metric for the Evaluation and Comparison of Keylogger Performance [C]//The 7th Workshop on Cyber Security Experimentation and Test (CSET 2014), 2014.

[14] FIEBIG T, BORGOLTE K, HAO S, et al. Something from Nothing (There): Collecting Global IPv6 Datasets from DNS [C]//The 18th International Conference on Passive and Active Network

Measurement (PAM 17), 2017: 30-43.

[15] STAPP M, VOLZ B, REKHTER Y. The Dynamic Host Configuration Protocol (DHCP) Client Fully Qualified Domain Name (FQDN) Option [S]. RFC4702, IETF Dynamic Host Configuration Working Group, 2006.

[16] CRAWFORD M, HABERMAN B. IPv6 Node Information Queries [S]. RFC4620, IETF IP Version 6 Working Group, 2006.

[17] BORGOLTE K, HAO S, FIEBIG T, et al. Enumerating Active IPv6 Hosts for Large-scale Security Scans via DNSSEC-signed Reverse Zones [C]//The 2018 IEEE Symposium on Security and Privacy (IEEE S&P 2018), 2018: 770-784.

[18] ABLEY J, MANDERSON T. Nameservers for IPv4 and IPv6 Reverse Zones [S]. RFC5855, IETF Individual, 2010.

[19] LAURIE B, SISSON G, ARENDS R, et al. DNS Security (DNSSEC) Hashed Authenticated Denial of Existence [S]. RFC5155, IETF DNS Extensions Working Group, 2008.

[20] AMANN J, GASSER O, SCHEITLE Q, et al. Mission Accomplished? HTTPS Security after DigiNotar [C]//The 2017 Internet Measurement Conference (IMC 2017), 2017: 325-340.

[21] GASSER O, HOF B, HELM M, et al. In Log We Trust: Revealing Poor Security Practices with Certificate Transparency Logs and Internet Measurements [C]//The 19th International Conference on Passive and Active Measurement Conference (PAM 2018), 2018: 173-185.

[22] SCHEITLE Q, CHUNG T, HILLER J, et al. A First Look at Certification Authority Authorization (CAA) [J]. ACM SIGCOMM Computer Communication Review, 2018, 48(2): 10-23.

[23] GASSER O, SCHEITLE Q, FOREMSKI P, et al. Clusters in the Expanse: Understanding and Unbiasing IPv6 Hitlists [C]//The 2018 Internet Measurement Conference (IMC 2018), 2018: 364-378.

[24] PLONKA D, BERGER A. Temporal and Spatial Classification of Active IPv6 Addresses [C]//The 2015 Internet Measurement Conference (IMC 2015), 2015: 509-522.

[25] HUITEMA C. Teredo: Tunneling IPv6 over UDP through Network Address Translations (NATs) [S]. RFC4380, IETF Individual, 2006.

[26] TEMPLIN F, GLEESON T, THALER D. Intra-Site Automatic Tunnel Addressing Protocol (ISATAP) [S]. RFC5214, IETF Individual, 2008.

[27] HUITEMA C. An Anycast Prefix for 6to4 Relay Routers [S]. RFC3068, IETF Next Generation Transition Working Group, 2001.

[28] GASSER O, SCHEITLE Q, GEBHARD S, et al. Scanning the IPv6 Internet: Towards a Comprehensive Hitlist [Z/OL]. arXiv:1607.05179, 2016.

[29] SONG G, YANG J, WANG Z, et al. DET: Enabling Efficient Probing of IPv6 Active Addresses [J]. IEEE/ACM Transactions on Networking. 2022, 30(4): 1629-1643.

[30] FOREMSKI P, PLONKA D, BERGER A. Entropy/IP: Uncovering Structure in IPv6 Addresses [C]// The 2016 Internet Measurement Conference (IMC 2016), 2016: 167-181.

[31] ULLRICH J, KIESEBERG P, KROMBHOLZ K, et al. On Reconnaissance with IPv6: A Pattern-based Scanning Approach [C]//The 10th International Conference on Availability, Reliability and Security, 2015: 186-192.

[32] MURDOCK A, LI F, BRAMSEN P, et al. Target Generation for Internet-wide IPv6 Scanning [C]//The 2017 Internet Measurement Conference (IMC 17), 2017: 242-253.

[33] LIU Z, XIONG Y, LIU X, et al. 6Tree: Efficient Dynamic Discovery of Active Addresses in the IPv6 Address Space [J]. Computer Networks, 2019, 155: 31-46.

[34] HOU B, CAI Z, WU K, et al. 6Hit: A Reinforcement Learning-based Approach to Target Generation for Internet-wide IPv6 Scanning [C]//The 40th IEEE Conference on Computer Communications (IEEE INFOCOM 21), 2021: 1-10.

[35] SONG G, YANG J, HE L, et al. AddrMiner: A Comprehensive Global Active IPv6 Address Discovery System [C]//The 2022 USENIX Annual Technical Conference (USENIX ATC 22), 2022: 309-326.

[36] CUI T, GOU G, XIONG G, et al. 6GAN: IPv6 Multi-Pattern Target Generation via Generative Adversarial Nets with Reinforcement Learning [C]//The 40th IEEE Conference on Computer Communications (IEEE INFOCOM 21), 2021: 1-10.

[37] CONTA A, DEERING S, GUPTA M. Internet Control Message Protocol (ICMPv6) for the Internet Protocol Version 6 (IPv6) Specification [S]. RFC4443, IETF IP Version 6 Working Group, 2006.

[38] LUCKIE M, BEVERLY R, BRINKMEYER W, et al. Speedtrap: Internet-scale IPv6 Alias Resolution [C] //The 2013 Internet Measurement Conference (IMC 13), 2013: 119-126.

[39] BEVERLY R, BRINKMEYER W, LUCKIE M, et al. IPv6 Alias Resolution via Induced Fragmentation [C]//The 14th International Conference on Passive and Active Network Measurement (PAM 13), 2013: 155-165.

[40] BEVERLY R, DURAIRAJAN R, PLONKA D, et al. In the IP of the beholder: Strategies for active IPv6 topology discovery [C]//The 2018 Internet Measurement Conference (IMC 18), 2018: 308-321.

[41] VERMEULEN K, LJUMA B, ADDANKI V, et al. Alias Resolution Based on ICMP Rate Limiting [C] // The 21st International Conference on Passive and Active Network Measurement (PAM 20), 2020: 231-248.

第 6 章　IP 地理定位研究

网络空间地理定位是网络空间测绘技术体系中非常重要的组成部分，在网络空间资产管理、安全溯源以及宏观上的网络空间治理等方面具有重要作用。网络空间地理定位是将网络空间中实体的位置映射到现实世界中物理位置的过程。实现这一过程有很多方法，目前常用的方法有 GPS 卫星定位、蜂窝基站定位、商用地理定位库查询等。本章将对网络空间地理定位的相关研究成果进行系统分类和梳理，概述不同定位技术的基本思路、优势及存在的局限等，同时也简要讨论网络空间地理定位技术的发展趋势、定位精度及定位技术适用范围等。

网络空间地理定位的主要依据是网络实体的各种属性。基于网络实体的属性中最通用的 IP 地址来实现网络空间地理定位是目前的主要实现路径，也就是说，网络空间地理定位这个领域中最主流的研究是围绕如何通过网络实体的 IP 地址找到其对应的地理位置。因此，在本章中提到的网络空间地理定位被定义为使用网络实体的 IP 地址对其进行定位，简称 IP 地理定位（IP Geolocation）。

IP 地理定位之所以能够有较大的发展，主要得益于 IP 地址的特性。在互联网中，IP 地址是网络实体之间用于通信的唯一标识，因此对 IP 地址做定位时不会存在歧义。另外，正是 IP 地址的通用性给 IP 地理定位相关研究提供了规模较大的数据集，这是其他的网络空间实体属性所不具有的。本章中，我们会对 IP 地理定位研究及其取得的成果等方面进行系统的梳理，各节之间的关系如图 6.1 所示。6.1 节对 IP 地理定位研究的整体情况进行概括和梳理，以时间线的形式梳理学术界 IP 地理定位的发展历程；6.2 ～ 6.5 节对学术界以及工业界 IP 地理定位的研究进行阐述和归纳，用全新的分类视角对相关的研究进行分类，据我们所知，这也是第一次对该领域的研究进行系统的梳理；6.6 节对 IP 地理定位相关领域的综合性研究进行概述，将 IP 地理定位领域的学术界研究进展映射到实际的生产环境中；最后，6.7 节对本章做一个总结。

6.1　IP地理定位研究简介

近年来，随着互联网技术的飞速发展，越来越多的应用需要获取用户的位置以提供更好的服务。例如某些视频服务需要根据不同的地区推送不同风格的视频，广告厂商需要根据用户的位置决策广告投放的内容。从技术服务的角度来看，当前很多业务为了提高服务质量而选择使用 CDN 技术，试图用分布式的请求来降低集中式请求带来的额外的带宽使用与额外的延迟；当用户发起传输请求时，离这个用户最近的 CDN 边缘服务器会响应用户的请求，在这个过程中需要通过用户的 IP 地址快速计算其地理位置，用于支持 CDN 边缘服务器的选择，这也是很多 CDN 服务提供商最核心的技术之一。从社会治理的角度来看，网络应用的多样化发展在带给用户巨大便利的同时，也带来了很多负面的影响。例如网络犯罪，管理部门需要根据各种信息对罪犯进行定位，对整个犯罪行为进行溯源，其中高精度的 IP 地理定位就显得至关重要。此外，有了高精度的 IP 地理定位技术，管理部门就能够快速对网络犯罪行为进行甄别，从侧面也能够对网络犯罪的预防起到积极的促进作用。从网络管理的角度来看，越来越复杂的网络拓扑对网络管理员来说无疑是一个巨大的挑战，如果能够准确地知道每台网络设备的地理位置，对于更全面地理解网络基础设施及网络资产的分布状况等有巨大裨益，也有助于推动网络拓扑（网络结构）的优化设计和潜在的安全薄弱点的加固。

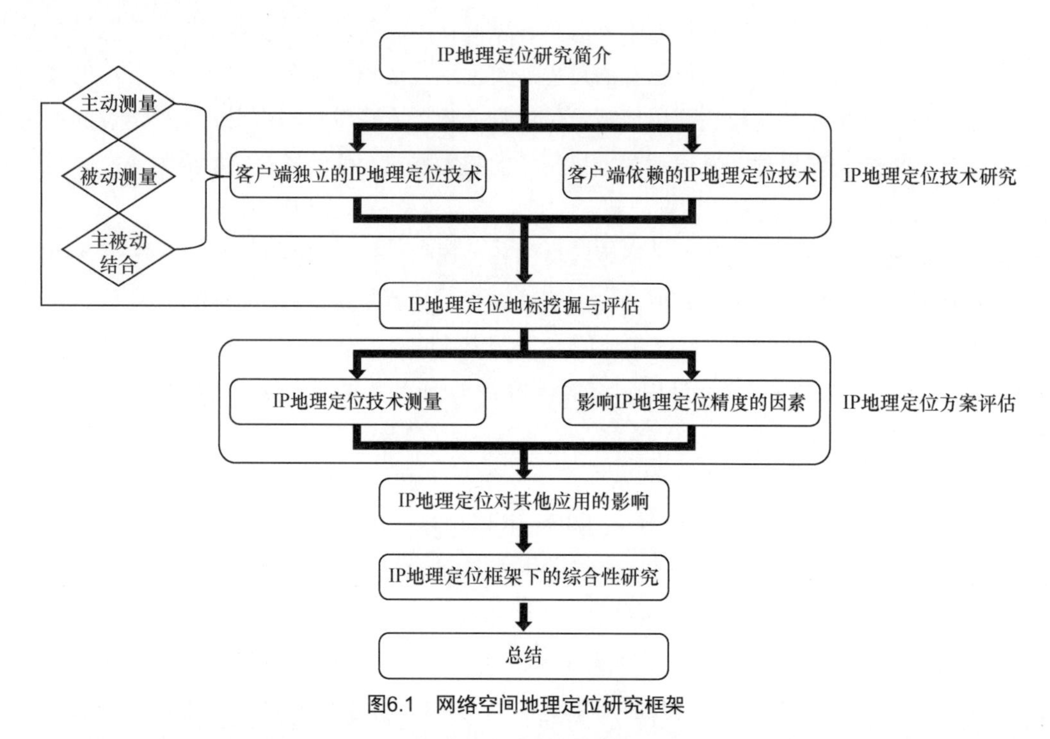

图6.1　网络空间地理定位研究框架

IP 地理定位即通过网络实体的 IP 地址寻找其相应的地理位置，是在仅知道用户或设备的 IP 地址的条件下，获取网络中用户或设备的地理位置的过程。常见的方法有查询定位数据库、GPS 请求定位、无线基站定位等。

在实现 IP 地理定位的过程中有一个非常重要的界限为客户端是否参与，或者可以理解成是否可以得到客户端的帮助。我们将定位过程中无用户参与的 IP 地理定位称为客户端独立的 IP 地理定位（client-independent IP geolocation），反之，我们将定位过程中需要用户提供帮助的 IP 地理定位称为客户端依赖的 IP 地理定位（client-dependent IP geolocation）。之所以要区分这样一个界限，是因为是否有客户端的参与对 IP 地理定位的结果影响是巨大的。因为 GPS、北斗卫星导航系统等定位技术的精度目前是最高的，而用户通常需要主动请求 GPS 的定位结果，所以有客户端参与的 IP 地理定位技术的精度是远远高于客户端独立的 IP 地理定位技术的。但是，客户端依赖的 IP 地理定位技术也有其局限性，如需要设备具有 GPS 定位功能并经过用户的允许，很多时候该技术并不具备普遍使用的条件。因此将是否有客户端参与的定位技术放在一起比较是不科学的，我们认为对这二者应该使用两套不同的评估体系进行评估。

IP 地理定位最终的目的通常都是构建 IP 地理定位数据库或者提供在线的定位服务，但是这些数据库或在线定位服务的精度、适用范围参差不齐。当前已经有一些研究成果对这些定位库的质量进行了评估，并对定位库的选取提供了一定的参考方案，详细的情况我们将在 6.4 节进行介绍。当然，定位库或者在线定位服务的构建不完全依赖于优秀的 IP 地理定位技术，构建一个完整的定位库通常需要综合使用多种技术。由于网络实体的属性多样化和 IP 地址的变化，很多的成本将要投入定位数据库的维护和更新上，很多数据标签由于其复杂性当前还无法做到自动化维护，需要投入大量的人力进行管理。IP 地理定位数据标签的自动化处理也是未来的一个研究方向，这关系到 IP 地理定位数据库的质量和运营的成本。

IP 地理定位领域公认的第一个工作是 2001 年发表在 SIGCOMM 上的 IP2Geo[1]，这个工作第一次对 IP 地理定位领域的研究进行了系统的总结，并提出了名为 IP2Geo 的定位工具。同时，这个工作也为后续的定位技术发展提供了非常具体的指导方案，奠定了后续发展的 3 条技术路线。IP2Geo 由 3 个工具组成：GeoPing、GeoTrack 和 GeoCluster，它们分别代表不同的技术路线。GeoPing 是基于延迟主动测量来计算 IP 地址的地理位置的方法，GeoTrack 是基于拓扑主动测量的方法，GeoCluster 是根据 BGP/AS 以及其他数据推断 IP 地址的地理位置的方法（后文也称 GeoCluster 为数据驱动的定位方法）。由这 3 个方法可以延伸出 3 条技术路线，分别是基于延迟主动测量的 IP 地理定位技术、基于拓扑主动测量的 IP 地理定位技术、基于外围数据推断的 IP 地理定位技术。如图 6.2 所示，这 3 条技术路 线基本能概括 IP 地理定位技术的发展，当然，经过 20 多年的发展，这 3 条技术路线的演进并不是独立的。尤其是近些年来，这 3 条技术路线呈现出交叉融合的态势。

每条技术路线都有各自的优势和不足，因而很多研究者都希望对这 3 条技术路线取长补短，从 2010 年开始就出现了多条技术路线融合的例子。基于主动测量的方法的实时性通常比数据驱动的方法更好，可以有效应对 IP 地址动态变化的问题。但是由于涉及一定的探测动作，对探测资源、探测技术等有一定的要求。主动测量的结果越精准，IP 地理定位的精度就越高。同时，基于主动测量的方法更加灵活，对数据的依赖更小。与此相反的是，数据驱动的方法通常来说精度要高于基于主动测量的方法，但是实时性不高，需要及时更新数据集才能保证定位的精度。由于是从大量的数据中提取需要的 IP 地址以及其对应的地理位置，因此数据集的收集就显得非常重要，这也是这类方法的局限性之一。基于主动测量的方法往往具有更好的通用性，上述 3 条技术路线中有 2 条是基于主动测量来完成的。基于延迟主动测量的方法的核心在于研究延迟和地理距离之间的关系，对延迟本身的测量有许多现成的方法，因而普适性较强，没有太多限制条件，但是问题在于延迟测量的稳定性不够，容易受到很多因素的影响，另外，延迟和地理距离之间的关系比较难以总结，并和地区密切相关，目前还没有通用的用于计算延迟和地理距离的函数。基于拓扑主动测量的方法从实现的角度来说和延迟主动测量一样，比较简单，加上对拓扑的分析，IP 地理定位计算的稳定性也相对更高一些，甚至可以在定位的同时探索拓扑的层次性，反向促进 IP 地理定位的准确性。基于外围数据的 IP 地理定位方法就是从大量数据中提取 IP 地址及其对应的地理位置，从某种程度上来说可以非常精确，因为有的地理位置是来源于客户端主动请求的信息。从数据分析的角度来看，这种 IP 地理定位的方法有很大的创新空间，但是问题在于这种方法对于数据的依赖非常大。

总结来看，这 3 条技术路线各有利弊，从时间角度来看，每种技术也很难独立地发展，不同的研究者大致都是沿着这 3 条技术路线的思路进行改进和提升的，虽然有交叉，但是每个工作的核心思路都可落到其中一种方法中。从研究的密度和数量上来看，IP 地理定位领域的研究也呈现出波动上升的趋势，定位的精度、稳定性、适用范围也不断得到提升。但是从实际的需求来看，IP 地理定位领域的研究还存在较大的发展空间。

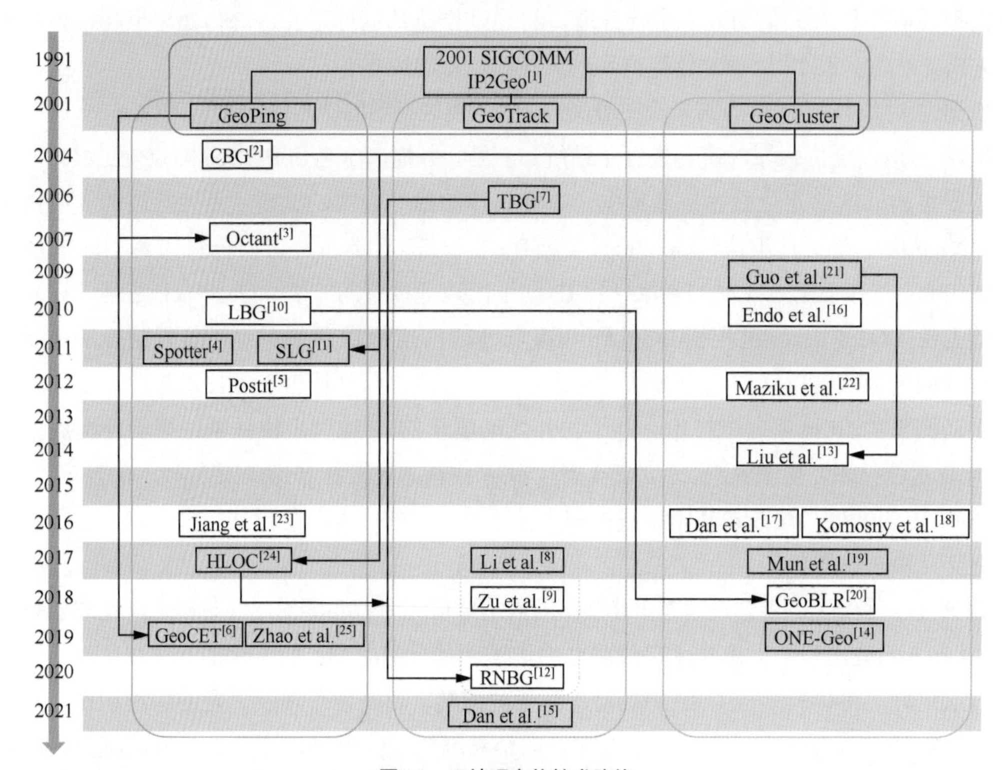

图6.2 IP地理定位技术路线

下面我们将从 5 个部分对 IP 地理定位领域进行详细的介绍。第一，我们对 IP 地理定位技术的研究进行总结和分类，这是本章最关键的内容，是对整个研究领域的综合性阐述，我们将在这个部分中介绍 IP 地理定位技术不同分支的代表工作，并总结这个分支的优势、不足、适用范围等。第二，介绍 IP 地理定位地标挖掘与评估技术，地标是基于主动测量的 IP 地理定位技术中最核心的内容，地标的质量通常决定着定位的精度和稳定性，因此我们将在这部分对 IP 地理定位地标挖掘与评估进行详细的介绍。第三，有了 IP 地理定位技术后，我们需要对 IP 地理定位技术的方案进行评估，需要了解不同的 IP 地理定位技术的特点和适用范围，进而对不同状况下 IP 地理定位技术的选取提供指导。另外，我们还需要了解不同 IP 地理定位技术的核心，总结出影响 IP 地理定位精度的因素。第四，我们继续研究和验证 IP 地理定位对于其他应用的影响。第五，IP 地理定位经过长时间的发展已经不再是一个单独的研究领域，而是逐渐和其他的研究方向融合，因此我们还考虑了 IP 地理定位框架下的综合性研究，并介绍一些典型的研究，同时阐述各个部分之间的联系。最后，我们对 IP 地理定位的研究进行总结。

6.2 IP地理定位技术研究

下面首先对 IP 地理定位技术的分类方法进行介绍，然后重点对客户端独立的 IP 地理定位技术进行说明。

6.2.1 IP地理定位技术的分类方法

本节先对 IP 地理定位技术研究进行分类描述。IP 地理定位技术指的就是将 IP 地址映射成地理位置的技术或者方法。IP 地理定位技术是 IP 地理定位领域最核心的部分，其他部分基本都是围绕 IP 地理定位技术展开的。

目前已有部分工作对 IP 地理定位技术进行了总结和分类，分类方法主要是依据 6.1 节提到的 3 条技术路线，按照延迟主动测量、拓扑主动测量和外围数据推断这 3 类来进行总结。由于 IP 地理定位领域逐渐走向多方向融合，因而这样的分类方法逐渐暴露出一些问题。首先，按照 IP2Geo 提出的 3 类方法来分类 IP 地理定位技术是不完全匹配的，尤其是近些年的一些工作会跨越多个分类。其次，这样的分类方法无法包含新加入的技术，因为新的定位技术很多情况下不再是简单地测量延迟或者拓扑，往往会综合使用多种方法。另外，新的定位技术有时候会根据应用或者网络的新特征重新设计，与这 3 条技术路线没有直接关联。最后，这样的分类方法从本质上来说只与时间相关，并不是从定位技术的本质出发进行分类的，因此不具有很高的参考价值。同时，上述分类方法都属于客户端独立的定位方法，也就是说默认没有客户端的介入，但从领域分类的完整性来说，我们需要考虑客户端依赖的定位技术。

鉴于上述原因，我们认为现有的分类方法已经无法满足 IP 地理定位发展的需求，无法很好地总结过去 20 多年来 IP 地理定位技术的发展，更无法对未来该领域的发展提供指导。所以，我们对 IP 地理定位技术领域 20 多年来的工作进行了调研和总结，提出了一套全新的分类方法。

从大类上来看，本书将 IP 地理定位技术分为客户端独立的 IP 地理定位技术和客户端依赖的 IP 地理定位技术。由于客户端依赖的 IP 地理定位技术研究比较庞杂，而且和网络空间测绘的大主题偏离比较远，因此本书后续不再展开讨论。

客户端独立的 IP 地理定位技术是本书关注的重点，我们做的调研工作也主要围绕客户端独立的 IP 地理定位技术。我们将客户端独立的 IP 地理定位技术分成 3 个大类，包括基于主动测量的方案、基于被动测量的方案和主被动结合的方案，这样的分类方法基本可包含客户端独立的 IP 地理定位技术的现有研究工作及技术路线。进一步地，我们将基于主动测量的方案分成基于延迟主动测量的方法、基于拓扑主动测量的方法、基于主动 DNS 数据请求的方法和基于上层应用数据收集的定位方法；将基于被动测量的方案分为 3 个部分，包括基于被动 DNS 数据的推断方法、基于 BGP/AS 数据的定位方法、基于上层应用数据分析的定位方法。

这样的分类方案可以确保每一个叶子分支都与其他的叶子分支不重叠。由于近年来的大部分定位技术都综合使用了不同叶子分支方法的思想，因此我们在分类的时候，分类依据主要是这个定位技术中最核心的思想。例如，IP2Geo 中的 GeoTrack 不仅使用了基于拓扑主动测量的方式，还对于拓扑测量中的每一跳进行了 DNS 相关的测量与分析，但是对 GeoTrack 来说，最关键的部分还是拓扑测量的部分。DNS 请求得到的数据是用于支撑拓扑测量进而计算 IP 地址的位置的，属于 IP 地理定位技术的一部分。因此，我们将 GeoTrack 分类到基于主动测量的方案中，进一步地分类到基于拓扑主动测量的方法中。

主被动结合的方法中既包含主动探测的动作，也需要分析通过被动测量方法获取的数据，最终 IP 地理定位的计算将结合使用两方面分析的结果。在这种定位技术中，主动方法和被动方法是定位技术的两个部分，两个部分都是不可或缺的，属于并列的关系。

6.2.2 客户端独立的IP地理定位技术

顾名思义，客户端独立的 IP 地理定位技术就是在进行定位的过程中没有客户端的参与，仅仅根据 IP 地址来推断其对应的地理位置。客户端独立的 IP 地理定位技术是完全使用网络测量的相关技术完成的一类定位技术，不需要借助客户端的帮助就能完成定位任务。虽然客户端独立的 IP 地理定位技术精度不如客户端依赖的 IP 地理定位技术，但是客户端独立的 IP 地理定位技术实现起来比较简便。从调研的结果来看，大部分定位技术通过常见的测量方法都能实现。我们能做的就是将客户端独立的 IP 地理定位技术的精度不断提升，如果能够接近客户端依赖的 IP 地理定位技术，那么很多应用服务的质量将会得到很大提升。

当前客户端独立的 IP 地理定位技术方法多种多样，能实现的定位精度也在逐渐提升，但是仍然存在很多问题，比如说定位的精度在某种程度上还不满足需求。从定位技术的适用范围来看，现在还没有全球范围内通用的 IP 地理定位技术；从定位库维护的角度来看，如何保持数据的新鲜度、如何确保 IP 地址和地理位置的映射匹配度还是亟待解决的问题。因此，即便 IP 地理定位在学术界和工业界已经有了很多的工作，但是还有很大的研究空间。

如前文所述，客户端独立的 IP 地理定位技术还能进一步细分成 3 类，包括基于主动测量的方案、基于被动测量的方案以及主被动结合的方案。我们将在这一节详细介绍这 3 类客户端独立的 IP 地理定位技术，分析每种方案的精度、适用范围、优势以及不足，并指出每种方案还可以如何发展。

1. 基于主动测量的方案

基于主动测量的 IP 地理定位技术主要通过主动发送一些数据包用于采集延迟、拓扑、DNS 等信息，对收集的数据进行分析进而用于地理坐标的计算。基于主动测量的方案是当前最常见和使用最广泛的客户端独立的 IP 地理定位技术，由于其具有实时性较强、实现简单等特点，受到了大部分研究者和定位系统的青睐。但是同时，主动测量的开销、对网络的影响以及探测伦理也是基于主动测量的方案绕不开的挑战。

区别主动测量和被动测量的依据主要是在定位的过程中是否发送数据包进行主动探测。在基于主动测量的 IP 地理定位技术中主动探测是非常重要的部分；而基于被动测量的 IP 地理定位技术的重点则在于对数据进行分析，数据本身的来源比较丰富，在这种情况下，对数据的分析和提炼的方法就显得很关键。

在各种基于主动测量的方法中，使用最多也最直观的方法就是基于延迟主动测量的 IP 地理定位技术。因为延迟和地理距离之间天然就有一定关系，虽然这个关系寻找起来比较困难，但是不断地有解决方案出现。而基于拓扑主动测量的方法则是更具有层次感的定位技术，通常除了地理位置信息以外，这种方法还能收集其他的信息，如路由器位置、拓扑层次结构等。DNS 中通常蕴含着地理名称的信息，因此可以利用域名和 IP 地址之间的关系推断出相应的地理位置。另外，有很多应用会暴露出位置属性，因此可以从上层应用中收集地理位置信息。

基于主动测量的定位方法中有一个非常重要的实体叫作 IP 地理定位地标（landmark），有必要在此先简单介绍。地标就是地理坐标（经纬度）已知的且可通过互联网访问的网络空间实体（可以是路由器、交换机或互联网主机等）。在定位的过程中如果很难直接对目标进行定位，那么通常可选取一些离目标较近的地标用于辅助定位。很多定位方法对地标的依赖是非常强的，所以地标的质量很大程度上可以决定定位的精度和广度。地标的获取方法非常多样化，和 IP 地理定位技术既有联系也有区别，而且地标的质量和 IP 地理定位技术的评估也是两套不同的体系。因此一般将地标的挖掘与评估作为一个相对独立的研究领域，本章将 IP 地理定位地标挖掘与评估作为一个单独的内容放在后续阐述。

接下来，我们对 4 种基于主动测量的方案进行详细介绍，其中会介绍一些典型的工作以及我们对这类技术的理解。

（1）基于延迟主动测量的方法。

基于延迟主动测量的方法的核心是探索延迟和地理距离之间的关系。我们知道延迟和地理距离之间存在一定的关系，例如，数字信息以几乎是真空中光速的 2/3 的速度沿着光缆传播[2]。一般情况下，地理距离越远，传输同样数据包所需时间的延迟越大，但是由于网络中的数据包不是沿直线传输的，加上不同的网络介质传输速度差别很大，因此延迟和地理距离之间的关系变得没那么直接。虽然我们可以使用数据驱动的方式拟合出局部地区的延迟 - 距离函数，但是目前还没有能够在全球范围内适用的拟合方法。

基于延迟主动测量的方法，简单来说就是探测探针到目标主机的延迟，进而形成各种约束关系进行求解，最终可以将目标主机的位置框定在一个范围内。不同的定位方法得到的范围大小不同，这也就是定位误差（精度）的来源，这个范围越小说明定位的精度越高。这里介绍几个比较有代表性的研究工作。

① 基于最近延迟地标的定位算法：GeoPing。在基于延迟主动测量的方法中，最早的文献来源于 IP2Geo 中的 GeoPing[1]。通常来说，网络延迟和距离之间的关系较弱，然而随着互联网带宽和覆盖范围的快速增长，高速链路以及网络服务提供商的 PoP 等在数量和容量方面也在快速增长，更丰富的连接通常意味着网络空间任何节点之间的平均连接跳数将变得更少。研究人员通过一些实验和观察验证了在连接丰富的区域，延迟和距离之间存在着可量化的关系。

GeoPing 技术试图利用网络延迟和地理距离之间的关系来确定互联网主机的地理位置。GeoPing 测量从已知位置的多个源主机（例如探测机器）到目标主机的延迟，并结合这些延迟测量数据来估计目标主机的坐标。

由于无法构建一个精确而紧凑的数学模型来捕捉这种关系，Padmanabhan 等人使用了一种经验方法，称为延迟空间中的最近邻（Nearest Neighbor in Delay Space，NNDS）。NNDS 认为，与固定主机之间有相似网络延迟的两台主机通常在位置上很接近。因此 NNDS 首先会构建一个记录延迟和位置之间关系的延迟映射表，需要定位的时候就在这个映射表中寻找延迟与待定位目标最接近的条目，并用该条目对应的位置来代表目标的位置。

如图 6.3 所示，GeoPing 的定位精度会随着探测点数量的增加而逐渐提升，但是当探测点的数量到达 7 时，精度会达到峰值，之后再增加探测点的数量反而会小幅度降低定位精度。GeoPing 的定位精度在理想情况下可达 500 km 左右。

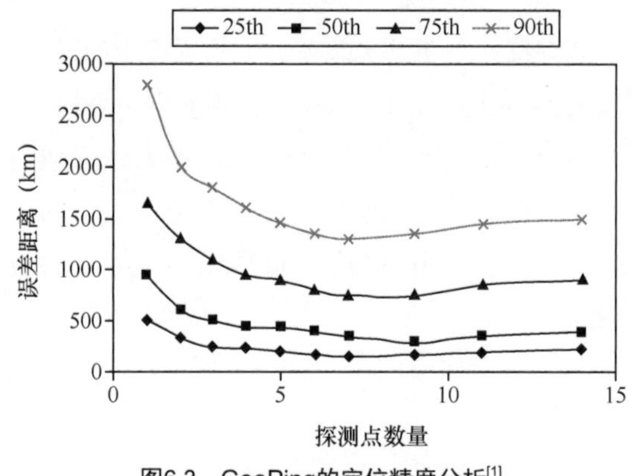

图6.3　GeoPing的定位精度分析[1]

GeoPing 的定位精度和最新的工作的精度差距比较大，但是在当时看来，这是开辟新领域的一个工作，为之后的技术路线发展奠定了良好的基础。

② 基于约束的互联网主机定位算法：CBG。基于约束的互联网主机定位（Constraint-Based Geolocation of Internet Hosts，CBG）[2] 是基于 GeoPing 实现的另一项定位技术，是基于延迟主动测量的定位技术中最经典的方法之一。此前基于延迟主动测量的方法采用地标来作为参考主机，使用地标的地理位置作为目标主机的估计位置，这样的计算方法通常只会输出一个离散的解空间，目标主机可能的位置会受到地标的限制。

CBG 使用带距离约束的多点定位来推断互联网主机的地理位置，并可以构建一个连续的解空间，而不是以往的离散的解空间。CBG 将延迟测量结果精确地转化为地理距离约束，然后利用多点定位来推断目标主机的地理位置。

简单来说，CBG 的计算过程就是以地标为圆心画圆环，如图 6.4（a）所示，圆环的内径和外径都是通过延迟测量转化为距离约束得到的。当我们使用多个地标的时候，这个问题就变成了多点定位的问题，最终画出的圆环的交集就是目标主机的可能位置。

实验结果表明，CBG 的定位结果要优于以往的地理定位技术。此外，与以前的方法相比，CBG 能够为每个给定的位置估计一个置信区域，这允许位置感知应用程序评估位置估计是否足够准确，以满足其需要。从精度上看，对大部分节点来说，CBG 的定位精度能达到 100 km 内，如图 6.4（b）所示。这相对于 2001 年的 GeoPing 来说是一个非常大的提升。值得注意的是，CBG 的定位精度和地标是密切相关的。也就是说，地标数量越多、覆盖越广泛，CBG 的定位效果就会越好。

相比于近些年的一些工作来说，CBG 的定位精度还是有不小的差距。但是 CBG 的意义不仅在于提升精度，更在于提供了一种全新的定位思路，将原本只能输出离散结果的定位方法变成了输出连续区间的定位算法，从而能够支撑更多的应用，同时在精度上也能给出一个置信范围。可以说后续基于延迟主动测量的定位算法中多多少少都能看到 CBG 的影子。

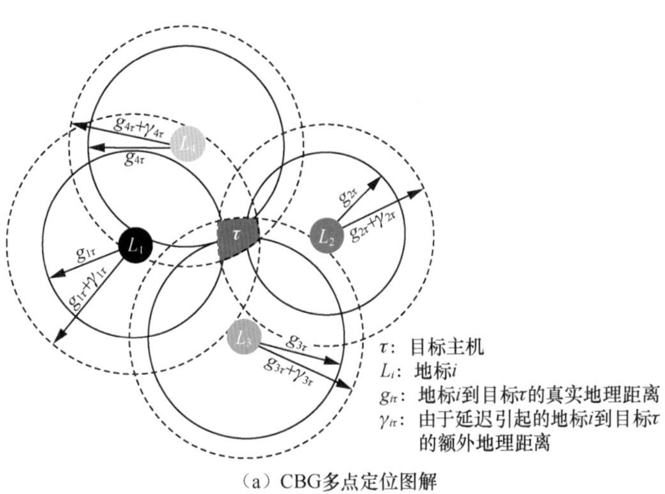

（a）CBG多点定位图解

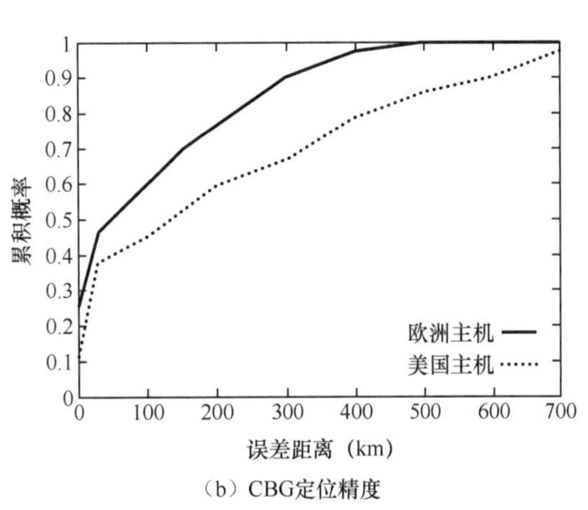

（b）CBG定位精度

图6.4　CBG的原理及效果[2]

③ 基于正负约束的定位算法：Octant。GeoPing、CBG 之后的基于延迟主动测量的 IP 地理定位技术都是以单个算法的形式出现的，并没有出现相关的研究将此类的定位技术进行总结和归纳。因此，Octant 之前的定位技术比较零散。Octant 更像是一种 IP 地理定位的框架，它将现有的基于延迟主动测量的定位技术进行总结和提炼，并且提出了新的定位计算方法[3]。

Octant 是另一个基于延迟主动测量的 IP 地理定位技术。Octant 最关键的思想是将定位问题转化成最小化约束问题，通过从网络测量中积极地推导出约束，创建一个约束系统，并从几何上解决约束问题，得出目标所在的估计区域。这种方法通过利用正约束和负约束来获得高准确性和精度，约束用贝塞尔曲线限定的区域表示，因此可以带来精确的约束表示和低成本的几何运算。

简单来说，Octant 的目标是计算一个区域β_i，该区域包含地球表面上节点 i 可能位于的点集。估计出来的位置区域β_i是基于提供给 Octant 的约束$\gamma_0,\cdots,\gamma_n$计算出来的。约束γ是地球上的一个区域，目的节点被认为位于该区域内，其中还包含一个相关的权重。该权重捕获了这个节点在该区域的置信度。约束区域可以具有任意边界，例如从 Whois 数据库提取的邮政编码信息或从地理数据库提取的海岸线信息。Octant 使用贝塞尔曲线表示这样的区域，如图 6.5 所示，该区域是由相邻的分段组成的。

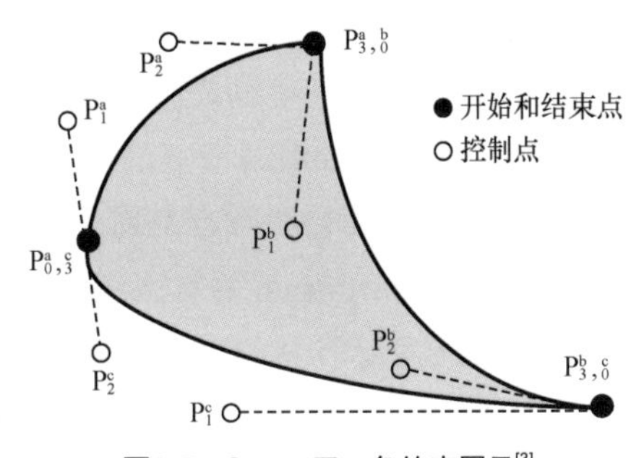

图6.5　Octant正、负约束图示[3]

使用 PlanetLab 节点和公共 traceroute 服务器对 Octant

进行的评估表明，Octant 可以将中值误差缩小到 22 英里（1 英里≈1.6093 km）以内，这个方法的定位精度比当时其他定位方法提升了 3 倍。另外，Octant 对于地标数量的要求不像其他定位方法那样高，也就是说，Octant 对于地标数量的敏感度并不高，这也是 Octant 的优势之一。

Octant 第一次系统地总结了 IP 地理定位技术的框架，并且在定位计算的过程中引入了正约束和负约束，在提升了定位精度的同时还减少了对定位地标的依赖。因此，Octant 被认为非常重要的一种基于延迟的定位技术，具有较大的影响力。

④ 基于全局延迟 - 距离关系建模的概率定位算法：Spotter。Spotter 是一种概率定位方法，用于估计互联网设备的地理位置并具有较高的精度 [4]。虽然之前的方法使用特定地标的校准来建立其内部模型，但是延迟 - 距离函数遵循每个地标的一般分布。Spotter 不是以一种特定的地标方式来描述延迟 - 距离空间，而是将所有校准点处理在一起，并导出一个通用的延迟 - 距离模型。与之前的技术相比，Spotter 更不容易出现测量误差和其他异常，如间接路由引起的误差等。

Spotter 的工作流程主要分为 4 个步骤。

a．数据收集。

Spotter 测量从每个 PlanetLab 地标到目的节点的往返延迟，共测量 10 次。模型评估模块提取一些基础值，如每个地标的最小往返延迟，据此消除或降低排队延迟带来的影响。

b．模型评估。

默认情况下，Spotter 把地球表面划分成无数个区域，然后使用概率模型计算目标主机的位置。计算的过程使用分层三角网格（Hierarchical Triangular Mesh，HTM），这是一个多层次的、递归的球体分解，将表面细分成形状和大小相似的球形三角形。在给定的分辨率级别上，Spotter 通过积分来确定每个 HTM 单元的概率值。如果需要，该计算结果可以与其他概率表面相结合，例如来自人口密度、城市位置或其他地理约束的结果。HTM 库在计算空间量（如球面距离、面积、相交区域等）方面提供了非常好的性能，从而有助于提高 Spotter 的效率。此外，HTM 的层次结构在选择计算的单元格大小方面提供了灵活性。因此，可以方便地微调运行时间和地理分辨率之间的平衡。

c．可视化。

评估的结果是一个空间概率分布及其矩阵。这些结果可以在地理地图上显示。Spotter Web 界面可在谷歌地图应用程序上显示估计的区域和预期的位置。

d．数据管理与使用。

整个过程由网络测量虚拟天文台作为后台数据库引擎支持，原始延迟数据和定位结果都保存在这个数据库中，可以公开访问。

通过测试 PlanetLab 节点的性能并借助 CAIDA 收集的用于地理位置比较的参考数据集，Spotter 证明了其健壮性和准确性。它是第一个使用这个新的包含超过 23 000 个网络路由器及其地理位置的 ground-truth 的算法。

如图 6.6 所示，从结果来看，大部分场景（不同地区）下 Spotter 的定位精度都比 Octant 和 CBG 有较大的提升，在 Cogent（一家美国的大型跨国互联网服务运营商）中甚至大部分节点的定位精度能达到 10 km。

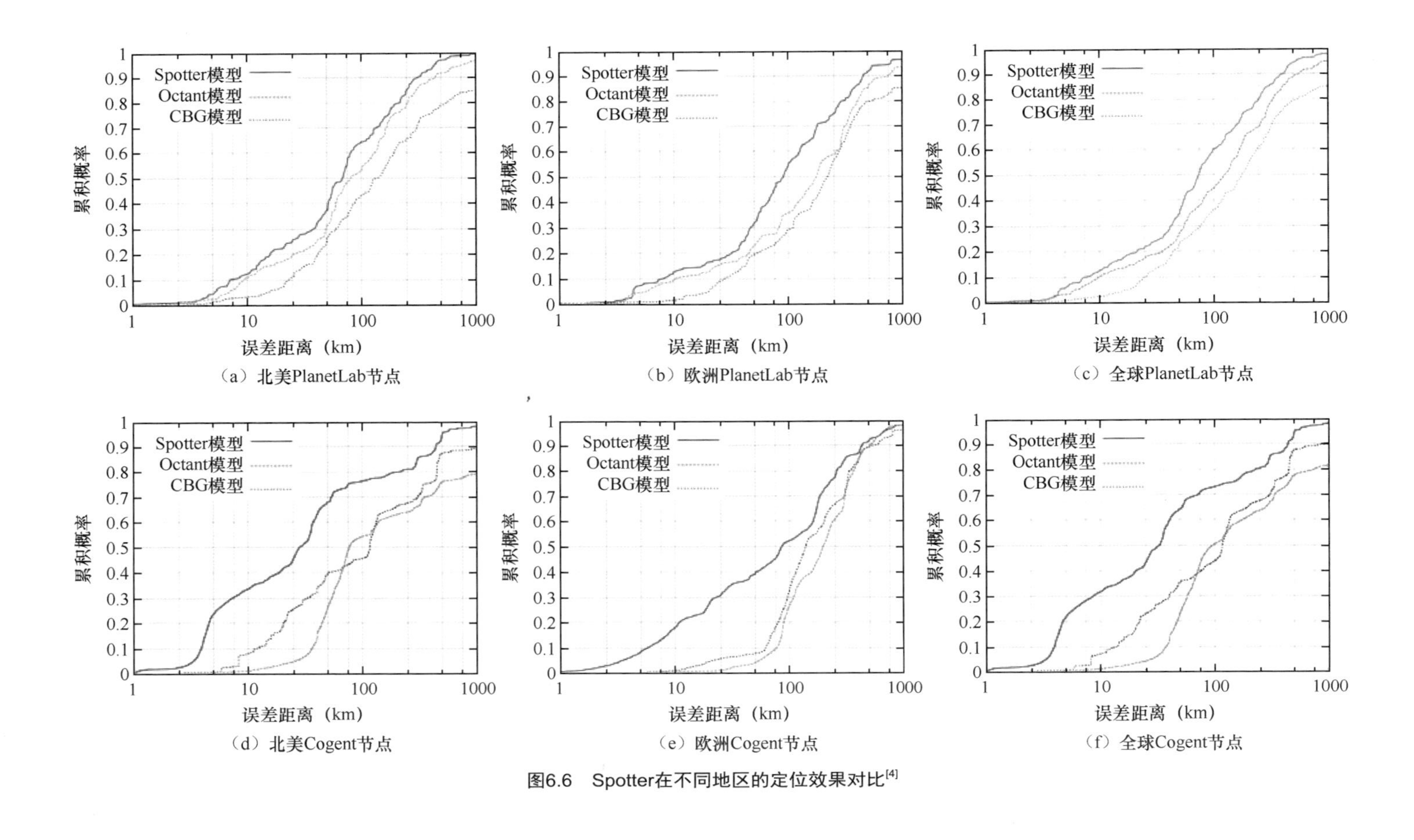

（a）北美PlanetLab节点
（b）欧洲PlanetLab节点
（c）全球PlanetLab节点
（d）北美Cogent节点
（e）欧洲Cogent节点
（f）全球Cogent节点

图6.6 Spotter在不同地区的定位效果对比[4]

Spotter 从根本上说并未对定位技术做很大的改进，只是对延迟 - 距离模型进行了一定的优化，并输出一个通用的延迟 - 距离模型。Spotter 对于我们的启示是，基于延迟主动测量的定位技术存在比较多的不确定性，这种不确定性是延迟主动测量中不可避免的误差导致的。在进行此类定位技术的创新或者优化时，这是不能忽略的一个因素。

⑤ 低负载高精度延迟定位算法：Posit。Posit 是 2012 年提出的一种轻量级的 IP 地理定位方法，这种方法只需要对目标主机执行少量的延迟测量，并结合计算效率较高的统计嵌入技术就可完成定位的计算[5]。在具有不同地理密度的基础测量设施中，Posit 的性能优于所有之前的地理定位工具。具体来说，与之前所有基于主动测量的 IP 地理定位方法相比，Posit 能够对主机进行地理定位，其误差值优化了 55% 以上。

通过利用距离似然分布，Posit 使用统计嵌入算法来估计测试目标集的地理位置。利用已知位置的目标组成的小训练集，通过高效的二分搜索得到调谐参数 λ_{lat}。为了防止过拟合，Posit 对训练集找到最优的阈值参数值，并对测试集中的每个目标使用相同的阈值。详细的计算过程如算法 6.1 所示。

算法6.1　Posit地理定位算法
输入：
延迟向量$\boldsymbol{l}_i^{\text{target}}$：从$M$个探针到$N$个目标的延迟集合，其中$i=\{1,2,3,\cdots,N\}$
延迟向量$\boldsymbol{l}_j^{\text{land}}$：从$M$个探针到$T$个地标的延迟集合，其中$j=\{1,2,3,\cdots,T\}$
已知地理位置和延迟测量结果的目标的训练集
初始化：
学习似然分布，使用已知目标位置的训练集计算$\hat{p}_{\text{land}}(d\mid v)$和$\hat{p}_{\text{monitor}}(d\mid \boldsymbol{l})$
使用训练集寻找参数λ_{lat}，使得训练集的定位误差率最小
方法：对于每个目标，$i=\{1,2,3,\cdots,N\}$
解析阈值L_1范数距离，$v_{i,k}$中$k=\{1,2,3,\cdots,T\}$，$v_{i,j}^{L_1}=\dfrac{1}{\lvert\mathcal{L}_{i,j}\rvert}\lVert \boldsymbol{l}_i^{\text{target}}(\mathcal{L}_{i,j})-\boldsymbol{l}_j^{\text{land}}(\mathcal{L}_{i,j})\rvert$
利用学习到的分布$\hat{p}_{\text{land}}(d\vert v)$和$\hat{p}_{\text{monitor}}(d\vert \boldsymbol{l})$，通过数据嵌入的方法来评估定位

如图 6.7 所示，Posit 的定位精度明显优于 GeoPing 和 CBG。如表 6.1 所示，从定位的开销上看，Posit 不需要 traceroute 类的测量，仅仅需要 Ping 类的测量，虽然在延迟测量上的次数要多一些，但是由于 Ping 类的测量属于轻量级的测量，因而从总体上说，Posit 的开销并不是很大。

Posit 对于我们的启示是，所有基于主动测量的定位技术都有一定的测量开销，而这个测量开销本身会对定位的精度产生一定的影响。比如说，当我们发出大量探测数据包的时候，很有可能造成网络的拥塞，因而测量得到的延迟数据会产生较大的偏差。所以，基于主动测量的定位技术不可避免地需要考虑测量的影响和代价。因此，如何开发出低开销、高效率的定位技术可能是未来的研究热点。

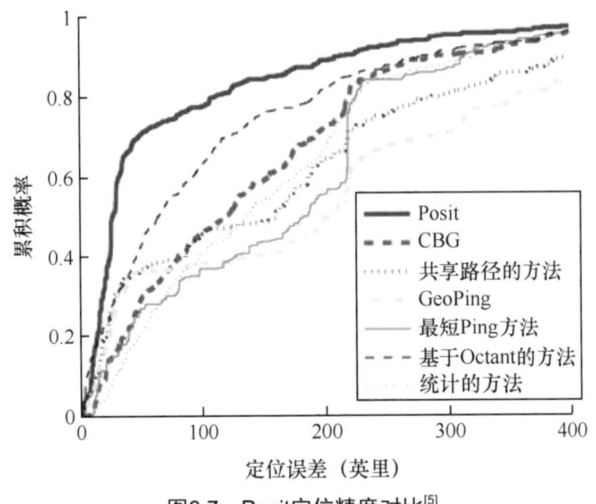

图6.7　Posit定位精度对比[5]

表6.1　不同定位算法测量开销对比

定位算法	Ping类的测量	traceroute类的测量
Posit	$O(M(N+T))$	0
最短Ping方法	$O(MN)$	0
GeoPing	$O(M(N+T))$	0
CBG	$O(MN)$	0
基于Octant的方法	$O(MN)$	$O(N)$
共享路径的方法	$O(MN)$	$O(M(N+T))$
统计的方法	$O(MN)$	0

⑥ 基于椭圆轨迹约束的延迟定位算法：GeoCET。GeoCET 结合了椭圆轨迹约束和最大对数似然估计技术，只需要少量单向延迟（One-Way Delays，OWDs）即可定位目标[6]。GeoCET 采用多项式回归拟合延迟 - 距离模型来提高定位精度。GeoCET 是基于延迟测量的定位技术，但是由于采用的是单向延迟测量，所以并不需要发送大量的数据包进行测量，不会让网络产生较高的负荷；同时由于不需要大量的探测节点，有效地降低了部署成本。

完整的 GeoCET 地理定位方法流程如图 6.8 所示。用于定位的节点要求为地理位置已知的近似均匀分布，网络之间相互连通，由稳态时延构成的空间符合二维欧氏空间。为了防止过拟合和多可行解，GeoCET 选择参与建立多项式回归模型的分析节点。

GeoCET 包含两种高级功能：延迟 - 距离生成模块以目标 IP 地址所属的地理区域为输入，生成用于局部化的多项式回归（Polynomial Regression，PR）模型的参数向量；候选地标定位模块以目标 IP 地址和 PR 模型为输入，生成指定地理区域内的目标 IP 地址的位置为输出。

GeoCET 的椭圆约束求解如图 6.9 所示，以两个不同类型的地标作为焦点、延迟约束为焦距可以得到一个椭圆，目标主机的位置就在椭圆轨迹上。

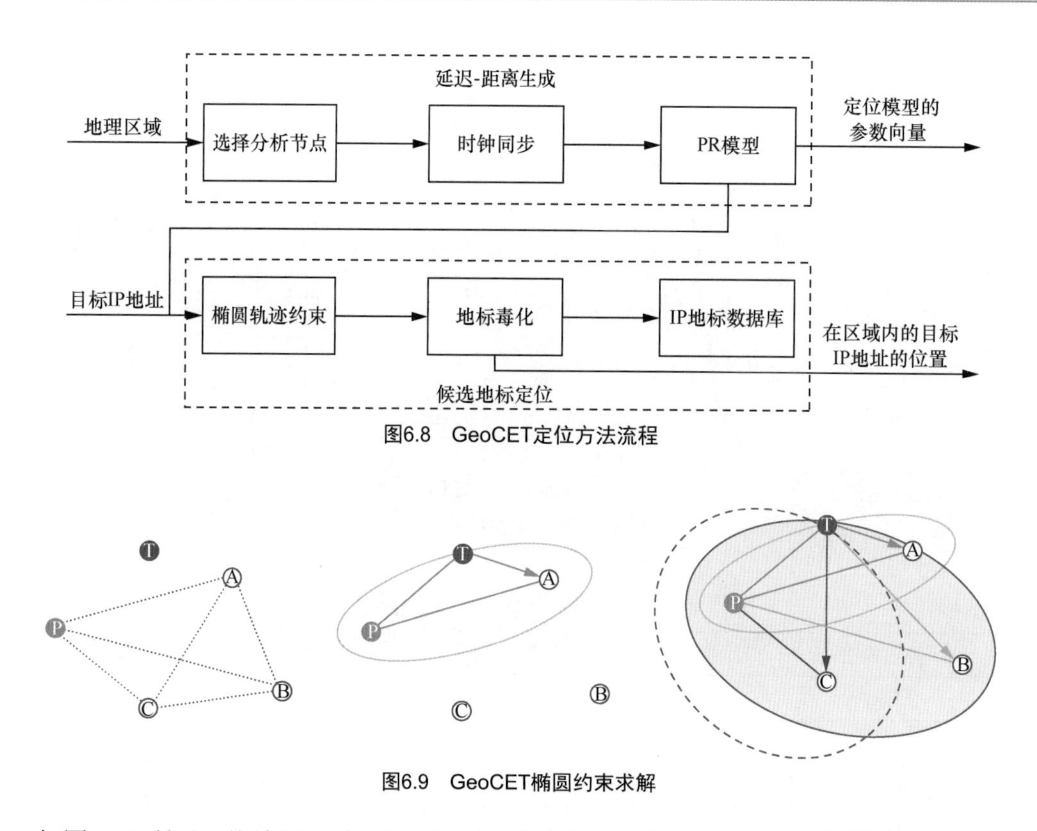

图6.8 GeoCET定位方法流程

图6.9 GeoCET椭圆约束求解

如图 6.10 所示，从效果上看，GeoCET 利用了来自中国、印度孟买、美国硅谷和中欧法兰克福的真实数据。实验结果表明，GeoCET 比以往所有的基于主动测量的 IP 地理定位方法表现得都好，在精度上有大幅度的提升，几乎对所有的测试点，定位的精度都能达到 5 km 内，在效果最好的美国硅谷，定位的精度能达到 1 km 内。

GeoCET 第一次在定位过程中引入椭圆约束。值得注意的是，GeoCET 还研究了不同地区的延迟 - 距离关系，发现不同地区的延迟 - 距离关系是截然不同的，因而舍弃了之前在 CBG 等算法中出现的简单的一次拟合，改用多项式拟合的方法，实验证明多项式拟合能有效提升定位的精度。

（2）基于拓扑主动测量的方法。

基于拓扑主动测量的方法在 IP 地理定位计算时考虑了拓扑的信息，因而定位的时候会对子网有更深入的了解，有的方法更是从对子网的划分入手，通过寻找子网的位置来定位目标主机。基于拓扑主动测量的定位方法通常少不了其他方法的辅助，比如，会用一些 DNS 的数据来寻找最后一跳路由器的位置，或者可以从子网的网关出发进行延迟测量等。

与基于延迟主动测量的定位方法相比，与基于拓扑主动测量的方法相关的研究少一些，但是基于拓扑主动测量的方法的思路和切入点往往比较新颖，且被其他定位方法借鉴得比较多，而且从时间的角度上来看，基于拓扑主动测量的定位方法不属于迭代优化式的发展，而是方法的完全创新，这点与基于延迟测量的定位方法完全不同。因此，基于拓扑主动测量的方法对 IP 地理定位整个领域的发展来说是非常重要的。

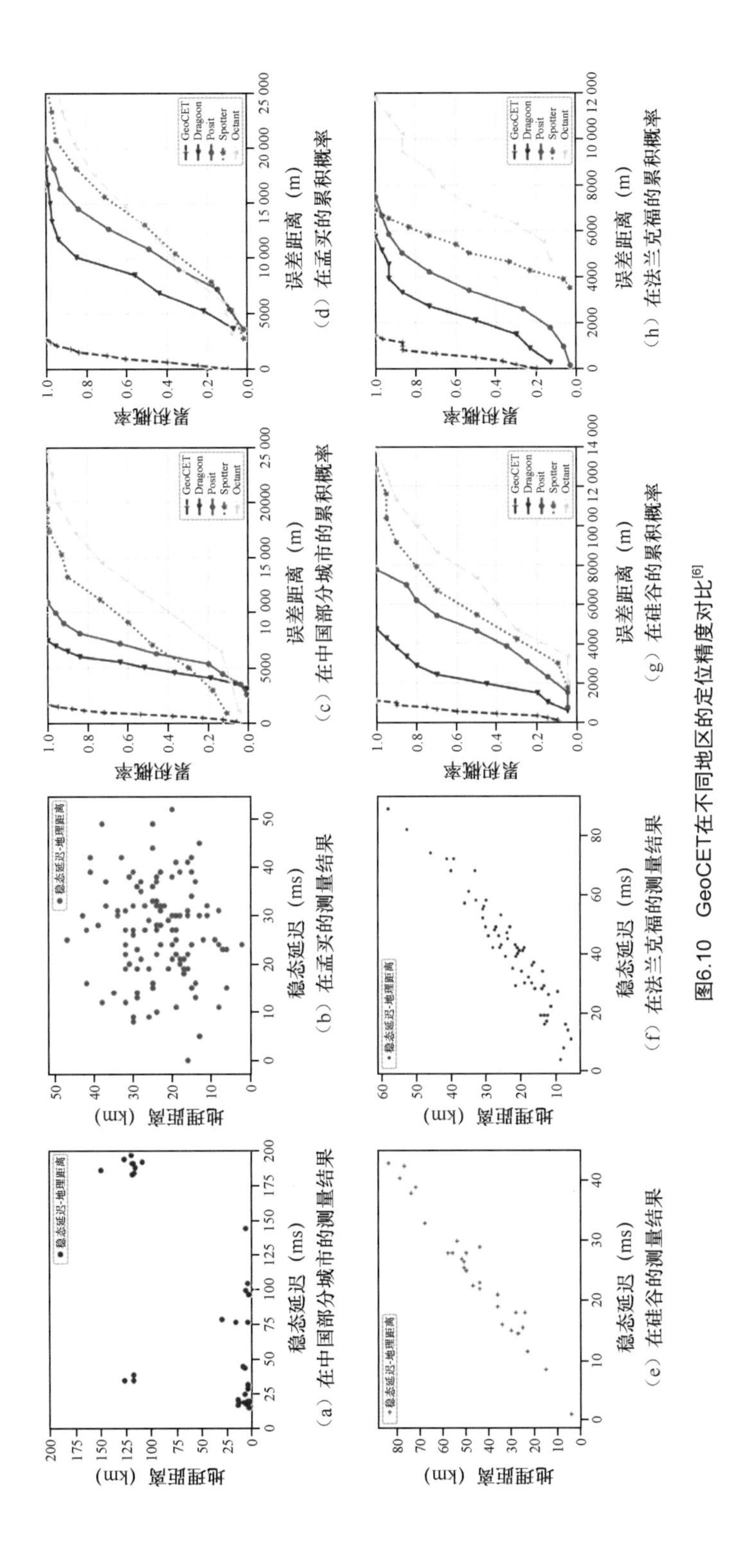

图6.10 GeoCET在不同地区的定位精度对比[6]

① 基于拓扑和路由器位置信息的定位算法：GeoTrack。基于拓扑主动测量的方法最早的文献来源于 IP2Geo 中的 GeoTrack[1]。GeoTrack 根据感兴趣的主机或其他邻近网络节点的 DNS 名称来推断目标主机的位置。网络运营商为了管理方便，通常会给路由器分配有地理意义的名称。但是，有地理意义的路由器名称不是互联网的要求或基本属性，相反，这只是一个通常由经验数据支持的观察结果。

GeoTrack 的计算过程一共分为 3 步：首先，使用 traceroute 工具测量探针与目标主机之间的网络路径；其次，GeoTrack 从 DNS 名称中提取路径上路由器的位置信息；最后，GeoTrack 用最后一跳路由器的位置来估计目标主机的位置。

如图 6.11 所示，从定位的精度来看，GeoTrack 对于 90% 以上的节点的定位误差都小于 1000 km。GeoTrack 的总体精度虽然比 GeoCluster 要差，但是比 GeoPing 要好一些。

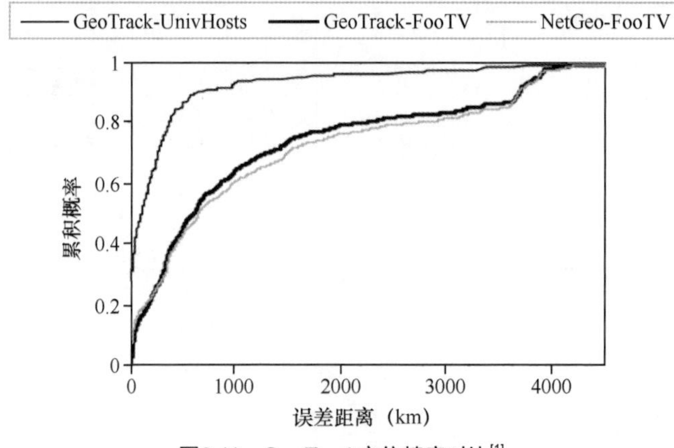

图6.11　GeoTrack定位精度对比[1]

GeoTrack 是最早的基于拓扑主动测量的一种方法，虽然从效果和方法上来说都比较初步，但是对于后续的定位技术发展有较大的启示作用，同时，开启了后续的基于拓扑主动测量的定位技术研究。因此，GeoTrack 是一个非常经典且非常重要的定位技术。

② 基于拓扑主动测量和结构化约束的定位算法：TBG。TBG 是 IP 地理定位领域第一次系统地提出的基于拓扑主动测量的 IP 地理定位技术[7]。之所以提出 TBG 这种基于拓扑的定位技术，是因为基于端到端延迟测量的技术未必比一些简单的技术效果更好。另外，基于延迟主动测量的定位方法的误差大部分取决于距离最近的地标。

TBG 通过网络拓扑和网络延迟度量来约束主机位置，对早期的方法进行了改进，将拓扑和延迟数据转换为一组约束，然后同时求解路由器和主机的位置。TBG 提高了位置估计的一致性，大大减小了结构化网络的误差。对于结构约束不足的网络，TBG 还集成了外部提示，这些提示在被信任之前通过测量进行验证。

从图 6.12 所示的结果来看，TBG 的中值定位误差降低到 67 km，TBG 之前的最佳定位方法的误差是 228 km。TBG 在评估的时候一共使用了 3 个数据集，可以发现在不同的场景下 TBG 的表现都要比 CBG 好很多。除此以外，TBG 只使用一个主动地标（其他地标作为被动地标）时的效果就要比 CBG 使用所有主动地标时的效果要好，说明 TBG 能够很好地使用拓扑信息和位置线索。这同样也证明了地标不是越多越好，只要能够深入地分析并使用相关的位置线索，地标数量不够也可以实现准确定位。

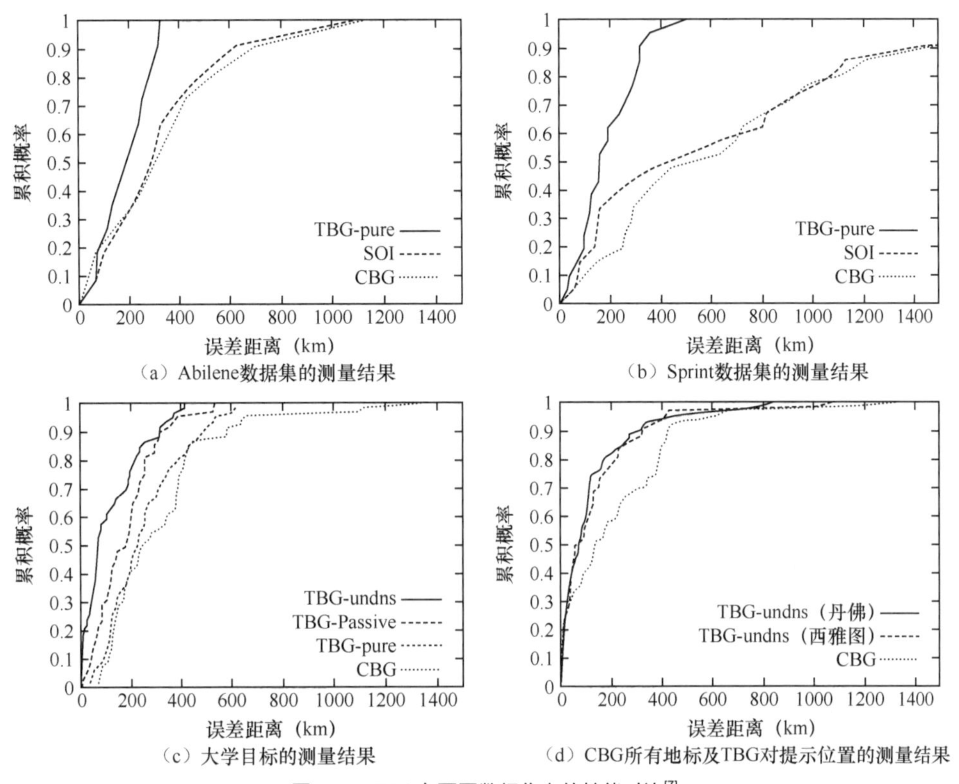

（a）Abilene数据集的测量结果

（b）Sprint数据集的测量结果

（c）大学目标的测量结果

（d）CBG所有地标及TBG对提示位置的测量结果

图6.12 TBG在不同数据集上的性能对比[7]

CBG 及其变体在目标主机和其中某个地标距离比较近时效果较好，但是当目标离所有地标都较远的情况下，基于延迟的方法的性能就不能令人满意了；同时，当遇到网络路径无法建模的目标时，基于延迟的方法也无法工作。因此，如果没有一些到目标的延迟很短的地标，CBG 几乎无法展现出好的效果。CBG 这类技术要求地标完全包围目标，因为它们的所有预测位置都在地标的凸包内。TBG 对于地标的需求要远低于 CBG 类基于延迟主动测量的方法，基于拓扑主动测量的定位方法能够弥补基于延迟主动测量的定位方法的诸多不足。

当然，TBG 也有很多的限制和不足。只有当目标有足够的结构约束时，TBG 才能产生高质量的地理位置，因此 TBG 中还加入了被动地标和有效的位置提示来突破这一限制。被动地标的概念来自 GeoPing。被动地标和位置提示的目的是在接近目标的路由器上诱导约束，允许 TBG 使用位置信息和约束存根网络，而不需要主动探针。另外，TBG 比简单的基于延迟的技术（如 CBG 和 GeoPing）的测量成本更高，定位的过程中需要使用 traceroute 探针来发现网络结构，此外还需要检查网络别名来识别同处一地的网络接口。

TBG 首次系统性地尝试使用拓扑信息来推断地理位置，虽然还存在比较多的不足，但是对于后面的研究有很大的启发作用。基于拓扑主动测量来完成 IP 地理定位虽然对资源的需求较少且稳定性也较好，但是对网络结构性较差的地区还没有很好的解决方案。

③ 基于网络拓扑社区检测的城市级 IP 地理定位算法。Li 等人提出了一种基于网络拓扑社区检测的城市级 IP 地理定位方法[8]。该方法利用了网络社区中的节点通常位于同一城域网中的原理。

首先，使用社区质量测量模块评估社区质量，通过模块优化得到模块化程度最高的网络拓扑社区；其次，通过查询 geoIP 数据库获取社区位置信息；最后，将目标 IP 地址所在的社区位置作为目标的估计位置。详细的定位流程如图 6.13 所示。

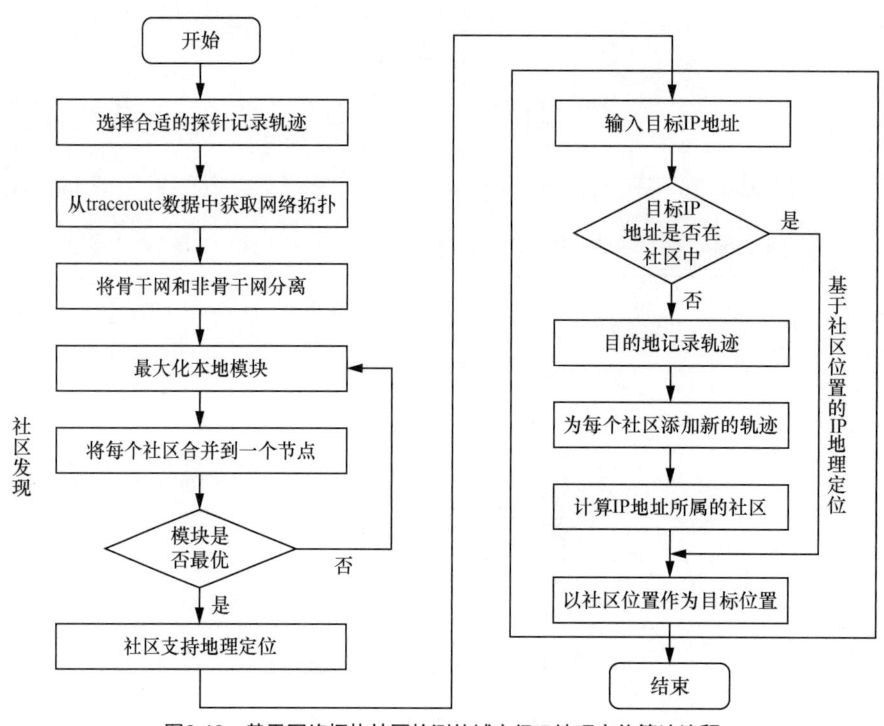

图6.13 基于网络拓扑社区检测的城市级IP地理定位算法流程

在中国 3 个省的 9000 个节点的实验结果表明，上述方法在 IP 地理定位的准确率和查全率方面均优于传统的定位方法，准确率、召回率和F1$\left(\mathrm{F1}=2\times\dfrac{\text{准确率}\times\text{召回率}}{\text{准确率}+\text{召回率}}\right)$值均在 96% 以上。该算法通过投票的方法改进了拓扑定位方法，在精度方面有了一定的提升，更重要的是带来了投票的思路。它综合了多种定位算法的优势，是一种值得借鉴的技术。

④ 基于 PoP 级网络拓扑的城市级 IP 地理定位算法。Zu 等人为了提高基于延迟主动测量的方法对于延迟测量的精度并解决对地标数量的依赖，提出了一种新的基于 PoP 级网络拓扑结构的城市级 IP 地理定位算法[9]。

首先，根据不同城市网络节点间的单跳时延分布，从检测路径中挑出属于目标城市的网络节点，并对地标进行扩展。其次，利用常用的匿名路由结构来查找和合并路径信息中的匿名路由。最后，通过紧密连接的网络节点提取城市内部的 PoP 级网络拓扑结构，记录到 PoP 数据库中，用于城市级别的 IP 地理定位。详细的定位流程如图 6.14 所示。

图 6.15 所示的实验结果表明，该方法在中国和美国的数据集上有良好的城市级地理定位能力，尤其是当延迟精度低或地标的数量很少的时候，定位效果仍然没有很大变化。与经典 IP 地

理定位算法 [基于学习的地理定位（Learning-Based Geolocation，LBG）算法 [10] 和街道级地理定位（Street-Level Geolocation，SLG）算法 [11]] 相比，该算法将城市级地理定位的成功率提高到 97.67%，相比于 LBG 算法的 74.86% 和 SLG 算法的 94.14% 有比较大的提升。

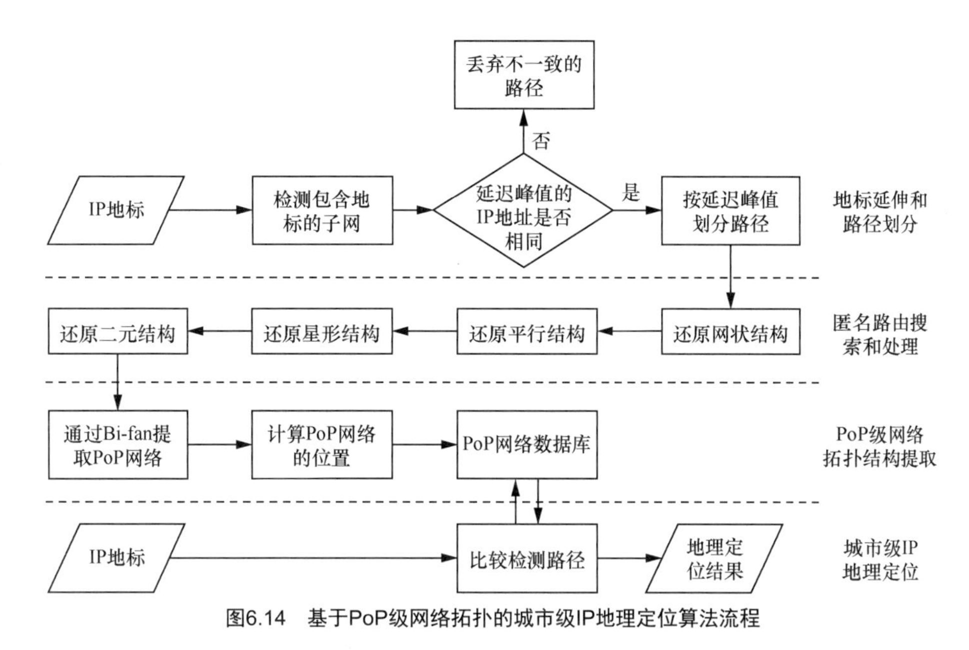

图6.14 基于PoP级网络拓扑的城市级IP地理定位算法流程

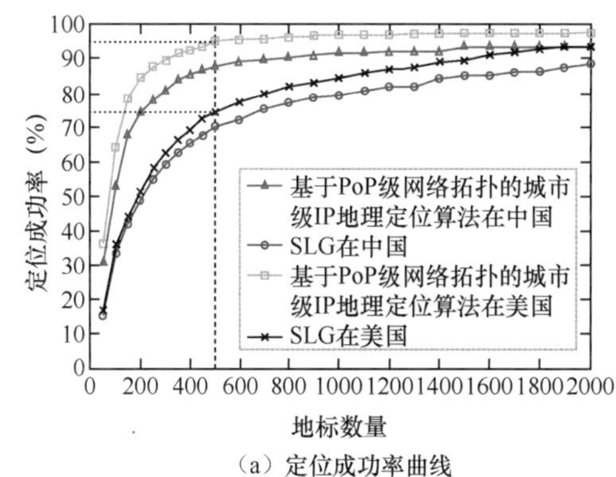

（a）定位成功率曲线

算法	LBG		SLG		基于PoP级网络拓扑的城市级IP地理定位算法	
国家	中国	美国	中国	美国	中国	美国
目标数量	31 924	2746	34 331	2746	34 331	2746
成功数量	23 418	2484	32 227	2679	33 491	2723
成功率（%）	73.36	90.46	93.87	97.56	97.55	99.16
	74.71		94.14		97.67	

（b）定位实验具体结果

图6.15 基于PoP级网络拓扑的城市级IP地理定位算法定位精度[9]

⑤ 基于网络节点排序的 IP 地理定位算法：RNBG。现有的 IP 地理定位方法容易受到时延膨胀的影响，进而会降低IP地理定位的可靠性和适用性，尤其是在弱连接网络中这一影响更明显。为了解决这一问题，研究人员提出了基于网络节点排序的 IP 地理定位（Ranking Nodes Based IP Geolocation，RNBG）算法 [12]。

RNBG 是一种基于节点排序的 IP 地理定位方法，RNBG 利用复杂网络的无标度特性，在网络中找到几个重要而稳定的节点，然后将这些节点用于不同地区的 IP 地理定位。通过拓扑构建、重要节点分析、路径探测等步骤最终得到城市级的 IP 地理定位精度。详细的定位流程如图 6.16 所示。

如图 6.17 所示，在中国和美国的实验结果表明，RNBG 即使在弱连接网络中也能达到较高的精度，与经典方法相比，RNBG 的精度提高了 2.60% ～ 14.27%，达到 97.55%。

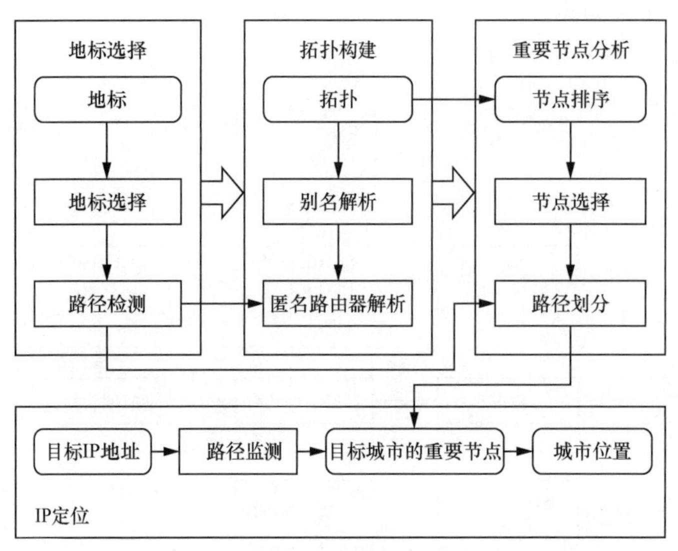

图6.16　RNBG算法流程

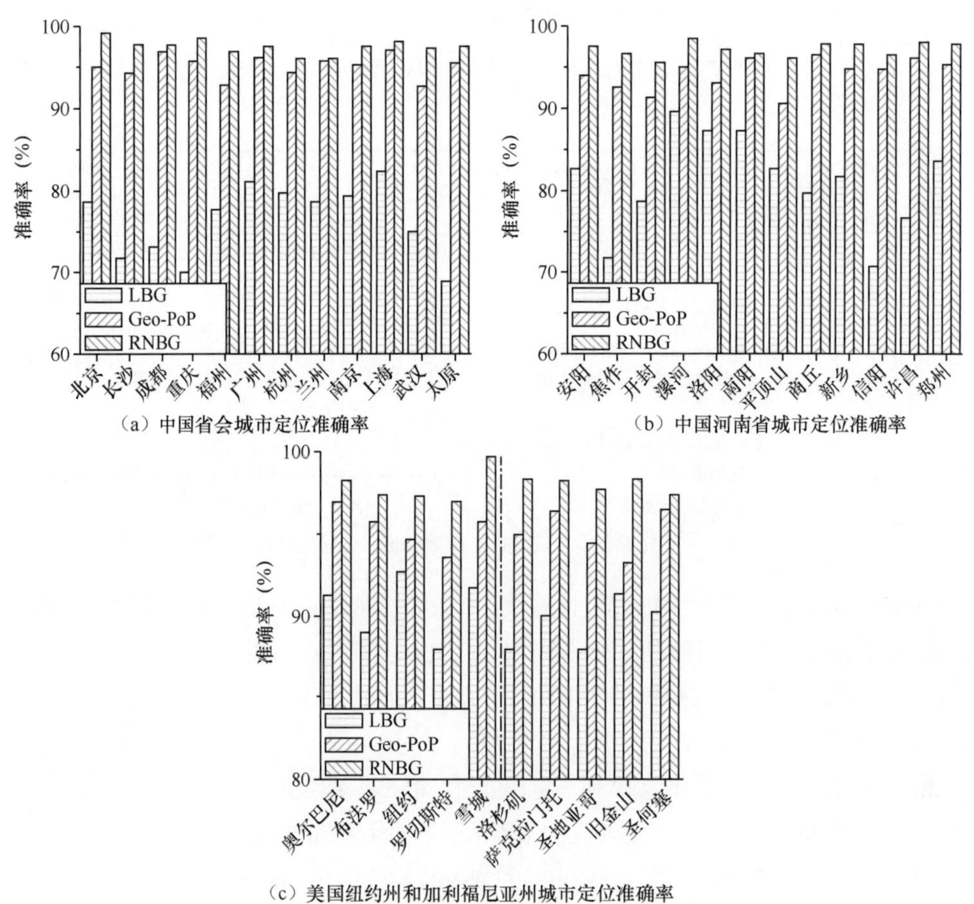

（a）中国省会城市定位准确率

（b）中国河南省城市定位准确率

（c）美国纽约州和加利福尼亚州城市定位准确率

图6.17　RNBG定位效果评估[12]

（3）基于主动 DNS 数据请求的方法。

基于主动 DNS 数据请求的 IP 地理定位方法的灵感来源是 DNS 中通常会带有一些与位置相关的信息。例如，我们可以去反查 IP 地址对应的域名，而域名中往往会带有地理名称的信息，通过一些处理我们可以将 IP 地址和地理位置关联起来。但是基于主动 DNS 数据请求的方法通常因为数据维度的单一性，往往需和其他方法一同使用，因此，这类方法更多的是作为一种思想贯穿于各类方法之中。例如基于拓扑主动测量的定位算法 TBG[7] 使用基于主动 DNS 数据请求的方法来获取路由器的位置，进而用于地理坐标的推断；基于正负约束的延迟定位算法 Octant[3] 使用基于主动 DNS 数据请求的方法来提高定位效率，减少测量开销。

通常来说，这种定位方法的精度比较高（当然前提是能获得相关的域名信息），而且不需要辅助的探测点等外部帮助，只需要简单的 DNS 请求即可，测量开销可控。

基于主动 DNS 数据请求的定位方法缺点也很明显。首先，由于并非所有的 IP 地址都能找到对应的 DNS 数据，因而这种方法并不是一种通用方法；其次，由于 CDN 等技术的发展以及代理的使用，很多服务并非在本地运行，更多的会选择托管在云上或者数据中心，因此这种定位方法的准确性无法得到保障；最后，很多域名中并不一定都包含地理位置的信息，所以后续的推断可能无法完成，这也是基于主动 DNS 数据请求的定位方法的一大瓶颈。

（4）基于上层应用数据收集的定位方法。

基于上层应用数据收集的定位方法是随着应用程序衍生出来的一类定位方法。IP 地理定位技术出现的原因之一就是帮助应用程序给用户提供更优质的服务，因而很多应用程序中通常包含不少地理位置信息。利用这些数据我们可以提取出很多 IP 地址的地理位置信息，进而发展出了这类 IP 地理定位方法。基于上层应用数据收集的定位方法虽然起步比传统的定位技术晚，但是这类定位方法的形式更加丰富，且很多研究工作都表明，这类方法的定位精度比传统方法的高不少。

需要特别指出的是，稍后讨论基于被动测量的定位方法时，也涉及了基于上层应用数据收集的定位方法，二者的区别主要在于应用层数据的收集方法上。如果在定位的过程中有比较明显的数据收集动作，那么我们就把它归类到主动测量的方法中，否则将它归类于被动测量的方法中。

基于上层应用数据收集的定位方法的优势主要在于其位置信息来源的多样性，任何位置敏感的应用程序中或多或少都会带有位置信息，因而可以收集到多维度的信息，而且很多数据是用户使用 GPS 等技术主动提供的，定位的精度非常高。但是这种方法也存在不少问题，其中最大的阻碍就是数据的来源。现在很多应用程序为了保护用户隐私，位置信息都被隐藏起来了，给这类定位技术的应用造成很大困难。另外，这类定位方法可能会遭受恶意的攻击，如果在应用程序中注入一些虚假的位置信息，那么会对定位的精度产生非常大的影响。

① Checkin-Geo。尽管基于数据库的 IP 地理定位方法响应速度快，但是效果通常不是很好。基于延迟测量的方法虽然通用性较高，使用非常广泛，但仍存在精度有限（误差距离约 10 km）和响应时间长（数十秒）的问题，无法满足位置感知应用对精确实时地理定位的要求。

Checkin-Geo 与现有的数据库驱动（使用 DNS、Whois 等）或基于网络延迟测量的方法完全不同，它利用用户愿意在位置共享服务中共享的位置数据和用户登录日志，来实现实时、准确的地理位置定位 [13]。详细的定位流程如图 6.18 所示。

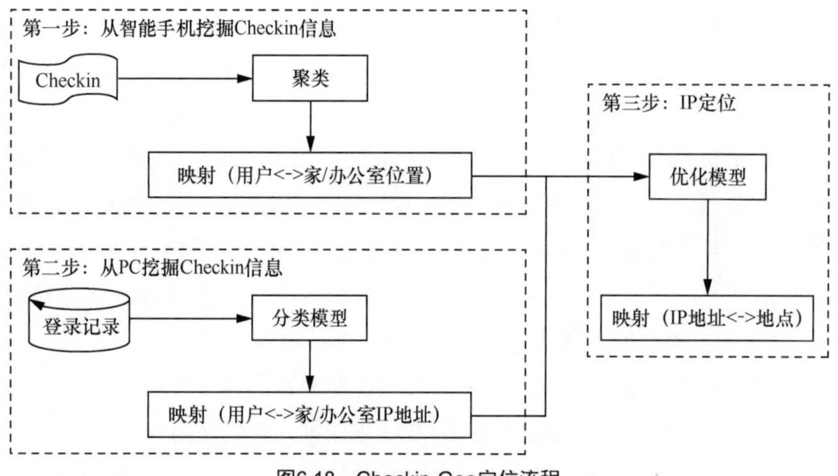

图6.18　Checkin-Geo定位流程

表 6.2 所示的实验结果表明，与现有的地理定位技术相比，Checkin-Geo 的中值估计误差为 0.8 km，这个定位效果比当时已有的定位方法要小一个数量级以上。另外，Checkin-Geo 的响应时间可以忽略不计，有望用于精确的位置感知应用。

表6.2　Checkin-Geo定位效果评估[13]

方法		定位资源	中值估计误差/km	响应时间	部署
基于延迟测量的定位方法	GeoPing	网络延迟	382	几十秒至数分钟	数十个地理位置分散的服务器
	CBG	网络延迟	228		
	TBG	网络延迟和拓扑	67		
	Octant	网络延迟和拓扑	35.4		
	Wang-Geo	网络延迟、拓扑和来自Web的邮政地址	7.7		
数据库驱动的定位方法	已有方法	Whois、DNS、来自Web的邮政地址、用户贡献	城市级	可忽略	可忽略
		用户注册记录			
	Checkin-Geo	登记和登录日志	0.8		

Checkin-Geo 除了评估本身的定位精度以外，还评估了其他的经典定位算法的性能，包括 GeoPing、CBG、TBG 等，并比较了响应时间和部署情况等。

② ONE-Geo。现有的定位方法大多侧重于改进位置估计方法，而不是提高地标的质量和数量。如果没有足够的高质量的地标，将难以进一步提升定位精度。尽管现有的一些基于挖掘的方法可以从在线网络资源中挖掘出大量的地标，但是由于没有充分利用这些开放资源，大多数地标的质量都很差。

ONE-Geo 通过提取 Web 服务器的所有者名称来挖掘高度可靠的地标。对于给定的目标 IP 地址，ONE-Geo 从网页信息和注册记录中提取真实的所有者姓名[14]。ONE-Geo 利用这一线索，通过搜索组织知识图上的地址信息来确定正确的位置，并进行推理。

图 6.19 所示的实验结果表明，ONE-Geo 在 165 个 Web 服务器上的定位中值误差距离为 463 m，在 721 个非托管网站的节点上实现了 7.7 km 的中值误差距离。对于 Web 服务器，ONE-Geo 的定位效果优于当时已有的方法和一些商业工具。具体来说，66.1% 的节点通过 ONE-Geo 实现了误差距离小于 1 km 的地理定位。

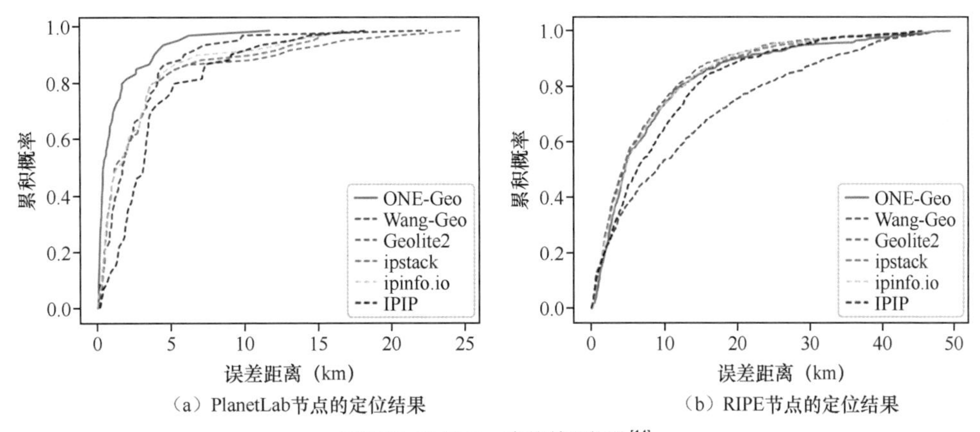

（a）PlanetLab节点的定位结果　（b）RIPE节点的定位结果

图6.19 ONE-Geo定位效果评估[14]

2. 基于被动测量的方案

基于被动测量的 IP 地理定位技术主要是通过收集到的数据进行分析，进而推断出目标 IP 地址的地理位置。可以用于定位的数据形式多种多样，包括但不局限于延迟、拓扑、DNS、应用数据等。从分析的方法来看，可以使用统计方法，也可以使用基于学习的方法。由于是被动测量，这种定位方法的难度主要在于数据的处理和信息的提取上。除了数据本身的质量，数据分析的质量也会直接影响定位的精度。

如前文所述，我们区别主动测量和被动测量的主要依据是在定位的过程中是否有主动的探测动作。基于被动测量的定位方法的定位精度可以很高，但是需要一定的数据作为支撑，无论是数据量还是数据维度都很重要，数据分析技术也是不可或缺的一环。除此以外，由于 IP 地理定位对于时效性的要求很高，因而还需要实时维护数据集来确保定位的准确性，或者可以研究相关技术来解决定位漂移的问题。

基于被动测量的方案还可以进一步划分成基于被动 DNS 数据的推断方法、基于 BGP/AS 数据的定位方法和基于上层应用数据分析的定位方法。这几种方法中比较简单实用的是基于 BGP/AS 数据的定位方法，其数据来源丰富且分析难度较低。基于被动 DNS 数据的推断方法原理上并不复杂，但是这部分的数据比较难以获取，而且数据处理的难度比较大。解决了数据来源的问题后，基于被动 DNS 数据的推断方法其实和基于主动 DNS 数据请求的方法比较类似。在基于被动测量的方案中，比较丰富的是基于上层应用数据分析的定位方法，它也是我们调研中占比比较大的一类方法，从效果上看也比较好。

基于被动测量的方案一般来说不需要用到地标，但是也不排除部分技术可能会使用到一些参考点来完成辅助定位。因此，如果使用到地标则可以参考 6.3 节中对于地标挖掘与评估的阐述。

接下来，我们对这 3 种基于被动测量的定位技术进行详细介绍，其中会介绍一些典型的工作以及我们对这些技术的理解。

（1）基于被动 DNS 数据的推断方法。

基于被动 DNS 数据的推断方法和基于主动 DNS 数据请求的方法比较相似，但是被动的方法侧重于对 DNS 数据的分析和信息的提取，DNS 的请求过程并不是重点，因而这种方法的数据来源可以很广泛，数据分析的方法也多种多样。但是问题在于获取被动 DNS 数据的难度不低，往往受到很多的限制，另外，该方法也很难应对 IP 地址动态变化的问题，定位库的维护比较困难。所以，基于被动 DNS 数据的推断方法从本质上来说重在对数据分析方法的研究，复现难度比较大且不太具有实际的部署意义。

通过反向 DNS 进行 IP 地理定位。IP 地理位置数据库广泛应用于在线服务中，用于将终端用户的 IP 地址映射到其地理位置。然而，这种定位是专有的地理定位方法，在某些情况下，准确性很差。

Dan 等人通过反向 DNS 进行 IP 地理定位，使用公开可访问的反向 DNS 主机名来定位 IP 地址，通过与其他地理位置数据源相结合，将任务转换为机器学习问题，对于给定的主机名，生成一个潜在的候选位置列表并对其进行排序[15]。

从如图 6.20 的实验结果来看，分别和与学术界方法及工业界数据库相比较，通过反向 DNS 来定位的方法显著优于学术界方法，并与工业界数据库形成互补关系。

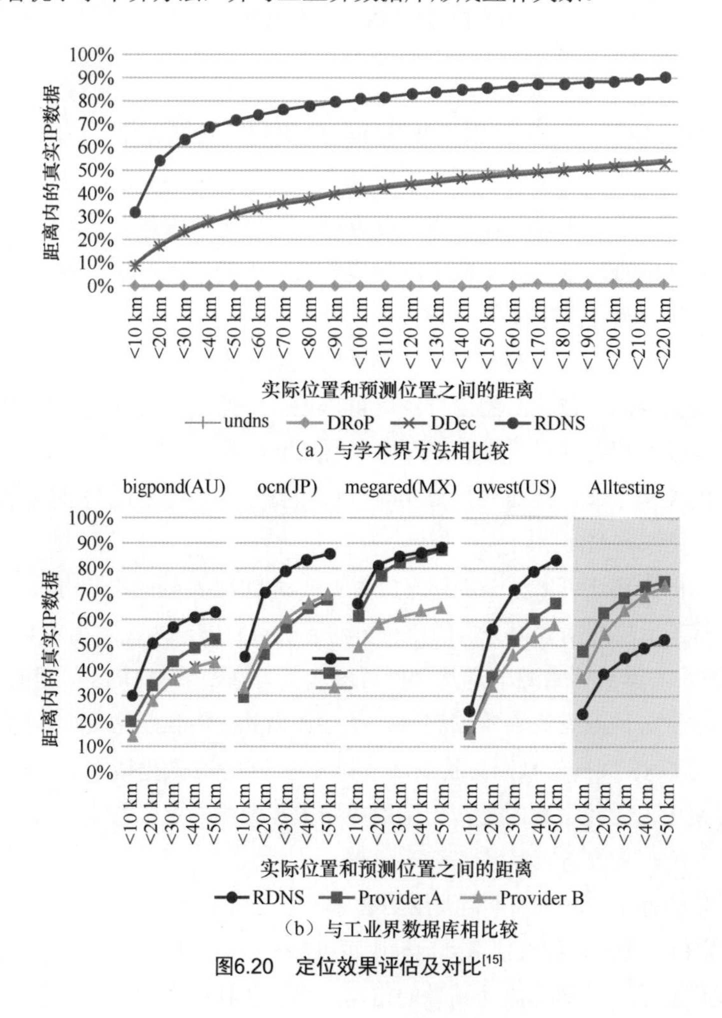

（a）与学术界方法相比较

（b）与工业界数据库相比较

图6.20　定位效果评估及对比[15]

基于被动DNS数据的推断方法是一个开源的定位方法，后续的工作都可以以此为基础展开。该方法主要是根据反向DNS数据，使用机器学习的方法来完成定位的，也是为数不多的同时比较了学术界方法和工业界数据库的定位方法。

（2）基于BGP/AS数据的定位方法。

基于BGP/AS数据的定位方法主要是通过查询公开的BGP或者AS数据库来完成IP地理定位的。IP地址管理机构在分配IP地址时通常会将地址块所有者的信息记录在数据库中，用于路由宣告和管理等。这一类数据往往比较容易获取，而且开源的数据居多。另外，BGP、AS数据库大都包含地理位置信息，所以分析起来比较简单、直接。

当然，这类方法也存在不少问题。首先，Whois等数据库中存储的通常都是地址块或者前缀的信息，这对定位来说粒度过大，而且域名注册的很多信息是不完整的，定位精度很难达到要求，需要后续更多细化工作才能应用。其次，基于BGP/AS数据的定位方法在时效性上存在很大的问题，因为这些数据库中记录的信息很多都是在地址申请时或变更时产生的，无法跟上IP地址的动态变化。最后，基于BGP/AS数据的定位方法无法给出定位的误差范围，这给定位评估带来了困难。

基于Whois的地理定位（Whois-Based Geolocation，WBG）方法提出了一种基于IP地址信息的互联网主机地理定位策略[16]，解决了定位准确度、域名注册不完整等问题，并采用启发式方法改进结果。研究人员对WBG的准确性和完整性进行了详细的分析，验证了WBG的有效性。

WBG定位时主要有以下4个步骤。

a．对于任何给定的IP地址，WBG首先通过查询本地创建的缓存查找Whois服务器。如果这个IP地址的条目定位失败，WBG就会使用实时的在线Whois查询来搜索它。

b．如果发出的Whois查询没有返回有效的地理位置信息，WBG尝试查找与目标IP地址对应的ASN信息。如果发现该ASN信息，WBG则使用CAIDA数据库查找获得的ASN，从而获得在该ASN上注册的地理位置信息。

c．如果CAIDA数据库搜索失败，WBG将使用ASN信息作为搜索关键字，通过发出新的Whois查询来搜索位置信息。

d．当上述步骤都不成功时，WBG将IP地址标记为位置未知。

如图6.21所示，WBG的准确性比IP2Location好，IP2Location虽然在国家级的精度上略高于WBG，但是在更高的精度范围内，WBG的效果明显要好。

WBG主要是想论证地理定位策略需要使用混合技术来提高其准确性、完整性和位置估计的粒度。WBG主要有3个方面的贡献。首先，对地理定位策略进行了简单的分类。其次，对一种新的地理定位策略WBG进行了描述和评价。WBG综合采用了Whois服务、CAIDA ASN数据库、基于ICMP的路由跟踪工具traceroute，并取得了良好的效果。最后，在一个实际的PoP-PE数据库中进行了初步的案例研究，从实际应用的角度证明了WBG的可用性。

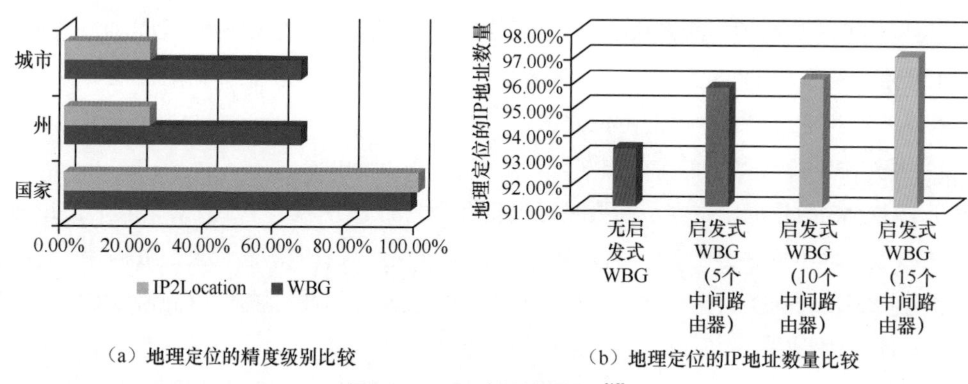

（a）地理定位的精度级别比较 （b）地理定位的IP地址数量比较

图6.21 WBG定位效果评估[16]

（3）基于上层应用数据分析的定位方法。

基于上层应用数据分析的定位方法是被动定位方法里面最常见的一种，数据的来源比主动的方法更丰富，且分析的方法基本都是根据数据的特点进行设计的。这类方法的优势在于精度能达到很高，定位的方法和传统的定位方法交集比较少，创新的程度比较高，因此能给 IP 地理定位技术的发展带来更多的机会和思路。但是问题在于这类定位方法对于上层应用的依赖比较大，所以可扩展性比较差，通用性也会受到一定的限制。

和上层应用关系密切的方法通常很难对传统的定位方法有反馈，但是可以指导新型定位方法的设计，甚至可以提出新的定位框架、定位评估体系。所以，基于上层应用数据分析的定位方法是非常有价值的。

① 使用查询日志来优化 IP 地理定位。Dan 等人使用查询日志来优化 IP 地理定位效果[17]，利用从搜索引擎日志中提取的实时全球定位数据生成一个大型 ground-truth 数据集，并据此评估和改进 IP 地理位置数据库。这个方法使用这些数据集测量了 3 个最先进的商业 IP 地理位置数据库的准确性。另外，还介绍了一种新的定位技术，通过从查询日志中挖掘显式位置来改进现有的地理位置数据库。

如图 6.22 所示，实验表明，使用该 IP 地理定位算法，在前 50 个国家中，有 44 ～ 49 个国家的定位准确率会得到显著提高。最后 Dan 等人通过大规模的实验验证了该方法的有效性，若干个用户指标都有一定程度的改进。

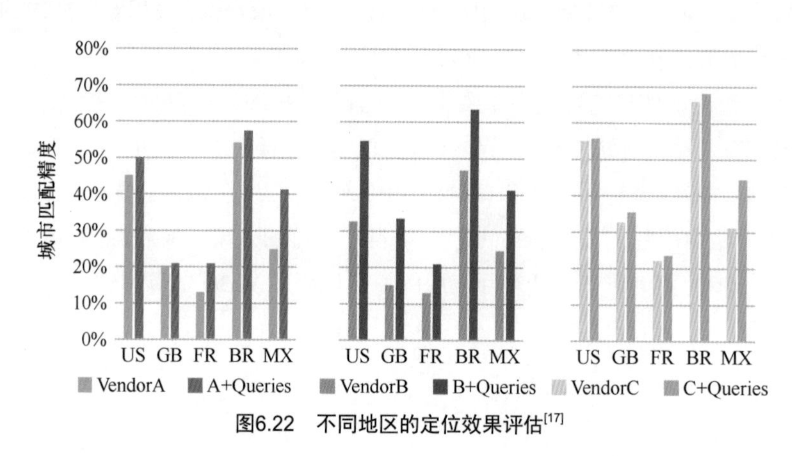

图6.22 不同地区的定位效果评估[17]

上述工作实际上分成两部分：一部分是对现有的 IP 地理定位数据库进行评估；另一部分也是最重要的部分，是抓取搜索引擎上的日志用于改进现有定位数据库的精度。虽然这一工作不是一个独立的定位技术，其重点在于对定位数据集的优化，但是其对于应用层数据的使用思路还是比较新颖的，给后续的很多工作提供了一定的启示。

② 使用互联网通信属性来进行 IP 地理定位。这一工作研究了互联网通信特性对地理定位的影响，提出并讨论了依赖于地理方面的通信属性，如地理距离、源国家和目的国家之间的差异、国家人口密度和国家信息与通信技术（Information and Communication Technology，ICT）发展指数[18]。

这一工作使用了分布在欧洲各地的节点之间的大量数据，并在此基础上提出了一种算法，在划定的地理区域内进行最终的位置估计。该方法使用国家人口密度进行目标地址在划定区域内的位置选择，首先确定了划定区域的中心点，然后从地标列表中找到离目标最近的地标（以测得的最低延迟为准）。如果该地标在划定的区域内，我们假定目标和地标属于同一个国家，并将目标的人口密度作为地标的存储值。接下来，根据所选择的阈值来检查所识别的目标的人口密度。最终得到的最佳结果是阈值等于 130 人每平方千米。如果目标的人口密度小于阈值，就将目标的位置设定为最低延迟的地标的位置。如果密度大于阈值，就使用划定区域的中心点作为目标的位置。

如果最低延迟的地标不在划定区域范围内，就不能假设目标的人口密度。因此，可以将目标的位置从中心点向确定的地标移动（移位的距离由划定区域的边界给出），并将目标的位置设定为由区域中心点到地标的方向划定的边界点。

如表 6.3 所示，实验结果表明，与现有的定位方法相比，该方法能有效提高定位精度，中值误差低至 80 km。

表6.3 不同定位方法的估计误差

位置估计方法	中值误差/km
区域中心点	90
延迟最近的地标	94
延迟和密度最近的地标	80

这一工作的思路是非常新颖的，跳出了延迟、拓扑这些主流网络性能参数的框架，融合了国家差异、人口、ICT 指数等多种数据用于定位。虽然说这些因素会间接地影响网络的基础设施、性能等，但是还没有系统的工作对此进行研究。直接将这些数据运用到 IP 地理定位的框架下是比较有创新性的做法。从效果上看，该方法虽然没有其他方法那么精确，但是研究人员对于不同数据的分析非常深入，也可从另一个侧面反映出人口、ICT 指数等对于 IP 地理定位精度的影响。

③ 基于在线二手市场众包的 IP 地理定位方法。这是韩国学者 Mun 等人开展的一项工作，Mun 等人强调，IP 地理位置数据库为每个 IP 地址块提供位置信息，虽然免费和商业性的 IP 地理位置数据库是可用的，但是对除了美国以外的其他国家来说，这些定位数据库的准确性和覆

盖范围并不清楚[1]。为了在韩国提供更广泛和更准确的IP地理定位服务，Mun等人提出了该定位方法。

Mun等人通过分析在线二手商品交易市场Ruliweb的信息，提出了一种众包IP地理位置数据库的建立方法[19]。该方法具体的定位流程如图6.23所示。首先，从Ruliweb中爬取HTML文件并解析；其次，从HTML header和HTML body中抽取出IP地址以及其对应的位置信息并形成映射关系；最后，将提取出来的映射关系按照/26前缀分组，并过滤出占比较少的城市，最终得到IP地址前缀的位置。

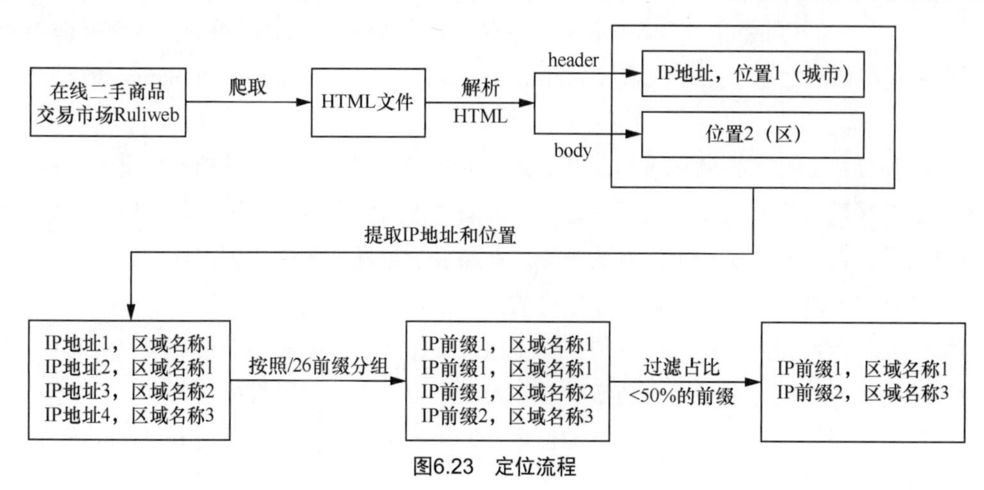

图6.23 定位流程

基于Ruliweb网站上29个月发布的195 937篇文章，构建了一个韩国IP地理位置数据库。该数据库可以达到地区级的精度，在准确性上优于商业服务，如图6.24所示。虽然不是每个在线网站都提供IP地址及其对应的地理位置信息，但是这个众包的方法对于互联网或移动服务中的IP地理位置数据库管理是有用的。

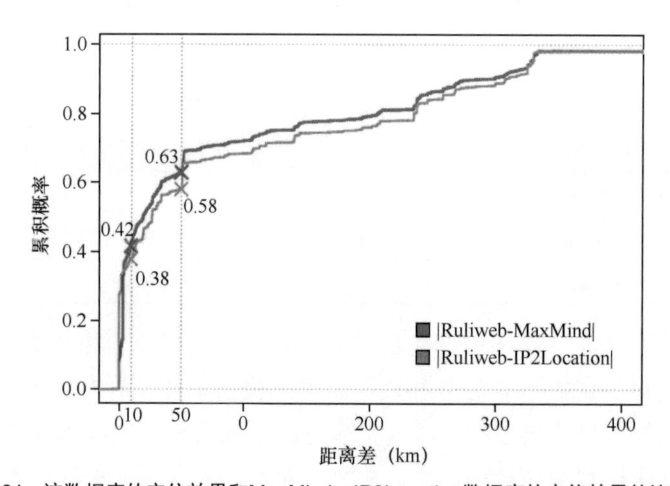

图6.24 该数据库的定位效果和MaxMind、IP2Location数据库的定位效果的比较[19]

④ 基于贝叶斯线性回归的IP地理定位方法：GeoBLR。GeoBLR是一种基于贝叶斯线性回归的动态IP地理定位方法，该方法利用了与现有方法截然不同的地理定位资源。GeoBLR利用用户愿意在位置共享服务中共享的位置数据来准确、实时地定位动态IP地址[20]。GeoBLR的定位流程如图6.25所示，首先，在预处理阶段，GeoBLR基于源IP地址来聚合不同设备的指纹信息，

1 韩国缺乏面向本地的定位精度较高的IP地理位置数据库。

并以此来整理出可用的IP地理定位地标，进而构建指纹数据库；然后，在校正阶段和定位阶段，通过分析指纹出现的频率等信息计算最合适的地标用于位置的推断。

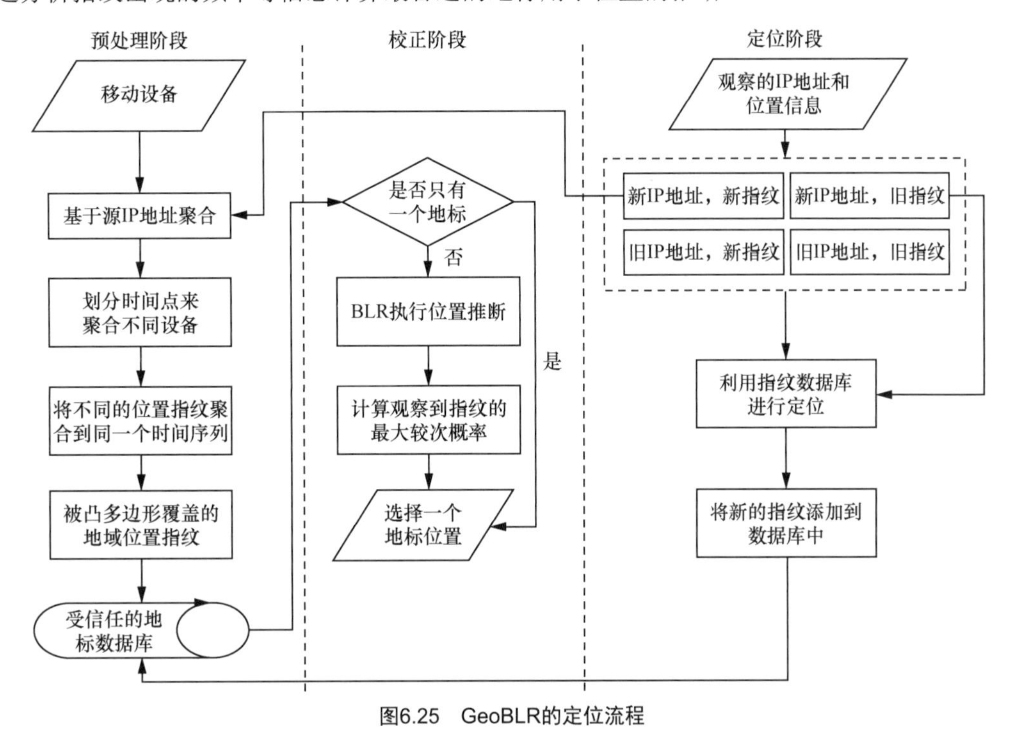

图6.25　GeoBLR的定位流程

如表6.4所示，实验结果表明，与现有的地理定位技术相比，GeoBLR在GeoCN2018数据集上的平均误差距离为233.47 m，在GeoCC2018数据集上的平均误差距离为311.94 m。从定位性能来看，GeoBLR的平均响应时间为270 ms，具有很高的应用价值。

表6.4　GeoBLR和不同定位算法、定位数据库的精度对比[20]

GeoCN2018	GeoBLR	uCheckin	GeoQL	IP2Location
平均误差距离/m	233.47	807.75	2689.31	19 611.48
中值误差距离/m	232	808	2690	19 688
最大误差距离/m	455	1750	5336	37 250
标准误差距离/m	80.47	282.71	884.55	6566.98
模式误差距离/m	230	871	1789	15 105
GeoCC2018	GeoBLR	uCheckin	GeoQL	IP2Location
平均误差距离/m	311.94	801.87	2701.61	16 828.46
中值误差距离/m	297	802	2726.5	16 788
平均误差距离/m	849	1592	5113	28 716
标准误差距离/m	179.92	237.68	893.87	3 843.54
模式误差距离/m	222	859	1839	18 825

GeoBLR的精度达到了百米的量级，从结果上看比以前的工作确有巨大的提升，但是GeoBLR很难推广到全球范围。GeoBLR对数据的依赖程度还是比较高的，因而该方法的价值更多的还是体现在思路上。从调研结果来看，GeoBLR确实是对应用层数据使用效果最好的工作之一，也确实达到了很高的精度；并且GeoBLR还考虑了定位请求的响应时间，因此在实际的生产生活中具有较大的现实意义，这一点是当前很多定位工作没有考虑的。

3. 主被动结合的方案

主被动结合的定位方案是一类比较综合的定位技术，本书之所以将其与主动定位方案、被动定位方案拆分开来分类讨论，是因为这类方法中通常包含多种动作，无法很好地区分是主动方案还是被动方案。另外，主被动结合的定位方案中通常同时包含主动方案和被动方案，因此把这些比较综合、复杂的定位方案归类到主被动结合的方案进行专门讨论更为方便和合理。

从多年的技术发展趋势来看，IP地理定位逐渐走向更加综合的方向，IP地理定位的框架也越来越丰富。因此主被动结合的方案逐渐成为IP地理定位的主流技术，相关的研究工作大幅增长。主被动结合的定位方案的优势比较明显，首先是定位的精度，由于综合了多种定位方案的思路，主被动结合的方案在精度上提升得非常明显；其次是定位的适用范围，主被动结合的方案的适用范围比传统的单一定位方案更广；最后是定位的稳健性，很多主被动结合的方案都形成了一个定位的系统或者在线的定位服务，因此稳健性更好，在设计之初就考虑了很多边界条件。

很多主被动结合的定位方案都把定位问题抽象化，使用到的技术也更多样化，因此这类定位方案的入门门槛比较高，需要掌握多领域的知识。另外，主被动结合的方案的实现成本也相对比较高，对数据、探测节点都有一定的要求。

下面，对现有的典型的主被动结合的定位技术进行详细介绍，并分析这些技术的特点以及对IP地理定位技术研究的作用与启示。

① 基于Web挖掘和推断的IP地理定位技术：Structon。Structon是2009年提出的一种IP地理定位技术，使用Web挖掘、推理以及IP traceroute来计算IP地址的地理位置，其定位准确性比现有的自动化定位方法更高[21]。

Structon通过3个步骤来实现。第一步，从Web页面中提取Web服务器IP地址的地理位置信息。第二步，设计一个启发式算法，使用这些Web服务器的IP地址及其地理位置作为输入，以提高IP地理位置数据库的准确性和覆盖率。第三步，对于前两个步骤中没有涉及的那些地址段，使用IP traceroute来标识这些段的接入路由器，当接入路由器的位置已知时，我们可以推断出相关段的位置，因为这些段通常与接入路由器位于同一位置。图6.26展示了Structon多阶段推理的定位计算流程。

通过挖掘2006年在中国收集的5亿个网页（占当时中国网页总数的11%），Structon能够确定1.03亿个IP地址的地理位置。这代表了2008年3月分配给中国的将近88%的IP地址。Structon在城市粒度上的准确率为87.4%，在省级粒度上的准确率高达93.5%。同时，Structon还使用了10天的Windows Live客户端日志来评估客户端IP地址的覆盖范围。实验结果表明，Structon识别了98.9%的客户IP地址的地理位置。

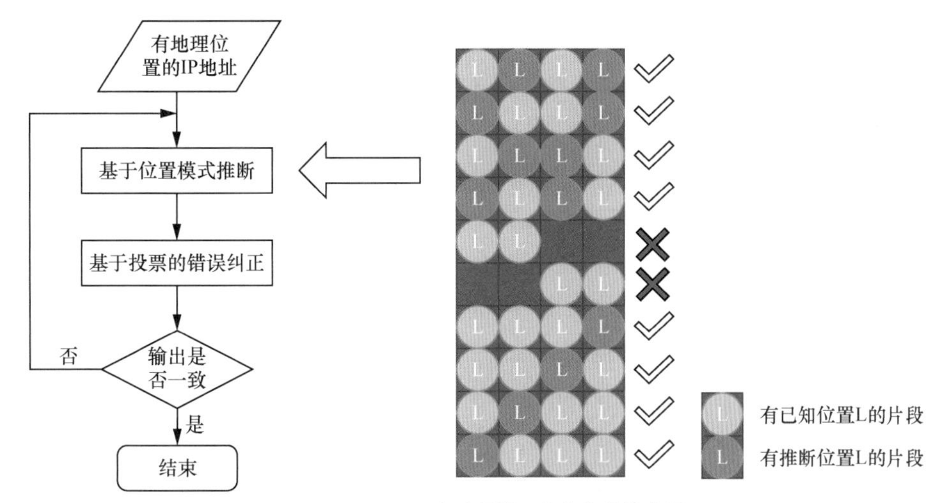

图6.26 Structon多阶段推理的定位计算流程

② 街道级 IP 地理定位技术：SLG。SLG 是 2011 年提出的一种地理定位方法，它从根本上升级了外部信息的使用方式，特别是针对许多实体（例如企业、大学、机构）在本地托管 Web 服务，并在 Web 站点上提供实际地理位置的情况 [11]。SLG 自动提取、验证、利用这些基于 Web 的信息，以达到较高的定位准确性。此外，SLG 还克服了在使用绝对延迟测量时遇到的许多不准确性。

SLG 定位的过程主要分成 3 步。

a．第一步主要是确定目标 IP 地址所在的粗粒度区域。SLG 使用多点定位和圆形约束（CBG 的一个变体）来粗略估计目标所在区域。

b．在第二步中，SLG 提出了一种基于 Web 的地标挖掘方法，通过网络数据挖掘获得更多粗粒度区域的地标，同时通过路径检测找出目标和地标最接近的公共路由器，进一步缩小目标 IP 地址可能所在的区域范围。此外，在第二步中，SLG 巧妙地利用了相对延迟的概念。具体来说，D_1 表示路由器 R_1 与地标 L_1 之间的延迟，D_2 表示路由器 R_1 和目标 T 之间的延迟，则 (D_1+D_2) 称为 L_1 和 T 之间的相对延迟。地标和目标之间的最小相对延迟被转换为距离约束，并且再次使用多点定位来进一步细化目标的位置。

c．最后一步的目标是完成目标 IP 地址的地理定位。SLG 再次增加地标的数量，选择延迟相对最小的地标作为目标的估计位置。在定位过程中，可以根据需要多次重复第二步的过程。

实验结果表明，该系统的 IP 地址定位精度比之前最好的系统提高了 50 倍，在相应的数据集上达到了 690m 的中值误差距离。

SLG 是 IP 地理定位领域非常经典的一个算法，地位和 CBG、TBG 等算法类似，是后面很多定位工作对比时经常出现的一个算法。和 CBG、TBG 等基于主动测量的定位技术相比，SLG 中运用了多种思路的特点，涉及了主动测量的技术，也使用了部分外围数据。实验表明，综合使用多种方法对于定位精度的提升是有很大裨益的，这也是近年来主被动结合的方案逐渐受欢迎的原因之一。

③ 基于增强学习分类器的 IP 地理定位算法。基于主动测量的方法由于存在测量误差，通常会产生错误的结果。而基于被动测量的方法通常受限于数据的来源和质量。因此，将这两种

方法结合起来可以有效地提升 IP 地理定位的精度。

Maziku 等人使用一种增强学习分类器的方法来估计互联网主机的地理位置，以提高精度[22]。这个方法扩展了现有的基于机器学习的方法，从网络测量中提取 6 个特征，包括平均时延、跳数、延迟模式、中位时延、时延标准差和人口密度，并实现了一个新的地标选择策略。这些增强能够减轻测量误差的问题，并减少估计主机位置时的平均误差距离。

定位的计算包括以下几个步骤：

a．根据地标的覆盖率和响应性这两个指标选取一组地标；

b．测量从每个地标到一组已知地理位置的节点跳数和延迟；

c．利用美国人口普查局数据库获得的人口密度信息作为首个特征，基于已有的机器学习地理定位方法，利用贝叶斯定理估计先验概率；

d．扩展特征选择，包括延迟测量的平均时延、跳数、延迟模式、中位时延、时延标准差；

e．进行密度估计，计算上述 6 个特征的一维分布；

f．找出 6 个特征的最优值，使训练集上的距离平方和误差最小；

g．估计每个地理位置未知的 IP 地址的位置；

h．执行 5 次交叉验证；

i．通过与 MaxMind 提供的 ground-truth 数据库比较，计算误差距离。

为了验证该方法的有效性，Maziku 等人使用已知地理位置的 PlanetLab 节点的 Ping 测量值来评估网络路由器的性能。实验结果表明，与之前的基于测量的方法相比，该方法将 IP 地理定位的精度提升到 100 英里，如表 6.5 所示。

表6.5 定位算法在不同区域的精度对比[22]

区域 距离/英里	东北部	中北部	西部	南部
平均误差距离	23.88	347.20	231.18	187.84
中值误差距离	0	290.72	53.65	95.08
最大误差距离	127.36	1270.74	882.06	706.01

④ 基于稳定地标神经网络的 IP 地理位置估计。以往基于观察网络时延与物理距离关系的方法在定位时往往不够准确；基于延迟相似度的方法虽然能取得更高的精度，但由于需要收集和维护目标附近大量地标节点的信息，效率较低。Jiang 等人提出的定位方法可维护一个稳定的覆盖目标区域的网络观察者和地标节点的集合[23]。观察者是网络探测节点，可以从它发出测量命令，如 Ping 和 traceroute。地标是一种观察者可以访问的节点，它的物理位置是已知的。通过从这些地标收集的测量结果，该方法训练一个两层的神经网络（如图 6.27 所示，其中 x_i 是神经网络的输入，z_i 是隐藏层的输出，y_i 表示神经网络的输出）

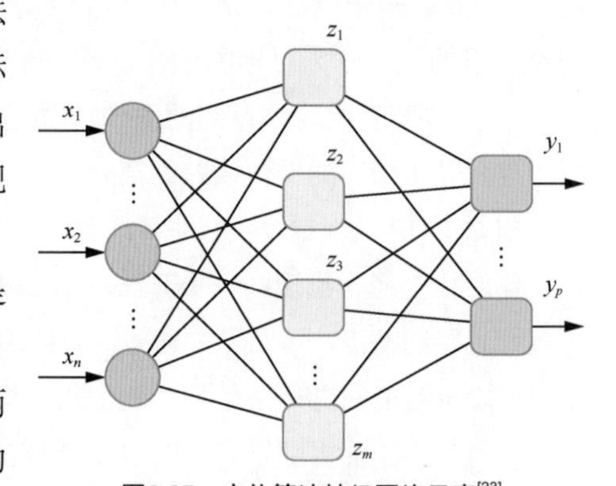

图6.27 定位算法神经网络示意[23]

来估计任意 IP 地址的地理位置。

实验表明，使用有限数量的地标就能获得与早期方法相似的高精度。更具体地说，在美国境内 1547 个地标的全部数据集（包含 RIPE Atlas、大学和城市这 3 个数据集，如图 6.28 所示）上，定位的中值误差为 4.1 km。在包含 100 多个地标的测试区域中，有一半的测试区域的中值误差为 3.7 km。

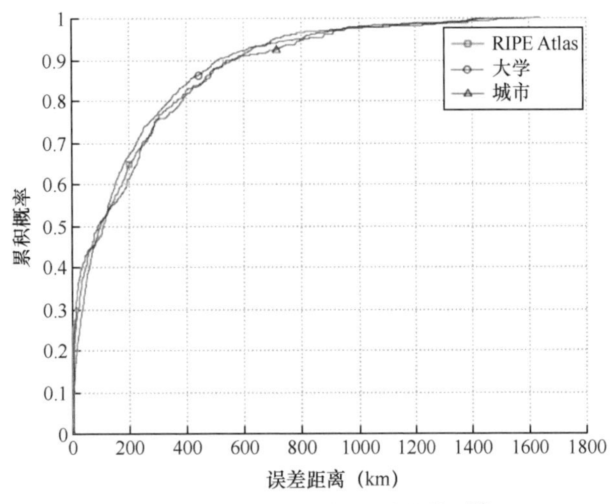

图6.28 在不同数据集上的定位效果[23]

⑤ 基于域名提示信息的地理定位框架 HLOC。对于结构化的互联网节点(如路由器)的定位，商业定位数据库受到低精度的限制，而基于测量的方法给用户带来了设置开销和可伸缩性问题。为了解决这些问题，Scheitle 等人提出了基于提示的地理定位（Hints-Based Geolocation，HLOC）框架[24]。

HLOC 框架是一个将商业地理定位数据库的简单性和规模化与基于延迟测量的方法的准确性相结合的框架，其基本思想是利用在路由器 DNS 名称中经常观察到的位置提示信息（hints），由于这些提示可能不正确或模棱两可，因此 HLOC 通过延迟测量来确认这些提示的有效性。HLOC 由 5 个模块组成：解析代码、预处理域、在域中搜寻代码、测量到线索的延迟、验证线索。图 6.29 显示了这些模块及其接口。HLOC 首先从 rDNS 名称中提取位置线索，然后进行多层时延测量。通过使用公开可用的大规模测量框架（如 RIPE Atlas），配置复杂性被最小化。使用这种测量方法，可以确认或反驳在域名中发现的位置提示。Scheitle 等人公开发布了 HLOC 源码，使研究人员能够提高地理位置的准确性、减少定位计算的开销。Scheitle 等人在 140 万个 IPv4 路由器和 18.3 万个 IPv6 路由器的综合路由器数据集上评估了 HLOC，结果表明，HLOC 在定位效果上有较大的提升。HLOC 是一个非常全面的定位系统，定位的目标是路由器。路由器的定位一直是一个挑战，很多的研究都受限于路由器定位的不精确，因而 Scheitle 等人的切入点是非常好的。HLOC 中使用了主动测量和外围数据分析以及其他的位置线索推断，是一项非常综合的工作。

⑥ 基于标识路由器和本地延迟分布相似度的 IP 地理定位。现有的基于时延测量的 IP 地理

定位方法不适用于拓扑结构分层、连通性较弱的网络，在路由器匿名的情况下，经典的街道级地理定位方法 SLG 的精度会大幅下降。Zhao 等人提出了基于标识路由器和本地延迟分布相似度的 IP 地理定位方法[25]。

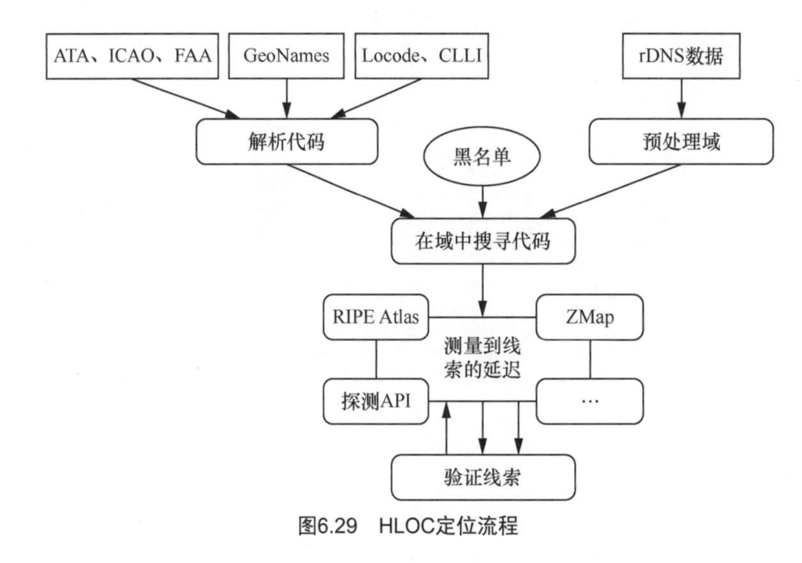

图6.29 HLOC定位流程

该定位方法的输入为目标 IP 地址、地标、候选城市，输出为目标 IP 地址的街道级地理位置，包含标识路由器发现、局部延迟分布获取和相似度计算等关键步骤，其定位计算方法如图 6.30 所示，具体如下。

a．候选城市的所有地标的拓扑发现。使用 traceroute 工具从多个探测主机获取位于候选城市的所有地标（记为地标集合 1）和目标的路由路径。然后，我们可以得到地标集合 1 中地标的拓扑结构。

b．标识路由器发现。通过检查地标的路由路径，可以通过特定算法找出仅将数据包转发到一个城市的路由器的 IP 地址。我们将这些路由器称为标识路由器，将这些 IP 地址视为该城市的标识 IP 地址。在这一步中，每个候选城市可以确定其唯一的标识路由器。

c．路由路径匹配和城市判别。将步骤 a 中收集到的目标 IP 地址的路由路径与所有候选城市的标识 IP 地址进行匹配。如果目标的路由路径中包含标识 IP 地址，则将该 IP 地址对应的城市作为目标的城市级地理定位结果。

d．城市内的拓扑发现。再次使用 traceroute 工具获取位于步骤 c 中确定的城市，即目标所在城市的所有地标（记为地标集合 2）的路由路径。然后，筛选并保留通过最接近的公共路由器连接到目标的地标，并将这些地标表示为地标集合 3。

e．局部延迟分布获取。地标集合 3 中目标和地标的局部延迟是通过测量和计算得到的，通过对数据进行统计分析得到地标集合 3 中目标和地标的局部延迟分布。

f．相似度计算。使用相对熵评估两个分布之间的相似性。计算目标和地标集合 3 中每个地标的局部延迟分布的相对熵，将与目标的局部延迟分布最相似的地标的位置作为街道级定位结果。

理论分析和实验结果表明，该方法能够在层次结构的网络中为目标 IP 地址提供可靠的城市级地理定位结果。如图 6.31 所示，在普通路由器匿名的情况下，与经典 SLG 方法相比，定位精度得到了明显提高。

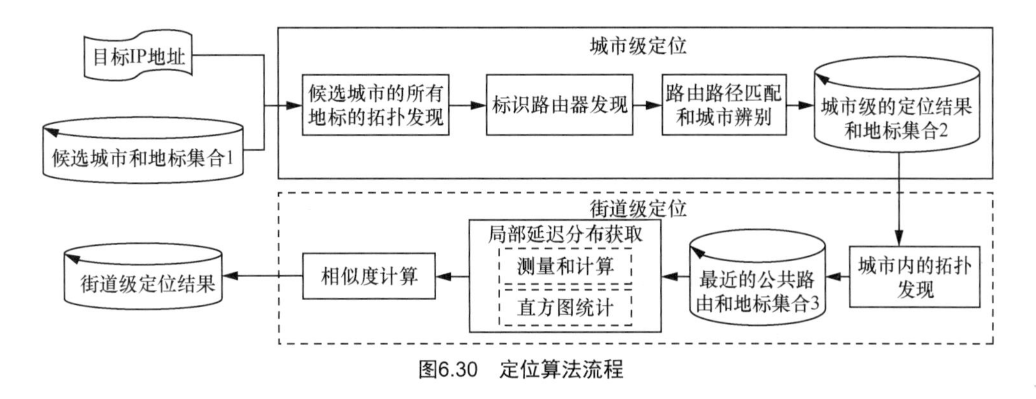

图6.30 定位算法流程

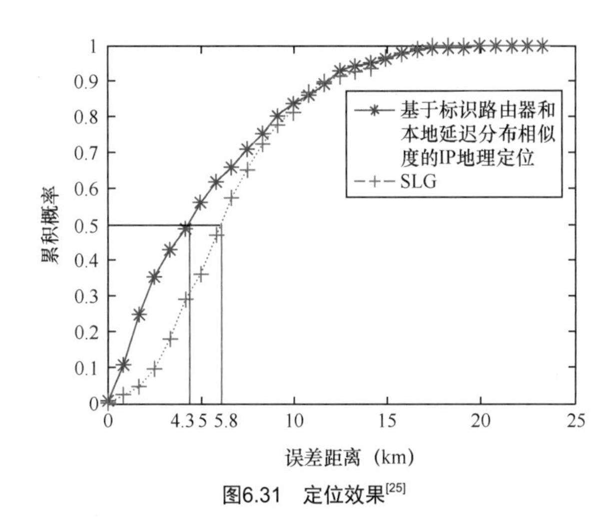

图6.31 定位效果[25]

Zhao 等人的工作综合考虑了延迟和拓扑相关的信息，对 SLG 进行了提升，从整体流程上看该工作从城市级进一步精确到街道级，很多核心思想都和 CBG 这些传统方法比较接近，整体来看是具有启发性的工作。

⑦ RIPE IPmap 的单半径引擎定位技术。RIPE IPmap 是一个由 RIPE NCC 运营的多引擎地理定位平台，单半径方法是其中一个引擎。在文献 [26] 中，Du 等人主要对 IPmap 单半径引擎进行了介绍和评估。

对于每一个地理定位请求，单半径方法的计算过程包括 4 个步骤。

a．使用 RIPE RIS BGP 数据，将目标 IP 地址映射到宣布该地址所属前缀的 AS。找到一组在拓扑上接近目标 IP 地址的 RIPE Atlas 探针。从选定的探针执行一个 Ping 测量，向用户返回估计的测量持续时间。

b．收集所有产生的 RTT，超过 10 ms 的丢弃，将剩余的 RTT 转换为单向延迟（选取 RTT/2 作为延迟）。

c．选择延迟最小的探针 p，使用距离延迟系数（2/3 光速）将其转换为距离 d。

d．以 p 的位置为圆心，半径为 d 构建圆 C。根据 p 和城市之间的最短距离，使用 RIPE Worlds 数据库选择离 p 最近的 100 个城市。只选择 C 内的城市，因此较低的延迟产生较少的城市。最后对城市进行排序，并将排名最高的城市返回给用户。

如图 6.32 所示，实验发现，在 ground-truth 数据集上，80.3% 的单半径结果具有城市级的准确性，而在同一路由器上定位不同接口时，87.0% 的结果具有城市级的一致性。在包含 26 559 个核心基础设施 IP 地址的覆盖评估数据集中，单半径方法可以为其中 78.5% 的地址提供地理位置推断。

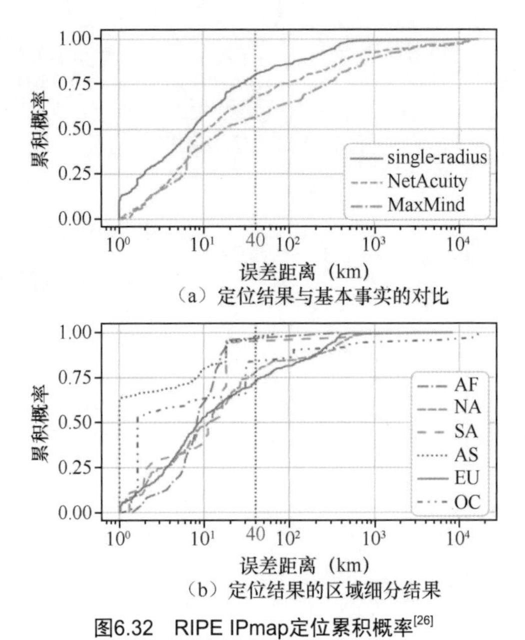

（a）定位结果与基本事实的对比

（b）定位结果的区域细分结果

图6.32 RIPE IPmap定位累积概率[26]

⑧ 基于延迟 - 距离相关性和多层共同路由器的定位方法：Corr-SLG。现有的 IP 地理定位方法的两个关键假设是：最小的相对延迟来自最近的主机；共用最近的相同路由器的主机之间的距离小于其他主机。然而，在弱连接网络中，这两个假设并不总是正确的，这可能会影响定位精度。因此，Ding 等人提出了一种基于延迟 - 距离相关性和多层公共路由器的街道级 IP 地理定位算法 Corr-SLG[27]。

Corr-SLG 的第一个关键思想是根据相对延迟 - 距离相关性对地标进行分组，Corr-SLG 方法与以往的方法不同。对于强负相关的组，Corr-SLG 基于最大相对延迟对主机进行地理定位。第二个关键思想是将共享多层公共路由器的地标引入地理定位过程中，而不是仅仅依赖于最近的公共路由器。此外，为了增加地标的数量，Corr-SLG 还提出了一种新的街道级地标收集方法，即 Wi-Fi 地标。

在中国郑州市进行的实验表明，Corr-SLG 能够显著提高真实网络中的地理定位精度，Corr-SLG 可以将街道级 IP 地理定位的准确率提高约 38.59%。定位的效果如图 6.33 所示。

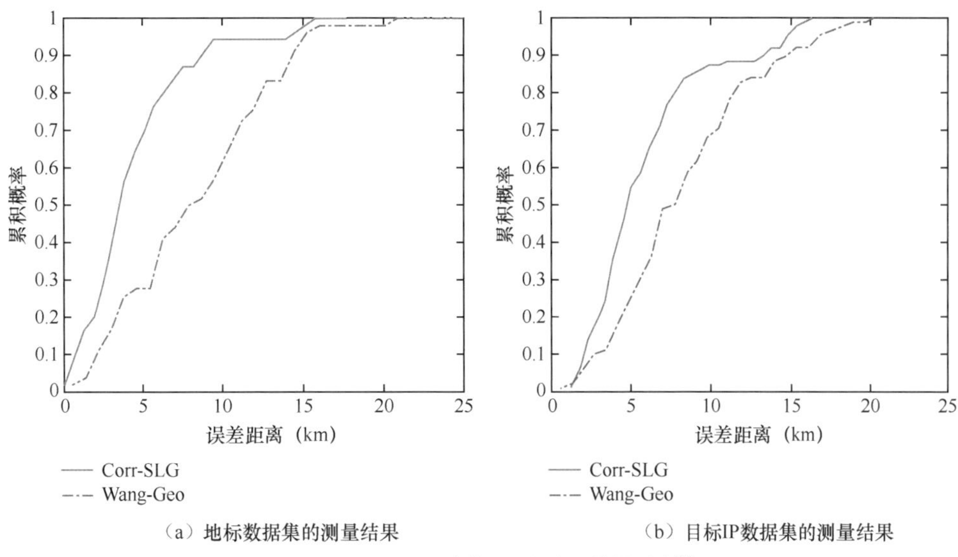

（a）地标数据集的测量结果　（b）目标IP数据集的测量结果

图6.33 Corr-SLG定位累积概率及效果对比[27]

6.3 IP地理定位地标挖掘与评估

在 6.2 节我们提到，基于主动测量的定位技术通常会用到地标，地标能帮助完成地理位置的计算或者提供必要的辅助信息。通常来说，地标的质量会直接影响 IP 地理定位的精度和效率。例如，如果我们能获取街道级的地标，那么定位的精度也能达到街道级。反之，如果地标只有国家级的精度，定位的精度则很难达到街道级。因此，本节讨论 IP 地理定位地标挖掘与评估相关的研究工作。

由于互联网中的任意一台已知位置的主机都可以当作 IP 地理定位的地标使用，所以 IP 地理定位地标的挖掘方法非常丰富。虽然 IP 地理定位的地标与 IP 地理定位技术的关系很密切，但是 IP 地理定位地标的挖掘与评估是一个相对独立的研究领域。近年来有很多工作将地标挖掘和 IP 地理定位放在同一个框架下进行研究，这类工作我们将在 6.6 节进行讨论。

值得注意的是，IP 地理定位技术质量的评估和 IP 地理定位地标质量的评估不是一套体系。IP 地理定位技术的质量通常是从精度、适用范围、可扩展性、网络负载及开销等几个角度来评估的；而 IP 地理定位地标的质量通常是从数量、覆盖度、稳定性、可扩展性等几个角度来评估的。虽然当前学术界还没有一套用于评估 IP 地理定位地标质量的体系，但是大部分的工作无非都是围绕这几个方面进行论述的。当然，IP 地理定位地标质量的评估也是未来的研究方向之一，可以对地标挖掘方法的设计甚至 IP 地理定位算法的设计提供一定的帮助。

IP 地理定位地标挖掘的方法多种多样，且大部分和测绘的关系不是很明确，因此我们在本节选取了几个和测绘关系密切的工作展开介绍，并分析其对 IP 地理定位的影响。

1. 一种基于互联网论坛的城市级地标挖掘算法

网络实体地标的密度和准确性是 IP 地理定位的重要基础。现有地标挖掘方法主要存在挖掘出的地标数量有限和可靠性低两大问题。由于互联网论坛包含大量用户 IP 地址，且部分论坛用户位置相对集中（如百度贴吧的某大学论坛），通过这些区域性强的论坛可以挖掘这些用户 IP 地址作为网络实体地标[28]。

基于上述思想，Zhu 等人提出了一种基于互联网论坛的城市级地标挖掘算法。首先，分析了基于 Web 的地标挖掘方法的基本原理和存在的缺陷。然后根据论坛中存在的大量用户 IP 地址，给出了一种基于论坛的网络实体地标挖掘技术框架。接下来，对框架的两个主要部分，包括地标提取算法和地标评价算法，分别描述互联网论坛的选择策略、IP 地址提取、IP 地址筛选等主要处理步骤。Zhu 等人对经典的网络实体地理定位算法 GeoTrack 进行了改进，并用于评估候选地标。最后，从论坛选择策略和基于论坛的地标挖掘算法两个方面研究了框架和算法的可行性。整体流程如图 6.34 所示。

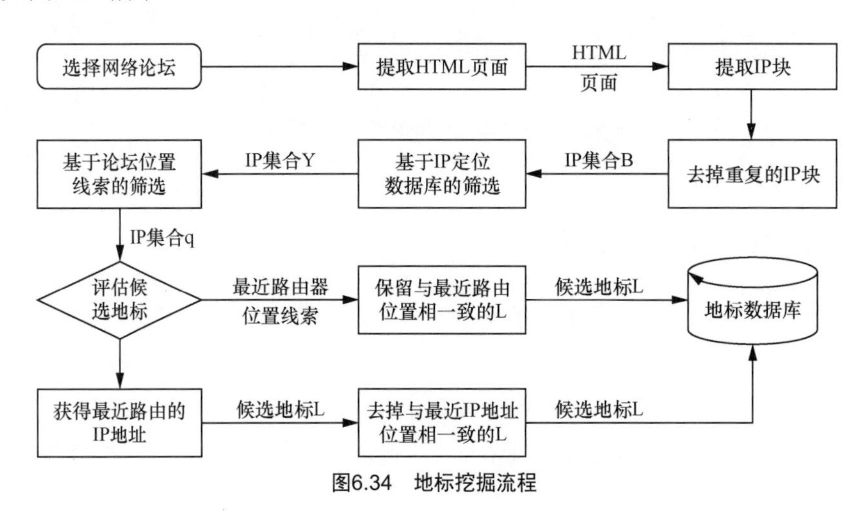

图6.34　地标挖掘流程

基于 3 个城市的 3 种类型共 27 个互联网论坛的实验结果表明，与经典的基于 Web 的地标挖掘方法相比，该算法不仅能够挖掘出大量的城市地标，而且明显提高了城市网络实体的地理定位精度。

虽然上述工作的重点是 IP 地理定位地标挖掘和评估，但是最终的落脚点还是回到了 IP 地理定位的精度提升上，从地标的角度论证了地标对于 IP 地理定位的重要性。该工作验证了地标的优化能对同样的 IP 地理定位算法的精度有比较大的提升。

2. 一种基于路由器识别和时延测量的地标评估算法

城市级地标是实现城市级以及更高精度的 IP 地理定位的重要基础。网络发达地区的路由器主机名往往包含地理位置信息，这一特点可用于挖掘丰富的地标。

Ma 等人提出了一种基于路由器识别的城市地标评估算法[29]。首先，利用探测获得大量的网络拓扑信息，建立路由器主机名匹配规则；其次，利用匹配规则提取路由器主机名，通过建立的地理位置字典查询路由器所对应的地理位置，并且保留探测路径中能够获得城市级位置的最近路由器；最后，根据网络实体之间的物理距离小于延迟转换距离的规则，对候选地标进行评估。详细的地标评估算法流程如图 6.35 所示。

实验结果表明，该地标评估算法能够有效地评估和提升地标的可靠性。在美国的 4 个城市

8000 个网络地标的实验结果中，与典型的基于数据库查询的地标获取方法相比，城市级地标的定位准确率分别提高了 4.40%、6.85%、4.35% 和 7.05%，如图 6.36 所示。

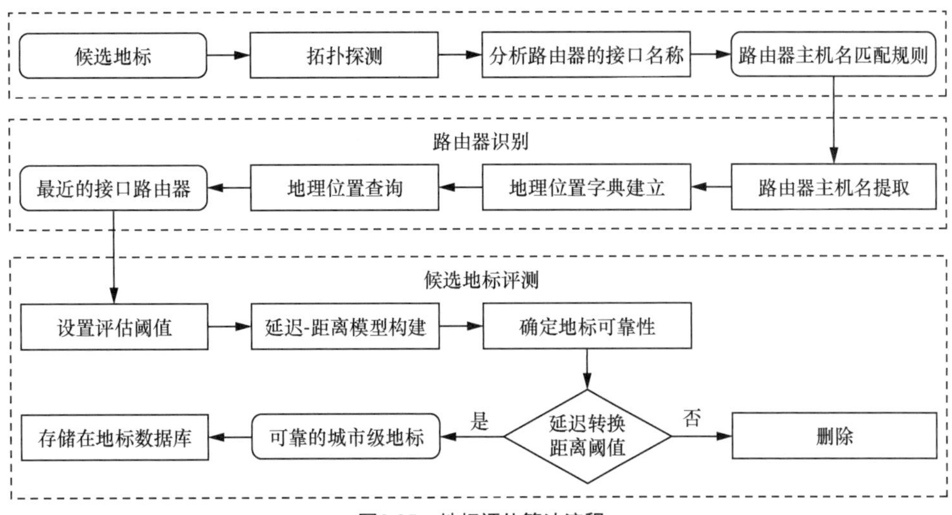

图6.35 地标评估算法流程

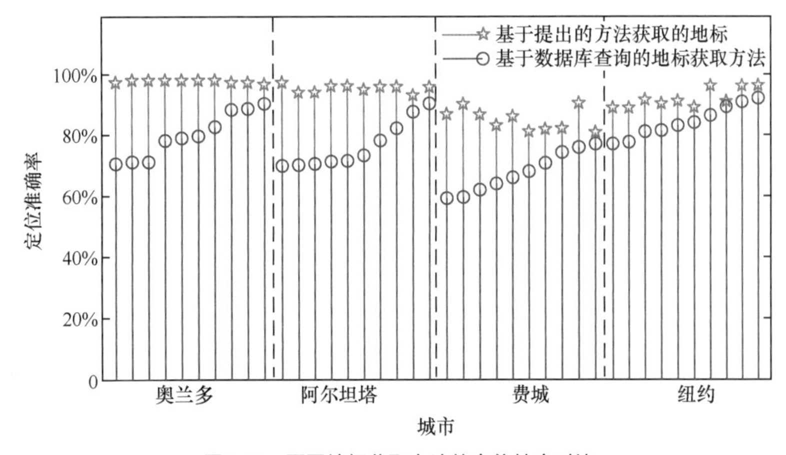

图6.36 不同地标获取方法的定位精度对比

3. LandmarkMiner

高可信度网络地标是 IP 地理定位的基础。然而，现有的地标收集方法存在时间成本高、地标数量不足等缺点，这会对 IP 地理定位算法的精度和效率产生比较大的影响。

LandmarkMiner 是一种基于服务识别和域名关联的街道级网络地标挖掘方法 [30]。首先，LandmarkMiner 从 URL 中提取域名，获取 IP 地址及其托管服务类型。其次，LandmarkMiner 对已知主机服务类型的 IP 地址的开放端口、操作系统等属性进行扫描，并从扫描结果中提取服务特征。LandmarkMiner 利用上述特征对分类器进行训练，并使用经过训练的分类器识别目标 IP 地址的托管服务类型。接下来，通过 DNS 反查目标 IP 地址的域名，并建立目标 IP 地址到域名的对应关系。然后，根据机构名称与其已知域名的统计关系，从之前未知域名的机构名称中推断出可能的机构域名，并建立机构名称与可能的域名相关联的关系数据库。最后，在数据库和在线地图中匹配分类后具有特定托管服务的目标 IP 地址的域名可能对应的机构名称，通过将 IP

地址与机构的地理位置关联就可以获得新的地标。

LandmarkMiner 已经从 18 个城市的 3.04 亿个 IP 地址中挖掘出 9423 个可靠的街道地标。与现有方法相比，LandmarkMiner 显著增加了可靠的街道级地标数量，并且可以应用于不同的网络连接条件。

6.4 IP地理定位方法评估

在前文，我们较系统地介绍了 IP 地理定位技术研究相关的内容，IP 地理定位技术是 IP 地理定位领域的研究重点。但是有了丰富的 IP 地理定位技术后，我们还需要对这些方案进行全方位的评估，包括定位精度、适用范围、稳健性、定位效率等。更进一步地，当我们从不同的角度了解了各种定位方法以后，可以分析出不同的定位方法存在的问题以及影响这些定位方法精度的因素。这些分析得到的结论可以用于指导新的定位方法的设计以及优化现有的 IP 地理定位方法，从而获得定位精度更高、适用范围更广、稳健性更强、定位效率更高的定位方法。因此，IP 地理定位方法评估是对 IP 地理定位方法的一个补充。

本节首先对 IP 地理定位技术工作进行测量，分析不同 IP 地理定位方法的优势与不足。其次，我们会从一些文献入手介绍影响 IP 地理定位精度的因素。

6.4.1 IP地理定位技术测量

IP 地理定位技术测量是指对现有的一些 IP 地理定位方法，如 IP 地理定位算法、IP 地理定位商用数据库、IP 地理定位在线服务等进行测量，进而分析不同方案的定位精度、适用范围、稳健性、定位效率等。定位精度是大部分工作关注的重点，也是衡量 IP 地理定位方法优劣的最直观的指标。IP 地理定位技术的精度波动非常大，从数米到数千千米不等，也有学者以此为依据将 IP 地理定位技术分类成不同精度，如楼宇级、街道级、城市级、国家级、大洲级的定位方法。但是，直接横向对比不同 IP 地理定位算法的定位精度其实是不公平的，因为不同的定位方法在设计的时候往往都和特定地区是绑定的，是根据某个地区的网络拓扑、网络质量来设计的。因此，简单的横向对比没有太大意义。所以，除了定位精度，还应关注 IP 地理定位算法的适用范围。这里的适用范围指的是发挥 IP 地理定位算法最大优势的范围。理论上说，任何一种定位算法都可以给出任何一个 IP 地址的地理坐标，但是只有部分 IP 地址的定位精度才能发挥这个定位算法的优势。换句话说，只有部分 IP 地址的定位精度才是有保障的，所以给出一种方法来评估不同定位方法的适用范围也是 IP 地理定位方法测量中非常重要的研究内容。IP 地理定位算法设计的目标很多都是部署到生产场景中，因而算法的稳健性也很重要。如果定位方法没有考虑异常情况和网络的变化，就很容易被干扰，影响定位效果甚至停止运行。最后，IP 地理定位方法的时间开销和资源依赖等也是非常重要的一个方面，有时候能直接决定定位的方案是否能够上线使用。

下面，我们对 IP 地理定位技术测量的相关工作进行详细介绍。

1. Web 客户端视角下的 IP 地理定位精度评估

在实践中，IP 地理定位通常依赖于包含地址或地址前缀的地理信息数据库。先前的研究通过使用一组已知或估计位置的地址来评估这些数据库的准确性，并将它们与数据库报告的位置进行比较。

（1）评估方法。

这个工作从 Web 客户端的角度，通过利用嵌入在非标准 HTTP 响应头和未加密的 HTTP cookie 中的地理位置信息，来研究 IP 地址的地理位置准确性[31]。确定了 10 476 个网站和内容提供商，这些站点在 HTTP 响应中包含地理信息。从分布在 6 大洲和 60 个国家的 113 个客户端向这些站点发起 HTTP 请求，并使用一系列手动制作的正则表达式从响应中提取可用的地理信息。

（2）评估结果及评述。

实验发现，90% 以上的答复都包含客户的位置，大约 75% 的响应只包括国家名称或代码，其余的答复包括一些地理信息的组合，如大洲、国家、城市、邮编、地区和坐标。在最粗粒度的地理范围（洲）中精度最高，而在较细的范围中精度最低，但无论请求从哪个大洲或国家发出，精度在各探测点之间差别很大。

2. IP 地理定位数据库可靠性比较研究

IP 地理定位最广泛使用的技术是建立一个数据库来保持 IP 地址和地理位置之间的映射关系。目前，有若干较为知名的 IP 地理定位数据库可供网站、应用和用户使用。然而，地理定位数据库远没有它们声称的那么可靠。

（1）评估方法及结果。

这个工作比较了几种当前的地理位置数据库，包括商业的和免费的，并说明了这些数据库在可用性方面的局限性[32]。

第一，数据库中的绝大多数表项只涉及少数网络较发达的国家或地区（如美国），这造成了各国在数据库中所占比例的不平衡。第二，这些表项不反映 IP 地址块的原始分配，也不反映 BGP 的公告。此外，Poese 等人以 ground-truth 信息为基础，量化了一个大型欧洲 ISP 的地理位置数据库的准确性，证明了数据库条目粒度过细会使准确性更差，因而不是粒度越细越好。地理定位数据库可以达到国家级的准确性，但肯定尚未达到城市级。

（2）评述。

这个工作对比的 IP 地理定位数据库主要是 InfoDB、MaxMind 和 IP2Location，这几个数据库的使用范围还是比较广泛的。实验验证了常用的 IP 地理定位数据库并不一定可靠，并且将 IP 地址划分为更小的块来定位反而会降低定位的精度。这个发现对之前形成的固定认知产生了一定的冲击，因此定位服务不能完全依赖于某个定位数据库，不同的定位数据库在不同的地区表现差异很大。同时，现有定位数据库的精度也未必能满足实际使用的需求。

3. 在公开和商用数据库中观察路由器定位

互联网测量研究经常需要将基础设施（如路由器）映射到其物理位置。虽然公共和商业的地理定位服务也经常用于完成基础设施的定位，但它们应用于网络基础设施时的准确性尚未得到充分的评估。之前的工作主要是评估地理位置数据库的总体精度。

这项工作评估了通过公开和商业数据库来定位路由器的可靠性[33]。这项工作将 CAIDA Ark 数据集提取的约 164 万个路由器接口 IP 地址数据集，用于检查国家和城市级别的覆盖范围与流行的公开和商业地理位置数据库的一致性。同时还创建并提供了一个包含 16 586 个路由器接口 IP 地址及其城市级位置的 ground-truth 数据集，并使用该数据集评估数据库的准确性和进行区域故障分析。实验结果表明，数据库用于定位路由器是不可靠的，并且在城市级和国家级的精度上还有一定的提升空间。上述研究结果向研究人员提出了一套关于使用地理位置数据库来定位路由器的建议。

4. 基于 GPS 的 IP 地理定位评估

Saxon 等人[34]使用两组来自智能手机的商业 IP 地址数据集，通过 GPS 进行地理定位，用于描述来自移动和宽带 ISP 的 IP 地址子网的地理特征。基于 GPS 定位 IP 地址的数据集为 IP 地理定位提供了最高的精度，从而为了解现有地理位置数据库的准确性以及 IP 地址的其他属性（如移动性和流失率）提供了一个前所未有的机会。针对美国的大城市，在评估现有地理位置数据库的准确性后，Saxon 等人分析了 IP 地理位置数据库在哪些情况下可能更加准确。如图 6.37 所示，实验结果发现，地理定位数据库在固网上比移动网络更精确，校园网的 IP 地址比消费者网络或者商业网络更准确，付费版本的数据库并不比免费版本更准确。这个评估研究了与固网相关联的子网改变地理位置的速度，以及住宅宽带 ISP 用户保留单个 IP 地址的时间。结果发现，尽管不同的 ISP 之间的稳定性存在差异，通常情况下大多数 IP 地址在分配后的两个月内是稳定的。最后，Saxon 等人评估了现有的 IP 地理位置数据库的适用性，了解了特定地域和人口中的互联网接入和性能，虽然在某些情况下，IP 地理定位的中位数精度优于 3 km，但是依靠 IP 地理定位数据库来了解城市等人口稠密地区的互联网接入情况还为时过早。

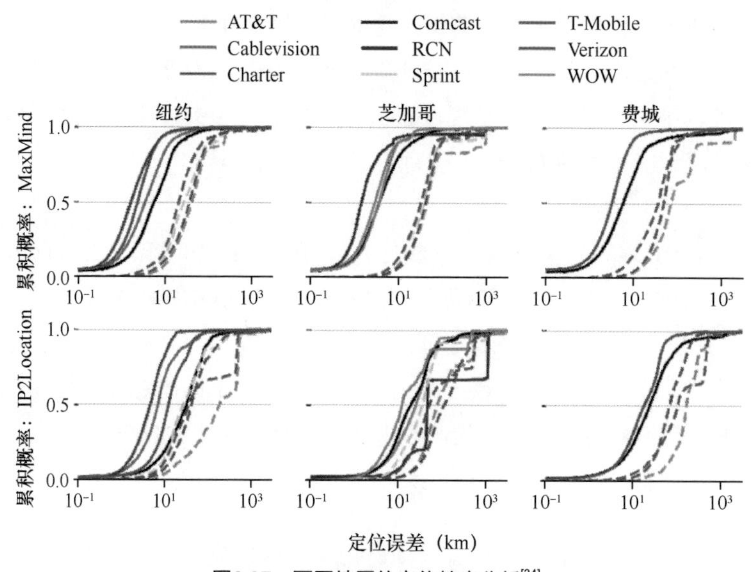

图6.37　不同地区的定位精度分析[34]

6.4.2 影响IP地理定位精度的因素

在简述了 IP 地理定位方法之后，我们对影响 IP 地理定位精度的因素进行分析。由于 IP 地理定位技术比较丰富，因此影响 IP 地理定位精度的因素也比较多。从测量的角度来说，基于延迟测量的定位技术对于延迟测量的结果依赖很强，网络的微小波动都会引起定位结果很大的偏差。基于被动测量的定位技术对数据的时效性等有较高的要求。因而，IP 地址的变化频率、数据的采集间隙等都会影响 IP 地理定位的结果。另外，还有一些影响 IP 地理定位精度的因素是从定位方法本身衍生出来的，例如，基于延迟的 IP 地理定位技术和基于拓扑的 IP 地理定位技术天然地会受到代理的影响。

从安全的角度来看，IP 地理定位的精度会受到很多因素的影响，最直观的就是通过特意在网络中注入一些数据包，从而影响测量的结果来干扰定位的精度，或者根据被动分析的方法设计一些对抗攻击的模型可以降低定位的效率甚至干扰定位服务系统的正常运行。从另一个角度来看，很多应用是依赖于 IP 地理定位的结果运行的，因而恶意地降低 IP 地理定位的精度会对应用产生影响，达到攻击的效果。

下面简单介绍一下两类因素对 IP 地理定位方法精度的影响。一是在存在对抗攻击的情况下，对基于测量的 IP 地理定位方法的精度的影响；二是在 IP 地址动态变化的情况下，对 IP 地理定位方法精度的影响。

1. 针对基于测量的 IP 地理定位的规避方法

Gill 等人对当前的地理定位算法的准确性进行了评估，并提出了针对基于测量的地理定位算法的攻击方法[35]。首先，Gill 等人通过调查先前发表的地理定位算法发现，当前算法的精度为 35 ～ 194 km，因此适合在一个国家内进行地理定位。其次，Gill 等人提出了对两大类基于测量的地理定位算法的攻击，包括基于网络延迟测量的算法和基于网络拓扑信息的算法。为了评估这些攻击的实用性，Gill 等人将攻击者分为两类——一类是能够操纵网络延迟的初级攻击者，另一类是能够控制一组可路由 IP 地址的高级攻击者。最后，通过对地理定位算法模型的分析来评估上述攻击，Gill 等人使用 PlanetLab 的测量数据进行了实证评估，并对基于延迟和拓扑感知的地理定位算法的实现进行了攻击。结果显示，初级攻击者的准确度有限，必须在准确度与攻击的可检测性之间进行权衡；而高级攻击者具有更高的准确度，并且难以检测。此外，基于拓扑感知的地理定位技术比基于延迟的技术更容易受到隐蔽篡改。

该工作揭示了当前基于测量的地理定位技术在对抗目标下的局限性。为了提供安全的地理定位，这些算法的设计必须考虑不可信测量的存在。

2. IP 地址动态变化的分析及对 IP 地理定位的影响

应用程序通常使用 IP 地址作为终端主机标识符，这是基于 IP 地址（包括动态分配的 IP 地址）不会频繁变化的假设。这个假设的有效性取决于一个 IP 地址被分配给同一终端主机的持续时间，而这个持续时间又取决于各种可能导致当前分配的 IP 地址发生变化的原因。

Padmanabhan 等人利用 2015 年 12 个月在 929 个区域和 156 个国家的 3038 个 RIPE Atlas 探测器收集的数据，确定了导致地址变化的不同原因，并分析了它们对全球 ISP 的影响[36]。实验结果揭示，地址重新分配比预期的要复杂得多，定期重新分配连接正常的设备的地址是一种常见的做法。例如，全球有 20 家 ISP 在一段固定的时间后（通常是 24 小时的倍数）定期重新分配地址。另外，地址变化与网络和发生在客户场所设备（Customer Primise Equipment，CPE）的断电有关。

这个工作并不是直接研究影响 IP 地理定位精度的因素，而是研究 IP 地址变化的原因。IP 地址的变化是 IP 地理定位中绕不开的一个话题，如果定位的算法没有考虑 IP 地址的动态变化属性，那么定位的精度一定会受到影响。当然，如何应对 IP 地址的动态变化是一个比较困难且复杂的问题，是 IP 地理定位领域后续可能的研究方向。

6.5 IP地理定位对其他应用的影响

本节简单讨论 IP 地理定位对其他应用的影响。IP 地理定位这个话题原本就是从网络测绘应用中派生出来的，因此研究 IP 地理定位对相关应用的影响是非常重要的一个分支。通过这类研究我们才能更好地决策 IP 地理定位当前还存在哪些实际的问题，可以为更好、更通用的 IP 地理定位方法设计提供指导。除了测绘应用以外，IP 地理定位还能用于研究政治经济学方面的相关内容，如人口迁移、网络密度分析、经济变迁等。

由于与各类应用强相关，这方面的研究非常多样化，切入的角度也差别很大，但是最终的目的都是研究 IP 地理定位如何影响上层的应用。这里我们简单挑选了两个比较有代表性的工作进行介绍。

1. 通过 IP 地理定位研究人类移动

互联网的日益普及为研究人类移动开辟了新的途径。由于重复登录同一个网站很容易获得地理位置数据，这为观察大量个人的长期移动模式提供了可能性。State 等人使用超过 1 亿匿名用户登录雅虎服务的地理位置数据来生成第一张全球短期和中期流动地图[37]。State 等人开发了一个协议来识别匿名用户，匿名用户指的是在超过一年的时间里，在其居住国以外的国家居住超过 3 个月（“移民”），以及在其居住国以外的国家居住不到 1 个月（“游客”）的用户。从用户的位置变化可以推断出国家间迁移概率的总体估计。地理定位数据还能够描述人口流动的倾向性，即迁徙者在其居住国和目的地国之间来回旅行的程度。同时，State 等人还使用有关签证制度、地理位置和经济发展的数据来预测移民和旅游流量，分析显示了传统移民模式的持续存在以及新路线的出现，移民倾向于在相互接近的国家之间摇摆不定，如欧洲经济区（european economic area）内的国家之间的移动比例就特别高。这个工作所提供的数据集、方法和结果对旅游业以及包括地理学、人口学和网络社会学在内的几个社会科学学科具有重要意义。

2. 通过 IP 地理定位研究 MOOC 的应用

大规模开放在线课程（Massive Open Online Courses，MOOC）承诺让每个人都能接受严格的高等教育。之前的研究表明，注册者往往来自较高的社会经济地位背景。Ganelin 和 Chuang 利用 IP 地理位置和用户报告的邮寄地址确定注册人的位置，研究了 2012 年至 2018 年间约 76 000 名美国注册者在学习约 600 门 Harvardx 和 MITx 课程过程中的地理经济模式[38]。研究结果指向与之前研究相同的方向：无论采用哪一种位置信息，越是繁荣或人口密度越大的区域，其注册率就越高。MOOC 似乎并没有使教育民主化，而是为那些已经有更多机会获得财富、就业和教育的人提供更多的资源。为了扭转这种模式，MOOC 开发人员必须首先了解弱势地区的使用情况。Ganelin 和 Chuang 同时还指出，如果依赖 IP 地理定位来研究用户的背景，研究人员应该非常谨慎。因为 IP 地理定位往往不准确，如 IP 地理定位服务将用户不成比例地安置在富裕地区。Ganelin 和 Chuang 建议研究人员应该谨慎地在 MOOC 研究中使用 IP 地理定位，并考虑到类似的经济偏见可能会影响其他学术、商业和法律领域的应用。

6.6 IP地理定位框架下的综合性研究

IP 地理定位正逐渐发展成一个综合的研究方向，通常和多领域的知识融合，可以理解成很多的研究人员选择在 IP 地理定位的框架下使用多领域的知识，从而可以从多个维度来提升 IP 地理定位的精度，同时还能解决其他相关的问题。此类研究可以突破很多传统 IP 地理定位方法的局限，虽然方法本身可能带来一些新的问题，但是不失为一种新的思路。这是极具创新性的一种研究，给 IP 地理定位领域研究带来了新的活力。

IP 地理定位框架下的综合性研究不仅包含 IP 地理定位领域的各个方向，还引入了其他研究领域的知识，例如数据挖掘、自然语言处理、图像识别等。这类研究工作通常以 IP 地理定位技术为核心展开，包括但不局限于 IP 地理定位技术研究、IP 地理定位方法评估、IP 地理定位地标挖掘与评估、IP 地理定位对其他应用的影响等。部分工作甚至会覆盖所有这些部分，因而这些工作无法简单地归类到上述几个方向中去。我们将它们单独列在 IP 地理定位框架下的综合性研究中。从这个角度来看，IP 地理定位框架下的综合性研究更像将 IP 地理定位作为一个场景，我们认为这样一种方式让 IP 地理定位的研究能够走得更远，在这个过程中定位的精度、定位的思路、定位的稳定性会变得更优秀。在 IP 地理定位框架下的综合性研究中，一个比较主流的思路是从 IP 地理定位地标的优化出发，进一步提升定位的精度。当然，其他的思路，如通过数据挖掘的方法来优化 IP 地理定位算法，也是很重要的组成部分。

作为本章最后一部分内容，本节将对两个典型的工作进行简单介绍。因为 IP 地理定位框架下的综合性研究非常开放，我们很难对此类工作进行系统的总结，因此这部分算是一个启发性的内容，希望给后续的研究提供一些思路。

1. 基于极限地标提升的 IP 地理定位系统：XLBoost-Geo

IP 地理定位的目的是定位互联网设备的地理位置，在许多互联网应用中起着至关重要的作用。如何找到大量高可靠的地标是该领域长期面临的挑战，这是提高 IP 地理定位精度的关键。为此，人们做了很多努力，但由于缺乏地标，许多 IP 地理定位方法仍然存在不可接受的误差距离。

XLBoost-Geo 是 2020 年提出的一种新的 IP 地理定位技术，它着重于增大高可靠地标的数量和密度 [39]。该技术的主要思想是从网页中提取位置指示线索，并根据这些线索定位 Web 服务器。基于地标，XLBoost-Geo 能够以很小的误差距离进行任意 IP 地址的地理定位。具体来说，该技术首先设计了一种基于双向 LSTM 神经网络自适应损失函数（LSTM-Ada）的实体提取方法，用于提取网页上的位置指示线索，然后根据线索生成地标。其次，通过对网络时延和拓扑结构的测量，估计出距离目标最近的地标，并将地标的坐标与目标 IP 地址的位置进行关联。实验结果验证了该方法的有效性和效率，以及地标的精度、数量、覆盖范围和IP地理定位的精度。在RIPE Atlas节点上，XLBoost-Geo实现了2561 m的中值误差距离，优于 SLG 方法和 IPIP 数据库。

这个工作的一个研究重点是如何增大 IP 地理定位地标的数量和密度，主要思想是通过网页内容来寻找地标，其中也用到了神经网络等技术。从全文来看，文章对于 IP 地理定位技术本身的创新度不如地标这部分大，所以我们认为这个工作属于 IP 地理定位框架下的综合性研究，借助的是 IP 地理定位这个场景，其最终目标是从地标优化的角度来提升 IP 地理定位的精度和稳定性，所以也算是 IP 地理定位的一部分。

2. GeoCAM

实现准确的地理定位在很大程度上依赖于高质量（即细粒度和稳定的）地标的数量。然而，之前的地标获取工作往往受困于互联网上有限的可见地标和手动时间成本。

Li 等人利用大量用于监控物理环境的在线摄像头，作为提供基于 IP 地址的地理位置服务的高质量地标的丰富来源 [40]，提出了一个名为 GeoCAM 的新框架，该框架旨在从在线网络摄像头中自动生成合格的地标，并提供高精度、宽覆盖的 IP 地理定位服务。GeoCAM 定期监控网络摄像头的网站，使用自然语言处理技术提取网络摄像头的 IP 地址和纬度 / 经度，以生成大规模地标。在给定网络摄像头地标之间的延迟和拓扑约束条件下，GeoCAM 使用最大似然估计来精确地定位目标主机的地理位置。同时，Li 等人还开发了 GeoCAM 的原型系统，并进行了真实世界的实验来验证其有效性。研究结果表明，GeoCAM 能够以 94.2% 的精度和 90.4% 的召回率检测出网页上的 282 902 个实时网络摄像头，并生成 16 863 个稳定且细粒度的地标，比之前的研究中发现和使用的地标高出两个数量级。为了证明使用大型网络摄像头作为地标的优越性，GeoCAM 实现了 4 种不同的地理定位算法，包括 CBG、Octant、Spotter 和 GeoCAM（新提出的改进版本的 CBG 算法），并比较了它们在 GeoCAM 地标和开源地标之间的定位效果，如图 6.38 所示。评估结果表明，GeoCAM 发现的网络摄像头地标能够提高所有定位算法的定位精度。

与 XLBoost-Geo 类似，GeoCAM 也是从提升 IP 地理定位地标质量的角度来优化 IP 地理定位技术。与 XLBoost-Geo 相比，GeoCAM 在 IP 地理定位技术上也有一定的创新，但是主要的贡献还是在网络摄像头类地标的挖掘上。因此，我们把这个工作也分类到 IP 地理定位框架下的综合性研究中来。

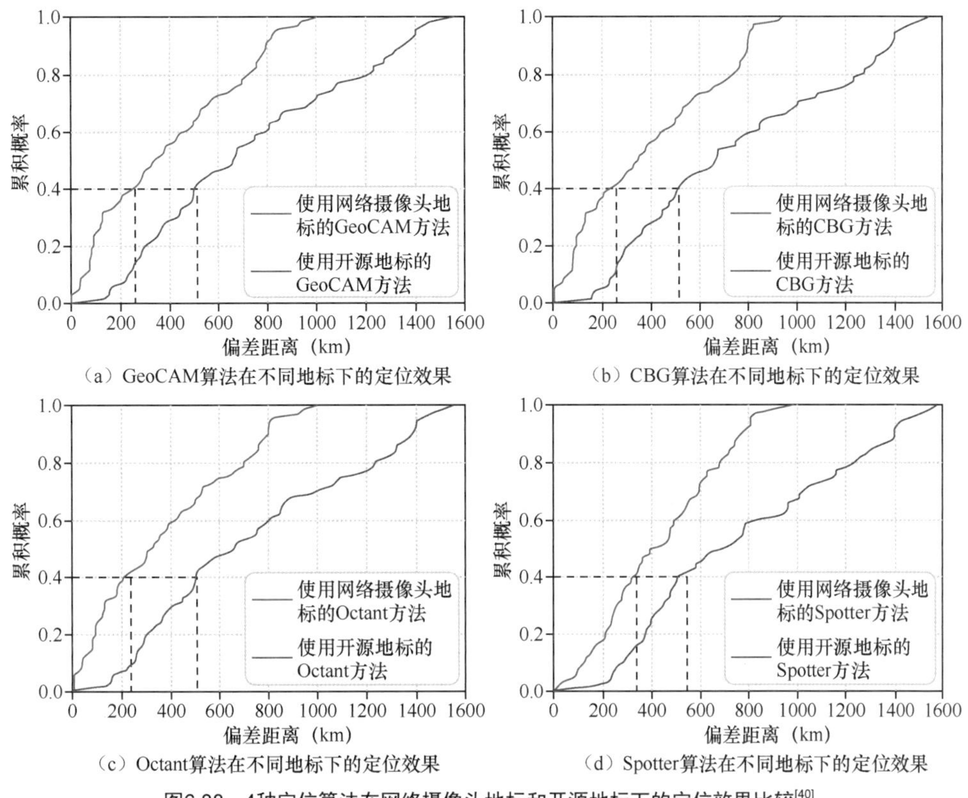

（a）GeoCAM算法在不同地标下的定位效果
（b）CBG算法在不同地标下的定位效果
（c）Octant算法在不同地标下的定位效果
（d）Spotter算法在不同地标下的定位效果

图6.38 4种定位算法在网络摄像头地标和开源地标下的定位效果比较[40]

6.7 本章小结

本章对IP地理定位技术相关的研究进行了系统的梳理和分类，并对各类定位技术进行了较全面的总结。本章总结的研究工作覆盖了从2001年以来的20多年的时间跨度。

IP地理定位研究的核心是IP地理定位技术，与之配套的是IP地理定位地标挖掘与评估。地标是IP地理定位技术研究的重要支撑，特别是基于主动测量的定位技术在很大程度上依赖于地标。有了丰富的IP地理定位技术后，我们需要对IP地理定位的方案进行评估，并找出影响IP地理定位精度的因素，用于指导现有IP地理定位方法的改进和新的IP地理定位方法的设计。由于IP地理定位是从网络应用中衍生出来的一个研究领域，因此还需要探索IP地理定位是如何影响其他应用的。最后，随着多种IP地理定位技术的不断发展，很多传统的IP地理定位方法的局限性逐渐显露出来，需要加入多领域的研究来不断完善IP地理定位技术，因此有了IP地理定位框架下的综合性研究。

IP地理定位技术研究仍然是一个不断发展的领域。虽然在过去20多年的时间里研究密度有一定的波动，但是从长期趋势看，IP地理定位的研究密度逐渐增大，出现了多领域融合的趋势，IP地理定位的每个部分都有很大的研究空间。另外，IP地理定位是一个应用驱动的问题，随着用户对于应用的需求不断增加，将对 IP 地理定位技术提出新的、更高的要求。

参考文献

[1] PADMANABHAN V N, SUBRAMANIAN L. An Investigation of Geographic Mapping Techniques for Internet Hosts [C]//Proceedings of the 2001 conference on Applications, technologies, architectures, and protocols for computer communications. 2001: 173-185.

[2] GUEYE B, ZIVIANI A, CROVELLA M, et al. Constraint-Based Geolocation of Internet Hosts [J]. IEEE/ACM Transactions On Networking, 2006, 14(6): 1219-1232.

[3] WONG B, STOYANOV I, SIRER E G. Octant: A Comprehensive Framework for the Geolocalization of Internet Hosts [C]//4th USENIX Symposium on Networked Systems Design and Implementation (NSDI 2007). 2007: 23-23.

[4] LAKI S, MÁTRAY P, HÁGA P, et al. Spotter: A Model Based Active Geolocation Service [C]// 2011 IEEE Conference on Computer Communications(INFOCOM 2011). IEEE, 2011: 3173-3181.

[5] ERIKSSON B, BARFORD P, MAGGS B, et al. Posit: a Lightweight Approach for IP Geolocation [J]. ACM SIGMETRICS Performance Evaluation Review, 2012, 40(2): 2-11.

[6] DU F, BAO X, ZHANG Y, et al. GeoCET: Accurate IP Geolocation via Constraint-Based Elliptical Trajectories [C]//International Conference on Collaborative Computing: Networking, Applications and Worksharing. Springer, Cham, 2019: 603-622.

[7] KATZ-BASSETT E, JOHN J P, KRISHNAMURTHY A, et al. Towards IP Geolocation Using Delay and Topology Measurements [C]//Proceedings of the 6th ACM SIGCOMM conference on Internet measurement. 2006: 71-84.

[8] LI M, LUO X, SHI W, et al. City-level IP Geolocation Based On Network Topology Community Detection [C]//2017 International Conference on Information Networking (ICOIN). IEEE, 2017: 578-583.

[9] ZU S, LUO X, LIU S, et al. City-level IP Geolocation Algorithm Based On PoP Network Topology [J]. IEEE Access, 2018, 6: 64867-64875.

[10] ERIKSSON B, BARFORD P, SOMMERS J, et al. A Learning-Based Approach for IP Geolocation [C]// International Conference on Passive and Active Network Measurement. Heidelberg: Springer Berlin, 2010: 171-180.

[11] WANG Y, BURGENER D, FLORES M, et al. Towards Street-Level Client-Independent IP Geolocation [C]//8th USENIX Symposium on Networked Systems Design and Implementation (NSDI 11). 2011.

[12] LIU C, LUO X, YUAN F, et al. Rnbg: A Ranking Nodes Based IP Geolocation Method [C]//2020 IEEE Conference on Computer Communications(INFOCOM 2020) Workshops. IEEE, 2020: 80-84.

[13] LIU H, ZHANG Y, ZHOU Y, et al. Mining Checkins From Location-Sharing Services for Client-

Independent IP Geolocation [C]//2014 IEEE Conference on Computer Communications (INFOCOM 2014). IEEE, 2014: 619-627.

[14] WANG Y, WANG X, ZHU H, et al. ONE-Geo: Client-Independent IP Geolocation Based on Owner Name Extraction [C]//International Conference on Wireless Algorithms, Systems, and Applications. Springer, Cham, 2019: 346-357.

[15] DAN O, PARIKH V, DAVISON B D. IP Geolocation Through Reverse DNS [J]. ACM Transactions on Internet Technology (TOIT), 2021, 22(1): 1-29.

[16] ENDO P T, SADOK D F H. Whois Based Geolocation: A Strategy to Geolocate Internet Hosts [C]// 2010 24th IEEE International Conference on Advanced Information Networking and Applications. IEEE, 2010: 408-413.

[17] DAN O, PARIKH V, DAVISON B D. Improving IP Geolocation Using Query Logs [C]//Proceedings of the Ninth ACM International Conference on Web Search and Data Mining. 2016: 347-356.

[18] KOMOSNY D, VOZNAK M, BEZZATEEV S, et al. The Use of European Internet Communication Properties for IP Geolocation [J]. Information Technology and Control, 2016, 45(1): 77-85.

[19] MUN H, LEE Y. Building IP Geolocation Database from Online Used Market Articles [C]//2017 19th Asia-Pacific Network Operations and Management Symposium (APNOMS). 2017: 37-41.

[20] DU F, BAO X, ZHANG Y, et al. GeoBLR: Dynamic IP Geolocation Method Based on Bayesian Linear Regression [C]//International Conference on Collaborative Computing: Networking, Applications and Worksharing. Springer, Cham, 2018: 310-328.

[21] GUO C, LIU Y, SHEN W, et al. Mining the Web and the Internet for Accurate IP Address Geolocations [C]//2009 IEEE Conference on Computer Communications (INFOCOM 2009). IEEE, 2009: 2841-2845.

[22] MAZIKU H, SHETTY S, HAN K, et al. Enhancing the Classification Accuracy of IP Geolocation [C]// MILCOM 2012-2012 IEEE Military Communications Conference. IEEE, 2012: 1-6.

[23] JIANG H, LIU Y, MATTHEWS J N. IP Geolocation Estimation Using Neural Networks with Stable Landmarks [C]//2016 IEEE Conference on Computer Communications (INFOCOM 2016) Workshops. IEEE, 2016: 170-175.

[24] SCHEITLE Q, GASSER O, SATTLER P, et al. HLOC: Hints-Based Geolocation Leveraging Multiple Measurement Frameworks [C]//2017 Network Traffic Measurement and Analysis Conference (TMA). IEEE, 2017: 1-9.

[25] ZHAO F, LUO X, GAN Y, et al. IP Geolocation Based on Identification Routers and Local Delay Distribution Similarity [J]. Concurrency and Computation: Practice and Experience, 2019, 31(22): e4722.

[26] DU B, CANDELA M, HUFFAKER B, et al. RIPE IPmap Active Geolocation: Mechanism and Performance Evaluation [J]. ACM SIGCOMM Computer Communication Review, 2020, 50(2): 3-10.

[27] DING S, ZHAO F, LUO X. A Street-Level IP Geolocation Method Based on Delay-Distance

Correlation and Multilayered Common Routers [J]. Security and Communication Networks, 2021, 2021: 1-11.

[28] ZHU G, LUO X, LIU F, et al. An Algorithm of City-Level Landmark Mining Based on Internet Forum [C]//2015 18th International Conference on Network-Based Information Systems. IEEE, 2015: 294-301.

[29] MA T, LIU F, ZHANG F, et al. An Landmark Evaluation Algorithm Based on Router Identification and Delay Measurement [C]//International Conference on Artificial Intelligence and Security. Springer, Cham, 2019: 163-177.

[30] LI R, XU R, MA Y, et al. LandmarkMiner: Street-Level Network Landmarks Mining Method for IP Geolocation [J]. ACM Transactions on Internet of Things, 2021, 2(3): 1-22.

[31] SOMMERS J. A Web Client Perspective on IP Geolocation Accuracy [C]//2020 International Symposium on Networks, Computers and Communications (ISNCC). IEEE, 2020: 1-8.

[32] POESE I, UHLIG S, KAAFAR M A, et al. IP Geolocation Databases: Unreliable? [J]. ACM SIGCOMM Computer Communication Review, 2011, 41(2): 53-56.

[33] GHARAIBEH M, SHAH A, HUFFAKER B, et al. A Look at Router Geolocation in Public and Commercial Databases [C]//Proceedings of the 2017 Internet Measurement Conference. 2017: 463-469.

[34] SAXON J, FEAMSTER N. Gps-Based Geolocation of Consumer IP Addresses [C]//International Conference on Passive and Active Network Measurement. Springer, Cham, 2022: 122-151.

[35] GILL P, GANJALI Y, WONG B. Dude, Where's That IP? Circumventing Measurement-based IP Geolocation [C]//19th USENIX Security Symposium (USENIX Security 10). 2010.

[36] PADMANABHAN R, DHAMDHERE A, ABEN E, et al. Reasons Dynamic Addresses Change [C]//Proceedings of the 2016 Internet Measurement Conference. 2016: 183-198.

[37] STATE B, WEBER I, ZAGHENI E. Studying Inter-National Mobility Through IP Geolocation [C]//Proceedings of the 6th ACM international conference on Web search and data mining. 2013: 265-274.

[38] GANELIN D, CHUANG I. IP Geolocation Underestimates Regressive Economic Patterns in MOOC Usage [C]//Proceedings of the 2019 11th International Conference on Education Technology and Computers. 2019: 268-272.

[39] WANG Y, ZHU H, WANG J, et al. XLBoost-Geo: An IP Geolocation System Based on Extreme Landmark Boosting [Z/OL]. (2020-10-26) [2022-09-02]. arXiv:2010.13396, 2020.

[40] LI Q, WANG Z, TAN D, et al. GeoCAM: An IP-Based Geolocation Service Through Fine-Grained and Stable Webcam Landmarks [J]. IEEE/ACM Transactions on Networking, 2021, 29(4): 1798-1812.

第 7 章　网络空间测绘可视化

如前文所述，网络空间测绘总体上分为网络空间资源测量和资源绘制两个大的方面，网络空间资源绘制是在网络空间资源探测和分析的基础上，将多维的网络空间资源及其关联关系投影到一个低维可视化空间，旨在构建网络空间资源的层次化、可变粒度的网络地图，实现对多变量时变型网络资源的可视化呈现。

在网络空间资源绘制技术方面，国内外研究团队虽然提出了一些准则，如网络空间地理学图像的电信网络分析方法、网络空间景观制图的若干法则、拓扑可视化等，然而已有研究主要基于地理空间对实体设备和拓扑关系的可视化，如何对高维、动态的虚拟资源进行绘制，如何将网络空间中的多类资源投影到地理空间进行绘制缺乏系统和成熟的技术思路。因此，需要综合可视化、图形学、数据挖掘理论与方法，研究新的网络空间资源测绘理论模型和可视化方法。

由此我们可以看出，可视化技术只是网络空间资源绘制技术的一个部分，但并非全部；可视化也是网络空间资源绘制方面研究相对较多的部分。本章主要从可视化的角度概述网络空间资源的绘制，7.1 节是概述，7.2 节讨论网络空间实体资源要素可视化，7.3 节讨论网络空间拓扑可视化，7.4 节讨论网络空间事件可视化，7.5 节讨论一些新型的网络空间可视化技术。

7.1　网络空间测绘可视化概述

人们常说一张图片胜过一千行文字，从某种程度上来说，图片是在有限空间中传递信息的最有效的手段之一。可视化技术是随着信息技术的发展而伴生的，可视化的过程是通过交互式图形学的技术手段，借助人类的认知能力来提取数据中的有意义的信息，以图形的方式呈现复杂数据集的过程。我们知道，人类经过长期的进化已经具备非常高级复杂的视觉系统，具有从复杂图像中挖掘信息或模式的优秀能力。信息的可视化正是通过用颜色、形状、位置、纹理、动作等对数据进行编码，并将之渲染到计算机桌面，从而更好地利用人类视觉系统。可以说，可视化能将人脑和计算机这两个最强大的信息处理系统很好地连接在一起。

信息可视化的基本问题涉及表示非物理数据的视觉符号（visual metaphor）的定义或发明。和物理现象相关的数据可视化具有很长的研究历史，也有众多的文献；抽象的信息由于缺少自然的形态或表示，相关的研究要少一些。图（graph）被认为许多不同类型信息的一种重要视觉符号，这里的图一般由节点（node）和链路（link）组成，而且这些节点和链路通常还有一些相关的统计属性。事实上，很多类型的信息在用图来表达的时候，往往用节点对应实体，用链接对应实体之间的关系；而图形对象的特性，比如颜色、图标符号的大小、线条的粗细等，则用以编码节点和链路的统计属性。图作为许多物理现象的抽象化手段，作为许多抽象的信息的可视化工具，其所表现出来的拓扑、结构、连接性等都是我们所关注的；而节点和链路的定位或布局等则经常被用于突出强调这些特性。

在画任意形状的图时，对节点和链路进行定位是一项需要微妙折中的精细活，这里涉及节点放置和连接节点的链路长度等基本感知的问题。互相靠近的节点往往被认为互相有关，而它们之间的链路则较少被关注到。相反地，相隔较远的节点则不被认为互相有关，哪怕它们之间被一条长长的显眼的链路连接着。

互联网作为网络空间的一个子集或者说作为网络空间的一种存在形态，是我们开展网络空间测绘及其可视化的首要对象，学者们早在20世纪80年代末、90年代初就开始研究互联网的拓扑测绘及其可视化问题。基于图论来建模网络拓扑及其可视化表达也非常自然，图的节点表示网络的实体，这里的实体可以是网络设备或主机，也可以是一个AS，或者表示一个城市的PoP；图的连接表示网络实体之间的连接，比如物理链路等。当然，用图来表示网络通常需要有一个地理性的组件，缺少这样的组件，网络的某些特性就难以理解。比如，当我们用节点来表示网络的PoP，那么这个PoP便具有地理意义，就具有地图学上的经纬度等属性。除了抽象的节点和连接，我们还可以进一步用连线的颜色和粗细来表示流量的大小，比如，连线越粗越亮则表明该连线代表的链路上承载着更多的流量；节点本身的颜色、形状和大小也可以传达节点的不同特性，比如路由器的容量、当前利用率以及丢包率等。

可以说这是网络空间资源可视化的早期形态，这个阶段用于表达网络空间资源实体及其连接关系的节点和链接是处于二维平面空间中的，这种形态对于小规模稀疏网络的可视化是有效的。随着网络规模快速扩大，二维可视化图形在表达方面就显得捉襟见肘了，不但节点拥挤成堆，而且连线多重交叉。一些学者试图通过引入更好的布图算法来更紧凑地放置节点，减少连线交叉，但终究收效甚微。这一方面是由于网络规模增长实在太快，另一方面是由于这样的优化布图是以牺牲节点的地理属性为代价的，而事实上，节点的地理属性是网络空间可视化非常重要的一类属性。

因此，Cox等人[1]开始尝试用三维显示技术对网络空间进行可视化，其基本的思路是在三维空间对节点进行定位，同时以弧线（而非在二维空间中的直线）代表节点之间的连接，以此减少甚至消除二维空间中常遇到的连线交叉问题。和前述布局优化方法相比，三维可视化技术能很好地保留节点的地理属性，这样的技术某种程度上和航空公司的航线图非常相似，我们将在7.3节稍微展开阐述。

第3章介绍了“藏宝图计划”[2]，该计划是美国国家安全局的一个项目，该项目对全球互联网进行全面的测量、探测、分析和可视化。该项目将互联网及网络空间可视化分为5个层次，从下往上依次为地理层、物理网络层、逻辑网络层、虚拟角色层和实体角色层。5个层次的网络空间可视化划分方式虽然是从工程角度提出的，不过现在已逐步为学术界所接受，高春东等学者就以5层模式来讨论网络空间的可视化表达[3]，同时给出了网络空间层次与网络空间地理表达之间的映射关系（见文献[3]图6）。

当前国内外开展的网络空间可视化研究，多集中在物理网络层、逻辑网络层，侧重网络设备的描述和定位、网络运行数据的统计分析等，可视化效果与应用需求还存在较大差距。

地理空间可视化研究已经有了长时间的发展和积累，主要包含针对地理信息的符号系统、制图综合、图层渲染和人机动态交互等，从表达的维度和范围上涵盖了二维可视化、三维可视化、虚拟地理环境等。网络空间具有高度的复杂性，并与地理空间高度关联，共同构成了人类活动的现实空间。要绘制一组能够实时、动态、真实反映网络空间并将其与地理空间统一融合的网络空间地图，需要多种技术相融合。高春东、郭启全等学者[3,4]提出，网络空间可视化表达主要包括网络空间资源要素可视化、网络空间拓扑可视化和网络空间事件可视化等。

1. 网络空间资源要素可视化

以地理空间可视化为基础，融入网络安全事件和网络空间资产数据，从地理、资产、事件维度丰富可视化表达，全面展示和描述网络空间资源的分布和属性，实现网络空间资源要素的可视化表达。

2. 网络空间拓扑可视化

在网络空间要素表达的基础上，探讨网络空间资源要素之间的互联关系，探讨社会人、网络、地理空间与数字化信息数据间的相互关联和影响，将网络空间拓扑关系映射到地理空间，实现网络空间拓扑可视化。

3. 网络空间事件可视化

以事件为触发条件，通过图形快速串联事件、资产和地理要素，明晰各要素之间的互动关系，形成一组动态、实时、可靠、有效的网络空间作战指挥地图，使资产底数更加清楚、事件发现更加精确、威胁定位更加准确、威胁分析更加智能、威胁溯源更加自动；提高业务部门在事件发现、取证定位、追踪溯源方面的能力和效率，使职能部门的工作更加智能化、自动化、可视化。

本章后面将通过一些例子对网络空间资源要素可视化、网络空间拓扑可视化以及网络空间事件可视化等几个方面进行展开讨论。

7.2 网络空间资源要素可视化

如前文所述，网络空间资源整体上分为实体资源和虚拟资源。本书主要讨论网络空间实体资源的测绘研究，因此，也主要聚焦于网络空间实体资源的可视化工作。具体地，本节将简要地讨论海底光缆可视化、网站可视化、IP 地址资源可视化和域名资源可视化等几个方面的内容。海底光缆是连接全球互联网的主动脉，是网络空间基础资源要素之一。以往的网络空间测绘研究中几乎未涉足过海底光缆，我们认为有必要对此加以关注。网站可以说是网络空间最重要的资源类型，承载着网络空间几乎所有的虚拟资源，网站的可视化自然也是网络空间资源要素可视化的重要内容。IP 地址和域名是标识网络空间各类实体资源（网络设备、服务器和主机等）的关键唯二属性，以可视化的方式研究和展示它们的分配、使用及分布等情况，自然也极其重要。

7.2.1 海底光缆可视化

当我们享受互联网带来的便利时，也许很少有人想到，巨量的信息是如何从地球的这一端传送到另一端的。2006年12月底的一天，台湾附近海域发生强烈地震，导致海底光缆大面积中断，进而引起基于这些光缆来传输数据的太平洋两岸的网络发生故障。

可以说，海底光缆是国际互联网的骨架，是连接全球七大洲四大洋的广大网络用户的基础设施，是网络空间最基础的资源之一。光缆的多少，代表一个国家与互联网的联系是否紧密。目前世界各国互联网的互联互通要归功于默默躺在海底的光缆，这些光缆的传输速度为40 Gbit/s ～ 10 Tbit/s，甚至更快。

如果将世界各国的网络看成一个大型局域网，那么正是海底和陆上光缆将它们连接成为真正互联互通的互联网络，而光缆是这个互联网的“中枢神经”。而就目前来说，美国几乎是这个互联网的“大脑”。美国作为互联网的发源地，存放着支撑互联网正常运行的大量基础服务设施，比如全球解析域名的13个根服务器就有10个在美国。美国也存放着大量的应用服务器等。

海底光缆总体上还是非常脆弱的，影响其稳定性的因素包括地震、海啸等不可抗力，也包括大型舰船的意外事件，甚至也包括人为破坏。比如，如果有人把海底光缆捞出来，对其中的相关光纤做分光等，就可以偷走信息；如果发生战争，也可能有人破坏光缆。因此，出于安全目的，海底光缆平时就需要维护。目前海底光缆是分区维护的[5]。

TeleGeography是一家专注电信市场研究和咨询的公司，自1989年以来，这家公司利用其获取的各种数据尝试绘制电信“地图”。至今为止，这家公司一直秉持其“交付最好的电信数据和分析”的创建宗旨，也因此成为知名的电信地图专家。TeleGeography长期以来维护着一个名为“海底光缆地图”（submarine cable map）的网站，该网站通过网络地图来展示全球海底光缆区域分布图。该网络地图通过全球带宽的服务数据绘制而成，并根据获取的相关数据定期更新，基本上每年都会更新一个版本[6]。

根据TeleGeography的最新统计，截至2021年底，全世界投入使用或者计划建设的光缆系统（数量）为464个，同时包括1245个登陆站；全球投入使用的海底光缆长度约1.3×10^6 km。当然，这个数据只能作为参考，因为具体数量常常处于变化之中，一方面，新的光缆会投入使用，另一方面，老旧的光缆系统“退役”等也时常发生。还值得一提的是，光缆长度的方差很大，有些光缆很短，比如连接爱尔兰和英国的CeltixConnect光缆只有131 km，而最长的光缆是连接亚洲和美洲（美国）的Asia America Gateway光缆，长达2×10^4 km。

7.2.2 网站可视化

2011年，数字艺术家杰克·沃夫（Jack Wolfe）在社交网站Flickr上发现了“互联网测绘项目”（The Internet Mapping Project）。该项目鼓励每个人都去尝试勾画一张他们眼中的互联网地图，并指出他们的“互联网之家”。每个人都可以根据自己的想象，以草图的形式勾画出这样的互联网地图并上传到该网站。该网站的创建者凯文·凯利（Kevin Kelly）写道：互联网是如此巨大，大过一座城市、大过一个国家，甚至与宇宙一样大，而且它还在飞速扩张，无人能看到它的边界，可以说，互联网是无形和无法度量的。而Web则更是一个脱离实体的巨大的“空灵之境”；我们许多人每天都要在这个空灵之境畅游几小时，许多时候，我们自己都不知道到底遨游到什么地方了。因此，就像我们到达一个陌生的城市一样，我们需要在手头准备这样一张地图。

彼时，沃夫正要启动他的“三维互联网可视化”（3D Internet Visualization，3DIV）项目。3DIV项目试图在一个三维空间中将当前最流行的互联网网站以可视化的方式表示出来，每个网站以某种对象的形式（比如圆圈或者其他形状）来表达，网站访问的流量以对象的大小来表示，对象的坐标则反映网站的地理位置。在沃夫的具体设计中，一个球体用来表示一个网站，每个球体的半径和位置是根据其所代表的网站在全球互联网的排名、网页浏览量以及Google的PageRank等指标来决定的；在草图设计阶段，每个球体的表面用网站本身的某种非写实的形式表示，在具体实际中，球体可以通过个性化的图标并辅以表示访问量大小的颜色等来表示。基于此，沃夫还给出了一个概念性的草图，如图7.1所示。

图7.1 3DIV项目的一个概念性的草图[7]

不过，遗憾的是，沃夫后来并没有继续开展这项工作，我们无法查阅到更多后续的结果。

所幸的是，后来斯洛伐克的青年艺术家兼设计师马丁·瓦吉克（Martin Vargic）将互联网网站可视化这项工作发扬光大了。瓦吉克是一名设计师，他设计过许许多多的东西，同时他对历史、名胜古迹，甚至包括气候变化等的全球性地图绘制情有独钟，做这项工作正是受到历史遗迹地图设计的启发。大约从2014年开始，瓦吉克着手“Map of the Internet”这个项目，该项目旨在简明而全面地将Web的当前状态可视化出来，记载每个阶段（比如过去一年或几年）全球最大、最知名的网站及其各方面的特性等。自2014年开始已经发布了互联网地图1.0、2.0版和3.0版，目前最新的版本反映了2020—2021年这个时间段的全球网站生态情况[8]，如图 7.2 所示。

图7.2　2021版互联网地图[8]

与之前的版本相比，当前这个版本在细节和信息量方面要丰富得多。它包括全球知名（流行）的几千个网站，在表达上参照了地球仪的形式，将每个网站表示为一个不同的“国家”，同时将同类或相似类型的网站尽可能地按组“聚合”在一起，形成几十个簇，诸如“新闻类网站群”“搜索引擎网站群”“社交网络网站群”“电子商务网站群”“文件共享网站群”“软件公司网站群”“成人娱乐网站群”等。这些簇（群）相当于地球仪中不同的区域或洲，平铺于地图上，形成了互联网地图。在这个图的中心是主要的互联网运营商及 Web 浏览器，它们构成了我们所熟知的互联网的核心和骨干；而在遥远的南极附近则代表神秘的暗网（dark web）域。

网站的颜色方案主要基于它们的用户界面或者公司的徽标（Logo）的主体颜色。为了增加更多的细节并提供更具深度的内涵，将这些网站所提供的服务或特性，及它们的栏目、内容分类、不同的内容创建者等，标注为国家内部的城市或乡镇（有的甚至超过上万个）；网站创始人和公司的首席执行官被标注为国家的首都；社交类网站，如 YouTube、Facebook 和 Twitter 等，还给出了上百个著名的名流用户信息；高山、大海、小溪、峡谷等分别表示互联网的其他各方面技术特性；近百位最重要的计算机和互联网界的先驱学者被标注为地图上的水下山脊。主地图的四周，还包括大量其他补充性的信息，诸如知名的网站、较大的互联网公司、长期畅销的游戏软件的排名等。

主地图上代表不同网站的“国家”的国土面积是基于它们在 2020 年 1 月～ 2021 年 1 月的 Alexa Web 流量的排名来设定的。当然，随着时间的推移，网站的流行度会发生变化，其相对排名也会跟着发生变化，甚至一些老旧的网站会退出历史舞台，一些新的网站会如雨后春笋般冒出来。因此，这样的互联网地图快照可为我们的后代子孙留下互联网“曾经的模样”。

7.2.3　IP地址资源可视化

IP 地址是互联网最重要的基础资源之一，用于标识接入互联网的可独立寻址与路由的实体。在基于 IPv6 的下一代互联网全面商业化之前，IP 地址都是非常稀缺的资源。然而，IP 地址资源的分配和使用情况并不均衡，尤其是早期，由于对互联网的发展估计不足，在 IP 地址分配上可谓“大手大脚”，使得一些互联网的早期尝试者获得了过多的 IP 地址空间。作为互联网资源的权威管理机构、互联网数字分配机构，以及面向五大区域的互联网资源分配机构，如亚太网络信息中心（Asia-Pacific Network Information Center，APNIC）等，经常会以不同的方式统计 IP 地址资源的使用情况。比较常用的是不同国家、不同地区的地址占有率、使用率等相对宏观的一些统计图表[9,10]。但是，这样的统计图表还不能说是 IP 地址资源的可视化，在很多情况下仍无法满足网络空间资源测绘的需求。

IP 地址空间可视化的工作并不容易，因为从可视化的角度来说，无论是 IPv4 还是 IPv6，其地址空间都过于庞大了（IPv4 有 43 亿个地址，IPv6 则有 3.4×10^{38} 个地址）。得益于地址空间的层次化特性，我们有可能以离散尺度的形式将地址“分层”地显示（或解释）出来。事实上，对 IP 地址资源的可视化的最好创意来自网络漫画家兰道尔·门罗（Randall Munroe），他创建了一个网络漫画的网站，该网站上的第 195 张漫画提出了 IP 地址空间绘制的创意，如图 7.3 所示[11]，彼时为 2006 年。

互联网地图
IPv4空间，2006年

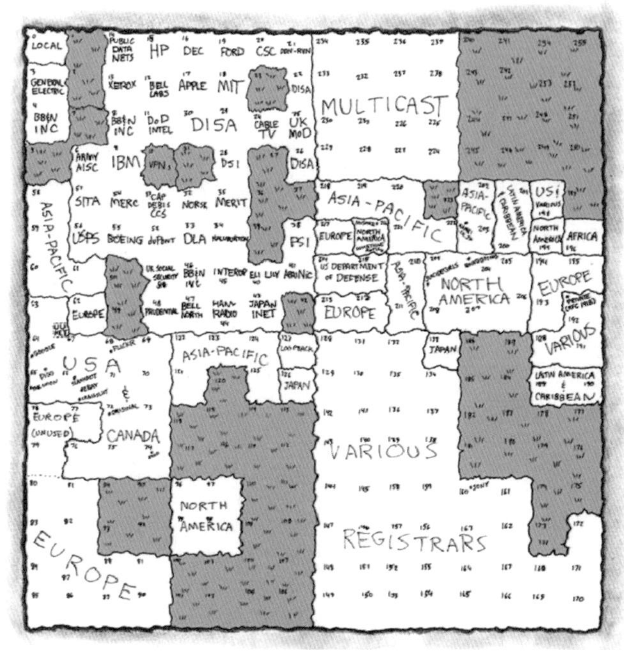

图7.3　门罗版的IP地址可视化[11]

注：图中绿色部分表示对应的IP地址资源尚未被分配出去（2006年）。

在该创意图中，门罗以分形绘制的方式将 IP 地址完整地展现在一个二维平面上，同时保持了地址空间的分组和连续性。也就是说，任何连续的 IP 地址串都会被映射到图 7.3 中连续而紧凑的区域。图 7.3 中 256 个编码块中的任何一块都代表一个 /8 的子网。图 7.3 中左上角的部分表示的是在区域互联网注册机构（Regional Internet Registry，RIR）接手 IP 地址分配职责之前，已经直接“卖”给了公司和政府机构的地址块。

受到门罗创意的启发，许多研究人员基于空间填充曲线等方法实现了一维 IP 地址数据向二维笛卡儿坐标系映射，将门罗的创意变为现实[12,13]。在实现过程中，两类曲线常被用到：希尔伯特曲线（Hilbert curve）和莫顿曲线（Morton curve），后者也称为 Z 曲线。与其他空间填充曲线相比，这些曲线具有保持局部性的优势（即确保子网互相靠得更近）。曲线的阶（order）表示曲线嵌套的层次，因此可以确定可视化多少数据点。相反，选择要画的位数也可以决定曲线的阶。由于空间填充曲线是分形的，增加曲线的阶数，可有效改善图像的分辨率。

希尔伯特曲线是最常用于 IP 地址数据的显示的，因为它具有最优的局部保持特性（locality preservation）。希尔伯特曲线从左上角开始，结束于右上角，图 7.4 给出了 2 阶、3 阶、4 阶希尔伯特曲线的示意[13]。

图7.4　希尔伯特曲线示意

莫顿曲线在局部保持特性方面要比希尔伯特曲线稍差一些，不过，它支持在曲线内部的非连续性跳跃，在实际情况下更贴近跨越 IP 网络边界的情况。从这个意义上说，它能更自然地表示 IP 网络的结构。莫顿曲线从左上角开始，结束于右下角，图 7.5 给出了 2 阶、3 阶、4 阶莫顿曲线的示意。

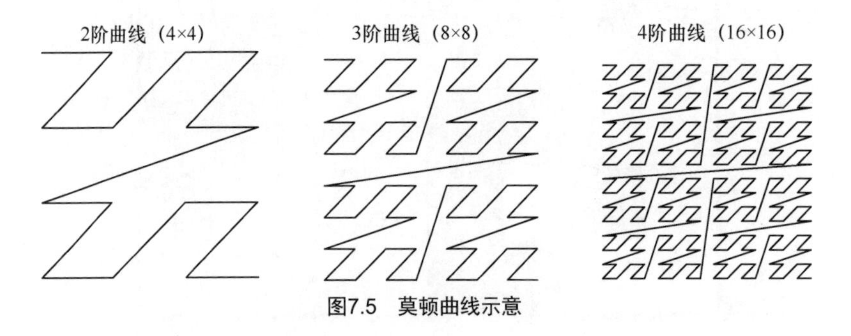

图7.5　莫顿曲线示意

图 7.6 给出了瓦斯科・阿斯图里亚诺（Vasco Asturiano）基于希尔伯特曲线实现的一个 IP 地址空间可视化结果[13]。

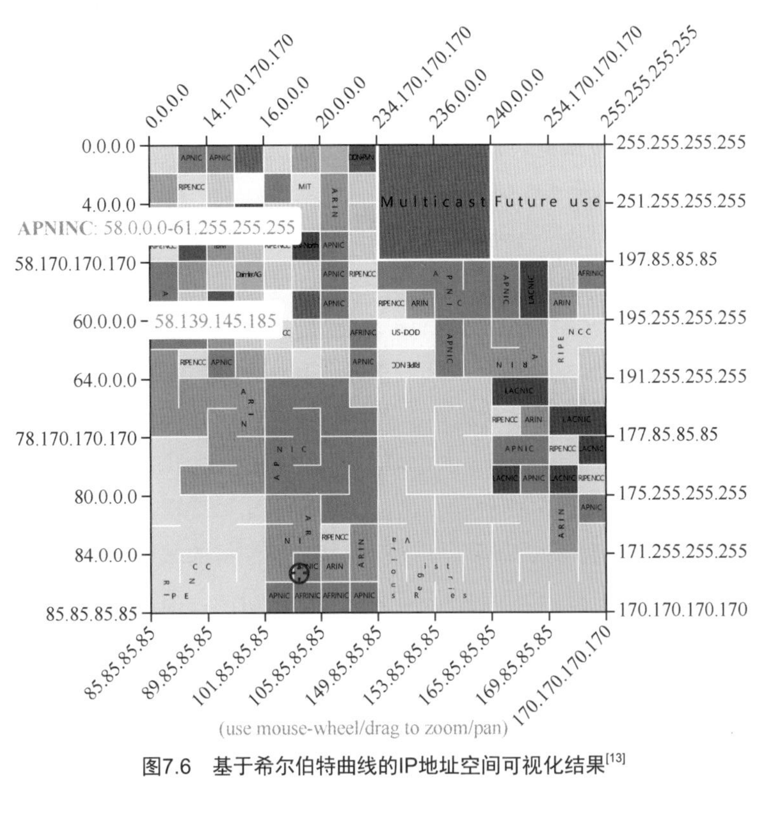

图7.6　基于希尔伯特曲线的IP地址空间可视化结果[13]

7.2.4　域名资源可视化

虽然互联网节点之间的通信是基于 IP 地址进行路由和寻址的，但 IP 地址难以记忆。为了更方便地使用互联网，互联网的先驱们引入了域名的概念，试图为每一台参与互联网通信的主机赋予唯一的一个名字；而为了解决同时满足人的记忆方便及机器的可识别问题，需要引入一整套“翻译系统”，这就是域名系统和服务 DNS。因此，DNS 是支撑互联网运行的重要基础设施之一，而确保每台联网主机唯一性命名的域名自然也成为非常重要的互联网资源。

DNS 实行分层分布的模式进行管理，域名的使用需要由使用者（公司或个人）先提出申请，完成注册；由若干有资质的公司负责接受申请并完成配置及信息发布的工作。在通用顶级域名（Generic Top-Level Domains，gTLD）未扩容之前，一些高价值的域名被抢注等事件时有发生。因此，域名资源的管理是互联网治理中非常核心的内容，互联网名称与数字地址分配机构（The Internet Corporation for Assigned Names and Numbers，ICANN）作为一个非营利性的国际组织，其诞生的背景之一就是域名的管理。

而域名资源测绘及其可视化作为一种相对宏观的技术手段，也很早就为许多学者所关注。早在 2000 年左右，地理学者马修 • 祖克（Matthew Zook）就开始分析和研究域名的地理分布等问题，并针对美国多个城市从区域的尺度到街道的级别制作了一系列不同精度等级的域名地图。

祖克对2000年时美国旧金山的域名密度分布情况可参见https://exl.ptpress.cn:8442/ex/l/7ba9c44e，其中蓝色圆圈的大小表示该邮政街区的域名数量。

事实上，祖克在域名资源可视化方面的研究持续了很长时间，在其2015年发表的文章中，给出了面向通用顶级域名和国家/地区顶级域名的分布情况[14]。祖克基于Whois和dig等工具采集相关的域名信息，构造数据集，并基于之前的成功经验，以域名注册及使用地进行聚类，在进行了必要的清洗过滤后，将所有1.445亿的通用顶级域名分别“并入”各相关国家/地区。至于国家/地区顶级域名，通常都和特定国家/地区强相关，所以就直接计入该国家/地区的域名数了。

文献[14]的图3给出了顶级域（包括通用顶级域名和国家/地区顶级域名）下的注册域名数大于10 000个的国家/地区的情况，每个国家/地区用一个红色的圆圈来代表，圆圈的大小表示域名数的多少，而圆圈填充的颜色深浅则表示该国/地区的网民数的多少。圆圈越大，表示相应的国家/地区申请注册的域名数越多，颜色越深，表示其网民数越多。因此，我们能发现一个现象，有些国家/地区的圆圈不大，但填充颜色很深，比如印度，这就表明该国/地区的网民数很多，但注册域名数却不多；也存在相反的情况，比如瑞典，圆圈比较大，但颜色比较浅，这表明该国的网民数不多（人口基数本来就少），但注册的域名数却比较多。我们也可以看出，很大部分域名（约占78%）都是由欧洲或北美洲注册的，而这也意味着这两个区域在互联网内容生产和服务提供方面占有主导地位；相反地，亚洲各国/地区的域名注册数只占全球总数的13%，而拉丁美洲占5%，大洋洲占3%，中东和非洲合在一起才占2%。这样的差异也成为ICANN关注的一个问题，ICANN在2015年3月发布了一个提案征集通告，旨在帮助中东地区扩大域名的使用。

从全球平均的角度看，互联网用户数和注册域名数的比例约是10 ∶ 1，当然，不同国家/地区的情况差别很大，比如，美国大约每3个网民拥有一个域名，而西欧大约每5个网民拥有一个域名（虽然西欧的个别国家，如荷兰与瑞士已经达到每2个网民拥有一个域名的程度了）。相反，中国虽然号称已经成为世界上网民数最多的国家，但网民数与域名数的比例只有40 ∶ 1，从绝对域名总数来看，甚至还不及英国多（要知道英国的网民大约只有中国的十分之一，甚至还不到。）。当然，在中东和非洲地区，这个比例还要更低。

从这个可视化结果还可以发现一个现象，那就是在具有相似网民数的亚洲国家/地区注册的域名数都比欧洲国家/地区相对要少一些，比如，日本的网民数大约是英国的2倍，但注册的域名数和运营的网站数还不及英国的三分之一；意大利和越南的网民数基本接近，但是意大利运营的网站数是越南的7倍；乌兹别克斯坦的网民数要多于瑞士，但是注册的域名数还不到瑞士的1%！

域名背后实际上体现的是网站及内容生产，从上文的分析我们可以得出一个基本的结论，那就是：网民数多并不必然导致域名注册数多，也不必然导致内容生产多。从某个角度来说，我们更多的是内容的消费者而不是生产者。引申一下，我们要从网络大国变成网络强国，除了体现在技术方面，也应该体现在从内容消费大国转变成内容生产大国。

前面我们从静态的角度简要讨论了域名资源的分布及可视化问题，不过支撑域名使用和运行的是一个复杂的分布式的基础设施，一次成功的域名解析请求依赖于很多的环节和组件，如权威服务器、缓存服务器、本地解析器，以及连接这些服务器的网络等。DNS的正常运行对互联网的正常运行和服务至关重要，因此，也有许多学者从动态的角度研究了 DNS 的监控、运行和可视化问题。

基于欧洲网络协调中心（Reseaux IP Europeans Network Coordination Centre，RIPE NCC）部署的网络测量基础设施 Atlas 及其采集的大量分布式测量数据，克里斯托弗 • 阿明（Christopher Amin）等人开发了一个域名服务监控和可视化系统 DNSMON[15]。Atlas 在全球范围内部署了 2 万多个测量探针，测量系统根据有关策略通过这些探针对不同的域名发起解析请求，记录请求及响应的结果（包括是否解析成功、所用时间等），然后定期将结果数据汇总到一个集中的处理中心进行分析处理并可视化。经过这样的可视化处理，运行人员甚至一般用户，都能对整个 DNS 服务情况（包括故障和性能等）一目了然。图 7.7 给出了 DNSMON 系统的截图。

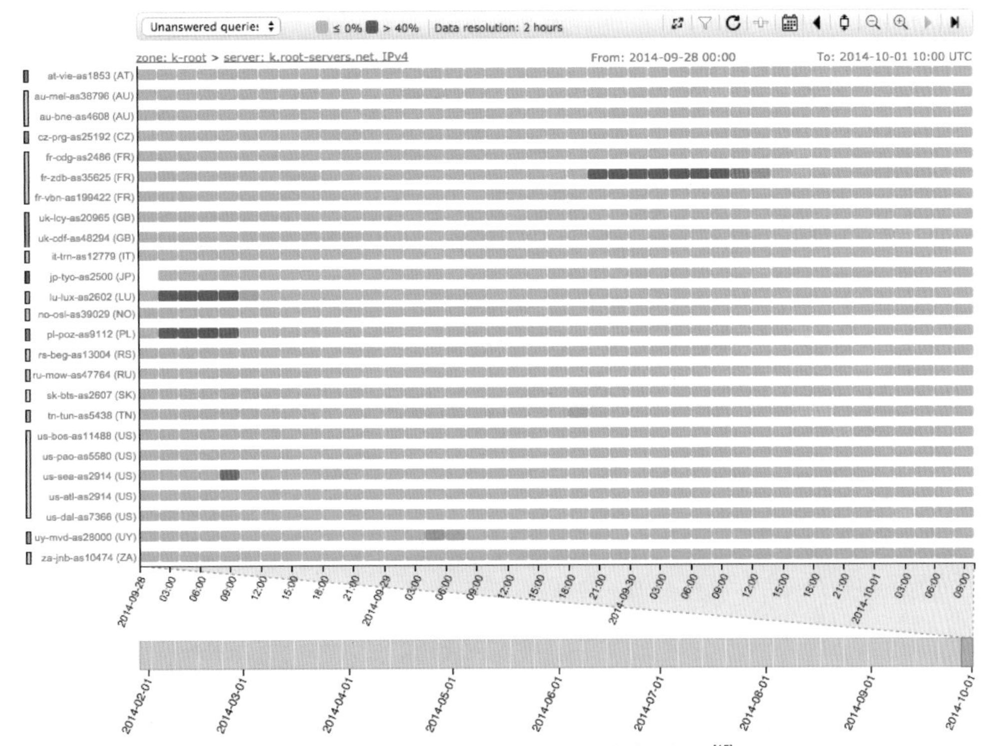

图7.7 DNSMON——DNS运行服务监控可视化[15]

DNS 在设计之初，在安全方面的考虑并不多，所以，在运行过程中发生各种安全和遭受攻击的事件屡见不鲜。为了增强 DNS 的安全性，DNS 安全扩展 DNSSEC 被提出来了，但 DNSSEC 的部署却是一个相对漫长的过程，至今也只有一部分 DNS 服务器及用户在使用。然而 DNSSEC 的部署和引入对运行管理人员却提出了更高的要求。为了帮助管理人员更好地理解 DNSSEC、其信任链及其依赖关系，方便管理人员更好地进行故障的识别和排障，凯西 • 德乔（Casey Deccio）等人开发了一个 DNS 的可视化工具——DNSViz[16]。该工具可以对 DNS 的域（zone）的状态进行可视化，以帮助管理人员更好地理解 DNSSEC 的部署情况，并进行故障的排查；它提供了针对给定域名的 DNSSEC 认证信任链的可视化分析，以及在 DNS 名字空间中的解析路径；还可以列出检测出来的配置错误等信息。图 7.8 是输入 edu.cn 域名后执行的结果。

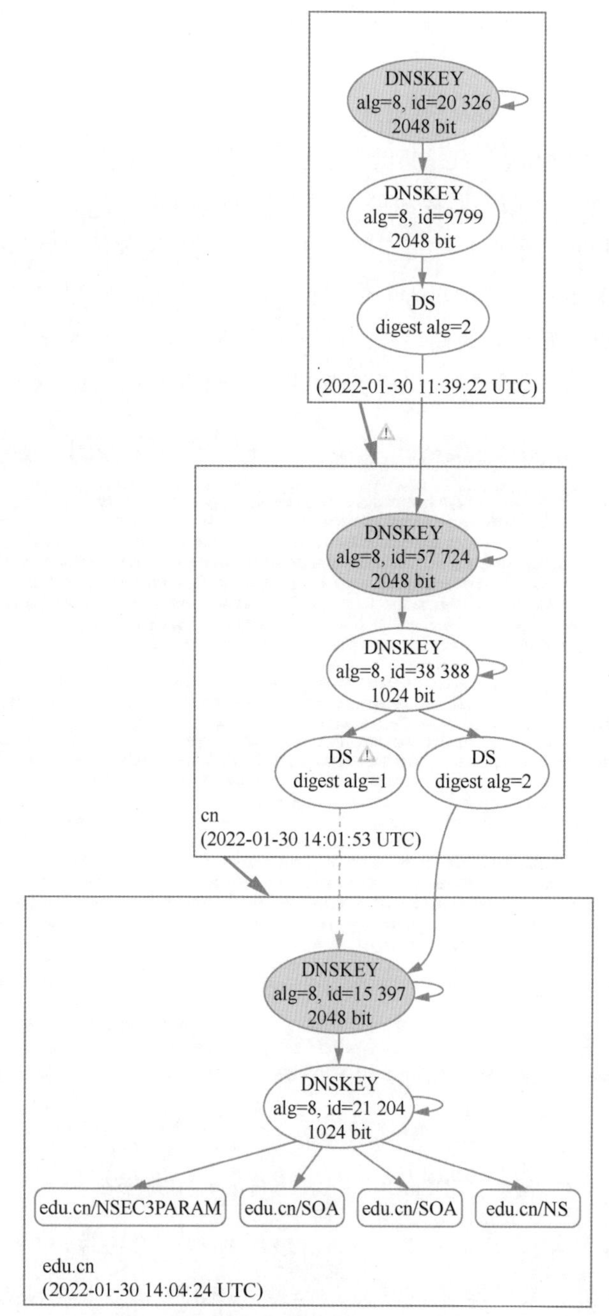

图7.8 DNSViz工具执行结果示意（执行url: https://dnsviz.net/）

7.2.5 有争议的研究

2012 年，就在网络安全问题日益突出的时候，一个匿名的黑客（或者黑客组织）也以某种不是很合法的方式对互联网进行了测绘，他们启动了一项名为“互联网普查 -2012”（Internet Census 2012）的项目。该项目利用一个由 42 万台联网设备构成的名为“Carna”的僵尸网络，在 2012 年 3 月至 12 月期间，对全球的 IP 地址空间进行探测，并据此绘制了全球活跃 IP 主机资源图[17]。黑客们还于 2013 年初公开发布了他们收集的数据集，一时间，在媒体和学术界引起了很大的争议。

其实，利用僵尸网络开展恶意的网络攻击由来已久，不过，这次这些黑客似乎并没想做坏事。此次他们借助的 Carna 僵尸网络实际上是他们自行构建的。根据他们自己的描述[18]，在利用 Nmap 脚本引擎（Nmap Scripting Engine，NSE）进行扫描工作的过程中，他们发现了互联网上有大量开放服务的嵌入式设备，其中许多设备都是基于 Linux 操作系统的，且这些设备要么是干脆没有口令保护的不设防设备，要么就是直接用工厂出厂时自带的默认口令，很容易被猜到。因此，他们就用这些设备构建了一个分布式端口扫描器，并对整个 IPv4 地址空间进行了扫描。他们还将这些被征用的弱口令或无口令设备集合称为 Carna 僵尸网络。这是这个项目被认为不合法的主要原因，也是引起争议的焦点所在。

抛开其不合法的因素，单从技术的角度看，该项目还是有不少可圈可点的地方的。首先这个 Carna 僵尸网络是有结构的，它包含一个用于数据采集和分析的中央服务器，以及许多用于具体数据采集的探针，还有一些用于在中央服务器和采集探针之间传输大块数据的中继。探针节点通过大量 Python 脚本对互联网上的其他主机的 Telnet 端口（23）进行扫描，将扫描结果传输给中继，中继再将这些数据转发给中央服务器进行集中分析处理。

该项目扫描采集的数据大致可以分为 7 种类型，包括基于 ICMP Ping 扫描获得的数据、基于反向 DNS 查询获得的相关数据、服务探测所得的数据、主机扫描数据、基于 SyncScan 查询请求的响应数据、基于 TCP/IP 指纹扫描的数据以及基于 traceroute 探测获得的结果数据等。这些扫描探测的单元技术，我们在第 3 章已经讨论过，这里不展开了。

值得说明的是，尽管该项目所涉及的技术路线存在争议性，但由于项目所有人公开了数据集，所以，还是有许多学者开展了跟进性的研究工作，特别是对数据集的真实性和可靠性进行了验证。结果表明，虽然数据集存在冗余或缺失等不足，但总体上还是非常有效和可靠的[19,20]。

7.3　网络空间拓扑可视化

网络拓扑是网络空间资源实体之间关系的主要表现形态，因此网络空间拓扑可视化是网络空间关系可视化的主要途径，也是长期以来研究和实践得较多的。这里我们从几个时空侧面来简略讨论网络空间拓扑可视化的研究历程，并聚焦于稍微具象一点的互联网拓扑可视化。

7.3.1　IP级互联网拓扑可视化

相信大家对于 4 个节点的 ARPANET 拓扑结构都不陌生，那是因特网的雏形。当然，那个时候，先驱们还是很容易“驾驭”网络节点之间的关系的，凭借一张不需要反映节点实际地理位置的逻辑拓扑图就足够了。此后，ARPANET 不断快速增长，对于实时了解网络拓扑关系的需求也逐渐增长，而且不仅仅是节点的逻辑关系，还希望包含节点的地理位置等信息。网站 https://exl.ptpress.cn:8442/ex/l/136d8916 给出了一张 1980 年 10 月制作的、带有节点相对地理位置的 ARPANET 拓扑图[1]。这应该算是一个非常典型的网络拓扑可视化的早期例子，展示了大约全网 70 多个节点以及节点之间的链路，这里的节点在当时叫接口报文处理机，实际上就是今天的路由器，这些节点连接了几百台计算机和几千个用户。

这张图最显著的一个特征是其节点大多集中在美国的西海岸（主要是加州）和东北部，中部内陆地区零零散散有几个节点，其实这倒是真实地反映了当时获美国军方资助的主要研究机构就集中于东西海岸地区这一情况。制图风格总体上以简单和功能性为主，用弧线和节点表示（其实这也是各类形式的“网络”所通用的表示形式，不只是计算机网络如此）；为了表达不同类型的节点，图中也采用正方形、三角形和菱形等不同的形状和符号。图中左右两侧（美洲大陆以外）还示意性地画出了夏威夷、伦敦及挪威等节点，这也符合当时的实际情况。当时为了测试基于卫星的无线通信能力，ARPANET 确实已经连接了夏威夷大学、伦敦大学学院还有挪威的一个机构。

随着 ARPANET 转型为以支持学术研究为主的互联网，以及互联网的商业化，互联网的规模呈指数级快速增长，对互联网拓扑探测及其可视化的需求更加强烈。

1997 年，当时在朗讯公司贝尔实验室工作的威廉•切斯维克（William Cheswick）和哈尔•伯奇（Hal Burch）启动了互联网测绘项目“Internet Mapping Project”，该项目自 1998 年以来基于 traceroute 工具采集和保存了大量的路径路由信息，并开发了一个可视化工具，将互联网节点之间的互联关系以可视化的方式显示出来，由他们开发并绘制的互联网拓扑结构图后来在互联网上广为传播[21,22]。图 7.9 是其中的一幅图。这可以说是互联网拓扑关系可视化的真正开端。

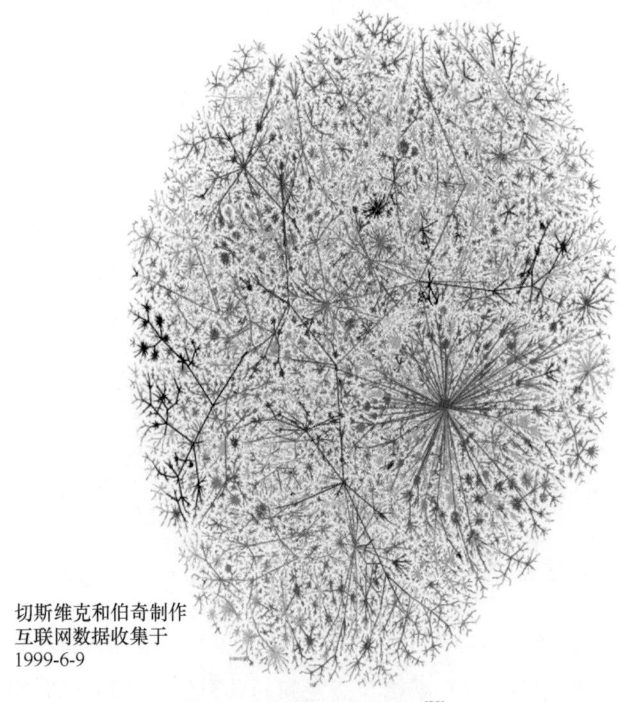

图7.9　1999年时的互联网[22]

注：节点的颜色试图将具有共同网络地址前缀的节点（也许来自同一个公司的主机）“聚合”起来。

[1] 这张图目前收录于美国计算机博物馆。

从信息收集的角度来说，该项目涉及的技术并不复杂，主要基于 traceroute 命令，从多个探测节点向从 IP 地址空间中选出来的有代表性的目标地址发起探测请求，并记录所有的探测结果，然后进行融合分析，构建出节点之间的连接关系。

基于上述项目的成果，后来还孵化出了一家名为 Lumeta 的科技公司（2018 年被从事安全工作的 Firemon 公司收购），专门为政府和公司做网络测量测绘。尽管 2006 年切斯维克离开了 Lumeta，不过公司还在继续对 IPv4 和 IPv6 网络进行测绘。

也是在 1997 年，以互联网测量和分析为主要任务宗旨的互联网数据分析合作组织（Cooperative Association for Internet Data Analysis，CAIDA）在加利福尼亚大学圣地亚哥分校超级计算中心成立，对网络测量的相关理论和方法展开系统研究。2000 年 CAIDA 的研究人员玄英（Young Hyun）开发了一款新的图形可视化工具 Walrus，该工具可在三维空间中交互式地显示大规模的有向图。通过光学上的鱼眼变形矫正技术，该工具提供了一种能同时展示总体效果和局部细节的能力。交互能力和局部放大显示的能力使得该工具具备从任何位置和角度观察大规模图形的能力[23]。

Walrus 采用基于双曲几何的一种空间形态，将图形投影到三维球体上，这是一种非欧空间，具有一种非常有用的变形特性，可使中间的元素显示得比边沿的元素更大。当选中某个节点时，该节点会被平滑地“移动”到屏幕的中心，其邻近周围区域会被放大显示，便于聚焦该节点及邻近周边的细节；而图形的其他部分也还基本可见，以提供有价值的背景信息。

Walrus 在开发之初定位于通用的可视化工具，旨在能处理百万量级的大规模有向图数据。当然互联网拓扑数据是非常典型的此类图数据，因此，基于 Walrus 对互联网拓扑进行可视化是非常合适的。图 7.10 是通过 Walrus 画出来的一个互联网拓扑快照，其数据源来自 CAIDA 的另一个项目 Skitter 采集的结果。图 7.10 包括超过 53.5 万个互联网节点和超过 60 万条链路，其中黄色圆点表示的节点是 IPv4 地址空间中活跃的 IP 地址对应的主机。

遗憾的是，随着项目的结束，由于没有进一步的经费支持，Walrus 工具自 2005 年以后就处于无人维护状态，不再活跃了。不过我们注意到，在 CAIDA 的网站上依然还能检索到相关信息。

2003 年，巴雷特 • 里昂（Barrett Lyon）开启了 Opte 项目，其目的也是要以可视化的形式生成更全面的互联网地图。里昂的一个初衷是以此作为互联网的辅助教学手段。尽管 Opte 项目不是第一个此类项目，而且早期这个项目也是基于 traceroute 工具来获取拓扑关系数据的。不过，随后里昂转向用 BGP 路由信息来绘制拓扑图，这使测量的开销可以减少一些。而且里昂定期将最新的图片都放在 Opte 项目网站上，2021 年他还制作了多个视频动画，展示了 1997 年到 2021 年期间互联网的增长情况、2019 年伊朗断网事件，甚至少量进入中国互联网的入口点等。因此，该项目受到了世界范围的关注，包括 *Time*（《时代》）、*New Scientist*（《新科学家》）杂志、康奈尔大学以及卡巴斯基实验室等都曾予以关注或引用。Opte 项目绘制的互联网地图也被一些画廊所收录和展出[25]。

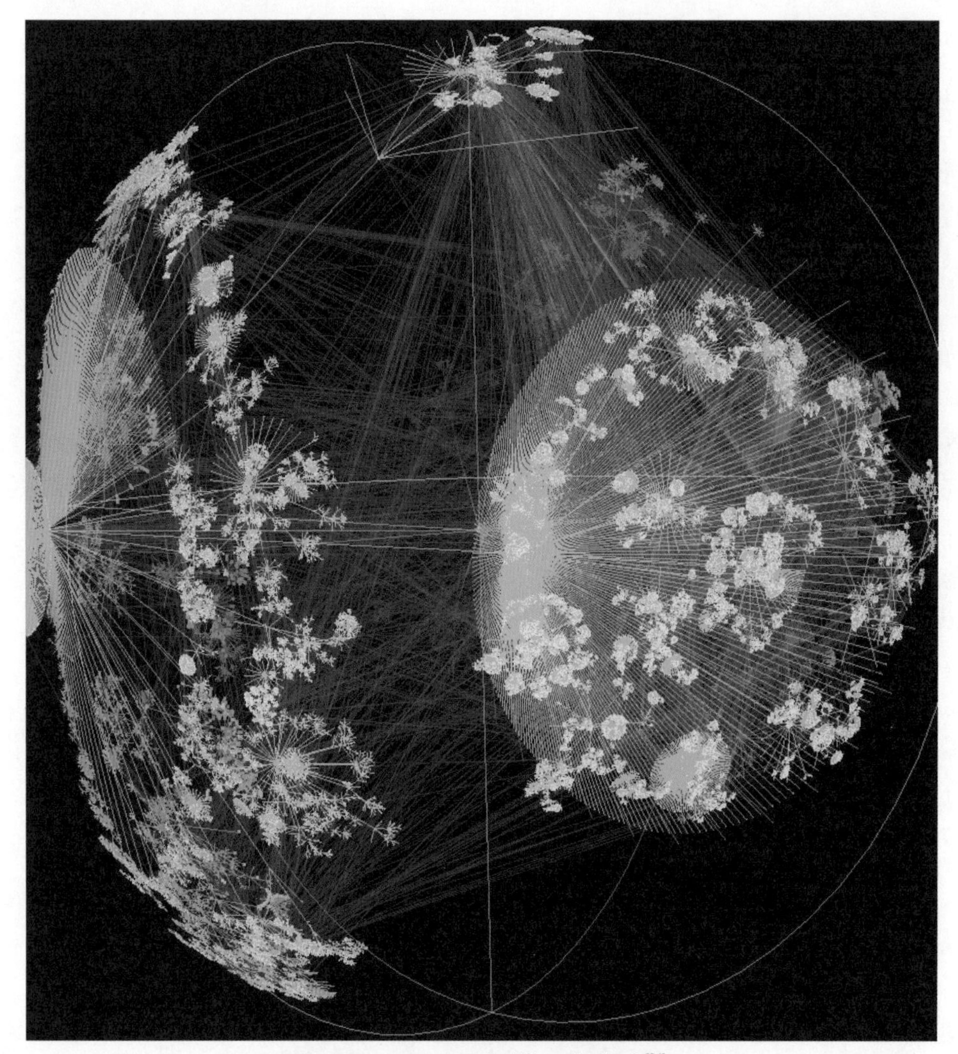

图7.10 Walrus工具生成的互联网拓扑[24]

7.3.2 AS级互联网拓扑可视化

前面提到CAIDA是为互联网的测量、分析而设立的专门组织。在开始基于IP级的互联网拓扑可视化后不久，大家很快发现，互联网的规模已经太大了，基于IP级的互联网拓扑将过多的细节信息反映到一幅图上，难以从整体上观察互联网的宏观结构。因此，几乎与此同时（2000年），研究人员就开始考虑生成AS级的互联网地图，甚至从某种角度说，在CAIDA语境下的互联网拓扑图更多的时候就是指AS级的互联网地图，而且基于AS级的互联网拓扑可视化更方便从视觉的角度展示互联网拓扑随时间的迁移变化[26]。

下面我们先简单介绍一下CAIDA的AS级互联网拓扑可视化的基本构图思想，然后从2000年的互联网AS级拓扑开始，分别选几个时间点来观察互联网的演进。

CAIDA的AS级拓扑尝试将所有的AS画在一个平面的“地球仪”上。这里每个AS都是有地理位置信息的，通常一个或者多个AS会对应一个运营商，每个AS也对应一个或多个IP

地址前缀，每个AS的地理位置信息可从其对应的IP地址空间的加权质心（centroid）推断出来[1]。因此，这个地球仪按照各个国家和所在的洲的经纬度进行组织，而对于同一经纬度（比如同一个国家）上的多个AS，则根据AS的连接度（表示和该AS对等连接的其他AS的数量）的大小进行放置，连接度越大，越接近圆心的位置；不同连接度的AS也通过节点（小方块）的大小以及节点和连线的颜色加以区分，比如，越靠近圆心位置的节点，其AS的连接度越大，相应的小方块也大一点，颜色也偏黄一些（蓝色代表的连接度最小）。

CAIDA的AS级拓扑测绘早期是基于一个叫作Skitter的工具来采集数据的。Skitter于1998年作为一个主动探测工具发布，旨在分析互联网的拓扑和性能，2005年启动了新一代的拓扑测量基础设施项目Archipelago（简称Ark），2008年Skitter停止运行，相关工作全部迁移到Ark平台上运行。

图7.11所示是2000年10月，基于Skitter测得的互联网AS级拓扑关系，涉及626 773个IP地址、1 007 723条IP链路、全球可路由IP地址前缀的52%；包含7563个AS（占当时Route Views[2]收集的BGP路由表中出现的AS数量的81%）和25 005个对等会话。

CAIDA IPv4 AS核心
AS级拓扑关系
2000年10月，由Skitter绘制

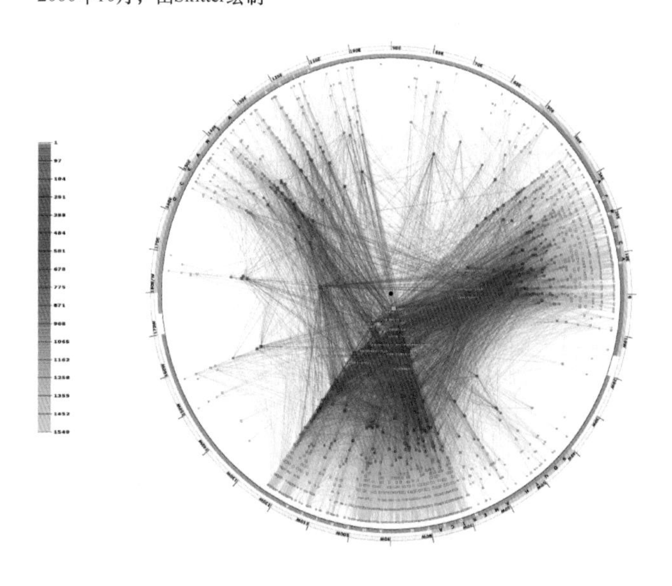

图7.11　2000年10月互联网AS级拓扑关系[26]

图7.12所示是2017年2月，基于Ark测得的互联网AS级拓扑关系，涉及约5×10^7个IP地址和约3.6×10^7条IP链路；包含47 610个AS及148 455条AS链路。测绘的数据来自部署在全球6大洲的42个国家的121个探针。

1　在IPv4网络下，多个公司维护着各自的IP地理信息数据库，提供商业化的服务，如NetAcuity等。

2　Route Views是由俄勒冈大学建设和运行的一个BGP路由信息采集和测量的基础设施项目，目前还在运行。

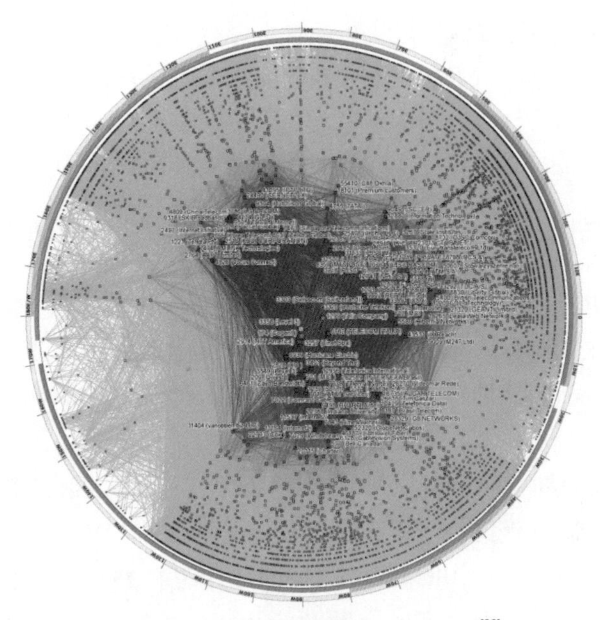

图7.12　2017年2月互联网AS级拓扑关系[26]

图 7.13 是 2020 年 1 月，基于 Ark 测得的互联网 AS 级拓扑关系，与 2017 年 2 月的测量结果相比，AS 增加了 13 680 个（增长率为 32.91%），AS 链路增加了 37 618 条（增长率为 30.07%）。观察到的 IP 地址数量增加了 13 622 753（增长率为 38.80%）。测绘的数据来自部署在全球 6 大洲的 42 个国家的 121 个探针。

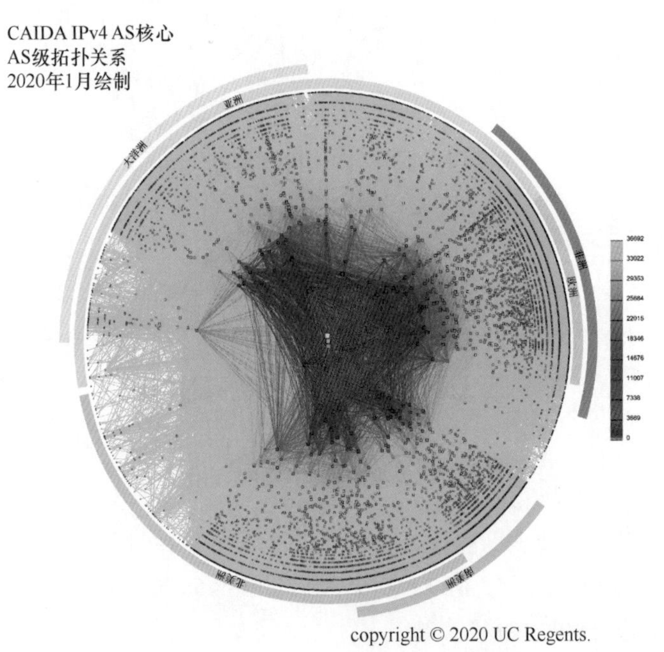

图7.13　2020年1月互联网AS级拓扑关系[26]

7.4 网络空间事件可视化

网络空间事件可视化是指将复杂、动态的网络空间事件（通常是与安全相关的事件，所以在后文中如不特殊说明，当我们提到网络空间事件的时候，默认就是指网络空间安全事件）按照行为主体、客体和影响等，分析网络空间事件发生的驱动因素、内外部环境、发展和演变的过程等，实现网络空间安全事件的态势感知和预警预报，并在网络空间地图上进行画像和动态展示的过程。

网络空间安全事件可视化分析以具有地理信息特征的海量网络安全事件为基础，通过资源化整合，将网络大数据转化为网络安全事件信息资源，并借鉴地理学空间分析方法与技术，对网络空间安全事件的时空分布特征和网络集聚特征进行分析展示。针对某一类网络空间安全事件，综合考虑该类事件的物理属性、社会属性和地理属性，获取与该类事件相关的网络空间要素集，在空间尺度上以该类事件为主体，以相关的网络空间要素集为该类事件的特征向量，采用机器学习算法对该类网络空间安全事件的风险进行模拟分析，预测该类事件的风险分布[4]。

网络空间事件的可视化在网络空间态势感知、网络空间动态以及网络空间战地图绘制的理解等方面具有十分重要的作用。本节从上述 3 个方面试图以点带面地简略介绍一下网络空间安全事件可视化方面的一些研究进展。

7.4.1 网络空间态势感知和网络事件可视化

网络空间态势是指被监视网络的总体安全运行状态，在指定时间窗口内遭受网络攻击的情况，以及对网络安全总体目标的影响等。一般来说，安全态势信息由时间维度和空间维度两个方面构成。因此，网络空间态势感知涉及对目标网络环境及设备实体的状态感知、网络空间发生的相关事件的理解以及短期内的未来状态的预测等。

因此，网络空间态势感知系统应该至少需要以下 4 个方面的能力：

（1）理解并可视化目标网络的当前状态，以及目标网络环境的防御姿态；

（2）识别目标网络中哪些组件或实体在完成关键功能上是重要的；

（3）理解攻击者可能采取的破坏目标网络关键组件的行动；

（4）确定在哪里、从哪些方面找寻识别恶意活动的关键指标。

因此，网络空间态势感知涉及不同来源的数据的规范化处理、冲突消除以及关联等，需要具备分析数据和显示结果的能力。可以说，态势感知是信息安全保障通用运营框架中不可或缺的一部分，这样的框架需要提供目标网络状态（及防御举措）的图形化、统计性以及分析性等多方面的视图。网络安全分析人员及决策人员需要有能及时评估和理解构成目标网络的各网络实体状态的工具，这样的态势理解需要以多个粒度、不同的层次来呈现：

（1）展示目标网络与系统健康情况的顶层；

（2）探究针对目标网络不同组件的攻击威胁场景；

（3）展示其他可识别或者之前未曾见过的异常活动的更多局部细节。

近年来，网络空间安全态势感知在政府部门和工业界都得到了空前的关注，在各种场合被频频提及，但网络空间安全态势感知系统和平台长成什么样子，到底该怎么做，则似乎还处于盲人摸象的状态。好在近些年来，网络空间安全态势感知在学术界也有一些研究了，限于篇幅，本书不打算就此展开论述。事实上，已经有学者对这方面的研究做了比较详细的综述，感兴趣的读者可以参阅文献 [27]。

本节关注网络空间安全事件可视化的主题，事实上，网络空间安全态势感知可以说是十分综合地体现了安全事件可视化的需求。其实网络空间环境下的可视化研究也并非始于今日，甚至早在 2012 年就有学者对网络安全的可视化技术研究工作进行了综述[28]。这些综述文章不仅提供了该领域的总体情况介绍，也提出了根据不同维度组织和归类数据源及可视化技术的方法。其中一个维度是根据数据源来分类技术，网络空间态势感知的数据来源众多，有网络流量、安全事件、用户及资产上下文（如漏洞扫描或身份管理等）、网络活动、网络事件以及日志事件等。另一个维度是考虑具体用例，包括主机 / 服务器监视、内部 / 外部监视、端口活动、攻击模式以及路由行为等。在这些综述性文章中，还举了很多面向不同数据来源和不同用例场景的可视化技术实例，综述文章的作者还在各自的“未来工作”章节中提出了态势感知及其可视化需要进一步研究和解决的问题。我们也注意到，许多可视化系统试图将重要的态势进行优先级排序，并基于对网络中生成的大规模数据的归纳总结来预测关键事件。他们还对态势感知和态势评估（situation assessment）进行了区分，将态势感知定义为一种知识状态（a state of knowledge），而将态势评估定义为获得态势感知的过程。将原始数据转换为可视化的形式是态势评估的一种方法，旨在向分析人员更好地展示信息，从而提高他们的态势感知能力。

Dang 等人也对安全可视化技术进行了综述[29]，他们的综述范围主要聚焦在基于 Web 的环境。他们基于系统运行的位置将可视化系统分类为客户侧系统、服务器侧系统和 Web 应用。客户侧系统相对简单，主要关注防御 Web 用户免受诸如钓鱼等的攻击。服务器侧系统则是为系统管理员和网络安全分析人员设计的，对系统使用人员的技术能力有一定的要求。这类可视化系统通常规模比较大，也更复杂，主要聚焦于可向网络安全分析人员展现网络多种特性的多变量显示。事实上绝大多数网络安全可视化工具都属于这个类型。最后一类可视化系统是 Web 应用，这类系统则更为复杂一些，因为其涉及 Web 开发人员、管理员、安全分析人员以及端用户等。

Dang 等人也从其主要目标的角度对服务器侧系统的可视化工具进行了分类，分为网络管理、网络监视、网络分析和入侵检测等；还根据可视化的算法进行分类，分为像素（pixel）、表（chart）、图（graph）和三维（3D）；最后，还根据数据源进行分类，分为基于网络分组流量、基于流数据（netflow）、基于应用生成的数据等。当然，实际情况要比这个划分复杂，因为很多系统是多种技术并存的，所以很难正交。还需要说的是，新的安全态势感知可视化系统将不断涌现，本书也无可穷尽，所以，我们也只能保持一种开放的心态，随时关注本领域的最新进展。

蒂姆·巴斯（Tim Bass）是一位资深的网络安全专业人士，多年以来致力于网络空间安全态势感知及可视化的研发工作。在结束本部分介绍之前，我想借用他的一个案例来进一步说明网络安全事件可视化的重要性。

作为专业人士，巴斯曾负责管理和维护某个技术网站，但不知从何时起，该网站的访问越来越慢。究其原因，好像是有许多来自某个网段的“不明觉厉”的请求不断地从网站拉取大量的数据，加重了网站的负担，拖慢了其速度。这样的行为严格说还算不上是DoS攻击，但其效果也与DoS攻击差不多了。因此，巴斯的第一反应是将该网段设置为禁止访问。

不过，随后，巴斯将网站的用户数据进行了可视化，形成一种全新的观察模式。这种全新的观察模式非常清晰（图7.14和图7.15分别给出了僵尸网段封禁前后的网站访问模式）。最重要的是，由于之前从未接触过这样的观察模式，好奇心大发的巴斯又进行了深入的调查，发现其他网络管理人员也曾遇到过同样的问题。

图7.14 存在大量僵尸网段的网站访问模式[30]

简而言之，有个网段上的不少主机被“征用”为类似僵尸机的流氓节点（rogue bots），这些流氓节点在主机的合法主人不知情的情况下发起了针对网站的大量请求，导致网站的正常访问性能下降。所以，当将该网段封禁之后，流氓节点的这些活动就迁移至另一个网段，并被伪装成正常的用户流量了。从这个例子中，我们是否感受到了网络空间事件的可视化对于网络管理、网络空间态势感知的重要性了呢？！

图7.15 僵尸网段被封禁后的网站访问模式[30]

7.4.2 网络空间动态可视化及分析

网络空间和平研究所（CyberPeace Institute）是一家成立于瑞士日内瓦的技术型非政府组织机构，该机构的使命是确保人类在网络空间中的平等的尊严和安全的权利。该机构不久前和另外一个名为Kineviz[1]的团体合作发起了一个网络空间安全可视化项目Genesis，旨在对快速变化的网络空间安全事件的模式及趋势等进行可视化，使网络空间威胁情报更易理解。借助图数据库和交互式数据可视化技术，Genesis用清楚和引人入胜的视图来表达网络空间威胁的范围，解释网络空间安全的状态。这个项目被认为构建网络空间威胁可审计性框架的启动性项目，同时也强调了网络安全作为我们的集体责任的重要性[31]。

网络空间的和平首先需要我们知道网络空间攻击的全部影响，并使攻击者的行为可审计和追踪。在网络空间安全快速变化的环境下，网络威胁情报分析的基础设施必须也要快速演

[1] Kineviz是一个由科学家、工程师和艺术家等组成的非营利性的技术团体，专注于大规模复杂数据的可视化方面的研究和技术服务。

进。Genesis 项目尝试通过交互式和直观的数据可视化技术来对公开的安全事件数据进行网络威胁的可视化。项目人员分析的数据来自 VERIS 社区数据库（VERIS Community Database，VCDB）。VCDB 是一个免费开放的、由公众报告的安全事件库，该事件库以事件记录与事故分享词汇（Vocabulary for Event Recording and Incident Sharing，VERIS）格式来记录。VERIS 是一种以结构化和可重复方式描述安全事件的通用语言，能够通过多重视图聚合事件数据。

VCDB 是一个没有任何限制的、详尽的、关于安全事件的原始数据集，因此，足以支持研究团体的研究和相关公司的决策。不过，尽管如此，还是需要说明，数据集存在的一些偏差（bias）一定程度上影响了结果。首先，VCDB 的数据主要来自美国的安全公司和实体，因此，报告的安全事件也主要是和美国相关的，而且主要是和健康领域相关的；由于事件传播和归档消化的延迟，近两年来 VCDB 似乎比前些年更不完备了。

1. 安全事件初步统计分析

在 VCDB 中有 9000 多个记录描述了 6500 个安全事故（incident），涉及 1500 种事件（event）类型。由于事件是由众多安全企业上报的，不同企业对安全事件的记录无法整齐划一，留下了许多空白字段，因此，研究人员决定先分析填写较完整的动作（action）属性。通过集中填写较完整的威胁动作，研究人员开始跟踪这些威胁动作随时间相关特性的动态变化情况，即以时间序列直方图的形式量化威胁动作数量随时间的变化情况，如图 7.16 所示。

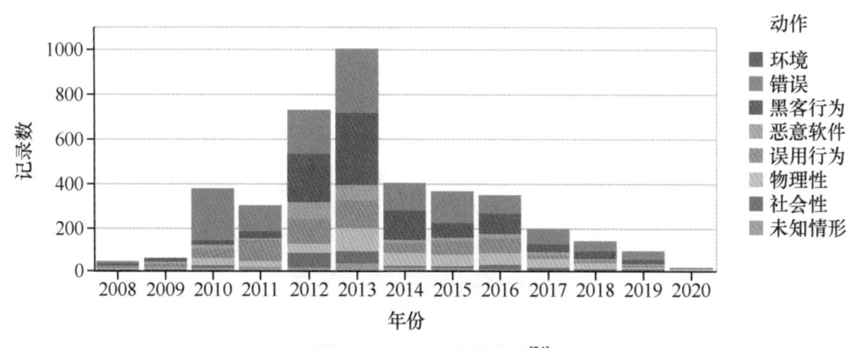

图7.16 VCDB事件统计[31]

图 7.16 给出了 VCDB 中 7 类主要的威胁动作（环境、错误、黑客行为、恶意软件、误用行为、物理性、社会性）从 2008 年到 2020 年的数量变化情况，该数量从 2008 年到 2013 年是逐年增长的，但 2014 年则大幅度下降了。

为了回答谁是这些威胁事件的最大受害者，研究人员评估了这些威胁事件对 9 个主要行业的影响情况。图 7.17 给出了主要受影响的行业，我们可以很容易地“读”出，公共管理部门（public administration）和卫生健康与社会救助部门（healthcare & social assistance sectors）分别主要遭受错误（橙色）和误用（紫色）威胁动作。有了这些信息，对于下一步采取更有针对性的安全措施是非常有指导意义的，比如重点加强针对哪些威胁动作的防御等。

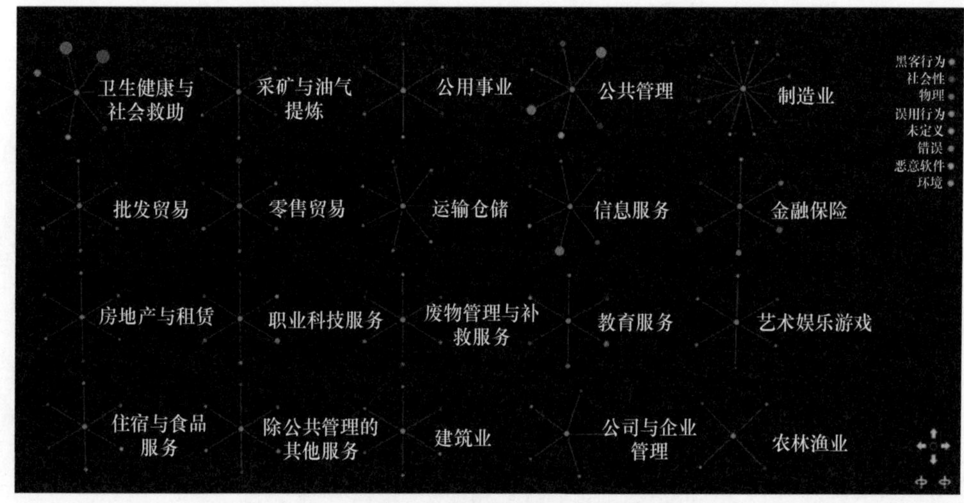

图7.17 威胁动作对行业影响的可视化分析[31]

2. 威胁事件的地理分布

知道这些事件由哪里引起以及它们对谁发起了攻击，只是整个安全防御战的一半。其实随着数据可视化，我们不仅能观察到攻击的集中火力点，也可以看出地缘实体之间的关系。在图7.18中，我们就看到了威胁事件反映出来的这种地缘政治关系，确认了一些知名的冲突（或潜在冲突）区域。图 7.18 中安全事件的多少用绿色圆圈的大小表达，蓝色的实心圆点表示国家，从绿色圆圈到蓝色实心圆点的红色弧线表示攻击的方向。在图 7.18 中，美国看起来成了被攻击的中心，主要原因应该是数据本身的偏差。前文已说明这里的数据只是由美国的安全企业提供的。

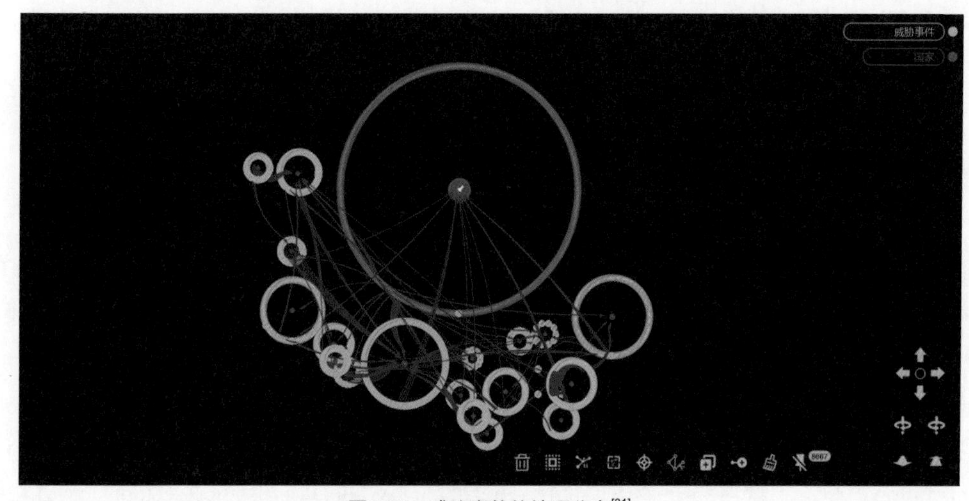

图7.18 威胁事件的地理分布[31]

当然，图 7.18 所谓的地理分布并没有真正的地理背景信息。事实上，我们是可以添加地理背景信息的，也就是将威胁事件的分布真正显示在 GIS 上，具体图片可从该项目的网站 https://exl.ptpress.cn:8442/ex/l/1aadbc32 获取。其中，橘色的小圆点表示国家，堆叠起来的蓝色小圆点表示威胁事件，这相当于把之前的二维空间扩展到了三维空间。这里从蓝色小圆点到橘色小圆点的绿色直线，表示对相应目标国家的攻击。（实际上，在Genesis项目的网站上还有从橘色小圆点到蓝色小圆点的红色直线表示的图，这里的橘色小圆点代表攻击发起的一方，限于篇幅，这里不再给插图了。）

应该说，这样的可视化图形为我们提供了很多网络空间安全治理本身和之外的信息，如果没有这样的图形，我们很难得到上面这些结论。当然网络空间安全的发展和演变非常迅速，上面所做的工作还很初步，要想让网络空间和平安宁，让网络攻击者无可逃遁，还有大量的工作需要去做。

7.4.3 网空战地图

最后我们再简单介绍一下网空战地图（CyberWar Map）项目，该项目是由美国的国家安全档案馆发起的。

美国国家安全档案馆（National Security Archive）是由一批新闻工作者和学者于1985年发起成立的，旨在检查新兴政府的保密性，设在乔治•华盛顿大学。美国国家安全档案馆具有多项职能，包括调查性新闻报道中心、国际事务研究所、美国政府的解密文件档案与图书馆等。

网空战地图项目对由国家资助和支持的网络空间攻击事件进行可视化，同时也给出了和每个主题相关的重要的网络空间政府文件的索引。点击地图中的每个节点将会显示相关的超链接及相关文件的描述信息，在某些情况下，当一些关键的分析涉及版权保护时，相关链接将被指到外部站点；当然也有些节点可能没有相关文件可供显示，所以该项目将是一个持续更新的项目，当有新的文件或者新的节点生成的时候，地图的内容将及时被更新[32]。

这是一种展示网络空间各行为主体、工具以及网络空间安全事件相关信息的非常有用的方法。网络空间作为未来电子战的主战场，其态势感知问题非常复杂，如何构思未来网空战场的俯视图极具挑战性。自然，这样的主题是非常适合用动态图形化的方式来展示的。

图7.19给出了网空战地图可视化系统的截图，图中以各国国旗显示的圆圈代表国家[1]，除此之外还有3类节点。其中蓝色节点表示相关国家的政府实体，浅绿色节点表示网络空间某个行为主体（actor），通常是指黑客组织等，红色节点表示事件。而不同颜色的连线代表的是节点之间的关系，诸如某个黑客组织对某个国家实施了什么样的攻击、政府部门和国家的所属关系、黑客组织和国家的所属关系（基地在某个国家）等。

如前文所述，当我们点击地图上的某个元素（不管是节点还是连线），将产生相应的超链接以及关于相关主题的文件描述等。比如，点击俄罗斯国旗图标，左边的区域就会显示关于俄罗斯的网络空间能力及相关项目的文件（该区域只显示文件名及非常简要的介绍说明，文件本身则是超链接，可点击查阅原始文件）；点击从该节点外连的直线（不同颜色的连线代表不同的意义，这里指橘色的连线），将会显示某个具体网络空间事件背后的行为主体或组织；点击该连线下一个节点则给出某个事件的名称（某类攻击），以及其攻击目标等，如图7.20所示。

[1] 应出版方要求，对原图做了适当处理，统一用黄色实心圆来示意。

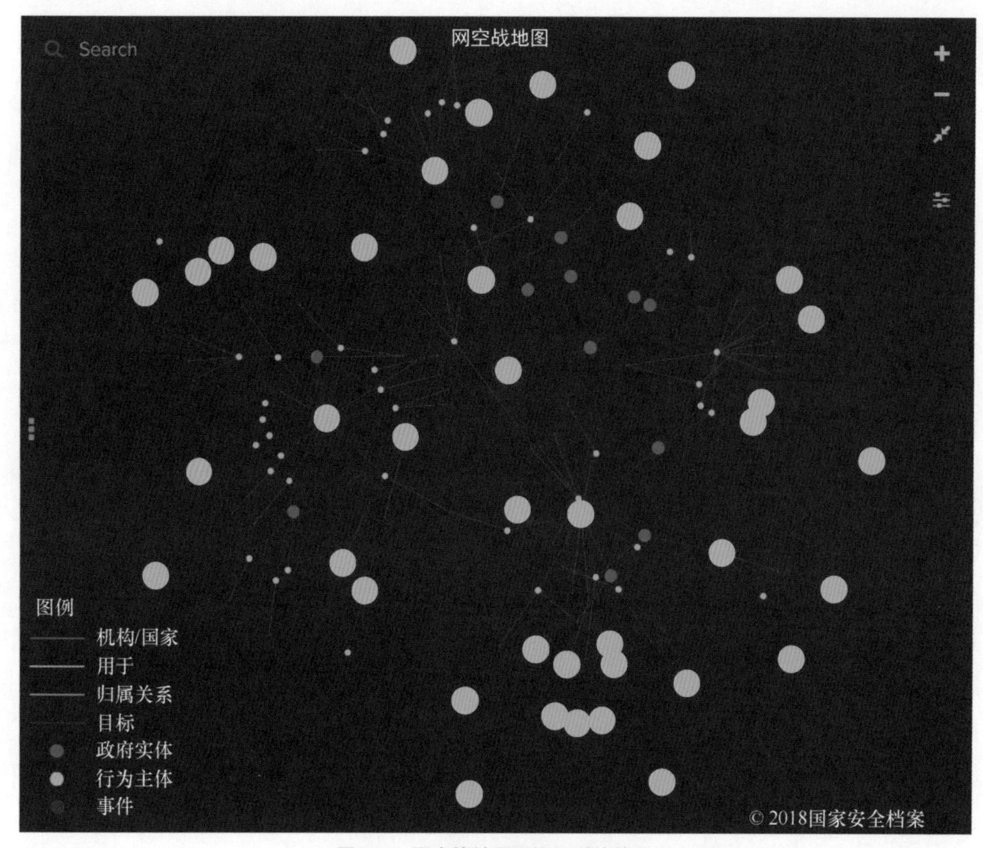

图7.19 网空战地图可视化系统首页

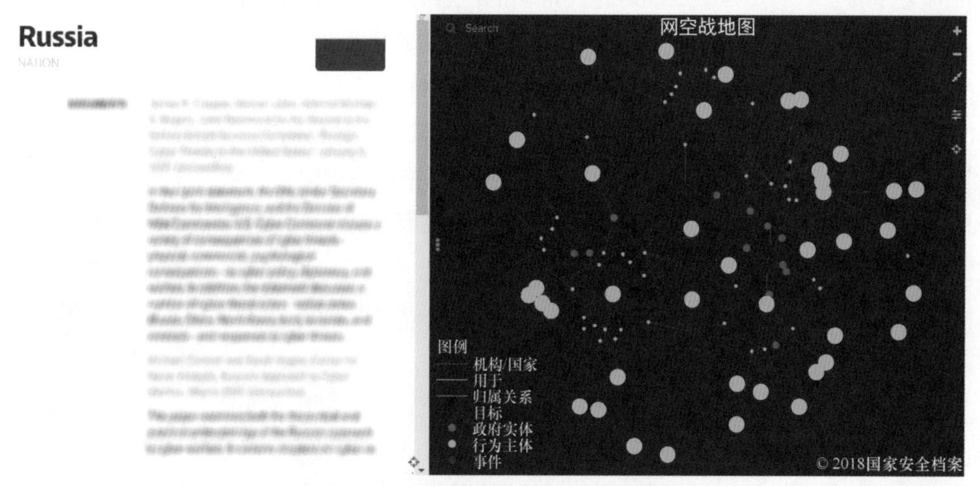

图7.20 网空战地图可视化系统使用演示

网空战地图项目试图从情报和档案的角度将各个国家的网络空间及安全战略情报、各国涉及网络空间治理相关的政府部门、目前为止重要的网络安全事件、网络空间其他行为主体（黑客组织），以及它们之间的千丝万缕的关系收集起来，并以可视化的方式展示出来。这确实能对未来网络空间电子战网络战提供非常好的情报支撑，而且项目主办方还表示将持续不断地补充和完善该项目地图。当然，需要说明的是，该项目研发的系统更多的是一种情报性的支撑系统，而不是反映网空战场实时动态的情况（不过，这是更具挑战性的任务）。

7.5 新型网络空间可视化技术

前面我们从网络空间资源、网络空间拓扑和网络空间事件等几个方面讨论了一系列网络空间可视化方面的实践，归纳起来基本上可以分为两大类，一类是不包含地理空间信息的纯粹逻辑关系的可视化，另一类是包含地理空间信息的可视化。这两类可视化路线都存在各自的不足，第一类就不说了。而包含地理空间信息的可视化最大的不足是地球的陆地面积相对海洋面积来说太小了。如果要严格在地理空间中反映网络空间的实体及其关系，我们面临的问题就是，一方面大量标识海洋的空间无法利用，另一方面，“拥挤”的陆地面积上要承载和展现大量的网络空间的实体。

基于这样的认识，卡内基梅隆大学软件工程学院道格拉斯•加德纳（Douglas Gardner）教授的团队在互联网可视化方面引入了新的思路。首先他们提出了互联网可视化应该具有的理想属性[33]如下。

（1）直观易懂。用户只需对互联网有基本的训练和理解，就应该能方便地用各类应用及地图显示中常用的显示技术来识别互联网资源实体的属性，诸如层次化关系、规模、尺寸、分布、所属国家、所属的域名以及声誉等。

（2）上下文相关性。显示的内容应该强调和互联网最直接相关的概念，如 IP 地址、网络连接性以及域的成员关系等。

（3）视觉的有效性。当从可识别子元素个体的粒度观看时，显示的内容应该最好地适配到合理的可视区域中，同时，不应将未用的空间包括在内；应该同时支持观察全球视图，也可在需要时细粒度地观察网络空间个体元素的细节。

（4）可预测性。网络空间实体之间的相对关系应该一致，而不是随机出现在不同的位置，这样可大大提升用户依靠视觉自我导航及阅读地图的能力。

加德纳认为，从互联网态势感知的角度来说，“国家”是一种相对比较合适的地理粒度，毕竟绝大部分国家层面的法律限制和管理需求都要求商业或政府组织能确定用户的来源国信息。在“国家”这个对象下，很自然地会想到用 AS、地址块（netblock）以及地址块下面的具体 IP 地址等来表达不同粒度的网络对象。AS 是由单个实体或组织管理的多个地址块的集合，是互联网最高层次的构成要素。（因为互联网就是由一系列的 AS 互联而构成的！）

加德纳团队提出的 Atlas 项目的目标就是基于互联网的这些构成要素，加上“国家”层次的要素，来构建一个具备上述 4 个方面属性的互联网地图。

其实加德纳团队最初开发的 Atlas 是一个用于显示互联网声誉研究结果的应用系统，旨在回答“我们能否显示互联网上我们的‘坏邻居’在哪里”这个问题。当然，具体开发的时候，该团队使用了一款商业游戏开发引擎，不过这个细节本身并不重要。

Atlas 实现了两种不同的映射技术，这里简单介绍一下第一种映射技术，即平行平面（parallel

plane）技术。平行平面技术将网络空间投射为两个层次化的平面，其中上层以六边形显示 ASN，下层以四边形显示地址块，AS 和地址块都以“国家”为对象单元进行组织，如图 7.21 所示。

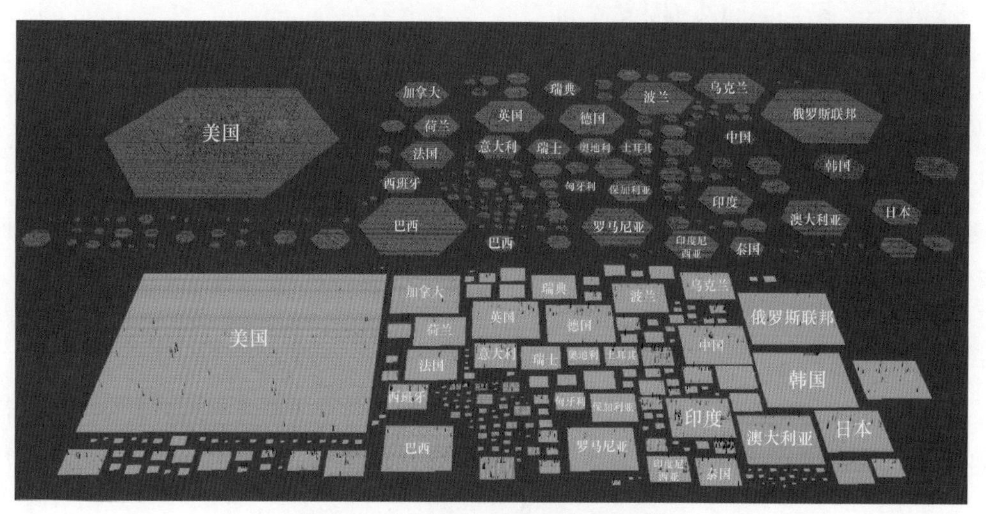

图7.21 Atlas平行平面网络空间地图[33]

上层表示 AS，根据 AS（背后的实体组织，如 ISP 等）注册的国家进行组织，依据各国注册 AS 的先后顺序及 ASN（理论上二者基本是一致的，也就是越早申请，ASN 越小）从小到大，从六边形的中心依次往外布局。越晚申请的 AS 越往六边形的外围布局，这样可使最内层的 AS 保持相对一致和可预测。每个 AS 用一个小的六棱柱来表示，其颜色和高度则由分配给该 AS 的地址块的数量来决定（地址块数量越多，六棱柱越高，颜色越深），这也算给 Atlas 赋予了某种三维特性。图 7.22 给出了地图的上层局部放大示意。

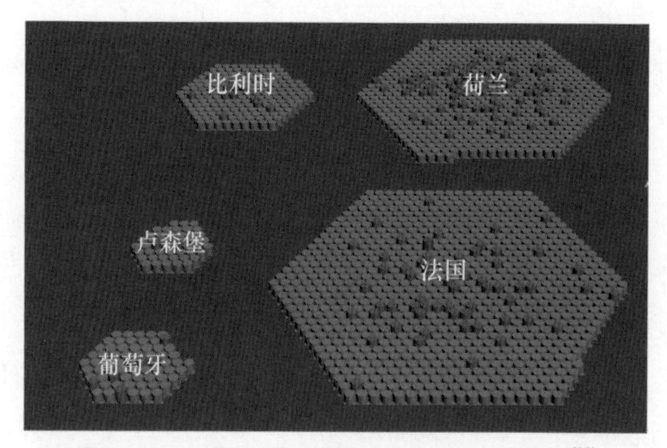

图7.22 Atlas平行平面地图的上层局部放大示意[33]

下层用四方形柱表示地址块。和 AS 一样，地址块也以国家为单位进行组织[1]。在一个国家内部，表示地址块的四棱柱依据 IP 地址前缀从小到大按行排列。不过在这里，柱的颜色和高度不一定完全按照地址块中地址的数量来决定，还可根据用户感兴趣的其他特定参数来灵活确定，

[1] 其实要将一个地址块地理定位到某个国家也是一项具有挑战性的工作，本书第6章进行了专题讨论。

比如该地址块的聚合声誉指数等。在当前实现的版本中，地址块就是用其声誉指数来表示的，这里的声誉指数是基于商业威胁情报公司报告的和该地址块相关的威胁事件总数来计算的。图 7.23 给出了地图的下层局部放大示意。

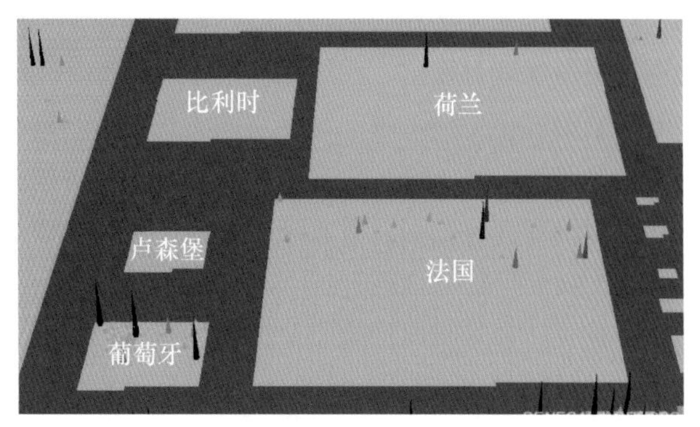

图7.23 Atlas平行平面地图的下层局部放大示意[33]

在这个可视化显示中，研究人员并没有严格遵循地理学的规范和约束。虽然两个层面的各个对象（六边形和四边形）都尽量体现了它们的地理属性，比如将相同洲的国家都安排在一起并体现它们之间的相对位置，同时也体现了各大洲的相对位置等，但把地球仪中的大片海洋“踢”出去了，这样能使有限的空间更好地聚焦于面向国家的网络空间表达。

这种映射技术有一个最有趣的能力（也是最有用的特性之一），即可将 AS 层面和地址块层面有机关联起来，如果我们从上层选择一个 AS，将会“激活”那些连接该 AS 与下层对应地址块的连线，立即展示出该 AS 支持的分布在多个国家的地址块。事实上，绝大部分的 AS 覆盖的地理范围都不止本国一个国家，所以，这样的可视化效果是非常有价值的。图 7.24 给出了选择上层美国图标后联动显示地址块的情况。

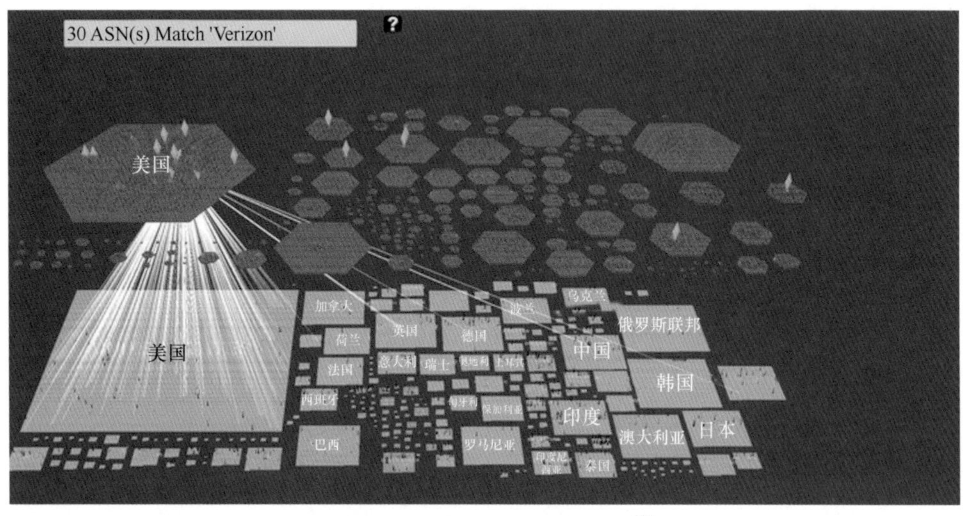

图7.24 Atlas上、下两层联动显示[33]

7.6 本章小结

本章在概述了网络空间可视化的意义和必要性之后，着重讨论了当前网络空间可视化的四方面研究工作，即网络空间资源要素可视化、网络空间拓扑可视化、网络空间事件可视化以及基于新型坐标系定义的网络空间可视化技术等。网络空间资源要素、拓扑及事件的可视化根据目的用途的不同可分为仅包含逻辑关系的可视化和包含地理信息的可视化，包含地理信息的可视化网络空间地图在网络空间治理管控方面具有更高的价值，当然生成这样的地图也需要更多的研究和工程投入。

新型网络空间坐标系是相关学者对网络空间表达的一种新尝试，基于新型坐标系定义的网络空间可视化试图在这类坐标系表达的网络空间和地理空间（国家或地区）之间建立准确的映射，这也算是一种有意义的探索。

本章讨论的内容更多的是网络空间可视化要做的工作，相关项目的可视化达成（或希望达成）的效果等，并未过多地从如何可视化等技术层面来组织内容。可视化技术本身有专门的人才队伍在研究，甚至网络游戏领域在这方面的技术都已经足够先进和发达，可以为我们所用。因此我们认为，网络空间可视化的现状是只有想不到，没有做不到！

参考文献

[1] COX K C, EICK S G, HE T. 3D Geographic Network Displays [J]. ACM SIGMOD Record, 1996, 25(4): 50-54.

[2] NSA/CSS Threat Operations Center. Bad Guys Are Everywhere, Good Guys Are Somewhere [R/OL]. (2014-09-14) [2022-02-04].

[3] 高春东，郭启全，江东，等．网络空间地理学的理论基础与技术路径 [J]. 地理学报，2019, 74(9): 1709-1722.

[4] 郭启全，高春东，郝蒙蒙，等．发展网络空间可视化技术支撑网络安全综合防控体系建设 [J]. 中国科学院院刊，2020, 35(7): 917-924.

[5] 搜狐新闻网．连接全球互联网的海底电缆究竟是如何分布的？ [EB/OL]. (2021-12-14) [2022-02-05].

[6] TeleGeography. Submarine Cable Map [EB/OL]. (2022-01-20) [2022-02-05].

[7] WOLFE J. The 3 Dimensional Internet Visualization Project (3DIV) [EB/OL]. (2011-04-08) [2022-02-05].

[8] VARGIC M. Halcyon Maps [EB/OL]. (2014-03-15) [2022-02-08].

[9] The Number Resource Organization . RIR Statistics [EB/OL]. (2022-01-27) [2022-02-08].

[10] 王永，李翔，任国明，等．全球网络空间测绘地图研究综述 [J]. 信息技术与网络安全，2019, 38(5):1-6.

[11] MUNROE R. Map of the Internet [EB/OL]. (2006-10-01) [2022-02-13].

[12] The Comprehensive R Archive Network. Visualizing IP Data [EB/OL]. (2021-11-12) [2022-02-11].

[13] ASTURIANO V. Hilbert Map of IPv4 Address Space [EB/OL]. (2020-06-08) [2022-02-11].

[14] GRAHAM M, SABBATA S D, ZOOK M A. Towards a Study of Information Geographies: (Im) mutable Augmentations and a Mapping of the Geographies of Information [J]. Geography and Environment, 2015, 2(1): 88-105.

[15] AMIN C, CANDELA M, KARRENBERG D, et al. Visualization and Monitoring for the Identification and Analysis of DNS Issues [C]//Grottke M, Mauri J L, Paleologu C, et al. The 10th Int'l Conference on Internet Monitoring and Protection, Brussels, Belgium: IARIA, 2015: 1-7.

[16] DECCIO C. DNSViz: A DNS Visualization Tool [C]//2010 DNS-OARC Workshop (2), Denver, CO, 2010.

[17] MASON B. Beautiful, Intriguing, and Illegal Ways to Map the Internet [EB/OL]. (2015-06-10) [2022-02-10].

[18] Anonymous. Internet Census 2012 - Port Scanning /0 Using Insecure Embedded devices [EB/OL]. (2012-12-20) [2022-02-11].

[19] SNOKE T, SHICK D, HORNEMAN A. Working with the Internet Census 2012 [EB/OL]. (2013-10-22) [2022-02-11].

[20] KRENC T, HOHLFELD O, FELDMANN A. An Internet Census Taken by an Illegal Botnet-A Qualitative Assessment of Published Measurements [J]. ACM SIGCOMM Computer Communication Review, 2014, 44(3): 103-111.

[21] BURCH H, CHESWICK W. Mapping the Internet [J]. IEEE Computer, 1999, 32(4): 97-98, 102.

[22] CHESWICK B, BURCH H, BRANIGAN, S. Mapping and Visualizing the Internet [C]//Brown A, Patterson D A. Proceedings of the USENIX Annual Technical Conference, San Diego, CA, USA, Jun. 18–23, 2000: 1-12.

[23] CAIDA. Walrus - Graph Visualization Tool [EB/OL]. (2020-12-17) [2022-02-12].

[24] DODGE M. What Does the Internet Look Like, Jellyfish Perhaps? [J/OL]. Map of the Month Magazine, (2001-03-20) [2022-02-12].

[25] Wikipedia. Opte Project [EB/OL]. (2021-09-26) [2021-12-21].

[26] CAIDA. CAIDA's IPv4 and IPv6 AS Core: Visualizing IPv4 and IPv6 Internet Topology at a Macroscopic Scale in 2020 [EB/OL]. (2021-04-29) [2021-12-21].

[27] ALAVIZADEH H, JANG-JACCARD J, ENOCH S Y, et al. A Survey on Threat Situation Awareness Systems: Framework, Techniques, and Insights [Z/OL]. arXiv: 2110.15747v1, 2021.

[28] SHIRAVI H, SHIRAVI A, GHORBANI A A. A Survey of Visualization Systems for Network Security [J]. IEEE Transactions on Visualization and Computer Graphics, 2012, 18(8):1313-1329.

[29] DANG K T, DANG T T. A Survey on Security Visualization Techniques for Web Information Systems [J]. International Journal of Web Information Systems, 2013, 9(1):6–31.

[30] BASS T. Visualizing Rogue Bot Networks and Bot Spammers [EB/OL]. (2017-03-03) [2022-02-14].

[31] SALAMATIAN L, LAW A, YANG W D. Dynamic Visualization and Analytics for Cybersecurity-Project Genesis [EB/OL]. (2021-05-19) [2022-02-16].

[32] National Security Archive. CyberWar Map [EB/OL]. (2018-06-06) [2022-02-16].

[33] GARDNER D. Introducing Atlas: A Prototype for Visualizing the Internet [EB/OL]. (2018-03-22) [2022-02-17].

第 8 章　网络空间测绘应用

8.1　概述

根据前面对网络空间测绘的定义描述和技术分析，我们知道网络空间测绘是通过网络测量、网络实体定位和网络连接关系及其他相关信息的可视化等理论和科学技术手段，对网络空间进行真实描述和直观反映的一种创新学科体系。网络空间测绘是比已广泛应用的网络测量技术内涵更丰富、涵盖面更广的概念，它包含网络空间实体域和虚拟域两个方面，主要目标是构建网络空间“地图”。通过大规模分布式探测平台构建技术、网络实体资源及其拓扑关系探测技术、网络虚拟资源及其关系探测技术、IPv6 网络探测技术等资源探测技术，融合分析技术、拓扑生成技术及网络组件关联技术、IP 地理定位与网络空间地理映射技术、网络运行态势综合分析技术等测绘分析与映射技术，逻辑图绘制技术、地理信息图绘制技术等绘制与可视化技术，网络空间地理学概念模型、网络空间资源标识方法、基于网络拓扑的网络空间表达模型、基于地理信息系统的网络空间表达模型、基于网络空间坐标系的表达模型等网络空间信息建模与资源表达体系等，实现对来源众多、类型各异的网络空间资源的全面测绘。网络空间测绘在当前全球网络空间具有愈发凸显的重要作用，是实现网络空间资产摸底的重要手段和方法，也是网络空间治理的前提条件，引起了学术界、产业界以及政府管理部门的高度重视。

本章从网络资产发现、暗网测绘、物联网设备漏洞和弱点发现、“挂图作战”等方面探讨网络空间测绘的应用。其中，网络资产发现是网络空间安全工作的基础，网络资产指网络空间中一切可能被潜在攻击者利用的设备、信息、应用等资产。网络空间测绘技术针对网络资产，通过扫描探测、流量监听、特征匹配等方式，动态发现、汇集资产数据并进行关联分析与展现，有助于提升网络资产风险预测和安全防护能力。暗网测绘针对暗网这一特殊的覆盖网络，通过测绘技术摸清暗网内部情况，有助于国家网络管理部门调查、分析暗网中存在的各类犯罪行为和内容，为针对暗网的网络威胁情报搜集与分析、非法市场取证、非法服务追踪与溯源等工作提供技术和数据基础。网络空间测绘技术还可以帮助网络管理者发现管理范围内的物联网设备和其他设备的漏洞和弱点，并可以持续跟踪相应防御措施的部署和应对情况。特别是物联网设备及其网络连接广泛的异构性，即插即用特性等。相较于传统网络资产，网络管理者更难以随时随地地掌握所有管辖的物联网设备的详细情况，更加需要网络测绘技术的支撑来发现、识别物联网设备，并进一步探测出其隐藏的漏洞等安全问题。“挂图作战”是我国有关部门为了响应网络强国战略目标而提出的促进网络安全综合防控体系建设的新要求和新方法。网络空间测绘关键技术通过整合网络空间服务发现与识别、网络拓扑发现、网络空间地理定位、可视化技术等关键技术，能够有效支撑和满足网络空间“挂图作战”的相关需求。

除了上述 4 类应用方向外，本章还将给出“网络空间资产测绘，构建网络空间资产导航地图”“物联网及视频系统探测，加强物联网安全治理”“关键系统及组件探测，增强供应链安全管理”“网络空间资产普查，资产威胁精准定位和审查评估”等网络空间测绘技术的真实应用案例，进一步证明网络空间测绘技术在当前网络空间治理所发挥的重要作用和具有社会、经济效益。

8.2 网络资产发现

本节将对网络资产发现的重要性，以及 4 种不同的网络资产发现路径分别进行详细介绍。

8.2.1 背景意义

资产发现是网络安全工作的基础。实际上，只有准确地知道哪些资产属于信息技术（Information Technology，IT）基础设施，才能进一步确保基础设施的安全。对任何组织而言，IT 安全态势的基石是准确了解哪些系统属于其 IT 基础设施。所有风险管理策略都基于对组织资产的全面了解。正因如此，美国国家标准与技术研究所（National Institute of Standards and Technology，NIST）网络安全框架中的第一个功能是“识别”，而该功能中的第一个类别是“资产管理”[1]。出于同样的原因，ISO/IEC 27001 信息安全标准提出需要识别与信息和信息处理设施相关的资产[2]。

首先要定义网络资产。ISO/IEC 27001 在其 2005 年的修订版中将资产定义为“对组织有价值的任何东西”。而 NIST 框架将硬件（“ID.AM-1：组织内的物理设备和系统”）和软件（“ID.AM-2：软件平台和应用程序”）都视为资产。这两个定义对术语“资产”采取了两种截然不同的观点：NIST 框架侧重于“硬”资产，即物理设备、系统、软件平台和应用程序。相反，ISO/IEC 定义还包括“软”资产，包括与组织员工有关的信息，如职位和电子邮件地址或业务和财务信息等。这里用于本应用方向的网络资产更偏向于 NIST 的定义。

资产发现的重要性是显而易见的，但资产发现在实践中充满了各种挑战。各个组织都一直在努力获得其资产的完整清单，却一直未能做到这一点。即使是中型组织也可以轻松部署数以万计的系统、软件平台和应用程序。这种资产清单是不断变化的，其中许多变化是计划外的或未记录的。“影子 IT”（shadow IT）的问题进一步放大了这一点。影子 IT 指各个组织的官方 IT 部门“不知道、不接受和不支持”的 IT 系统[3]。根据 Gartner 2015 年的数据，大多数组织约 35% 的 IT 支出在中央 IT 部门预算之外进行管理。所有这一切意味着任何集中的资产清单，例如信息技术基础设施库（Information Technology Infrastructure Library，ITIL）和国际标准化组织（International Organization for Standardization，ISO）程序中规定的资产清单，必然包含错误和遗漏。因此，识别这些差距的自动化技术对于管理者进行资产管理和防御网络攻击至关重要。

由于网络资产的重要性，有关该主题的学术文献浩如烟海。但是，很难通过一套众所周知的技术就完成对大部分资产的发现，特别是在当前各种异构物联网设备和应用层出不穷的环境下。目前来看，网络测绘技术是最适合网络资产发现的技术体系。网络测绘技术的一个典型应用就是网络资产发现，以及基于资产发现的资产管理。下面分别从 4 个方面，即从网络标识符（network identifier）发现网络标识符、从网络标识符发现网络资产、从网络资产发现网络标识符、从网络资产发现网络资产，对基于网络测绘的网络资产发现技术进行详细阐述。这里的网络标识符指 IPv4/IPv6 地址、域名 / 子域名、AS、BGP 前缀、IPv4/IPv6 前缀等能够标识网络服务或资产的标签。虽然我们的目标是发现网络资产，但是从网络标识符发现更多的网络标识符，或者从网络资产发现未知的网络标识符，有助于通过这些新发现的网络标识符更加全面和准确地发现网络资产。

8.2.2 从网络标识符发现网络标识符

从网络地址开始发现网络资产的技术是一种常见的，但肯定不是唯一的资产发现技术。这种方法相对简单，因为可以将组织名称输入常见的搜索引擎和数据库中，将其与组织注册的 IP 地址和网络相关联，包括可以查询包含 Whois、BGP 或被动 DNS 数据的数据库以获取相关字符串 [4-6]；或是使用通用搜索引擎来查找包含组织名称的域名；同样，可以在 SSL/TLS 证书数据库中搜索特定字符串提取相关域名，如果匹配正确，证书将包含有关组织的域名信息 [7]。图 8.1 是使用 Censys 查询谷歌搜索服务的证书（部分）结果。

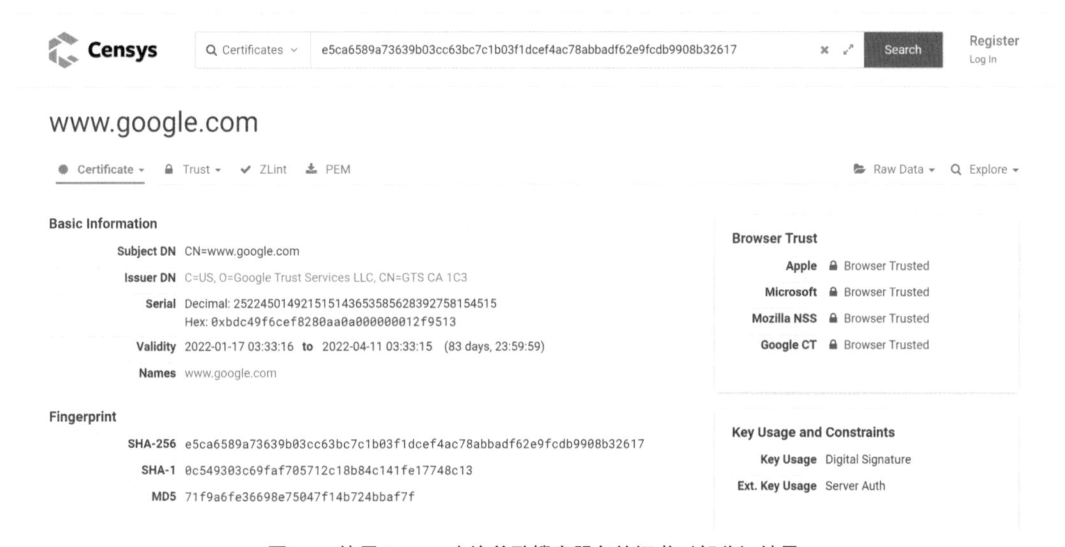

图8.1 使用Censys查询谷歌搜索服务的证书（部分）结果

需要注意的是，使用字符串匹配的资产发现技术必须应对假阳性，即不正确识别的情况。组织名称可能不是唯一的，或者与其他名称重叠。因此，名称与 Whois 或其他记录的匹配可能会错误地将名称相似的组织 IP 地址范围归属于资产发现范围内的组织。同时，一个组织可能拥有多个无法与其名称匹配的网络标识符，例如，在合并和收购期间，当时属于被收购实体的 IP 地址仍以旧名称注册。根据资产发现的用例，需要用不同的策略来处理不正确的识别。

网络标识符（如域名、IP 地址等）与网络服务或组织有着对应关系。因此，使用网络测绘技术进行资产发现的一个重要手段就是发现网络标识符资源[6-10]。在搜索给定组织的网络标识符时，一个常见的起点是给定组织的已知域名。DNS 的目的是将给定的域名解析为服务器的 IP 地址。使用 DNS 解析出 IP 地址不需要特殊工具。因此，DNS 提供了一个使用一个网络标识符来了解另一个网络标识符的简单示例。了解历史 DNS 解析可能是有益的，因为即使某个域名不再指向某个资产，该资产仍可能存在于先前域名所对应的 IP 地址中。这时可以使用被动 DNS 数据库。这些数据库包含不同解析器收到的 DNS 响应日志，可以使用提供的域名过滤被动 DNS 数据库中的条目，从而显示在某个时间点与该域名相关联的 IP 地址。被动 DNS 数据不仅对解析 IP 地址有用，管理者还可以利用被动 DNS 数据库执行通配符搜索以查找与目标域相关的子域，以找到潜在的阴影域，即在该合法域所有者不知情的情况下处于恶意攻击者控制之下的合法域的子域。该技术也与资产发现的目的相关。此外，这些额外的子域反过来可能会发现额外的 IP 地址。

域名所有者有时会尝试通过使用类似于反向代理的云安全服务商（Cloud-based Security Provider，CBSP）来保护其网站免受威胁，尤其是 DoS 攻击。在这种情况下，域名被定向到 CBSP 控制下的 IP 地址。然后，CBSP 将使用 HTTP Host 头域将 HTTP/HTTPS 流量代理到真正托管 Web 服务器的源 IP 地址。在这些情况下，纯 DNS 对发现“真实”源 IP 地址没有帮助。有一些网络测绘方法可以应对这种情况[10-12]，包括如前文所述的查询被动 DNS 数据库。对于不包含任何主机信息的协议（例如 FTP 和 SSH），隐藏源 IP 地址是有问题的。管理员可以选择创建一个直接解析到源或“真实”IP 地址的子域，而不是直接通过 IP 地址连接，以发现服务器的真实 IP 地址。另一种方法是搜索互联网范围内的 TLS 证书集合。使用云服务的域名通常会为在不同 IP 地址上托管的同一域名拥有多个证书，其中一个就是真正的源 IP 地址。此外，MX 或 TXT 记录等 DNS 记录有时仍会引用隐藏的源 IP 地址。通过请求这些 MX 和 TXT 记录，即使其 A 记录指向 CBSP，也可以揭示 Web 服务器的真实源 IP 地址。

虽然 IP 地址通常是网络标识符发现方法的输出，但它们也可以用作输入，如利用反向 DNS 从 IP 地址获取域名。IP 地址也可以映射到它们的 BGP 前缀或用于发现其路由通过哪个 AS。这些测绘方法包括手动方法以及自动方法。自动方法包括俄勒冈大学的 Route Views 项目，该项目使用放置在互联网上不同位置的探针来跟踪并公开 BGP 信息[13]；RIPE 路由信息服务（Route Information Service, RIS）是一个类似的工具，用于跟踪互联网如何路由流量[14]。Route Views 和 RIPE RIS 都有多种从一个网络标识符查找另一个网络标识符的用例。如利用 RouteViews 和 RIPE RIS 来查找与给定查询的 IPv4 地址相对应的已宣告的 BGP 前缀；使用 Route Views 和 RIPE RIS 数据集完成从 IP 地址到 ASN 的映射等。CAIDA 使用 Route Views 数据派生一个数据集（通常称为 pfx2as[15]），将 BGP 前缀（用于 IPv4 和 IPv6）映射到各自的 ASN；利用 CAIDA 的 pfx2as 数据集可以从 IPv4 地址查找 BGP 前缀，并将前缀映射到 ASN，或直接将 IP 地址映射到 ASN。

此外，CAIDA Ark[16] 数据也可用于查找路由器接口 IP 地址。CAIDA Ark 是一个测量平台，它收集互联网的 traceroute 数据以及其他测量数据。研究人员可以使用此 traceroute 数据来发现路由器 IPv4 和 IPv6 地址。虽然这种发现方法不像已知地址空间主动扫描那样针对所属组织，但如果组织的地址空间已知，研究者仍然可以将给定的路由器映射到组织。

8.2.3　从网络标识符发现网络资产

这方面的技术可以分为两类。第一类技术通过主动或被动查询 DNS 和 Whois 等数据库来实现，是识别可通过网络标识符访问的网络服务或资产的最直接方法之一。这些网络服务或资产的范围通常仅限于相关协议提供的记录类型，例如 DNS 服务器和邮件服务器（分别为 DNS NS 和 MX 记录）。第二类由互联网范围的扫描技术组成，此类技术利用现有的扫描工具，或创建识别网络服务的自定义工具或算法。因为第一类技术在发现网络服务方面的范围有限（基本上只有 Web、邮件和 DNS 服务器），第二类技术是非常必要的，它们不一定受到现有协议规范的限制，拓宽了搜索空间，让研究人员有更多的自由来寻找网络服务。这对于资产发现很重要，因为当前存在大量可以在网络上运行的附加网络服务，并且未来可能会有更多相关服务出现。

在第一类技术中，DNS 广泛用于互联网测量研究，在识别网络服务和资产方面也很有用，如使用某个域名查询名称服务器并提取 A、AAAA 和 NS 记录以识别 Web 服务器和 DNS 服务器，或查询 MX 记录以识别邮件服务器。此外，为互联网用户提供递归名称解析服务的开放 DNS 服务器，其可能的 IP 地址可以通过查询开放解析器项目（open resolver project）数据 [17] 来发现。

Whois 查询也被广泛采用，但由于缺乏标准化格式，此类数据的自动解析仍然是一个开放性问题。通过开发用于解析以域名为输入的 Whois 数据的统计模型，用户能够自动提取与查询域的名称服务器相对应的地址。相关研究 [18] 显示该模型解析“.com”域名的准确性超过 99%。对于“.com”之外的顶级域（Top Level Domain，TLD），准确性会降低。

第二类技术主要包括互联网范围的扫描工具，具体涉及端口扫描以及网络服务和资产发现，主要工具为 ZMap、ZGrab[19,20] 等。自推出以来，ZMap 的快速互联网范围扫描主要有如下 3 个特点。首先，ZMap 不会为了避免扫描网络饱和而限制传输速率，相反，ZMap 以网卡允许的速度发送消息。其次，ZMap 不会为每个连接维护状态以跟踪其扫描进度：由于目标是扫描地址空间的随机部分，因此扫描程序通过使用随机排列的 IP 地址来选择目标以避免存储先前扫描的地址；它通过在数据包字段中嵌入状态信息来跟踪连接超时。最后，ZMap 选择不重新传输丢失的数据包，虽然这会导致 2% 的网络覆盖损失，但这对“典型的研究应用”来说是微不足道的。大量研究使用此工具来识别可通过域名或 IP 地址访问的网络服务和设备。例如，扫描主机上的 443 端口以识别支持 HTTPS 的 Web 服务器；扫描 25 端口来查找运行 SMTP 的邮件服务器；通过 UDP 探测功能来发现 IKEv1 和 IKEv2 的端口以查找 IPsec VPN；扫描 21 端口发现 FTP 服务器；扫描 853 端口发现提供 DNS-over-TLS 的服务器；扫描大量 IP 地址，提取 Banner 并创建签名，以准确地检测和发现不同版本的蜜罐；使用 ZMapv6（这是一种扫描 IPv6 地址的 ZMap 变体版本）在端口 80 和 443 上执行 TCP 扫描，以及在端口 53 和 443 上执行 UDP 扫描以发现可能使用快速 UDP 网络连接（Quick UDP Internet Connections，QUIC）协议的 Web 服务器和 DNS 服务器。虽然 ZMap 使用端口扫描进行网络服务发现，但它无法发现有关网络服务的任何细节。

ZGrab 扫描工具则可以扫描主机上的端口以发现该主机上正在运行的服务。在发布时，ZGrab 支持扫描 IP 地址，以便通过以下方式识别 HTTP、HTTP 代理、HTTPS、SMTP、IMAP、POP3、FTP、CWMP、SSH 和 Modbus 等服务协议的握手启动过程。ZGrab 是可扩展的，这意味着它可以在必要时添加自定义协议。ZGrab 已被其继任者 ZGrab2 取代。作为对 ZGrab 的改进，ZGrab2 允许用户使用多种协议扫描多个端口上的目标。

Censys、Shodan 等搜索引擎使用上述这类互联网范围的网络和应用程序扫描工具来收集有关互联网上可公开访问的设备的数据。事实上，ZMap 和 ZGrab 本身就是 Censys 背后的扫描工具。在应用方面，可以使用 Censys 和 Shodan 扫描 80 和 8080 端口上的数据来确定该 IP 地址是否属于启用了代理功能的路由器；通过获取域名并爬取通常与 cPanel、Plesk、DirectAdmin 和 Virtualmin 关联的端口来发现服务器上存在的管理面板；利用来自互联网范围内的 DNS ANY 查询的数据来提取对应于同一域名的 A 和 AAAA 记录，识别可通过这些地址访问的网络服务（例如 SSH、Telnet、HTTP 等），这可以帮助通过观察多宿主的 IPv6 地址来确定在对应 IPv4 地址上提供哪些网络服务。但是，确定 IPv4/IPv6 地址对是否实际指向同一服务器并不简单，网络测绘技术可以提供可行的方案，例如利用 TCP 选项签名和 TCP 时间戳偏差等 TCP 层指纹来确定 IPv4/IPv6 地址对是否指向同一服务器；考虑网络延迟、TTL 值以及其他计算的特征，并与之前的指纹信息结合来发现 IPv4 地址的用途等。

8.2.4 从网络资产发现网络标识符

从网络资产发现网络标识符包含利用来自网络服务的信息（例如 DNS 记录）来发现网络标识符（例如 IP 地址）的技术。从网络资产发现网络标识符的最终目的是更广泛或更准确地发现资产，因为一些资产可能会隐藏在 CDN 或云网络后面。该技术通常寻求发现真实源 IP 地址（即位于 CDN 或其他云服务商后面的服务的真实网络位置），并通过利用可能配置错误的服务或其副产品（例如这些服务创建的文件）来实现。

知道相关联源 IP 地址的测绘系统可以绕过 CBSP 的保护，因为发送到该地址的流量不会通过 CBSP 安全基础设施进行路由。相关技术包括：利用与可能在主机中运行的服务相关联的 DNS 记录，例如，如果云服务商只转发 HTTP 流量，则 SMTP 服务器将需要与邮件服务器建立直接连接，从而泄露源 IP 地址。这里的 SMTP 服务器不仅是执行标识符到标识符的解析（域名到 IP 地址），而是提供了一个新的标识符（源 IP 地址）。又比如，当测绘系统伪装成辅助 DNS 服务器并向主 DNS 服务器请求区域记录时，可以使用（配置错误的）DNS 服务器的区域传输功能来获取区域记录（网络标识符）。除非主 DNS 服务器具有受限区域传输，否则它将强制把记录发送给测绘系统。再比如依赖于可能存在于主机中的特定错误配置服务寻找泄露的 IP 地址，例如，配置错误的服务所揭示的“敏感文件”（例如详细的错误页面或日志文件）将导致泄露。同样，如果处理不当，非 Web 协议也可能会暴露网络资产的真实源地址。一些 CBSP 充当反向代理，并依赖 HTTP Host 头域来分离不同客户端的请求，因此，不包含主机信息的协议（例如 SSH）可能不受支持。然后，管理员可以选择为直接解析到源 IP 地址的非 Web 协议创建子域，并使用基于字典的公共子域攻击来检索原始 IP 地址。触发出站连接的服务可能会导致类似的问题，因为连接可能无法通过 CBSP 路由并泄露源 IP 地址。

8.2.5　从网络资产发现网络资产

从网络资产发现网络资产主要指通过已有资产扩展、发现新的网络资产。如前文所述，DNS 是资产发现的基础，本节中的大多数技术也都是基于 DNS 的。由于 DNS 的基本作用，其安全性仍然是工业界和学术界的一个重要话题。从网络资产（服务）发现网络资产（服务）的具体技术方法如下。

（1）通过利用服务器的解析协作过程来发现 DNS 服务器，如设置两个检测 DNS，并向它们的权威 DNS 服务器发送两个查询。如果解析服务器是协作域名服务器池的一部分，则两个查询可能会从两个不同的 IP 地址到达权威 DNS 服务器，从而显示以前未知的 DNS 服务器。

（2）扫描 IPv4 地址空间以发现 DNS 服务器，通过发送精心设计的 DNS 请求以获取主机名，并记录到达权威服务器的查询，将 DNS 服务器配置为仅响应设置了 EDNS-Client-Subset（ECS）选项的查询，以使用 ECS 发现 DNS 服务器。

（3）通过注册自己的权威域名并部署自己的权威 DNS 服务器，及向扫描发现的 DNS 解析服务器发送构造的 DNS 请求并将来自 DNS 解析服务器的数据接收到其 DNS 服务器来探测 IP 地址空间。

（4）利用邮件和 DNS 服务器的发件人策略框架（Sender Policy Framework，SPF）功能，当电子邮件到达邮件传输代理时会触发 SPF 检查，邮件传输代理查询权威 DNS 服务器，从而揭示这些 DNS 解析服务器的 IP 地址。

（5）通过 QNAME 最小化来发现查询区域内所有可用的权威 DNS 服务器。

（6）通过使用服务器端请求功能，当 Web 服务器无法将探测到的服务器的响应解析为 HTTP 时，会返回一条错误消息，这些错误消息可以揭示哪些服务正在被探测的服务器上运行。

（7）使用 OpenSSL 在 Web 服务器上执行应用层协议协商（Application Layer Protocol Negotiation，ALPN）和下一协议协商（Next Protocol Negotiation，NPN），以发现服务器可能支持的众多协议等。

8.2.6　小结

资产发现可能通常不是网络测量研究的主要焦点。但是由于资产发现的重要性，它仍然被许多研究者关注。回顾之前的资产发现技术，2013 年出现的 ZMap 通过对 IPv4 地址空间进行详尽扫描，对资产发现过程产生了长期影响。向 IPv6 的持续迁移促进了对 IPv6 空间扫描的研究，但是 IPv6 地址空间的不可穷尽使得这方面仍然是未来研究的重点领域。一个趋势是 DNS 成为资产（尤其是网络服务）发现的中心工具，同样，DNS 也有助于定位 IPv6 网络资源，与 DNS 相关的资产发现技术可能会变得更加普遍。对于与拓扑相关的资产发现，CAIDA pfx2as 和 Route Views 数据近期已被广泛使用。此外，许多资产发现方法集中利用了不同形式的错误配置，并在互联网上进行大规模扫描与发现。

资产发现的目标决定了如何选择和组合各种技术，这些目标因使用者而异。渗透测试者可能只需要随机地发现一些易受攻击的资产，如通过被动技术，就可以完成自己的工作，在目标组织中站稳脚跟。系统管理员需要找到所有互联网可访问的系统以保护它们，并且没有理由避免使用主动技术。综上，资产发现是网络测绘最基础也最重要的应用，是许多其他应用的起点，也是学术界和产业界的关注重点，并且在可见的未来仍然面临诸多需要解决的挑战，如 IPv6 资产（服务）的有效发现等。

8.3 暗网测绘

本节将先对暗网进行简要介绍，然后对典型暗网系统洋葱路由（The onion router，Tor）的桥节点发现和隐藏服务分析分别进行详细介绍。

8.3.1 背景意义

网络空间成为继陆、海、空、天之后的第五大主权领域空间，网络空间安全已经成为国家安全战略需求的重要组成部分。按照可访问性来划分，互联网可分为表网（surface web）和深网（deep web），其中深网是指不能被标准搜索引擎索引的互联网内容；表网与深网相反，任何人都可以使用互联网访问。暗网（dark web）是深网的一部分，是只能通过特殊软件、授权、设置才能访问的互联网上的覆盖网络。以目前最流行的暗网系统 Tor 为例，截至 2021 年底，该暗网在全球范围每天有约 7000 个活跃节点、超 200 万用户和 12 万个暗网网站地址。由于其中存在大量涉及政府机密、暴恐、毒品买卖、金融犯罪、器官售卖、网络攻击等有害内容，暗网已成为全球网络空间安全治理难题和安全领域的研究热点。特别是近年来，暗网与比特币等区块链电子货币的结合，更加剧了暗网的流行和危害。国内外政府虽然对暗网犯罪进行了不遗余力的打击，但是并没有形成完整的技术体系，暗网非法网站也屡禁不止。

网络测绘技术虽然主要被用于对互联网表网网站和 IP 地址的探测，但是通过一些技术和技巧，对暗网依然具有很强的探测能力。事实上，由于 Tor 网络由许多志愿者节点组成，通过一定技巧性的探测，甚至能够发现比 Tor 运营者掌握的还要详细的暗网情况，如 Tor 中非公开的桥节点部署情况、暗网网站内容分类情况等。对暗网的网络测绘，一方面，有助于发现暗网网络结构和安全机制存在的问题；另一方面，也有助于各个国家的网络空间管理部门分析调查暗网中存在的涉恐、涉毒、涉黄等犯罪行为和内容。

本节将以目前规模最大的、在全球各个国家法律和技术争议也最多的暗网 Tor 为主要研究对象，对相关暗网网络测绘技术及应用进行讨论。这里首先对 Tor 的基本原理进行简要介绍。Tor，又称第二代洋葱路由，于 2004 年由美国海军实验室发布和部署，它在第一代洋葱路由的基础上，实现了 P2P 匿名通信架构，与第一代洋葱路由相比，安全性和性能都得到极大的提升。如图 8.2 所示。Tor 的系统和网络内部存在层次化的结构，包括目录服务器、中继（桥）节点和客户端这 3 层结构。其中，目录服务器是 Tor 的中心服务器，Tor 网络中包含一小组目录服务器及镜像服务器，由可信的第三方维护和运行。目录服务器负责收集 Tor 网络中的节点信息，并定期向用户发布最新的节点信息。中继与桥节点都是Tor系统中的转发节点，构成了Tor网络中的匿名通信路径。Tor声称中继与桥节点都由志愿者运行，其匿名通信协议相同。中继与桥节点最大的不同在于其资源发布方式不同：中继由中继权威目录服务器收集，并定期向全部用户完整地发布，Tor客户端程序会从目录服务器下载当前中继列表；桥节点则由桥权威目录服务器收集，通过邮件或网页方式向用户少量定向发布，桥节点只作为匿名通信路径的第一跳节点，其主要目的是对抗网络审查。客户端为使用Tor的普通用户，不提供任何转发资源。客户端在接入Tor网络后，首先从目录服务器下载最新的节点信息，用户也可以手动输入桥节点。之后，客户端通过一定的路径选择算法，选定（默认）3个节点构成匿名路径，并通过匿名路径与目标资源进行匿名通信。Tor匿名通信原理如图8.2所示，使用多层加密的方法搭建匿名线路，并隐藏通信关系。只有Tor客户端知道路径上3个节点的信息，而每个节点都只知道它的前一跳节点（或客户端）和后一跳节点（或目标资源）。客户端将发出的信息依次使用路径上3个节点的公钥分层加密，每个节点则使用自己的私钥解密信息的最外层，并将其发送到它的下一跳节点。最终，由第3跳退出节点将解密后的原始（明文）信息发送给目标资源，完成匿名通信。Tor还支持带有“.onion”顶级域的暗网服务，即所谓的隐藏服务。用户可以在随机选择的介绍点（introduction point）的帮助下，使用两个单独的Tor匿名链路通过集合点访问暗网网站，这两条匿名链路中，一条从客户端到集合点，另一条从暗网网站到集合点。Tor暗网上提供了大量的服务，除了常规的网页浏览，还包括电子邮件、聊天、远程操作、文件共享、电子交易等。

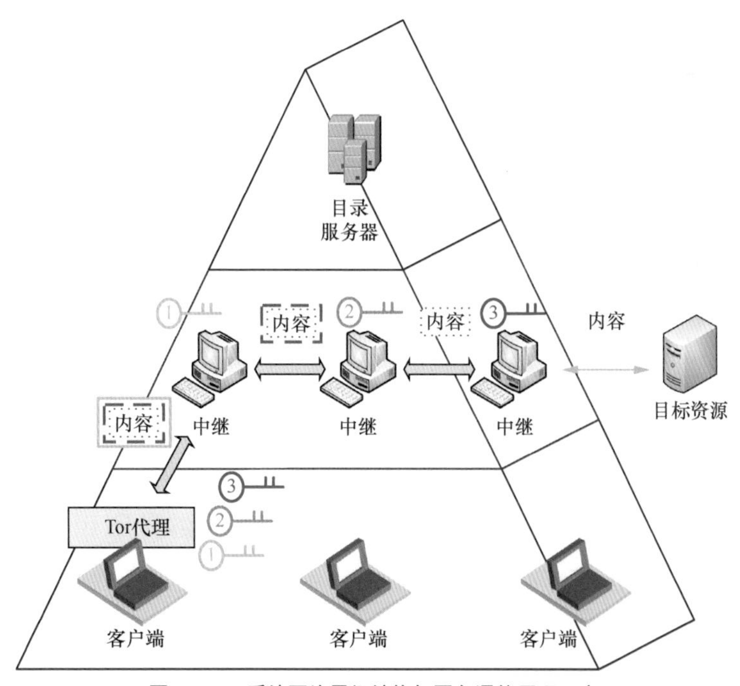

图8.2 Tor系统网络层级结构与匿名通信原理示意

目前，自 2021 年 12 月更新到 Tor 版本 0.4.6.8 和 Tor 浏览器版本 11.0 后，Tor 隐藏服务已经全面转向 V3 服务（洋葱地址长度为 56 B，提供了更高的安全性），原先的 V2 服务（洋葱地址长度为 16 B）被弃用，在 Tor 浏览器中输入 V2 地址将显示“无效洋葱站点地址”。

8.3.2 Tor桥节点发现

Tor 网络的核心元素是洋葱路由器（Onion Router，OR），也称为中继，它本质上是转发加密数据的路由节点。想要匿名访问互联网服务的用户在其客户端主机上运行 Tor 软件即可。该软件在 3 个 OR 上构建一个连接链路，通过该链路在客户端主机和网络服务之间转发流量。该链路保证流量在退出链路之前是加密的，并且没有一个中继同时知道流量的来源和目的地。一些 OR 也充当目录机构（目录服务器）。客户端可以在构建链路时通过目录服务器查找中继。每个 OR 在 Tor 网络中通过其指纹进行唯一标识。OR 使用 Tor 协议在专用 OR 端口上侦听传入连接。

由于所有 Tor 中继的 IP 地址都可以在任何时间点从目录机构获得，因此为了对抗网络审查，Tor 网络引入了一种新的 OR 类型，称为桥节点或网桥。桥节点本质上也是中继，始终充当链路中的第 1 跳，并且其 IP 地址未公开公布。由于 Tor 具有易于检测的显著特征，其通信流量很容易被深度包检测技术识别并阻止，Tor 引入了可插拔传输（Pluggable Transport，PT）。PT 是 Tor 协议的包装器，用于转换客户端和网桥之间的 Tor 流量。随着时间的推移，已经提出了多个 PT，其要么模仿流行的协议（例如 fte）或使用流行的协议（例如 meek 使用 TLS 协议）封装 Tor 流量，要么被设计成看起来像随机流（例如 obfs3）。PT 还可以针对主动探测实施回复保护（例如 obfs4、ScrambleSuit），在这种情况下，它们要求用户在回复之前知道预设共享密钥。一个网桥可以提供多个 PT，每个 PT 在其自己的 PT 端口上运行。出于对自身的保护，存在两类桥节点：公共的和私人的。任何 Tor 客户端都可以使用公共网桥。这些网桥将端点信息上传到 Tor 的网桥权威（或网桥权威目录服务器），该权威服务器维护 Tor 网络中可用公共网桥的列表。公共网桥的端点信息由网桥数据库（BridgeDB）服务分发给用户，该服务会定期从网桥权威接收这些信息。BridgeDB 支持两种不同的分发渠道：用户可以访问其网站或向其发送电子邮件请求。在这两种情况下，用户都可以指定他们想要的传输类型以及是否需要支持 IPv6 的网桥。BridgeDB 采用的分发算法旨在防止列出很大一部分公共网桥以避免枚举攻击，它仅将有限的几个网桥分发到每个请求的 IP 地址或电子邮件账户，并且它将电子邮件请求限制为来自特定邮件提供商（Gmail、Yahoo、RiseUp）的地址。为了方便使用网桥而不必通过 BridgeDB 分发渠道，Tor 软件（Tor 浏览器）附带了一个用于不同传输的默认网桥列表。相反，私有网桥不与网桥权威共享其端点信息，因此对 Tor 项目维护者网桥权威来说是不透明的。由于私有网桥不会向网桥权威上传其描述符，因此它们不会面向从 BridgeDB 请求网桥的用户发布。私有网桥的端点信息只在运行私有网桥的运营商和使用它们的人之间共享的私有通道分发。

由于 Tor 桥节点的非公开性，私有网桥只能通过带外方式获得；公共网桥每次也只能获得一小部分，只有 Tor 项目维护者（网桥权威）能够获得全部的公共网桥信息，但是对于非公共网桥也没有办法获知全集。因此，出于对这些 Tor 网络中基础设施节点的状况（数量、性能、稳定性等）以及安全性等方面的考虑，需要对其部署情况有所掌握和分析。而网络测绘技术则可以为 Tor 桥节点的发现、观察、测量和绘制提供技术支撑。已有一些研究采用网络测绘技术对 Tor 桥节点进行分析，如杜鲁梅里克（Durumeric）等人的 ZMap 研究[20]以及马蒂克（Matic）等人对网桥的安全评估研究[21]等。

对于 Tor 桥节点的探测发现主要基于两点依据，一是 Tor 握手证书。正常 Tor 协议包括两个阶段，首先客户端和网桥执行 TLS 握手，就共享密钥达成一致；然后，双方交换使用该共享密钥加密的 Tor 消息。原则上，使用 TLS 握手应该使普通 Tor 流量看起来类似 TLS 流量，但在实践中，TLS 握手期间网桥发送给客户端的证书链很容易区分，从而能够在正常的 TLS 握手中区分 Tor 握手流量。特别是，证书链包含单个证书，其主题（subject）和颁发者（issuer）不同，并且其通用名称（Common Name，CN）具有易于识别的模式：Subject_CN=www.X.com，IssuerCN=www.Y.net，其中 X 和 Y 是 base32 编码的随机字符串，长度在 8 到 20 个字符之间。虽然该证书每 2 小时更改一次，但始终保持这种模式。Tor 项目虽然很早知道这个问题，但是仍然选择不更改 Tor 核心部分的代码以避免引入新的错误和安全问题，并将 PT 当作最优先的解决方案。二是 OR 开放端口。网桥总是有一个开放的 OR 端口以提供正常 Tor 通信，因此，提供 PT 的网桥将至少为每个 PT 打开一个端口，外加一个用于 OR 通信的额外端口。这个问题 Tor 也早已知晓，但因为涉及对网桥权威和 BridgeDB 进行更改，因此也未及时修复。

1. ZMap 对桥节点的发现

ZMap 通过执行全面互联网扫描来发现以前只有在明确知道主机名或地址的情况下才能访问的未公开服务，如 Tor 的桥节点。Durumeric 等人使用 ZMap 对端口 443 和 9001（Tor 网桥和中继的常用端口）进行了互联网广泛扫描，并采用了一组启发式方法来识别可能的 Tor 节点。具体地，对于其中一个端口打开的主机，使用 Tor 支持的一组特定密码套件执行 TLS 握手。当一个 Tor 中继接收到这组密码套件时，它将以一个双证书链进行响应。CA 签名证书使用中继的身份公钥进行自签名，并使用 CN=www.X.com 形式的主题名称，其中 X 是随机字母数字字符串。此模式匹配出了端口 443 上的 67 342 台主机和端口 9001 上的 2952 台主机。随后计算每个主机的身份指纹，并检查 SHA1 哈希是否出现在用于网桥池分配的公共 Tor 网桥列表中。最后 443 端口主机上匹配了 1170 个唯一网桥指纹，在 9001 端口上匹配了 419 个唯一指纹，总共 1534 个唯一指纹（在两个端口上有重复节点）。从网桥池分配数据中，可以看出在扫描的任何给定时间段分配了约 1767 ～ 1936 个唯一指纹，这表明使用基于 ZMap 的网络测绘技术能够在扫描时识别 79% ～ 86% 的已分配网桥。

2. 对公共和私有桥节点的发现

Matic 等人使用了更为复杂的网络测绘技术对 Tor 的公共网桥和私有网桥都进行了深入的测量与分析。该测量利用了两种公开可用的服务作为暗网网桥测绘数据源。一方面，使用 Tor 项目通过 CollecTor 服务[22]发布的数据，该服务提供关于单个网桥和中继的细粒度配置信息和使用统计数据。CollecTor 是 Tor 网络提供的一项服务，它定期从 Tor 中继站、公共网桥和其他 Tor

服务中收集数据，并将其公布在网上。与其他提供整个 Tor 网络汇总信息的 Tor 服务（例如 Tor Metrics 网站）相比，CollecTor 提供了在单个 OR（网桥或中继）的更细粒度的信息。CollecTor 发布 16 种类型的文件，网桥和中继的文件具有相同的结构，其中网桥服务器描述符、网桥网络状态、网桥额外信息描述符和网络状态共识被用于网桥测绘。另一方面，使用从扫描搜索引擎获得的数据，这些搜索引擎提供有关连接到互联网的机器上提供的服务的信息。这里通过使用 Shodan 和 Censys 两个扫描搜索引擎来识别互联网上提供特定与 Tor 模式匹配的证书的 IP 地址，主要从 Shodan 使用 TLS 握手扫描的 19 个端口和 Censys 使用 TLS 握手扫描的 6 个端口的数据中发现额外的网桥 IP 地址。

首先，通过 CollecTor 数据可以获得一些很有意义的公共网桥测量数据，可以用来衡量 Tor 公共网桥的特征，例如网桥规模、网桥稳定性（生命周期和 IP 地址变化）、PT 部署情况、OR 端口分布、网桥排名等。

然后，通过私有网桥和代理分析，可以更好地了解 Tor 网络中私有网桥基础设施的特征，例如规模、配置和托管情况等。由于私有网桥和代理不会出现在 CollecTor 中，因此研究它们首先需要在互联网上发现它们。发现步骤如下。

（1）查找候选 IP 地址，对一组选定的端口执行互联网范围的扫描，在每个 {IP 地址，端口} 上启动 TLS 握手，并在握手成功时收集 TLS 证书。如果从某个 IP 地址收集到的证书符合之前介绍过的 Tor 特殊证书模式，那么这个 IP 地址就对应于 Tor 的 OR（或 OR 代理）。由于互联网范围的扫描需要花费额外资源，可以通过查询 Censys 和 Shodan 扫描搜索引擎来替代主动扫描，这也是攻击者常用的方法。

（2）过滤中继。第一步在扫描时生成一组运行 OR（或代理）的 IP 地址。其中一些地址可能对应于 Tor 中继，它们使用与网桥相同类型的特殊证书。因此可以根据 CollecTor 节点数据将对应 IP 地址进行过滤。任何与 CollecTor 节点数据不对应的 IP 地址即 Tor 网桥（或代理）。

（3）验证 IP 地址。接下来使用 Tor 协议连接到扫描得到的 IP 地址，并尝试下载网桥描述符。如果成功下载了描述符，该 IP 地址就经过验证，即仍在运行网桥（或代理），以避免误报。

（4）识别私有代理。为了识别私有代理，将经过验证的 IP 地址与描述符内容中出现的 IP 地址进行比较。两个 IP 地址之间如果存在差异，表明经过验证的 IP 地址对应于将流量转发到后端或描述符所属的代理，该代理在描述符内部泄露的 IP 地址上运行。如果没有发现差异，则该 IP 地址对应于网桥。

一旦确定了网桥，就可以通过对其 IP 地址执行垂直扫描以寻找开放端口来枚举主机上提供的其他服务。这些附加服务可能会提供唯一标识符（Unique Identifier，UID），例如 SSH 密钥或 TLS 证书，它们可以发现来自同一所有者的其他网桥，或跨 IP 地址更改跟踪网桥。垂直扫描也可以通过在 Shodan 或 Censys 中查询 IP 地址来代替。为了更好地分析测绘数据，还可以将公共网桥、私有网桥和代理进行聚类，更准确地说，将（验证 IP 地址、端口、描述符）这三元组聚集在一起。聚类可以使用元组之间的布尔相似性特征，如相同的指纹、相似的昵称、相同的联系方式、类似的配置等。

通过上述全面的 Tor 桥节点测绘，可以得到有价值的统计数据和分析结论。对 CollecTor 发布的有关公共网桥的数据进行分析，可以得到网桥规模、网桥稳定性（生命周期和 IP 地址变化）、PT 部署情况、OR 端口分布、网桥排名等详细情况。首先发现 CollectTor 中的使用统计数据可用于按重要性对网桥进行排名，例如，根据来自特定国家 / 地区的客户数量或承载的流量大小对网桥进行排名，这可帮助攻击者确定目标。此外，还可以利用发布用于与网桥管理机构通信的 OR 端口来优化基于扫描的公共网桥 IP 地址搜索，并选择要扫描的特定端口以找到目标网桥（CollecTor 后来清洗了影响安全性的相关数据）。其次，可以衡量公共网桥的安全属性，例如通过分析网桥规模及其稳定性，发现只有 45% 的公共网桥承载了用户流量，这些网桥长时间在线，并且很少更改 IP 地址。虽然稳定性有利于增加网桥的使用率，但这也意味着安全风险的加大。还可以观察到默认网桥（其 IP 地址可以从 Tor 浏览器中获取）支持超过 90% 的网桥用户，这基本上违背了网桥的初衷。

对于在 CollecTor 或其他 Tor 服务中不存在的私有网桥，在不启动任何扫描的情况下，发现了 694 个私有网桥，并对 35% 的带有客户端的公共网桥和 23% 的活跃公共网桥进行了去匿名化，得到了其 IP 地址。在所有发现的网桥中，65% 是公共的，35% 是私有的。在发现网桥 IP 地址的过程中，还发现了 645 个私有代理，即将流量转发到后端网桥或中继的私有 IP 地址，用户也可以通过这些私有 IP 地址进入 Tor 网络。私有代理的重要性体现在，发现私有网桥或代理使攻击者能够将连接到代理的 IP 地址标记为同一所有者组织或同一所有者本身的成员，并在地理上定位它们。通过对 OR 进行聚类，可以观察到 3 种流行的集群类型。

（1）附近 IP 地址上的多个代理都转发到同一个后端。

（2）单一代理转发到一个后端。

（3）一组没有代理的网桥，其中网桥要么全部为公共的，要么全部为私有的。这些集群地址高概率位于同一个 AS 的情况，也引发了对 Tor 网络缺乏 IP 地址多样性的担忧。

8.3.3　Tor隐藏服务分析

除了对构成桥节点等 Tor 网络本身的基础设施进行测量外，Tor 还有一个重要特性，就是提供名为隐藏服务的暗网服务。该隐藏服务可以对暗网中的服务提供者提供匿名保护，同时也成为研究者、管理者或攻击者关注的重点测绘目标。此外，暗网已成为威胁情报的新来源。由于暗网中充斥着大量信息，包括最新的恶意软件、新的攻击技术或犯罪分子动向，因此也成为安全研究人员寻找威胁情报的新阵地。网络安全公司 Recorded Future 对美国国家漏洞数据库中的漏洞进行了研究，发现其中 75% 的漏洞在被列入国家漏洞数据库之前就已经出现在暗网中。漏洞从首次出现到发布到漏洞库之间的平均间隔为 7 天，25% 的漏洞至少间隔 50 天，10% 的漏洞超过 170 天，这使得攻击者具有了信息不对称的优势。网络安全公司 IntSights 认为，关注暗网动态，搜集攻击者从策划攻击到实施攻击后的一系列行为，将搜集到的信息转化成智能化威胁情报，有助于研究人员在攻击发生之前预测攻击者的意图和行为。此外，一个值得注意的趋势是暗网与比特币等区块链数字加密货币的结合。加密货币以其加密、安全性而受到暗网交易者青睐，为暗网交易带来便利，催生了更多犯罪活动。

1. 搜索引擎对暗网服务的分析

由于上述原因，暗网成为研究者和安全产业界开展网络测绘的目标。钟馗之眼（ZoomEye）是国内互联网安全厂商知道创宇公司打造的网络空间搜索引擎。ZoomEye 拥有两大探测引擎：Xmap 和 Wmap，分别针对网络空间中的设备及网站，通过 24 小时不间断地探测、识别，标识出互联网设备及网站所使用的服务及组件。2018 年 9 月，知道创宇依托其 ZoomEye 搜索引擎，发布了《2018 上半年暗网研究报告》[23]。该报告对 2018 年上半年的 Tor 中继分布、网络数据等进行了统计分析，重点对暗网状况（包括暗网地址数量、中国用户、暗网内容和类别、Web 服务分布、开放端口分布、语种分布、暗网威胁等）进行了监视和测绘。从报告中可以看出，除了对暗网的基本节点和地址信息进行分析外，知道创宇还使用了针对暗网的大规模扫描技术对暗网网站的端口和 Web 服务器进行探测，以及利用暗网爬虫对暗网网站内容进行存储和分析。

2. 其他对暗网服务的分析

Matic 等人提出了一种自动化工具 CARONTE[24]，用于发现暴露 Tor 隐藏服务的源 IP 地址的位置泄露。洋葱地址是用于托管 Tor 隐藏服务的网络标识符，同时混淆隐藏了服务器的真实 IP 地址。CARONTE 使用多种技术来查找潜在的洋葱地址到真实 IP 地址的映射。该工具从暗网网站页面中提取 URL、电子邮件地址和 IP 地址。解析 URL 和域名以收集更多候选 IP 地址。此外，CARONTE 从页面中提取唯一字符串并执行包含该字符串的搜索引擎查询，包含此字符串的页面的域名也被解析，并且 IP 地址被添加到候选 IP 地址集合中。该工具还会在 HTTPS 隐藏服务的叶证书中查找潜在标识符。最后，由于托管在同一服务器上的网站和隐藏服务可能共享证书或公钥，CARONTE 搜索证书存储库（Sonar[25]）以查看隐藏服务的证书或公钥与任何其他网站的匹配情况，从而发现关联关系。然后，CARONTE 通过直接访问每个 IP 地址来验证其是否部署了暗网网站。在使用 CARONTE 对隐藏服务中位置泄露的普遍性进行了测量研究后，发现在 1974 个实时 HTTP 隐藏服务中，CARONTE 成功地将其中 5%（101 个）的位置去匿名化。在去匿名化的隐藏服务中，21% 运行在 Tor 中继上。

上述对暗网的测量对于暗网中的非法市场和犯罪行为取证具有重要意义。事实上，执法部门对含有隐藏服务的一些臭名昭著的网站的处理就与此类暗网测绘有关。例如，2013 年 7 月，执法部门确定了“丝绸之路”市场的位置，可卡因、海洛因、致幻药和假币等产品在此交易。美国联邦调查局在法庭上声称，他们在访问该网站时通过其泄露 IP 地址找到了“丝绸之路”的原始服务器。美国联邦调查局的证言一直存在争议，但研究人员仍然认为，这次位置泄露很可能是由于服务器配置错误导致的。在“丝绸之路”被取缔后，其他类似的隐藏服务取而代之。2014 年 11 月，代号为 Onymous 的国际执法行动取缔了包括“丝绸之路”2.0、Cloud 9 和 Hydra 毒品市场在内的 400 多项隐藏服务。不过，在 Onymous 行动中，执法部门使用的去匿名化方法仍然未知。

8.3.4　小结

匿名通信和暗网一直是网络安全研究中的热点领域，相关研究大多集中在对其通信关系、通信内容的去匿名化攻击（如流量关联攻击、网站指纹攻击等）技术，以及相应的防御策略和安全性提升方法上。其中一部分研究关注到了可以通过网络测绘技术对暗网的网络拓扑、隐藏服务进行测量并深入分析。事实上，通过常用的网络测绘方法，包括使用现成的网络搜索引擎进行查询，可以帮助研究者掌握暗网整体的使用状况，分析可能的安全问题，甚至对部分重重保护下的隐藏服务进行定位识别。通过上述对 Tor 节点的发现和 Tor 隐藏服务的分析研究案例可以发现，虽然暗网是一种需要特殊的应用或设置才能访问的互联网上的覆盖网络，但是网络测绘技术仍然对其有效。暗网的测绘是网络测绘技术最富有挑战性和代表性的应用之一。

8.4　物联网设备漏洞和弱点发现

本节将主要从物联网设备的发现和识别以及物联网设备漏洞和弱点发现两方面分别进行详细介绍。

8.4.1　背景意义

互联网作为当代信息社会的基础载体，将人与人连接起来，而信息化社会对通信的要求不局限于人与人之间，物联网技术的发展将通信拓展到了人与物、物与物之间。当前物联网技术已成为继计算机、互联网之后信息科技产业的“第三次革命”。物联网技术为设备制造商、互联网服务提供者和应用开发者提供了广阔的市场空间。据 IDC（International Data Corporation，国际数据公司）预测，物联网技术的产值在 2022 年将会超过 1.2 万亿美元。物联网技术的发展可以节约生产成本并提高经济效益，目前世界各国都在投入巨资研究物联网，物联网将成为工业化与信息化结合发展的焦点。然而，物联网的发展也为设备资产管理和安全管理带来严峻的挑战。

一方面，物联网技术的发展为设备资产管理带来了严峻的挑战。网络管理员通常需要对网络中的传感器、控制器等进行定期安装、配置、监控、诊断、更新和维护，网络中众多的物联网设备对网络管理员提出了很高的要求。此外，某些设备处于远离企业主要设施的偏远位置，通过物理的方式对每个设备进行管理需要耗费大量的人力、物力。同时，网络接入也变得更加不可控，新的物联网设备通过各种形态的无线方式接入，管理员需要及时发现新接入的设备以及判定新接入的设备是否属于违规接入设备。

另一方面，物联网设备的广泛部署也为安全管理带来了严峻的挑战。近些年来，由物联网设备造成的网络安全问题层出不穷且危害巨大。Mirai 正是一种由被攻陷的物联网设备所组成的一个大型僵尸网络，2016 年那次基于该僵尸网络发动的大规模分布式拒绝服务（Distributed Denial of Service，DDoS）攻击使美国东海岸的重要通信基础设施陷入瘫痪，造成了巨大的经济损失[26]。而这种主要由物联网设备构成的僵尸网络愈演愈烈，变得越来越顽强。甚至有研究表明，由大功率物联网设备所构成的僵尸网络具备破坏一个地区的电力能源系统的能力[27,28]。

网络测绘技术对物联网设备及其漏洞和弱点的发现有着重要的作用，可以帮助网络管理者提前发现管理范围内的物联网设备和其他设备的漏洞和弱点，并可以持续跟踪相应防御措施的部署和应对情况。对于物联网设备漏洞和弱点发现的第一步是对物联网设备本身的发现和识别。虽然网络管理者可能拥有相关物联网设备的清单，但是由于物联网设备及其网络连接广泛的异构性、即插即用特性等，相较于传统网络资产，网络管理者更难以随时随地地掌握所有管辖的物联网设备的详细情况。因此我们首先对物联网设备发现和识别技术（相较于普通网络资产发现技术有所不同）进行介绍，再对基于网络测绘的物联网设备漏洞和弱点发现技术及应用案例进行详细阐述。

8.4.2 物联网设备发现和识别

自从 Nmap 的创建者莱昂在 2008 年扫描整个互联网以来，随着物联网技术的飞速发展，相关扫描服务和工具已被用于识别可公开访问的联网物联网设备。基于与 Nmap 类似的原理，已经出现了多个在线搜索引擎，它们提供了对运行在物联网设备上的服务的识别，例如 Shodan、ZoomEye、FOFA 等。这些搜索引擎的起始发现技术非常简单，即它们主要针对 IPv4 地址并识别在该地址上运行的任何服务。一旦识别了这些服务，它们就会存储与开放与服务相关的任何元数据，并提供对已发现的物联网设备的搜索服务。例如，可以通过输入任意组织的名称来映射该组织的网络资源。Shodan 等搜索引擎还允许搜索特定的网络服务（如 UPnP），它将发现打开该端口的其他网络资源和网络服务。此外，这些搜索引擎还为可公开访问的网络资源存储横幅和协议通信信息。

以这些基本的识别方法为基础，研究者提出了许多更加精细化、更具技巧的基于网络测绘的物联网设备发现和识别技术，可以用于对物联网设备类型、物联网设备制造商以及物联网设备产品名称的识别。这些发现和识别技术从方法上考虑，可分为基于规则和基于机器学习两大类。

1. 基于规则的物联网设备发现和识别方法

基于规则的方法的基本思路是：通过人工编写或自动化的方式来生成设备识别规则，这些规则通常是由正则表达式和对应的设备信息所组成的二元组。目前国内外已有的大型主动探测平台（如 Censys、Shodan、ZoomEye 等）几乎都是利用人工编写的规则库来进行设备识别的。其缺点包括人工编写标注规则过于烦琐，且要求标注人员有专业的领域知识；随着已有规则的不断增加，大型规则库的维护与更新也是一大难题。

冯宣等人提出的基于规则的获取引擎（Acquisitional Rule-based Engine，ARE）[29]，开创性地实现了一套包含数据收集与预处理、规则生成两个步骤的自动化的规则生成框架。在数据收集与预处理中，通过主动向目标发送探测包，收集待测目标的应用层数据，然后在进行数据清洗之后，从中提取出一些关键词，再调用搜索引擎 API 来对这些关键词进行搜索，并爬取搜索引擎返回的 Web 页面，获取设备关键词与 Web 页面的映射。在规则生成阶段，首先利用设备实体识别（Device Entity Recognition，DER）从 Web 页面中提取设备注释，包括设备类型、设备制造商和设备产品名，并生成一系列应用层数据关键词与设备注释的映射，称为事务。获得一系列事务以后，利用 Apriori 算法来学习真正可用于设备标注的事务（规则）。在该框架运行过程中，可不断学习新的标注规则来更新规则库。作为 ARE 工作的补充与延伸，Wang X 等人提出 IoT Tracker[30] 来进一步识别 ARE 无法识别的设备，其中包括特征提取、设备识别两部分。在特征提取阶段，可将设备的应用层数据分为半结构数据（如 HTML 文本等）和无结构数据（文本数据）分别提取。在设备识别阶段，首先需要准备好已打上标签的设备数据库，然后计算未知设备和已知设备的特征相似度，如果相似度超过某一阈值，则可用已知设备的标签来标记未知设备。

2. 基于机器学习的物联网设备发现和识别方法

基于机器学习的方法的基本思路是：首先从原始的应用层扫描返回数据中提取一定量的特征，这些特征的集合被称为设备指纹；再通过基于机器学习的方法从已标注的数据中训练出一个分类模型，并利用该模型进行设备识别。

一些工作致力于用一个模型解决多类物联网设备的分类问题。如 Cheng H 等人 [31] 提取物联网设备暴露出来的 HTML 页面中 Content Encoding、Status Code、Server 等字段的长度，并将它们和页面所包含的 JavaScript 数量、CSS 数量、外链 URL 数量等合并，作为特征向量，使用随机森林、朴素贝叶斯、SVM 等机器学习方法训练模型，用于识别具体的物联网设备类型。Yang K 等人 [32] 提出将网络层和传输层的协议特征与应用层协议特征融合，共同作为设备指纹，并利用全连接网络训练出一个多分类器，用于识别多种物联网设备。还有些工作致力于单一类型物联网设备的识别工作。Song J 等人 [33] 对网络摄像头设备进行了更细粒度的识别，首先将完整的 HTTP 扫描数据包作为设备指纹，并利用该指纹特征训练出一个区分摄像头和非摄像头的二分类器，然后通过聚类的方法将网络摄像头进行分类，并由人工进行标注。Yan Z 等人 [34] 致力于打印机的识别工作，除了关注 HTML 页面，还关注设备返回的文本信息（FTP、Telnet、IPP、LPD 等协议的返回信息），经过预处理后，提取出长度相等的文本语句并进行词嵌入（word embedding），以提取出文本特征作为设备指纹，随后使用 LSTM 训练 3 个分类器，分别用于判断设备类型（是否为打印机）、设备制造商、设备名。

虽然使用了机器学习、深度学习等复杂的技术，具备不同的扫描粒度和识别粒度，但是上述方案和案例仍然都是基于网络测绘技术来对物联网设备进行识别。后面我们将关注重点转移到物联网设备漏洞和弱点发现上。

8.4.3 物联网设备漏洞和弱点发现

物联网设备在互联网上的广泛部署需要更加关注它们的安全性和可信任性。通过互联网扫描等网络测绘技术可以发现易受攻击的物联网设备。

1. 基于规则的物联网设备漏洞扫描和发现方法

Markowsky 等人 [35] 演示了如何使用 Shodan 扫描引擎和 Masscan、Nmap 等扫描工具扫描互联网上易受攻击的物联网设备，并描述了使用已知服务的横幅在互联网上查找易受攻击设备的多种方法。扫描发现互联网上有 160 多万台易受攻击的物联网设备。

首先通过使用 Shodan 来查找易受攻击的 Cayman DSL 路由器。许多路由器、打印机、相机和其他物联网设备在互联网上公开广播它们的存在，甚至包括它们的设备类型和固件版本号。通过将已知漏洞利用（使用漏洞利用数据库，例如 NIST 国家漏洞数据库、Mitre 公司的常见漏洞和暴露、Shodan 漏洞利用）与索引设备横幅（使用 Shodan）相关联，许多易受攻击的设备很容易被发现。作为此类搜索的一个示例，Markowsky 等人使用 Shodan Exploits 和 Shodan 来查找容易受到 DoS 攻击的路由器。在 Shodan Exploits 中搜索“路由器”，然后单击左侧栏中“平台”下的“硬件”。漏洞利用数据库返回了许多路由器漏洞，包括“Cayman 3220-H DSL Router 1.0/GatorSurf 5.3 DoS Vulnerability”，该漏洞允许将大量用户名或密码发送到路由器的 HTTP 接口以重启路由器，路由器日志显示“非管理员命令的重新启动”（restart not in response to admin command）。找到一种易受攻击的路由器类型后，通过关键词“3220-H”在 Shodan 数据库中继续搜索，将获得许多 Cayman 路由器的 IP 地址和位置，其中大多数路由器具有开放且可访问的管理员账户。这些开放式路由器易受攻击，不仅因为固件存在已知缺陷，还因为开放式管理员账户允许任何人（包括恶意的外部人员）重新配置或重新启动路由器，甚至设置路由器所有者不知道的密码。也就是说，不需要特定的漏洞利用代码就可以对这些开放的 Cayman 路由器进行 DoS 攻击。

其次使用 Masscan 快速搜索大地址空间以查找易受 Heartbleed 漏洞影响的物联网设备。Heartbleed 漏洞是流行的 OpenSSL 加密软件库中的一个严重漏洞，此漏洞允许在正常情况下窃取 SSL/TLS 加密保护的信息，这使攻击者可以窃听通信，直接从服务和用户那里窃取数据，并冒充服务和用户。显然，网络安全管理员有足够的动力扫描其网络以查找所有易受 Heartbleed 攻击的连接设备。Masscan 使用与 Nmap 类似的选项，但速度更快，因此适用于大地址空间的初始扫描。使用 Masscan 的 -heartbleed 选项，Markowsky 等人（经许可）扫描了整个缅因大学系统的 B 类有线地址空间（443 端口），寻找易受 Heartbleed 漏洞影响的物联网设备。结果返回并确定了 12 个易受 Heartbleed 漏洞影响的地址，对这些地址进行进一步的 Nmap 扫描，发现易受攻击的设备包括 Polycom 系统等。

最后，使用 Nmap 和 PFT 查找并连接易受攻击的网络打印机。Markowsky 等人（经许可）使用 Nmap 对整个缅因大学系统的 B 类有线地址空间（443 端口）进行了 TCP SYN 扫描。结果显示了数量惊人的联网打印机，其中许多都具有开放、无密码的管理 Web 界面。网络打印机实际上是智能设备或专用计算机，可能容易受到各种攻击，包括文件泄露、DoS 和隐形（或僵尸）扫描，黑客使用打印机来掩盖这些攻击行为或侵入性扫描的真正来源。扫描显示，缅因大学 B 类网络的 65 536 个 IP 地址中，有 6565 个主机响应，即大约 10% 的地址空间被响应的主机使用，其中大约 620 台似乎是带有可入侵端口（9100/TCP）的打印机。许多打印机通过显示打印机位置或型号的名称自愿泄露了有价值的信息。一台易受攻击的打印机似乎位于缅因大学校区之一的校长办公室，很可能会打印敏感文件。这种打印机的文件泄露可能会对大学造成损害。

2. 针对物联网设备错误配置弱点的检测方法

Srinivasa 等人[36]采用两种方法来检测暴露在互联网上的错误配置的物联网设备。

首先，对 6 种协议进行互联网扫描，其中 MQTT、CoAP、AMQP、XMPP 和 UPnP 协议的选择是基于它们在物联网中的普遍使用情况，Telnet 协议被选中是因为它经常成为恶意软件的目标。Srinivasa 等人利用 ZMap 和 ZGrab 来捕获响应主机的横幅以进行进一步分析。对于像 CoAP 和 UPnP 这样的 UDP 的扫描，使用请求目标主机响应的自定义脚本。例如，针对 CoAP 的 UDP 扫描在扫描请求中包含查询“/.well-known/core”，对于 UPnP 发送“ssdp:discover”请求。将从扫描中检索到的信息（例如 IP 地址、端口、响应、横幅）存储在数据库中，以供进一步分析，以识别易受攻击的主机。

随后，在收到的探测返回信息中检查已知漏洞和错误配置。上述协议同时涉及 TCP 和 UDP，需要重点关注那些明显缺乏任何身份验证、授权和加密配置的设备。此外，许多具有默认配置的设备也使用默认参数进行身份验证。为了从扫描数据中识别出脆弱的主机，可以使用两类方法：基于横幅的和基于响应的。

（1）基于横幅的方法（主要用于 TCP）：这种方法涉及分析与目标主机成功连接时收到的横幅。横幅抓取是一种用于从目标主机检索更多信息的技术。横幅中的信息可能会包含设备类型、版本、用户名，甚至是相关的元数据。根据扫描的协议，横幅包含的信息有所不同。在扫描中可以使用 ZGrab 工具从所连接的目标中获取横幅信息。Telnet、MQTT、AMQP 和 XMPP 都可采用这种方法。表 8.1 展示了目标设备上协议配置错误的示例。

表8.1　TCP的错误配置示例[36]

协议	横幅响应	错误配置
Telnet	$	无身份验证，控制台访问
Telnet	root@xxx:~$	无身份验证，根控制台访问
Telnet	admin@xxx:~$	无身份验证，根控制台访问
MQTT	MQTT Connection Code:0	无身份验证的连接
AMQP	Version: 2.7.1	无身份验证
AMQP	Version: 2.8.4	无身份验证
XMPP	MECHANISM<PLAIN>	无加密
XMPP	MECHANISM<ANONYMOUS>	无身份验证

（2）基于响应的方法（主要用于 UDP）：使用 UDP 作为传输层的协议不使用横幅进行响应，因此必须显式地查询有关该服务的任何信息。针对 CoAP 和 UPnP 这两种基于 UDP 的物联网协议，使用 ZMap 工具来扫描打开的 CoAP 和 UPnP 端口，以搜索任何错误配置和已知的漏洞。表 8.2 展示了目标设备上协议配置错误的示例。

表8.2 UDP的错误配置示例[36]

协议	响应	错误配置
CoAP	x1C	完全访问权限
CoAP	220	连接会话
CoAP	220-Admin	管理员访问会话
CoAP	CoAP Resources	资源暴露
UPnP	Upnp:rootdevice USN:uuid:5a34308c-1a2c-4546-ac5d-7663dd01dca1::upnp:rootdevice EXT: SERVER:Ubuntu/lucid UPnP/1.0 MiniUPnPd/1.4 LOCATION:http://192.168.0.1:16537/rootDesc.xml	资源暴露

其次，使用可用的和开放的网络数据集来搜索易受攻击的设备。互联网范围扫描的开放数据集由 Rapid7 的 Project Sonar 和 Shodan 等平台提供。这些数据集包含通过扫描得到的主机的 IP 地址、端口、协议、标头和横幅等基本信息。基于 Project Sonar 和 Shodan 的数据集，可以在 Telnet、MQTT、CoAP、AMQP、XMPP 和 UPnP 中搜索配置错误的物联网设备。来自数据集的信息有助于验证从扫描中获得的结果。在搜索后，使用同样的基于横幅的和基于响应的识别方法来发现存在漏洞和弱点的物联网设备。

通过对 Telnet、MQTT、CoAP、AMQP、XMPP 和 UPnP 6 种协议执行互联网范围的扫描，发现了超过 180 万台配置错误的物联网设备，这些设备可能会被僵尸病毒感染或被用于 DDoS 放大攻击。

在上述网络测绘结果的基础上，还可以进行进一步的分析。从上述互联网扫描方法来看，不能排除一些配置错误的设备是蜜罐的可能性。Srinivasa 等人执行蜜罐指纹识别以识别数据集中的蜜罐并过滤它们。蜜罐是广泛使用的基于欺骗的网络监控系统，通过在目标系统上模拟协议和服务来工作，根据模拟级别分为低、中和高交互 3 类蜜罐。通过基于横幅和响应的多阶段蜜罐指纹识别技术，根据在目标主机上发现的服务执行顺序检查，并分析收到的响应以确定目标是不是蜜罐。Srinivasa 等人部署 6 个最先进的物联网蜜罐，尝试对模拟 Telnet 协议的蜜罐进行指纹识别。

由于蜜罐只能提供有限的 IP 地址空间上的流量，为了解决这个限制和更全面地了解攻击情况，Srinivasa 等人分析了来自网络望远镜（network-telescope）的 FlowTuple 数据。网络望远镜是可路由 IP 地址空间的一部分，其中不存在合法流量。对望远镜接收到的流量的分析提供了有关远程网络事件的信息，例如洪泛 DDoS 攻击、互联网蠕虫感染主机和网络扫描。研究这些网络事件有助于研究者进一步了解攻击者采用的最新扫描和攻击趋势。分析对象数据为 CAIDA UCSD 网络望远镜扫描器数据集的数据。UCSD 网络望远镜由一个全球路由的 /8 网络组成，几乎不承载合法流量。捕获的数据提供了到互联网上所有公共 IPv4 目标地址的 1/256 的异常背景流量的快照。与蜜罐不同，望远镜不模拟任何协议，因此不响应任何请求，该网络上的任何流量都存在可疑之处。

最终，结合来自 IPv4 扫描、蜜罐部署和网络望远镜流量分析的结果，确定了 8192 个蜜罐，强调了对来自蜜罐的互联网扫描数据进行净化的必要性，最终发现了 11 118 个（在 180 万个中）配置错误的物联网设备，它们攻击了蜜罐和网络望远镜。

3. 针对物联网设备 N-days 漏洞的检测方法

Zhao B 等人[37]通过网络测绘技术发现和研究具有 N-days 漏洞的物联网设备。一般来说，为了避免基于此类漏洞的攻击，厂商可以向用户提供自动固件更新机制。然而，由于安全意识有限，大多数供应商并未主动在其产品中提供这种基本防御措施。此外，由于配置错误，大量物联网设备暴露在公共互联网上，这使得 N-days 漏洞攻击更加严重。虽然公众更加关注零日（Zero-day）漏洞，但 N-days 漏洞实际上给物联网设备带来了更严重的风险。N-days 漏洞是黑客的“金矿”，因为这些漏洞的利用已经众所周知。在物联网搜索引擎的帮助下，黑客可以利用 N-days 漏洞轻松通过互联网攻击暴露的设备。因此，需要通过网络测绘技术来提前发现和识别这些存在漏洞的物联网设备。

本节主要关注路由器、网络摄像头、打印机 3 种通用设备和采矿设备、医疗设备 ICS3 种专用设备，并比较了 Shodan、Censys、ZoomEye、FOFA 和 NTI 这 5 种物联网搜索引擎，最后选择使用 ZoomEye 收集路由器、网络摄像头、打印机、医疗设备和 ICS 设备，使用 FOFA 收集采矿设备，使用 Shodan 收集 MQTT 服务器。对于 ZoomEye 和 FOFA，构造了 1281 个关键字来查询物联网搜索引擎。关键字主要基于两条规则构建：第一条规则是将供应商名称与设备类型和版本结合起来，比如构建关键字 router app: “TP-Link TL-WR841N” 可在 ZoomEye 上搜索 TP-Link 的 TL-WR841N 路由器，关键字 app=“Claymore-Miner” 可在 FOFA 上搜索 Claymore 的挖矿设备；第二条规则基于 ICS 等相对不太流行的物联网设备的网络特性。例如，西门子 S7 协议始终使用端口 102 进行通信，因此，可以使用关键字 port:102 在 ZoomEye 上搜索使用西门子 S7 协议的物联网设备。然后通过在物联网搜索引擎上查询每个构造的关键字并分析返回的结果，如果返回的结果与预期不同，则将相应的关键字视为无效并将其从数据库中删除。最终去除了 959 个不合适的关键词，得到了 322 个有效关键词，在一周内总共收集了 855 万台物联网设备，涵盖 6 个类别，涉及 24 家供应商。其次对这些数据进行进一步处理，通过删除具有相同 IP 地址的设备，删除响应时间超过 5 s 的设备，以及根据搜索引擎和设备用户指南为每种设备收集足够的横幅信息并与使用 Nmap 收集到的横幅信息进行比较和匹配，得到 278 万个有效设备，从中随机选择了 50 万个路由器、50 万个网络摄像头、31 万个打印机、3.8 万个挖矿设备、406 个医疗设备和 1.5 万个 ICS 设备，共 136 万余个物联网设备。最后，对这些物联网设备的 N-days 漏洞进行评估，方法是利用固件指纹来检查目标设备是否易受攻击。该方法首先向目标设备发送 HTTP 请求并获取其响应数据，然后将物联网设备的响应数据与横幅信息进行比较，以确定它们的确切供应商、类型、型号和固件版本。由于物联网漏洞与固件版本有很强的联系，可以通过检查目标设备的固件版本来确定其漏洞。通过预先收集的 73 个 N-days 漏洞，比较这些漏洞已经披露的受影响的固件版本和实际探测出的目标物联网设备的固件版本，来揭示其 N-days 漏洞的严重性。分析结果显示，38 万台设备至少存在一个 N-days 漏洞；对部署在亚马逊云、阿里云、谷歌云、微软 Azure 和腾讯云上的 14 477 台 MQTT 服务器上测试了无密码保护问题，发现 12 740 台 MQTT 服务器没有密码保护；2669 个脆弱的物联网设备可能受到僵尸网络的攻击。此外，进一步确认了物联网设备安全性的地域差异，大多数易受攻击的设备主要位于美国和中国等少数国家。

8.4.4 小结

网络测量和测绘技术很早就被用于互联网上各种漏洞和攻击的发现，本节我们对新兴的物联网设备及其漏洞和弱点的发现技术和应用案例进行了重点关注。相关测绘结果表明，物联网设备在互联网上广泛存在，通过基于网络搜索引擎的查询或使用扫描工具进行探测，可以发现百万量级甚至更多的联网物联网设备。其次，物联网设备面临严重的安全问题，由于配置错误、未及时更新等原因，大量物联网设备（从万级到十万级）被探测出存在 N-days 漏洞、没有身份验证或密码保护等安全问题。网络测绘技术对于物联网设备以及其他网络设备的重要意义也正在于此。虽然网络测绘技术可能被攻击者用于扫描脆弱设备，但是这些技术更多地在协助网络管理者和运营者提前发现安全隐患、防御正在进行的网络攻击以及追踪观察应对措施的有效性方面发挥不可替代的作用。

8.5 “挂图作战”

本节将分别对“挂图作战”的来源、内涵和应用分别进行分析和探讨。

8.5.1 背景意义

在网络空间实现“挂图作战”是我国公安部门为了维护国家网络安全，提升网络空间监测预警能力，促进网络安全综合防控体系建设而提出的新要求和新目标。郭启全等学者于 2020 年首次提出了网络空间“挂图作战”的基本概念和业务应用[38]。同年 7 月，公安部发布《贯彻落实网络安全等级保护制度和关键信息基础设施安全保护制度的指导意见》[39]，其中明确提出“要加强网络新技术研究和应用，研究绘制网络空间地理信息图谱（网络地图），实现挂图作战。”由此可见，网络空间“挂图作战”已成为引领我国网络安全技术业务发展的迫切需求和关键目标。

众所周知，近年来，网络空间的重要性不断被认识和提升，特别是其对国家安全和国防安全的影响，越来越受到国际社会的关注。网络时局瞬息万变，面对网络空间攻防对抗，世界各国都无法置身事外。2018 年美国出台《国家网络战略》和《国防部网络战略》，意图谋求网络空间霸权，中国、俄罗斯以及欧洲各国等积极应对。目前，全球已基本形成以美国、中国、俄罗斯、欧洲为中心的网络空间地理格局，网络空间层面的分歧与冲突成为国际地缘冲突的新形式。美国、俄罗斯、德国等公开承认网络作战部队的存在，网络空间竞争日益激烈，国家级、集团式强度的网络攻击行为不断发生，国家间发生网络战的概率不断增大。为此急需开展网络空间“挂图作战”能力的研究和建设。

网络空间战略要地已成为敌对势力、黑客组织的攻击对象，是攻防体系化对抗的核心焦点，网络空间攻击与反攻击、控制与反控制、渗透与反渗透的斗争形势日趋严峻。利用网络攻击手段介入他国政治、经济和社会生活的事件时有发生，例如电力系统已成为网络攻击的主战场之一，给国家造成重大经济损失和恶劣社会影响，电力系统网络安全形势严峻。目前，越来越多的事件表明，安全威胁已经从网络空间蔓延到以电力行业为代表的国家关键信息基础设施中，与国家的稳定和群众的利益息息相关，尤其是国家之间的网络战，严重破坏人民生活的安宁。但是，同传统的陆、海、空、天等领域空间不同，网络空间是一个离散的、虚拟的、抽象的环境，试图全面展示网络空间信息的网络空间地图的研究和应用仍然停留在比较初级的层次，难以呈现网络空间全貌，不足以充分支撑管理部门在网络空间实施“挂图作战”。

在传统的地理空间，地图作为描绘地理信息的重要载体是指挥作战不可或缺的工具。在互联网、电力等网络空间，也迫切需要能够全面展示网络空间信息的网络空间地图，以便支撑网络空间的“挂图作战”。由于“挂图作战”是一个新概念，在全球范围尚没有成熟的应用案例，因此，本节基于网络测绘技术对“挂图作战”的内涵和应用进行探讨。通过整合网络空间服务发现与识别、网络拓扑发现、网络空间地理定位、可视化技术等网络空间测绘关键技术，能够有效支撑和补充网络空间“挂图作战”的有关需求。相关技术体系的建立和在“挂图作战”领域的应用对于积极构建国家网络安全综合防控体系，切实维护国家网络空间主权、国家安全和社会公共利益，保护人民群众的合法权益，保障和促进经济社会信息化健康发展有着重要意义和支撑作用。

8.5.2 “挂图作战”内涵分析

文献 [38] 对网络空间地图进行了构想，勾勒了“挂图作战”的基本理念。郭启全等人受传统地理学“人 - 地”关系理论启发，建立了网络空间“人 - 地 - 网”新型纽带关系，将地理学的理论方法引入网络空间，认为这是实现网络空间地图和可视化表达的基本技术思想，由此推导出“挂图作战”的主要技术路径：网络空间要素可视化表达→网络空间关系可视化描述→网络安全事件可视化分析。

1. 网络空间要素可视化表达

根据网络空间要素自身的结构和特点，并结合网络安全业务需求，将网络空间要素划分为地理环境、网络环境、行为主体和业务环境 4 个层次。

（1）地理环境层，涵盖网络空间要素的地理位置、空间分布和区域特性等地理属性，涉及距离、尺度、区域、边界、空间映射等概念。

（2）网络环境层，各类网络空间要素的物理环境、逻辑环境等逻辑拓扑关系，包含各种网络设备、网络应用、软件、数据、IP 地址、协议端口等。

（3）行为主体层，包含实体角色和虚拟角色的交互行为及其社会关系。

（4）业务环境层，主要包括业务部门重点关注的各类网络安全事件、网络安全服务主体、网络安全保护对象等。

这 4 个层次的要素之间相互联系、相互影响，共同构成网络空间要素体系，如图 8.3 所示。

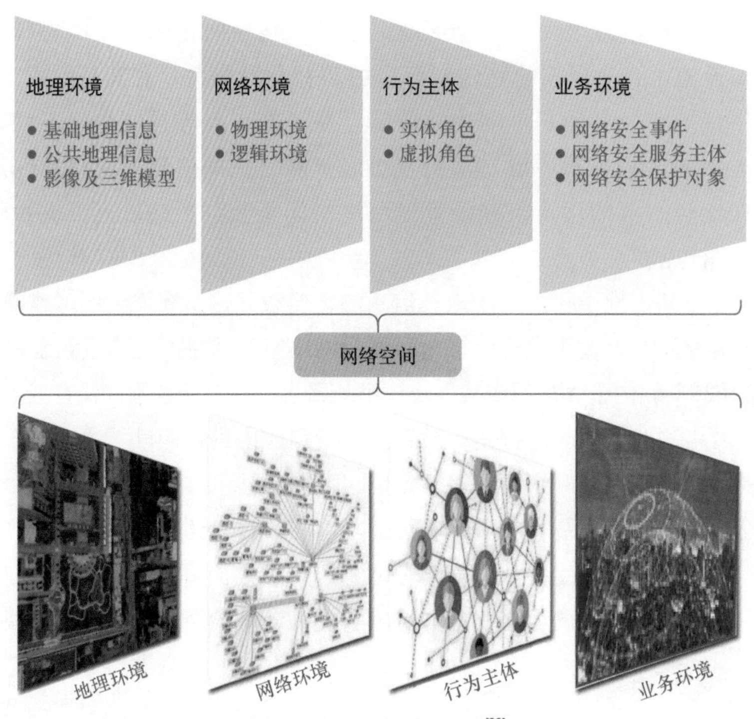

图8.3　网络空间要素构成[38]

在网络空间要素基础上，还需要一定的可视化表达方法，来构建动态、实时、可靠、有效的网络空间地理图谱和网络空间地图。

2. 网络空间关系可视化描述

网络空间关系可视化描述主要包括网络要素之间的关系，以及网络空间与地理空间之间的关系。网络要素之间的关系基于网络探测和拓扑分析技术，我们在前面的章节中已经对这方面的技术进行了详细的介绍，网络探测技术按照不同层次包含主机存活性扫描、端口开放性扫描、协议与服务识别、操作系统识别等。网络拓扑主要分为接口级、路由器级、PoP 级和 AS 级等 4 个级别。这些不同的网络探测和拓扑分析技术构成了丰富的网络实体连接结构。通过网络拓扑图的分层展示，既为网络空间关系提供了较清晰的可视化效果，又与地理空间建立了充分的联系。

3. 网络安全事件可视化分析

网络安全事件（含案件）可视化分析将业务层与网络空间要素和网络拓扑图联系到一起，将复杂、动态的网络安全事件的时空分布特征和网络集聚特征进行分析展示。由于涉及海量的网络安全事件及其地理信息特征、物质社会属性、风险模拟分析、攻击手段监控和溯源等相关的技术内容，需要综合使用地理学、机器学习、深度学习、大数据分析等最新技术，提升对网络安全事件的发现和处置能力，通过多学科交叉实现此类事件的“早发现、早预警、早处置”综合能力，满足实际业务需求，发挥网络安全综合防护效益。

4. 网络空间地理图谱设计

基于“挂图作战”的思路[38]，以及对已有的网络空间定义和特征、知识图谱技术、地理信息系统、网络空间测绘技术、网络安全态势感知技术等相关技术的调研，从网络安全实际应用角度考虑，“挂图作战”体系框架和工作流程应该至少包括 3 个部分。

一是网络空间地理图谱要素体系构建和表达。围绕网络空间地理图谱分层模型与要素体系，重点包括网络空间地理图谱分层、对网络空间地理图谱多层次间关系进行映射、网络空间地理图谱要素体系构建 3 个方面的工作。网络空间地理图谱要素体系构建和表达为网络空间的数据采集和关联提供理论框架，为网络安全事件融合分析及应用奠定基础。

二是网络空间地理图谱要素体系和网络资产的关联映射。面对当前各种类型的网络规模日益庞大，网络设备种类越来越多的发展现状及趋势，从网络空间目标探测感知的全面性和准确性要求出发，重点包括特定网络环境下的网络资产探测发现、网络空间多层要素数据存储和关联映射、网络空间资产要素动态感知与跟踪 3 个方面的研究工作。

三是基于网络空间地理图谱的安全信息可视化和融合分析。该部分重点包括特定网络环境下的网络多数据源融合接入、网络空间地理图谱多层要素数据和典型网络安全数据的关联分析、网络空间地理图谱多图层可视化展现 3 个方面的工作。通过建立网络空间地理图谱要素体系与安全数据的关联分析方法，设计多图层网络安全信息视图，可视化呈现时空攻防状态全景，支撑分析决策，满足基于网络空间地理图谱的安全信息融合分析需求。

在上述工作流程基础上，可以将构建的网络空间地理图谱应用于相关网络空间和行业领域，并与现有网络空间的告警系统、情报系统等安全数据进行对接，开展实际场景下的安全融合分析。网络空间地理图谱可以应用于特定网络空间的综合防控体系建设，与现有告警监测系统、情报系统相结合，服务于“挂图作战”目标场景，应用于防守资产全局动态管理、违规资产发现、防护区域边界刻画、脆弱性影响分析、攻击事件追踪溯源、防御力量指挥调度等典型业务场景，使网络安全工作更加智能化、自动化、可视化。

8.5.3 “挂图作战”应用探讨

8.5.2 节对“挂图作战”内涵进行了分析，依托网络空间测绘技术，“挂图作战”有着广阔的发展前景。但是目前对于“挂图作战”技术体系的实现、应用和推广还都处于探索的阶段。因此本节我们也对“挂图作战”可能的应用方向进行一些探讨。

值得注意的是，虽然公安部率先提出了网络空间“挂图作战”的概念，但是相关思路同样适用于国防军事、疫情防控、关键信息基础设施保护等国家重要领域。根据网络空间“挂图作战”的目标思路，我们对国家网络管理部门在网络空间监测预警、综合防控等方面已经开展的“挂图作战”应用进行了调研分析，探索设计了未来可能“大有作为”的“挂图作战”应用方向。

在公共安全方面，“挂图作战”适用于刑侦、交通、执法等多个领域。在刑侦领域，基于网络资源的整合，“挂图作战”可帮助开展布控、追踪、侦查、研判等实战工作，提供事前预警、事中管控、事后侦查的一体化应用。在交通领域，通过交通大数据信息整合交通路网，建立“挂图作战”管理模式，为交通管理提供高效支撑。在执法领域，通过智能化改造，可将执法办案、案件管理、执法监督等相关平台和数据对接，实现对执法信息全程动态关联查控、自动分析比对、定向监督和实时推送。

在关键信息基础设施保护方面，国家关键信息基础设施已经成为网络空间战略要地，基于网络空间地理学理论，围绕网络空间测绘与资产分析、地理资源和网络空间数据模型，研究和绘制网络空间地理信息图谱，实现网络空间关键信息基础设施保护“挂图作战”，可以有效协助监管部门开展关键信息基础设施安全保卫工作。

在共同“作战”方面，一方面考虑管理部门之间的横向对接，如网信、公安、政务等部门合作共建共管，另一方面考虑中央、省、市、县纵向联动，针对网络安全、态势感知、应急处置等工作，实现内外协同、上下联动、信息共享、协同作战的新型、综合网络空间“挂图作战”能力。

8.5.4 小结

本节对“挂图作战”的起源、内涵、应用等进行了介绍。从名字上可以看出，网络测绘技术与“挂图作战”是深度贴合的，在实际的“挂图作战”研究和实践中，也需要使用大量网络测绘技术，才能构建出真实的、全面的、准确的网络空间地图。关于“挂图作战”的真实应用情况，目前还没有公开的资料，但是毫无疑问的是“挂图作战”在网络空间监测预警、网络安全保障、综合防控等方面具有重要的作用，在国家安全、电力能源、疫情防控等重要领域有着极大的应用价值，是网络测绘技术将大放光彩的新兴应用领域。

8.6 网络空间测绘应用案例

本节将对网络空间资产导航地图、物联网安全治理、供应链安全管理和资产威胁精准定位和审查评估等网络空间测绘应用典型案例分别进行详细介绍。

8.6.1 网络空间资产导航地图

针对网络空间资产导航地图，本节将主要从资产存活探测、资产画像测绘、资产风险探测、资产管理分析等方面给出具体的解决方案和应用展示。

1. 案例背景

随着互联网技术的快速发展，虚拟化、大数据、云计算、物联网及5G网络等技术得到广泛应用和实践，越来越多的网络设备、服务器、应用系统及物联网终端等网络资产接入互联网，提供网络服务，使得网络资产的互联网暴露面逐渐增加。

同时，由于网络资产类型多、分布区域广、部署运行环境复杂多样，网络资产日常安全管理工作变得非常困难。一旦发生网络安全威胁事件，无法第一时间快速识别、搜索定位受影响网络资产在互联网中的分布情况和安全状态，使得安全应急响应和处置决策滞后，导致网络安全风险面影响扩大，带来更大的安全损失。

2. 应用目标

面对全球开放的互联网环境，通过网络资产主动探测技术，对互联网空间的网络资产执行常态化的“普查”工作，动态厘清网络资产清单，绘制网络资产数据“地图”；通过大数据分析及检索技术，对互联网资产的分布、安全状态进行快速查询、定位及安全分析，提高网络资产的安全管理和应急处置能力。

3. 解决方案

基于互联网互联互通的特性，实现并部署一套网络空间资产主动探测系统；通过网络扫描技术对互联网中目标资产的存活状态、指纹属性及安全风险等内容进行测绘识别和关联分析，绘制网络资产拓扑，构建网络资产“地图导航”系统，实现对资产的快速搜索定位。

（1）资产存活探测。

网络资产主动探测系统通过存活探测引擎对IPv4/IPv6网络环境指定的IP地址范围、端口、域名及重点目标进行在线存活情况以及活跃度探测。

如图8.4所示，通过设置快速探测、慢速探测以及探测超时等不同的存活探测策略，存活探测引擎采用多种混合探测技术进行网络资产存活性探测，如TCP_SYN探测、ICMP探测等，可以准确、有效地发现存活的网络资产信息，建立网络资产存活清单，明确网络资产的网络连通性和网络拓扑等属性。

图8.4　网络资产存活探测任务配置[1]

1　8.6节中的相关界面截取自盛邦安全公司的网络空间测绘产品。

（2）资产画像测绘。

如图 8.5 所示，网络资产主动探测系统通过超过 15 万的丰富指纹信息库对存活资产进行指纹匹配检测，识别网络资产的类型、厂家、品牌、型号、操作系统、软件及版本、开放服务、开放端口、协议等信息，绘制清晰的资产画像，明确目标资产分类、服务情况及运行状态，为网络资产的安全管理、状态监测、故障分析等提供数据支撑和决策依据。

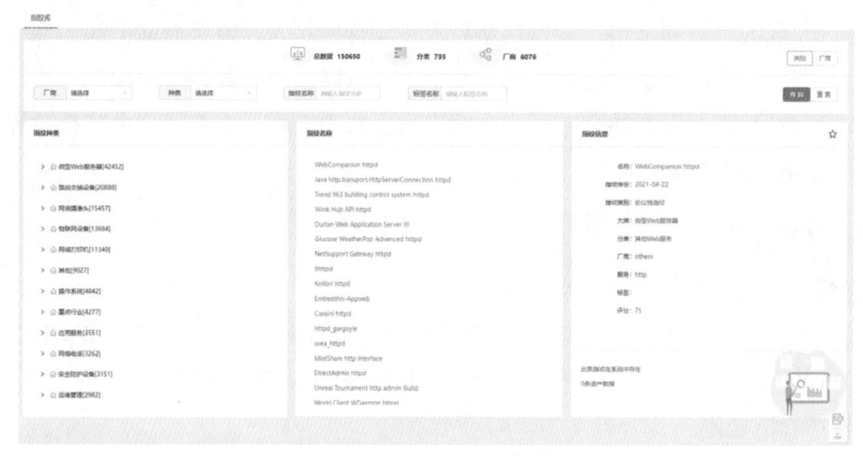

图8.5　网络资产指纹知识库

（3）资产风险探测。

资产风险探测包括安全漏洞检测和安全漏洞验证两部分。

① 安全漏洞检测。基于安全漏洞规则库（如图 8.6 所示），资产风险探测采用特征匹配方法实现系统层面的漏洞扫描，通过建立“引擎 + 漏洞库”的技术架构，实现对路由器、交换机、网络安全设备、网络存储设备、虚拟化云平台、负载均衡等网络资产的漏洞检测，帮助企业快速全面掌握资产漏洞情况。

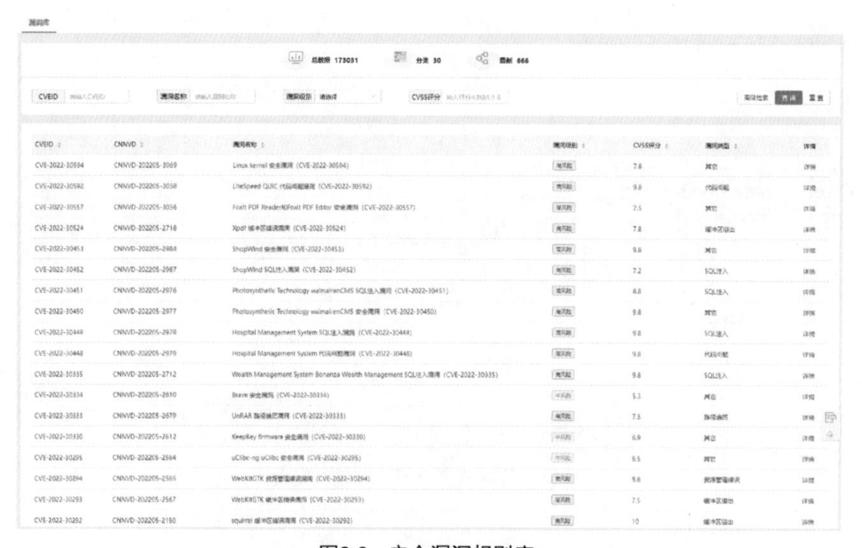

图8.6　安全漏洞规则库

② 安全漏洞验证。在资产风险探测过程中，资产漏洞的准确性、覆盖率格外重要，因此概念验证（Proof of Concept，PoC）测试成为网络资产探测系统的核心功能之一。网络资产探测系统通过对资产指纹数据进行分析，匹配漏洞库发现其潜在风险，然后选择PoC规则库，进行检测，从而确认安全漏洞的真实性。图8.7展示了网络资产探测系统的PoC规则库的部分内容。

图8.7 PoC规则库

（4）资产管理分析。

基于对网络目标资产的探测识别，网络资产探测系统利用大数据分析技术，对网络资产存活状态、指纹属性及安全风险等内容进行关联分析，实现网络资产的安全管理。

① 资产探测数据统计。通过对指定范围内资产数据进行探测、分析，可以对这些资产的分布情况进行概要性的展示，包括基于地域、行业、端口、服务、设备等口径的资产数量统计排序展示，如图8.8所示。

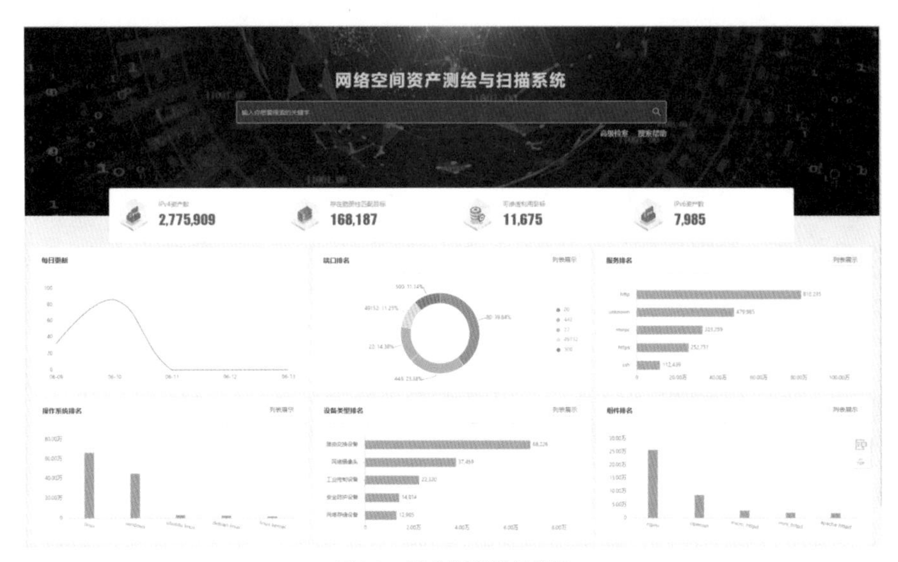

图8.8 资产探测数据统计

② 资产详情展示。针对指定网络资产进行详情查询和展示，包括基础信息、应用分层、资产拓扑、资产漏洞、端口服务详情等详细信息，如图 8.9 所示。

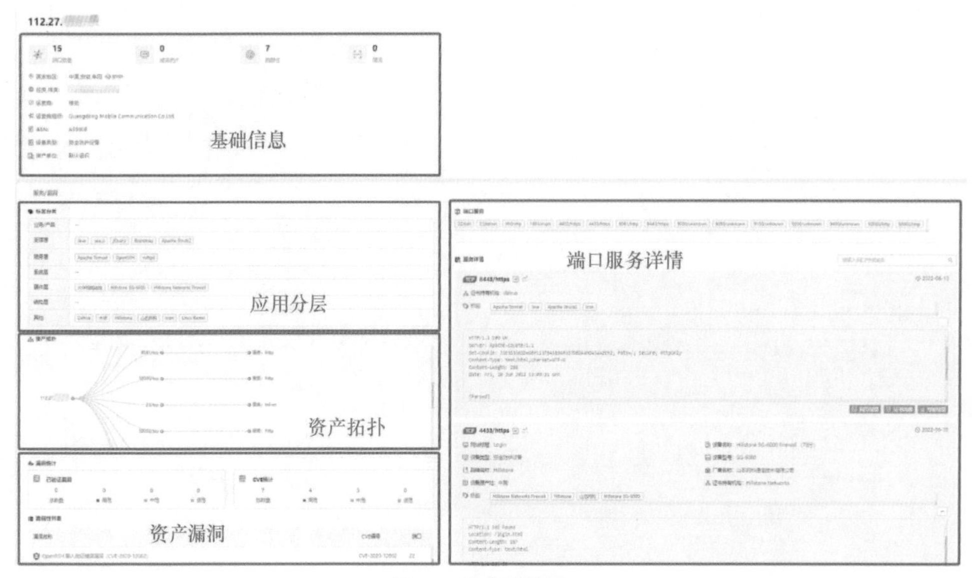

图8.9　资产详情展示

③ 资产数据查询。以弹性搜索（elastic search）平台为基础，通过批量查询、模糊查询、高级查询等多种方式，实现对海量资产数据的秒级快速查询。图 8.10 展示了资产数据的高级查询界面，图 8.11 展示了精确查询和模糊查询的搜索语法。

图8.10　资产数据的高级查询界面

4. 成果展示

面对开放复杂的网络空间，通过对网络资产进行探测梳理，建立网络资产数据仓库，对网络空间资产做到“摸清家底、认清风险、预警通报、监督处置”。当发生安全事件时，可快速通过“资产导航地图”搜索定位相关资产，实现对安全漏洞资产的快速普查、检索、分布定位。图 8.12 展示了根据地理位置检索到的网络资产。

☰ **搜索语法**

• 搜索语法有精确搜索和模糊搜索两种形式。精确搜索格式为:key:"value"，key包括：title、ip、port、service、cve、poc、isp、protocol、os、os_family、device、version、country、province、city、is_ipv6等字段。具体实例如下：

关键字	说明	示例	示例说明
ip	搜索指定ip地址或网段(ip:"1.0.208.1/24"或ip:"1.0.208.1-1.0.208.255")	ip:"1.0.208.11"	搜索IP是1.0.208.1的资产
port	根据端口搜索	port:"443"	搜索端口是443的资产
is_ipv6	搜索IPv6的资产或者是IPv4的资产	is_ipv6:"true"	搜索是IPv6的资产
tag	根据系统标签搜索	tag:"Nginx"	搜索标签是nginx的资产
poc	根据poc名称搜索	poc:"OpenSSH-用户枚举漏洞"	搜索有OpenSSH-用户枚举漏洞的资产
cve	根据cve编号搜索	cve:"CVE-2020-15778"	搜索有CVE-2020-15778的资产
domain	根据域名搜索	domain:"v.qq.com"	搜索域名是v.qq.com的资产
server	根据web容器搜索	server:"nginx"	搜索web容器是nginx的资产
app	根据app搜索	app:"KF Web Server"	搜索KF Web Server资产
year	根据年份搜索	year:"2021"	搜索2021年的资产
industry	行业搜索	industry:"银行"	搜索行业是银行的资产
manufacturer	根据厂商搜索	manufacturer:"华为"	搜索厂商是华为的资产
city	根据城市搜索	city:"北京"	搜索城市是北京的资产
province	根据省份搜索	province:"陕西"	搜索省份是陕西的资产
country	根据国家名称搜索	country:"中国"	搜索国家是中国的资产
county	根据区搜索	county:"滨湖区"	搜索县/区是滨湖区的资产
country_code	根据国家编码搜索	country_code:"CN"	搜索国家编码是CN的资产
service	根据服务搜索	service:"http"	搜索服务是http的资产
protocol	根据主协议搜索，支持tcp和udp	protocol:"tcp"	搜索主协议是tcp的资产
title	根据网站标题搜索	title:"古典音乐频道"	搜索标题中包含古典音乐频道的资产
banner	根据banner搜索	banner:"SSH-2.0-OpenSSH_6.6.1"	搜索banner中包含SSH-2.0-OpenSSH_6.6.1的资产

图8.11　精确查询和模糊查询的搜索语法

图8.12　网络资产分布定位

8.6.2 物联网安全治理

针对物联网安全治理，本节将主要从物联网目标资产探测识别、物联网资产安全漏洞评估、物联网资产数据统计分析等方面给出具体的解决方案和应用展示。

1. 案例背景

近年来，随着互联网科技的飞速发展，物联网技术逐渐走向成熟，并在安防、交通、医疗、零售、教育、办公、家居、能源等多个领域得到应用。特别是随着5G时代的到来，极大推动了物联网技术的进一步发展和应用。

然而，伴随着物联网设备基数的几何级增长，其自身的嵌入式操作系统、开源服务组件及通信协议中存在的安全问题也逐渐暴露出来。物联网设备成为网络黑客攻击的主要目标。特别是网络摄像头等智能家居设备，带来的网络安全隐患可谓比比皆是，诸如家庭个人隐私泄露、公共安全危害以及以摄像头等物联网设备为主要节点的僵尸网络等。

2021年中央网信办、工业和信息化部、公安部和市场监管总局联合发布了《关于开展摄像头偷窥等黑产集中治理的公告》，要求在全国范围组织开展摄像头偷窥黑产集中治理，全面清理平台上发布的涉摄像头破解教学、漏洞风险利用、破解工具售卖、偷拍设备改装、偷窥偷拍视频交易等摄像头黑产相关违法有害信息。

2. 应用目标

物联网的“万物互联”特性，使得物联网设备具备更高的网络开放性和访问便捷性。物联网设备已经逐渐打破传统网络边界，传统的网络安全防护策略和措施无法有效适应物联网的安全防护需求。

面向物联网安全需求，借助网络空间资产探测系统丰富的指纹规则库，可对网络空间内的物联网资产进行探测摸底，形成资产清单，并对其安全漏洞风险进行定向检测评估，有效增强视频系统、工业控制系统等网络资产的安全治理水平。

3. 解决方案

（1）物联网目标资产探测识别。

网络空间资产探测系统可以对全网IPv4/IPv6地址、域名、端口等输入信息进行在线存活探测扫描，根据目标的IP地址在线状态、端口开放状态、服务开放状态等形成网络资产存活清单。在此基础上通过指纹探测引擎，根据Banner、响应报文、SSL证书、协议等信息与指纹库的物联网设备指纹信息进行匹配识别，进而绘制全面详细的资产画像，形成物联网资产清单列表。物联网资产探测的整体流程如图8.13所示。

（2）物联网资产安全漏洞评估。

通过将物联网资产探测过程中收集到的设备操作系统、服务及端口、应用组件、软件框架等基本信息与漏洞规则库进行匹配检测，调用漏洞扫描引擎对设备资产进行漏洞主动探测和

PoC，进而判断目标设备资产的漏洞范围和漏洞详情。图 8.14 展示了物联网设备的 PoC 规则库。

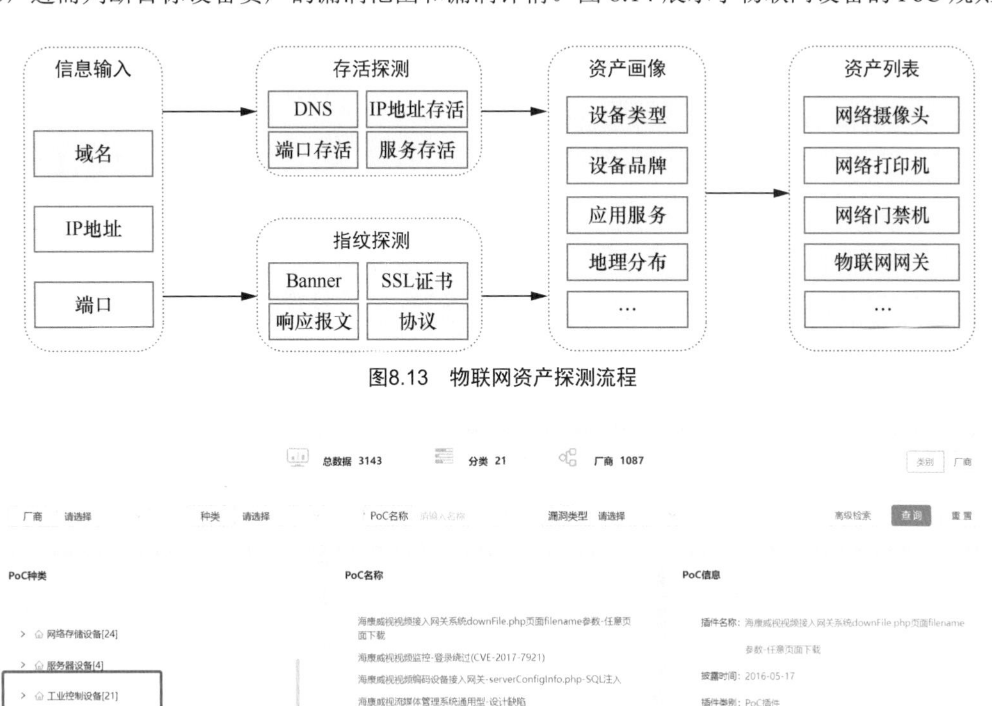

图8.13 物联网资产探测流程

图8.14 物联网设备的PoC规则库

（3）物联网资产数据统计分析。

基于对物联网资产的探测识别，动态建立物联网资产数据库，并通过网络资产探测系统的大数据分析和可视化统计展示能力，对物联网资产的存活状态、资产地区分布、资产类型及网络运行状态等信息进行快速查询、定位、统计和分析。图 8.15 展示了通过网络资产探测系统对网络摄像头设备进行检索查询的部分结果。

4. 成果展示

以网络摄像头作为典型案例，通过网络空间资产测绘系统可以实现网络摄像头的探测、识别和定位，并进一步探测网络摄像头的风险分布情况，从而帮助网络管理人员快速、精准地掌握网络摄像头的风险点位，以及相关安全风险可能带来的社会危害和经济损失，进而为监管部门的整顿治理提供参考依据。

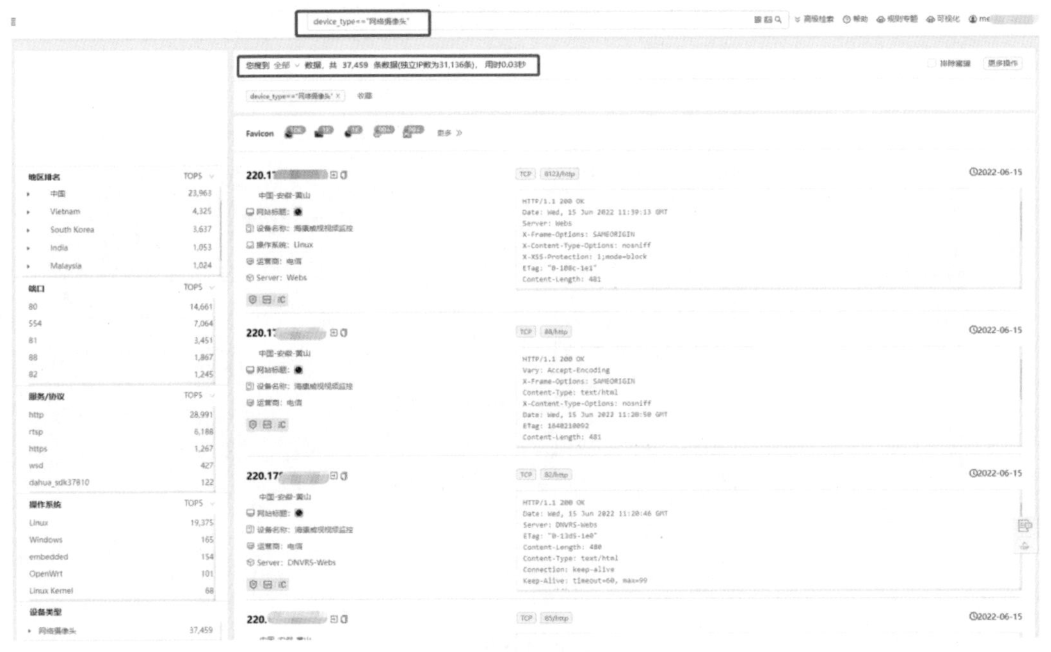

图8.15　特定网络资产检索查询

由于在全球范围内美国的物联网设备及网络摄像头数量最多，因此这里以美国的网络摄像头资产为例进行分析展示。通过网络空间资产探测系统，可清晰地查看美国网络摄像头的部署分布和暴露情况。

（1）网络摄像头的在线存活状态。

通过网络空间资产探测系统查询美国网络空间摄像头资产分布，共发现 1 701 353 个摄像头资产，其中独立 IP 数量为 1 416 488 个。

（2）网络摄像头端口服务分布情况。

通过网络空间资产探测系统查询美国网络空间摄像头资产信息，可清晰查看美国网络摄像头面向互联网开放的 80、443、554、8080、81 等主要端口，以及开放的 HTTP、HTTPS、RTSP 等主要网络服务，如图 8.16 和图 8.17 所示。

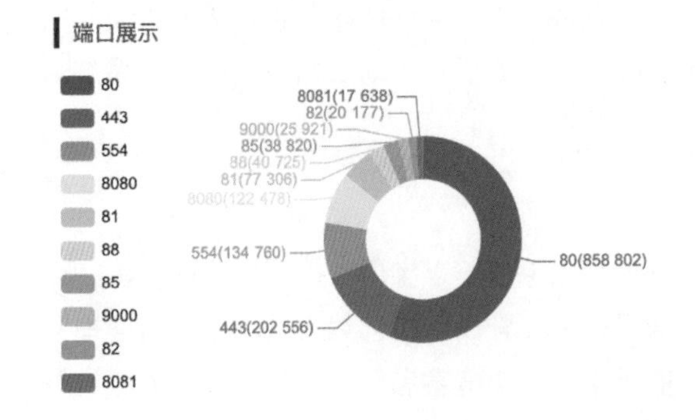

端口	数量	比例
80	858 802	50.48%
443	202 556	11.91%
554	134 760	7.92%
8080	122 478	7.20%
81	77 306	4.54%
88	40 725	2.39%
85	38 820	2.28%
9000	25 921	1.52%
82	20 177	1.19%
8081	17 638	1.04%

图8.16　美国网络摄像头“Top 10”开放端口

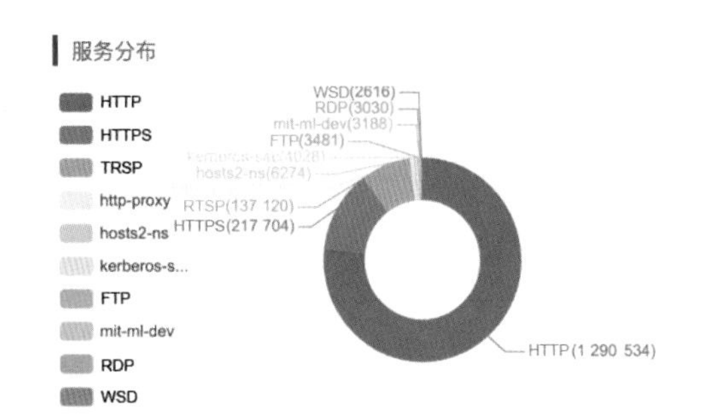

服务	数量	比例
HTTP	1 290 534	75.85%
HTTPS	217 704	12.80%
RTSP	137 120	8.06%
http-proxy	11 083	0.65%
hosts2-ns	6274	0.37%
kerberos-sec	4028	0.24%
FTP	3481	0.20%
mit-ml-dev	3188	0.19%
RDP	3030	0.18%
WSD	2616	0.15%

图8.17　美国网络摄像头“Top 10”开放服务

（3）网络摄像头安全漏洞风险分布。

通过网络空间资产探测系统查询美国网络空间摄像头资产安全风险信息，可全面查看美国网络摄像头面向互联网开放暴露出来的安全漏洞分布情况，包括通用漏洞披露（Common Vulnerabilities and Exposures，CVE）和真实存在的可被利用的漏洞信息等，如图 8.18 和图 8.19 所示。

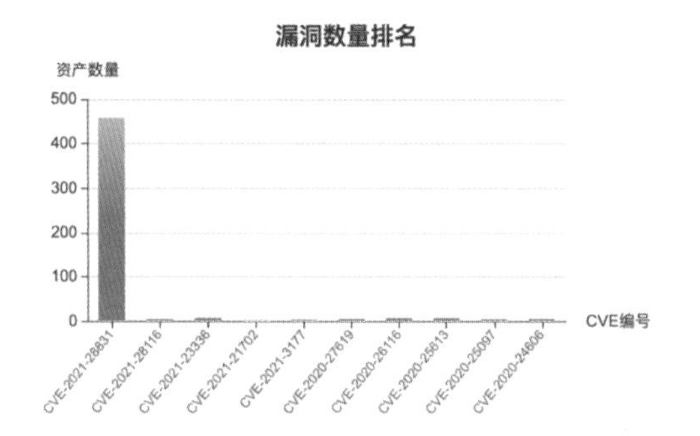

漏洞信息	受影响资产数量	受影响资产比例
CVE-2021-28831	457	0.03%
CVE-2021-28116	4	<0.01%
CVE-2021-23336	7	<0.01%
CVE-2021-21702	1	<0.01%
CVE-2021-3177	3	<0.01%
CVE-2020-27619	5	<0.01%
CVE-2020-26116	7	<0.01%
CVE-2020-25613	7	<0.01%
CVE-2020-25097	4	<0.01%
CVE-2020-24606	5	<0.01%

图8.18　美国网络摄像头“Top 10”漏洞披露

PoC信息	受影响资产数量	受影响资产比例
大华CPPLUS DVR-后门	336	0.02%
uc_httpdLocal_File_Inclusion_Traversal	260	0.02%
HBGK的DVR摄像头main.asp-敏感信息泄漏	239	0.01%
大华CPPLUS DVR 后门	230	0.01%
HBGK的DVR摄像头main.asp页面敏感信息泄露	222	0.01%
ddgoo_BB_M2 ftptest.cgi 摄像头远程命令执行	60	<0.01%
浙江大华摄像头-默认口令	53	<0.01%
Sony网络摄像头未授权访问	48	<0.01%
Linksys网络摄像头未授权访问	42	<0.01%
AVTECH 监控产品-密码读取A	38	<0.01%

图8.19　美国网络摄像头中真实存在的可被利用漏洞风险

8.6.3　供应链安全管理

针对供应链安全管理，本节将主要对案例背景、应用目标、解决方案和成果展示分别进行详细介绍。

1. 案例背景

随着互联网应用技术的不断发展，系统的采购、部署、上线运行都涉及多个服务链环节，如 IT 设备、系统软件、服务组件、安全设备等多个供应链节点。而随着网络攻击威胁趋势不断严峻，供应链攻击逐渐成为黑客、高级持续性威胁（Advanced Persistent Threat，APT）组织常用的攻击手法。例如近两年国家“护网”行动期间暴露出来的 IT 网络设备、安全设备、财务系统、客户关系管理系统等各类供应链零日漏洞，直接导致参演单位被攻陷出局，给企业单位的网络信息化安全建设带来很大的冲击。

供应链安全意味着上游企业的开发安全会转移给下游企业用户的应用安全，从某种程度上说是安全的源头。2022 年 2 月出台的新版《网络安全审查办法》明确提出“关键信息基础设施运营者采购网络产品和服务，数据处理者开展数据处理活动，影响或可能影响国家安全的，应当按照本办法进行网络安全审查。”

因此，供应链安全已成为各单位在网络信息化建设过程必须直面和慎重考虑的问题。

2. 应用目标

由于供应链贯穿于企业信息化建设的整个上下游生命周期内，供应链安全直接影响单位的信息化安全。通过网络空间资产探测系统，可对网络运营单位内的网络资产进行探测识别，基于丰富的指纹库，可对网络资产的设备类型、业务系统、服务组件、开发单位等信息进行识别，绘制清晰的供应链关系网。当发生供应链安全漏洞或安全事件时，可为运营单位的安全通报和处置监管等提供决策依据，包括要求供应链上游开发机构快速发布漏洞补丁、下游使用单位快速打补丁以修复加固等。

3. 解决方案

供应链安全管理的解决方案与前两个案例类似。首先对 IPv4/IPv6 网络空间及重点目标进行网络在线存活情况以及活跃度探测，以发现存活的网络资产。其次，在网络存活资产探测数据的基础上，通过丰富的指纹库，对存活资产进行详细的资产画像测绘，记录分析设备类型、厂家、品牌、型号、操作系统、软件及版本、IP 地址、子网掩码、网关、开放服务、开放端口、协议、存在的漏洞、弱口令、补丁信息、地理位置、防护情况等多类资产属性信息。最后，通过漏洞检测引擎和漏洞验证引擎，结合丰富的安全漏洞库和安全验证插件，对目标资产进行安全漏洞扫描，包括通用软件漏洞、开源组件漏洞等，及时发现供应链各节点可能存在的安全漏洞风险，进而及时响应和处置，避免供应链节点发生安全威胁。

4. 成果展示

安全漏洞是固有存在的，很难被杜绝。在整个信息系统建设过程中涉及的操作系统、网络设备、安全设备、软件应用等供应链环节都存在一定的安全漏洞风险，尤其是零日漏洞爆发，给信息化安全建设工作带来了巨大安全挑战。

以 2021 年 11 月 24 日爆发的 log4j2 组件零日漏洞为例，Apache log4j2 是一款优秀的 Java 日志框架，应用于各种各样的衍生框架中，同时也是目前 Java 全生态链中的基础组件之一。

log4j2 事件是一起典型的开源组件导致的供应链安全事件。

通过网络空间资产探测系统对全球使用 log4j2 的组件网络资产进行查询，有 6910 个网络资产调用了 log4j2 的服务组件，前 500 个组件覆盖了 92 485 个框架，log4j2 组件框架调用“Top 20”如图 8.20 所示。

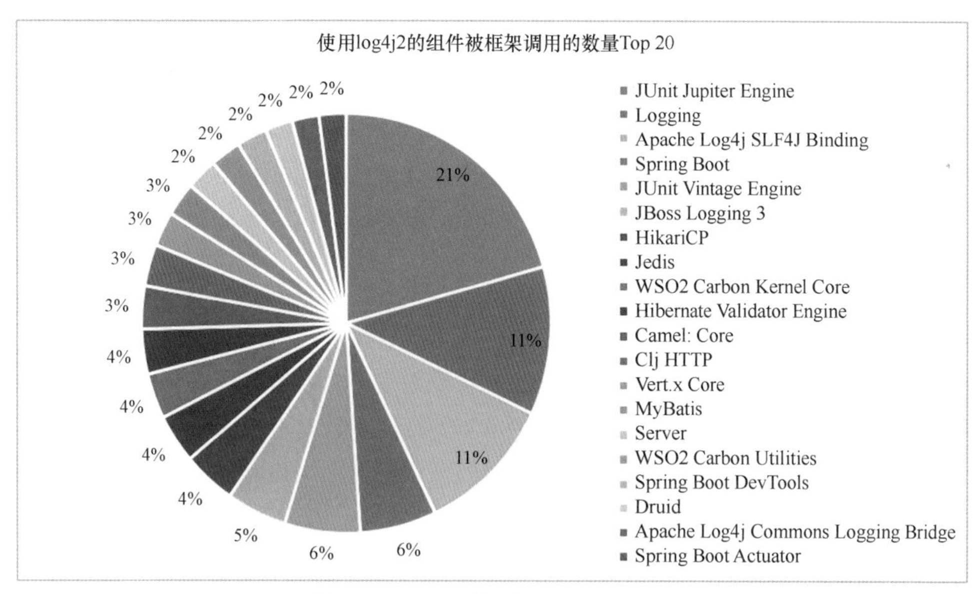

图8.20 log4j2组件框架调用“Top 20”

超过 1000 个框架调用的 log4j 版本包括 2.12.1、2.14.1、2.14.0、2.13.3、2.11.1、2.11.0、2.8.2，这些版本均存在漏洞，其中 log4j 2.12.1 使用得最多，有 1458 个组件调用，如图 8.21 所示。

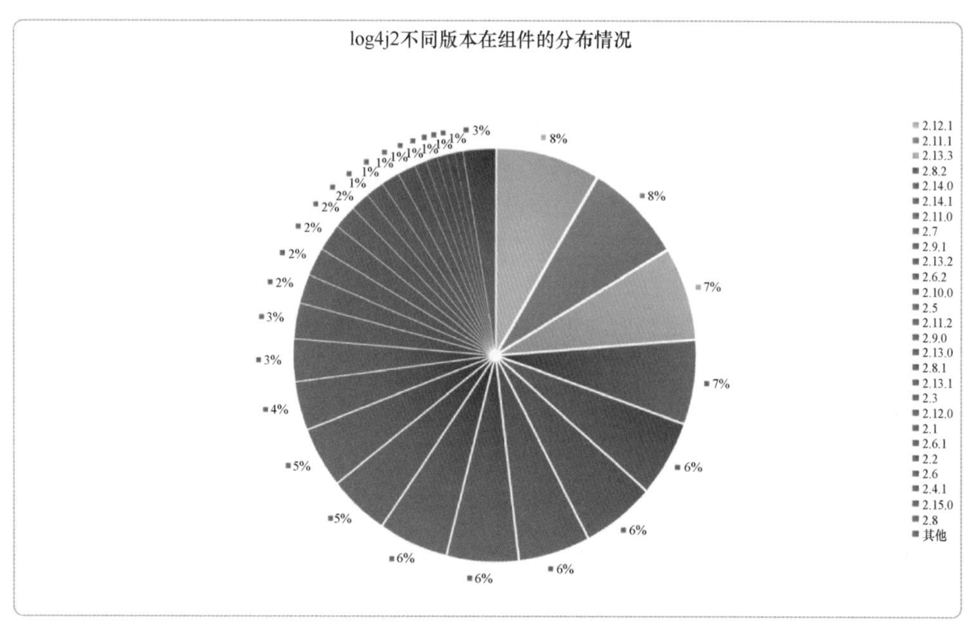

图8.21 log4j2组件版本使用分布

8.6.4 资产威胁精准定位和审查评估

针对资产威胁精准定位和审查评估，本节将主要对案例背景、应用目标、解决方案和成果展示分别进行详细介绍。

1. 案例背景

随着网络资产暴露面的不断增加，其安全漏洞风险暴露面也不断增加，如零日漏洞、弱口令、供应链风险等，给网络信息化安全带来巨大挑战。百分之百的安全是不存在的，通过网络空间资产探测系统，可以对运营商网络空间内的网络资产暴露面及风险面进行探测梳理，构建网络空间资产数据仓库，厘清网络资产台账清单。

2. 应用目标

网络安全是动态安全，可通过网络空间资产探测系统，对网络资产安全进行动态监测，对高危端口、安全漏洞及威胁风险进行持续性的审查评估。如针对专项网络安全风险面检查，针对重大安全保障活动期间资产暴露面自查，针对收敛网络资产风险面和资产安全漏洞加固修复进行动态探测跟踪，等等。

3. 解决方案

面对动态变化的互联网空间，资产的 IP 地址、端口、服务及应用的变动都有可能产生新的安全风险暴露面。尤其是关键行业的基础网络设备、应用系统等动态变化带来的安全风险，可能对运营单位、社会及国家带来严重的安全威胁。

通过网络空间资产探测系统，可以对重点区域、重点单位及重点目标范围开展常态化网络资产探测服务，对其 IP 地址、域名、端口、服务、类型、品牌、地区、安全漏洞等信息进行识别和测绘，形成网络资产数据库。当发生安全漏洞和威胁情报预警（如零日漏洞、高危端口、挖矿攻击等）时，可快速完成网络空间资产的探测识别，对网络资产风险影响面进行审查评估，精准定位风险资产详情。图 8.22 展示了安全设备专项探测和审查评估的部分案例。

4. 成果展示

通过网络空间资产探测系统的网络资产搜索引擎，可以快速定位到网络空间中的目标资产，并了解资产的分布、风险分布以及资产详情。下面以北京市网络空间范围内开放 Telnet 服务的资产为例开展安全分析评估。

（1）开放 Telnet 服务的网络资产存活分布统计

在网络空间资产探测系统中以 (service: "telnet")&&(province:" 北京 ") 查询语法对北京区域内开放 Telnet 服务的网络资产进行搜索统计。结果发现北京区域网络空间内开放 Telnet 服务的资产（IP 地址 + 端口）为 160 548 个，分布在 156 582 个独立 IP 地址上，如图 8.23 所示。

图8.22 安全设备专项探测和审查评估

(service:"telnet")&&(province: "北京")

您搜到 全部 数据，共 160 548 条数据(独立IP数为156 582条)，用时4.31秒

service:"telnet" × province: "北京" ×

图8.23 北京市网络空间开放Telnet服务的资产统计

（2）开放 Telnet 服务的网络资产端口分布统计。

通过在网络空间资产探测系统上查询开放 Telnet 服务的端口分布情况，可以发现除了 23 端口（Telnet 服务默认端口是 23，但是在网络运维过程中，有些管理员为了规避黑客的默认端口扫描和攻击，可能会更换服务端口）外，还有近 7% 的 Telnet 服务使用非标端口，如图 8.24 所示。

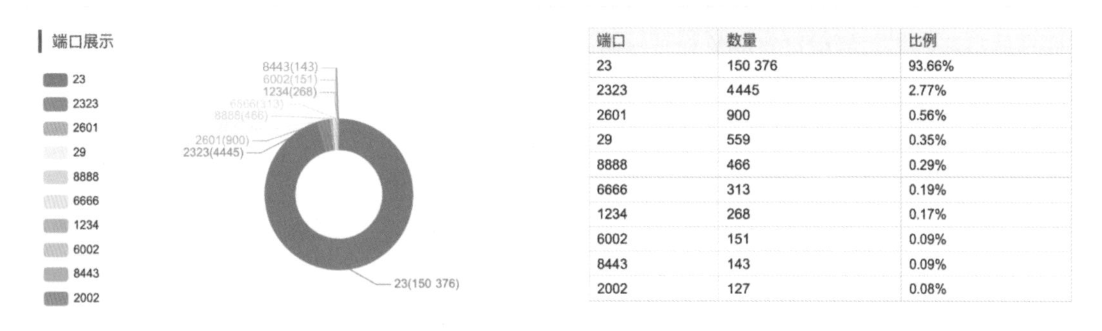

端口	数量	比例
23	150 376	93.66%
2323	4445	2.77%
2601	900	0.56%
29	559	0.35%
8888	466	0.29%
6666	313	0.19%
1234	268	0.17%
6002	151	0.09%
8443	143	0.09%
2002	127	0.08%

图8.24 Telnet服务的端口分布情况

（3）开放 Telnet 服务的网络资产操作系统分布统计

通过在网络空间资产探测系统上查询开放 Telnet 服务的操作系统分布情况，可以发现使用 Linux 操作系统的网络设备占比最高，超过 10%，如图 8.25 所示。

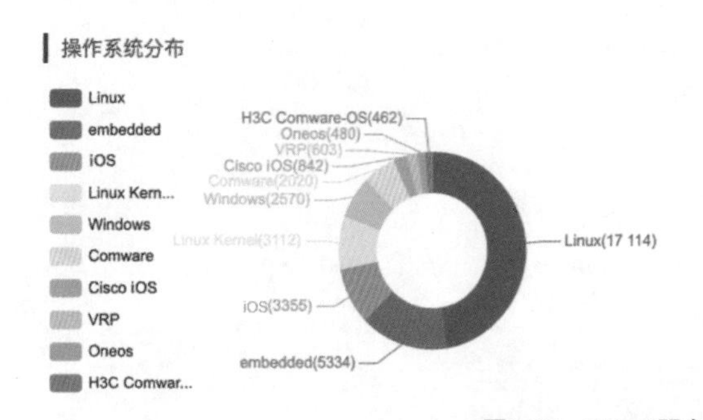

操作系统	数量	比例
Linux	17 114	10.66%
embedded	5334	3.32%
iOS	3355	2.09%
Linux Kernel	3112	1.94%
Windows	2570	1.60%
Comware	2020	1.26%
Cisco iOS	842	0.52%
VRP	603	0.38%
Oneos	480	0.30%
H3C Comware-OS	462	0.29%

图8.25　Telnet服务的操作系统分布情况

（4）开放 Telnet 服务的网络资产安全漏洞风险分布统计

通过在网络空间资产探测系统上查询开放 Telnet 服务的漏洞风险情况，可以发现和评估相关资产的漏洞风险，并及时进行处置，如图 8.26 所示。

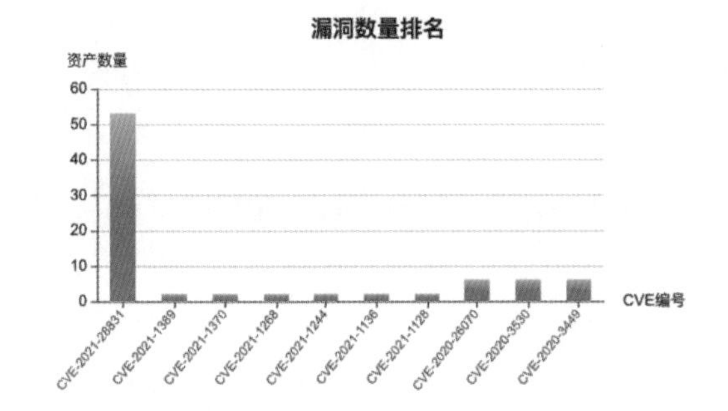

漏洞信息	受影响资产数量	受影响资产比例
CVE-2021-28831	53	0.03%
CVE-2021-1389	2	<0.01%
CVE-2021-1370	2	<0.01%
CVE-2021-1268	2	<0.01%
CVE-2021-1244	2	<0.01%
CVE-2021-1136	2	<0.01%
CVE-2021-1128	2	<0.01%
CVE-2020-26070	6	<0.01%
CVE-2020-3530	6	<0.01%
CVE-2020-3449	6	<0.01%

图8.26　Telnet服务的漏洞风险情况

8.7　本章小结

网络空间测绘对网络空间安全来说有着不可替代的作用。如果说网络安全是信息化时代国家安全的基石，那么网络空间测绘就是网络安全的基础，是国家安全的地基。本章对网络空间测绘技术的应用进行了介绍，重点对网络资产发现、暗网测绘、物联网设备漏洞和弱点发现、“挂图作战”等应用领域进行了概述。网络空间测绘继承自网络空间测量技术，但是其应用的广度和深度都要更强，这里列出的几类应用只是比较常见和比较有代表性的领域。同时，网络空间测绘也是一个交叉学科，融合了地理学、信息学以及人工智能、大数据等各个相关学科的理论方法和技术；反过来，网络空间测绘理论和技术的发展对这些相关学科的扩展应用也将起到重要的促进作用。从这个意义上讲，本章所讨论的网络资产发现、暗网测绘、物联网设备漏洞和弱点发现、“挂图作战”等应用远远不能覆盖网络空间测绘应用的各个方面。网络空间测绘必将伴随网络和信息技术的快速发展不断产生更多的应用，带来巨大的社会和经济效益。

参考文献

[1] CYBERSECURITY C I. Framework for Improving Critical Infrastructure Cybersecurity, Version 1.1 [Z/OL]. (2018-04-16) [2022-09-02].

[2] Alliantist Ltd. ISO 27001 Annex A.8 - Asset Management [Z/OL]. (2018-06-01) [2022-09-02].

[3] RENTROP C, ZIMMERMANN S. Shadow IT [J]. Management and Control of Unofficial IT. ICDS, 2012: 98-102.

[4] KRENC T, FELDMANN A. BGP prefix delegations: a deep dive [C]// Proceedings of the 2016 Internet Measurement Conference. 2016: 469-475.

[5] LIU Y, SARABI A, ZHANG J, et al. Cloudy with a Chance of Breach: Forecasting Cyber security incidents [C]// 24th USENIX Security Symposium (USENIX Security 15). 2015: 1009-1024.

[6] TAJALIZADEHKHOOB S, KORCZYŃSKI M, NOROOZIAN A, et al. Apples, Oranges and Hosting Providers: Heterogeneity and Security in the Hosting Market [C]// NOMS 2016-2016 IEEE/IFIP Network Operations and Management Symposium. IEEE, 2016: 289-297.

[7] BONKOSKI A, BIELAWSKI R, HALDERMAN J A. Illuminating the Security Issues Surrounding Lights-Out Server Management [C]// 7th USENIX Workshop on Offensive Technologies (WOOT 13). 2013.

[8] VERMEER M, WEST J, CUEVAS A, et al. SoK: A Framework for Asset Discovery: Systematizing Advances in Network Measurements for Protecting Organizations [C]// 2021 IEEE European Symposium on Security and Privacy (EuroS&P). IEEE, 2021: 440-456.

[9] LIU D, LI Z, DU K, et al. Don't Let One Rotten Apple Spoil the Whole Barrel: Towards Automated Detection of Shadowed Domains [C]// Proceedings of the 2017 ACM SIGSAC Conference on Computer and Communications Security. 2017: 537-552.

[10] VISSERS T, VAN G T, JOOSEN W, et al. Maneuvering Around Clouds: Bypassing Cloud-Based Security Providers [C]// Proceedings of the 22nd ACM SIGSAC Conference on Computer and Communications Security. 2015: 1530-1541.

[11] SCOTT W, ANDERSON T, KOHNO T, et al. Satellite: Joint Analysis of CDNs and Network-Level Interference [C]// 2016 USENIX Annual Technical Conference (USENIX ATC 16). 2016: 195-208.

[12] VAN DER TOORN O, VAN RIJSWIJK-DEIJ R, FIEBIG T, et al. TXTing 101: Finding Security Issues in the Long Tail of DNS TXT Records [C]// 2020 IEEE European Symposium on Security and Privacy Workshops (EuroS&PW). IEEE, 2020: 544-549.

[13] University of Oregon. Routeviews-University of Oregon Route Views Project [EB/OL]. (2022-02-24) [2022-09-02].

[14] RIPE. Routing Information Service (RIS) [EB/OL]. (2022-06-17) [2022-09-02].

[15] CAIDA N G. Routeviews Prefix to AS Mappings Dataset (Pfx2as) for IPv4 and IPv6 [EB/OL]. (2019-10-31) [2022-09-02].

[16] CAIDA. Archipelago (Ark) Measurement Infrastructure [EB/OL]. (2020-05-18) [2022-09-02].

[17] MAUCH J. Open Resolver Project [Z/OL]. (2013-06-02) [2022-09-02].

[18] LIU S, FOSTER I, SAVAGE S, et al. Who is .com? Learning to Parse WHOIS Records [C]// Proceedings of the 2015 Internet Measurement Conference. 2015: 369-380.

[19] DURUMERIC Z, ADRIAN D, MIRIAN A, et al. A Search Engine Backed by Internet-Wide Scanning [C]// Proceedings of the 22nd ACM SIGSAC Conference on Computer and Communications Security. 2015: 542-553.

[20] DURUMERIC Z, WUSTROW E, HALDERMAN J A. ZMap: Fast Internet-wide Scanning and Its Security Applications [C]// 22nd USENIX Security Symposium. 2013: 605-620.

[21] MATIC S, TRONCOSO C, CABALLERO J. Dissecting Tor Bridges: A Security Evaluation of Their Private and Public Infrastructures [C]// Network and Distributed Systems Security Symposium. The Internet Society, 2017: 1-15.

[22] Tor Project. CollecTor [EB/OL]. (2022-09-02) [2022-09-02].

[23] 知道创宇 404 实验室 . 2018 上半年暗网研究报告 [EB/OL]. (2019-09-12) [2022-09-02].

[24] MATIC S, KOTZIAS P, CABALLERO J. Caronte: Detecting Location Leaks for Deanonymizing Tor Hidden Services [C]// Proceedings of the 22nd ACM SIGSAC Conference on Computer and Communications Security. 2015: 1455-1466.

[25] Rapid7. Rapid7: Sonar Project [EB/OL]. (2022-09-02) [2022-09-02].

[26] ANTONAKAKIS M, APRIL T, BAILEY M, et al. Understanding the Mirai Botnet [C]// 26th USENIX security symposium (USENIX Security 17). 2017: 1093-1110.

[27] HERWIG S, HARVEY K, HUGHEY G, et al. Measurement and Analysis of Hajime, A Peer-to-Peer IoT Botnet [C]// Network and Distributed Systems Security (NDSS) Symposium. 2019.

[28] SOLTAN S, MITTAL P, POOR H V. BlackIoT: IoT Botnet of High Wattage Devices Can Disrupt the Power Grid [C]// 27th USENIX Security Symposium (USENIX Security 18). 2018: 15-32.

[29] FENG X, LI Q, WANG H, et al. Acquisitional Rule-based Engine for Discovering Internet-of-Things Devices [C]// 27th USENIX Security Symposium (USENIX Security 18). 2018: 327-341.

[30] WANG X, WANG Y, FENG X, et al. Iottracker: An Enhanced Engine for Discovering Internet-of-Thing Devices [C]//2019 IEEE 20th International Symposium on A World of Wireless, Mobile and Multimedia Networks (WoWMoM). IEEE, 2019: 1-9.

[31] CHENG H, DONG W, ZHENG Y, et al. Identify IoT Devices through Web Interface Characteristics [C]// 2021 IEEE 6th International Conference on Computer and Communication Systems (ICCCS). IEEE, 2021: 405-410.

[32] YANG K, LI Q, SUN L. Towards Automatic Fingerprinting of IoT Devices in the Cyberspace [J]. Computer Networks, 2019, 148: 318-327.

[33] SONG J K, LI Q, WANG H, et al. Under the Concealing Surface: Detecting and Understanding Live Webcams in the Wild [C]// Proceedings of the ACM on Measurement and Analysis of Computing Systems, 2020, 4(1): 1-25.

[34] YAN Z, LV S, ZHANG Y, et al. Remote Fingerprinting on Internet-Wide Printers Based on Neural Network [C]// 2019 IEEE Global Communications Conference (GLOBECOM). IEEE, 2019: 1-6.

[35] MARKOWSKY L, MARKOWSKY G. Scanning for Vulnerable Devices in the Internet of Things [C]// 2015 IEEE 8th International Conference on Intelligent Data Acquisition and Advanced Computing Systems: Technology and Applications (IDAACS). IEEE, 2015, 1: 463-467.

[36] SRINIVASA S, PEDERSEN J M, VASILOMANOLAKIS E. Open for Hire: Attack Trends and Misconfiguration Pitfalls of IoT Devices [C]// Proceedings of the 21st ACM Internet Measurement Conference. 2021: 195-215.

[37] ZHAO B, JI S, LEE W H, et al. A Large-Scale Empirical Study on the Vulnerability of Deployed IoT Devices [J]. IEEE Transactions on Dependable and Secure Computing, 2022, 19(1): 1826-1840.

[38] 郭启全 , 高春东 , 郝蒙蒙等 . 发展网络空间可视化技术支撑网络安全综合防控体系建设 [J]. 中国科学院院刊 , 2020, 35(7): 917-924.

[39] 公安部 . 贯彻落实网络安全等保制度和关保制度的指导意见 [EB/OL]. (2020-09-11) [2022-09-02].

第9章　总结与展望

前面我们讨论了网络空间测绘的总体框架以及在此框架下的主要研究内容及其部分关键技术。网络空间测绘涉及的内容非常广泛，而且相比信息通信技术及互联网络技术的发展而言，网络空间测绘技术的研究起步很晚，但发展非常迅速，因此，指望通过这样一本篇幅受限的书来讨论涵盖网络空间测绘各方面的问题是不现实的。特别是网络空间测绘还在迅速发展之中，部分是可预见的，但更多的也许是我们无法预见和预测的。作为本书的最后一章，我们在此简单回顾和总结一下前面已经讨论的内容，同时也展望一下部分可预见的未来发展方向。

9.1　总结

网络空间这个概念来源于文学作品，但却迅速被信息技术学术界和社会各界所接受。长期以来，许多学者，甚至也包括许多国家的政府政策文件中，都赋予网络空间以不同的定义。但不同学者给出的定义，其内涵和外延都不尽相同，本书首先对网络空间的概念演变过程进行了比较系统的梳理，并给出了迄今为止具有较大共识的定义。接着本书在此基础上引出了网络空间测绘的需求、定义和意义，比较了网络空间测绘与传统的网络测量之间的区别与联系。然后，本书提出了网络空间测绘研究内容的框架体系，包括资源探测层、资源表示层、映射与定位层、绘制与可视化层等。

9.1.1　资源探测层

资源探测属于网络空间测绘中“测”的内容，是网络空间测绘的基础和核心，也是本书的重点。本书安排了3章来讨论资源探测相关的问题，包括网络空间资源探测、服务发现与识别，网络拓扑发现，面向IPv6的网络空间测绘等。

1．*网络空间资源探测、服务发现与识别*

本书把网络空间资源分为实体资源和虚拟资源，并将本书的研究重点放在网络空间实体资源的探测、服务发现与识别上。本书以IP地址空间为输入，从主机存活性扫描、端口开放性扫描、协议与服务识别、基于指纹的操作系统指纹识别4个维度梳理了网络空间实体资源探测、服务发现与识别的主要内容。针对每一个维度，我们都在讨论其基本原理的基础上，比较系统地总结了最新的研究进展，尝试从单元的、碎片化的研究工作中提炼出网络空间资源探测、服务发现与识别的系统化知识体系。

网络空间实体资源探测的工作在网络管理领域由来已久，在长期的网络管理实践中，许多学者和工程技术人员开发了许多适合不同场景、具有不同功能特性的工具。为便于读者实践，我们在本书第 3 章也梳理了部分常用工具及其功能特性，以及示范性使用介绍等。

网络空间测绘工作早已引起国内外学术界、工业界，乃至各国政府的高度重视，许多国家和组织投入了大量的人力、物力开展了关键技术的研究和系统平台的开发。为了让读者更方便地了解主流测绘平台的基本情况及能力等，本书对 Shodan、Censys、ZoomEye、FOFA 等国内外主流的网络空间测绘平台进行了对比性介绍。

2. 网络拓扑发现

网络空间实体资源之间的连接关系以及实体资源与相关组织机构的关联关系等是网络空间测绘非常重要的内容，而网络拓扑连接关系也是刻画网络空间实体资源之间的连接关系的重要手段。根据表达网络空间“实体”的颗粒度的不同，网络拓扑通常被分为接口级、路由器级、PoP 级和 AS 级等，接口级拓扑以探测工具探测到的路径上的接口 IP 地址作为拓扑图中的节点。由于单个网络设备往往具有多个接口，在接口级拓扑中被看成多个独立的节点，这实际上扭曲了真实的网络连接关系。将实际上属于同一个网络设备的多个逻辑上的接口级拓扑中的节点关联合并到一个节点，这个过程通常被称为路由器别名解析。经过这种别名解析形成的新的节点连接关系就是路由器级拓扑。在很多网络空间测绘场景中，往往不需要精确到具体的路由器，而是只需知道接入点 PoP 的信息即可（通常一个 PoP 可能对应多个路由器），以 PoP 为节点构建的拓扑关系图为 PoP 级拓扑。在更宏观的层次上，如果以 AS 作为节点构建拓扑连接关系，我们则将之称为 AS 级拓扑。本书第 4 章从上述 4 个层次较全面地讨论了网络拓扑发现问题，包括各种方法的适用场景和存在的局限性等。

3. 面向 IPv6 的网络空间测绘

随着基于 IPv6 的下一代互联网在全球范围内的广泛部署，以 IPv6 为基础、以物联网和工业互联网为代表的各类新型网络应用如雨后春笋般快速涌现，IPv6 网络空间的测绘研究迫在眉睫。在 IPv4 环境下，网络空间测绘以整个 IP 地址空间为扫描对象；在 IPv6 环境下，无法再继续沿用传统的暴力扫描的做法，因为地址空间实在过于巨大了。

自 2015 年以来，个别学者尝试通过对活跃 IPv6 种子地址的结构进行分析，试图从稀疏的、貌似无序的地址空间分配与使用模式找出一些规律，并据此预测出活跃地址密度相对更大的区域并优先扫描。沿着这样的思路，随后有不少学者开展了更多跟进研究。我们在这个方向上也做了相关研究并开发了相应的系统，本书第 5 章对该领域的研究做了全面梳理，也对我们团队的研究工作做了系统总结。

巨大的 IPv6 地址空间带来的挑战不仅体现在网络扫描一个方面。根据我们的初步观察，由于地址空间足够丰富，一台主机配置多个 IP 地址的现象变得非常常见。随之而来的是，不同的网络服务驻留在不同的地址（具有相同或不同端口号）上，导致在 IPv4 网络空间测绘中摸索出来的端口使用（开放）规律发生变化，需要重新研究。有关这方面的研究工作还极其少见，本书对此予以了初步关注。另一个挑战是 IPv6 网络的拓扑发现，某种程度上，网络拓扑发现是一种采样过程，巨大的空间自然使得采样率变得越来越小，理论上，发现的准确率将越来越低。

面向 IPv6 的网络拓扑发现已经有一些研究，本书第 5 章的最后对这些方面的研究工作进行了梳理和总结。

9.1.2 资源表示层

资源表示层的主要任务是对网络空间各类资源的建模、标识和表达，以及它们在网络空间中的表示。我们在规划本书第 2 章的时候，是将该层次定位为数据模型层次的。我们希望对网络空间的资源种类进行系统的分类，对每类资源进行抽象化和形式化的描述，从而实现对下支持测绘系统的高效实现，对上更方便地实现网络空间的可视化。

不过，随着写作工作的推进，我们发现这项工作过于庞大。因此，我们最后将网络空间资源的表达主要定位于实体资源的表达，且进一步将全书关于网络空间测绘的对象也主要定位于实体资源的测绘，并基于网络通信不同协议层次的标识资源（如 IP 地址、ASN、MAC 地址等）对网络空间测绘对象进行标识。

地理空间和网络空间在本质上差异巨大，但在我们研究网络空间测绘，尤其是网络空间资源的建模表达方面，地理空间仍不失为一个很好的参照系。如何在参考地理空间时空数据模型的理论、方法和技术手段的基础上，建立网络空间时空数据模型，以实现对各类网络空间要素的统一描述和有效应用，依然是当前研究网络空间资源表示的基本路径。因此，本书第 2 章在直奔网络空间资源表示这个主题之前，先对地理空间及地理空间的表达进行了简单的介绍。在此基础上再次回顾了网络空间以及网络空间与地理空间的区别与联系，以此引出网络空间资源的标识问题。本书总结了 5 类可能的网络空间资源标识符体系，分别为 MAC 地址、IP 地址、ASN、传输层的端口号以及主机域名等，可适用于不同的场景。

为了表示网络空间中的资源，网络空间的坐标系是重要参照基础。参照地理空间坐标系的概念，本书总结了 3 类可用于表达网络空间的坐标系：第一类是沿用传统的地理坐标系，这种表达方式常见且直观；第二类是拓扑坐标系，这种表达方式关注网络空间中的节点连接关系；第三类是网络空间坐标系，这种表达方式使用网络空间内生的资源进行坐标表示。

如前文所述，网络空间资源的表示对上（即测绘与可视化层）需更有效地支持网络空间可视化的表达。因此，基于网络空间的 3 类坐标系的分类，本书相应地总结了 3 种网络空间可视化表达模型。

（1）基于网络拓扑的网络空间表达模型。以拓扑学理论为基础，基于节点与连线等描述形式表达网络空间的拓扑连接关系，并采用空间剖分降维的方式描述子单元拓扑信息。

（2）基于地理信息系统的网络空间表达模型，即基于地理坐标系映射网络空间，侧重于表达网络空间要素的地理属性特征。

（3）基于网络空间坐标系的表达模型。以 IP 坐标系、AS 坐标系为基础，支持对网络空间的多尺度、多维度和多视图表达，并且能够实现网络空间信息系统与地理信息系统之间的映射。

网络空间资源的模型表达与可视化是一个问题的两个方面，本书第 2 章侧重模型的表示，而第 7 章则侧重可视化的实践。所以，虽然本书的这两章有少量插图看起来很相像，但它们想表达和说明的问题是不完全一样的。

9.1.3 映射与定位层

网络空间测绘的结果要在现实的物理世界里发挥作用，终究还是要将网络空间中的实体资源映射到现实的地理空间，即网络空间地理定位。可见，网络空间地理定位是网络空间测绘中非常重要的一环。实现这一过程有很多方法，比如常用的方法有 GPS 卫星定位、蜂窝基站定位、商用地理定位库查询等。这里基于 GPS 卫星定位和蜂窝基站定位等属于实时定位的过程，利用的是地理测量相关的技术；而基于商用地理定位库查询则是相对静态的过程，这里的前提是商用公司已经提前构建了所有 IP 地址空间的地理位置信息库。而这样的地理位置信息库的构建，既有离线情报的输入，也有基于相关的 IP 地理定位算法模型估测的结果。

本书第 6 章从 IP 地理定位技术研究的角度，对映射与定位相关问题进行了全面、系统的总结和梳理，并根据定位过程中客户端是否参与，将定位技术分为两大类。定位过程中无用户参与的 IP 地理定位称为客户端独立的 IP 地理定位，而定位过程中需要用户提供帮助的 IP 地理定位称为客户端依赖的 IP 地理定位。总体而言，客户端依赖的 IP 地理定位的约束条件比较多，普适性不强，相关的研究也相对少一些，本书对此只做简略介绍。

本书第 6 章重点讨论了客户端独立的 IP 地理定位技术，总体上将现有的相关研究工作归纳为 3 条技术路线，分别是基于延迟主动测量的 IP 地理定位技术、基于拓扑主动测量的 IP 地理定位技术以及基于外围数据推断的 IP 地理定位技术。针对每条技术路线，本书从时间维度依次讨论了其发展演变的脉络。总体而言，每条技术路线都各有优缺点及不同的适用场景，而且就具体的算法而言，虽然有其主要的技术思路，但也往往都会结合一些其他技术路线的特点。因此，演变到后期，这些技术路线都多多少少存在一些交叉的现象。对现有研究工作进行更多的分析，我们发现，从研究的密度和数量上来看，IP 地理定位领域的研究近年来仍呈现出波动上升的态势，其中的主要驱动力是现有 IP 地理定位技术的结果和实际定位应用在定位精度、稳定性和适用范围等方面的需求之间的差距。此外，我们也注意到，现有研究中基本没有涉及 IPv6 定位；自然商用地理定位库目前对 IPv6 的支持也非常差。而随着 IPv6 的快速推广和部署，面向 IPv6 的定位服务需求已经涌现，可见面向 IPv6 的定位问题亟待部署和研究。

许多 IP 地理定位技术，特别是基于主动测量的定位技术会用到地标信息，地标实际上就是网络空间中那些已知其地理空间坐标信息（经纬度）的主机、服务器或者网络设备。基于主动测量的定位技术往往将最接近目标主机的地标的坐标近似作为目标主机的坐标。可见地标是基于主动测量的 IP 地理定位技术中最核心的内容。地标的质量通常决定着定位的精度和定位的稳定性，地标集的数量越多越好，地标本身的精度越高越好，地标的分布越广越均匀越好。也因此，围绕地标的挖掘与评估工作也作为 IP 地理定位研究的一个分支得到了蓬勃发展，本书也专门安排了篇幅来讨论相关工作。总体而言，目前地标集的规模还不大，很多研究都将地标集作为自己的战略资源而不予公开，地标集的共享文化还没有形成，未来围绕新地标的挖掘以及促进地标集在学术团体之间的共享等仍然大有可为。

9.1.4 绘制与可视化层

如前文所述，网络空间测绘总体上分为网络空间资源探测和资源绘制两大方面。网络空间资源绘制是在网络空间资源探测和分析的基础上，将多维的网络空间资源及其关联关系投影到一个低维可视化空间，旨在构建网络空间资源的层次化、可变粒度的网络地图，实现对多变量时变型网络资源的可视化呈现。

网络空间资源绘制是为网络空间测绘应用服务的。虽然不同的测绘应用对绘制和可视化的要求不尽相同，但总体上可分为两种类型，一类可以是地理空间无关的，而另一类是地理空间相关的。地理空间无关的绘制和可视化，只需表示出网络空间资源实体之间的逻辑连接关系（比如拓扑结构关系），相对来说，实现难度小一些（其实也只能说是相对小一些，因为随着网络空间资源数量的急剧增加，要在有限的空间中展示足够多数量的实体依然困难重重，需要考虑分层等），但适用范围会受到限制。地理空间相关的绘制和可视化，不仅要表示出网络空间实体资源之间的连接关系，还需要考虑和地理空间的映射，难度急剧提升。如果再考虑到现实的地理空间中 75% 的地表是被海洋覆盖的，这样的可视化之难，可想而知。综合现有研究情况，我们也注意到，网络空间可视化的研究确实也会经历这样由易到难的过程。早期的研究，更多的是针对地理空间无关的可视化而展开的，比如拓扑可视化等；随着 GIS 技术的发展以及地理空间相关的可视化需求的迫切，一系列面向不同主题应用的地理空间相关可视化技术和系统被研发出来，逐步推动了网络空间可视化技术的发展。

回顾过往，我们知道，地理空间可视化研究已经有了长时间的发展和积累，主要包含针对地理信息的符号系统、制图综合、图层渲染和人机动态交互等。从表达的维度和范围上涵盖了二维可视化、三维可视化、虚拟地理环境等。网络空间具有高度的复杂性，并与地理空间高度关联，共同构成了人类活动的现实空间。要绘制一组能够实时、动态、真实反映网络空间并将其与地理空间统一融合的网络空间地图，需要多种技术相融合。本书采纳高春东、郭启全等学者提出的网络空间可视化表达分类方法，将网络空间可视化按不同主题分为网络空间资源要素可视化、网络空间拓扑可视化和网络空间事件可视化。本书第 7 章针对这 3 类可视化进行了一些梳理。需要说明的是，第 7 章主要从网络空间各主题内容的可视化需求以及可视化呈现形式和目标形态等方面进行了汇总讨论，并未过多讨论如何实现可视化的技术细节。我们认为，在网络空间测绘可视化方面，“只有想不到，没有做不到”。

本书第 7 章还讨论了基于多平面呈现的新型网络空间可视化技术，该类技术试图结合地理空间相关和地理空间无关两类可视化技术路线的优点，面向网络空间的 IP 地址资源和 ASN 资源，按国家和组织的关联关系，以单屏多平面或者多屏多平面联动的三维形式显示。我们认为这项工作还是有一定的创新意义的，不过，我们也认为这项工作更多的还是面向网络空间资源可视化这个层面的，在体现网络空间实体关系及网络空间安全事件可视化方面还存在明显不足。另外，目前的可视化工作也更多地只体现网络空间测绘中的静态属性的可视化，在网络空间实体及事件的动态可视化方面还基本未有涉及，当然这也是目前绝大部分网络空间可视化工作的共同问题，也是网络空间测绘最终走向实用化必须要攻克的问题。

9.2　未来研究展望

网络空间测绘的研究才刚刚起步，已有的研究工作还非常初步，未来无论是网络空间测绘的基础理论体系，还是测绘的各项关键技术都还面临大量的问题有待探索。

1．网络空间测绘理论体系与网络空间坐标系

网络空间测绘是一个多学科交叉融合的新兴学科，目前尚处于发展的初期阶段。部分学者通过将网络空间与地理空间的类比，尝试将地理空间测绘涉及的方法论及理论体系引入网络空间并进行有限的扩展，尝试在网络空间重新定义传统地理学关于距离、区域等基本概念，从传统地理学的人 - 地关系理论演变为人 - 地 - 网关系理论；研究网络空间与现实空间的映射关系构建，构建网络空间可视化表达的语言、模型、方法体系，绘制网络空间地图，探究网络空间结构和行为的演变规律等。

网络空间的高度动态性、对象的多层次性、内容的虚拟性、主体多元性以及边界的开放性（无边界性）等特点，给人类传统认知方式带来了新的挑战，使得网络空间测绘理论体系的构建面临前所未有的困难，也使得当前基于网络空间地理学的研究还非常初步，难以据此构建网络空间测绘的理论体系。

此外，正如传统地理学的一个基础是其基于经纬度的地理空间坐标系统，网络空间地理学作为网络空间测绘理论体系的核心内容，也需要有一个网络空间坐标系作为基础。地理空间的经纬度在空间中具有唯一性，在时间上具有恒定性，而在网络空间中缺乏这样的锚定点。这也成为当前网络空间测绘理论体系研究中的一大障碍。

纵观网络空间的国内外研究进展，网络空间的内涵及网络空间测绘的理论基础尚未形成统一共识。另外，网络空间是信息化时代人类生存的信息环境，但从梳理现有的文献来看，网络空间实体资源与应用系统、网络空间虚拟资源及数据流动等核心要素的表达均缺乏统一的标准体系和基础理论体系，网络空间与传统地理空间的映射关系尚未明确，揭示映射关系的理论、模型、方法和工具尚未完善，亟须构建不同空间映射关系和模型；网络空间中信息及信息流动轨迹的高精度测量及绘制技术还有待研究。特别地，网络空间基准坐标体系尚未建立。所有这些将构成网络空间测绘理论体系与网络空间坐标系统方面未来的研究主题。

2．网络空间资源描述与标准化

网络空间资源描述本质上应该是网络空间测绘理论体系中的有机组成部分，不过由于网络空间测绘理论体系的研究和建立是一个相对较长期的过程，但网络空间资源的表示和描述是更现实和紧迫的问题，因此，往往需要将其单独列出来开展研究。前面第 1 章和第 2 章已经讨论到，网络空间涉及实体资源和虚拟资源两类资源，通常网络空间中的每个实体都有一个逻辑的标识，例如互联网上每个服务器都有一个域名和 IP 地址，更大的实体，比如 AS，有对应的 ASN 进行标识，而服务器上运行的各类服务则往往用协议号或者服务端口号进行标识等。

在当前的网络空间测绘实践中，对于实体资源，基于上述的逻辑标识符来表示是一种比较常见的做法，部分研究工作甚至利用 IP 地址和 ASN 等标识符作为构建网络空间坐标系的基础。对于虚拟资源，目前的一种普遍做法是借用 Web 资源的表示方法，即统一资源标识符（Uniform Resource Identifier，URI）。事实上，URI 表示的是 Web 上的可用资源，如 HTML 文档、图像、视频片段、程序等都由一个 URI 进行标识，但 URI 是否足以表达网络空间的虚拟资源，到目前为止还难以确定。

从长远来说，关于网络空间资源描述与标准化方面的研究，至少需要从以下两个方面展开：一是网络空间资源的分类学研究，我们现在已经遇到的资源有哪些，可以如何分类，如何向前兼容尚未出现的新的资源类型等；二是通用和标准化的网络资源表示语言研究：当前已经有一些网络空间测绘的系统和平台，各家自成一体，无法实现互操作；另外，网络空间中的网络设备往往不止一个 IP 地址，甚至服务器也不止一个 IP 地址。在这种情况下，如何做到唯一标识一个实体，需要有统一的规范；而网络空间服务和虚拟资源的标识更是五花八门；还有和设备相关的各种信息，在表达方面也是各异的，其中的许多信息还是非结构化的信息，进一步加大了网络空间资源表达的难度。

3. 网络服务扫描与识别

网络空间测绘的目的在于不仅要知道网络空间中有几台路由器、交换机、服务器（这些当然也算资产）更需要知道每台服务器上开放了哪些服务端口，运行着什么服务。从终极意义上来说，我们希望通过测绘掌握哪些服务存在的漏洞：了解自家网络里各设备的服务情况及漏洞情况，并据此及时全面地修复漏洞；掌握“对手”的漏洞情况，并在必要时作为攻击或反击的武器。事实上，攻防对抗正是网络安全的核心，没有攻击就不存在防护的必要性，先有攻然后有防，而攻击者关心的永远不是 IP 资产，而是 IP 资产上对应的漏洞。

所以，网络服务扫描与识别是网络空间测绘研究中非常核心的内容。传统上，网络空间测绘需要针对整个地址空间进行主机活跃性扫描，针对每个活跃的IP主机，再进行端口开放性扫描。理论上两字节长度的端口有 65 536 个可能的端口号，考虑到暴力遍历的低效性，一般的测绘平台通常都自行维护一个常用端口列表，平时只定期地对列表中的端口号进行扫描。当然这么做带来的一个问题就是容易遗漏对某些非常用端口的扫描，从安全的角度来说，也许恰恰就是这些非常用端口在发挥某种巨大的“作用”。我们认为，未来应该研究开放端口的预测模型和算法，通过对一定量的活跃 IP 主机的全端口开放性扫描，分析端口开放的模式和规律，据此构建相应的机器学习模型，然后对其他未知端口开放性的活跃 IP 主机进行预测，并针对预测的结果进行开放性扫描。

此外，传统上，应用协议在制定标准规范的时候，往往也同时指定了该应用实现时所使用的端口号。因此，早期的服务识别只需在端口活跃性扫描的基础上，进一步查询该端口对应的应用协议，就可知道该端口运行的服务了。然而，为了配置的方便、灵活和某种意义上的安全性，绝大部分的服务往往都没有被配置在应用协议定义时为其指定的端口上运行，这给服务的识别带来了很大的挑战。极端情况下，需要对每个开放的端口进行各种可能服务的测试，非常低效。需要研究更加高效的服务探测策略。比如，是否可以对主要的应用层协议的初始通信机制进行分析，并进行分类；对于每一类应用层协议，尝试提取共性的初始通信会话状态机，在进行服务探测的时候，只需进行少量报文的交换就可快速判断某端口上运行的是哪一类服务，进而可快速过滤掉其他服务的探测尝试。再比如，是否可以通过历史数据的分析，建立主机 - 端口 - 服务、端口 - 服务，以及服务 - 服务之间的依赖关系。这里的一个观察是：在一个 IP 主机上，如果存在某个服务的时候，大概率也存在另一个服务，比如，如果 HTTPS 存在的时候，往往 HTTP 服务也存在。因此，这种依赖关系的建立有助于制定服务的优先探测策略。

4. 网络测绘渗透与抗测绘研究

网络空间测绘总体上以主动探测为主，涉及向网络空间所有目的节点发送探测分组，而且绝大多数情况下需要根据目的节点的响应来判断其状态。此外，网络空间由大量自治运行的网络构成，为了网络的安全运行，几乎每个组织、每个单位的网络都不同程度地部署了一些网络安全防御设施。这些防御设施的存在给网络空间测绘带来了巨大的挑战，也因此，我们可以断言，当前各主流的网络空间测绘平台能够探测到的资产数量都只是其中很少的一部分。

如前文所述，攻防对抗是网络安全的核心，作为网络空间安全管控的基础手段，无论从哪个角度讲，网络空间测绘都希望能够探测更全面的网络空间资产。因此，在遵守基本的学术伦理道德的前提下，未来需要研究更高效的网络空间测绘渗透技术；在对目标网络无损无害的情况下，完成基本的测绘工作。比如，各种绕过防火墙的侧信道技术等。当然，这方面的研究工作难度很大，同时也很敏感，需要谨慎开展。

网络空间测绘渗透和抗测绘（或者叫防测绘）是矛和盾的关系。毋庸置疑，当前网络空间中已经存在着大量的各类扫描活动，其中有些是只针对自己管理的网络资产的扫描行为，是为了满足网络管理的需要，属于良性行为；有些是各大网络空间测绘平台例行性、周期性的扫描行为，充其量属于中性行为，当然随着此类平台越来越多，由于响应扫描而导致的目标设备性能开销越来越大，网络链路的流量开销也越来越大；而更多的是旨在寻找网络攻击目标的恶意扫描行为。对于网络管理者、防御方，对抗测绘这一工作已经提上议事日程。

针对网络空间测绘活动大量窃取网络关键信息、严重威胁关键信息基础设施安全的问题，研究网络空间抗测绘理论、模型及效能评估体系；研究可对抗网络扫描、网络设备指纹分析等网络测绘技术的理论与方法；研究保护网络通信链路、关键节点与关键路径的抗测绘关键技术；研究网络空间测绘与网络空间抗测绘之间的对抗博弈关系及演化机制等，都是未来需要着重研究的课题。值得欣慰的是，在本书写到这里的时候，我们已经注意到国家重点研发计划项目恰好已经安排了相关的课题。

5. IPv6 网络空间测绘及挑战

在 IPv4 网络环境下，由于 IP 地址空间比较有限，而且地址的密度已经很大，所以几乎所有的测绘平台都是针对整个地址空间进行遍历性扫描的。使用近些年推出的快速扫描工具 ZMap，可在一个通用的服务器上于 45 min 内完成整个地址空间的扫描。

随着 IPv6 网络规模部署的快速推进，基于 IPv6 的网络规模在快速增长，IPv6 网络空间的资产数量也在快速增加，对 IPv6 网络空间测绘的需求也提上了议事日程。与在 IPv4 网络空间进行测绘不同的是，IPv6 在地址空间、报文头格式和部分协议设计细节方面有了很大变化，导致部分 IPv4 网络空间测绘手段在 IPv6 网络空间中不再适用。相较于 IPv4 网络空间测绘，IPv6 网络空间测绘更为困难，比如同等条件下，用 ZMap 扫描 IPv6 地址空间需要 6.78×10^{24} 年，很显然这样的暴力扫描是不可行的。

当前的一个研究思路是：通过各种不同渠道（比如 DNS 查询、被动流量解析等）尽可能多地收集活跃的 IPv6 地址，以此构建活跃 IPv6 地址集合（称为种子地址集）；然后针对种子地址集进行结构、规律和模式的分析（我们知道 IPv6 地址是有层次结构的），并据此构建地址结构模型；接着基于这个模型对未知的地址空间进行预测并生成规模小很多的活跃地址占比更高的地址空间；最后再针对这个生成的地址空间进行活跃性的探测。其实，这里还有一个经验是 IPv6 地址空间的分配非常稀疏，但空间中总有部分的相对密度大一些，如果能有针对性地对这些部分进行扫描探测，那么自然能在同样的时间开销下探测到更多的活跃 IPv6 地址。

但是，这样的做法效果到底如何，其实还没有得到很客观、全面的评估。在目前的评价体系中，更多的是用到一个称为命中率（hit rate）的指标，也就是在模型生成的等量待探测地址子空间中，真正活跃的地址占比。另一个量化指标是生成的活跃地址数量（而这个实际上是和时间直接相关的，是时间的积分）。因此，在未来的研究工作中，除了继续研究和设计更高效的地址预测模型算法，还需要研究更好的模型评价体系，比如能否引入类似算法的覆盖率（coverage rate）这样的评价指标。虽然我们也知道，这个难度很大，因为本质上缺乏基准（ground truth）。

IPv6 网络空间测绘的另一个挑战是：IPv6 地址空间上的端口、协议开放情况可能与 IPv4 空间有所区别。一方面，由于 IPv6 地址众多，可能把不同的服务绑定在了不同的 IP 地址上，导致一个 IP 地址只绑定一个或者少量服务；另一方面，开放的服务更多为分布在高端口上的物联网协议等，这使得过去的常用端口遍历扫描方式可能会以更高的代价发现更少的资产。这样，前面关于端口扫描和服务识别的相关研究（开放端口预测等）的假设也就不成立了，需要全新的研究思路。

当然，到目前为止，对于面向 IPv6 网络空间的测绘研究，我们已取得的成果甚至连冰山一角都算不上，其中还存在哪些挑战，笔者自感也无力在此妄言。希望随着研究工作的推进，我们能取得更多的成果，至少能逐步明确需要研究的问题！